中国国家标准汇编

2008年修订-34

中国标准出版社　编

中国标准出版社

北　京

图书在版编目（CIP）数据

中国国家标准汇编：2008 年修订．34/中国标准出版社编．—北京：中国标准出版社，2009

ISBN 978-7-5066-5514-9

Ⅰ.中…　Ⅱ.中…　Ⅲ.国家标准-汇编-中国-2008
Ⅳ.T-652.1

中国版本图书馆 CIP 数据核字（2009）第 186444 号

中国标准出版社出版发行
北京复兴门外三里河北街 16 号
邮政编码：100045

网址 www.spc.net.cn
电话：68523946　68517548
中国标准出版社秦皇岛印刷厂印刷
各地新华书店经销

*

开本 880×1230　1/16　印张 38　字数 1 134 千字
2009 年 11 月第一版　2009 年 11 月第一次印刷

*

定价 200.00 元

出 版 说 明

1.《中国国家标准汇编》是一部大型综合性国家标准全集。自1983年起，按国家标准顺序号以精装本、平装本两种装帧形式陆续分册汇编出版。它在一定程度上反映了我国建国以来标准化事业发展的基本情况和主要成就，是各级标准化管理机构，工矿企事业单位，农林牧副渔系统，科研、设计、教学等部门必不可少的工具书。

2.《中国国家标准汇编》收入我国每年正式发布的全部国家标准，分为“制定”卷和“修订”卷两种编辑版本。

“制定”卷收入上年度我国发布的、新制定的国家标准，顺延前年度标准编号分成若干分册，封面和书脊上注明“20××年制定”字样及分册号，分册号一直连续。各分册中的标准是按照标准编号顺序连续排列的，如有标准顺序号缺号的，除特殊情况注明外，暂为空号。

“修订”卷收入上年度我国发布的、被修订的国家标准，视篇幅分设若干分册，但与“制定”卷分册号无关联，仅在封面和书脊上注明“20××年修订-1，-2，-3，……”字样。“修订”卷各分册中的标准，仍按标准编号顺序排列(但不连续)；如有遗漏的，均在当年最后一分册中补齐。需提请读者注意的是，个别非顺延前年度标准编号的新制定的国家标准没有收入在“制定”卷中，而是收入在“修订”卷中。

读者配套购买《中国国家标准汇编》“制定”卷和“修订”卷则可收齐上一年度我国制定和修订的全部国家标准。

3. 由于读者需求的变化，自1996年起，《中国国家标准汇编》仅出版精装本。

4. 2008年制修订国家标准共5946项。本分册为“2008年修订-34”，收入新制修订的国家标准34项。

中国标准出版社

2009年10月

目　　录

GB/T 6099—2008　棉纤维成熟系数试验方法 …… 1
GB/T 6109.1—2008　漆包圆绕组线　第1部分:一般规定 …… 11
GB/T 6109.2—2008　漆包圆绕组线　第2部分:155级聚酯漆包铜圆线 …… 39
GB/T 6109.3—2008　漆包圆绕组线　第3部分:120级缩醛漆包铜圆线 …… 46
GB/T 6109.4—2008　漆包圆绕组线　第4部分:130级直焊聚氨酯漆包铜圆线 …… 53
GB/T 6109.5—2008　漆包圆绕组线　第5部分:180级聚酯亚胺漆包铜圆线 …… 60
GB/T 6109.6—2008　漆包圆绕组线　第6部分:220级聚酰亚胺漆包铜圆线 …… 66
GB/T 6109.7—2008　漆包圆绕组线　第7部分:130L级聚酯漆包铜圆线 …… 72
GB/T 6109.9—2008　漆包圆绕组线　第9部分:130级聚酰胺复合直焊聚氨酯漆包铜圆线 …… 79
GB/T 6109.10—2008　漆包圆绕组线　第10部分:155级直焊聚氨酯漆包铜圆线 …… 87
GB/T 6109.11—2008　漆包圆绕组线　第11部分:155级聚酰胺复合直焊聚氨酯漆包铜圆线 …… 93
GB/T 6109.12—2008　漆包圆绕组线　第12部分:180级聚酰胺复合聚酯或聚酯亚胺漆包铜圆线 …… 99
GB/T 6109.13—2008　漆包圆绕组线　第13部分:180级直焊聚酯亚胺漆包铜圆线 …… 107
GB/T 6109.14—2008　漆包圆绕组线　第14部分:200级聚酰胺酰亚胺漆包铜圆线 …… 113
GB/T 6109.15—2008　漆包圆绕组线　第15部分:130级自粘性直焊聚氨酯漆包铜圆线 …… 118
GB/T 6109.16—2008　漆包圆绕组线　第16部分:155级自粘性直焊聚氨酯漆包铜圆线 …… 127
GB/T 6109.17—2008　漆包圆绕组线　第17部分:180级自粘性直焊聚酯亚胺漆包铜圆线 …… 133
GB/T 6109.18—2008　漆包圆绕组线　第18部分:180级自粘性聚酯亚胺漆包铜圆线 …… 141
GB/T 6109.19—2008　漆包圆绕组线　第19部分:200级自粘性聚酰胺酰亚胺复合聚酯或聚酯亚胺漆包铜圆线 …… 147
GB/T 6109.20—2008　漆包圆绕组线　第20部分:200级聚酰胺酰亚胺复合聚酯或聚酯亚胺漆包铜圆线 …… 153
GB/T 6109.21—2008　漆包圆绕组线　第21部分:200级聚酯-酰胺-亚胺漆包铜圆线 …… 161
GB/T 6109.22—2008　漆包圆绕组线　第22部分:240级芳族聚酰亚胺漆包铜圆线 …… 167
GB/T 6109.23—2008　漆包圆绕组线　第23部分:180级直焊聚氨酯漆包铜圆线 …… 173
GB/T 6110—2008　硬质合金拉制模　型式和尺寸 …… 179
GB/T 6113.101—2008　无线电骚扰和抗扰度测量设备和测量方法规范　第1-1部分:无线电骚扰和抗扰度测量设备　测量设备 …… 189
GB/T 6113.102—2008　无线电骚扰和抗扰度测量设备和测量方法规范　第1-2部分:无线电骚扰和抗扰度测量设备　辅助设备　传导骚扰 …… 246
GB/T 6113.103—2008　无线电骚扰和抗扰度测量设备和测量方法规范　第1-3部分:无线电骚扰和抗扰度测量设备　辅助设备　骚扰功率 …… 303
GB/T 6113.104—2008　无线电骚扰和抗扰度测量设备和测量方法规范　第1-4部分:无线电骚扰和抗扰度测量设备　辅助设备　辐射骚扰 …… 327
GB/T 6113.105—2008　无线电骚扰和抗扰度测量设备和测量方法规范　第1-5部分:无线电骚扰和抗扰度测量设备　30 MHz～1 000 MHz天线校准用试验场地 …… 386

GB/T 6113.201—2008 无线电骚扰和抗扰度测量设备和测量方法规范 第2-1部分:无线电骚扰和抗扰度测量方法 传导骚扰测量…… 427
GB/T 6113.202—2008 无线电骚扰和抗扰度测量设备和测量方法规范 第2-2部分:无线电骚扰和抗扰度测量方法 骚扰功率测量…… 472
GB/T 6113.203—2008 无线电骚扰和抗扰度测量设备和测量方法规范 第2-3部分:无线电骚扰和抗扰度测量方法 辐射骚扰测量…… 499
GB/T 6113.204—2008 无线电骚扰和抗扰度测量设备和测量方法规范 第2-4部分:无线电骚扰和抗扰度测量方法 抗扰度测量…… 545
GB/T 6115.1—2008 电力系统用串联电容器 第1部分:总则 …… 563

ICS 59.060.10
B 32

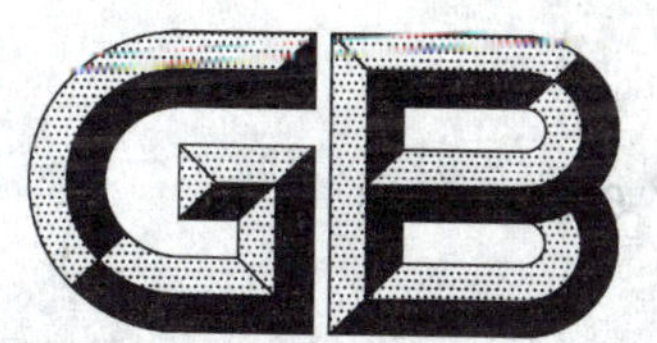

中华人民共和国国家标准

GB/T 6099—2008
代替 GB/T 6099.1—1985,GB/T 6099.2—1992

棉纤维成熟系数试验方法

Test method for maturity coefficient of cotton fibres

2008-02-15 发布

2008-08-01 实施

中华人民共和国国家质量监督检验检疫总局
中国国家标准化管理委员会 发布

前　言

本标准代替 GB/T 6099.1—1985《棉纤维成熟度试验方法　中腔胞壁对比法》和 GB/T 6099.2—1992《棉纤维成熟度试验方法　偏光仪法》。修改后主要变化如下：

——将 GB/T 6099.1—1985 和 GB/T 6099.2—1992 合并为一项标准；

——根据 GB/T 1.1—2000 的编写要求，修改了封面及编写格式，增加了前言、范围和规范性引用文件；

——将原标准 GB/T 6099.1—1985 中每个试验试样观测 180 根～220 根改为每个试验试样观测不少于 180 根；

——修改了 GB/T 6099.1—1985 和 GB/T 6099.2—1992 中的试验报告格式。

本标准的附录 A 为资料性附录。

本标准由国家质量监督检验检疫总局提出。

本标准由中国纤维检验局归口。

本标准起草单位：青岛市纺织纤维检验所、山东省纤维检验局。

本标准主要起草人：陈洪民、王波、杨恪容、陆东、张鑫、郑金泊、祝辉。

棉纤维成熟系数试验方法

1 范围

本标准规定了根据棉纤维中腔胞壁对比法或偏光成熟度仪法来测定棉纤维成熟度的方法。

本标准适用于细绒棉、长绒棉及未经化学处理的棉纱、线松解后的棉纤维成熟系数、成熟度比、成熟纤维百分率的测试。

2 规范性引用文件

下列文件中的条款通过本标准的引用而成为本标准的条款。凡是注日期的引用文件，其随后所有的修改单(不包括勘误的内容)或修订版均不适用于本标准，然而，鼓励根据本标准达成协议的各方研究是否可使用这些文件的最新版本。凡是不注日期的引用文件，其最新版本适用于本标准。

GB/T 6097 棉纤维试验取样方法

GB/T 8170 数值修约规则

3 术语和定义

下列术语和定义适用于本标准。

3.1

棉纤维成熟度 cotton maturity

棉纤维胞壁相对发育程度。

3.2

棉纤维胞壁增厚度 degree of fibre wall thickening

棉纤维胞壁的实际横截面积对具有相同周长的圆面积之比。

3.3

成熟度比 maturity ratio

棉纤维胞壁增厚度对任意选定等于0.577的标准增厚度之比。

3.4

成熟纤维百分率 percent maturity

成熟纤维占纤维总根数的平均百分率。

3.5

成熟系数 maturity coefficient

表示棉纤维成熟度的一种指标。系根据棉纤维中腔宽度与胞壁厚度的比值定出的相应数值。比值愈小，成熟系数愈大，表示纤维愈成熟。

3.6

胞壁 wall

经光学显微镜侧向观测棉纤维转曲展平段的壁厚。

3.7

中腔 lumen

经光学显微镜侧向观测棉纤维转曲展平段壁间的剩余空腔宽度。

4 试验方法

4.1 方法A——中腔胞壁对比法

4.1.1 原理

成熟好的棉纤维，胞壁厚而中腔宽度小；成熟差的棉纤维，胞壁薄而中腔宽度大。因此，可根据棉纤维中腔宽度与胞壁厚度的比值来测定棉纤维的成熟系数。

4.1.2 仪器和工具

4.1.2.1 生物显微镜。

4.1.2.2 目镜测微尺。

4.1.2.3 附件：挑针、镊子、50 mm纤维尺、一号夹子、稀梳（10针/cm）、密梳（20针/cm）、黑绒板、载玻片和盖玻片、胶水、培养皿。

4.1.3 试验大气条件

试验可在一般大气条件下进行。

4.1.4 试验试样制备

4.1.4.1 整理棉束

按照GB/T 6097的规定，从试验棉条中取出4 mg～6 mg的试验样品。用手扯法将其整理成一端整齐的小棉束。用手捏住小棉束整齐一端，先用稀梳后用密梳梳去游离纤维。按表1规定的短纤维界限，用一号夹子夹住棉束的相应位置，先用稀梳后用密梳梳理棉束整齐一端，梳去短纤维。然后用手指捏住梳理后的棉束，舍弃棉束两旁的纤维，留下中间部分不少于180根纤维。

表1 不同类型棉花短纤维界限

棉花类型	短纤维界限/mm
细绒棉	16
长绒棉	20

4.1.4.2 制片

将载玻片擦拭干净，放在黑绒板上，在载玻片边缘粘上一些胶水，左手捏住棉束整齐一端，右手用一号夹子从棉束另一端夹取数根纤维均匀地排列在载玻片上，连续排列直至排完为止。待胶水干后，用挑针把纤维整理平直，并用胶水粘牢纤维另一端，然后轻轻地在纤维上面放置盖玻片。

4.1.5 试验步骤

4.1.5.1 用400倍显微镜沿载玻片中部逐根观察。可在载玻片上的纤维中部垂直纤维方向划两条间隔2 mm的蓝线，在蓝线范围内进行观察，一般观察一个视野来确定每根纤维的成熟系数。

4.1.5.2 估计或测量中腔胞壁时，应在纤维转曲中部宽度最宽处测定。若两壁厚薄不同，取其平均数。没有转曲的纤维亦应在观察范围内最宽处测定。

4.1.5.3 对形态特殊的纤维可在两条蓝线范围内调节移动尺，扩大观察范围，或进一步用测微尺测量几个转曲的中腔胞壁比值来确定。

4.1.5.4 根据表2所示的中腔胞壁比值确定纤维成熟系数，也可参照图1所示的纤维形态确定纤维成熟系数。

表2 中腔胞壁比值与成熟系数对照表

成熟系数	0.00	0.25	0.50	0.75	1.00	1.25	1.50	1.75	2.00
中腔胞壁比值	30～22	21～13	12～9	8～6	5	4	3	2.5	2
成熟系数	2.25	2.50	2.75	3.00	3.25	3.50	3.75	4.00	5.00
中腔胞壁比值	1.5	1	0.75	0.5	0.33	0.2	0	不可察觉	

图 1　棉纤维不同成熟度的纤维形态

4.1.5.5　试验结果记录

对所观测的试验试样，按表 3 分组逐根记录。

4.1.5.6　试验次数

每根试验棉条测试两个试验试样，每个试验试样观测应不低于 180 根纤维。两个实验试样试验结果的差值应符合 4.1.7 精密度的规定。

4.1.6　试验结果计算

4.1.6.1　平均成熟系数

按式(1)计算。

$$M = \frac{\sum M_i n_i}{\sum n_i} \quad \cdots\cdots (1)$$

式中：

M——平均成熟系数；

M_i——第 i 组纤维的成熟系数；

n_i——第 i 组纤维的根数。

4.1.6.2　成熟系数的标准差和变异系数

根据需要可按式(2)、式(3)计算成熟系数的标准差和变异系数。

$$S=\sqrt{\frac{\sum_{i} n_i M_i^2}{\sum_{i} n_i}-M^2} \quad \cdots\cdots(2)$$

$$CV=\frac{S}{M}\times 100\% \quad \cdots\cdots(3)$$

式中：

S——成熟系数标准差；

CV——成熟系数变异系数，%。

4.1.6.3 **数值修约**

平均成熟系数修约至两位小数。数值修约按 GB/T 8170 的规定进行。

4.1.7 **精密度**

4.1.7.1 **重复性**

用本标准的试验方法，对同一试验棉条制作两个试验试样，在相同条件下（同一试验室、同一操作者、同一设备和短时间间隔内）进行试验，所得平均成熟系数结果之间差值的绝对值，在 95%概率水平下，应小于重复性 r 值。r 值等于 0.138。

如果同一试验室内，对同一试验棉条，在重复性条件下试验的两个试验试样，试验结果之间差值的绝对值大于 0.138，则应增试一次。用格拉布斯(Grubbs)法对三个试验试样的试验结果进行异常值检验。若有异常值，以剔除异常值后余下的两个结果的平均值作为最终试验结果。若无异常值，则以临界值 0.166 进行判断。若三个试验试样试验结果的极差小于此临界值，则以这三个结果的平均值作为最终试验结果；若大于此临界值，则继续增试一次，再用格拉布斯法对试验结果进行异常值检验，以剔除异常值后的所有结果的平均值作为最终试验结果。

4.1.7.2 **再现性**

用本标准的试验方法，对于同一试验室样品，在不同的条件下（不同试验室、不同的操作者和不同的设备）各完成一个单次试验，所得平均成熟系数结果之间差值的绝对值，在 95%概率水平下，应小于再现性 R 值。R 值等于 0.202。

4.1.8 **试验报告**

试验报告包括各项试验结果、样品编号、仪器型号、仪器编号、检验依据、试验日期、试验环境、检验人员、复核等。试验报告单见表 3。

表 3 棉纤维成熟度（中腔胞壁对比法）

试 验 报 告 单

样品编号：　　　　　　　　　　　　　　　　年　　月　　日

试验环境条件									检验依据								
仪器名称及型号									仪器编号								
成熟系数分组	0.0	0.25	0.50	0.75	1.00	1.25	1.50	1.75	2.00	2.25	2.50	2.75	3.00	3.25	3.50	3.75	4.00
根数																	
根数小计																	
根数×系数																	
平均成熟系数					标准差					变异系数							

复核：　　　　　　　　　　　　　检验：

4.2 方法B——偏光仪法

4.2.1 原理

根据棉纤维的双折射性能，应用光电方法测量偏振光透过棉纤维和检偏振片后的光强度，其光强度与棉纤维的成熟系数、成熟度比、成熟纤维百分率均呈正相关。因而通过一定数学模型转化可求得棉纤维的成熟系数、成熟度比、成熟纤维百分率。

4.2.2 仪器和工具

4.2.2.1 棉纤维偏光成熟度仪(仪器型号见附录A)，其技术条件见表4。

表4 棉纤维偏光成熟度仪技术条件

项　　目	技 术 条 件
起、检偏振片正交后的透光度(电表读数或显示数)/μA	$<$8
试样校正片的允许误差(成熟系数)	±0.03
载玻片上纤维数量(电表读数或显示数)/μA	60±5

4.2.2.2 试样校正片。

4.2.2.3 灯泡校正片。

4.2.2.4 校正偏振片。

4.2.2.5 中心线校正片。

4.2.2.6 附件:50 mm纤维尺、稀梳(10针/cm)、密梳(20针/cm)、一号夹子、压板、剪刀、限制器绒板、黑绒板、镊子、剪子、载玻片、小夹子。

4.2.3 试验大气条件

试验可在一般大气条件下进行。

4.2.4 试验试样制备

4.2.4.1 样品制备

按照GB/T 6097的规定，从实验室样品取样制作试验棉条或随机取32小束，组成质量约25 mg的棉样，用手扯法整理棉束。

4.2.4.2 取样方法

从制备好的试验棉条或棉束中取样排片。方法有两种(任选一种)。

4.2.4.2.1 第一种方法——直角拔平法

4.2.4.2.1.1 取样

将试验棉条平放在工作台上，用手轻压试验棉条，用一号夹子将试验棉条一端扯齐，夹取一薄层纤维丛，纤维丛宽25 mm～32 mm。

4.2.4.2.1.2 整理纤维丛

采用先稀梳后密梳的方法，梳去纤维丛中的游离纤维，用一号夹子夹持在离纤维丛整齐一端(细绒棉16 mm、长绒棉20 mm)处，梳去16 mm或20 mm及以下的短纤维。

4.2.4.2.1.3 制片

将整理的纤维丛放在距载玻片纵向一端5 mm位置上，要求纤维平直均匀，纤维几何轴与载玻片长度方向垂直，盖上载玻片，用小夹子夹紧，剪去露在载玻片两侧的纤维。

4.2.4.2.2 第二种方法——纵向取样或手扯取样法

4.2.4.2.2.1 整理棉束

将纵向取样或手扯取样的试验试样进行手扯整理使纤维平直，一端整齐。手捏棉束整齐一端，先用稀梳后用密梳梳理另一端，梳去游离纤维并使纤维伸直，用一号夹子在离棉束整齐一端16 mm或20 mm处梳去短纤维，将棉束分成五个小棉束(两个备用)。

4.2.4.2.2.2 制片

手捏小棉束整齐一端，用一号夹子从小棉束尖端分层夹取置于限制器绒板上，叠成长纤维在下，短纤维在上的平直、均匀、一端整齐、宽 25 mm～32 mm 的纤维束，用压板压平。再用一号夹子从整齐一端将纤维束夹紧取下，如有游离纤维用梳子梳去。将平直均匀的纤维束放在距离载玻片纵向一端5 mm位置上（纤维几何轴应与载玻片长度方向垂直），盖上载玻片，用小夹子夹紧，剪去露在载玻片两侧的纤维。

4.2.5 仪器调整及试验步骤

4.2.5.1 仪器调整

4.2.5.1.1 开机

首先检查电表的机械零点是否准确，如有偏离，用螺丝刀调整电表的调零螺丝，使电表的指针指在“0”上。开启电源，预热 30 min，使仪器达到稳定状态。

4.2.5.1.2 满度调整

将夹有空白载玻片的试样夹子插入试样插口中，将衰减片推入光路，调节旋钮使电表指针指示或显示为 100 μA。

4.2.5.1.3 检查起、检偏振片正交后的透光度

将起偏振片推入光路，此时电表指针指示或显示应小于 8 μA。

4.2.5.1.4 试样校正片校正

用仪器上附带的试样校正片（三片）校验仪器，校验结果与标定值误差不超过±0.03。若超过此允许误差，应调整衰减片或灯丝角度。

4.2.5.2 试验步骤

4.2.5.2.1 满度调整

将夹有空白载玻片的试样夹子插入试样插口中，将衰减片推入光路，调节旋钮使电表指针指示或显示为 100 μA。

4.2.5.2.2 测定试验试样的纤维数量

将夹有试验试样的夹子插入试样插口中，此时电表指针指示或显示出该试样的纤维数量，记录测试结果。示值应在 55 μA～65 μA 范围内，否则重新制片。

4.2.5.2.3 测定试验试样的偏光强度

将起偏振片推入光路，此时电表指针指示或显示出偏振光透过试样和检偏振片的偏光强度，记录测试结果。

4.2.5.2.4 试验次数

每份样品制备三片试样，每片试样各测试一次。根据 4.2.5.2.2 和 4.2.5.2.3 测得的试样的纤维数量和偏光强度，用专用计算尺计算或直接由数码管显示出被测试样的成熟系数、成熟度比、成熟纤维百分率等项指标。三片试样试验结果的差值应符合本试验方法 4.2.7 精密度的规定。

4.2.6 试验结果计算

4.2.6.1 以三个试验试样测试值的算术平均值作为该样品的试验结果。

4.2.6.2 数值修约：平均成熟系数修约至两位小数，平均成熟度比修约至三位小数，平均成熟纤维百分率修约至一位小数。数值修约按 GB/T 8170 的规定进行。

4.2.7 精密度

4.2.7.1 重复性

用本标准的试验方法，对同一实验室样品，在相同条件下（同一实验室、同一操作者、同一设备和在短时间间隔内），制作三片试验试样进行试验，试验结果之间差值的绝对值在 95% 概率水平下，应小于重复性 r 值，r 值见表 5。

如果试验结果差值的绝对值大于 r 值，则应增试二片，用格拉布斯（Grubbs）法对五次试验结果进

行异常值检验。若有异常值,应以剔除异常值后的算术平均值作为最终试验结果。如无异常值则以五次试验结果的算术平均值作为最终试验结果。

表 5 棉纤维成熟度重复性试验临界值表

项　目	成熟系数	成熟度比	成熟纤维百分率/%
r 值	0.06	0.03	2.8

4.2.7.2 **再现性**

用本标准的试验方法,对同一实验室样品,在不同的条件下(不同试验室、不同的操作者和不同的设备),各制作三片试验试样进行试验,其结果之间差值的绝对值,在 95% 的概率水平下,应小于再现性 *R* 值。*R* 值见表 6。

表 6 棉纤维成熟度再现性试验临界值表

项　目	成熟系数	成熟度比	成熟纤维百分率/%
R	0.16	0.085	7.8

4.2.8 **试验报告**

试验报告包括各项试验结果、样品编号、仪器型号、仪器编号、检验依据、试验日期、试验环境、检验人员、复核等。试验报告单见表 7。

表 7 棉纤维成熟度试验报告单(偏光仪法)

样品编号:　　　　　　　　　　　　　　　　　　　　　　年　　月　　日

实验环境条件				检验依据		
仪器名称及型号				仪器编号		
项目	纤维数量	偏光强度	成熟系数	成熟度比	成熟纤维百分率/%	备　注
1						
2						
3						
4						
5						
平均值						
标准差						
变异系数/%						

复核:　　　　　　　　　　　　　　　　检验:

附　录　A
（资料性附录）
棉纤维偏光成熟度仪的型号及其性能

A.1　Y147 棉纤维偏光成熟度仪

由电表指示试样的纤维数量和透过检偏振片后的偏光强度，并用专用计算尺求得试样的成熟系数。

专用计算尺用法：将计算尺的中央箭头对准下行纤维数量调整的数值上，在中行查出偏光读数，偏光读数对准的上行刻度即为成熟系数。

A.2　Y147 棉纤维偏光成熟度仪——电脑型

由数码管显示试样的纤维数量和透过检偏振片后的偏光强度，再由计算机进行数据处理后显示出棉纤维的成熟系数、成熟度比、成熟纤维百分率。

A.3　Y147 棉纤维偏光成熟度仪——电脑Ⅱ型

用数码管显示试样的纤维数量和透过检偏振片后的偏光强度，再由计算机进行数据处理显示并打印出棉纤维的成熟系数、成熟度比、成熟纤维百分率，以及同一试样几次试验结果的标准差和变异系数等数据。

ICS 29.060.01
K 12

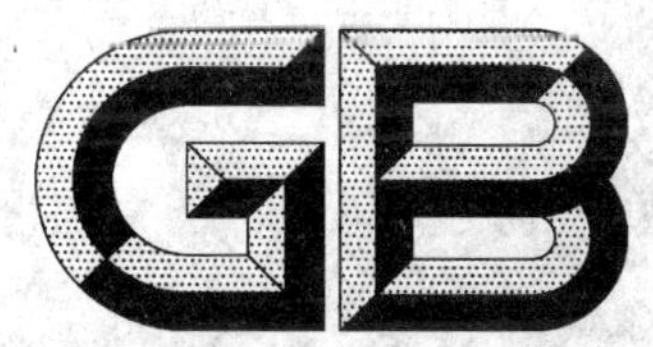

中华人民共和国国家标准

GB/T 6109.1—2008/IEC 60317-0-1:2005
代替 GB/T 6109.1—1990

漆包圆绕组线 第1部分:一般规定

**Enamelled round winding wire—
Part 1:General requirements**

(IEC 60317-0-1:2005,Specifications for particular types of winding wires—Part 0-1:General requirements—Enamelled round copper wire,IDT)

2008-04-23 发布　　2008-12-01 实施

中华人民共和国国家质量监督检验检疫总局
中国国家标准化管理委员会　发布

前　言

GB/T 6109《漆包圆绕组线》分为22个部分：

——第1部分：一般规定；

——第2部分：155级聚酯漆包铜圆线；

——第3部分：120级缩醛漆包铜圆线；

——第4部分：130级直焊聚氨酯漆包铜圆线；

——第5部分：180级聚酯亚胺漆包铜圆线；

——第6部分：220级聚酰亚胺漆包铜圆线；

——第7部分：130L级聚酯漆包铜圆线；

——第9部分：130级聚酰胺复合直焊聚氨酯漆包铜圆线；

——第10部分：155级直焊聚氨酯漆包铜圆线；

——第11部分：155级聚酰胺复合直焊聚氨酯漆包铜圆线；

——第12部分：180级聚酰胺复合聚酯或聚酯亚胺漆包铜圆线；

——第13部分：180级直焊聚酯亚胺漆包铜圆线；

——第14部分：200级聚酰胺酰亚胺漆包铜圆线；

——第15部分：130级自粘性直焊聚氨酯漆包铜圆线；

——第16部分：155级自粘性直焊聚氨酯漆包铜圆线；

——第17部分：180级自粘性直焊聚酯亚胺漆包铜圆线；

——第18部分：180级自粘性聚酯亚胺漆包铜圆线；

——第19部分：200级自粘性聚酰胺酰亚胺复合聚酯或聚酯亚胺漆包铜圆线；

——第20部分：200级聚酰胺酰亚胺复合聚酯或聚酯亚胺漆包铜圆线；

——第21部分：200级聚酯-酰胺-亚胺漆包铜圆线；

——第22部分：240级芳族聚酰亚胺漆包铜圆线；

——第23部分：180级直焊聚氨酯漆包铜圆线。

本部分为GB/T 6109的第1部分。本部分等同采用IEC 60317-0-1:2005《特种绕组线产品标准 第0部分：一般规定 第1节：漆包铜圆线》第2.2版(英文版)。

为便于使用，本部分作了下列编辑性修改：

——增加资料性附录D和资料性附录E；

——删除了国际标准的前言；

——用小数点“.”代替作为小数点的逗号“,”；

——将“热粘合和溶剂粘合”统一改为“热粘合”。

本部分自实施之日起代替GB/T 6109.1—1990。

本部分与GB/T 6109.1—1990相比主要变化如下：

——增加了11个品种；

——取消了有关材料的要求；

——在定义中增加了正常视力等规定；

——增加了表1、表2、表A.1和表A.2小规格的尺寸；

——增加了自粘性漆包铜圆线的结构要求；

——增加了针孔试验；

——取消了有关漆包铝线的规定；

——取消了“检验规则”。

本部分的附录A、附录B、附录C、附录D和附录E为资料性附录。

本部分由中国电器工业协会提出。

本部分由全国电线电缆标准化技术委员会(SAC/TC 213)归口。

本部分负责起草单位：上海电缆研究所。

本部分参加起草单位：冠城大通股份有限公司、精达特种电磁线股份有限公司、蓉胜超微线材股份有限公司、赛特电工材料有限公司、裕生特种线材有限公司、先登电工器材股份有限公司。

本部分主要起草人：陈惠民、郑启荣、章延胜、刘贵忠、和军、张家化、孟祥富。

本部分所代替标准的历次版本发布情况为：

——GB/T 6109.1—1990。

漆包圆绕组线 第1部分:一般规定

1 范围

GB/T 6109 的本部分规定了自粘性或非自粘性漆包圆绕组线的性能要求。

导体标称直径范围见相关的产品标准。

当引用第2章提及的 GB/T 6109 中某一个标准的绕组线时,给出下述内容:

——GB 编号和(或)IEC 编号;

——导体标称直径,mm;

——等级。

示例:GB/T 6109.2 0.500 2级 或 IEC 60317-2 0.500 Grade 2

2 规范性引用文件

下列文件中的条款通过 GB/T 6109 的本部分的引用而成为本部分的条款。凡是注日期的引用文件,其随后所有的修改单(不包括勘误的内容)或修订版均不适用于本部分,然而,鼓励根据本部分达成协议的各方研究是否可使用这些文件的最新版本。凡是不注日期的引用文件,其最新版本适用于本部分。

GB/T 4074.1 绕组线试验方法 第1部分:一般规定(GB/T 4074.1—2008,IEC 60851-1:1996,IDT)

GB/T 4074.2 绕组线试验方法 第2部分:尺寸测量(GB/T 4074.2—2008,IEC 60851-2:1996,IDT)

GB/T 4074.3 绕组线试验方法 第3部分:机械性能(GB/T 4074.3—2008,IEC 60851-3:1996,IDT)

GB/T 4074.4 绕组线试验方法 第4部分:化学性能(GB/T 4074.4—2008,IEC 60851-4:2005,IDT)

GB/T 4074.5 绕组线试验方法 第5部分:电性能(GB/T 4074.5—2008,IEC 60851-5:2004,IDT)

GB/T 4074.6 绕组线试验方法 第6部分:热性能(GB/T 4074.6—2008,IEC 60851-6:1996,IDT)

GB/T 6109.2 漆包圆绕组线 第2部分:155级聚酯漆包铜圆线(GB/T 6109.2—2008,IEC 60317-3:2004,IDT)

GB/T 6109.3 漆包圆绕组线 第3部分:120级缩醛漆包铜圆线(GB/T 6109.3—2008,IEC 60317-12:1990,IDT)

GB/T 6109.4 漆包圆绕组线 第4部分:130级直焊聚氨酯漆包铜圆线(GB/T 6109.4—2008,IEC 60317-4:2000,IDT)

GB/T 6109.5 漆包圆绕组线 第5部分:180级聚酯亚胺漆包铜圆线(GB/T 6109.5—2008,IEC 60317-8:1997,IDT)

GB/T 6109.6 漆包圆绕组线 第6部分:220级聚酰亚胺漆包铜圆线(GB/T 6109.6—2008,IEC 60317-7:1997,IDT)

GB/T 6109.7　漆包圆绕组线　第 7 部分:130L 级聚酯漆包铜圆线(GB/T 6109.7—2008,IEC 60317-34:1997, IDT)

GB/T 6109.9　漆包圆绕组线　第 9 部分:130 级聚酰胺复合直焊聚氨酯漆包铜圆线(GB/T 6109.9—2008,IEC 60317-19:2000, IDT)

GB/T 6109.10　漆包圆绕组线　第 10 部分:155 级直焊聚氨酯漆包铜圆线(GB/T 6109.10—2008,IEC 60317-20:2000, IDT)

GB/T 6109.11　漆包圆绕组线　第 11 部分:155 级聚酰胺复合直焊聚氨酯漆包铜圆线(GB/T 6109.11—2008,IEC 60317-21:2000, IDT)

GB/T 6109.12　漆包圆绕组线　第 12 部分:180 级聚酰胺复合聚酯或聚酯亚胺漆包铜圆线(GB/T 6109.12—2008,IEC 60317-22:2004, IDT)

GB/T 6109.13　漆包圆绕组线　第 13 部分:180 级直焊聚酯亚胺漆包铜圆线(GB/T 6109.13—2008,IEC 60317-23:2000, IDT)

GB/T 6109.14　漆包圆绕组线　第 14 部分:200 级聚酰胺酰亚胺漆包铜圆线(GB/T 6109.14—2008, IEC 60317-26:1990, IDT)

GB/T 6109.15　漆包圆绕组线　第 15 部分:130 级自粘性直焊聚氨酯漆包铜圆线(GB/T 6109.15—2008,IEC 60317-2:2000, IDT)

GB/T 6109.16　漆包圆绕组线　第 16 部分:155 级自粘性直焊聚氨酯漆包铜圆线(GB/T 6109.16—2008,IEC 60317-35:2000, IDT)

GB/T 6109.17　漆包圆绕组线　第 17 部分:180 级自粘性直焊聚酯亚胺漆包铜圆线(GB/T 6109.17—2008,IEC 60317-36:2000, IDT)

GB/T 6109.18　漆包圆绕组线　第 18 部分:180 级自粘性聚酯亚胺漆包铜圆线(GB/T 6109.18—2008,IEC 60317-37:2000, IDT)

GB/T 6109.19　漆包圆绕组线　第 19 部分:200 级自粘性聚酰胺酰亚胺复合聚酯或聚酯亚胺漆包铜圆线(GB/T 6109.19—2008,IEC 60317-38:2000, IDT)

GB/T 6109.20　漆包圆绕组线　第 20 部分:200 级聚酰胺酰亚胺复合聚酯或聚酯亚胺漆包铜圆线(GB/T 6109.20—2008,IEC 60317-13:1997, IDT)

GB/T 6109.21　漆包圆绕组线　第 21 部分:200 级聚酯-酰胺-亚胺漆包铜圆线(GB/T 6109.21—2008,IEC 60317-42:1997, IDT)

GB/T 6109.22　漆包圆绕组线　第 22 部分:240 级芳族聚酰亚胺漆包铜圆线(GB/T 6109.22—2008,IEC 60317-46:1997, IDT)

GB/T 6109.23　漆包圆绕组线　第 23 部分:180 级直焊聚氨酯漆包铜圆线(GB/T 6109.23—2008,IEC 60317-51:2001, IDT)

IEC 60172:1987　测定漆包圆绕组线温度指数的试验程序

ISO 3:1973　优先数-优先数系

3　定义、试验方法总则和外观

3.1　定义

自粘层　bonding layer

一种涂覆于漆包线的材料,具有使漆包线相互粘合的特定功能。

热级　class

用温度指数和热冲温度来表示的漆包线的热性能。

漆层　coating

用适当方法涂覆于导体或漆包线的一种材料,然后烘干和/或固化。

导体　conductor

除去绝缘后的裸金属线。

开裂　crack

绝缘上的裂口，在规定放大倍数下可看到导体。

双漆层　dual coating

由两种不同材料，即底漆层和表面漆层组成的绝缘。

漆包线　enamelled wire

涂覆固化树脂绝缘的线。

级　grade

漆包线的漆膜厚度范围。

绝缘　insulation

导体上的漆层或绕包层，具有耐电压的特定功能。

导体标称尺寸　nominal conductor dimension

符合 GB/T 6109 规定的导体规格标称值。

正常视力　normal vision

20/20 视力，若必要，用镜片校正。

单一漆层　sole coating

由一种材料组成的绝缘。

绕组线　winding wire

用于绕组以实现电磁能转换的线。

线　wire

涂覆或包覆绝缘的导体。

3.2　试验方法总则

本部分采用的所有试验方法见 GB/T 4074。试验项目类别参见附录 E。

本部分中章的编号与 GB/T 4074 各试验编号一致。

如果试验方法标准与本部分有矛盾，以本部分为准。

如果某一试验项目没有规定使用的导体标称直径，则该试验适用于该产品标准包括的全部导体标称直径。

除非另有规定，所有试验应在温度为 15℃～35℃、相对湿度为 45%～75%环境下进行。测量前试样应在上述条件下预处理足够时间，使试样达到稳定状态。

被试试样从包装上取下时，不应承受张力或不必要的弯曲。每次试验前，应除去足够的漆包线以保证试样不夹带任何损坏的漆包线。

3.3　外观

卷绕在线盘或线轴上的漆包线，用正常视力检查时，漆膜应光滑、连续、无斑纹、无气泡和杂质。

若供需双方同意，对标称直径小于 0.1 mm 的漆包线，应使用 6 倍～8 倍放大镜检查。

4　尺寸

4.1　导体直径

导体标称直径的优先尺寸应符合 ISO 3:1973 的 R20 数系。实际值及其公差见表 1 和表 2。

当因技术原因需要时，用户选择的导体标称直径中间尺寸应符合 ISO 3:1973 的 R40 数系。实际值及其公差见附录 A。

导体直径与标称直径之差应不超过表 1 或表 2 的规定值。

注：对于导体标称直径 0.063 mm 及以下的漆包线，见表 3。

表 1 非自粘性漆包线尺寸(R20)

导体标称直径/mm	导体公差±/mm	最小漆膜厚度/mm			最大外径/mm		
		1级	2级	3级	1级	2级	3级
0.018		0.002	0.004		0.022	0.024	
0.020		0.002	0.004		0.024	0.027	
0.022		0.002	0.005		0.027	0.030	
0.025		0.003	0.005		0.031	0.034	
0.028		0.003	0.006		0.034	0.038	
0.032		0.003	0.007		0.039	0.043	
0.036		0.004	0.008		0.044	0.049	
0.040		0.004	0.008		0.049	0.054	
0.045		0.005	0.010		0.055	0.061	
0.050		0.005	0.010		0.060	0.066	
0.056		0.006	0.011		0.067	0.074	
0.063		0.006	0.012		0.076	0.083	
0.071	0.003	0.007	0.012	0.018	0.084	0.091	0.097
0.080	0.003	0.007	0.014	0.020	0.094	0.101	0.108
0.090	0.003	0.008	0.015	0.022	0.105	0.113	0.120
0.100	0.003	0.008	0.016	0.023	0.117	0.125	0.132
0.112	0.003	0.009	0.017	0.026	0.130	0.139	0.147
0.125	0.003	0.010	0.019	0.028	0.144	0.154	0.163
0.140	0.003	0.011	0.021	0.030	0.160	0.171	0.181
0.160	0.003	0.012	0.023	0.033	0.182	0.194	0.205
0.180	0.003	0.013	0.025	0.036	0.204	0.217	0.229
0.200	0.003	0.014	0.027	0.039	0.226	0.239	0.252
0.224	0.003	0.015	0.029	0.043	0.252	0.266	0.280
0.250	0.004	0.017	0.032	0.048	0.281	0.297	0.312
0.280	0.004	0.018	0.033	0.050	0.312	0.329	0.345
0.315	0.004	0.019	0.035	0.053	0.349	0.367	0.384
0.355	0.004	0.020	0.038	0.057	0.392	0.411	0.428
0.400	0.005	0.021	0.040	0.060	0.439	0.459	0.478
0.450	0.005	0.022	0.042	0.064	0.491	0.513	0.533
0.500	0.005	0.024	0.045	0.067	0.544	0.566	0.587
0.560	0.006	0.025	0.047	0.071	0.606	0.630	0.653
0.630	0.006	0.027	0.050	0.075	0.679	0.704	0.728
0.710	0.007	0.028	0.053	0.080	0.762	0.789	0.814
0.800	0.008	0.030	0.056	0.085	0.855	0.884	0.911
0.900	0.009	0.032	0.060	0.090	0.959	0.989	1.018

表 1（续）

导体标称直径/mm	导体公差±/mm	最小漆膜厚度/mm			最大外径/mm		
		1 级	2 级	3 级	1 级	2 级	3 级
1.000	0.010	0.034	0.063	0.095	1.062	1.094	1.124
1.120	0.011	0.034	0.065	0.098	1.184	1.217	1.248
1.250	0.013	0.035	0.067	0.100	1.316	1.349	1.381
1.400	0.014	0.036	0.069	0.103	1.468	1.502	1.535
1.600	0.016	0.038	0.071	0.107	1.670	1.706	1.740
1.800	0.018	0.039	0.073	0.110	1.872	1.909	1.944
2.000	0.020	0.040	0.075	0.113	2.074	2.112	2.148
2.240	0.022	0.041	0.077	0.116	2.316	2.355	2.392
2.500	0.025	0.042	0.079	0.119	2.578	2.618	2.656
2.800	0.028	0.043	0.081	0.123	2.880	2.922	2.961
3.150	0.032	0.045	0.084	0.127	3.233	3.276	3.316
3.550	0.036	0.046	0.086	0.130	3.635	3.679	3.721
4.000	0.040	0.047	0.089	0.134	4.088	4.133	4.176
4.500	0.045	0.049	0.092	0.138	4.591	4.637	4.681
5.000	0.050	0.050	0.094	0.142	5.093	5.141	5.186

对于导体标称直径的中间尺寸，应取下一个较大导体标称直径对应的最小漆膜厚度。

注 1：0.063 mm 及以下规格的最小外径按表 3 测量的导体直径＋最小漆膜厚度计算。

注 2：R40 数系的导体标称直径中间尺寸见附录 A。

表 2　自粘性漆包线尺寸(R20)

导体标称直径/mm	导体公差±/mm	内漆层最小厚度/mm		自粘层最小厚度/mm	最大外径/mm	
		1B 级	2B 级		1B 级	2B 级
0.020		0.002	0.004	0.001	0.026	0.029
0.022		0.002	0.004	0.002	0.030	0.033
0.025		0.003	0.005	0.002	0.034	0.037
0.028		0.003	0.006	0.003	0.038	0.042
0.032		0.003	0.006	0.003	0.044	0.048
0.036		0.004	0.007	0.004	0.050	0.055
0.040		0.004	0.008	0.004	0.055	0.060
0.045		0.005	0.009	0.004	0.062	0.068
0.050		0.005	0.010	0.005	0.068	0.074
0.056		0.006	0.011	0.005	0.075	0.082
0.063		0.006	0.012	0.005	0.085	0.092
0.071	0.003	0.007	0.012	0.006	0.094	0.101

表 2（续）

导体标称直径/mm	导体公差±/mm	内漆层最小厚度/mm		自粘层最小厚度/mm	最大外径/mm	
		1B级	2B级		1B级	2B级
0.080	0.003	0.007	0.014	0.007	0.105	0.112
0.090	0.003	0.008	0.015	0.007	0.117	0.125
0.100	0.003	0.008	0.016	0.007	0.129	0.137
0.112	0.003	0.009	0.017	0.008	0.143	0.152
0.125	0.003	0.010	0.019	0.009	0.158	0.168
0.140	0.003	0.011	0.021	0.010	0.175	0.186
0.160	0.003	0.012	0.023	0.010	0.197	0.209
0.180	0.003	0.013	0.025	0.010	0.220	0.233
0.200	0.003	0.014	0.027	0.011	0.243	0.256
0.224	0.003	0.015	0.029	0.012	0.270	0.284
0.250	0.004	0.017	0.032	0.013	0.300	0.316
0.280	0.004	0.018	0.033	0.013	0.331	0.348
0.315	0.004	0.019	0.035	0.014	0.369	0.387
0.355	0.004	0.020	0.038	0.015	0.413	0.432
0.400	0.005	0.021	0.040	0.016	0.461	0.481
0.450	0.005	0.022	0.042	0.016	0.514	0.536
0.500	0.005	0.024	0.045	0.017	0.568	0.590
0.560	0.006	0.025	0.047	0.017	0.630	0.654
0.630	0.006	0.027	0.050	0.018	0.704	0.729
0.710	0.007	0.028	0.053	0.019	0.788	0.815
0.800	0.008	0.030	0.056	0.020	0.882	0.911
0.900	0.009	0.032	0.060	0.020	0.987	1.017
1.000	0.010	0.034	0.063	0.021	1.091	1.123
1.120	0.011	0.034	0.065	0.022	1.214	1.247
1.250	0.013	0.035	0.067	0.022	1.346	1.379
1.400	0.014	0.036	0.069	0.023	1.499	1.533
1.600	0.016	0.038	0.071	0.023	1.702	1.738
1.800	0.018	0.039	0.073	0.024	1.905	1.942
2.000	0.020	0.040	0.075	0.025	2.108	2.146

对于导体标称直径的中间尺寸，应取下一个较大导体标称直径对应的最小漆膜厚度。

注 1：0.063 mm 及以下规格的最小外径按表 3 测量的导体直径＋最小内漆层厚度＋最小自粘层厚度计算。

注 2：R40 数系的导体标称直径中间尺寸见附录 A。

4.2 导体不圆度(导体标称直径 0.063 mm 以上)

任一点上最小直径和最大直径之差应不大于表 1 或表 2 第 2 栏的绝对值。

4.3 最小漆膜厚度和最小自粘层厚度(导体标称直径 0.063 mm 以上)

4.3.1 非自粘性漆包线

最小漆膜厚度应不小于表 1 的规定值。

4.3.2 自粘性漆包线

包括自粘层厚度在内的最小漆膜厚度应不小于表 2 的规定值。

4.4 最大外径

4.4.1 非自粘性漆包线

最大外径应不超过表 1 的规定值。

4.4.2 自粘性漆包线

最大外径应不超过表 2 的规定值。

5 电阻

对于导体标称直径 0.063 mm 及以下的漆包线,20℃时的电阻应在表 3 的规定值范围内。

对于导体标称直径 0.063 mm 以上的漆包线,电阻值不作规定。

经供需双方协商同意,导体标称直径 0.063 mm 以上 1.000 mm 及以下的漆包线可以进行电阻测量。在这种情况下,20℃时的电阻应在附录 C 的规定值范围内。

表 3 电阻

导体标称直径/mm	电阻/Ω/m		导体标称直径/mm	电阻/Ω/m	
	最小值	最大值		最小值	最大值
0.018	60.46	73.89	0.036	15.16	18.42
0.020	48.97	59.85	0.040	12.28	14.92
0.022	40.47	49.47	0.045	9.705	11.79
0.025	31.34	38.31	0.050	7.922	9.489
0.028	24.99	30.54	0.056	6.316	7.565
0.032	19.13	23.38	0.063	5.045	5.922

注 1:上述规定值系依据附录 B 计算得到的。

注 2:标称电阻见附录 C。

6 伸长率

断裂伸长率应不小于表 4 的规定值。

表 4 伸长率

导体标称直径/mm	最小伸长率/%	导体标称直径/mm	最小伸长率/%	导体标称直径/mm	最小伸长率/%
0.018	5	0.180	20	1.800	32
0.020	6	0.200	21	2.000	33
0.022	6	0.224	21	2.240	33
0.025	7	0.250	22	2.500	33
0.028	7	0.280	22	2.800	34
0.032	8	0.315	23	3.150	34
0.036	8	0.355	23	3.550	35
0.040	9	0.400	24	4.000	35
0.045	9	0.450	25	4.500	36
0.050	10	0.500	25	5.000	36
0.056	10	0.560	26		
0.063	12	0.630	27		
0.071	13	0.710	28		
0.080	14	0.800	28		
0.090	15	0.900	29		
0.100	16	1.000	30		
0.112	17	1.120	30		
0.125	17	1.250	31		
0.140	18	1.400	32		
0.160	19	1.600	32		
注：对于导体标称直径的中间尺寸，应取下一个较大导体标称直径对应的伸长率数值。					

7 回弹性

7.1 导体标称直径 0.080 mm 及以上 1.600 mm 及以下

当用规定负荷在规定圆棒上试验时，漆包线的最大回弹角应不超过表 5 的规定值。

7.2 导体标称直径 1.600 mm 以上

漆包线的最大回弹角应不超过 5°。

表 5 回弹性

导体标称直径/mm	圆棒直径/mm	负荷/N	最大回弹角/(°)		
			1 级	2 级和 1B 级	3 级和 2B 级
0.080	5	0.25	70	80	100
0.090			67	77	94
0.100			64	73	90
0.112	7	0.50	64	73	88
0.125			62	70	84
0.140			59	67	79
0.160	10	1.0	59	67	78
0.180			57	65	75
0.200			54	62	72

表 5（续）

导体标称直径/mm	圆棒直径/mm	负荷/N	最大回弹角/(°)		
			1级	2级和1B级	3级和2B级
0.224	12.5	2.0	51	59	68
0.250			49	56	65
0.280			47	53	61
0.315	19	4.0	50	55	62
0.355			48	53	59
0.400			45	50	55
0.450	25	8.0	44	48	53
0.500			43	47	51
0.560			41	44	48
0.630	37.5	12.0	46	50	53
0.710			44	47	50
0.800			41	43	46
0.900	50	15.0	45	48	51
1.000			42	45	47
1.120			39	41	43
1.250			35	37	39
1.400			32	34	36
1.600			28	30	32
注：对于导体标称直径的中间尺寸，应取下一个较大导体标称直径对应的回弹角数值。					

8 柔韧性和附着性

8.1 圆棒卷绕试验（导体标称直径 1.600 mm 及以下）

漆包线按表 6 规定拉伸并在适当的圆棒上卷绕后，漆层应不开裂。

表 6 圆棒卷绕

导体标称直径/mm		圆棒卷绕前的伸长率/%	圆棒直径/mm
以上	及以下		
—	0.050	20[a]	0.150
0.050	0.063	15[a]	0.150
0.063	0.080	10	0.150
0.080	0.112	5	0.150
0.112	0.140	0	0.150
0.140	1.600	0	d[b]

a 或者拉伸至铜的断裂点，取较小值。

b d=漆包线的导体标称直径。

8.2 拉伸试验(导体标称直径 1.600 mm 以上)

漆包线被拉伸 32%后,漆层应不开裂。

8.3 急拉断试验(导体标称直径 1.000 mm 及以下)

漆层应不开裂或失去附着性。

8.4 剥离试验(导体标称直径 1.000 mm 以上)

试样经受根据导体标称直径 $d_{标称}$ 计算的转数 R 扭转后,漆层应不失去附着性。

$$R = \frac{K}{d_{标称}} \qquad \text{修约至整数}$$

计算用的常数 K 见有关的产品标准。

9 热冲击

9.1 导体标称直径 1.600 mm 及以下

漆层应不开裂。圆棒直径应符合表 7 的规定。最小热冲温度见相关的产品标准。

9.2 导体标称直径 1.600 mm 以上

拉伸 25%后,漆层应不开裂。最小热冲温度见相关的产品标准。

表 7 热冲击

导体标称直径/mm	圆棒直径/mm	导体标称直径/mm	圆棒直径/mm
0.160	0.250	0.500	1.120
0.180	0.280	0.560	1.250
0.200	0.315	0.630	1.400
0.224	0.355	0.710	1.600
0.250	0.400	0.800	1.800
0.280	0.630	0.900	2.000
0.315	0.710	1.000	2.240
0.355	0.800	1.120	3.550
0.400	0.900	1.250	4.000
0.450	1.000	1.400	4.500
		1.600	5.000

注 1:对于导体标称直径 0.140 mm 及以下的漆包线,应使用表 6。

注 2:对于导体标称直径的中间尺寸,应取下一个较大导体标称直径对应的圆棒直径。

10 软化击穿

见相关产品标准的要求。

11 耐刮

见相关产品标准的要求。

12 耐溶剂

标准溶剂

用硬度为"H"的铅笔进行试验,漆层不应被刮破。

13 击穿电压

当在室温和高温(当用户要求时)下试验时,漆包线应分别符合13.1、13.2和13.3的要求。

高温试验的温度见相关产品标准。

13.1 导体标称直径0.100 mm及以下

五个试样中应至少有四个在小于或等于表8规定的电压下不发生击穿。

表8 击穿电压

导体标称直径/mm	室温下最小击穿电压(有效值)/V		
	1级和1B级	2级和2B级	3级
0.018	110	225	—
0.020	120	250	—
0.022	130	275	—
0.025	150	300	—
0.028	170	325	—
0.032	190	375	—
0.036	225	425	—
0.040	250	475	—
0.045	275	550	—
0.050	300	600	—
0.056	325	650	—
0.063	375	700	—
0.071	425	700	1 100
0.080	425	850	1 200
0.090	500	900	1 300
0.100	500	950	1 400
注:对于导体标称直径的中间尺寸,应取下一个较大导体标称直径对应的最小击穿电压数值。			

13.2 导体标称直径0.100 mm以上2.500 mm及以下

五个试样中应至少有四个在小于或等于表9规定的电压下不发生击穿。

表9 击穿电压

导体标称直径/mm	最小击穿电压(有效值)/V					
	1级和1B级		2级和2B级		3级	
	室温	高温	室温	高温	室温	高温
0.112	1 300	1 000	2 700	2 000	3 900	2 900
0.125	1 500	1 100	2 800	2 100	4 100	3 100
0.140	1 600	1 200	3 000	2 300	4 200	3 200
0.160	1 700	1 300	3 200	2 400	4 400	3 300
0.180	1 700	1 300	3 300	2 500	4 700	3 500

表 9（续）

导体标称直径/mm	最小击穿电压(有效值)/V					
	1 级和 1B 级		2 级和 2B 级		3 级	
	室温	高温	室温	高温	室温	高温
0.200	1 800	1 400	3 500	2 600	5 100	3 800
0.224	1 900	1 400	3 700	2 800	5 200	3 900
0.250	2 100	1 600	3 900	2 900	5 500	4 100
0.280	2 200	1 700	4 000	3 000	5 800	4 400
0.315	2 200	1 700	4 100	3 100	6 100	4 600
0.355	2 300	1 700	4 300	3 200	6 400	4 800
0.400	2 300	1 700	4 400	3 300	6 600	5 000
0.450	2 300	1 700	4 400	3 300	6 800	5 100
0.500	2 400	1 800	4 600	3 500	7 000	5 300
0.560	2 500	1 900	4 600	3 500	7 100	5 300
0.630	2 600	2 000	4 800	3 600	7 100	5 300
0.710	2 600	2 000	4 800	3 600	7 200	5 400
0.800	2 600	2 000	4 900	3 700	7 400	5 600
0.900	2 700	2 000	5 000	3 800	7 600	5 700
1.000 以上 2.500 及以下	2 700	2 000	5 000	3 800	7 600	5 700
注：对于导体标称直径的中间尺寸，应取下一个较大导体标称直径对应的最小击穿电压数值。						

13.3 导体标称直径 2.500 mm 以上

五个试样中应至少有四个在小于或等于表 10 规定的电压下不发生击穿。

表 10 击穿电压

导体标称直径/mm	最小击穿电压(有效值)/V					
	1 级和 1B 级		2 级和 2B 级		3 级	
	室温	高温	室温	高温	室温	高温
2.500 以上	1300	1000	2500	1900	3800	2900

14 漆膜连续性(导体标称直径 1.600 mm 及以下)

每 30 m 漆包线的针孔数应不超过表 11 的规定值。

表 11 漆膜连续性

导体标称直径/mm		每 30 m 的最大针孔数		
以上	及以下	1 级和 1B 级	2 级和 2B 级	3 级
—	0.050	60	24	—
0.050	0.080	60	24	3
0.080	0.125	40	15	3
0.125	1.600	25	5	3

15 温度指数

试验应按 IEC 60172 在导体标称直径为 1.000 mm,2 级漆膜厚度的未浸渍漆包线试样上进行。

温度指数应不小于相关产品标准的规定值,并且在最低试验温度下的失效时间应不小于 5 000 h。

16 耐冷冻剂

见相关产品标准的要求。

17 直焊性

见相关产品标准的要求。

18 热黏合

见相关产品标准的要求。

19 介质损耗系数

见相关产品标准的要求。

20 耐变压器油

见相关产品标准的要求。

21 失重

见相关产品标准的要求。

23 针孔试验

见相关产品标准的要求。

30 包装

包装种类可能影响漆包线的某种性能,例如回弹性。因此包装的种类(例如交货线盘类型)应由供需双方协商决定。

漆包线应均匀紧密地卷绕在交货线盘上或置于容器内。除非供需双方协商同意,交货线盘或容器中均不应有一个以上线段的漆包线。当多于一个线段时,应由供需双方协商同意在标签上标明和/或在包装上标识出线段的长度。

当漆包线成圈交货时,成圈的尺寸和最大重量应由供需双方协商决定。线圈上任何附加的保护也应由供需双方协商决定。

标签应挂在由供需双方协商同意的每个包装单位上，并且应包括下述内容：

a) 制造厂名和/或商标；

b) 漆包线和漆膜种类，例如产品名称和/或国家标准编号；

c) 漆包线净重；

d) 漆包线标称直径和漆膜级别；

e) 制造日期。

附 录 A
（资料性附录）
导体标称直径的中间尺寸(R40)

仅因技术原因用户才可选用导体标称直径的中间尺寸。

A.1 非自粘性漆包线

表 A.1 非自粘性漆包线尺寸(R40)

导体标称直径/mm	导体公差±/mm	最小漆膜厚度/mm			最大外径/mm		
		1级	2级	3级	1级	2级	3级
0.019		0.002	0.004		0.023	0.026	
0.021		0.002	0.004		0.026	0.028	
0.024		0.002	0.005		0.029	0.032	
0.027		0.003	0.005		0.033	0.036	
0.030		0.003	0.006		0.037	0.041	
0.034		0.003	0.006		0.041	0.046	
0.038		0.004	0.008		0.046	0.051	
0.043		0.004	0.009		0.052	0.058	
0.048		0.005	0.010		0.059	0.065	
0.053		0.005	0.011		0.064	0.070	
0.060		0.006	0.012		0.072	0.079	
0.067	0.003	0.007	0.012	0.018	0.080	0.088	
0.075	0.003	0.007	0.014	0.020	0.089	0.095	0.102
0.085	0.003	0.008	0.015	0.022	0.100	0.107	0.114
0.095	0.003	0.008	0.016	0.023	0.111	0.119	0.126
0.106	0.003	0.009	0.017	0.026	0.123	0.132	0.140
0.118	0.003	0.010	0.019	0.028	0.136	0.145	0.154
0.132	0.003	0.011	0.021	0.030	0.152	0.162	0.171
0.150	0.003	0.012	0.023	0.033	0.171	0.182	0.193
0.170	0.003	0.013	0.025	0.036	0.194	0.205	0.217
0.190	0.003	0.014	0.027	0.039	0.216	0.228	0.240
0.212	0.003	0.015	0.029	0.043	0.240	0.254	0.268
0.236	0.004	0.017	0.032	0.048	0.267	0.283	0.298
0.265	0.004	0.018	0.033	0.050	0.297	0.314	0.330
0.300	0.004	0.019	0.035	0.053	0.334	0.352	0.360
0.335	0.004	0.020	0.038	0.057	0.372	0.391	0.408
0.375	0.005	0.021	0.040	0.060	0.414	0.434	0.453
0.425	0.005	0.022	0.042	0.064	0.466	0.488	0.508

表 A.1(续)

导体标称直径/mm	导体公差±/mm	最小漆膜厚度/mm			最大外径/mm		
		1级	2级	3级	1级	2级	3级
0.475	0.005	0.024	0.045	0.067	0.519	0.541	0.562
0.530	0.006	0.025	0.047	0.071	0.576	0.600	0.623
0.600	0.006	0.027	0.050	0.075	0.649	0.674	0.698
0.670	0.007	0.028	0.053	0.080	0.722	0.749	0.774
0.750	0.008	0.030	0.056	0.085	0.805	0.834	0.861
0.850	0.009	0.032	0.060	0.090	0.909	0.939	0.968
0.950	0.010	0.034	0.063	0.095	1.012	1.044	1.074
1.060	0.011	0.034	0.065	0.098	1.124	1.157	1.188
1.180	0.012	0.035	0.067	0.100	1.246	1.279	1.311
1.320	0.013	0.036	0.069	0.103	1.388	1.422	1.455
1.500	0.015	0.038	0.071	0.107	1.570	1.606	1.640
1.700	0.017	0.039	0.073	0.110	1.772	1.809	1.844
1.900	0.019	0.040	0.075	0.113	1.974	2.012	2.048
2.120	0.021	0.041	0.077	0.116	2.196	2.235	2.272
2.360	0.024	0.042	0.079	0.119	2.438	2.478	2.516
2.650	0.027	0.043	0.081	0.123	2.730	2.772	2.811
3.000	0.030	0.045	0.084	0.127	3.083	3.126	3.166
3.350	0.034	0.046	0.086	0.130	3.435	3.479	3.521
3.750	0.038	0.047	0.089	0.134	3.838	3.883	3.926
4.250	0.043	0.049	0.092	0.138	4.341	4.387	4.431
4.750	0.048	0.050	0.094	0.142	4.843	4.891	4.936
注:0.060 mm 及以下规格的最小外径按表3测量的导体直径+最小漆膜厚度计算。							

A.2 自粘性漆包线

表 A.2 自粘性漆包线尺寸(R40)

导体标称直径/mm	导体公差±/mm	内漆层最小厚度/mm		自粘层最小厚度/mm	最大外径/mm	
		1B级	2B级		1B级	2B级
0.021		0.002	0.004	0.001	0.029	0.031
0.024		0.002	0.005	0.002	0.032	0.035
0.027		0.003	0.005	0.002	0.037	0.040
0.030		0.003	0.006	0.003	0.042	0.046
0.034		0.003	0.007	0.003	0.047	0.052

表 A.2(续)

导体标称直径/mm	导体公差±/mm	内漆层最小厚度/mm		自粘层最小厚度/mm	最大外径/mm	
		1B级	2B级		1B级	2B级
0.038		0.004	0.008	0.004	0.052	0.057
0.043		0.004	0.009	0.004	0.059	0.065
0.048		0.005	0.010	0.005	0.067	0.073
0.053		0.005	0.011	0.005	0.072	0.078
0.060		0.006	0.012	0.005	0.081	0.088
0.067	0.003	0.007	0.012	0.006	0.090	0.098
0.075	0.003	0.007	0.014	0.007	0.100	0.106
0.085	0.003	0.008	0.015	0.007	0.112	0.119
0.095	0.003	0.008	0.016	0.007	0.123	0.131
0.106	0.003	0.008	0.017	0.008	0.136	0.145
0.118	0.003	0.010	0.019	0.009	0.150	0.159
0.132	0.003	0.011	0.021	0.010	0.167	0.177
0.150	0.003	0.012	0.023	0.010	0.186	0.197
0.170	0.003	0.013	0.025	0.010	0.210	0.221
0.190	0.003	0.014	0.027	0.011	0.233	0.245
0.212	0.003	0.015	0.029	0.012	0.258	0.272
0.236	0.004	0.017	0.032	0.013	0.286	0.302
0.265	0.004	0.018	0.033	0.013	0.316	0.333
0.300	0.004	0.019	0.035	0.014	0.354	0.372
0.335	0.004	0.020	0.038	0.015	0.393	0.412
0.375	0.005	0.021	0.040	0.016	0.436	0.456
0.425	0.005	0.022	0.042	0.016	0.489	0.511
0.475	0.005	0.024	0.045	0.017	0.543	0.565
0.530	0.006	0.025	0.047	0.017	0.600	0.624
0.600	0.006	0.027	0.050	0.018	0.674	0.699
0.670	0.007	0.028	0.053	0.019	0.748	0.775
0.750	0.008	0.030	0.056	0.020	0.832	0.861
0.850	0.009	0.032	0.060	0.020	0.937	0.967
0.950	0.010	0.034	0.063	0.021	1.041	1.073
1.060	0.011	0.034	0.065	0.022	1.154	1.187
1.180	0.012	0.035	0.067	0.022	1.276	1.309
1.320	0.013	0.036	0.069	0.023	1.419	1.453
1.500	0.015	0.038	0.071	0.023	1.602	1.638
1.700	0.017	0.039	0.073	0.024	1.805	1.842
1.900	0.019	0.040	0.075	0.025	2.008	2.046

注:0.060 mm及以下规格的最小外径按表3测量的导体直径+最小内漆层厚度+最小自粘层厚度计算。

附 录 B
(资料性附录)
线性电阻的计算方法

电阻值按下述规定计算。

B.1 对于导体标称直径 0.063 mm 及以下

对应于每个导体标称直径的比值为：

$K_{最小}$——最小电阻与标称电阻之比；

$K_{最大}$——最大电阻与标称电阻之比。

线性电阻按下式计算：

$$R_{最小} = K_{最小} \times \rho_{标称} \times q_{标称}^{-1} (\Omega m^{-1})$$

$$R_{最大} = K_{最大} \times \rho_{标称} \times q_{标称}^{-1} (\Omega m^{-1})$$

式中：

$K_{最小}$ 和 $K_{最大}$——见表 B.1 的规定值；

$\rho_{标称}$——为 1/58.5 $\Omega \cdot mm^2 \cdot m^{-1}$；

$q_{标称}$——导体截面积，单位为平方毫米(mm^2)。按下式计算：

$$q_{标称} = \frac{\pi}{4} \times d_{标称}^2$$

表 B.1 比值

$d_{标称}$ mm	$K_{最小}$	$K_{最大}$
0.018	0.900	1.100
0.020	0.900	1.100
0.022	0.900	1.100
0.025	0.900	1.100
0.028	0.900	1.100
0.032	0.900	1.100
0.036	0.903	1.097
0.040	0.903	1.097
0.045	0.903	1.097
0.050	0.910	1.090
0.056	0.910	1.090
0.063	0.920	1.080

B.2 对于导体标称直径 0.063 mm 以上 1.000 mm 及以下

电阻的最小和最大值依据电阻率的最小和最大值，及每个导体直径的相关尺寸公差计算。

线性电阻按下式计算：

$$R_{最小} = \rho_{最小} \times q_{最大}^{-1} (\Omega m^{-1})$$

$$R_{最大} = \rho_{最大} \times q_{最小}^{-1} (\Omega m^{-1})$$

式中：

$\rho_{最小}$——为 1/59 $\Omega\cdot mm^2\cdot m^{-1}$；

$\rho_{最大}$——为 1/58 $\Omega\cdot mm^2\cdot m^{-1}$；

q——导体截面积，单位为平方毫米(mm^2)。

附　录　C
（资料性附录）
电　阻

下列标称电阻值仅供参考。它们是依据导体标称直径和标称电阻率 1/58.5 Ω·mm^2·m^{-1} 计算而得。

对于导体标称直径 0.063 mm 以上 1.000 mm 及以下漆包线，最小和最大电阻值按附录 C 计算而得。

表 C.1　电阻

导体标称直径/mm	电阻/Ω/m			导体标称直径/mm	标称电阻/Ω/m
	最小值	标称值	最大值		
0.018	—	67.18	—	1.120	0.017 35
0.020	—	54.41	—	1.250	0.013 93
0.022	—	44.97	—	1.400	0.011 10
0.025	—	34.82	—	1.600	0.008 502
0.028	—	27.76	—	1.800	0.006 718
0.032	—	21.25	—	2.000	0.005 441
0.036	—	16.79	—	2.240	0.004 338
0.040	—	13.60	—	2.500	0.003 482
0.045	—	10.75	—	2.800	0.002 776
0.050	—	8.706	—	3.150	0.002 193
0.056	—	6.940	—	3.550	0.001 727
0.063	—	5.484	—	4.000	0.001 360
0.071	3.941	4.318	4.747	4.500	0.001 075
0.080	3.133	3.401	3.703	5.000	0.000 870 6
0.090	2.495	2.687	2.900		
0.100	2.034	2.176	2.333		
0.112	1.632	1.735	1.848		
0.125	1.317	1.393	1.475		
0.140	1.055	1.110	1.170		
0.160	0.812 2	0.850 2	0.890 6		
0.180	0.644 4	0.671 8	0.700 7		
0.200	0.523 7	0.544 1	0.565 7		
0.224	0.418 8	0.433 8	0.449 5		
0.250	0.334 5	0.348 2	0.362 8		
0.280	0.267 6	0.277 6	0.288 2		
0.315	0.212 1	0.219 3	0.227 0		

表 C.1（续）

导体标称直径/mm	电阻/Ω/m			导体标称直径/mm	标称电阻/Ω/m
	最小值	标称值	最大值		
0.355	0.167 4	0.172 7	0.178 2		
0.400	0.131 6	0.136 0	0.140 7		
0.450	0.104 2	0.107 5	0.110 9		
0.500	0.084 62	0.087 06	0.089 59		
0.560	0.067 36	0.069 40	0.071 53		
0.630	0.053 35	0.054 84	0.056 38		
0.710	0.041 98	0.043 18	0.044 42		
0.800	0.033 05	0.034 01	0.035 00		
0.900	0.026 12	0.026 87	0.027 65		
1.000	0.021 16	0.021 76	0.022 40		

附 录 D
（资料性附录）
漆包圆绕组线型号及对照表

D.1 漆包圆绕组线符号和代号

D.1.1 系列代号

漆包圆绕组线 Q

D.1.2 漆膜代号

油性类漆 Y(可省略)
缩醛类漆 Q
聚酯类漆 Z
聚酯亚胺类漆 ZY
聚氨酯类漆 A
聚酰胺类漆 X
聚酰亚胺类漆 Y
芳香聚酰亚胺类漆 Y(F)
聚酰胺酰亚胺类漆 XY
聚酯-酰胺-亚胺类漆 ZXY
自粘性漆 N
直焊性漆(聚氨酯类漆可省略) H

D.1.3 漆膜厚度代号

D.1.3.1 非自粘性漆包线

1 级漆膜 1
2 级漆膜 2
3 级漆膜 3

D.1.3.2 自粘性漆包线

1 级漆膜 1B
2 级漆膜 2B

D.2 型号示例对照表

型号示例对照见表 D.1。

表 D.1 型号示例对照表

IEC 代号	GB/T 6109—2008 型号
IEC 60317-2—0.500 Grade 2B	QAN-2B/130 0.500 GB/T 6109.2
IEC 60317-3—0.500 Grade 2	QZ-2/155 0.500 GB/T 6109.3
IEC 60317-4—0.500 Grade 2	QA-2/130 0.500 GB/T 6109.4
IEC 60317-7—0.500 Grade 2	QY-2/220 0.500 GB/T 6109.5
IEC 60317-8—0.500 Grade 2	QZY-2/180 0.500 GB/T 6109.6
IEC 60317-12—0.500 Grade 2	QQ-2/120 0.500 GB/T 6109.7

表 D.1（续）

IEC 代号	GB/T 6109—2008 型号
IEC 60317-13—0.500 Grade 2	Q(Z/XY)-2/200 0.500 GB/T 6109.8 Q(ZY/XY)-2/200 0.500 GB/T 6109.8
IEC 60317-19—0.500 Grade 2	Q(A/X)-2/130 0.500 GB/T 6109.9
IEC 60317-20—0.500 Grade 2	QA-2/155 0.500 GB/T 6109.10
IEC 60317-21—0.500 Grade 2	Q(A/X)-2/155 0.500 GB/T 6109.11
IEC 60317-22—0.500 Grade 2	Q(ZY/X)-2/180 0.500 GB/T 6109.12 Q(Z/X)-2/180 0.500 GB/T 6109.12
IEC 60317-23—0.500 Grade 2	QZYH-2/180 0.500 GB/T 6109.13
IEC 60317-26—0.500 Grade 2	QXY-2/200 0.500 GB/T 6109.14
IEC 60317-34—0.500 Grade 2	QZ-2/130L 0.500 GB/T 6109.15
IEC 60317-35—0.500 Grade 2B	QAN-2B/155 0.500 GB/T 6109.16
IEC 60317-36—0.500 Grade 2B	QZYHN-2B/180 0.500 GB/T 6109.17
IEC 60317-37—0.500 Grade 2B	QZYN-2B/180 0.500 GB/T 6109.18
IEC 60317-38—0.500 Grade 2B	Q(Z/XY)N-2B/200 0.500 GB/T 6109.19 Q(ZY/XY)N-2B/200 0.500 GB/T 6109.19
IEC 60317-41—0.500 Grade 2	QZH-2/130L 0.500 GB/T 6109.20
IEC 60317-42—0.500 Grade 2	QZXY-2/200 0.500 GB/T 6109.21
IEC 60317-46—0.500 Grade 2	QY(F)-2/240 0.500 GB/T 6109.22
IEC 60317-51—0.500 Grade 2	QA-2/180 0.500 GB/T 6109.23

附　录　E
（资料性附录）
试验项目类别

GB/T 6109 采用的试验项目类别为型式试验(T)、抽样试验(S)和例行试验(R)，其定义参见GB/T 4074.1的规定。详见表 E.1。

表 E.1　试验项目类别

序　号	项　目　名　称	试验类别
1	尺寸	T,S
1.1	导体直径	
1.2	漆膜厚度	
1.3	最大外径	
2	电阻	T,S
3	伸长率	T,S
4	回弹性	T,S
5	柔韧性和附着性	T,S
5.1	圆棒卷绕	
5.2	拉伸	
5.3	急拉断	
5.4	剥离扭绞	
6	热冲击	T,S
7	软化击穿	T,S
8	耐刮	T,S
9	耐溶剂	T,S
10	击穿电压	T,S
10.1	在室温下	
10.2	在高温下	
11	漆膜连续性	T,S
12	温度指数	T
13	直焊性	T,S
14	耐冷冻剂	T,S
15	热黏合和溶剂粘合	T,S
16	介质损耗系数	T
17	耐变压器油	T,S
18	失重	T,S
19	包装	R

ICS 29.060.01
K 12

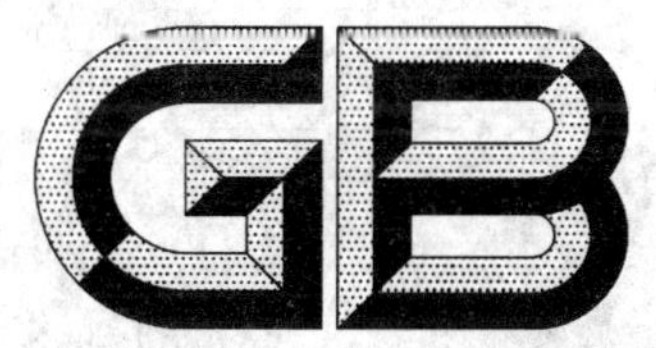

中华人民共和国国家标准

GB/T 6109.2—2008/IEC 60317-3:2004
代替 GB/T 6109.2—1990

漆包圆绕组线 第2部分:155级聚酯漆包铜圆线

Enamelled round winding wire— Part 2:Polyester enamelled round copper wire,class 155

(IEC 60317-3:2004,Specifications for particular types of winding wires—Part 3:Polyester enamelled round copper wire,class 155,IDT)

2008-04-23 发布　　2008-12-01 实施

中华人民共和国国家质量监督检验检疫总局
中国国家标准化管理委员会　发布

前　言

GB/T 6109《漆包圆绕组线》分为 22 个部分：

——第 1 部分：一般规定；

——第 2 部分：155 级聚酯漆包铜圆线；

——第 3 部分：120 级缩醛漆包铜圆线；

——第 4 部分：130 级直焊聚氨酯漆包铜圆线；

——第 5 部分：180 级聚酯亚胺漆包铜圆线；

——第 6 部分：220 级聚酰亚胺漆包铜圆线；

——第 7 部分：130 L 级聚酯漆包铜圆线；

——第 9 部分：130 级聚酰胺复合直焊聚氨酯漆包铜圆线；

——第 10 部分：155 级直焊聚氨酯漆包铜圆线；

——第 11 部分：155 级聚酰胺复合直焊聚氨酯漆包铜圆线；

——第 12 部分：180 级聚酰胺复合聚酯或聚酯亚胺漆包铜圆线；

第 13 部分：180 级直焊聚酯亚胺漆包铜圆线；

——第 14 部分：200 级聚酰胺酰亚胺漆包铜圆线；

——第 15 部分：130 级自粘性直焊聚氨酯漆包铜圆线；

——第 16 部分：155 级自粘性直焊聚氨酯漆包铜圆线；

——第 17 部分：180 级自粘性直焊聚酯亚胺漆包铜圆线；

——第 18 部分：180 级自粘性聚酯亚胺漆包铜圆线；

——第 19 部分：200 级自粘性聚酰胺酰亚胺复合聚酯或聚酯亚胺漆包铜圆线；

——第 20 部分：200 级聚酰胺酰亚胺复合聚酯或聚酯亚胺漆包铜圆线；

——第 21 部分：200 级聚酯-酰胺-亚胺漆包铜圆线；

——第 22 部分：240 级芳族聚酰亚胺漆包铜圆线；

——第 23 部分：180 级直焊聚氨酯漆包铜圆线。

本部分为 GB/T 6109 的第 2 部分。本部分等同采用 IEC 60317-3:2004《特种绕组线产品标准　第 3 部分：155 级聚酯漆包铜圆线》第 3 版(英文版)。

为便于使用，本部分作了下列编辑性修改：

——删除了国际标准的前言；

——用小数点“.”代替作为小数点的逗号“,”。

本部分自实施之日起代替 GB/T 6109.2—1990。

本部分与 GB/T 6109.2—1990 相比，主要变化如下：

——热冲击试验用圆棒直径的规定，由原来的按导体标称直径范围分档立项改为按每一导体标称直径立项；

——剥离试验常数 K 值由 130 mm 改为 150 mm；

——软化击穿温度由 240℃提高为 270℃。

本部分由中国电器工业协会提出。

本部分由全国电线电缆标准化技术委员会(SAC/TC 213)归口。

本部分负责起草单位：上海电缆研究所。

本部分参加起草单位：东港市电磁线厂、江苏大通机电有限公司、先登电工器材股份有限公司、中山信诚漆包线材公司、苏州圣利线缆有限公司、无锡钖洲电磁线厂。

本部分主要起草人:薛永滨、郑启荣、孟祥富、雷洁颜、鄔学良、徐进发、陈惠民。

本部分所代替标准的历次版本发布情况为:

——GB/T 6109.2—1990。

漆包圆绕组线
第2部分:155级聚酯漆包铜圆线

1 范围

GB/T 6109的本部分规定了以聚酯树脂为基的单一漆层155级漆包铜圆线的要求。如果能保留原树脂的化学特性并且满足该漆包线规定的所有要求,则该树脂可以改性。

注:改性树脂是一种经过化学变化的,或者含有一种或多种添加剂以提高其某种性能或使用特性的树脂。

155级表示热级,它要求最小温度指数为155,热冲击温度至少为175℃。

对应于温度指数的摄氏温度并不就是推荐的漆包线使用温度,因为这取决于包括所用设备类型在内的很多因素。

本部分规定的导体标称直径范围为:

——1级:0.020 mm及以上3.150 mm及以下;

——2级:0.020 mm及以上5.000 mm及以下。

导体标称直径按GB/T 6109.1—2008中第4章的规定。

2 规范性引用文件

下列文件中的条款通过GB/T 6109的本部分的引用而成为本部分的条款。凡是注日期的引用文件,其随后所有的修改单(不包括勘误的内容)或修订版均不适用于本部分,然而,鼓励根据本部分达成协议的各方研究是否可使用这些文件的最新版本。凡是不注日期的引用文件,其最新版本适用于本部分。

GB/T 6109.1—2008　漆包圆绕组线　第1部分:一般规定(IEC 60317-0-1:2005, IDT)

3 定义、试验方法总则和外观

3.1 定义、试验方法总则

定义、试验方法总则见GB/T 6109.1—2008中第3章。

如果GB/T 6109.1—2008与本部分有矛盾,以本部分为准。

3.2 外观

见GB/T 6109.1—2008中3.3。

4 尺寸

见GB/T 6109.1—2008中第4章。

5 电阻

见GB/T 6109.1—2008中第5章。

6 伸长率

见GB/T 6109.1—2008中第6章。

7 回弹性

见GB/T 6109.1—2008中第7章。

8 柔韧性和附着性

见 GB/T 6109.1—2008 中第 8 章。用于计算剥离试验用转数的常数 K 应为 150 mm。

9 热冲击

见 GB/T 6109.1—2008 中第 9 章，最小热冲击温度应为 175℃。

10 软化击穿

在 270℃温度下 2 min 内应不击穿。

11 耐刮（导体标称直径 0.250 mm 及以上 2.500 mm 及以下）

漆包线应符合表 1 的规定。

表 1 耐刮

导体标称直径/mm	1级		2级	
	最小平均刮破力/N	每次试验中最小刮破力/N	最小平均刮破力/N	每次试验中最小刮破力/N
0.250	2.70	2.30	4.50	3.80
0.280	2.90	2.45	4.80	4.10
0.315	3.15	2.65	5.20	4.40
0.355	3.40	2.85	5.60	4.75
0.400	3.65	3.05	6.00	5.10
0.450	3.90	3.30	6.45	5.45
0.500	4.20	3.55	6.90	5.85
0.560	4.50	3.80	7.40	6.25
0.630	4.85	4.10	7.90	6.70
0.710	5.20	4.40	8.50	7.20
0.800	5.60	4.70	9.10	7.70
0.900	6.05	5.10	9.70	8.20
1.000	6.55	5.50	10.40	8.80
1.120	7.05	5.95	11.10	9.40
1.250	7.60	6.45	11.90	10.00
1.400	8.20	6.95	12.70	10.80
1.600	8.90	7.55	13.70	11.60
1.800	9.60	8.15	14.70	12.40
2.000	10.30	8.75	15.70	13.30
2.240	11.10	9.40	16.70	14.20
2.500	11.90	10.10	17.80	15.10
注：对于导体标称直径的中间尺寸，应取下一个较大导体标称直径对应的数值。				

12 耐溶剂

见 GB/T 6109.1—2008 中第 12 章。

13 击穿电压

见 GB/T 6109.1—2008 中第 13 章，高温试验的温度应为 155℃。

14 漆膜连续性

见 GB/T 6109.1—2008 中第 14 章。

15 温度指数

见 GB/T 6109.1—2008 中第 15 章，最小温度指数应为 155。

16 耐冷冻剂

不适用。

17 直焊性

不适用。

18 热黏合

不适用。

19 介质损耗系数

不适用。

20 耐变压器油

不适用。

21 失重

不适用。

23 针孔试验

在考虑中。

30 包装

见 GB/T 6109.1—2008 中第 30 章。

ICS 29.060.01
K 12

中华人民共和国国家标准

GB/T 6109.3—2008/IEC 60317-12：1990
代替 GB/T 6109.3—1985

漆包圆绕组线 第3部分：120级缩醛漆包铜圆线

Enamelled round winding wire—
Part 3：Polyvinyl acetal enamelled round copper wire，class 120

（IEC 60317-12：1990，Specifications for particular types of winding wires—Part 12：Polyvinyl acetal enamelled round copper wire，class 120，IDT）

2008-04-23 发布 2008-12-01 实施

中华人民共和国国家质量监督检验检疫总局
中国国家标准化管理委员会 发布

前　言

GB/T 6109《漆包圆绕组线》分为22个部分：

——第1部分：一般规定；

——第2部分：155级聚酯漆包铜圆线；

——第3部分：120级缩醛漆包铜圆线；

——第4部分：130级直焊聚氨酯漆包铜圆线；

——第5部分：180级聚酯亚胺漆包铜圆线；

——第6部分：220级聚酰亚胺漆包铜圆线；

——第7部分：130 L级聚酯漆包铜圆线；

——第9部分：130级聚酰胺复合直焊聚氨酯漆包铜圆线；

——第10部分：155级直焊聚氨酯漆包铜圆线；

——第11部分：155级聚酰胺复合直焊聚氨酯漆包铜圆线；

——第12部分：180级聚酰胺复合聚酯或聚酯亚胺漆包铜圆线；

——第13部分：180级直焊聚酯亚胺漆包铜圆线；

——第14部分：200级聚酰胺酰亚胺漆包铜圆线；

——第15部分：130级自粘性直焊聚氨酯漆包铜圆线；

——第16部分：155级自粘性直焊聚氨酯漆包铜圆线；

——第17部分：180级自粘性直焊聚酯亚胺漆包铜圆线；

——第18部分：180级自粘性聚酯亚胺漆包铜圆线；

——第19部分：200级自粘性聚酰胺酰亚胺复合聚酯或聚酯亚胺漆包铜圆线；

——第20部分：200级聚酰胺酰亚胺复合聚酯或聚酯亚胺漆包铜圆线；

——第21部分：200级聚酯-酰胺-亚胺漆包铜圆线；

——第22部分：240级芳族聚酰亚胺漆包铜圆线；

——第23部分：180级直焊聚氨酯漆包铜圆线。

本部分为GB/T 6109的第3部分。本部分等同采用IEC 60317-12:1990《特种绕组线产品标准 第12部分：120级缩醛漆包铜圆线》第2版(英文版)、第1号修改单(1997)及第2号修改单(2005)。

为便于使用，本部分作了下列编辑性修改：

——删除了国际标准的前言；

——用小数点“.”代替作为小数点的逗号“,”。

本部分自实施之日起代替GB/T 6109.3—1985。

本部分与GB/T 6109.3—1985相比，主要变化如下：

——增加耐热性试验要求，明确规定温度指数为120级；

——增加高温下击穿电压试验的性能要求，增加了外观、针孔试验项目。

本部分由中国电器工业协会提出。

本部分由全国电线电缆标准化技术委员会(SAC/TC 213)归口。

本部分负责起草单位：上海电缆研究所。

本部分参加起草单位：江苏大通机电有限公司、崇明特种电磁线厂、先登电工器材股份有限公司、洪波线缆股份有限公司、无锡锡洲电磁线厂、浙江长城电子科技集团。

本部分主要起草人：郑启荣、曹恒泰、孟祥富、徐进发、姚桂华、陈慧善、陈惠民。

本部分所代替标准的历次版本发布情况为：

——GB/T 6109.3—1985。

漆包圆绕组线
第3部分:120级缩醛漆包铜圆线

1 范围

GB/T 6109的本部分规定了以聚乙烯醇缩醛树脂为基的单一漆层120级漆包铜圆线的要求。如果能保留原树脂的化学特性并且满足该漆包线规定的所有要求,则该树脂可以改性。

注:改性树脂是一种经过化学变化的,或者含有一种或多种添加剂以提高其某种性能或使用特性的树脂。

120级表示热级,它要求最小温度指数为120,热冲击温度至少为155℃。

对应于温度指数的摄氏温度并不就是推荐的漆包线使用温度,因为这取决于包括所用设备类型在内的很多因素。

本部分规定的导体标称直径范围为:

——1级:0.040 mm及以上2.500 mm及以下;

——2级:0.040 mm及以上5.000 mm及以下;

——3级:0.080 mm及以上5.000 mm及以下。

导体标称直径按GB/T 6109.1—2008中第4章的规定。

2 规范性引用文件

下列文件中的条款通过GB/T 6109的本部分的引用而成为本部分的条款。凡是注日期的引用文件,其随后所有的修改单(不包括勘误的内容)或修订版均不适用于本部分,然而,鼓励根据本部分达成协议的各方研究是否可使用这些文件的最新版本。凡是不注日期的引用文件,其最新版本适用于本部分。

GB/T 6109.1—2008 漆包圆绕组线 第1部分:一般规定(IEC 60317-0-1:2005, IDT)

3 定义、试验方法总则和外观

3.1 总则

定义、试验方法总则见GB/T 6109.1—2008中第3章。

如果GB/T 6109.1—2008与本部分有矛盾,以本部分为准。

3.2 外观

见GB/T 6109.1—2008中3.3。

4 尺寸

见GB/T 6109.1—2008中第4章。

5 电阻

见GB/T 6109.1—2008中第5章。

6 伸长率

见GB/T 6109.1—2008中第6章。

7 回弹性

见 GB/T 6109.1—2008 中第 7 章。

8 柔韧性和附着性

见 GB/T 6109.1—2008 中第 8 章。用于计算剥离试验用转数的常数 K 应为 175 mm。

9 热冲击

最小热冲击温度应为 155℃。

9.1 导体标称直径 1.600 mm 及以下

漆层应不开裂。圆棒直径应按表 1 的规定。

表 1 热冲击

导体标称直径/mm		圆棒卷绕前伸长率/%	圆棒直径[b]/mm
以上	及以下		
—	0.050	20[a]	0.150
0.050	1.600	—	D

[a] 或拉至铜的断裂点，取较小值。

[b] D 为漆包线外径。

9.2 导体标称直径 1.600 mm 以上

见 GB/T 6109.1—2008 中 9.2。

10 软化击穿

在 170℃温度下 2 min 内应不击穿。

11 耐刮（导体标称直径 0.250 mm 及以上 2.500 mm 及以下）

漆包线应符合表 2 的规定。

12 耐溶剂

见 GB/T 6109.1—2008 中第 12 章。

13 击穿电压

见 GB/T 6109.1—2008 中第 13 章，高温试验的温度应为 120℃。

14 漆膜连续性

见 GB/T 6109.1—2008 中第 14 章。

15 温度指数

见 GB/T 6109.1—2008 中第 15 章，最小温度指数应为 120。

16 耐冷冻剂

适用但未规定性能要求。

17 直焊性

不适用。

18 热黏合

不适用。

表 2 耐刮

导体标称直径/mm	1级		2级		3级	
	最小平均刮破力/N	每次试验中最小刮破力/N	最小平均刮破力/N	每次试验中最小刮破力/N	最小平均刮破力/N	每次试验中最小刮破力/N
0.250	3.00	2.55	4.90	4.15	5.80	4.90
0.280	3.25	2.75	5.25	4.45	6.25	5.30
0.315	3.50	2.95	5.65	4.80	6.70	5.70
0.355	3.75	3.20	6.05	5.15	7.20	6.10
0.400	4.05	3.45	6.50	5.50	7.70	6.50
0.450	4.35	3.70	7.00	5.90	8.25	7.00
0.500	4.65	3.95	7.50	6.35	8.85	7.50
0.560	5.00	4.25	8.00	6.80	9.50	8.05
0.630	5.35	4.55	8.60	7.30	10.2	8.65
0.710	5.70	4.85	9.20	7.80	10.9	9.25
0.800	6.10	5.15	9.90	8.40	11.7	9.90
0.900	6.55	5.55	10.6	9.00	12.5	10.6
1.000	7.05	5.95	11.3	9.60	13.3	11.3
1.120	7.60	6.45	12.1	10.2	14.2	12.0
1.250	8.20	6.95	12.9	11.0	15.2	12.9
1.400	8.80	7.45	13.9	11.8	16.4	13.9
1.600	9.45	8.00	14.9	12.6	17.6	14.9
1.800	10.1	8.60	16.0	13.5	18.8	16.0
2.000	10.9	9.20	17.1	14.4	20.2	17.1
2.240	11.7	9.90	18.2	15.4	21.6	18.3
2.500	12.5	10.6	19.4	16.4	23.0	19.5

注:对于导体标称直径的中间尺寸,应取下一个较大导体标称直径对应的数值。

19 介质损耗系数

不适用。

20 耐变压器油

适用但未规定性能要求。

21 失重

不适用。

23 针孔试验

正在考虑中。

30 包装

见 GB/T 6109.1—2008 中第 30 章。

ICS 29.060.01
K 12

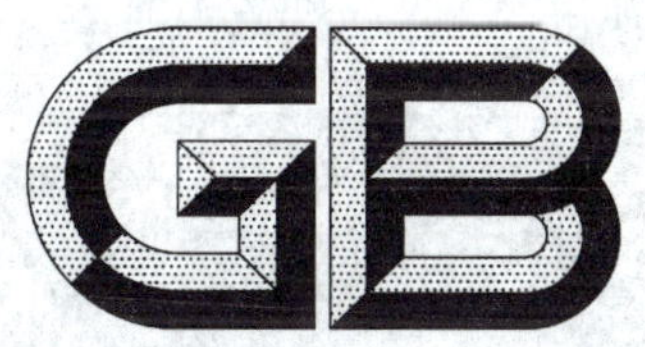

中华人民共和国国家标准

GB/T 6109.4—2008/IEC 60317-4:2000
代替 GB/T 6109.4—1988

漆包圆绕组线
第4部分:130级直焊聚氨酯漆包铜圆线

Enamelled round winding wire—
Part 4:Solderable polyurethane enamelled round copper wire,class 130

(IEC 60317-4:2000,Specifications for particular types of winding wires—Part 4:Solderable polyurethane enamelled round copper wire, class 130,IDT)

2008-04-23 发布　　2008-12-01 实施

中华人民共和国国家质量监督检验检疫总局
中国国家标准化管理委员会　发布

前　言

GB/T 6109《漆包圆绕组线》分为 22 个部分：

——第 1 部分：一般规定；

——第 2 部分：155 级聚酯漆包铜圆线；

——第 3 部分：120 级缩醛漆包铜圆线；

——第 4 部分：130 级直焊聚氨酯漆包铜圆线；

——第 5 部分：180 级聚酯亚胺漆包铜圆线；

——第 6 部分：220 级聚酰亚胺漆包铜圆线；

——第 7 部分：130L 级聚酯漆包铜圆线；

——第 9 部分：130 级聚酰胺复合直焊聚氨酯漆包铜圆线；

——第 10 部分：155 级直焊聚氨酯漆包铜圆线；

——第 11 部分：155 级聚酰胺复合直焊聚氨酯漆包铜圆线；

——第 12 部分：180 级聚酰胺复合聚酯或聚酯亚胺漆包铜圆线；

——第 13 部分：180 级直焊聚酯亚胺漆包铜圆线；

——第 14 部分：200 级聚酰胺酰亚胺漆包铜圆线；

——第 15 部分：130 级自粘性直焊聚氨酯漆包铜圆线；

——第 16 部分：155 级自粘性直焊聚氨酯漆包铜圆线；

——第 17 部分：180 级自粘性直焊聚酯亚胺漆包铜圆线；

——第 18 部分：180 级自粘性聚酯亚胺漆包铜圆线；

——第 19 部分：200 级自粘性聚酰胺酰亚胺复合聚酯或聚酯亚胺漆包铜圆线；

——第 20 部分：200 级聚酰胺酰亚胺复合聚酯或聚酯亚胺漆包铜圆线；

——第 21 部分：200 级聚酯-酰胺-亚胺漆包铜圆线；

——第 22 部分：240 级芳族聚酰亚胺漆包铜圆线；

——第 23 部分：180 级直焊聚氨酯漆包铜圆线。

本部分为 GB/T 6109 的第 4 部分。本部分等同采用 IEC 60317-4:2000《特种绕组线产品标准　第 4 部分：130 级直焊聚氨酯漆包铜圆线》第 3.2 版（英文版）。

为便于使用，本部分作了下列编辑性修改：

——删除了国际标准的前言；

——用小数点“.”代替作为小数点的逗号“,”；

——根据 IEC 60317-0-1:2005 增加外观的要求；

——根据 IEC 60317-0-1:2005 增加了针孔试验项目。

本部分自实施之日起代替 GB/T 6109.4—1988。

本部分与 GB/T 6109.4—1988 相比，主要变化如下：

——导体标称直径范围由原来的 0.018 mm～2.500 mm 分别调整为 0.018 mm～2.000 mm（1 级）和 0.020 mm～2.000 mm（2 级），并取消了 3 级的规格范围；

——明确温度指数为 130 级，热冲温度为 155℃，热冲击试验用圆棒直径的规定由原来的按导体标称直径范围分档改为按每一导体标称直径立项；

——增加高温下击穿电压、温度指数的性能要求；

——焊锡时间由 10 s/mm 和 15 s/mm（1 级和 2 级）分别缩短至 8 s/mm 和 12 s/mm，最短焊锡时

间由 3 s 缩短至 2 s；

——增加了针孔试验项目。

本部分由中国电器工业协会提出。

本部分由全国电线电缆标准化技术委员会(SAC/TC 213)归口。

本部分负责起草单位：上海电缆研究所。

本部分参加起草单位：中山信诚漆包线材有限公司、东港市电磁线厂、苏州圣利线缆有限公司、先登电工器材股份有限公司、浙江长城电子科技集团、洪波线缆股份有限公司。

本部分主要起草人：雷洁颜、薛永滨、鄢学良、孟祥富、姚桂华、曹恒泰、陈惠民。

本部分所代替标准的历次版本发布情况为：

——GB/T 6109.4—1988。

漆包圆绕组线
第4部分:130级直焊聚氨酯漆包铜圆线

1 范围

GB/T 6109的本部分规定了以聚氨酯树脂为基的单一漆层130级直焊漆包铜圆线的要求。如果能保留原树脂的化学特性并且满足该漆包线规定的所有要求,则该树脂可以改性。

注:改性树脂是一种经过化学变化的,或者含有一种或多种添加剂以提高其某种性能或使用特性的树脂。

130级表示热级,它要求最小温度指数为130,热冲击温度至少为155℃。

对应于温度指数的摄氏温度并不就是推荐的漆包线使用温度,因为这取决于包括所用设备类型在内的很多因素。

本部分规定的导体标称直径范围为:

——1级:0.018 mm及以上2.000 mm及以下;

——2级:0.020 mm及以上2.000 mm及以下。

导体标称直径按GB/T 6109.1—2008中第4章的规定。

2 规范性引用文件

下列文件中的条款通过GB/T 6109的本部分的引用而成为本部分的条款。凡是注日期的引用文件,其随后所有的修改单(不包括勘误的内容)或修订版均不适用于本部分,然而,鼓励根据本部分达成协议的各方研究是否可使用这些文件的最新版本。凡是不注日期的引用文件,其最新版本适用于本部分。

GB/T 6109.1—2008 漆包圆绕组线 第1部分:一般规定(IEC 60317-0-1:2005,IDT)

3 定义、试验方法总则和外观

3.1 定义、试验方法总则

定义、试验方法总则见GB/T 6109.1—2008中第3章。

如果GB/T 6109.1—2008与本部分有矛盾,以本部分为准。

3.2 外观

见GB/T 6109.1—2008中3.3。

4 尺寸

见GB/T 6109.1—2008中第4章。

5 电阻

见GB/T 6109.1—2008中第5章。

6 伸长率

见GB/T 6109.1—2008中第6章。

7 回弹性

见GB/T 6109.1—2008中第7章。

8 柔韧性和附着性

见 GB/T 6109.1—2008 中第 8 章。用于计算剥离试验用转数的常数 K 应为 150 mm。

9 热冲击

见 GB/T 6109.1—2008 中第 9 章。最小热冲击温度应为 155℃。

10 软化击穿

在 170℃温度下 2 min 内应不击穿。

11 耐刮(导体标称直径 0.250 mm 及以上 2.000 mm 及以下)

漆包线应符合表 1 的规定。

表 1 耐刮

导体标称直径/mm	1 级		2 级	
	最小平均刮破力/N	每次试验中最小刮破力/N	最小平均刮破力/N	每次试验中最小刮破力/N
0.250	2.30	1.95	4.10	3.50
0.280	2.50	2.10	4.40	3.70
0.315	2.70	2.30	4.75	4.00
0.355	2.90	2.50	5.10	4.30
0.400	3.15	2.70	5.45	4.60
0.450	3.40	2.90	5.80	4.90
0.500	3.65	3.10	6.20	5.25
0.560	3.90	3.30	6.65	5.60
0.630	4.20	3.55	7.10	6.00
0.710	4.50	3.80	7.60	6.45
0.800	4.80	4.10	8.10	6.90
0.900	5.20	4.40	8.70	7.40
1.000	5.60	4.75	9.30	7.90
1.120	6.00	5.15	10.0	8.50
1.250	6.50	5.55	10.7	9.10
1.400	7.00	5.95	11.4	9.70
1.600	7.50	6.35	12.2	10.4
1.800	8.00	6.80	13.1	11.1
2.000	8.60	7.30	14.0	11.9
注：对于导体标称直径的中间尺寸，应取下一个较大导体标称直径对应的数值。				

12 耐溶剂

见 GB/T 6109.1—2008 中第 12 章。

13 击穿电压

见 GB/T 6109.1—2008 中第 13 章，高温试验的温度应为 130℃。

14 漆膜连续性

见 GB/T 6109.1—2008 中第 14 章。

15 温度指数

见 GB/T 6109.1—2008 中第 15 章，最小温度指数应为 130。

16 耐冷冻剂

不适用。

17 直焊性

17.1 导体标称直径 0.050 mm 及以下

焊锡槽的温度应为(375±5)℃。最长浸入时间应为 2 s。

镀锡线的表面应光滑，无针孔和漆膜残渣。

17.2 导体标称直径 0.050 mm 以上 0.100 mm 及以下

焊锡槽的温度应为(375±5)℃。最长浸入时间应为 2 s。

镀锡线的表面应光滑，无针孔和漆膜残渣。

17.3 导体标称直径 0.100 mm 以上

焊锡槽的温度应为(375±5)℃。最长浸入时间(s)应为导体标称直径(mm)乘以下述倍数，最少为 2 s。

1 级	2 级
8 s/mm	12 s/mm

镀锡线的表面应光滑，无针孔和漆膜残渣。

18 热黏合

不适用。

19 介质损耗系数

在约 1 MHz 下介质损耗角正切应不超过 300×10^{-4}。

注：本试验仅适用于在高频线圈中使用的漆包线。

20 耐变压器油

不适用。

21 失重

不适用。

23 针孔试验

正在考虑中。

30 包装

见 GB/T 6109.1—2008 中第 30 章。

ICS 29.060.01
K 12

中华人民共和国国家标准

GB/T 6109.5—2008/IEC 60317-8:1997
代替 GB/T 6109.5—1988

漆包圆绕组线 第5部分:180级聚酯亚胺漆包铜圆线

Enamelled round winding wire—
Part 5:Polyesterimide enamelled round copper wire,class 180

(IEC 60317-8:1997,Specifications for particular types of winding wires—Part 8:Polyesterimide enamelled round copper wire,class 180,IDT)

2008-04-23 发布　　2008-12-01 实施

中华人民共和国国家质量监督检验检疫总局
中国国家标准化管理委员会　发布

前　言

GB/T 6109《漆包圆绕组线》分为22个部分：

——第1部分：一般规定；

——第2部分：155级聚酯漆包铜圆线；

——第3部分：120级缩醛漆包铜圆线；

——第4部分：130级直焊聚氨酯漆包铜圆线；

——第5部分：180级聚酯亚胺漆包铜圆线；

——第6部分：220级聚酰亚胺漆包铜圆线；

——第7部分：130L级聚酯漆包铜圆线；

——第9部分：130级聚酰胺复合直焊聚氨酯漆包铜圆线；

——第10部分：155级直焊聚氨酯漆包铜圆线；

——第11部分：155级聚酰胺复合直焊聚氨酯漆包铜圆线；

——第12部分：180级聚酰胺复合聚酯或聚酯亚胺漆包铜圆线；

——第13部分：180级直焊聚酯亚胺漆包铜圆线；

——第14部分：200级聚酰胺酰亚胺漆包铜圆线；

——第15部分：130级自粘性直焊聚氨酯漆包铜圆线；

——第16部分：155级自粘性直焊聚氨酯漆包铜圆线；

——第17部分：180级自粘性直焊聚酯亚胺漆包铜圆线；

——第18部分：180级自粘性聚酯亚胺漆包铜圆线；

——第19部分：200级自粘性聚酰胺酰亚胺复合聚酯或聚酯亚胺漆包铜圆线；

——第20部分：200级聚酰胺酰亚胺复合聚酯或聚酯亚胺漆包铜圆线；

——第21部分：200级聚酯-酰胺-亚胺漆包铜圆线；

——第22部分：240级芳族聚酰亚胺漆包铜圆线；

——第23部分：180级直焊聚氨酯漆包铜圆线。

本部分为GB/T 6109的第5部分。本部分等同采用IEC 60317-8:1997《特种绕组线产品标准　第8部分：180级聚酯亚胺漆包铜圆线》第3.2版（英文版）。

为便于使用，本部分作了下列编辑性修改：

——删除了国际标准的前言；

——用小数点“.”代替作为小数点的逗号“,”；

——根据IEC 60317-0-1:2005增加外观的要求；

——IEC 60317-8:1997第2.2版中有关耐冷冻剂试验项目发生编辑性错误，在这次修订时取消了IEC 60317-8:1997版的16.1、16.2和16.3及其脚注的规定；

——根据IEC 60317-0-1:2005增加了针孔试验项目。

本部分自实施之日起代替GB/T 6109.5—1988。

本部分与GB/T 6109.5—1988相比，主要变化如下：

——导体标称直径范围由原来的0.018 mm～2.500 mm分别调整为0.020 mm～3.150 mm（1级），0.020 mm～5.000 mm（2级）和0.250 mm～1.600 mm（3级）；

——热冲击试验用圆棒直径的规定由原来的按导体标称直径范围分档改为按导体标称直径一一对应；

——修改了耐冷冻剂试验的考核要求;

——增加了针孔试验项目。

本部分由中国电器工业协会提出。

本部分由全国电线电缆标准化技术委员会(SAC/TC 213)归口。

本部分负责起草单位:上海电缆研究所。

本部分参加起草单位:先登电工器材股份有限公司、精达特种电磁线股份有限公司、江苏大通机电有限公司、蓉胜超微线材股份有限公司、东港市电磁线厂、无锡锡洲电磁线厂。

本部分主要起草人:孟祥富、章延胜、郑启荣、刘贵忠、薛永滨、徐进发、陈惠民。

本部分所代替标准的历次版本发布情况为:

——GB/T 6109.5—1988。

漆包圆绕组线 第5部分:180级聚酯亚胺漆包铜圆线

1 范围

GB/T 6109的本部分规定了以聚酯亚胺树脂为基的单一漆层180级漆包铜圆线的要求。如果能保留原树脂的化学特性并且满足该漆包线规定的所有要求,则该树脂可以改性。

注:改性树脂是一种经过化学变化的,或者含有一种或多种添加剂以提高其某种性能或使用特性的树脂。

180级表示热级,它要求最小温度指数为180,热冲击温度至少为200℃。

对应于温度指数的摄氏温度并不就是推荐的漆包线使用温度,因为这取决于包括所用设备类型在内的很多因素。

本部分规定的导体标称直径范围为:

——1级:0.018 mm及以上3.150 mm及以下;

——2级:0.020 mm及以上5.000 mm及以下;

——3级:0.250 mm及以上1.600 mm及以下。

导体标称直径按GB/T 6109.1—2008中第4章的规定。

2 规范性引用文件

下列文件中的条款通过GB/T 6109的本部分的引用而成为本部分的条款。凡是注日期的引用文件,其随后所有的修改单(不包括勘误的内容)或修订版均不适用于本部分,然而,鼓励根据本部分达成协议的各方研究是否可使用这些文件的最新版本。凡是不注日期的引用文件,其最新版本适用于本部分。

GB/T 6109.1—2008 漆包圆绕组线 第1部分:一般规定(IEC 60317-0-1:2005, IDT)

3 定义、试验方法总则和外观

3.1 定义、试验方法总则

定义、试验方法总则见GB/T 6109.1—2008中第3章。

如果GB/T 6109.1—2008与本部分有矛盾,以本部分为准。

3.2 外观

见GB/T 6109.1—2008中3.3。

4 尺寸

见GB/T 6109.1—2008中第4章。

5 电阻

见GB/T 6109.1—2008中第5章。

6 伸长率

见GB/T 6109.1—2008中第6章。

7 回弹性

见 GB/T 6109.1—2008 中第 7 章。

8 柔韧性和附着性

见 GB/T 6109.1—2008 中第 8 章,用于计算剥离试验用转数的常数 K 应为 110 mm。

9 热冲击

见 GB/T 6109.1—2008 中第 9 章,最小热冲击温度应为 200℃。

10 软化击穿

在 300℃温度下 2 min 内应不击穿。

11 耐刮(导体标称直径 0.250 mm 及以上 2.500 mm 及以下)

漆包线应符合表 1 的规定。

表 1 耐刮

导体标称直径/mm	1 级		2 级		3 级	
	最小平均刮破力/N	每次试验中最小刮破力/N	最小平均刮破力/N	每次试验中最小刮破力/N	最小平均刮破力/N	每次试验中最小刮破力/N
0.250	2.85	2.45	4.70	4.00	5.80	4.90
0.280	3.10	2.60	5.05	4.30	6.25	5.30
0.315	3.35	2.80	5.45	4.60	6.70	5.70
0.355	3.60	3.05	5.85	4.95	7.20	6.10
0.400	3.85	3.25	6.25	5.30	7.70	6.50
0.450	4.15	3.50	6.75	5.70	8.25	7.00
0.500	4.45	3.75	7.20	6.10	8.85	7.50
0.560	4.75	4.05	7.70	6.50	9.50	8.05
0.630	5.10	4.35	8.25	7.00	10.2	8.65
0.710	5.45	4.65	8.85	7.50	10.9	9.25
0.800	5.85	4.95	9.50	8.05	11.7	9.90
0.900	6.30	5.35	10.2	8.60	12.5	10.6
1.000	6.75	5.75	10.9	9.20	13.3	11.3
1.120	7.35	6.20	11.6	9.80	14.2	12.0
1.250	7.90	6.70	12.5	10.5	15.2	12.9
1.400	8.50	7.20	13.3	11.3	16.4	13.9
1.600	9.20	7.80	14.3	12.1	17.6	14.9
1.800	9.95	8.40	15.4	13.0	—	—
2.000	10.6	9.00	16.4	13.9	—	—
2.240	11.7	9.90	17.5	14.8	—	—
2.500	12.8	10.8	18.6	15.8	—	—
注:对于导体标称直径的中间尺寸,应取下一个较大导体标称直径对应的数值。						

12 耐溶剂

见 GB/T 6109.1—2008 中第 12 章，但铅笔硬度变化应不超过三级。

13 击穿电压

见 GB/T 6109.1—2008 中第 13 章，高温试验温度应为 180℃。

14 漆膜连续性

见 GB/T 6109.1—2008 中第 14 章。

15 温度指数

见 GB/T 6109.1—2008 中第 15 章，最小温度指数应为 180。

16 耐冷冻剂

萃取物的百分比应不超过 0.5%。最小击穿电压应为规定值的 75%。

17 直焊性

不适用。

18 热黏合

不适用。

19 介质损耗系数

不适用。

20 耐变压器油

适用但未规定性能要求。

21 失重

不适用。

23 针孔试验

正在考虑中。

30 包装

见 GB/T 6109.1—2008 中第 30 章。

ICS 29.060.01
K 12

中华人民共和国国家标准

GB/T 6109.6—2008/IEC 60317-7:1997
代替 GB/T 6109.6—1988

漆包圆绕组线
第6部分:220级聚酰亚胺漆包铜圆线

Enamelled round winding wire—
Part 6:Polyimide enamelled round copper wire,class 220

(IEC 60317-7:1997,Specifications for particular types of winding wires—Part 7:Polyimide enamelled round copper wires,class 220,IDT)

2008-04-23 发布　　　　2008-12-01 实施

中华人民共和国国家质量监督检验检疫总局
中国国家标准化管理委员会　发布

前　言

GB/T 6109《漆包圆绕组线》分为22个部分：

——第1部分：一般规定；

——第2部分：155级聚酯漆包铜圆线；

——第3部分：120级缩醛漆包铜圆线；

——第4部分：130级直焊聚氨酯漆包铜圆线；

——第5部分：180级聚酯亚胺漆包铜圆线；

——第6部分：220级聚酰亚胺漆包铜圆线；

——第7部分：130L级聚酯漆包铜圆线；

——第9部分：130级聚酰胺复合直焊聚氨酯漆包铜圆线；

——第10部分：155级直焊聚氨酯漆包铜圆线；

——第11部分：155级聚酰胺复合直焊聚氨酯漆包铜圆线；

——第12部分：180级聚酰胺复合聚酯或聚酯亚胺漆包铜圆线；

——第13部分：180级直焊聚酯亚胺漆包铜圆线；

——第14部分：200级聚酰胺酰亚胺漆包铜圆线；

——第15部分：130级自粘性直焊聚氨酯漆包铜圆线；

——第16部分：155级自粘性直焊聚氨酯漆包铜圆线；

——第17部分：180级自粘性直焊聚酯亚胺漆包铜圆线；

——第18部分：180级自粘性聚酯亚胺漆包铜圆线；

——第19部分：200级自粘性聚酰胺酰亚胺复合聚酯或聚酯亚胺漆包铜圆线；

——第20部分：200级聚酰胺酰亚胺复合聚酯或聚酯亚胺漆包铜圆线；

第21部分：200级聚酯-酰胺-亚胺漆包铜圆线；

——第22部分：240级芳族聚酰亚胺漆包铜圆线；

——第23部分：180级直焊聚氨酯漆包铜圆线。

本部分为GB/T 6109的第6部分。本部分等同采用IEC 60317-7:1997《特种绕组线产品标准　第7部分：220级聚酰亚胺漆包铜圆线》第3.2版(英文版)。

为便于使用，本部分作了下列编辑性修改：

——删除了国际标准的前言；

——用小数点“.”代替作为小数点的逗号“,”；

——根据IEC 60317-0-1:2005增加了针孔试验项目。

本部分自实施之日起代替GB/T 6109.6—1988。

本部分与GB/T 6109.6—1988相比，主要变化如下：

——导体标称直径范围由原来的0.018 mm～2.500 mm分别调整为0.020 mm～2.000 mm(1级)和0.020 mm～5.000 mm(2级)；

——热冲击试验用圆棒直径的规定由原来的按导体标称直径范围分档改为按每一导体标称直径立项；

——耐冷冻剂试验按新方法考核，要求萃取物的百分比不应超过0.5 %，最小击穿电压应为规定值的75 %；

——增加介质损耗系数性能指标，在1 000 Hz频率下tg δ不应超过60×10^{-4}；

——增加了针孔试验项目。

本部分由中国电器工业协会提出。

本部分由全国电线电缆标准化技术委员会(SAC/TC 213)归口。

本部分负责起草单位:上海电缆研究所。

本部分参加起草单位:崇明特种电磁线厂、江苏大通机电有限公司、裕生特种线材有限公司、无锡锡洲电磁线厂、浙江露笑集团有限公司、巨丰复合线有限公司。

本部分主要起草人:曹恒泰、郑启荣、张家化、徐进发、鲁小均、蔡麟、陈惠民。

本部分所代替标准的历次版本发布情况为:

——GB/T 6109.6—1988。

漆包圆绕组线 第6部分:220级聚酰亚胺漆包铜圆线

1 范围

GB/T 6109的本部分规定了以聚酰亚胺树脂为基的单一漆层220级漆包铜圆线的要求。

220级表示热级,它要求最小温度指数为220,热冲击温度至少为240℃。

对应于温度指数的摄氏温度并不就是推荐的漆包线使用温度,因为这取决于包括所用设备类型在内的很多因素。

本部分规定的导体标称直径范围为:

——1级:0.020 mm及以上2.000 mm及以下;

——2级:0.020 mm及以上5.000 mm及以下。

导体标称直径按GB/T 6109.1—2008中第4章的规定。

2 规范性引用文件

下列文件中的条款通过GB/T 6109的本部分的引用而成为本部分的条款。凡是注日期的引用文件,其随后所有的修改单(不包括勘误的内容)或修订版均不适用于本部分,然而,鼓励根据本部分达成协议的各方研究是否可使用这些文件的最新版本。凡是不注日期的引用文件,其最新版本适用于本部分。

GB/T 6109.1—2008 漆包圆绕组线 第1部分:一般规定(IEC 60317-0-1:2005, IDT)

3 定义、试验方法总则和外观

3.1 定义、试验方法总则

定义、试验方法总则见GB/T 6109.1—2008中第3章。

如果GB/T 6109.1—2008与本部分有矛盾,以本部分为准。

3.2 外观

见GB/T 6109.1—2008中3.3。

4 尺寸

见GB/T 6109.1—2008中第4章。

5 电阻

见GB/T 6109.1—2008中第5章。

6 伸长率

见GB/T 6109.1—2008中第6章。

7 回弹性

见GB/T 6109.1—2008中第7章。

8 柔韧性和附着性

见 GB/T 6109.1—2008 中第 8 章。用于计算剥离试验用转数的常数 K 应为 90 mm。

9 热冲击

见 GB/T 6109.1—2008 中第 9 章。最小热冲击温度应为 240℃。

10 软化击穿

在 400℃温度下 2 min 内应不击穿。

11 耐刮(导体标称直径 0.250 mm 及以上 2.500 mm 及以下)

漆包线应符合表 1 的规定。

12 耐溶剂

见 GB/T 6109.1—2008 中第 12 章。但铅笔硬度变化应不超过 1 级。

13 击穿电压

见 GB/T 6109.1—2008 中第 13 章,高温试验温度应为 220℃。

14 漆膜连续性

见 GB/T 6109.1—2008 中第 14 章。

15 温度指数

见 GB/T 6109.1—2008 中第 15 章,最小温度指数应为 220。

16 耐冷冻剂

萃取物的百分比应不超过 0.5%。最小击穿电压应为规定值的 75%。

17 直焊性

不适用。

18 热黏合

不适用。

19 介质损耗系数

在 1 000 Hz 频率下的介质损耗系数 $\tan\delta$ 应不超过 60×10^{-4}。

注 1:试验在考虑中。

注 2:在介质损耗系数 $\tan\delta$ 不能测量的情况下,该试验应由失重试验代替。

20 耐变压器油

适用但未规定性能要求。

21 失重

不适用。但可由供需双方协商决定性能要求。

23 针孔试验

正在考虑中。

30 包装

见 GB/T 6109.1—2008 中第 30 章。

表 1 耐 刮

导体标称直径/mm	1 级		2 级	
	最小平均刮破力/N	每次试验中最小刮破力/N	最小平均刮破力/N	每次试验中最小刮破力/N
0.250	2.00	1.70	3.35	2.85
0.280	2.15	1.85	3.60	3.05
0.315	2.30	2.00	3.90	3.30
0.355	2.50	2.15	4.20	3.55
0.400	2.70	2.30	4.50	3.80
0.450	2.90	2.45	4.80	4.05
0.500	3.10	2.65	5.15	4.35
0.560	3.35	2.85	5.50	4.65
0.630	3.60	3.05	5.90	5.00
0.710	3.90	3.30	6.35	5.40
0.800	4.20	3.60	6.80	5.80
0.900	4.50	3.90	7.30	6.20
1.000	4.90	4.20	7.80	6.60
1.120	5.30	4.50	8.35	7.10
1.250	5.70	4.80	8.95	7.60
1.400	6.15	5.20	9.60	8.15
1.600	6.65	5.60	10.3	8.75
1.800	7.15	6.05	11.0	9.35
2.000	7.70	6.55	11.8	10.0
2.240			12.6	10.7
2.500	—	—	13.4	11.4
注：对于导体标称直径的中间尺寸，应取下一个较大导体标称直径对应的数值。				

ICS 29.060.01
K 12

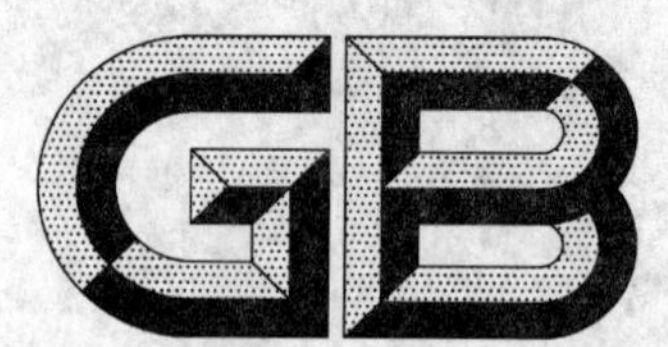

中华人民共和国国家标准

GB/T 6109.7—2008/IEC 60317-34:1997
代替 GB/T 6109.7—1990

漆包圆绕组线
第7部分:130L级聚酯漆包铜圆线

Enamelled round winding wire—
Part 7:Polyester enamelled round copper wire,class 130L

(IEC 60317-34:1997,Specifications for particular types of winding wires—Part 34:Polyester enamelled round copper wire,class 130L,IDT)

2008-04-23 发布　　　　2008-12-01 实施

中华人民共和国国家质量监督检验检疫总局
中国国家标准化管理委员会　发布

前　言

GB/T 6109《漆包圆绕组线》分为22个部分：
——第1部分：一般规定；
——第2部分：155级聚酯漆包铜圆线；
——第3部分：120级缩醛漆包铜圆线；
——第4部分：130级直焊聚氨酯漆包铜圆线；
——第5部分：180级聚酯亚胺漆包铜圆线；
——第6部分：220级聚酰亚胺漆包铜圆线；
——第7部分：130L级聚酯漆包铜圆线；
——第9部分：130级聚酰胺复合直焊聚氨酯漆包铜圆线；
——第10部分：155级直焊聚氨酯漆包铜圆线；
——第11部分：155级聚酰胺复合直焊聚氨酯漆包铜圆线；
——第12部分：180级聚酰胺复合聚酯或聚酯亚胺漆包铜圆线；
——第13部分：180级直焊聚酯亚胺漆包铜圆线；
——第14部分：200级聚酰胺酰亚胺漆包铜圆线；
——第15部分：130级自粘性直焊聚氨酯漆包铜圆线；
——第16部分：155级自粘性直焊聚氨酯漆包铜圆线；
——第17部分：180级自粘性直焊聚酯亚胺漆包铜圆线；
——第18部分：180级自粘性聚酯亚胺漆包铜圆线；
——第19部分：200级自粘性聚酰胺酰亚胺复合聚酯或聚酯亚胺漆包铜圆线；
——第20部分：200级聚酰胺酰亚胺复合聚酯或聚酯亚胺漆包铜圆线；
——第21部分：200级聚酯-酰胺-亚胺漆包铜圆线；
——第22部分：240级芳族聚酰亚胺漆包铜圆线；
——第23部分：180级直焊聚氨酯漆包铜圆线。

本部分为GB/T 6109的第7部分。本部分等同采用IEC 60317-34:1997《特种绕组线产品标准 第34部分：130L级聚酯漆包铜圆线》第2版(英文版)。

为便于使用，本部分作了下列编辑性修改：
——删除了国际标准的前言；
——用小数点"."代替作为小数点的逗号"，"；
——根据IEC 60317-0-1:2005增加了针孔试验项目；
——补充了IEC原文中遗漏的表2两个规格数据。

本部分自实施之日起代替GB/T 6109.7—1990。

本部分与GB/T 6109.7—1990相比，主要变化如下：
——130L级聚酯漆包铜圆线与130级聚酯漆包铜圆线除了热冲指标外所有结构尺寸和性能指标均相同。其中热冲温度均为155℃，但卷绕倍径放大。因此IEC 60317-34:1997的130L级正好相当于GB/T 6109.7—1990的130级。此次修订按等同原则明确热级为130L级；
——导体标称直径范围由原来的0.018 mm～3.150 mm(1级)和0.018 mm～5.000 mm(2级)分别调整为0.050 mm～3.150 mm和0.050 mm～5.000 mm(2级)，取消了微细规格；
——用于计算剥离试验用转数的常数 K 由150 mm改为130 mm；

——增加了针孔试验项目。

本部分由中国电器工业协会提出。

本部分由全国电线电缆标准化技术委员会(SAC/TC 213)归口。

本部分负责起草单位:上海电缆研究所。

本部分参加起草单位:中山信诚漆包线材有限公司、苏州圣利线缆有限公司、无锡锡洲电磁线厂、洪波线缆股份有限公司、巨丰复合线有限公司、浙江长城电子科技集团。

本部分主要起草人:雷洁颜、鄢学良、徐进发、曹恒泰、蔡麟、姚桂华、陈惠民。

本部分所代替标准的历次版本发布情况为:

——GB/T 6109.7—1990。

漆包圆绕组线
第7部分:130L级聚酯漆包铜圆线

1 范围

GB/T 6109的本部分规定了以聚酯树脂为基的单一漆层130L级漆包铜圆线的要求。如果能保留原树脂的化学特性并且满足该漆包线规定的所有要求,则该树脂可以改性。

注:改性树脂是一种经过化学变化的,或者含有一种或多种添加剂以提高其某种性能或使用特性的树脂。

130L级表示热级,它要求最小温度指数为130,热冲击温度至少为155℃。

注:本部分所规定的130L级漆包铜圆线的热冲击性能比IEC 60317-45所规定的130级漆包铜圆线低。

对应于温度指数的摄氏温度并不就是推荐的漆包线使用温度,因为这取决于包括所用设备类型在内的很多因素。

本部分规定的导体标称直径范围为:

——1级:0.050 mm及以上3.150 mm及以下;

——2级:0.050 mm及以上5.000 mm及以下。

导体标称直径按GB/T 6109.1—2008中第4章的规定。

2 规范性引用文件

下列文件中的条款通过GB/T 6109的本部分的引用而成为本部分的条款。凡是注日期的引用文件,其随后所有的修改单(不包括勘误的内容)或修订版均不适用于本部分,然而,鼓励根据本部分达成协议的各方研究是否可使用这些文件的最新版本。凡是不注日期的引用文件,其最新版本适用于本部分。

GB/T 6109.1—2008 漆包圆绕组线 第1部分:一般规定(IEC 60317-0-1:2005, IDT)

3 定义、试验方法总则和外观

3.1 定义、试验方法总则

定义、试验方法总则见GB/T 6109.1—2008中第3章的规定。

如果GB/T 6109.1—2008与本部分有矛盾,以本部分为准。

3.2 外观

见GB/T 6109.1—2008中3.3。

4 尺寸

见GB/T 6109.1—2008中第4章。

5 电阻

见GB/T 6109.1—2008中第5章。

6 伸长率

见GB/T 6109.1—2008中第6章。

7 回弹性

见 GB/T 6109.1—2008 中第 7 章。

8 柔韧性和附着性

见 GB/T 6109.1—2008 中第 8 章。用于计算剥离试验用转数的常数 K 应为 130 mm。

9 热冲击

见 GB/T 6109.1—2008 中第 9 章，其中最小热冲击温度应为 155℃。

9.1 导体标称直径 1.600 mm 及以下

漆层应不开裂。圆棒直径应按表 1 的规定。

表 1 热冲击

导体标称直径/mm		圆棒直径[a]/mm
以上	及以下	
—	0.050	0.150
0.050	0.160	$3D$
0.160	0.250	$4D$
0.250	1.000	$6D$
1.000	1.600	$7D$

* D 为漆包线外径。

9.2 导体标称直径 1.600 mm 以上

经 10 %拉伸后漆层应不开裂。

10 软化击穿

在 240℃温度下 2 min 内应不击穿。

11 耐刮(导体标称直径 0.250 mm 及以上 2.500 mm 及以下)

漆包线应符合表 2 的规定。

表 2 耐刮

导体标称直径/mm	1 级		2 级	
	最小平均刮破力/N	每次试验中最小刮破力/N	最小平均刮破力/N	每次试验中最小刮破力/N
0.250	2.70	2.30	4.50	3.80
0.280	2.90	2.45	4.80	4.10
0.315	3.15	2.65	5.20	4.40
0.355	3.40	2.85	5.60	4.75
0.400	3.65	3.05	6.00	5.10
0.450	3.90	3.30	6.45	5.45
0.500	4.20	3.55	6.90	5.85
0.560	4.50	3.80	7.40	6.25

表 2（续）

导体标称直径/mm	1 级		2 级	
	最小平均刮破力/N	每次试验中最小刮破力/N	最小平均刮破力/N	每次试验中最小刮破力/N
0.630	4.85	4.10	7.90	6.70
0.710	5.20	4.40	8.50	7.20
0.800	5.60	4.70	9.10	7.70
0.900	6.05	5.10	9.70	8.20
1.000	6.55	5.50	10.4	8.80
1.120	7.05	5.95	11.1	9.40
1.250	7.60	6.45	11.9	10.0
1.400	8.20	6.95	12.7	10.8
1.600	8.90	7.55	13.7	11.6
1.800	9.60	8.15	14.7	12.4
2.000	10.3	8.75	15.7	13.3
2.240	11.1	9.40	16.7	14.2
2.500	11.9	10.1	17.8	15.1
注：对于导体标称直径的中间尺寸，应取下一个较大导体标称直径对应的数值。				

12 耐溶剂

见 GB/T 6109.1—2008 中第 12 章。

13 击穿电压

见 GB/T 6109.1—2008 中第 13 章，高温试验的温度应为 130℃。

14 漆膜连续性

见 GB/T 6109.1—2008 中第 14 章。

15 温度指数

见 GB/T 6109.1—2008 中第 15 章，最小温度指数应为 130。

16 耐冷冻剂

不适用。

17 直焊性

不适用。

18 热黏合

不适用。

19 介质损耗系数

不适用。

20 耐变压器油

不适用。

21 失重

不适用。

23 针孔试验

正在考虑中。

30 包装

见 GB/T 6109.1—2008 中第 30 章。

ICS 29.060.01
K 12

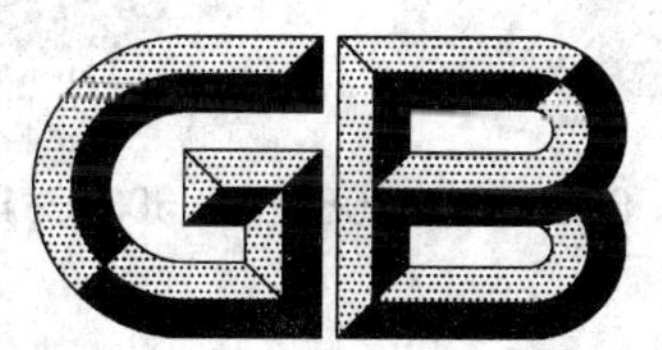

中华人民共和国国家标准

GB/T 6109.9—2008/IEC 60317-19:2000

漆包圆绕组线 第9部分:130级聚酰胺复合直焊聚氨酯漆包铜圆线

Enamelled round winding wire—
Part 9:Solderable polyurethane enamelled round copper wire overcoated with polyamide,class 130

(IEC 60317-19:2000,Specifications for particular types of winding wires—Part 19:Solderable polyurethane enamelled round copper wire,overcoated with polyamide,class 130,IDT)

2008-04-23 发布 2008-12-01 实施

中华人民共和国国家质量监督检验检疫总局
中国国家标准化管理委员会 发布

前　言

GB/T 6109《漆包圆绕组线》分为22个部分：

——第1部分：一般规定；

——第2部分：155级聚酯漆包铜圆线；

——第3部分：120级缩醛漆包铜圆线；

——第4部分：130级直焊聚氨酯漆包铜圆线；

——第5部分：180级聚酯亚胺漆包铜圆线；

——第6部分：220级聚酰亚胺漆包铜圆线；

——第7部分：130L级聚酯漆包铜圆线；

——第9部分：130级聚酰胺复合直焊聚氨酯漆包铜圆线；

——第10部分：155级直焊聚氨酯漆包铜圆线；

——第11部分：155级聚酰胺复合直焊聚氨酯漆包铜圆线；

——第12部分：180级聚酰胺复合聚酯或聚酯亚胺漆包铜圆线；

——第13部分：180级直焊聚酯亚胺漆包铜圆线；

——第14部分：200级聚酰胺酰亚胺漆包铜圆线；

——第15部分：130级自粘性直焊聚氨酯漆包铜圆线；

——第16部分：155级自粘性直焊聚氨酯漆包铜圆线；

——第17部分：180级自粘性直焊聚酯亚胺漆包铜圆线；

——第18部分：180级自粘性聚酯亚胺漆包铜圆线；

——第19部分：200级自粘性聚酰胺酰亚胺复合聚酯或聚酯亚胺漆包铜圆线；

——第20部分：200级聚酰胺酰亚胺复合聚酯或聚酯亚胺漆包铜圆线；

——第21部分：200级聚酯-酰胺-亚胺漆包铜圆线；

——第22部分：240级芳族聚酰亚胺漆包铜圆线；

——第23部分：180级直焊聚氨酯漆包铜圆线。

本部分为GB/T 6109的第9部分。本部分等同采用IEC 60317-19:2000《特种绕组线产品标准 第19部分：130级聚酰胺复合直焊聚氨酯漆包铜圆线》第2.2版(英文版)。

为便于使用，本部分作了下列编辑性修改：

——删除了国际标准的前言；

——用小数点“.”代替作为小数点的逗号“,”；

——根据IEC 60317-0-1:2005增加了针孔试验项目。

本部分为首次制订。

本部分由中国电器工业协会提出。

本部分由全国电线电缆标准化技术委员会(SAC/TC 213)归口。

本部分负责起草单位：上海电缆研究所。

本部分参加起草单位：苏州圣利线缆有限公司、裕生特种线材有限公司、崇明特种电磁线厂、中山信诚漆包线材有限公司、东港市电磁线厂、浙江露笑集团有限公司。

本部分主要起草人：鄔学良、张家化、曹恒泰、雷洁颜、薛永滨、鲁小均、陈惠民。

漆包圆绕组线
第9部分:130级聚酰胺复合直焊聚氨酯漆包铜圆线

1 范围

GB/T 6109的本部分规定了双漆层的130级直焊漆包铜圆线的要求。底漆层以聚氨酯树脂为基,如果能保留原树脂的化学特性并且满足该漆包线规定的所有要求,则该树脂可以改性。面漆层是以聚酰胺树脂为基。

注:改性树脂是一种经过化学变化的,或者含有一种或多种添加剂以提高其某种性能或使用特性的树脂。

130级表示热级,它要求最小温度指数为130,热冲击温度至少为155℃。

对应于温度指数的摄氏温度并不就是推荐的漆包线使用温度,因为这取决于包括所用设备类型在内的很多因素。

本部分规定的导体标称直径范围为:

——1级:0.050 mm及以上1.600 mm及以下;

——2级:0.050 mm及以上2.000 mm及以下。

导体标称直径按GB/T 6109.1—2008中第4章的规定。

2 规范性引用文件

下列文件中的条款通过GB/T 6109的本部分的引用而成为本部分的条款。凡是注日期的引用文件,其随后所有的修改单(不包括勘误的内容)或修订版均不适用于本部分,然而,鼓励根据本部分达成协议的各方研究是否可使用这些文件的最新版本。凡是不注日期的引用文件,其最新版本适用于本部分。

GB/T 6109.1—2008 漆包圆绕组线 第1部分:一般规定(IEC 60317-0-1:2005,IDT)

3 定义、试验方法总则和外观

3.1 定义、试验方法总则

定义、试验方法总则见GB/T 6109.1—2008中第3章。

如果GB/T 6109.1—2008与本部分有矛盾,以本部分为准。

3.2 外观

见GB/T 6109.1—2008中3.3。

4 尺寸

见GB/T 6109.1—2008中第4章。

5 电阻

见GB/T 6109.1—2008中第5章。

6 伸长率

见GB/T 6109.1—2008中第6章。

7 回弹性

见 GB/T 6109.1—2008 中第 7 章。

8 柔韧性和附着性

见 GB/T 6109.1—2008 中第 8 章。用于计算剥离试验用转数的常数 *K* 应为 150 mm。

9 热冲击

见 GB/T 6109.1—2008 中第 9 章。最小热冲击温度应为 155℃。

10 软化击穿

在 170℃温度下 2 min 内应不击穿。

11 耐刮(导体标称直径 0.250 mm 及以上 2.000 mm 及以下)

漆包线应符合表 1 的规定。

表 1 耐 刮

导体标称直径/mm	1 级		2 级	
	最小平均刮破力/N	每次试验中最小刮破力/N	最小平均刮破力/N	每次试验中最小刮破力/N
0.250	2.30	1.95	4.10	3.50
0.280	2.50	2.10	4.40	3.70
0.315	2.70	2.30	4.75	4.00
0.355	2.90	2.50	5.10	4.30
0.400	3.15	2.70	5.45	4.60
0.450	3.40	2.90	5.80	4.90
0.500	3.65	3.10	6.20	5.25
0.560	3.90	3.30	6.65	5.60
0.630	4.20	3.55	7.10	6.00
0.710	4.50	3.80	7.60	6.45
0.800	4.80	4.10	8.10	6.90
0.900	5.20	4.40	8.70	7.40
1.000	5.60	4.75	9.30	7.90
1.120	6.00	5.15	10.0	8.50
1.250	6.50	5.55	10.7	9.10
1.400	7.00	5.95	11.4	9.70
1.600	7.50	6.35	12.2	10.4
1.800	—	—	13.1	11.1
2.000	—	—	14.0	11.9
注：对于导体标称直径的中间尺寸，应取下一个较大导体标称直径对应的数值。				

12 耐溶剂

见 GB/T 6109.1—2008 中第 12 章。

13 击穿电压

当漆包线在室温和 130℃(当用户要求时)下试验时,应分别符合 13.1 和 13.2 规定的要求。

13.1 导体标称直径 0.100 mm 及以下

五个试样中应至少有四个在小于或等于表 2 规定的电压下不发生击穿。

表 2 击穿电压

导体标称直径/mm	最小击穿电压(有效值)/V	
	1 级	2 级
	在室温下	
0.050	275	550
0.056	300	600
0.063	350	650
0.071	375	650
0.080	375	750
0.090	450	800
0.100	450	850

注:对于导体标称直径的中间尺寸,应取下一个较大导体标称直径对应的最小击穿电压。

13.2 导体标称直径 0.100 mm 以上 2.000 mm 及以下

五个试样中应至少有四个在小于或等于表 3 规定的电压下不发生击穿。

表 3 击穿电压

导体标称直径/mm	最小击穿电压(有效值)/V			
	1 级		2 级	
	在室温下	130℃	在室温下	130℃
0.112	1 200	900	2 400	1 800
0.125	1 300	1 000	2 500	1 900
0.140	1 400	1 100	2 700	2 000
0.160	1 500	1 100	2 900	2 200
0.180	1 500	1 100	3 000	2 300
0.200	1 600	1 200	3 100	2 300
0.224	1 700	1 300	3 300	2 500
0.250	1 900	1 400	3 500	2 600
0.280	2 000	1 500	3 600	2 700
0.315	2 000	1 500	3 700	2 800
0.355	2 100	1 600	3 900	2 900
0.400	2 100	1 600	4 000	3 000

表 3（续）

导体标称直径/mm	最小击穿电压(有效值)/V			
	1 级		2 级	
	在室温下	130℃	在室温下	130℃
0.450	2 100	1 600	4 000	3 000
0.500	2 200	1 700	4 100	3 100
0.560	2 200	1 700	4 100	3 100
0.630	2 300	1 700	4 300	3 200
0.710	2 300	1 700	4 300	3 200
0.800	2 300	1 700	4 400	3 300
0.900	2 400	1 800	4 500	3 400
1.000 及以上 2.000 及以下	2 400	1 800	4 500	3 400
注：对于导体标称直径的中间尺寸，应取下一个较大导体标称直径对应的最小击穿电压。				

14 漆膜连续性

见 GB/T 6109.1—2008 中第 14 章。

15 温度指数

见 GB/T 6109.1—2008 中第 15 章，最小温度指数应为 130。

16 耐冷冻剂

不适用。

17 直焊性

17.1 导体标称直径 0.050 mm 及以下

焊锡槽的温度应为(375±5)℃。最长浸入时间应为 2 s。

镀锡线的表面应光滑，无针孔和漆膜残渣。

17.2 导体标称直径 0.050 mm 以上 0.100 mm 及以下

焊锡槽的温度应为(375±5)℃。最长浸入时间应为 2 s。

镀锡线的表面应光滑，无针孔和漆膜残渣。

17.3 导体标称直径 0.100 mm 以上

焊锡槽的温度应为(375±5)℃。最长浸入时间(s)应为导体标称直径(mm)乘以下述倍数，最少为 2 s。

1 级	2 级
8 s/mm	12 s/mm

镀锡线的表面应光滑，无针孔和漆膜残渣。

18 热黏合

不适用。

19 介质损耗系数

在 1 MHz 频率下的介质损耗系数 tan δ 应不超过 300×10^{-4}。

注：本试验仅适用于在高频线圈中使用的漆包线。

20 耐变压器油

不适用。

21 失重

不适用。

23 针孔试验

正在考虑中。

30 包装

见 GB/T 6109.1—2008 中第 30 章。

ICS 29.060.01
K 12

中华人民共和国国家标准

GB/T 6109.10—2008/IEC 60317-20:2000

漆包圆绕组线 第10部分:155级直焊聚氨酯漆包铜圆线

Enamelled round winding wire—
Part 10:Solderable polyurethane enamelled round copper wire,class 155

(IEC 60317-20:2000,Specifications for particular types of winding wires—Part 20:Solderable polyurethane enamelled round copper wire,class 155,IDT)

2008-04-23 发布　　　　2008-12-01 实施

中华人民共和国国家质量监督检验检疫总局
中国国家标准化管理委员会　发布

前 言

GB/T 6109《漆包圆绕组线》分为22个部分：

——第1部分：一般规定；

——第2部分：155级聚酯漆包铜圆线；

——第3部分：120级缩醛漆包铜圆线；

——第4部分：130级直焊聚氨酯漆包铜圆线；

——第5部分：180级聚酯亚胺漆包铜圆线；

——第6部分：220级聚酰亚胺漆包铜圆线；

——第7部分：130L级聚酯漆包铜圆线；

——第9部分：130级聚酰胺复合直焊聚氨酯漆包铜圆线；

——第10部分：155级直焊聚氨酯漆包铜圆线；

——第11部分：155级聚酰胺复合直焊聚氨酯漆包铜圆线；

——第12部分：180级聚酰胺复合聚酯或聚酯亚胺漆包铜圆线；

——第13部分：180级直焊聚酯亚胺漆包铜圆线；

——第14部分：200级聚酰胺酰亚胺漆包铜圆线；

——第15部分：130级自粘性直焊聚氨酯漆包铜圆线；

——第16部分：155级自粘性直焊聚氨酯漆包铜圆线；

——第17部分：180级自粘性直焊聚酯亚胺漆包铜圆线；

——第18部分：180级自粘性聚酯亚胺漆包铜圆线；

——第19部分：200级自粘性聚酰胺酰亚胺复合聚酯或聚酯亚胺漆包铜圆线；

——第20部分：200级聚酰胺酰亚胺复合聚酯或聚酯亚胺漆包铜圆线；

——第21部分：200级聚酯-酰胺-亚胺漆包铜圆线；

——第22部分：240级芳族聚酰亚胺漆包铜圆线；

——第23部分：180级直焊聚氨酯漆包铜圆线。

本部分为GB/T 6109的第10部分。本部分等同采用IEC 60317-20:2000《特种绕组线产品标准 第20部分：155级直焊聚氨酯漆包铜圆线》第2.2版（英文版）。

为便于使用，本部分作了下列编辑性修改：

——删除了国际标准的前言；

——用小数点“.”代替作为小数点的逗号“,”；

——根据IEC 60317-0-1:2005增加了针孔试验项目。

本部分是首次制订。

本部分由中国电器工业协会提出。

本部分由全国电线电缆标准化技术委员会（SAC/TC 213）归口。

本部分负责起草单位：上海电缆研究所。

本部分参加起草单位：蓉胜超微线材股份有限公司、中山信诚漆包线材有限公司、东港市电磁线厂、精达特种电磁线股份有限公司、苏州圣利线缆有限公司、巨丰复合线有限公司。

本部分主要起草人：刘贵忠、雷洁颜、薛永滨、章延胜、罗立人、蔡麟、陈惠民。

漆包圆绕组线 第10部分:155级直焊聚氨酯漆包铜圆线

1 范围

GB/T 6109的本部分规定了以聚氨酯树脂为基的单一漆层155级直焊漆包铜圆线的要求。如果能保留原树脂的化学特性并且满足该漆包线规定的所有要求,则该树脂可以改性。

注:改性树脂是一种经过化学变化的,或者含有一种或多种添加剂以提高其某种性能或使用特性的树脂。

155级表示热级,它要求最小温度指数为155,热冲击温度至少为175℃。

对应于温度指数的摄氏温度并不就是推荐的漆包线使用温度,因为这取决于包括所用设备类型在内的很多因素。

本部分规定的导体标称直径范围为:

——1级:0.018 mm及以上0.800 mm及以下;

——2级:0.020 mm及以上0.800 mm及以下。

导体标称直径按GB/T 6109.1—2008中第4章的规定。

2 规范性引用文件

下列文件中的条款通过GB/T 6109的本部分的引用而成为本部分的条款。凡是注日期的引用文件,其随后所有的修改单(不包括勘误的内容)或修订版均不适用于本部分,然而,鼓励根据本部分达成协议的各方研究是否可使用这些文件的最新版本。凡是不注日期的引用文件,其最新版本适用于本部分。

GB/T 6109.1—2008 漆包圆绕组线 第1部分:一般规定(IEC 60317-0-1:2005,IDT)

3 定义、试验方法总则和外观

3.1 定义、试验方法总则

定义、试验方法总则见GB/T 6109.1—2008中第3章。

如果GB/T 6109.1—2008与本部分有矛盾,以本部分为准。

3.2 外观

见GB/T 6109.1—2008中3.3。

4 尺寸

见GB/T 6109.1—2008中第4章。

5 电阻

见GB/T 6109.1—2008中第5章。

6 伸长率

见GB/T 6109.1—2008中第6章。

7 回弹性

见GB/T 6109.1—2008中第7章。

8 柔韧性和附着性

见 GB/T 6109.1—2008 中第 8 章。

9 热冲击

见 GB/T 6109.1—2008 中第 9 章。最小热冲击温度应为 175℃。

10 软化击穿

在 200℃温度下 2 min 内应不击穿。

11 耐刮(导体标称直径 0.250 mm 及以上 0.800 mm 及以下)

漆包线应符合表 1 的规定。

表 1 耐 刮

导体标称直径/mm	1 级		2 级	
	最小平均刮破力/N	每次试验中最小刮破力/N	最小平均刮破力/N	每次试验中最小刮破力/N
0.250	2.30	1.95	4.10	3.50
0.280	2.50	2.10	4.40	3.70
0.315	2.70	2.30	4.75	4.00
0.355	2.90	2.50	5.10	4.30
0.400	3.15	2.70	5.45	4.60
0.450	3.40	2.90	5.80	4.90
0.500	3.65	3.10	6.20	5.25
0.560	3.90	3.30	6.65	5.60
0.630	4.20	3.55	7.10	6.00
0.710	4.50	3.80	7.60	6.45
0.800	4.80	4.10	8.10	6.90
注:对于导体标称直径的中间尺寸,应取下一个较大导体标称直径对应的数值。				

12 耐溶剂

见 GB/T 6109.1—2008 中第 12 章。

13 击穿电压

见 GB/T 6109.1—2008 中第 13 章,高温试验的温度应为 155℃。

14 漆膜连续性

见 GB/T 6109.1—2008 中第 14 章。

15 温度指数

见 GB/T 6109.1—2008 中第 15 章,最小温度指数应为 155。

除非供需双方协商确定,本试验应在导体标称直径为 0.800 mm,2 级漆膜厚度的漆包线上进行。

16 耐冷冻剂

不适用。

17 直焊性

17.1 导体标称直径 0.050 mm 及以下

焊锡槽的温度应为(390±5)℃。最长浸入时间应为 2 s。

镀锡线的表面应光滑,无针孔和漆膜残渣。

17.2 导体标称直径 0.050 mm 以上 0.100 mm 及以下

焊锡槽的温度应为(390±5)℃。最长浸入时间应为 2 s。

镀锡线的表面应光滑,无针孔和漆膜残渣。

17.3 导体标称直径 0.100 mm 以上

焊锡槽的温度应为(390±5)℃。最长浸入时间(s)应为导体标称直径(mm)乘以下述倍数,最少为 2 s。

1 级	2 级
8 s/mm	12 s/mm

镀锡线的表面应光滑,无针孔和漆膜残渣。

18 热黏合

不适用。

19 介质损耗系数

在约 1 MHz 下介质损耗角正切应不超过 300×10^{-4}。

注:本试验仅适用于在高频线圈中使用的漆包线。

20 耐变压器油

不适用。

21 失重

不适用。

23 针孔试验

正在考虑中。

30 包装

见 GB/T 6109.1—2008 中第 30 章。

ICS 29.060.01
K 12

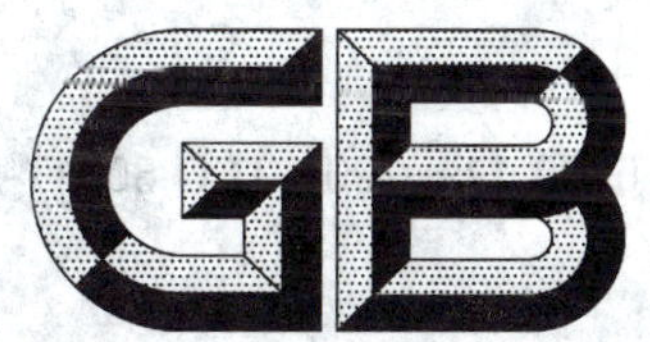

中华人民共和国国家标准

GB/T 6109.11—2008/IEC 60317-21:2000

漆包圆绕组线 第11部分:155级聚酰胺复合直焊聚氨酯漆包铜圆线

Enamelled round winding wire—
Part 11:Solderable polyurethane enamelled round copper wire overcoated with polyamide,class 155

(IEC 60317-21:2000,Specifications for particular types of winding wires—Part 21:Solderable polyurethane enamelled round copper wire overcoated with polyamide,class 155,IDT)

2008-04-23 发布　　2008-12-01 实施

中华人民共和国国家质量监督检验检疫总局
中国国家标准化管理委员会　发布

前言

GB/T 6109《漆包圆绕组线》分为22个部分:

——第1部分:一般规定;

——第2部分:155级聚酯漆包铜圆线;

——第3部分:120级缩醛漆包铜圆线;

——第4部分:130级直焊聚氨酯漆包铜圆线;

——第5部分:180级聚酯亚胺漆包铜圆线;

——第6部分:220级聚酰亚胺漆包铜圆线;

——第7部分:130L级聚酯漆包铜圆线;

——第9部分:130级聚酰胺复合直焊聚氨酯漆包铜圆线;

——第10部分:155级直焊聚氨酯漆包铜圆线;

——第11部分:155级聚酰胺复合直焊聚氨酯漆包铜圆线;

——第12部分:180级聚酰胺复合聚酯或聚酯亚胺漆包铜圆线;

——第13部分:180级直焊聚酯亚胺漆包铜圆线;

——第14部分:200级聚酰胺酰亚胺漆包铜圆线;

——第15部分:130级自粘性直焊聚氨酯漆包铜圆线;

——第16部分:155级自粘性直焊聚氨酯漆包铜圆线;

——第17部分:180级自粘性直焊聚酯亚胺漆包铜圆线;

——第18部分:180级自粘性聚酯亚胺漆包铜圆线;

——第19部分:200级自粘性聚酰胺酰亚胺复合聚酯或聚酯亚胺漆包铜圆线;

——第20部分:200级聚酰胺酰亚胺复合聚酯或聚酯亚胺漆包铜圆线;

——第21部分:200级聚酯-酰胺-亚胺漆包铜圆线;

——第22部分:240级芳族聚酰亚胺漆包铜圆线;

——第23部分:180级直焊聚氨酯漆包铜圆线。

本部分为GB/T 6109的第11部分。本部分等同采用IEC 60317-21:2000《特种绕组线产品标准 第21部分:155级聚酰胺复合直焊聚氨酯漆包铜圆线》第2.2版(英文版)。

为便于使用,本部分作了下列编辑性修改:

——删除了国际标准的前言;

——用小数点“.”代替作为小数点的逗号“,”;

——根据IEC 60317-0-1:2005增加了针孔试验项目。

本部分是首次制订。

本部分由中国电器工业协会提出。

本部分由全国电线电缆标准化技术委员会(SAC/TC 213)归口。

本部分负责起草单位:上海电缆研究所。

本部分参加起草单位:山东赛特电工材料有限公司、成都国光电气股份有限公司、苏州圣利线缆有限公司、裕生特种线材有限公司、浙江长城电子科技集团、中山信诚漆包线材有限公司。

本部分主要起草人:和军、胡庆节、罗立人、张家化、姚桂华、雷洁颜、陈惠民。

漆包圆绕组线 第11部分:155级聚酰胺复合直焊聚氨酯漆包铜圆线

1 范围

GB/T 6109的本部分规定了双漆层的155级直焊漆包铜圆线的要求。底漆层以聚氨酯树脂为基,如果能保留原树脂的化学特性并且满足该漆包线规定的所有要求,则该树脂可以改性。面漆层是以聚酰胺树脂为基。

注:改性树脂是一种经过化学变化的,或者含有一种或多种添加剂以提高其某种性能或使用特性的树脂。

155级表示热级,它要求最小温度指数为155,热冲击温度至少为175℃。

对应于温度指数的摄氏温度并不就是推荐的漆包线使用温度,因为这取决于包括所用设备类型在内的很多因素。

本部分规定的导体标称直径范围为:

——1级:0.050 mm及以上1.600 mm及以下;

——2级:0.050 mm及以上1.600 mm及以下。

导体标称直径按GB/T 6109.1—2008中第4章的规定。

2 规范性引用文件

下列文件中的条款通过GB/T 6109的本部分的引用而成为本部分的条款。凡是注日期的引用文件,其随后所有的修改单(不包括勘误的内容)或修订版均不适用于本部分,然而,鼓励根据本部分达成协议的各方研究是否可使用这些文件的最新版本。凡是不注日期的引用文件,其最新版本适用于本部分。

GB/T 6109.1—2008 漆包圆绕组线 第1部分:一般规定(IEC 60317-0-1:2005,IDT)

3 定义、试验方法总则和外观

3.1 定义、试验方法总则

定义、试验方法总则见GB/T 6109.1—2008中第3章。

如果GB/T 6109.1—2008与本部分有矛盾,以本部分为准。

3.2 外观

见GB/T 6109.1—2008中3.3。

4 尺寸

见GB/T 6109.1—2008中第4章。

5 电阻

见GB/T 6109.1—2008中第5章。

6 伸长率

见GB/T 6109.1—2008中第6章。

7 回弹性

见 GB/T 6109.1—2008 中第 7 章。

8 柔韧性和附着性

见 GB/T 6109.1—2008 中第 8 章。用于计算剥离试验用转数的常数 K 应为 150 mm。

9 热冲击

见 GB/T 6109.1—2008 中第 9 章。最小热冲击温度应为 175℃。

10 软化击穿

在 200℃温度下 2 min 内应不击穿。

11 耐刮(导体标称直径 0.250 mm 及以上 1.600 mm 及以下)

漆包线应符合表 1 的规定。

表 1 耐刮

导体标称直径/mm	1级		2级	
	最小平均刮破力/N	每次试验中最小刮破力/N	最小平均刮破力/N	每次试验中最小刮破力/N
0.250	2.30	1.95	4.10	3.50
0.280	2.50	2.10	4.40	3.70
0.315	2.70	2.30	4.75	4.00
0.355	2.90	2.50	5.10	4.30
0.400	3.15	2.70	5.45	4.60
0.450	3.40	2.90	5.80	4.90
0.500	3.65	3.10	6.20	5.25
0.560	3.90	3.30	6.65	5.60
0.630	4.20	3.55	7.10	6.00
0.710	4.50	3.80	7.60	6.45
0.800	4.80	4.10	8.10	6.90
0.900	5.20	4.40	8.70	7.40
1.000	5.60	4.75	9.30	7.90
1.120	6.00	5.15	10.0	8.50
1.250	6.50	5.55	10.7	9.10
1.400	7.00	5.95	11.4	9.70
1.600	7.50	6.35	12.2	10.4
注:对于导体标称直径的中间尺寸,应取下一个较大导体标称直径对应的数值。				

12 耐溶剂

见 GB/T 6109.1—2008 中第 12 章。

13 击穿电压

当漆包线在室温和 155℃(当用户要求时)下试验时,应分别符合 13.1 和 13.2 的规定。

13.1 导体标称直径 0.100 mm 及以下

五个试样中应至少有四个在小于或等于表 2 规定的电压下不发生击穿。

表 2 击穿电压

导体标称直径/mm	最小击穿电压(有效值)/V	
	1 级	2 级
	室温	
0.050	275	550
0.056	300	600
0.063	350	650
0.071	375	650
0.080	375	750
0.090	450	800
0.100	450	850

注：对于导体标称直径的中间尺寸，应取下一个较大导体标称直径对应的最小击穿电压。

13.2 导体标称直径 0.100 mm 以上 1.600 mm 及以下

五个试样中应至少有四个在小于或等于表 3 规定的电压下不发生击穿。

表 3 击穿电压

导体标称直径/mm	最小击穿电压(有效值)/V			
	1 级		2 级	
	室温	155℃	室温	155℃
0.112	1 200	900	2 400	1 800
0.125	1 300	1 000	2 500	1 900
0.140	1 400	1 100	2 700	2 000
0.160	1 500	1 100	2 900	2 200
0.180	1 500	1 100	3 000	2 300
0.200	1 600	1 200	3 100	2 300
0.224	1 700	1 300	3 300	2 500
0.250	1 900	1 400	3 500	2 600
0.280	2 000	1 500	3 600	2 700
0.315	2 000	1 500	3 700	2 800
0.355	2 100	1 600	3 900	2 900
0.400	2 100	1 600	4 000	3 000
0.450	2 100	1 600	4 000	3 000
0.500	2 200	1 700	4 100	3 100
0.560	2 200	1 700	4 100	3 100
0.630	2 300	1 700	4 300	3 200
0.710	2 300	1 700	4 300	3 200
0.800	2 300	1 700	4 400	3 300
0.900	2 400	1 800	4 500	3 400
1.000 及以上 1.600 及以下	2 400	1 800	4 500	3 400

注：对于导体标称直径的中间尺寸，应取下一个较大导体标称直径对应的最小击穿电压。

14 漆膜连续性

见 GB/T 6109.1—2008 中第 14 章。

15 温度指数

见 GB/T 6109.1—2008 中第 15 章，最小温度指数应为 155。

16 耐冷冻剂

不适用。

17 直焊性

17.1 导体标称直径 0.050 mm 及以下

焊锡槽的温度应为(390±5)℃。最长浸入时间应为 2 s。

镀锡线的表面应光滑，无针孔和漆膜残渣。

17.2 导体标称直径 0.050 mm 以上 0.100 mm 及以下

焊锡槽的温度应为(390±5)℃。最长浸入时间应为 2 s。

镀锡线的表面应光滑，无针孔和漆膜残渣。

17.3 导体标称直径 0.100 mm 以上

焊锡槽的温度应为(390±5)℃。最长浸入时间(s)应为导体标称直径(mm)乘以下述倍数，最少为 2 s。

1 级	2 级
8 s/mm	12 s/mm

镀锡线的表面应光滑，无针孔和漆膜残渣。

18 热黏合

不适用。

19 介质损耗系数

在约 1 MHz 频率下的介质损耗系数 tan δ 应不超过 300×10^{-4}。

注：本试验仅适用于在高频线圈中使用的漆包线。

20 耐变压器油

不适用。

21 失重

不适用。

23 针孔试验

正在考虑中。

30 包装

见 GB/T 6109.1—2008 中第 30 章。

ICS 29.060.01
K 12

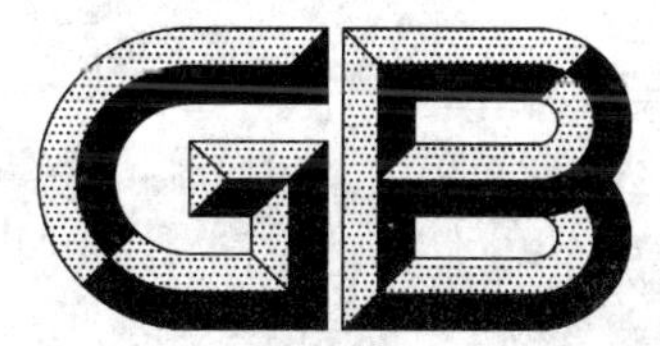

中华人民共和国国家标准

GB/T 6109.12—2008/IEC 60317-22:2004
代替 GB/T 6109.10—1990

漆包圆绕组线 第12部分:180级聚酰胺复合聚酯或聚酯亚胺漆包铜圆线

Enamelled round winding wire—
Part 12:Polyester or polyesterimide enamelled round copper wire overcoated with polyamide,class 180

(IEC 60317-22:2004,Specifications for particular types of winding wires—Part 22:Polyester or polyesterimide enamelled round copper wire overcoated with polyamide,class 180,IDT)

2008-04-23 发布　　　　2008-12-01 实施

中华人民共和国国家质量监督检验检疫总局
中国国家标准化管理委员会　发布

ICS 29.060.10
K12

漆包圆绕组线

前　言

GB/T 6109《漆包圆绕组线》分为 22 个部分：

——第 1 部分：一般规定；
——第 2 部分：155 级聚酯漆包铜圆线；
——第 3 部分：120 级缩醛漆包铜圆线；
——第 4 部分：130 级直焊聚氨酯漆包铜圆线；
——第 5 部分：180 级聚酯亚胺漆包铜圆线；
——第 6 部分：220 级聚酰亚胺漆包铜圆线；
——第 7 部分：130L 级聚酯漆包铜圆线；
——第 9 部分：130 级聚酰胺复合直焊聚氨酯漆包铜圆线；
——第 10 部分：155 级直焊聚氨酯漆包铜圆线；
——第 11 部分：155 级聚酰胺复合直焊聚氨酯漆包铜圆线；
——第 12 部分：180 级聚酰胺复合聚酯或聚酯亚胺漆包铜圆线；
——第 13 部分：180 级直焊聚酯亚胺漆包铜圆线；
——第 14 部分：200 级聚酰胺酰亚胺漆包铜圆线；
——第 15 部分：130 级自粘性直焊聚氨酯漆包铜圆线；
——第 16 部分：155 级自粘性直焊聚氨酯漆包铜圆线；
——第 17 部分：180 级自粘性直焊聚酯亚胺漆包铜圆线；
——第 18 部分：180 级自粘性聚酯亚胺漆包铜圆线；
——第 19 部分：200 级自粘性聚酰胺酰亚胺复合聚酯或聚酯亚胺漆包铜圆线；
——第 20 部分：200 级聚酰胺酰亚胺复合聚酯或聚酯亚胺漆包铜圆线；
——第 21 部分：200 级聚酯-酰胺-亚胺漆包铜圆线；
——第 22 部分：240 级芳族聚酰亚胺漆包铜圆线；
——第 23 部分：180 级直焊聚氨酯漆包铜圆线。

本部分为 GB/T 6109 的第 12 部分。本部分等同采用 IEC 60317-22:2004《特种绕组线产品标准 第 22 部分：180 级聚酰胺复合聚酯或聚酯亚胺漆包铜圆线》第 3 版(英文版)。

为便于使用，本部分作了下列编辑性修改：

——删除了国际标准的前言；
——用小数点“.”代替作为小数点的逗号“,”。

本部分自实施之日起代替 GB/T 6109.10—1990。

本部分与 GB/T 6109.10—1990 相比主要变化如下：

——热冲击试验用圆棒直径的规定由原来按导体标称直径范围分档改为按每一导体标称直径立项；
——修改了室温下击穿电压的性能指标；
——增加了针孔试验项目。

本部分由中国电器工业协会提出。

本部分由全国电线电缆标准化技术委员会(SAC/TC 213)归口。

本部分负责起草单位：上海电缆研究所。

本部分参加起草单位：裕生特种线材有限公司、巨丰复合线有限公司、崇明特种电磁线厂、东港市电磁线厂、山东赛特电工材料有限公司、洪波线缆股份有限公司。

本部分主要起草人：张家化、蔡麟、曹恒泰、薛永滨、和军、陈慧善、陈惠民。

本部分所代替标准的历次版本发布情况为：

——GB/T 6109.10—1990。

漆包圆绕组线
第 12 部分:180 级聚酰胺复合聚酯或聚酯亚胺漆包铜圆线

1 范围

GB/T 6109 的本部分规定了双漆层的 180 级漆包铜圆线的要求。底漆层以聚酯或聚酯亚胺树脂为基,如果能保留原树脂的化学特性并且满足该漆包线规定的所有要求,则该树脂可以改性。面漆层是以聚酰胺树脂为基。

注:改性树脂是一种经过化学变化的,或者含有一种或多种添加剂以提高其某种性能或使用特性的树脂。

180 级表示热级,它要求最小温度指数为 180,热冲击温度至少为 200℃。

对应于温度指数的摄氏温度并不就是推荐的漆包线使用温度,因为这取决于包括所用设备类型在内的很多因素。

本部分规定的导体标称直径范围为:

——1 级:0.050 mm 及以上 3.150 mm 及以下;

——2 级:0.050 mm 及以上 5.000 mm 及以下;

——3 级:0.250 mm 及以上 1.600 mm 及以下。

导体标称直径按 GB/T 6109.1—2008 中第 4 章的规定。

2 规范性引用文件

下列文件中的条款通过 GB/T 6109 的本部分的引用而成为本部分的条款。凡是注日期的引用文件,其随后所有的修改单(不包括勘误的内容)或修订版均不适用于本部分,然而,鼓励根据本部分达成协议的各方研究是否可使用这些文件的最新版本。凡是不注日期的引用文件,其最新版本适用于本部分。

GB/T 6109.1—2008 漆包圆绕组线 第 1 部分:一般规定(IEC 60317-0-1:2005, IDT)

3 定义、试验方法总则和外观

3.1 定义、试验方法总则

定义、试验方法总则见 GB/T 6109.1—2008 中第 3 章。

如果 GB/T 6109.1—2008 与本部分有矛盾,以本部分为准。

3.2 外观

见 GB/T 6109.1—2008 中 3.3。

4 尺寸

见 GB/T 6109.1—2008 中第 4 章。

5 电阻

见 GB/T 6109.1—2008 中第 5 章。

6 伸长率

见 GB/T 6109.1—2008 中第 6 章。

7 回弹性

见 GB/T 6109.1—2008 中第 7 章。

8 柔韧性和附着性

见 GB/T 6109.1—2008 中第 8 章。用于计算剥离试验用转数的常数 K 应为 110 mm。

9 热冲击

见 GB/T 6109.1—2008 中第 9 章，最小热冲击温度应为 200℃。

10 软化击穿

在 265℃温度下 2 min 内应不击穿。

11 耐刮（导体标称直径 0.250 mm 及以上 2.500 mm 及以下）

漆包线应符合表 1 的规定。

表 1 耐 刮

导体标称直径/mm	1 级		2 级		3 级	
	最小平均刮破力/N	每次试验中最小刮破力/N	最小平均刮破力/N	每次试验中最小刮破力/N	最小平均刮破力/N	每次试验中最小刮破力/N
0.250	2.85	2.45	4.70	4.00	5.80	4.90
0.280	3.10	2.60	5.05	4.30	6.25	5.30
0.315	3.35	2.80	5.45	4.60	6.70	5.70
0.355	3.60	3.05	5.85	4.95	7.20	6.10
0.400	3.85	3.25	6.25	5.30	7.70	6.50
0.450	4.15	3.50	6.75	5.70	8.25	7.00
0.500	4.45	3.75	7.20	6.10	8.85	7.50
0.560	4.75	4.05	7.70	6.50	9.50	8.05
0.630	5.10	4.35	8.25	7.00	10.20	8.65
0.710	5.45	4.65	8.85	7.50	10.90	9.25
0.800	5.85	4.95	9.50	8.05	11.70	9.90
0.900	6.30	5.35	10.20	8.60	12.50	10.60
1.000	6.75	5.75	10.90	9.20	13.30	11.30
1.120	7.35	6.20	11.60	9.80	14.20	12.00
1.250	7.90	6.70	12.50	10.50	15.20	12.90
1.400	8.50	7.20	13.30	11.30	16.40	13.90
1.600	9.20	7.80	14.30	12.10	17.60	14.90
1.800	9.95	8.40	15.40	13.00	—	—
2.000	10.6	9.00	16.40	13.90	—	—
2.240	11.70	9.90	17.50	14.80	—	—
2.500	12.80	10.80	18.60	15.80	—	—

注：对于导体标称直径的中间尺寸，应取下一个较大导体标称直径对应的数值。

12 耐溶剂

见 GB/T 6109.1—2008 中第 12 章。

13 击穿电压

见 GB/T 6109.1—2008 中第 13 章，高温试验的温度应为 180℃。

14 漆膜连续性

见 GB/T 6109.1—2008 中第 14 章。

15 温度指数

见 GB/T 6109.1—2008 中第 15 章，最小温度指数应为 180。

16 耐冷冻剂

不适用。

17 直焊性

不适用。

18 热黏合

不适用。

19 介质损耗系数

不适用。

20 耐变压器油

不适用。

21 失重

不适用。

23 针孔试验

在考虑中。

30 包装

见 GB/T 6109.1—2008 中第 30 章。

ICS 29.060.01
K 12

中华人民共和国国家标准

GB/T 6109.13—2008/IEC 60317-23:2000

漆包圆绕组线 第13部分:180级直焊聚酯亚胺漆包铜圆线

Enamelled round winding wire—
Part 13:Solderable polyesterimide enamelled round copper wire,class 180

(IEC 60317-23:2000,Specifications for particular types of winding wires—
Part 23:Solderable polyesterimide enamelled
round copper wire,class 180,IDT)

2008-04-23 发布　　2008-12-01 实施

中华人民共和国国家质量监督检验检疫总局
中国国家标准化管理委员会　发布

前言

GB/T 6109《漆包圆绕组线》分为22个部分:

——第1部分:一般规定;

——第2部分:155级聚酯漆包铜圆线;

——第3部分:120级缩醛漆包铜圆线;

——第4部分:130级直焊聚氨酯漆包铜圆线;

——第5部分:180级聚酯亚胺漆包铜圆线;

——第6部分:220级聚酰亚胺漆包铜圆线;

——第7部分:130L级聚酯漆包铜圆线;

——第9部分:130级聚酰胺复合直焊聚氨酯漆包铜圆线;

——第10部分:155级直焊聚氨酯漆包铜圆线;

——第11部分:155级聚酰胺复合直焊聚氨酯漆包铜圆线;

——第12部分:180级聚酰胺复合聚酯或聚酯亚胺漆包铜圆线;

——第13部分:180级直焊聚酯亚胺漆包铜圆线;

——第14部分:200级聚酰胺酰亚胺漆包铜圆线;

——第15部分:130级自粘性直焊聚氨酯漆包铜圆线;

——第16部分:155级自粘性直焊聚氨酯漆包铜圆线;

——第17部分:180级自粘性直焊聚酯亚胺漆包铜圆线;

——第18部分:180级自粘性聚酯亚胺漆包铜圆线;

——第19部分:200级自粘性聚酰胺酰亚胺复合聚酯或聚酯亚胺漆包铜圆线;

——第20部分:200级聚酰胺酰亚胺复合聚酯或聚酯亚胺漆包铜圆线;

——第21部分:200级聚酯-酰胺-亚胺漆包铜圆线;

——第22部分:240级芳族聚酰亚胺漆包铜圆线;

——第23部分:180级直焊聚氨酯漆包铜圆线。

本部分为GB/T 6109的第13部分。本部分等同采用IEC 60317-23:2000《特种绕组线产品标准　第23部分:180级直焊聚酯亚胺漆包铜圆线》第2.2版(英文版)。

为便于使用,本部分作了下列编辑性修改:

——删除了国际标准的前言;

——用小数点“.”代替作为小数点的逗号“,”;

——根据IEC 60317-0-1:2005增加了针孔试验项目。

本部分是首次制定。

本部分由中国电器工业协会提出。

本部分由全国电线电缆标准化技术委员会(SAC/TC 213)归口。

本部分负责起草单位:上海电缆研究所。

本部分参加起草单位:江苏大通机电有限公司、蓉胜超微线材股份有限公司、精达特种电磁线股份有限公司、先登电工器材股份有限公司、广州万宝漆包线有限公司、巨丰复合线有限公司。

本部分主要起草人:郑启荣、刘贵忠、章延胜、孟祥富、齐州平、蔡麟、陈惠民。

漆包圆绕组线 第13部分：180级直焊聚酯亚胺漆包铜圆线

1 范围

GB/T 6109的本部分规定了以聚酯亚胺树脂为基的单一漆层180级直焊漆包铜圆线的要求。如果能保留原树脂的化学特性并且满足该漆包线规定的所有要求，则该树脂可以改性。

注：改性树脂是一种经过化学变化的，或者含有一种或多种添加剂以提高其某种性能或使用特性的树脂。

180级表示热级，它要求最小温度指数为180，热冲击温度至少为200℃。

对应于温度指数的摄氏温度并不就是推荐的漆包线使用温度，因为这取决于包括所用设备类型在内的很多因素。

本部分规定的导体标称直径范围为：

——1级：0.020 mm及以上1.600 mm及以下；

——2级：0.020 mm及以上1.600 mm及以下。

导体标称直径按GB/T 6109.1—2008中第4章的规定。

2 规范性引用文件

下列文件中的条款通过GB/T 6109的本部分的引用而成为本部分的条款。凡是注日期的引用文件，其随后所有的修改单(不包括勘误的内容)或修订版均不适用于本部分，然而，鼓励根据本部分达成协议的各方研究是否可使用这些文件的最新版本。凡是不注日期的引用文件，其最新版本适用于本部分。

GB/T 6109.1—2008 漆包圆绕组线 第1部分：一般规定(IEC 60317-0-1:2005，IDT)

3 定义、试验方法总则和外观

3.1 定义、试验方法总则

定义、试验方法总则见GB/T 6109.1—2008中第3章。

如果GB/T 6109.1—2008与本部分有矛盾，以本部分为准。

3.2 外观

见GB/T 6109.1—2008中3.3。

4 尺寸

见GB/T 6109.1—2008中第4章。

5 电阻

见GB/T 6109.1—2008中第5章。

6 伸长率

见GB/T 6109.1—2008中第6章。

7 回弹性

见 GB/T 6109.1—2008 中第 7 章。

8 柔韧性和附着性

见 GB/T 6109.1—2008 中第 8 章。用于计算剥离试验用转数的常数 K 应为 110 mm。

9 热冲击

见 GB/T 6109.1—2008 中第 9 章。最小热冲击温度应为 200℃。

10 软化击穿

在 265℃温度下 2 min 内应不击穿。

11 耐刮(导体标称直径 0.250 mm 及以上 1.600 mm 及以下)

漆包线应符合表 1 的规定。

表 1 耐刮

导体标称直径/mm	1 级		2 级	
	最小平均刮破力/N	每次试验中最小刮破力/N	最小平均刮破力/N	每次试验中最小刮破力/N
0.250	2.85	2.45	4.70	4.00
0.280	3.10	2.60	5.05	4.30
0.315	3.35	2.80	5.45	4.60
0.355	3.60	3.05	5.85	4.95
0.400	3.85	3.25	6.25	5.30
0.450	4.15	3.50	6.75	5.70
0.500	4.45	3.75	7.20	6.10
0.560	4.75	4.05	7.70	6.50
0.630	5.10	4.35	8.25	7.00
0.710	5.45	4.65	8.85	7.50
0.800	5.85	4.95	9.50	8.05
0.900	6.30	5.35	10.2	8.60
1.000	6.75	5.75	10.9	9.20
1.120	7.35	6.20	11.6	9.80
1.250	7.90	6.70	12.5	10.5
1.400	8.50	7.20	13.3	11.3
1.600	9.20	7.80	14.3	12.1
注：对于导体标称直径的中间尺寸，应取下一个较大导体标称直径对应的数值。				

12 耐溶剂

见 GB/T 6109.1—2008 中第 12 章。

13 击穿电压

见 GB/T 6109.1—2008 中第 13 章，高温试验的温度应为 180℃。

14 漆膜连续性

见 GB/T 6109.1—2008 中第 14 章。

15 温度指数

见 GB/T 6109.1—2008 中第 15 章，最小温度指数应为 180。

16 耐冷冻剂

不适用。

17 直焊性

17.1 导体标称直径 0.050 mm 及以下

焊锡槽的温度应为(470±5)℃。最长浸入时间应为 2 s。

镀锡线的表面应光滑，无针孔和漆膜残渣。

17.2 导体标称直径 0.050 mm 以上 0.100 mm 及以下

焊锡槽的温度应为(470±5)℃。最长浸入时间应为 2 s。

镀锡线的表面应光滑，无针孔和漆膜残渣。

17.3 导体标称直径 0.100 mm 以上

焊锡槽的温度应为(470±5)℃。最长浸入时间(s)应为导体标称直径(mm)乘以下述倍数，最少为 2 s。

1 级	2 级
8 s/mm	12 s/mm

镀锡线的表面应光滑，无针孔和漆膜残渣。

18 热黏合

不适用。

19 介质损耗系数

不适用。

20 耐变压器油

不适用。

21 失重

不适用。

23 针孔试验

正在考虑中。

30 包装

见 GB/T 6109.1—2008 中第 30 章。

ICS 29.060.01
K 12

中华人民共和国国家标准

GB/T 6109.14—2008/IEC 60317-26:1990

漆包圆绕组线 第14部分:200级聚酰胺酰亚胺漆包铜圆线

Enamelled round winding wire—Part 14:Polyamide-imide enamelled round copper wire, class 200

(IEC 60317-26:1990, Specifications for particular types of winding wires—Part 26:Polyamide-imide enamelled round copper wire, class 200, IDT)

2008-04-23 发布　　　　2008-12-01 实施

中华人民共和国国家质量监督检验检疫总局
中国国家标准化管理委员会　发布

前　言

GB/T 6109《漆包圆绕组线》分为22个部分:

——第1部分:一般规定;

——第2部分:155级聚酯漆包铜圆线;

——第3部分:120级缩醛漆包铜圆线;

——第4部分:130级直焊聚氨酯漆包铜圆线;

——第5部分:180级聚酯亚胺漆包铜圆线;

——第6部分:220级聚酰亚胺漆包铜圆线;

——第7部分:130L级聚酯漆包铜圆线;

——第9部分:130级聚酰胺复合直焊聚氨酯漆包铜圆线;

——第10部分:155级直焊聚氨酯漆包铜圆线;

——第11部分:155级聚酰胺复合直焊聚氨酯漆包铜圆线;

——第12部分:180级聚酰胺复合聚酯或聚酯亚胺漆包铜圆线;

——第13部分:180级直焊聚酯亚胺漆包铜圆线;

——第14部分:200级聚酰胺酰亚胺漆包铜圆线;

——第15部分:130级自粘性直焊聚氨酯漆包铜圆线;

——第16部分:155级自粘性直焊聚氨酯漆包铜圆线;

——第17部分:180级自粘性直焊聚酯亚胺漆包铜圆线;

——第18部分:180级自粘性聚酯亚胺漆包铜圆线;

——第19部分:200级自粘性聚酰胺酰亚胺复合聚酯或聚酯亚胺漆包铜圆线;

——第20部分:200级聚酰胺酰亚胺复合聚酯或聚酯亚胺漆包铜圆线;

——第21部分:200级聚酯-酰胺-亚胺漆包铜圆线;

——第22部分:240级芳族聚酰亚胺漆包铜圆线;

——第23部分:180级直焊聚氨酯漆包铜圆线。

本部分为GB/T 6109的第14部分。本部分等同采用IEC 60317-26:1990《特种绕组线产品标准　第26部分:200级聚酰胺酰亚胺漆包铜圆线》第2版及第1号修改单(1997)。

为便于使用,本部分作了下列编辑性修改:

——删除了国际标准的前言;

——用小数点“.”代替作为小数点的逗号“,”;

——根据IEC 60317-0-1:2005增加了针孔试验项目。

本部分是首次制定。

本部分由中国电器工业协会提出。

本部分由全国电线电缆标准化技术委员会(SAC/TC 213)归口。

本部分负责起草单位:上海电缆研究所。

本部分参加起草单位:冠城大通股份有限公司、精达特种电磁线股份有限公司、蓉胜超微线材股份有限公司、裕生特种线材有限公司、崇明特种电磁线厂、苏州圣利线缆有限公司。

本部分主要起草人:郑启荣、章延胜、刘贵忠、张家化、曹恒泰、鄢学良、陈惠民。

漆包圆绕组线
第14部分:200级聚酰胺酰亚胺
漆包铜圆线

1 范围

GB/T 6109的本部分规定了以聚酰胺酰亚胺树脂为基的单一漆层200级漆包铜圆线的要求。

200级表示热级,它要求最小温度指数为200,热冲击温度至少为220℃。

对应于温度指数的摄氏温度并不就是推荐的漆包线使用温度,因为这取决于包括所用设备类型在内的很多因素。

本部分规定的导体标称直径范围为:

——1级:0.071 mm及以上1.600 mm及以下;

——2级:0.071 mm及以上0.500 mm及以下。

导体标称直径按GB/T 6109.1—2008中第4章的规定。

2 规范性引用文件

下列文件中的条款通过GB/T 6109的本部分的引用而成为本部分的条款。凡是注日期的引用文件,其随后所有的修改单(不包括勘误的内容)或修订版均不适用于本部分,然而,鼓励根据本部分达成协议的各方研究是否可使用这些文件的最新版本。凡是不注日期的引用文件,其最新版本适用于本部分。

GB/T 6109.1—2008　漆包圆绕组线　第1部分:一般规定(IEC 60317-0-1:2005,IDT)

3 定义、试验方法总则和外观

3.1 定义、试验方法总则

定义、试验方法总则见GB/T 6109.1—2008中第3章。

如果GB/T 6109.1—2008与本部分有矛盾,以本部分为准。

3.2 外观

见GB/T 6109.1—2008中3.3。

4 尺寸

见GB/T 6109.1—2008中第4章。

5 电阻

见GB/T 6109.1—2008中第5章。

6 伸长率

见GB/T 6109.1—2008中第6章。

7 回弹性

见GB/T 6109.1—2008中第7章。

8 柔韧性和附着性

见 GB/T 6109.1—2008 中第 8 章。用于计算剥离试验用转数的常数 K 应为 75 mm。

9 热冲击

见 GB/T 6109.1—2008 中第 9 章。最小热冲击温度应为 220℃。

10 软化击穿

在 350℃温度下 2 min 内应不击穿。

11 耐刮(导体标称直径 0.250 mm 及以上 1.600 mm 及以下)

漆包线应符合表 1 的规定。

表 1 耐刮

导体标称直径/mm	1 级		2 级	
	最小平均刮破力/N	每次试验中最小刮破力/N	最小平均刮破力/N	每次试验中最小刮破力/N
0.250	3.00	2.55	4.90	4.15
0.280	3.25	2.75	5.25	4.45
0.315	3.50	2.95	5.65	4.80
0.355	3.75	3.20	6.05	5.15
0.400	4.05	3.45	6.50	5.50
0.450	4.35	3.70	7.00	5.90
0.500	4.65	3.95	7.50	6.35
0.560	5.00	4.25	—	—
0.630	5.35	4.55	—	—
0.710	5.70	4.85	—	—
0.800	6.10	5.15	—	—
0.900	6.55	5.55	—	—
1.000	7.05	5.95	—	—
1.120	7.60	6.45	—	—
1.250	8.20	6.95	—	—
1.400	8.80	7.45	—	—
1.600	9.45	8.00	—	—
注：对于导体标称直径的中间尺寸，应取下一个较大导体标称直径对应的数值。				

12 耐溶剂

见 GB/T 6109.1—2008 中第 12 章。

13 击穿电压

见 GB/T 6109.1—2008 中第 13 章，高温试验的温度应为 200℃。

14 漆膜连续性

见 GB/T 6109.1—2008 中第 14 章。

15 温度指数

见 GB/T 6109.1—2008 中第 15 章，最小温度指数应为 200。

除非供需双方协商决定，本试验应在导体标称直径为 0.500 mm，2 级漆膜厚度的漆包线上进行。

16 耐冷冻剂

适用但未规定性能要求。

17 直焊性

不适用。

18 热黏合

不适用。

19 介质损耗系数

不适用。

20 耐变压器油

适用但不规定性能要求。

21 失重

不适用。

23 针孔试验

正在考虑中。

30 包装

见 GB/T 6109.1—2008 中第 30 章。

ICS 29.060.01
K 12

中华人民共和国国家标准

GB/T 6109.15—2008/IEC 60317-2:2000
代替 GB/T 6109.9—1989

漆包圆绕组线
第15部分:130级自粘性直焊聚氨酯漆包铜圆线

**Enamelled round winding wire—
Part 15:Solderable polyurethane enamelled round copper wire, class 130, with a bonding layer**

(IEC 60317-2:2000, Specifications for particular types of winding wires—Part 2:Solderable polyurethane enamelled round copper wire, class 130, with a bonding layer, IDT)

2008-04-23 发布　　　　2008-12-01 实施

中华人民共和国国家质量监督检验检疫总局
中国国家标准化管理委员会　发布

前　言

GB/T 6109《漆包圆绕组线》分为22个部分：

——第1部分：一般规定；

——第2部分：155级聚酯漆包铜圆线；

——第3部分：120级缩醛漆包铜圆线；

——第4部分：130级直焊聚氨酯漆包铜圆线；

——第5部分：180级聚酯亚胺漆包铜圆线；

——第6部分：220级聚酰亚胺漆包铜圆线；

——第7部分：130L级聚酯漆包铜圆线；

——第9部分：130级聚酰胺复合直焊聚氨酯漆包铜圆线；

——第10部分：155级直焊聚氨酯漆包铜圆线；

——第11部分：155级聚酰胺复合直焊聚氨酯漆包铜圆线；

——第12部分：180级聚酰胺复合聚酯或聚酯亚胺漆包铜圆线；

——第13部分：180级直焊聚酯亚胺漆包铜圆线；

——第14部分：200级聚酰胺酰亚胺漆包铜圆线；

——第15部分：130级自粘性直焊聚氨酯漆包铜圆线；

——第16部分：155级自粘性直焊聚氨酯漆包铜圆线；

——第17部分：180级自粘性直焊聚酯亚胺漆包铜圆线；

——第18部分：180级自粘性聚酯亚胺漆包铜圆线；

——第19部分：200级自粘性聚酰胺酰亚胺复合聚酯或聚酯亚胺漆包铜圆线；

——第20部分：200级聚酰胺酰亚胺复合聚酯或聚酯亚胺漆包铜圆线；

——第21部分：200级聚酯-酰胺-亚胺漆包铜圆线；

——第22部分：240级芳族聚酰亚胺漆包铜圆线；

——第23部分：180级直焊聚氨酯漆包铜圆线。

本部分为GB/T 6109的第15部分。本部分等同采用IEC 60317-2:2000《特种绕组线产品标准　第2部分：130级自粘性直焊聚氨酯漆包铜圆线》第3.2版（英文版）。

为便于使用，本部分作了下列编辑性修改：

——删除了国际标准的前言；

——用小数点“.”代替作为小数点的逗号“,”；

——根据IEC 60317-0-1:2005增加了针孔试验项目；

——取消了溶剂粘合及条款号。

本部分自实施之日起代替GB/T 6109.9—1989。

本部分与GB/T 6109.9—1989相比，主要变化如下：

——导体标称直径范围（1B级和2B级）均扩大至0.02 mm～2.00 mm；

——明确产品温度指数为130；

——热冲温度由125℃提高至155℃，卷绕倍径由原来的按导体标称直径范围分档改为按每一导体标称直径立项；

——增加了耐刮、高温下击穿电压、漆膜连续性和温度指数的性能要求；

——焊锡时间由15 s/mm和20 s/mm（1B级和2B级）分别缩短至12 s/mm和16 s/mm，最短焊

锡时间由 3 s 缩短至 2 s；

——热粘合试验中除了原来规定的垂直螺旋线圈粘结力考核外，新增扭绞线圈的粘结强度性能考核；

——增加了针孔试验项目。

本部分由中国电器工业协会提出。

本部分由全国电线电缆标准化技术委员会(SAC/TC 213)归口。

本部分负责起草单位：上海电缆研究所。

本部分参加起草单位：蓉胜超微线材股份有限公司、东港市电磁线厂、广州万宝漆包线有限公司、山东赛特电工材料有限公司、成都国光电气股份有限公司、中山信诚漆包线材有限公司。

本部分主要起草人：刘贵忠、薛永滨、齐州平、和军、胡庆节、雷洁颜、陈惠民。

本部分所代替标准的历次版本发布情况为：

——GB/T 6109.9—1989。

漆包圆绕组线 第15部分:130级自粘性直焊聚氨酯漆包铜圆线

1 范围

GB/T 6109的本部分规定了双漆层的130级自粘直焊漆包铜圆线的要求。内漆层以聚氨酯树脂为基,如果能保留原树脂的化学特性并且满足该漆包线规定的所有要求,则该树脂可以改性。面漆层是以热塑性树脂为基的自粘层。

注:改性树脂是一种经过化学变化的,或者含有一种或多种添加剂以提高其某种性能或使用特性的树脂。

130级表示热级,它要求最小温度指数为130,热冲击温度至少为155℃。

对应于温度指数的摄氏温度并不就是推荐的漆包线使用温度,因为这取决于包括所用设备类型在内的很多因素。

本部分规定的导体标称直径范围为:

——1B级:0.020 mm及以上2.000 mm及以下;

——2B级:0.020 mm及以上2.000 mm及以下。

导体标称直径按GB/T 6109.1—2008中第4章的规定。

2 规范性引用文件

下列文件中的条款通过GB/T 6109的本部分的引用而成为本部分的条款。凡是注日期的引用文件,其随后所有的修改单(不包括勘误的内容)或修订版均不适用于本部分,然而,鼓励根据本部分达成协议的各方研究是否可使用这些文件的最新版本。凡是不注日期的引用文件,其最新版本适用于本部分。

GB/T 6109.1—2008 漆包圆绕组线 第1部分:一般规定(IEC 60317-0-1:2005, IDT)

3 定义、试验方法总则和外观

3.1 定义、试验方法总则

定义、试验方法总则见GB/T 6109.1—2008中第3章。

如果GB/T 6109.1—2008与本部分有矛盾,以本部分为准。

3.2 外观

见GB/T 6109.1—2008中3.3。

4 尺寸

见GB/T 6109.1—2008中第4章。

5 电阻

见GB/T 6109.1—2008中第5章。

6 伸长率

见GB/T 6109.1—2008中第6章。

7 回弹性

见 GB/T 6109.1—2008 中第 7 章。

8 柔韧性和附着性

见 GB/T 6109.1—2008 中第 8 章。用于计算剥离试验用转数的常数 K 应为 150 mm。

9 热冲击

见 GB/T 6109.1—2008 中第 9 章。最小热冲击温度应为 155℃。

10 软化击穿

在 170℃温度下 2 min 内应不击穿。

11 耐刮(导体标称直径 0.250 mm 及以上 2.000 mm 及以下)

漆包线应符合表 1 的规定。

表 1 耐 刮

导体标称直径/mm	1B 级		2B 级	
	最小平均刮破力/N	每次试验中最小刮破力/N	最小平均刮破力/N	每次试验中最小刮破力/N
0.250	2.30	1.95	4.10	3.50
0.280	2.50	2.10	4.40	3.70
0.315	2.70	2.30	4.75	4.00
0.355	2.90	2.50	5.10	4.30
0.400	3.15	2.70	5.45	4.60
0.450	3.40	2.90	5.80	4.90
0.500	3.65	3.10	6.20	5.25
0.560	3.90	3.30	6.65	5.60
0.630	4.20	3.55	7.10	6.00
0.710	4.50	3.80	7.60	6.45
0.800	4.80	4.10	8.10	6.90
0.900	5.20	4.40	8.70	7.40
1.000	5.60	4.75	9.30	7.90
1.120	6.00	5.15	10.0	8.50
1.250	6.50	5.55	10.7	9.10
1.400	7.00	5.95	11.4	9.70
1.600	7.50	6.35	12.2	10.4
1.800	8.00	6.80	13.1	11.1
2.000	8.60	7.30	14.0	11.9
注:对于导体标称直径的中间尺寸,应取下一个较大导体标称直径对应的数值。				

12 耐溶剂

不适用。

13 击穿电压

见 GB/T 6109.1—2008 中第 13 章,高温试验的温度应为 130℃。

14 漆膜连续性

见 GB/T 6109.1—2008 中第 14 章。

15 温度指数

见 GB/T 6109.1—2008 中第 15 章,最小温度指数应为 130。

16 耐冷冻剂

不适用。

17 直焊性

17.1 导体标称直径 0.050 mm 及以下

焊锡槽的温度应为(375±5)℃。最长浸入时间应为 2 s。

镀锡线的表面应光滑,无针孔和漆膜残渣。

17.2 导体标称直径 0.050 mm 以上 0.100 mm 及以下

焊锡槽的温度应为(375±5)℃。最长浸入时间应为 2 s。

镀锡线的表面应光滑,无针孔和漆膜残渣。

17.3 导体标称直径 0.100 mm 以上

焊锡槽的温度应为(375±5)℃。最长浸入时间(s)应为导体标称直径(mm)乘以下述倍数,最少为 2 s。

1B 级	2B 级
12 s/mm	16 s/mm

镀锡线的表面应光滑,无针孔和漆膜残渣。

18 热黏合

18.1 螺旋线圈的热粘结力

18.1.1 在室温下

按试验方法的规定制备试样,粘结用的烘箱温度应由供需双方根据不同种类的自粘性漆协商确定。聚酰胺自粘性漆的粘结温度推荐为(200±2)℃,聚乙烯醇缩丁醛自粘性漆的粘结温度推荐为(170±2)℃。

试验结果:当试样在表 2 规定的负荷作用下按试验方法试验时,除了第一圈和最后一圈可能分开,其余各圈均应不分开。

18.1.2 在高温下

按试验方法的规定制备和处理试样。

不同种类自粘性漆的高温试验温度应由供需双方协商确定。聚酰胺自粘性漆的温度推荐为(155±2)℃,聚乙烯醇缩丁醛自粘性漆的温度推荐为(90±2)℃。

试验结果:当试样在表 2 规定的负荷作用下按试验方法试验时,除了第一圈和最后一圈可能分开,其余各圈均应不分开。

表 2 负　　荷

导体标称直径/mm		室温负荷/N	高温负荷/N
以上	及以下		
—	0.050	*	*
0.050	0.071	0.05	0.04
0.071	0.100	0.08	0.06
0.100	0.160	0.12	0.08
0.160	0.200	0.25	0.19
0.200	0.315	0.35	0.25
0.315	0.400	0.70	0.55
0.400	0.500	1.10	0.80
0.500	0.630	1.60	1.20
0.630	0.710	2.20	1.70
0.710	0.800	2.80	2.10
0.800	0.900	3.40	2.60
0.900	1.000	4.20	3.20
1.000	1.120	5.00	3.80
1.120	1.250	5.80	4.40
1.250	1.400	6.50	4.90
1.400	1.600	8.50	6.40
1.600	1.800	10.00	7.90
1.800	2.000	12.00	7.90

* 对于导体标称直径 0.050 mm 及以下的漆包线，试验方法和要求应由供需双方协商决定。

18.2 扭绞线圈的粘结强度

本试验仅作为特殊试验，适用于直径为 0.315 mm 的漆包线。

18.2.1 在室温下

当按试验方法制备直径为 0.315 mm 的试样时，时间应为 30 s，电流应由供需双方协商确定。聚酰胺或者聚乙烯醇缩丁醛自粘性漆电流推荐为(2.7±0.1)A。

试验结果：当试样在 100 N 作用力下按试验方法试验时，试样应不散开。

18.2.2 在高温下

按试验方法使用 18.2.1 规定的参数制备直径为 0.315 mm 的试样，然后按试验方法进行处理。

高温试验的温度应由供需双方协商确定。聚酰胺自粘性漆的温度推荐为(155±2)℃，聚乙烯醇缩丁醛自粘性漆的温度推荐为(90±2)℃。

试验结果：当试样在 10 N 作用力下按试验方法试验时，试样应不散开。

19 介质损耗系数

不适用。

20 耐变压器油

不适用。

21 失重

不适用。

23 针孔试验

正在考虑中。

30 包装

见 GB/T 6109.1—2008 中第 30 章。

ICS 29.060.01
K 12

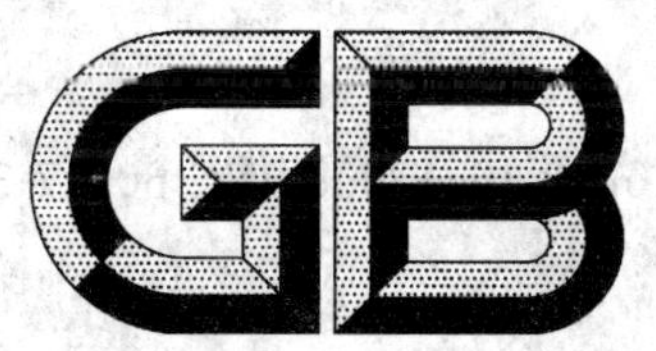

中华人民共和国国家标准

GB/T 6109.16—2008/IEC 60317-35:2000

漆包圆绕组线 第16部分:155级自粘性直焊聚氨酯漆包铜圆线

Enamelled round winding wire—
Part 16:Solderable polyurethane enamelled round copper wire,
class 155,with a bonding layer

(IEC 60317-35:2000,Specifications for particular types of winding wires—
Part 35:Solderable polyurethane enamelled round copper wire,
class 155,with a bonding layer,IDT)

2008-04-23 发布　　2008-12-01 实施

中华人民共和国国家质量监督检验检疫总局
中国国家标准化管理委员会　发布

前言

GB/T 6109《漆包圆绕组线》分为22个部分：

——第1部分：一般规定；

——第2部分：155级聚酯漆包铜圆线；

——第3部分：120级缩醛漆包铜圆线；

——第4部分：130级直焊聚氨酯漆包铜圆线；

——第5部分：180级聚酯亚胺漆包铜圆线；

——第6部分：220级聚酰亚胺漆包铜圆线；

——第7部分：130L级聚酯漆包铜圆线；

——第9部分：130级聚酰胺复合直焊聚氨酯漆包铜圆线；

——第10部分：155级直焊聚氨酯漆包铜圆线；

——第11部分：155级聚酰胺复合直焊聚氨酯漆包铜圆线；

——第12部分：180级聚酰胺复合聚酯或聚酯亚胺漆包铜圆线；

——第13部分：180级直焊聚酯亚胺漆包铜圆线；

——第14部分：200级聚酰胺酰亚胺漆包铜圆线；

——第15部分：130级自粘性直焊聚氨酯漆包铜圆线；

——第16部分：155级自粘性直焊聚氨酯漆包铜圆线；

——第17部分：180级自粘性直焊聚酯亚胺漆包铜圆线；

——第18部分：180级自粘性聚酯亚胺漆包铜圆线；

——第19部分：200级自粘性聚酰胺酰亚胺复合聚酯或聚酯亚胺漆包铜圆线；

——第20部分：200级聚酰胺酰亚胺复合聚酯或聚酯亚胺漆包铜圆线；

——第21部分：200级聚酯-酰胺-亚胺漆包铜圆线；

——第22部分：240级芳族聚酰亚胺漆包铜圆线；

——第23部分：180级直焊聚氨酯漆包铜圆线。

本部分为GB/T 6109的第16部分。本部分等同采用IEC 60317-35:2000《特种绕组线产品标准　第35部分：155级自粘性直焊聚氨酯漆包铜圆线》第1.2版（英文版）。

为便于使用，本部分作了下列编辑性修改：

——删除了国际标准的前言；

——用小数点“.”代替作为小数点的逗号“,”；

——根据IEC 60317-0-1:2005增加了针孔试验项目；

——取消了溶剂粘合及条款号；

——取消了表2中从0.800 mm到2.000 mm多余规格的自粘负荷。

本部分是首次制定。

本部分由中国电器工业协会提出。

本部分由全国电线电缆标准化技术委员会(SAC/TC 213)归口。

本部分负责起草单位：上海电缆研究所。

本部分参加起草单位：山东赛特电工材料有限公司、广州万宝漆包线有限公司、冠城大通股份有限公司、成都国光电气股份有限公司、蓉胜超微线材股份有限公司、浙江露笑集团有限公司。

本部分主要起草人：和军、齐州平、郑启荣、胡庆节、刘贵忠、鲁小均、陈惠民。

漆包圆绕组线 第16部分:155级自粘性直焊聚氨酯漆包铜圆线

1 范围

GB/T 6109 的本部分规定了双漆层的155级自粘直焊漆包铜圆线的要求。内漆层以聚氨酯树脂为基,如果能保留原树脂的化学特性并且满足该漆包线规定的所有要求,则该树脂可以改性。面漆层是以热塑性树脂为基的自粘层。

注:改性树脂是一种经过化学变化的,或者含有一种或多种添加剂以提高其某种性能或使用特性的树脂。

155级表示热级,它要求最小温度指数为155,热冲击温度至少为175℃。

对应于温度指数的摄氏温度并不就是推荐的漆包线使用温度,因为这取决于包括所用设备类型在内的很多因素。

本部分规定的导体标称直径范围为:

——1B级:0.020 mm 及以上 0.800 mm 及以下;

——2B级:0.020 mm 及以上 0.800 mm 及以下。

导体标称直径按 GB/T 6109.1—2008 中第4章的规定。

2 规范性引用文件

下列文件中的条款通过 GB/T 6109 的本部分的引用而成为本部分的条款。凡是注日期的引用文件,其随后所有的修改单(不包括勘误的内容)或修订版均不适用于本部分,然而,鼓励根据本部分达成协议的各方研究是否可使用这些文件的最新版本。凡是不注日期的引用文件,其最新版本适用于本部分。

GB/T 6109.1—2008 漆包圆绕组线 第1部分:一般规定(IEC 60317-0-1:2005,IDT)

3 定义、试验方法总则和外观

3.1 定义、试验方法总则

定义、试验方法总则见 GB/T 6109.1—2008 中第3章。

如果 GB/T 6109.1—2008 与本部分有矛盾,以本部分为准。

3.2 外观

见 GB/T 6109.1—2008 中3.3。

4 尺寸

见 GB/T 6109.1—2008 中第4章。

5 电阻

见 GB/T 6109.1—2008 中第5章。

6 伸长率

见 GB/T 6109.1—2008 中第6章。

7 回弹性

见 GB/T 6109.1—2008 中第 7 章。

8 柔韧性和附着性

见 GB/T 6109.1—2008 中第 8 章。

9 热冲击

见 GB/T 6109.1—2008 中第 9 章。最小热冲击温度应为 175℃。

10 软化击穿

在 200℃温度下 2 min 内应不击穿。

11 耐刮(导体标称直径 0.250 mm 及以上 0.800 mm 及以下)

漆包线应符合表 1 的规定。

表 1 耐刮

导体标称直径/mm	1B级		2B级	
	最小平均刮破力/N	每次试验中最小刮破力/N	最小平均刮破力/N	每次试验中最小刮破力/N
0.250	2.30	1.95	4.10	3.50
0.280	2.50	2.10	4.40	3.70
0.315	2.70	2.30	4.75	4.00
0.355	2.90	2.50	5.10	4.30
0.400	3.15	2.70	5.45	4.60
0.450	3.40	2.90	5.80	4.90
0.500	3.65	3.10	6.20	5.25
0.560	3.90	3.30	6.65	5.60
0.630	4.20	3.55	7.10	6.00
0.710	4.50	3.80	7.60	6.45
0.800	4.80	4.10	8.10	6.90

注：对于导体标称直径的中间尺寸，应取下一个较大导体标称直径对应的数值。

12 耐溶剂

不适用。

13 击穿电压

见 GB/T 6109.1—2008 中第 13 章，高温试验的温度应为 155℃。

14 漆膜连续性

见 GB/T 6109.1—2008 中第 14 章。

15 温度指数

见 GB/T 6109.1—2008 中第 15 章，最小温度指数应为 155。

除非供需双方协商决定，本试验应在导体标称直径为 0.800 mm，2B 级漆膜厚度的漆包线上进行。

16 耐冷冻剂

不适用。

17 直焊性

17.1 导体标称直径 0.050 mm 及以下

焊锡槽的温度应为(390±5)℃。最长浸入时间应为 2 s。

镀锡线的表面应光滑，无针孔和漆膜残渣。

17.2 导体标称直径 0.050 mm 以上 0.100 mm 及以下

焊锡槽的温度应为(390±5)℃。最长浸入时间应为 2 s。

镀锡线的表面应光滑，无针孔和漆膜残渣。

17.3 导体标称直径 0.100 mm 以上

焊锡槽的温度应为(390±5)℃。最长浸入时间(s)应为导体标称直径(mm)乘以下述倍数，最少为 2 s。

1B 级	2B 级
12 s/mm	16 s/mm

镀锡线的表面应光滑，无针孔和漆膜残渣。

18 热黏合

18.1 螺旋线圈的热粘结力

18.1.1 在室温下

按试验方法的规定制备试样，粘合用的烘箱温度应由供需双方根据不同种类的自粘性漆协商确定。聚酰胺自粘性漆的粘合温度推荐为(200±2)℃，聚乙烯醇缩丁醛自粘性漆的粘合温度推荐为(170±2)℃。

试验结果：当试样在表 2 规定的负荷作用下按试验方法试验时，除了第圈一和最后一圈可能分开，其余各圈均应不分开。

18.1.2 在高温下

按试验方法的规定制备和处理试样。

不同种类自粘性漆的高温试验温度应由供需双方协商确定。聚酰胺自粘性漆的温度推荐为(155±2)℃，聚乙烯醇缩丁醛自粘性漆的温度推荐为(90±2)℃。

试验结果：当试样在表 2 规定的负荷作用下按试验方法试验时，除了第一圈和最后一圈可能分开，其余各圈均应不分开。

表 2　负荷

导体标称直径/mm		室温负荷/N	高温负荷/N
以上	及以下		
—	0.050	*	*
0.050	0.071	0.05	0.04
0.071	0.100	0.08	0.06
0.100	0.160	0.12	0.08
0.160	0.200	0.25	0.19
0.200	0.315	0.35	0.25
0.315	0.400	0.70	0.55
0.400	0.500	1.10	0.80
0.500	0.630	1.60	1.20
0.630	0.710	2.20	1.70
0.710	0.800	2.80	2.10
* 对于导体标称直径 0.050 mm 及以下的漆包线，试验方法和要求应由供需双方协商决定。			

18.2　扭绞线圈的粘结强度

本试验仅作为特殊试验，适用于直径为 0.315 mm 的漆包线。

18.2.1　在室温下

当按试验方法制备直径为 0.315 mm 的试样时，时间应为 30 s，电流应由供需双方协商确定。聚酰胺或者聚乙烯醇缩丁醛自粘性漆用电流推荐为(2.7±0.1)A。

试验结果：当试样在 100 N 作用力下按试验方法试验时，试样应不散开。

18.2.2　在高温下

按试验方法使用 18.2.1 规定的参数制备直径为 0.315 mm 的试样，然后按试验方法进行处理。

高温试验的温度应由供需双方协商确定。聚酰胺自粘性漆的温度推荐为(155±2)℃，聚乙烯醇缩丁醛自粘性漆的温度推荐为(90±2)℃。

试验结果：当试样在 10 N 作用力下按试验方法试验时，试样应不散开。

19　介质损耗系数

不适用。

20　耐变压器油

不适用。

21　失重

不适用。

23　针孔试验

正在考虑中。

30　包装

见 GB/T 6109.1—2008 中第 30 章。

ICS 29.060.01
K 12

中华人民共和国国家标准

GB/T 6109.17—2008/IEC 60317-36:2000

漆包圆绕组线 第17部分:180级自粘性直焊聚酯亚胺漆包铜圆线

Enamelled round winding wire—
Part 17:Solderable polyesterimide enamelled round copper wire, class 180, with a bonding layer

(IEC 60317-36:2000, Specifications for particular types of winding wires—Part 36:Solderable polyesterimide enamelled round copper wire, class 180, with a bonding layer, IDT)

2008-04-23 发布　　　　2008-12-04 实施

中华人民共和国国家质量监督检验检疫总局
中国国家标准化管理委员会　发布

前言

GB/T 6109《漆包圆绕组线》分为 22 个部分:

——第 1 部分:一般规定;

——第 2 部分:155 级聚酯漆包铜圆线;

——第 3 部分:120 级缩醛漆包铜圆线;

——第 4 部分:130 级直焊聚氨酯漆包铜圆线;

——第 5 部分:180 级聚酯亚胺漆包铜圆线;

——第 6 部分:220 级聚酰亚胺漆包铜圆线;

——第 7 部分:130 L 级聚酯漆包铜圆线;

——第 9 部分: 130 级聚酰胺复合直焊聚氨酯漆包铜圆线;

——第 10 部分:155 级直焊聚氨酯漆包铜圆线;

——第 11 部分:155 级聚酰胺复合直焊聚氨酯漆包铜圆线;

——第 12 部分:180 级聚酰胺复合聚酯或聚酯亚胺漆包铜圆线;

——第 13 部分:180 级直焊聚酯亚胺漆包铜圆线;

——第 14 部分:200 级聚酰胺酰亚胺漆包铜圆线;

——第 15 部分:130 级自粘性直焊聚氨酯漆包铜圆线;

——第 16 部分:155 级自粘性直焊聚氨酯漆包铜圆线;

——第 17 部分:180 级自粘性直焊聚酯亚胺漆包铜圆线;

——第 18 部分:180 级自粘性聚酯亚胺漆包铜圆线;

——第 19 部分:200 级自粘性聚酰胺酰亚胺复合聚酯或聚酯亚胺漆包铜圆线;

——第 20 部分:200 级聚酰胺酰亚胺复合聚酯或聚酯亚胺漆包铜圆线;

——第 21 部分:200 级聚酯-酰胺-亚胺漆包铜圆线;

——第 22 部分:240 级芳族聚酰亚胺漆包铜圆线;

——第 23 部分:180 级直焊聚氨酯漆包铜圆线。

本部分为 GB/T 6109 的第 17 部分。本部分等同采用 IEC 60317-36:2000《特种绕组线产品标准 第 36 部分:180 级自粘性直焊聚酯亚胺漆包铜圆线》第 1.2 版(英文版)。

为便于使用,本部分作了下列编辑性修改:

——删除了国际标准的前言;

——用小数点“.”代替作为小数点的逗号“,”;

——根据 IEC 60317-0-1:2005 增加了针孔试验项目;

——取消了溶剂粘合及条款号;

——取消了表 2 中从 1.600 mm 到 2.000 mm 多余规格的自粘负荷。

本部分是首次制订。

本部分由中国电器工业协会提出。

本部分由全国电线电缆标准化技术委员会(SAC/TC 213)归口。

本部分负责起草单位:上海电缆研究所。

本部分参加起草单位:成都国光电气股份有限公司、广州万宝漆包线有限公司、山东赛特电工材料有限公司、冠城大通股份有限公司、先登电工器材股份有限公司、浙江长城电子科技集团。

本部分主要起草人:胡庆节、齐州平、和军、郑启荣、孟祥富、姚桂华、陈惠民。

漆包圆绕组线
第17部分:180级自粘性直焊聚酯亚胺漆包铜圆线

1 范围

GB/T 6109的本部分规定了双漆层的180级自粘直焊漆包铜圆线的要求。内漆层以聚酯亚胺树脂为基,如果能保留原树脂的化学特性并且满足该漆包线规定的所有要求,则该树脂可以改性。面漆层是以热塑性树脂为基的自粘层。

注:改性树脂是一种经过化学变化的,或者含有一种或多种添加剂以提高其某种性能或使用特性的树脂。

180级表示热级,它要求最小温度指数为180,热冲击温度至少为200℃。

对应于温度指数的摄氏温度并不就是推荐的漆包线使用温度,因为这取决于包括所用设备类型在内的很多因素。

本部分规定的导体标称直径范围为:

——1B级:0.020 mm及以上1.600 mm及以下;

——2B级:0.020 mm及以上1.600 mm及以下。

导体标称直径按GB/T 6109.1—2008中第4章的规定。

2 规范性引用文件

下列文件中的条款通过GB/T 6109的本部分的引用而成为本部分的条款。凡是注日期的引用文件,其随后所有的修改单(不包括勘误的内容)或修订版均不适用于本部分,然而,鼓励根据本部分达成协议的各方研究是否可使用这些文件的最新版本。凡是不注日期的引用文件,其最新版本适用于本部分。

GB/T 6109.1—2008 漆包圆绕组线 第1部分:一般规定(IEC 60317-0-1:2005,IDT)

3 定义、试验方法总则和外观

3.1 定义、试验方法总则

定义、试验方法总则见GB/T 6109.1—2008中第3章。

如果GB/T 6109.1—2008与本部分有矛盾,以本部分为准。

3.2 外观

见GB/T 6109.1—2008中3.3。

4 尺寸

见GB/T 6109.1—2008中第4章。

5 电阻

见GB/T 6109.1—2008中第5章。

6 伸长率

见GB/T 6109.1—2008中第6章。

7 回弹性

见 GB/T 6109.1—2008 中第 7 章。

8 柔韧性和附着性

见 GB/T 6109.1—2008 中第 8 章。用于计算剥离试验用转数的常数 K 应为 110 mm。

9 热冲击

见 GB/T 6109.1—2008 中第 9 章。最小热冲击温度应为 200℃。

10 软化击穿

在 265℃温度下 2 min 内应不击穿。

11 耐刮(导体标称直径 0.250 mm 及以上 1.600 mm 及以下)

漆包线应符合表 1 的规定。

表 1 耐 刮

导体标称直径/mm	1B 级		2B 级	
	最小平均刮破力/N	每次试验中最小刮破力/N	最小平均刮破力/N	每次试验中最小刮破力/N
0.250	2.85	2.45	4.70	4.00
0.280	3.10	2.60	5.05	4.30
0.315	3.35	2.80	5.45	4.60
0.355	3.60	3.05	5.85	4.95
0.400	3.85	3.25	6.25	5.30
0.450	4.15	3.50	6.75	5.70
0.500	4.45	3.75	7.20	6.10
0.560	4.75	4.05	7.70	6.50
0.630	5.10	4.35	8.25	7.00
0.710	5.45	4.65	8.85	7.50
0.800	5.85	4.95	9.50	8.05
0.900	6.30	5.35	10.2	8.60
1.000	6.75	5.75	10.9	9.20
1.120	7.35	6.20	11.6	9.80
1.250	7.90	6.70	12.5	10.5
1.400	8.50	7.20	13.3	11.3
1.600	9.20	7.80	14.3	12.1

注：对于导体标称直径的中间尺寸，应取下一个较大导体标称直径对应的数值。

12 耐溶剂

不适用。

13 击穿电压

见 GB/T 6109.1—2008 中第 13 章,高温试验的温度应为 180℃。

14 漆膜连续性

见 GB/T 6109.1—2008 中第 14 章。

15 温度指数

见 GB/T 6109.1—2008 中第 15 章,最小温度指数应为 180。

16 耐冷冻剂

不适用。

17 直焊性

17.1 导体标称直径 0.050 mm 及以下

焊锡槽的温度应为(470±5)℃。最长浸入时间应为 2 s。

镀锡线的表面应光滑,无针孔和漆膜残渣。

17.2 导体标称直径 0.050 mm 以上 0.100 mm 及以下

焊锡槽的温度应为(470±5)℃。最长浸入时间应为 2 s。

镀锡线的表面应光滑,无针孔和漆膜残渣。

17.3 导体标称直径 0.100 mm 以上

焊锡槽的温度应为(470±5)℃。最长浸入时间(s)应为导体标称直径(mm)乘以下述倍数,最少为 2 s。

1B 级	2B 级
12 s/mm	16 s/mm

镀锡线的表面应光滑,无针孔和漆膜残渣。

18 热黏合

18.1 螺旋线圈的热黏结力

18.1.1 在室温下

按试验方法的规定制备试样,黏合用的烘箱温度应由供需双方根据不同种类的自粘性漆协商确定。聚酰胺自粘性漆的黏合温度推荐为(200±2)℃,芳族聚酰胺自粘性漆的黏合温度推荐为(230±2)℃。

试验结果:当试样在表 2 规定的负荷作用下按试验方法试验时,除了第一圈和最后一圈可能分开,其余各圈均应不分开。

18.1.2 在高温下

按试验方法的规定制备和处理试样。

不同种类自粘性漆的高温试验温度应由供需双方协商确定。聚酰胺自粘性漆的温度推荐为(155±2)℃,芳族聚酰胺自粘性漆的温度推荐为(170±2)℃。

试验结果:当试样在表 2 规定的负荷作用下按试验方法试验时,除了第一圈和最后一圈可能分开，其余各圈均应不分开。

18.2 扭绞线圈的黏结强度

本试验仅作为特殊试验，适用于直径为0.315 mm的漆包线。

18.2.1 在室温下

当按试验方法制备直径为0.315 mm的试样时，时间应为30 s，电流应由供需双方协商确定。聚酰胺自粘性漆电流推荐为(2.7±0.1)A，芳族聚酰胺自粘性漆电流推荐为(3.0±0.1)A。

试验结果：当试样在100 N作用力下按试验方法试验时，试样应不散开。

18.2.2 在高温下

按试验方法使用18.2.1规定的参数制备直径为0.315 mm的试样，然后按试验方法进行处理。

高温试验的温度应由供需双方协商确定。聚酰胺自粘性漆的温度推荐为(155±2)℃，芳族聚酰胺自粘性漆的温度推荐为(170±2)℃。

试验结果：当试样在10 N作用力下按试验方法试验时，试样应不散开。

表2 负 荷

导体标称直径/mm		室温负荷/N	高温负荷/N
以上	及以下		
—	0.050	*	*
0.050	0.071	0.05	0.04
0.071	0.100	0.08	0.06
0.100	0.160	0.12	0.08
0.160	0.200	0.25	0.19
0.200	0.315	0.35	0.25
0.315	0.400	0.70	0.55
0.400	0.500	1.10	0.80
0.500	0.630	1.60	1.20
0.630	0.710	2.20	1.70
0.710	0.800	2.80	2.10
0.800	0.900	3.40	2.60
0.900	1.000	4.20	3.20
1.000	1.120	5.00	3.80
1.120	1.250	5.80	4.40
1.250	1.400	6.50	4.90
1.400	1.600	8.50	6.40
注：对于导体标称直径0.050 mm及以下的漆包线，试验方法和要求应由供需双方协商决定。			

19 介质损耗系数

不适用。

20 耐变压器油

不适用。

21 失重

不适用。

23 针孔试验

正在考虑中。

30 包装

见 GB/T 6109.1—2008 中第 30 章。

ICS 29.060.01
K 12

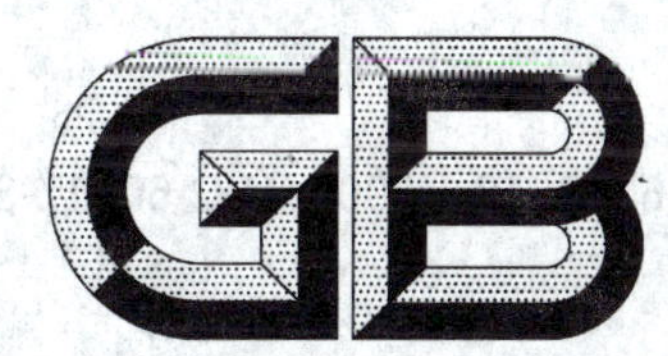

中华人民共和国国家标准

GB/T 6109.18—2008/IEC 60317-37:2000

漆包圆绕组线
第18部分:180级自粘性聚酯亚胺漆包铜圆线

Enamelled round winding wire—
Part 18:Polyesterimide enamelled round copper wire,class 180,
with a bonding layer

(IEC 60317-37:2000,Specifications for particular types of winding wires—
Part 36:Polyesterimide enamelled round copper wire, class 180,
with a bonding layer,IDT)

2008-04-23 发布 2008-12-01 实施

中华人民共和国国家质量监督检验检疫总局
中国国家标准化管理委员会 发布

前言

GB/T 6109《漆包圆绕组线》分为22个部分:

——第1部分:一般规定;

——第2部分:155级聚酯漆包铜圆线;

——第3部分:120级缩醛漆包铜圆线;

——第4部分:130级直焊聚氨酯漆包铜圆线;

——第5部分:180级聚酯亚胺漆包铜圆线;

——第6部分:220级聚酰亚胺漆包铜圆线;

——第7部分:130 L级聚酯漆包铜圆线;

——第9部分:130级聚酰胺复合直焊聚氨酯漆包铜圆线;

——第10部分:155级直焊聚氨酯漆包铜圆线;

——第11部分:155级聚酰胺复合直焊聚氨酯漆包铜圆线;

——第12部分:180级聚酰胺复合聚酯或聚酯亚胺漆包铜圆线;

——第13部分:180级直焊聚酯亚胺漆包铜圆线;

——第14部分:200级聚酰胺酰亚胺漆包铜圆线;

——第15部分:130级自粘性直焊聚氨酯漆包铜圆线;

——第16部分:155级自粘性直焊聚氨酯漆包铜圆线;

——第17部分:180级自粘性直焊聚酯亚胺漆包铜圆线;

——第18部分:180级自粘性聚酯亚胺漆包铜圆线;

——第19部分:200级自粘性聚酰胺酰亚胺复合聚酯或聚酯亚胺漆包铜圆线;

——第20部分:200级聚酰胺酰亚胺复合聚酯或聚酯亚胺漆包铜圆线;

——第21部分:200级聚酯-酰胺-亚胺漆包铜圆线;

——第22部分:240级芳族聚酰亚胺漆包铜圆线;

——第23部分:180级直焊聚氨酯漆包铜圆线。

本部分为GB/T 6109的第18部分。本部分等同采用IEC 60317-37:2000《特种绕组线产品标准 第37部分:180级自粘性聚酯亚胺漆包铜圆线》第1.2版(英文版)。

为便于使用,本部分作了下列编辑性修改:

——删除了国际标准的前言;

——用小数点“.”代替作为小数点的逗号“,”;

——根据IEC 60317-0-1:2005增加了针孔试验项目;

——取消了溶剂粘合及条款号;

——取消了表2中从1.600 mm到2.000 mm多余规格的自粘负荷。

本部分是首次制订。

本部分由中国电器工业协会提出。

本部分由全国电线电缆标准化技术委员会(SAC/TC 213)归口。

本部分负责起草单位:上海电缆研究所。

本部分参加起草单位:广州万宝漆包线有限公司、冠城大通股份有限公司、成都国光电气股份有限公司、蓉胜超微线材股份有限公司、山东赛特电工材料有限公司、浙江露笑集团有限公司。

本部分主要起草人:齐州平、郑启荣、胡庆节、刘贵忠、和军、鲁小均、陈惠民。

漆包圆绕组线
第18部分:180级自粘性聚酯亚胺
漆包铜圆线

1 范围

GB/T 6109的本部分规定了双漆层的180级自粘性漆包铜圆线的要求。内漆层以聚酯亚胺树脂为基,如果能保留原树脂的化学特性并且满足该漆包线规定的所有要求,则该树脂可以改性。面漆层是以热塑性树脂为基的自粘层。

注:改性树脂是一种经过化学变化的,或者含有一种或多种添加剂以提高其某种性能或使用特性的树脂。

180级表示热级,它要求最小温度指数为180,热冲击温度至少为200℃。

对应于温度指数的摄氏温度并不就是推荐的漆包线使用温度,因为这取决于包括所用设备类型在内的很多因素。

本部分规定的导体标称直径范围为:

——1B级:0.020 mm及以上1.600 mm及以下;

——2B级:0.020 mm及以上1.600 mm及以下。

导体标称直径按GB/T 6109.1—2008中第4章的规定。

2 规范性引用文件

下列文件中的条款通过GB/T 6109的本部分的引用而成为本部分的条款。凡是注日期的引用文件,其随后所有的修改单(不包括勘误的内容)或修订版均不适用于本部分,然而,鼓励根据本部分达成协议的各方研究是否可使用这些文件的最新版本。凡是不注日期的引用文件,其最新版本适用于本部分。

GB/T 6109.1—2008 漆包圆绕组线 第1部分:一般规定(IEC 60317-0-1:2005,IDT)

3 定义、试验方法总则和外观

3.1 定义、试验方法总则

定义、试验方法总则见GB/T 6109.1—2008中第3章。

如果GB/T 6109.1—2008与本部分有矛盾,以本部分为准。

3.2 外观

见GB/T 6109.1—2008中3.3。

4 尺寸

见GB/T 6109.1—2008中第4章。

5 电阻

见GB/T 6109.1—2008中第5章。

6 伸长率

见 GB/T 6109.1—2008 中第 6 章。

7 回弹性

见 GB/T 6109.1—2008 中第 7 章。

8 柔韧性和附着性

见 GB/T 6109.1—2008 中第 8 章。用于计算剥离试验用转数的常数 K 应为 110 mm。

9 热冲击

见 GB/T 6109.1—2008 中第 9 章。最小热冲击温度应为 200℃。

10 软化击穿

在 300℃温度下 2 min 内应不击穿。

11 耐刮(导体标称直径 0.250 mm 及以上 1.600 mm 及以下)

漆包线应符合表 1 的规定。

表 1 耐刮

导体标称直径/mm	1B 级		2B 级	
	最小平均刮破力/N	每次试验中最小刮破力/N	最小平均刮破力/N	每次试验中最小刮破力/N
0.250	2.85	2.45	4.70	4.00
0.280	3.10	2.60	5.05	4.30
0.315	3.35	2.80	5.45	4.60
0.355	3.60	3.05	5.85	4.95
0.400	3.85	3.25	6.25	5.30
0.450	4.15	3.50	6.75	5.70
0.500	4.45	3.75	7.20	6.10
0.560	4.75	4.05	7.70	6.50
0.630	5.10	4.35	8.25	7.00
0.710	5.45	4.65	8.85	7.50
0.800	5.85	4.95	9.50	8.05
0.900	6.30	5.35	10.2	8.60
1.000	6.75	5.75	10.9	9.20
1.120	7.35	6.20	11.6	9.80
1.250	7.90	6.70	12.5	10.5
1.400	8.50	7.20	13.3	11.3
1.600	9.20	7.80	14.3	12.1

注：对于导体标称直径的中间尺寸，应取下一个较大导体标称直径对应的数值。

12 耐溶剂

不适用。

13 击穿电压

见 GB/T 6109.1—2008 中第 13 章，高温试验的温度应为 180℃。

14 漆膜连续性

见 GB/T 6109.1—2008 中第 14 章。

15 温度指数

见 GB/T 6109.1—2008 中第 15 章，最小温度指数应为 180。

16 耐冷冻剂

不适用。

17 直焊性

不适用。

18 热黏合

18.1 螺旋线圈的热粘结力

18.1.1 在室温下

按试验方法的规定制备试样，粘合用的烘箱温度应由供需双方根据不同种类的自粘性漆协商确定。聚酰胺自粘性漆的粘合温度推荐为(200±2)℃，芳族聚酰胺自粘性漆的粘合温度推荐为(230±2)℃。

试验结果：当试样在表 2 规定的负荷作用下按试验方法试验时，除了第一圈和最后一圈可能分开，其余各圈均应不分开。

18.1.2 在高温下

按试验方法的规定制备和处理试样。

不同种类自粘性漆的高温试验温度应由供需双方协商确定。聚酰胺自粘性漆的温度推荐为(155±2)℃，芳族聚酰胺自粘性漆的温度推荐为(170±2)℃。

试验结果：当试样在表 2 规定的负荷作用下按试验方法试验时，除了第一圈和最后一圈可能分开，其余各圈均应不分开。

18.2 扭绞线圈的粘结强度

本试验仅作为特殊试验，适用于直径为 0.315 mm 的漆包线。

18.2.1 在室温下

当按试验方法制备直径为 0.315 mm 的试样时，时间应为 30 s，电流应由供需双方协商确定。聚酰胺自粘性漆用电流推荐为(2.7±0.1)A，芳族聚酰胺自粘性漆用电流推荐为(3.0±0.1)A。

试验结果：当试样在 100N 作用力下按试验方法试验时，试样应不散开。

18.2.2 在高温下

按试验方法使用 18.2.1 规定的参数制备直径为 0.315 mm 的试样，然后按试验方法进行处理。

高温试验的温度应由供需双方协商确定。聚酰胺自粘性漆的温度推荐为(155±2)℃，芳族聚酰胺自粘性漆的温度推荐为(170±2)℃。

试验结果：当试样在 10N 作用力下按试验方法试验时，试样应不散开。

表 2 负荷

导体标称直径/mm		室温负荷/N	高温负荷/N
以上	及以下		
—	0.050	*	*
0.050	0.071	0.05	0.04
0.071	0.100	0.08	0.06
0.100	0.160	0.12	0.08
0.160	0.200	0.25	0.19
0.200	0.315	0.35	0.25
0.315	0.400	0.70	0.55
0.400	0.500	1.10	0.80
0.500	0.630	1.60	1.20
0.630	0.710	2.20	1.70
0.710	0.800	2.80	2.10
0.800	0.900	3.40	2.60
0.900	1.000	4.20	3.20
1.000	1.120	5.00	3.80
1.120	1.250	5.80	4.40
1.250	1.400	6.50	4.90
1.400	1.600	8.50	6.40
* 对于导体标称直径 0.050 mm 及以下的漆包线，试验方法和要求应由供需双方协商决定。			

19 介质损耗系数

不适用。

20 耐变压器油

不适用。

21 失重

不适用。

23 针孔试验

正在考虑中。

30 包装

见 GB/T 6109.1—2008 中第 30 章。

ICS 29.060.01
K 12

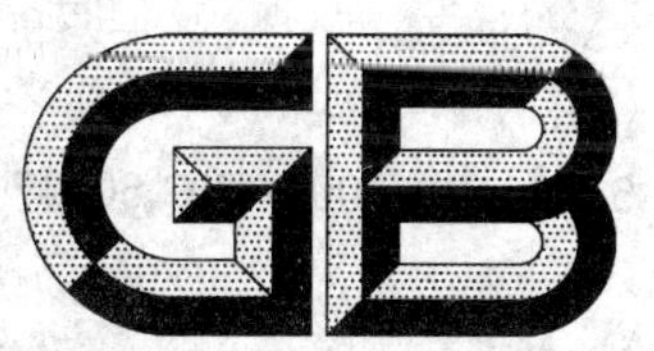

中华人民共和国国家标准

GB/T 6109.19—2008/IEC 60317-38:2000

漆包圆绕组线
第19部分:200级自粘性聚酰胺酰亚胺复合聚酯或聚酯亚胺漆包铜圆线

**Enamelled round winding wire—
Part 19:Polyester or polyesterimide overcoated with polyamide-imide enamelled round copper wire,class 200,with a bonding layer**

(IEC 60317-38:2000,Specifications for particular types of winding wires—
Part 38:Polyester or polyesterimide overcoated with polyamide-imide
enamelled round copper wire,class 200,with a bonding layer,IDT)

2008-04-23 发布　　2008-12-01 实施

中华人民共和国国家质量监督检验检疫总局
中国国家标准化管理委员会　发布

前言

GB/T 6109《漆包圆绕组线》分为22个部分：

——第1部分：一般规定；

——第2部分：155级聚酯漆包铜圆线；

——第3部分：120级缩醛漆包铜圆线；

——第4部分：130级直焊聚氨酯漆包铜圆线；

——第5部分：180级聚酯亚胺漆包铜圆线；

——第6部分：220级聚酰亚胺漆包铜圆线；

——第7部分：130 L级聚酯漆包铜圆线；

——第9部分：130级聚酰胺复合直焊聚氨酯漆包铜圆线；

——第10部分：155级直焊聚氨酯漆包铜圆线；

——第11部分：155级聚酰胺复合直焊聚氨酯漆包铜圆线；

——第12部分：180级聚酰胺复合聚酯或聚酯亚胺漆包铜圆线；

——第13部分：180级直焊聚酯亚胺漆包铜圆线；

——第14部分：200级聚酰胺酰亚胺漆包铜圆线；

——第15部分：130级自粘性直焊聚氨酯漆包铜圆线；

——第16部分：155级自粘性直焊聚氨酯漆包铜圆线；

——第17部分：180级自粘性直焊聚酯亚胺漆包铜圆线；

——第18部分：180级自粘性聚酯亚胺漆包铜圆线；

——第19部分：200级自粘性聚酰胺酰亚胺复合聚酯或聚酯亚胺漆包铜圆线；

——第20部分：200级聚酰胺酰亚胺复合聚酯或聚酯亚胺漆包铜圆线；

——第21部分：200级聚酯-酰胺-亚胺漆包铜圆线；

——第22部分：240级芳族聚酰亚胺漆包铜圆线；

——第23部分：180级直焊聚氨酯漆包铜圆线。

本部分为GB/T 6109的第19部分。本部分等同采用IEC 60317-38:2000《特种绕组线产品标准 第38部分：200级自粘性聚酰胺酰亚胺复合聚酯或聚酯亚胺漆包铜圆线》第1.2版(英文版)。

为便于使用，本部分作了下列编辑性修改：

——删除了国际标准的前言；

——用小数点“.”代替作为小数点的逗号“,”；

——根据IEC 60317-0-1:2005增加了针孔试验项目；

——取消了溶剂粘合及条款号；

——取消了表2中从1.600 mm到2.000 mm多余规格的自粘负荷。

本部分是首次制订。

本部分由中国电器工业协会提出。

本部分由全国电线电缆标准化技术委员会(SAC/TC 213)归口。

本部分负责起草单位：上海电缆研究所。

本部分参加起草单位：冠城大通股份有限公司、成都国光电气股份有限公司、广州万宝漆包线有限公司、上海裕生特种线材有限公司、崇明特种电磁线厂、浙江长城电子科技集团。

本部分主要起草人：郑启荣、胡庆节、齐州平、张家化、曹恒泰、姚桂华、陈惠民。

漆包圆绕组线 第19部分:200级自粘性聚酰胺酰亚胺复合聚酯或聚酯亚胺漆包铜圆线

1 范围

GB/T 6109 的本部分规定了三漆层的200级漆包铜圆线的要求。底漆层以聚酯或聚酯亚胺树脂为基,如果能保留原树脂的化学特性并且满足该漆包线规定的所有要求,则该树脂可以改性。中间层以聚酰胺酰亚胺树脂为基。面漆层是以热塑性或热固性树脂为基的自粘层。

注:改性树脂是一种经过化学变化的,或者含有一种或多种添加剂以提高其某种性能或使用特性的树脂。

200级表示热级,它要求最小温度指数为200,热冲击温度至少为220℃。

对应于温度指数的摄氏温度并不就是推荐的漆包线使用温度,因为这取决于包括所用设备类型在内的很多因素。

本部分规定的导体标称直径范围为:

—1B 级:0.050 mm 及以上 1.600 mm 及以下;

—2B 级:0.050 mm 及以上 1.600 mm 及以下。

导体标称直径按 GB/T 6109.1—2008 中第4章的规定。

2 规范性引用文件

下列文件中的条款通过 GB/T 6109 的本部分的引用而成为本部分的条款。凡是注日期的引用文件,其随后所有的修改单(不包括勘误的内容)或修订版均不适用于本部分,然而,鼓励根据本部分达成协议的各方研究是否可使用这些文件的最新版本。凡是不注日期的引用文件,其最新版本适用于本部分。

GB/T 6109.1—2008 漆包圆绕组线 第1部分:一般规定(IEC 60317-0-1:2005,IDT)

3 定义、试验方法总则和外观

3.1 定义、试验方法总则

定义、试验方法总则见 GB/T 6109.1—2008 中第3章。

如果 GB/T 6109.1—2008 与本部分有矛盾,以本部分为准。

3.2 外观

见 GB/T 6109.1—2008 中3.3。

4 尺寸

见 GB/T 6109.1—2008 中第4章。

5 电阻

见 GB/T 6109.1—2008 中第5章。

6 伸长率

见 GB/T 6109.1—2008 中第 6 章。

7 回弹性

见 GB/T 6109.1—2008 中第 7 章。

8 柔韧性和附着性

见 GB/T 6109.1—2008 中第 8 章。用于计算剥离试验用转数的常数 K 应为 110 mm。

9 热冲击

见 GB/T 6109.1—2008 中第 9 章，最小热冲击温度应为 220℃。

10 软化击穿

在 320℃温度下 2 min 内应不击穿。

11 耐刮（导体标称直径 0.250 mm 及以上 1.600 mm 及以下）

漆包线应符合表 1 的规定。

表 1 耐刮

导体标称直径/mm	1B 级		2B 级	
	最小平均刮破力/N	每次试验中最小刮破力/N	最小平均刮破力/N	每次试验中最小刮破力/N
0.250	3.00	2.55	4.90	4.15
0.280	3.25	2.75	5.25	4.45
0.315	3.50	2.95	5.65	4.80
0.355	3.75	3.20	6.05	5.15
0.400	4.05	3.45	6.50	5.50
0.450	4.35	3.70	7.00	5.90
0.500	4.65	3.95	7.50	6.35
0.560	5.00	4.25	8.00	6.80
0.630	5.35	4.55	8.60	7.30
0.710	5.70	4.85	9.20	7.80
0.800	6.10	5.15	9.90	8.40
0.900	6.55	5.55	10.6	9.00
1.000	7.05	5.95	11.3	9.60
1.120	7.60	6.45	12.1	10.2
1.250	8.20	6.95	12.9	11.0
1.400	8.80	7.45	13.9	11.8
1.600	9.45	8.00	14.9	12.6
注：对于导体标称直径的中间尺寸，应取下一个较大导体标称直径对应的数值。				

12 耐溶剂

不适用。

13 击穿电压

见 GB/T 6109.1—2008 中第 13 章,高温试验温度应为 200℃。

14 漆膜连续性

见 GB/T 6109.1—2008 中第 14 章。

15 温度指数

见 GB/T 6109.1—2008 中第 15 章,最小温度指数应为 200。

16 耐冷冻剂

不适用。

17 直焊性

不适用。

18 热黏合

18.1 螺旋线圈的热粘结力

18.1.1 在室温下

按试验方法的规定制备试样,烘箱温度应由供需双方根据不同种类的自粘性漆协商确定。聚酰胺自粘性漆的温度推荐为(200±2)℃,芳族聚酰胺自粘性漆的温度推荐为(230±2)℃。

试验结果:当试样在表 2 规定的负荷作用下按试验方法试验时,除了第一圈和最后一圈可能分开,其余各圈均应不分开。

18.1.2 在高温下

按试验方法的规定制备和处理试样。

不同种类自粘性漆的高温试验温度应由供需双方协商确定。聚酰胺自粘性漆的温度推荐为(155±2)℃,芳族聚酰胺自粘性漆的温度推荐为(170±2)℃。

试验结果:当试样在表 2 规定的负荷作用下按试验方法试验时,除了第一圈和最后一圈可能分开,其余各圈均应不分开。

18.2 扭绞线圈的粘结强度

本试验仅作为特殊试验,适用于直径为 0.315 mm 的漆包线。

18.2.1 在室温下

当按试验方法制备直径为 0.315 mm 的试样时,时间应为 30 s,电流应由供需双方协商确定。聚酰胺自粘性漆用电流推荐为(2.7±0.1)A,芳族聚酰胺自粘性漆用电流推荐为(3.0±0.1)A。

试验结果:当试样在 100N 作用力下按试验方法试验时,试样应不散开。

18.2.2 在高温下

按试验方法使用 18.2.1 规定的参数制备直径为 0.315 mm 的试样,然后按试验方法进行处理。

高温试验的温度应由供需双方协商确定。聚酰胺自粘性漆的温度推荐为(155±2)℃,芳族聚酰胺自粘性漆的温度推荐为(170±2)℃。

试验结果:当试样在 10 N 作用力下按试验方法试验时,试样应不散开。

表 2 负荷

导体标称直径/mm		室温负荷/N	高温负荷/N
以上	及以下		
—	0.050	*	*
0.050	0.071	0.05	0.04
0.071	0.100	0.08	0.06
0.100	0.160	0.12	0.08
0.160	0.200	0.25	0.19
0.200	0.315	0.35	0.25
0.315	0.400	0.70	0.55
0.400	0.500	1.10	0.80
0.500	0.630	1.60	1.20
0.630	0.710	2.20	1.70
0.710	0.800	2.80	2.10
0.800	0.900	3.40	2.60
0.900	1.000	4.20	3.20
1.000	1.120	5.00	3.80
1.120	1.250	5.80	4.40
1.250	1.400	6.50	4.90
1.400	1.600	8.50	6.40

* 对于导体标称直径 0.050 mm 及以下的漆包线，试验方法和要求应由供需双方协商决定。

19 介质损耗系数

不适用。

20 耐变压器油

不适用。

21 失重

不适用。

23 针孔试验

正在考虑中。

30 包装

见 GB/T 6109.1—2008 中第 30 章。

ICS 29.060.01
K 12

中华人民共和国国家标准

GB/T 6109.20—2008/IEC 60317-13:1997
代替 GB/T 6109.11—1990

漆包圆绕组线
第20部分:200级聚酰胺酰亚胺复合聚酯或聚酯亚胺漆包铜圆线

**Enamelled round winding wire—
Part 20: Polyester or polyesterimide overcoated with polyamide-imide enamelled round copper wire, class 200**

(IEC 60317-13:1997, Specifications for particular types of winding wires—
Part 13: Polyester or polyesterimide overcoated with polyamide-imide enamelled round copper wire, class 200, IDT)

2008-04-23 发布　　2008-12-01 实施

中华人民共和国国家质量监督检验检疫总局
中国国家标准化管理委员会　发布

前　　言

GB/T 6109《漆包圆绕组线》分为22个部分：

——第1部分：一般规定；

——第2部分：155级聚酯漆包铜圆线；

——第3部分：120级缩醛漆包铜圆线；

——第4部分：130级直焊聚氨酯漆包铜圆线；

——第5部分：180级聚酯亚胺漆包铜圆线；

——第6部分：220级聚酰亚胺漆包铜圆线；

——第7部分：130 L级聚酯漆包铜圆线；

——第9部分：130级聚酰胺复合直焊聚氨酯漆包铜圆线；

——第10部分：155级直焊聚氨酯漆包铜圆线；

——第11部分：155级聚酰胺复合直焊聚氨酯漆包铜圆线；

——第12部分：180级聚酰胺复合聚酯或聚酯亚胺漆包铜圆线；

——第13部分：180级直焊聚酯亚胺漆包铜圆线；

——第14部分：200级聚酰胺酰亚胺漆包铜圆线；

——第15部分：130级自粘性直焊聚氨酯漆包铜圆线；

——第16部分：155级自粘性直焊聚氨酯漆包铜圆线；

——第17部分：180级自粘性直焊聚酯亚胺漆包铜圆线；

——第18部分：180级自粘性聚酯亚胺漆包铜圆线；

——第19部分：200级自粘性聚酰胺酰亚胺复合聚酯或聚酯亚胺漆包铜圆线；

——第20部分：200级聚酰胺酰亚胺复合聚酯或聚酯亚胺漆包铜圆线；

——第21部分：200级聚酯-酰胺-亚胺漆包铜圆线；

——第22部分：240级芳族聚酰亚胺漆包铜圆线；

——第23部分：180级直焊聚氨酯漆包铜圆线。

本部分为GB/T 6109的第20部分。本部分等同采用IEC 60317-13:1997《特种绕组线产品标准 第13部分：200级聚酰胺酰亚胺复合聚酯或聚酯亚胺漆包铜圆线》第2.2版(英文版)。

为便于使用，本部分做了下列编辑性修改：

——删除了国际标准的前言；

——用小数点“.”代替作为小数点的逗号“,”；

——根据IEC 60317-0-1:2005增加了针孔试验项目；

——IEC 60317-13:1997第2.2版中有关耐冷冻剂试验项目发生编辑件错误，在这次修订时取消了IEC 60317-13:1997版的16.1、16.2和16.3及其脚注的规定。

本部分自实施之日起代替GB/T 6109.11—1990。

本部分与GB/T 6109.11—1990相比，主要变化如下：

——热冲击试验用圆棒直径的规定由原来的按导体标称直径范围分档改为按每一导体标称直径立项；

——按耐冷冻剂试验的新方法，萃取物的百分比不应超过0.5%，最小击穿电压应为规定值的75%；

——增加了针孔试验项目。

本部分由中国电器工业协会提出。

本部分由全国电线电缆标准化技术委员会(SAC/TC 213)归口。

本部分负责起草单位:上海电缆研究所。

本部分参加起草单位:精达特种电磁线股份有限公司、冠城大通股份有限公司、上海裕生特种线材有限公司、广州万宝漆包线有限公司、江苏大通机电有限公司、浙江露笑集团有限公司。

本部分主要起草人:章延胜、郑启荣、张家化、齐州平、鲁小均、陈惠民。

本部分所代替标准的历次版本发布情况为:

——GB/T 6109.11—1990。

漆包圆绕组线
第20部分:200级聚酰胺酰亚胺复合聚酯或聚酯亚胺漆包铜圆线

1 范围

GB/T 6109的本部分规定了双漆层的200级漆包铜圆线的要求。底漆层以聚酯或聚酯亚胺树脂为基,如果能保留原树脂的化学特性并且满足该漆包线规定的所有要求,则该树脂可以改性。面漆层是以聚酰胺酰亚胺树脂为基。

注:改性树脂是一种经过化学变化的,或者含有一种或多种添加剂以提高其某种性能或使用特性的树脂。

200级表示热级,它要求最小温度指数为200,热冲击温度至少为220℃。

对应于温度指数的摄氏温度并不就是推荐的漆包线使用温度,因为这取决于包括所用设备类型在内的很多因素。

本部分规定的导体标称直径范围为:

——1级:0.050 mm及以上2.000 mm及以下;

——2级:0.050 mm及以上5.000 mm及以下。

导体标称直径按GB/T 6109.1—2008中第4章的规定。

2 规范性引用文件

下列文件中的条款通过GB/T 6109的本部分的引用而成为本部分的条款。凡是注日期的引用文件,其随后所有的修改单(不包括勘误的内容)或修订版均不适用于本部分,然而,鼓励根据本部分达成协议的各方研究是否可使用这些文件的最新版本。凡是不注日期的引用文件,其最新版本适用于本部分。

GB/T 6109.1—2008 漆包圆绕组线 第1部分:一般规定(IEC 60317-0-1:2005, IDT)

3 定义、试验方法总则和外观

3.1 定义、试验方法总则

定义、试验方法总则见GB/T 6109.1—2008中第3章。

如果GB/T 6109.1—2008与本部分有矛盾,以本部分为准。

3.2 外观

见GB/T 6109.1—2008中3.3。

4 尺寸

见GB/T 6109.1—2008中第4章。

5 电阻

见GB/T 6109.1—2008中第5章。

6 伸长率

见GB/T 6109.1—2008中第6章。

7 回弹性

见 GB/T 6109.1—2008 中第 7 章。

8 柔韧性和附着性

见 GB/T 6109.1—2008 中第 8 章。用于计算剥离试验用转数的常数 K 应为 110 mm。

9 热冲击

见 GB/T 6109.1—2008 中第 9 章，最小热冲击温度应为 220℃。

10 软化击穿

在 320℃温度下 2 min 内应不击穿。

11 耐刮(导体标称直径 0.250 mm 及以上 2.500 mm 及以下)

漆包线应符合表 1 的规定。

表 1 耐刮

导体标称直径/mm	1级		2级	
	最小平均刮破力/N	每次试验中最小刮破力/N	最小平均刮破力/N	每次试验中最小刮破力/N
0.250	3.00	2.55	4.90	4.15
0.280	3.25	2.75	5.25	4.45
0.315	3.50	2.95	5.65	4.80
0.355	3.75	3.20	6.05	5.15
0.400	4.05	3.45	6.50	5.50
0.450	4.35	3.70	7.00	5.90
0.500	4.65	3.95	7.50	6.35
0.560	5.00	4.25	8.00	6.80
0.630	5.35	4.55	8.60	7.30
0.710	5.70	4.85	9.20	7.80
0.800	6.10	5.15	9.90	8.40
0.900	6.55	5.55	10.6	9.00
1.000	7.05	5.95	11.3	9.60
1.120	7.60	6.45	12.1	10.2
1.250	8.20	6.95	12.9	11.0
1.400	8.80	7.45	13.9	11.8
1.600	9.45	8.00	14.9	12.6
1.800	10.1	8.60	16.0	13.5
2.000	10.9	9.20	17.1	14.4
2.240	—	—	18.2	15.4
2.500	—	—	19.4	16.4

注：对于导体标称直径的中间尺寸，应取下一个较大导体标称直径对应的数值。

12 耐溶剂

见 GB/T 6109.1—2008 中第 12 章。

13 击穿电压

见 GB/T 6109.1—2008 中第 13 章，高温试验的温度应为 200℃。

14 漆膜连续性

见 GB/T 6109.1—2008 中第 14 章。

15 温度指数

见 GB/T 6109.1—2008 中第 15 章，最小温度指数应为 200。

16 耐冷冻剂

萃取物的百分比应不超过 0.5%。最小击穿电压应为规定值的 75%。

17 直焊性

不适用。

18 热黏合

不适用。

19 介质损耗系数

不适用。

20 耐变压器油

适用但未规定性能要求。

21 失重

不适用。

23 针孔试验

正在考虑中。

30 包装

见 GB/T 6109.1—2008 中第 30 章。

ICS 29.060.01
K 12

中华人民共和国国家标准

GB/T 6109.21—2008/IEC 60317-42:1997

漆包圆绕组线 第21部分:200级聚酯-酰胺-亚胺漆包铜圆线

Enamelled round winding wire—
Part 21:Polyester-amide-imide enamelled round copper wire,class 200

(IEC 60317-42:1997,Specifications for particular types of winding wires—Part 42:Polyester amide imide enamelled round copper wire,class 200,IDT)

2008-04-23 发布 2008-12-01 实施

中华人民共和国国家质量监督检验检疫总局
中国国家标准化管理委员会 发布

前　言

GB/T 6109《漆包圆绕组线》分为22个部分：

——第1部分：一般规定；

——第2部分：155级聚酯漆包铜圆线；

——第3部分：120级缩醛漆包铜圆线；

——第4部分：130级直焊聚氨酯漆包铜圆线；

——第5部分：180级聚酯亚胺漆包铜圆线；

——第6部分：220级聚酰亚胺漆包铜圆线；

——第7部分：130 L级聚酯漆包铜圆线；

——第9部分：130级聚酰胺复合直焊聚氨酯漆包铜圆线；

——第10部分：155级直焊聚氨酯漆包铜圆线；

——第11部分：155级聚酰胺复合直焊聚氨酯漆包铜圆线；

——第12部分：180级聚酰胺复合聚酯或聚酯亚胺漆包铜圆线；

——第13部分：180级直焊聚酯亚胺漆包铜圆线；

——第14部分：200级聚酰胺酰亚胺漆包铜圆线；

——第15部分：130级自粘性直焊聚氨酯漆包铜圆线；

——第16部分：155级自粘性直焊聚氨酯漆包铜圆线；

——第17部分：180级自粘性直焊聚酯亚胺漆包铜圆线；

——第18部分：180级自粘性聚酯亚胺漆包铜圆线；

——第19部分：200级自粘性聚酰胺酰亚胺复合聚酯或聚酯亚胺漆包铜圆线；

——第20部分：200级聚酰胺酰亚胺复合聚酯或聚酯亚胺漆包铜圆线；

——第21部分：200级聚酯-酰胺-亚胺漆包铜圆线；

——第22部分：240级芳族聚酰亚胺漆包铜圆线；

——第23部分：180级直焊聚氨酯漆包铜圆线。

本部分为GB/T 6109的第21部分。本部分等同采用IEC 60317-42:1997《特种绕组线产品标准 第42部分：200级聚酯-酰胺-亚胺漆包铜圆线》第1版。

为便于使用，本部分作了下列编辑性修改：

——删除了国际标准的前言；

——用小数点"."代替作为小数点的逗号","；

——根据IEC 60317-0-1:2005增加了针孔试验项目。

本部分是首次制订。

本部分由中国电器工业协会提出。

本部分由全国电线电缆标准化技术委员会(SAC/TC 213)归口。

本部分负责起草单位：上海电缆研究所。

本部分参加起草单位：精达特种电磁线股份有限公司、冠城大通股份有限公司、江苏大通机电有限公司、广州万宝漆包线有限公司、浙江露笑集团有限公司、浙江洪波线缆股份有限公司。

本部分主要起草人：章延胜、郑启荣、齐州平、鲁小均、陈慧善、曹恒泰、陈惠民。

漆包圆绕组线
第21部分:200级聚酯-酰胺-亚胺漆包铜圆线

1 范围

GB/T 6109的本部分规定了以聚酯-酰胺-亚胺树脂为基的单一漆层200级漆包铜圆线的要求。如果能保留原树脂的化学特性并且满足该漆包线规定的所有要求,则该树脂可以改性。

注:改性树脂是一种经过化学变化的,或者含有一种或多种添加剂以提高其某种性能或使用特性的树脂。

200级表示热级,它要求最小温度指数为200,热冲击温度至少为220℃。

对应于温度指数的摄氏温度并不就是推荐的漆包线使用温度,因为这取决于包括所用设备类型在内的很多因素。

本部分规定的导体标称直径范围为:

——1级:0.018 mm及以上1.600 mm及以下;

——2级:0.025 mm及以上5.000 mm及以下。

导体标称直径按GB/T 6109.1—2008中第4章的规定。

2 规范性引用文件

下列文件中的条款通过GB/T 6109的本部分的引用而成为本部分的条款。凡是注日期的引用文件,其随后所有的修改单(不包括勘误的内容)或修订版均不适用于本部分,然而,鼓励根据本部分达成协议的各方研究是否可使用这些文件的最新版本。凡是不注日期的引用文件,其最新版本适用于本部分。

GB/T 6109.1—2008 漆包圆绕组线 第1部分:一般规定(IEC 60317-0-1:2005,IDT)

3 定义、试验方法总则和外观

3.1 定义、试验方法总则

定义、试验方法总则见GB/T 6109.1—2008中第3章。

如果GB/T 6109.1—2008与本部分有矛盾,以本部分为准。

3.2 外观

见GB/T 6109.1—2008中3.3。

4 尺寸

见GB/T 6109.1—2008中第4章。

5 电阻

见GB/T 6109.1—2008中第5章。

6 伸长率

见GB/T 6109.1—2008中第6章。

7 回弹性

见 GB/T 6109.1—2008 中第 7 章。

8 柔韧性和附着性

见 GB/T 6109.1—2008 中第 8 章。用于计算剥离试验用转数的常数 K 应为 110 mm。

9 热冲击

见 GB/T 6109.1—2008 中第 9 章。最小热冲击温度应为 220℃。

10 软化击穿

在 300℃温度下 2 min 内应不击穿。

11 耐刮(导体标称直径 0.250 mm 及以上 2.500 mm 及以下)

漆包线应符合表 1 的规定。

表 1 耐 刮

导体标称直径/mm	1级		2级	
	最小平均刮破力/N	每次试验中最小刮破力/N	最小平均刮破力/N	每次试验中最小刮破力/N
0.250	3.00	2.55	4.90	4.15
0.280	3.25	2.75	5.25	4.45
0.315	3.50	2.95	5.65	4.80
0.355	3.75	3.20	6.05	5.15
0.400	4.05	3.45	6.50	5.50
0.450	4.35	3.70	7.00	5.90
0.500	4.65	3.95	7.50	6.35
0.560	5.00	4.25	8.00	6.80
0.630	5.35	4.55	8.60	7.30
0.710	5.70	4.85	9.20	7.80
0.800	6.10	5.15	9.90	8.40
0.900	6.55	5.55	10.6	9.00
1.000	7.05	5.95	11.3	9.60
1.120	7.60	6.45	12.1	10.2
1.250	8.20	6.05	12.9	11.0
1.400	8.80	7.45	13.9	11.8
1.600	9.45	8.00	14.9	12.6
1.800	—	—	16.0	13.5
2.000	—	—	17.1	14.4
2.240	—	—	18.2	15.4
2.500	—	—	19.4	16.4
注：对于导体标称直径的中间尺寸，应取下一个较大导体标称直径对应的数值。				

12 耐溶剂

见 GB/T 6109.1—2008 中第 12 章。

13 击穿电压

见 GB/T 6109.1—2008 中第 13 章，高温试验温度应为 200℃。

14 漆膜连续性

见 GB/T 6109.1—2008 中第 14 章。

15 温度指数

见 GB/T 6109.1—2008 中第 15 章，最小温度指数应为 200。

16 耐冷冻剂

不适用。

17 直焊性

不适用。

18 热黏合

不适用。

19 介质损耗系数

不适用。

20 耐变压器油

不适用。

21 失重

不适用。

23 针孔试验

正在考虑中。

30 包装

见 GB/T 6109.1—2008 中第 30 章。

ICS 29.060.01
K 12

中华人民共和国国家标准

GB/T 6109.22—2008/IEC 60317-46:1997

漆包圆绕组线 第22部分:240级芳族聚酰亚胺漆包铜圆线

Enamelled round winding wire—
Part 22:Aromatic polyimide enamelled round copper wire,class 240

(IEC 60317-46:1997,Specifications for particular types of winding wires—
Part 46:Aromatic polyimide enamelled round copper wire,class 240,IDT)

2008-04-21 发布　　2008-12-01 实施

中华人民共和国国家质量监督检验检疫总局
中国国家标准化管理委员会　发布

前 言

GB/T 6109《漆包圆绕组线》分为22个部分:

——第1部分:一般规定;

——第2部分:155级聚酯漆包铜圆线;

——第3部分:120级缩醛漆包铜圆线;

——第4部分:130级直焊聚氨酯漆包铜圆线;

——第5部分:180级聚酯亚胺漆包铜圆线;

——第6部分:220级聚酰亚胺漆包铜圆线;

——第7部分:130 L级聚酯漆包铜圆线;

——第9部分:130级聚酰胺复合直焊聚氨酯漆包铜圆线;

——第10部分:155级直焊聚氨酯漆包铜圆线;

——第11部分:155级聚酰胺复合直焊聚氨酯漆包铜圆线;

——第12部分:180级聚酰胺复合聚酯或聚酯亚胺漆包铜圆线;

——第13部分:180级直焊聚酯亚胺漆包铜圆线;

——第14部分:200级聚酰胺酰亚胺漆包铜圆线;

——第15部分:130级自粘性直焊聚氨酯漆包铜圆线;

——第16部分:155级自粘性直焊聚氨酯漆包铜圆线;

——第17部分:180级自粘性直焊聚酯亚胺漆包铜圆线;

——第18部分:180级自粘性聚酯亚胺漆包铜圆线;

——第19部分:200级自粘性聚酰胺酰亚胺复合聚酯或聚酯亚胺漆包铜圆线;

——第20部分:200级聚酰胺酰亚胺复合聚酯或聚酯亚胺漆包铜圆线;

——第21部分:200级聚酯-酰胺-亚胺漆包铜圆线;

——第22部分:240级芳族聚酰亚胺漆包铜圆线;

——第23部分:180级直焊聚氨酯漆包铜圆线。

本部分为GB/T 6109的第22部分。本部分等同采用IEC 60317-46:1997《特种绕组线产品标准 第46部分:240级芳族聚酰亚胺漆包铜圆线》第1版。

为便于使用,本部分作了下列编辑性修改:

——删除了国际标准的前言;

——用小数点“.”代替作为小数点的逗号“,”;

——根据IEC 60317-0-1:2005增加了针孔试验项目。

本部分是首次制订。

本部分由中国电器工业协会提出。

本部分由全国电线电缆标准化技术委员会(SAC/TC 213)归口。

本部分负责起草单位:上海电缆研究所。

本部分参加起草单位:崇明特种电磁线厂、山东赛特电工材料有限公司、冠城大通股份有限公司、江苏大通机电有限公司、浙江洪波线缆股份有限公司、无锡锡洲电磁线厂、浙江露笑集团有限公司。

本部分主要起草人:曹恒泰、和军、郑启荣、徐进发、鲁小均、陈惠民。

漆包圆绕组线
第22部分:240级芳族聚酰亚胺漆包铜圆线

1 范围

GB/T 6109的本部分规定了以芳族聚酰亚胺树脂为基的单一漆层240级漆包铜圆线的要求。

240级表示热级,它要求最小温度指数为240,热冲击温度至少为260℃。

对应于温度指数的摄氏温度并不就是推荐的漆包线使用温度,因为这取决于包括所用设备类型在内的很多因素。

本部分规定的导体标称直径范围为:

——1级:0.020 mm及以上2.000 mm及以下;

——2级:0.020 mm及以上5.000 mm及以下。

导体标称直径按GB/T 6109.1—2008中第4章的规定。

2 规范性引用文件

下列文件中的条款通过GB/T 6109的本部分的引用而成为本部分的条款。凡是注日期的引用文件,其随后所有的修改单(不包括勘误的内容)或修订版均不适用于本部分,然而,鼓励根据本部分达成协议的各方研究是否可使用这些文件的最新版本。凡是不注日期的引用文件,其最新版本适用于本部分。

GB/T 6109.1—2008 漆包圆绕组线 第1部分:一般规定(IEC 60317-0-1:2005,IDT)

3 定义、试验方法总则和外观

3.1 定义、试验方法总则

定义、试验方法总则见GB/T 6109.1—2008中第3章。

如果GB/T 6109.1—2008与本部分有矛盾,以本部分为准。

3.2 外观

见GB/T 6109.1—2008中3.3。

4 尺寸

见GB/T 6109.1—2008中第4章。

5 电阻

见GB/T 6109.1—2008中第5章。

6 伸长率

见GB/T 6109.1—2008中第6章。

7 回弹性

见GB/T 6109.1—2008中第7章。

8 柔韧性和附着性

见 GB/T 6109.1—2008 中第 8 章。用于计算剥离试验用转数的常数 K 应为 90 mm。

9 热冲击

见 GB/T 6109.1—2008 中第 9 章。最小热冲击温度应为 260℃。

10 软化击穿

在 450℃温度下 2 min 内应不击穿。

11 耐刮(导体标称直径 0.250 mm 及以上 2.500 mm 及以下)

漆包线应符合表 1 的规定。

12 耐溶剂

见 GB/T 6109.1—2008 中第 12 章。但铅笔硬度变化应不超过 1 级。

13 击穿电压

见 GB/T 6109.1—2008 中第 13 章,高温试验的温度应为 240℃。

14 漆膜连续性

见 GB/T 6109.1—2008 中第 14 章。

15 温度指数

见 GB/T 6109.1—2008 中第 15 章,最小温度指数应为 240。

16 耐冷冻剂

适用但未规定性能要求。

17 直焊性

不适用。

18 热黏合

不适用。

19 介质损耗系数

在 1 000 Hz 频率下的介质损耗系数 $\tan\delta$ 应不超过 60×10^{-4}。

注 1：试验在考虑中。

注 2：在介质损耗系数 $\tan\delta$ 不能测量的情况下,该试验由失重试验代替。

20 耐变压器油

适用但未规定性能要求。

21 失重

适用但未规定性能要求。

23 针孔试验

正在考虑中。

30 包装

见 GB/T 6109.1—2008 中第 30 章。

表 1 耐 刮

导体标称直径/mm	1级		2级	
	最小平均刮破力/N	每次试验中最小刮破力/N	最小平均刮破力/N	每次试验中最小刮破力/N
0.250	2.00	1.70	3.35	2.85
0.280	2.15	1.85	3.60	3.05
0.315	2.30	2.00	3.90	3.30
0.355	2.50	2.15	4.20	3.55
0.400	2.70	2.30	4.50	3.80
0.450	2.90	2.45	4.80	4.05
0.500	3.10	2.65	5.15	4.35
0.560	3.35	2.85	5.50	4.65
0.630	3.60	3.05	5.90	5.00
0.710	3.90	3.30	6.35	5.40
0.800	4.20	3.60	6.80	5.80
0.900	4.50	3.90	7.30	6.20
1.000	4.90	4.20	7.80	6.60
1.120	5.30	4.50	8.35	7.10
1.250	5.70	4.80	8.95	7.60
1.400	6.15	5.20	9.60	8.15
1.600	6.65	5.60	10.3	8.75
1.800	7.15	6.05	11.0	9.35
2.000	7.70	6.55	11.8	10.0
2.240	—	—	12.6	10.7
2.500	—	—	13.4	11.4
注：对于导体标称直径的中间尺寸，应取下一个较大导体标称直径对应的数值。				

ICS 29.060.01
K 12

中华人民共和国国家标准

GB/T 6109.23—2008/IEC 60317-51:2001

漆包圆绕组线
第 23 部分:180 级直焊聚氨酯漆包铜圆线

Enamelled round winding wire—
Part 23:Solderable polyurethane enamelled round copper wire,class 180

(IEC 60317-51:2001,Specifications for particular types of winding wires—Part 51:Solderable polyurethane enamelled round copper wire,class 180,IDT)

2008-04-23 发布　　2008-12-01 实施

中华人民共和国国家质量监督检验检疫总局
中国国家标准化管理委员会　发布

前　言

GB/T 6109《漆包圆绕组线》分为22个部分：

——第1部分：一般规定；

——第2部分：155级聚酯漆包铜圆线；

——第3部分：120级缩醛漆包铜圆线；

——第4部分：130级直焊聚氨酯漆包铜圆线；

——第5部分：180级聚酯亚胺漆包铜圆线；

——第6部分：220级聚酰亚胺漆包铜圆线；

——第7部分：130 L级聚酯漆包铜圆线；

——第9部分：130级聚酰胺复合直焊聚氨酯漆包铜圆线；

——第10部分：155级直焊聚氨酯漆包铜圆线；

——第11部分：155级聚酰胺复合直焊聚氨酯漆包铜圆线；

——第12部分：180级聚酰胺复合聚酯或聚酯亚胺漆包铜圆线；

——第13部分：180级直焊聚酯亚胺漆包铜圆线；

——第14部分：200级聚酰胺酰亚胺漆包铜圆线；

——第15部分：130级自粘性直焊聚氨酯漆包铜圆线；

——第16部分：155级自粘性直焊聚氨酯漆包铜圆线；

——第17部分：180级自粘性直焊聚酯亚胺漆包铜圆线；

——第18部分：180级自粘性聚酯亚胺漆包铜圆线；

——第19部分：200级自粘性聚酰胺酰亚胺复合聚酯或聚酯亚胺漆包铜圆线；

——第20部分：200级聚酰胺酰亚胺复合聚酯或聚酯亚胺漆包铜圆线；

——第21部分：200级聚酯-酰胺-亚胺漆包铜圆线；

——第22部分：240级芳香聚酰亚胺漆包铜圆线；

——第23部分：180级直焊聚氨酯漆包铜圆线。

本部分为GB/T 6109的第23部分。本部分等同采用IEC 60317-51:2001《特种绕组线产品标准 第51部分：180级直焊聚氨酯漆包铜圆线》第1版。

为便于使用，本部分作了下列编辑性修改：

——删除了国际标准的前言；

——用小数点“.”代替作为小数点的逗号“,”；

——根据IEC 60317-0-1:2005增加了针孔试验项目。

本部分是首次制订。

本部分由中国电器工业协会提出。

本部分由全国电线电缆标准化技术委员会(SAC/TC 213)归口。

本部分负责起草单位：上海电缆研究所。

本部分参加起草单位：成都国光电气股份有限公司、江苏大通机电有限公司、精达特种电磁线股份有限公司、崇明特种电磁线厂、无锡巨丰复合线有限公司、浙江洪波线缆股份有限公司。

本部分主要起草人：胡庆节、郑启荣、章延胜、曹恒泰、蔡麟、陈惠民。

漆包圆绕组线
第23部分:180级直焊聚氨酯漆包铜圆线

1 范围

GB/T 6109的本部分规定了以聚氨酯树脂为基的单一漆层180级直焊漆包铜圆线的要求。如果能保留原树脂的化学特性并且满足该漆包线规定的所有要求,则该树脂可以改性。

注:改性树脂是一种经过化学变化的,或者含有一种或多种添加剂以提高其某种性能或使用特性的树脂。

180级表示热级,它要求最小温度指数为180,热冲击温度至少为200℃。

对应于温度指数的摄氏温度并不就是推荐的漆包线使用温度,因为这取决于包括所用设备类型在内的很多因素。

本部分规定的导体标称直径范围为:

——1级:0.018 mm及以上1.000 mm及以下;

——2级:0.020 mm及以上1.000 mm及以下。

导体标称直径按GB/T 6109.1—2008中第4章的规定。

2 规范性引用文件

下列文件中的条款通过GB/T 6109的本部分的引用而成为本部分的条款。凡是注日期的引用文件,其随后所有的修改单(不包括勘误的内容)或修订版均不适用于本部分,然而,鼓励根据本部分达成协议的各方研究是否可使用这些文件的最新版本。凡是不注日期的引用文件,其最新版本适用于本部分。

GB/T 6109.1—2008 漆包圆绕组线 第1部分:一般规定(IEC 60317-0-1:2005,IDT)

3 定义、试验方法总则和外观

3.1 定义、试验方法总则

定义、试验方法总则见GB/T 6109.1—2008中第3章。

如果GB/T 6109.1—2008与本部分有矛盾,以本部分为准。

3.2 外观

见GB/T 6109.1—2008中3.3。

4 尺寸

见GB/T 6109.1—2008中第4章。

5 电阻

见GB/T 6109.1—2008中第5章。

6 伸长率

见GB/T 6109.1—2008中第6章。

7 回弹性

见GB/T 6109.1—2008中第7章。

8 柔韧性和附着性

见 GB/T 6109.1—2008 中第 8 章。

9 热冲击

见 GB/T 6109.1—2008 中第 9 章。最小热冲击温度应为 200℃。

10 软化击穿

在 230℃温度下 2 min 内应不击穿。

11 耐刮(导体标称直径 0.250 mm 及以上 1.000 mm 及以下)

漆包线应符合表 1 的规定。

表 1 耐刮

导体标称直径/mm	1 级		2 级	
	最小平均刮破力/N	每次试验中最小刮破力/N	最小平均刮破力/N	每次试验中最小刮破力/N
0.250	2.30	1.95	4.10	3.50
0.280	2.50	2.10	4.40	3.70
0.315	2.70	2.30	4.75	4.00
0.355	2.90	2.50	5.10	4.30
0.400	3.15	2.70	5.45	4.60
0.450	3.40	2.90	5.80	4.90
0.500	3.65	3.10	6.20	5.25
0.560	3.90	3.30	6.65	5.60
0.630	4.20	3.55	7.10	6.00
0.710	4.50	3.80	7.60	6.45
0.800	4.80	4.10	8.10	6.90
0.900	5.20	4.40	8.70	7.40
1.000	5.60	4.75	9.30	7.90
注:对于导体标称直径的中间尺寸,应取下一个较大导体标称直径对应的数值。				

12 耐溶剂

见 GB/T 6109.1—2008 中第 12 章。

13 击穿电压

见 GB/T 6109.1—2008 中第 13 章,高温试验的温度应为 180℃。

14 漆膜连续性

见 GB/T 6109.1—2008 中第 14 章。

15 温度指数

见 GB/T 6109.1—2008 中第 15 章，最小温度指数应为 180。

16 耐冷冻剂

不适用。

17 直焊性

17.1 导体标称直径 0.100 mm 及以下

焊锡槽的温度应为(390±5)℃。最长浸入时间应为 2 s。

镀锡线的表面应光滑，无针孔和漆膜残渣。

17.2 导体标称直径 0.100 mm 以上

焊锡槽的温度应为(390±5)℃。最长浸入时间(s)应为导体标称直径(mm)乘以下述倍数，最少为 2 s。

1 级	2 级
8 s/mm	12 s/mm

镀锡线的表面应光滑，无针孔和漆膜残渣。

18 热黏合

不适用。

19 介质损耗系数

本试验由供需双方协商确定。

20 耐变压器油

不适用。

21 失重

不适用。

23 针孔试验

正在考虑中。

30 包装

见 GB/T 6109.1—2008 中第 30 章。

ICS 25.120.30
J 46

中华人民共和国国家标准

GB/T 6110—2008
代替 GB/T 6110—1985

硬质合金拉制模　型式和尺寸

Carbide dies for drawing—Types and dimensions

2008-06-06 发布　　2009-01-01 实施

中华人民共和国国家质量监督检验检疫总局
中国国家标准化管理委员会　发布

前　言

本标准代替 GB/T 6110—1985《硬质合金拉制模具　型式和尺寸》。

本标准与 GB/T 6110—1985 相比主要变化如下：

——将标准名称改为《硬质合金拉制模　型式和尺寸》；

——增加了“前言”和“规范性引用文件”；

——对标准结构作了较大修改；

——对拉制模按模芯结构型式重新作了分类；

——增加了一种拉制模模芯结构类型；

——拉制模结构型式和尺寸规格以及示图均作了较大修改；

——增加了“材料”和“要求”条款；

——标记方式重新进行了规定；

——删除了原标准的附录 A 和附录 B。

本标准由全国模具标准化技术委员会(SAC/TC 33)提出并归口。

本标准起草单位：桂林电器科学研究所、桂林电子科技大学、株洲硬质合金集团有限公司、桂林漓佳金属有限责任公司。

本标准主要起草人：翁史振、廖宏谊、彭英健、唐俊健、奉双。

本标准所代替标准的历次版本发布情况为：

——GB/T 6110—1985。

硬质合金拉制模　型式和尺寸

1　范围

本标准规定了硬质合金拉制模的结构型式、尺寸规格与标记。

本标准适用于硬质合金拉制模的模芯和模套。

2　规范性引用文件

下列文件中的条款通过本标准的引用而成为本标准的条款。凡是注日期的引用文件，其随后所有的修改单(不包括勘误的内容)或修订版均不适用于本标准，然而，鼓励根据本标准达成协议的各方研究是否可使用这些文件的最新版本。凡是不注日期的引用文件，其最新版本适用于本标准。

JB/T 3943　硬质合金拉制模具　技术条件

3　结构型式和尺寸规格

3.1　结构型式

按硬质合金拉制模的结构型式，模芯分为A型、B型、C型、D型、E型和F型，模套分为Z型和K型。

3.2　A型拉制模的结构和尺寸

A型拉制模的结构和尺寸见图1、表1。

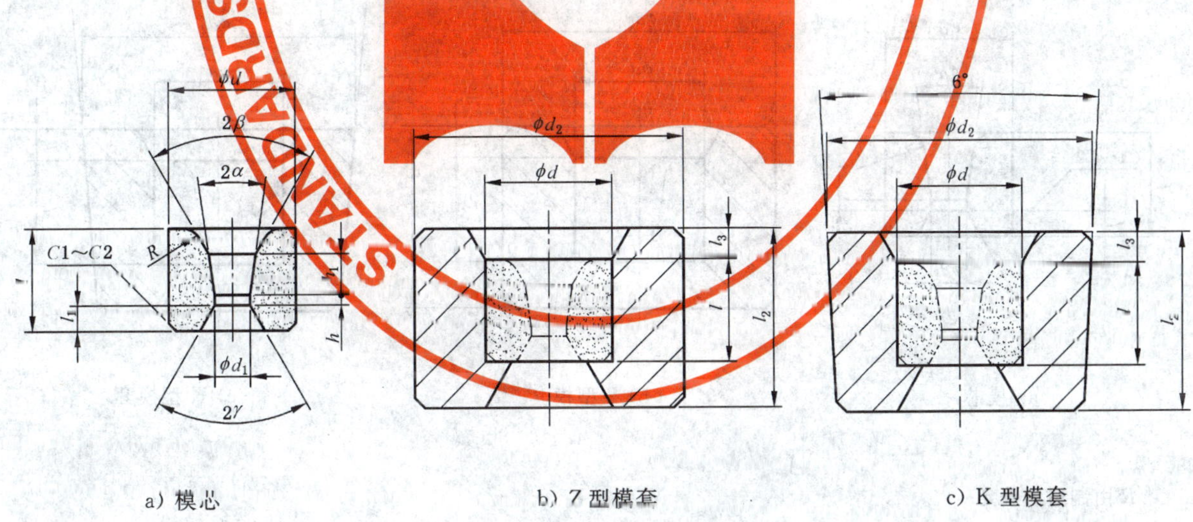

a) 模芯　　b) Z型模套　　c) K型模套

R由制造者确定。

图1　A型拉制模

表 1　A 型拉制模尺寸

单位为毫米

d	l	模芯				模套		
		d_1	h	h_1	l_1	d_2	l_2	l_3
8	6	0.1～1.0	0.1～0.6	1.0～2.0	0.8～1.2	28	12	3
10	8	0.1～1.2	0.1～0.8	1.5～4.0	1.0～1.8	28	16	3
12	10	0.2～2.0	0.1～1.5	2.0～5.0	1.6～2.5	28	20	3
14	12	0.4～2.5	0.2～2.0	4.0～5.0	1.8～2.5	43	22	4
16	13	0.5～3.0	0.2～2.5	4.0～5.5	2.0～3.0	43	25	5
20	17	1.0～6.0	0.6～3.0	5.0～8.0	2.5～4.0	43	32	5
25	20	2.0～8.5	1.0～3.5	7.0～10.0	3.0～4.5	53	35	5
30	24	3.5～12.0	2.0～4.0	8.0～12.0	3.0～5.0	75	45	8

注：2α＝8°、10°、12°、14°、16°、18°；
2β＝40°、60°、90°；
2γ＝60°、75°、90°。

3.3　B 型

B 型拉制模的结构和尺寸见图 2、表 2。

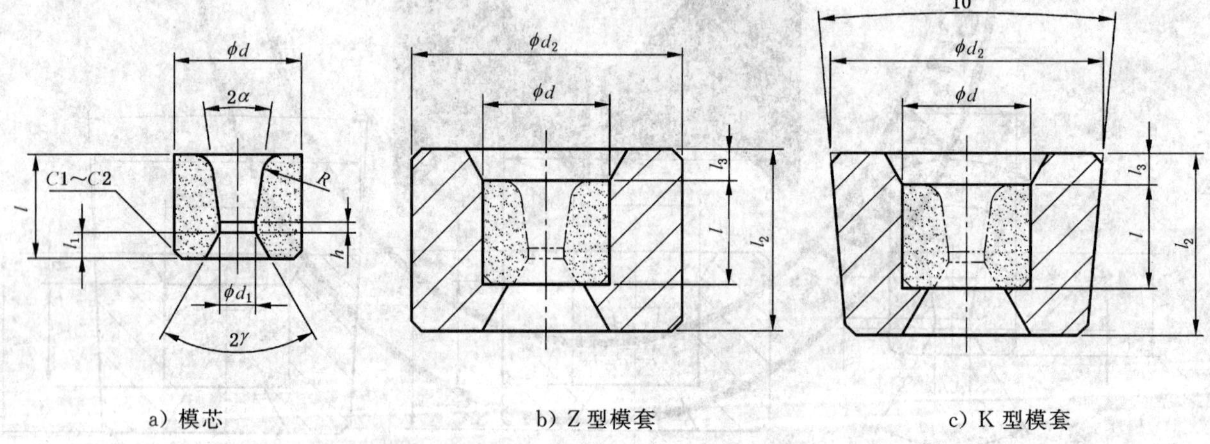

a) 模芯　　b) Z 型模套　　c) K 型模套

R 由制造者确定。

图 2　B 型拉制模

表 2 B 型拉制模尺寸

单位为毫米

d	l	模芯			模套		
		d_1	h	l_1	d_2	l_2	l_3
9	6	0.1～1.5	0.1～1.0	0.6～1.2	28	12	3
12	8	0.2～2.0	0.8～1.5	0.8～1.2	28	16	3
15	10	1.0～4.0	1.2～1.8	1.0～1.5	28	20	4
20	14	1.0～6.0	1.6～3.0	1.0～1.8	43	25	4
25	20	1.2～8.0	2.0～3.5	1.0～3.5	53	35	5
30	16	3.0～14.0	2.0～4.5	1.2～3.5	75	35	5～9
	18	3.0～15.0	2.0～5.0	1.2～3.5	75	35	5～9
	21	3.5～18.0	2.0～5.0	1.2～3.5	75	35	5～9
	24	3.5～21.0	2.0～5.0	1.2～3.5	75	45	5～9
	30	4.0～25.0	2.0～5.0	1.6～5.0	75	45	5～9
35	18	9.5～18.0	2.0～5.5	1.2～3.5	100	35	5～9
	24	9.5～20.0	2.0～5.5	2.0～4.0	100	45	5～9
40	20	7.0～20.0	2.0～5.5	1.2～4.0	100	35	5～9
	24	7.0～24.0	2.0～5.5	2.0～5.0	100	45	5～9
45	24	10.0～25.0	2.5～6.0	2.0～5.0	100	45	5～9
50	24	15.0～28.0	2.5～7.0	2.0～5.5	150	50	5～9
55	28	16.0～30.0	3.0～7.5	2.0～5.5	150	55	5～9
60	30	20.0～34.0	3.0～8.0	2.0～6.5	150	55	5～9
	35	22.0～36.0	3.0～8.0	2.0～7.0	150	55	5～9
65	35	25.0～38.0	3.5～9.0	2.2～7.5	150	55	5～9
70	42	28.0～40.0	6.0～18.0	2.0～7.5	150	60	5～9
75	42	32.0～45.0	6.0～18.0	2.5～8.0	150	60	5～9
80	42	32.0～48.0	6.5～20.0	3.0～8.0	200	60	5～9
90	35	42.0～58.0	6.5～20.0	3.0～8.0	200	65	5～9
	42	48.0～60.0	6.5～20.0	3.0～8.5	200	65	5～9
100	35	46.0～58.0	6.5～20.0	3.0～8.5	200	65	5～9
	42	50.0～60.0	6.5～20.0	3.5～9.0	200	65	5～9
110	42	58.0～70.0	6.5～20.0	4.0～9.0	200	65	5～9
120	45	58.0～75.0	6.5～20.0	4.0～9.0	250	75	5～9
130	50	66.0～80.0	6.5～20.0	4.0～9.0	250	75	5～9
140	50	70.0～88.0	6.5～20.0	5.0～9.0	250	75	5～9

注：$2\alpha=8°\sim50°$；

$2\gamma=60°$、$75°$、$90°$。

3.4 C型

C型拉制模的结构和尺寸见图3、表3。

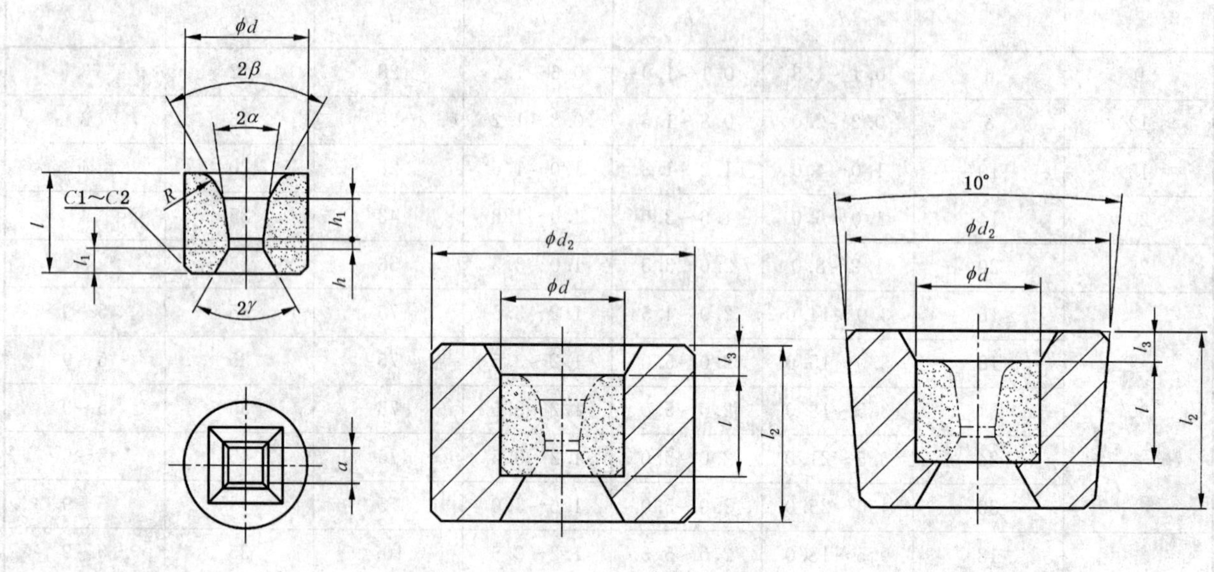

a) 模芯　　b) Z型模套　　c) K型模套

R 由制造者确定。

图3　C型拉制模

表3　C型拉制模尺寸

单位为毫米

d	l	模芯				模套		
		a	h	h_1	l_1	d_2	l_2	l_3
16	12	1.5～2.5	0.5～1.5	4.0～6.0	1.0～2.0	43	25	4～9
22	18	2.0～4.0	1.0～2.0	5.5～9.0	1.5～2.5	43	32	5～9
30	21	3.5～7.0	1.5～2.5	8.0～12.0	1.5～2.5	100	45	5～9
35	25	6.5～10.0	2.5～3.5	10.0～14.0	2.0～4.0	100	45	5～9
45	25	8.0～15.0	3.0～4.0	10.0～14.0	2.0～4.0	100	45	5～9
50	28	12.0～20.0	3.5～4.5	12.0～16.0	2.0～4.0	150	50	5～9
60	30	18.0～25.0	4.0～5.5	12.0～16.0	3.0～5.0	150	55	5～9
65	32	22.0～30.0	5.0～7.0	12.0～16.0	4.0～6.0	150	55	5～9
70	35	26.0～35.0	6.0～9.0	14.0～18.0	5.0～7.0	150	60	5～9
80	35	30.0～40.0	6.0～9.0	14.0～18.0	5.0～7.0	200	60	5～9
90	40	35.0～45.0	6.0～9.0	14.0～18.0	5.0～7.0	200	65	5～9
100	40	40.0～50.0	6.0～9.0	14.0～18.0	5.0～7.0	200	65	5～9
120	45	45.0～55.0	6.0～9.0	14.0～18.0	5.0～7.0	250	75	5～9

注：$2\alpha=14°$、$16°$、$20°$；
$2\beta=40°$；
$2\gamma=60°$。

3.5 D 型

D 型拉制模的结构和尺寸见图 4、表 4。

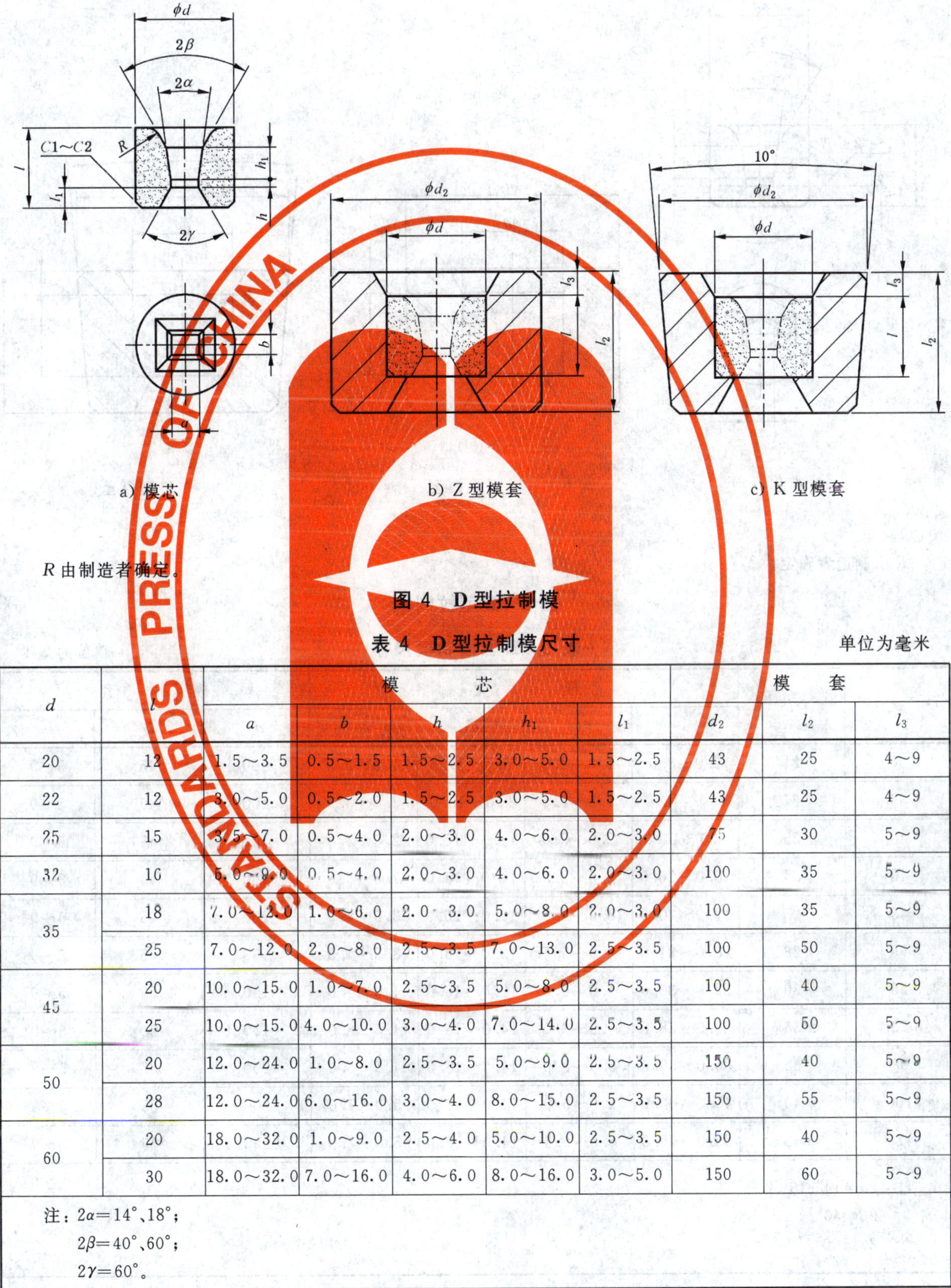

a) 模芯　　b) Z 型模套　　c) K 型模套

R 由制造者确定。

图 4　D 型拉制模

表 4　D 型拉制模尺寸

单位为毫米

d	l	模芯					模套		
		a	b	h	h_1	l_1	d_2	l_2	l_3
20	12	1.5~3.5	0.5~1.5	1.5~2.5	3.0~5.0	1.5~2.5	43	25	4~9
22	12	3.0~5.0	0.5~2.0	1.5~2.5	3.0~5.0	1.5~2.5	43	25	4~9
25	15	3.5~7.0	0.5~4.0	2.0~3.0	4.0~6.0	2.0~3.0	75	30	5~9
32	16	5.0~9.0	0.5~4.0	2.0~3.0	4.0~6.0	2.0~3.0	100	35	5~9
35	18	7.0~12.0	1.0~6.0	2.0~3.0	5.0~8.0	2.0~3.0	100	35	5~9
	25	7.0~12.0	2.0~8.0	2.5~3.5	7.0~13.0	2.5~3.5	100	50	5~9
45	20	10.0~15.0	1.0~7.0	2.5~3.5	5.0~8.0	2.5~3.5	100	40	5~9
	25	10.0~15.0	4.0~10.0	3.0~4.0	7.0~14.0	2.5~3.5	100	50	5~9
50	20	12.0~24.0	1.0~8.0	2.5~3.5	5.0~9.0	2.5~3.5	150	40	5~9
	28	12.0~24.0	6.0~16.0	3.0~4.0	8.0~15.0	2.5~3.5	150	55	5~9
60	20	18.0~32.0	1.0~9.0	2.5~4.0	5.0~10.0	2.5~3.5	150	40	5~9
	30	18.0~32.0	7.0~16.0	4.0~6.0	8.0~16.0	3.0~5.0	150	60	5~9

注：$2\alpha=14°$、$18°$；
$2\beta=40°$、$60°$；
$2\gamma=60°$。

3.6 E 型

E 型拉制模的结构和尺寸见图 5、表 5。

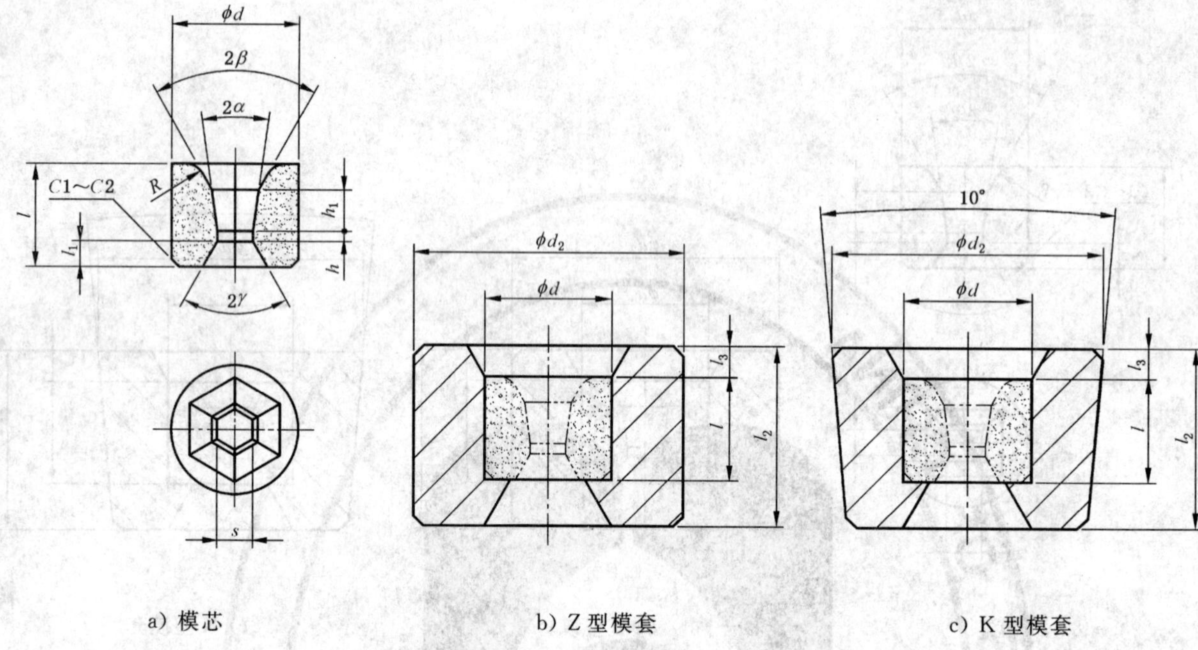

a) 模芯　　b) Z 型模套　　c) K 型模套

R 由制造者确定。

图 5　E 型拉制模

表 5　E 型拉制模尺寸

单位为毫米

d	l	模芯				模套		
		s	h	h_1	l_1	d_2	l_2	l_3
30	21	2.0～8.0	1.0～2.0	8.5～11.5	1.5～2.5	100	45	5～9
35	21	6.0～12.0	1.5～2.5	9.5～13.0	2.5～3.5	100	45	5～9
40	25	8.0～14.0	2.0～3.0	11.0～15.0	2.5～3.5	100	45	5～9
43	24	10.0～16.0	2.5～3.5	11.0～15.0	2.5～3.5	100	45	5～9
45	25	12.0～20.0	3.0～4.5	11.0～15.0	3.0～4.0	100	45	5～9
55	28	16.0～24.0	3.5～5.5	12.0～16.0	3.5～4.5	150	55	5～9
65	30	22.0～30.0	4.0～6.5	12.0～16.0	4.0～5.0	150	55	5～9
75	35	28.0～38.0	5.5～8.0	14.0～18.0	4.5～6.0	150	60	5～9
90	35	36.0～50.0	5.5～8.0	14.0～18.0	4.5～6.0	200	65	5～9
100	40	45.0～60.0	6.0～9.0	14.0～18.0	5.0～7.0	200	65	5～9
120	42	55.0～75.0	6.0～9.0	14.0～18.0	5.0～7.0	250	75	5～9

注：$2\alpha=14°$、$16°$、$23°$；
$2\beta=40°$；
$2\gamma=60°$。

3.7　F型

F型拉制模的结构和尺寸见图6、表6。

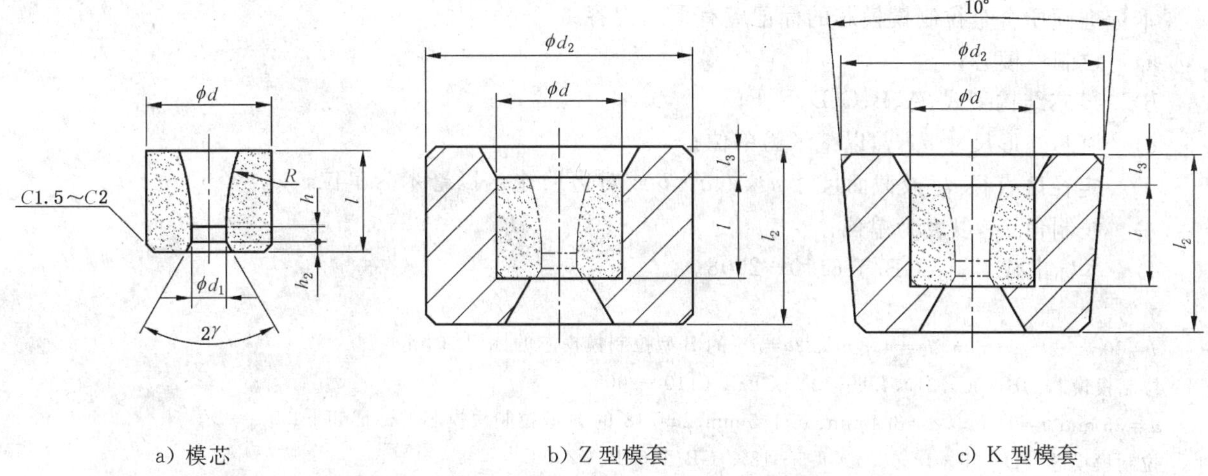

a) 模芯　　b) Z型模套　　c) K型模套

图6　F型拉制模

表6　F型拉制模尺寸

单位为毫米

d	l	模芯				模套		
		d_1	h	l_1	R	d_2	l_2	l_3
30	18	10.0～18.0	5.0～10.0	1.0～2.0	30	100	40	5～9
50	32	16.0～24.0	9.0～14.0	1.5～2.5	30	150	55	5～9
60	35	22.0～30.0	9.0～14.0	1.5～2.5	30	150	55	5～9
70	42	28.0～36.0	12.0～18.0	2.0～3.0	35	150	65	5～9
75	42	34.0～42.0	12.0～18.0	2.0～3.0	35	150	65	5～9
85	45	40.0～48.0	12.0～18.0	2.5～3.5	40	200	70	5～9
100	50	40.0～56.0	16.0～22.0	2.5～3.5	40	200	75	5～9
110	50	54.0～64.0	16.0～22.0	2.5～3.5	40	250	75	5～9
125	55	62.0～72.0	18.0～25.0	2.5～3.5	40	250	75	5～9
注：$2\gamma=60°$。								

4　材料

材料由制造者选定。模芯推荐采用YG6、YG8、YG15；模套推荐采用45钢，硬度28 HRC～32 HRC。

5　要求

模芯与模套的装配过盈量推荐采用(0.1%～0.2%)d。

其余应符合JB/T 3943的规定。

6 标记

6.1 模芯

本标准硬质合金拉制模模芯的标记应有下列内容：

a) 拉制模模芯；

b) 模芯结构型式：A、B、C、D、E、F；

c) 模芯外形尺寸 $d\times l$，以毫米为单位；

d) 定径区直径 d_1 或截面尺寸 $a\times a$、$a\times b$ 或对边尺寸 s，以毫米为单位；

e) 拉制角 2α，以度为单位；

f) 本标准代号，即 GB/T 6110—2008。

示例：

$d=30$ mm、$l=21$ mm、$d_1=4.8$ mm、$2\alpha=15°$的 B 型拉制模模芯的标记如下：

拉制模模芯　B　30×21×4.8—15°　GB/T 6110—2008

$d=35$ mm、$l=18$ mm、$a=8.4$ mm、$b=1.5$ mm、$2\alpha=18°$的 D 型拉制模模芯的标记如下：

拉制模模芯　D　35×18×8.4×1.5—18°　GB/T 6110—2008

6.2 模套

本标准硬质合金拉制模模套的标记应有下列内容：

a) 拉制模模套；

b) 模套结构型式：Z、K；

c) 模套外形尺寸 $d_2\times l_2$，以毫米为单位；

d) 本标准代号，即 GB/T 6110—2008。

示例：

$d_2=100$ mm、$l_2=45$ mm 的 K 型拉制模模套的标记如下：

拉制模模套　K　100×45　GB/T 6110—2008

ICS 33.100
L 06

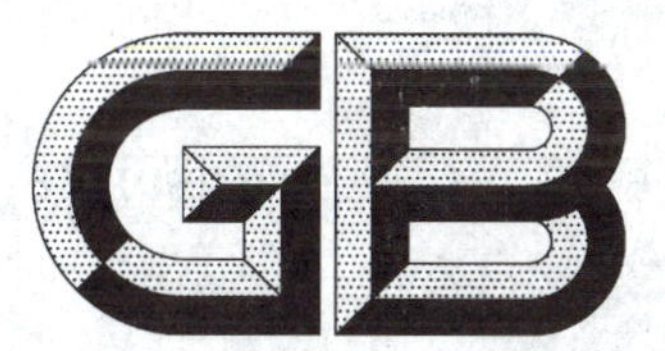

中华人民共和国国家标准

GB/T 6113.101—2008/CISPR 16-1-1:2006
部分代替 GB/T 6113.1—1995

无线电骚扰和抗扰度测量设备和测量方法规范 第1-1部分：无线电骚扰和抗扰度测量设备 测量设备

Specification for radio disturbance and immunity measuring apparatus and methods—Part 1-1: Radio disturbance and immunity measuring apparatus—Measuring apparatus

(CISPR 16-1-1:2006,IDT)

2008-01-12 发布　　　　2008-09-01 实施

中华人民共和国国家质量监督检验检疫总局
中国国家标准化管理委员会　发布

前　言

GB/T 6113.101 等同采用 CISPR 16-1-1(2.1 版):2006《无线电骚扰和抗扰度测量设备和测量方法规范　第 1-1 部分:无线电骚扰和抗扰度测量设备　测量设备》。

鉴于 IEC/CISPR 16 为电磁兼容系列基础标准,且篇幅大,内容多,为了方便标准的制定、维护和使用,2002 年 IEC/CISPR A 分会决定对该标准的结构进行重大调整,将原来的 4 个部分拆分为 14 个部分,2006 年增至 15 个部分,并从 2003 年 11 月起陆续发布。我国依据等同原则,将陆续完成相应国家标准的制定和修订工作。该系列标准中的新、旧国家标准及其与 IEC/CISPR 16 系列标准/出版物的对应关系如下:

旧标准编号和名称	新标准编号和名称
GB/T 6113.1—1995 (eqv CISPR 16-1:1993) 《无线电骚扰和抗扰度测量设备规范》	**GB/T 6113.101—2008(CISPR 16-1-1:2006,IDT)[1)] 无线电骚扰和抗扰度测量设备和测量方法规范 第 1-1 部分:无线电骚扰和抗扰度测量设备　测量设备**
	GB/T 6113.102—2008(CISPR 16-1-2:2006,IDT) 第 1-2 部分:无线电骚扰和抗扰度测量设备 辅助设备　传导骚扰
	GB/T 6113.103—2008(CISPR 16-1-3:2004,IDT) 第 1-3 部分:无线电骚扰和抗扰度测量设备 辅助设备　骚扰功率
	GB/T 6113.104—2008(CISPR 16-1-4:2005,IDT) 第 1-4 部分:无线电骚扰和抗扰度测量设备 辅助设备　辐射骚扰
	GB/T 6113.105—2008(CISPR 16-1-5:2003,IDT) 第 1-5 部分:无线电骚扰和抗扰度测量设备 30 MHz～1 000 MHz 天线校准用试验场地
GB/T 6113.2—1998 (eqv CISPR 16-2:1996) 《无线电骚扰和抗扰度测量方法》	GB/T 6113.201—2008(CISPR 16-2-1:2003,IDT) 第 2-1 部分:无线电骚扰和抗扰度测量方法 传导骚扰测量
	GB/T 6113.202—2008(CISPR 16-2-2:2004,IDT) 第 2-2 部分:无线电骚扰和抗扰度测量方法 骚扰功率测量
	GB/T 6113.203—2008(CISPR 16-2-3:2003,IDT) 第 2-3 部分:无线电骚扰和抗扰度测量方法 辐射骚扰测量
	GB/T 6113.204—2008(CISPR 16-2-4:2003,IDT) 第 2-4 部分:无线电骚扰和抗扰度测量方法 抗扰度测量
CISPR 16-3:2000 Reports and recommendations of CISPR	GB/Z 6113.3—2006 (CISPR 16-3:2003,IDT) 第 3 部分:无线电骚扰和抗扰度测量技术报告

旧标准编号和名称	新标准编号和名称
CISPR 16-4:2002 Uncertainty in EMC measurements	GB/Z 6113.401—2007 (CISPR 16-4-1/TR:2005,IDT) 第 4-1 部分:不确定度、统计学和限值建模 标准化 EMC 试验的不确定度
	GB/T 6113.402—2006(CISPR 16-4-2:2003,IDT) 第 4-2 部分:不确定度、统计学和限值建模 测量设备和设施的不确定度
	GB/Z 6113.403—2007(CISPR 16-4-3/TR:2004,IDT) 第 4-3 部分:不确定度、统计学和限值建模 批量产品的 EMC 符合性确定的统计考虑
	GB/Z 6113.404—2007 (CISPR 16-4-4/TR:2003,IDT) 第 4-4 部分:不确定度、统计学和限值建模 抱怨的统计和限值的计算模型
	GB/Z 6113.405(CISPR 16-4-5:2006,IDT)[2] 第 4-5 部分:不确定度、统计学和限值建模 替换试验方法的使用条件

1) 黑体字为该标准的本部分;

2) 待制定。

注 1:表中除 GB/T 6113.101 以外的国家标准名称以制定或修订后发布的标准名称为准。

注 2:CISPR 16 系列标准调整之前没有与 CISPR 16-3 和 CISPR 16-4 相对应的国家标准。

与 IEC/CISPR 16-1-1:2006(2.1 版)相比,本部分进行了如下的编辑性修改:

a) 增加了附录 NA"GB/T 6113.101—2008 与 GB/T 6113.1—1995 有关章节对照表"。

b) 规范性引用文件直接引用 GB 4343.1—2003,因为其等同的国际标准 CISPR 14-1:2000+A1:2001 与 CISPR 14-1:2005 相比,所引用内容完全一致。

GB/T 6113 的本部分自发布之日起,与 GB/T 6113.102—2008、GB/T 6113.103—2008、GB/T 6113.104—2008 和 GB/T 6113.105—2008 组合在一起替代 GB/T 6113.1—1995。

与 GB/T 6113.1—1995 对应内容相比,本部分发生了如下的变化:

a) 峰值、平均值、均方根值测量接收机的频率范围由原来的 9 kHz~1 000 MHz 扩展到现在的 9 kHz~18 GHz,并相应增加了 E 频段(1 GHz~18 GMHz)测量接收机的性能规范;

b) 增加了第 8 章"幅度概率分布(APD)测量接收机"和相应的资料性附录 G"APD 测量功能规范的基本原理";

c) 增加术语 3.9"CISPR 指示范围";

d) 增加 4.8.1"测量接收机无线电频率发射的限值";

e) 在第 9 章增加了对"喀呖声"特性的描述,并相应地增加了规范性附录 F"根据 GB 4343.1 第 4.2.3条喀呖声定义的例外情况的性能检查";

f) 修订完善了表 14 第 5 列的内容,由原来的文字叙述改为用更直观的图形来表述;

g) 在术语 3.3 条的页脚处增加编者注,以说明脉冲面积、脉冲强度和脉冲响应之间的关系,避免与常规理解的概念混淆。

本部分的附录 A、附录 B、附录 C、附录 D、附录 E 和附录 F 为规范性附录,附录 G 和附录 NA 为资料性附录。

本部分由全国无线电干扰标准化技术委员会提出并归口。

本部分起草单位:信息产业部电子工业标准化研究所、北京交通大学、上海市计量测试技术研究院、中国计量科学研究院、东南大学、上海电器科学研究所(集团)有限公司、广州威凯检测技术研究所、国家无线电监测中心、信息产业部电子第五研究所。

本部分主要起草人:陈俐、张林昌、王铮、龚增、朱文立、蒋全兴、杨春荣、寿建霞、陈世钢、谢鸣、崔强、张科。

引　言

GB/T 6113.101为基础标准GB/T 6113的组成部分，由9章和8个附录组成。它规定了9 kHz～18 GHz频率范围用于测量无线电骚扰电压、骚扰电流和骚扰场强的测量设备的性能和技术规范。此外，对用于断续骚扰测量的专用设备也提出了要求。这些要求适用于无线电骚扰的宽带测量和窄带测量。对测量接收机提出的所有要求应在CISPR指示范围内所有的频率和无线电骚扰电压、电流、功率或场强的所有电平上得到满足。

本规范当中涉及含有4种类型的检波器的测量设备：准峰值测量接收机、峰值测量接收机、平均值测量接收机、均方根值（r.m.s.）测量接收机和幅度概率分布测试功能的测量接收机，以及一种专门用于喀呖声测量的骚扰分析仪；为了确定上述设备的性能和符合性，本部分还在相应的规范性附录中给出了准峰值测量接收机和均方根值测量接收机对重复脉冲响应的确定方法，检验测量接收机符合性的试验脉冲频谱的确定和精确测定方法，准峰值测量接收机对脉冲响应的影响，平均值和峰值测量接收机的响应，不符合喀呖声定义时的性能核查；在资料性附录G中，给出了新增设备APD测量功能规范的基本原理。

无线电骚扰和抗扰度测量设备和测量方法规范　第1-1部分：无线电骚扰和抗扰度测量设备　测量设备

1　范围

GB/T 6113的本部分为基础标准。本部分规定了用于测量无线电骚扰电压、骚扰电流和骚扰场强的测量设备的性能和特性，其频率范围为9 kHz～18 GHz。此外，对用于断续骚扰测量的专用设备也提出了要求。这些要求包括无线电骚扰的宽带测量和窄带测量。

所涉及的测量接收机的类型包括：

a)　准峰值测量接收机；

b)　峰值测量接收机；

c)　平均值测量接收机；

d)　均方根值(r.m.s.)测量接收机。

本部分的要求应在测量设备的CISPR指示范围内所有的频率和无线电骚扰电压、电流、功率或场强的所有电平上得到满足。

GB/T 6113的第2部分规定了测量方法，第3部分给出了有关无线电骚扰的更多信息，第4部分包含了有关不确定度、统计学和限值建模等内容。

2　规范性引用文件

下列文件中的条款通过GB/T 6113的本部分的引用而成为本部分的条款。凡是注日期的引用文件，其随后所有的修改单(不包括勘误的内容)或修订版均不适用于本部分，然而，鼓励根据本部分达成协议的各方研究是否可使用这些文件的最新版本。凡是不注日期的引用文件，其最新版本适用于本部分。

GB/T 4365—2003　电工术语　电磁兼容(IEC 60050(161):1990，IDT)

GB 4824—2004　工业、科学和医疗(ISM)射频设备　电磁骚扰特性　限值和测量方法(CISPR 11:2003，IDT)

GB 4343.1—2003　电磁兼容　家用电器、电动工具和类似器具的要求　第1部分：发射(CISPR 14-1:2000+A1:2001，IDT)

GB/Z 6113.3—2006　无线电骚扰和抗扰度测量设备和测量方法规范　第3部分：无线电骚扰和抗扰度测量技术报告(CISPR 16-3:2003，IDT)

BIPM/IEC/IFCC/ISO/IUPAC/IUPAP/OIML:1993　计量学基本术语和通用术语国际词汇

CISPR 14-1:2005　电磁兼容　家用电器、电动工具和类似器具的要求　第1部分：发射

3　术语和定义

下列术语和定义适用于GB/T 6113的本部分，也可参照GB/T 4365—2003和计量学基本术语和通用术语国际词汇。

3.1

带宽　bandwidth

B_n

低于响应曲线中点某一规定电平处测量接收机总选择性曲线的宽度，用符号 B_n 表示。n 表示所规定电平的分贝数。

3.2

脉冲带宽 impulse bandwidth

B_{imp}

$$B_{\mathrm{imp}} = \frac{A(t)_{\max}}{2G_0 \times IS}$$

式中：

$A(t)_{\max}$——在测量接收机输入端施加一个脉冲面积为 IS 的脉冲时测量接收机中频(IF)输出端包络的峰值；

G_0——该电路中心频率的增益。

对于双临界耦合调谐变压器：

$$B_{\mathrm{imp}} = 1.05\ B_6 = 1.31\ B_3$$

式中：

B_6——6 dB 处的带宽；

B_3——3 dB 处的带宽(详见附录 A 中第 A.2 章)。

3.3

脉冲面积[1) impulse area

IS

脉冲面积(有时也称之为脉冲强度，IS)定义为某一脉冲电压对时间积分的面积：

$$IS = \int_{-\infty}^{+\infty} V(t)\mathrm{d}t \qquad (\text{单位：}\mu\text{Vs 或 dB}(\mu\text{Vs}))$$

注：脉冲面积与脉冲频谱密度 D(单位：μV/MHz 或 dB(μV/MHz))直接相关。对于脉冲持续时间为 T 的矩形脉冲串，当频率 $f \ll 1/T$ 时，存在下述关系

$$D(\mu\mathrm{V/MHz}) = \sqrt{2} \times 10^6\, IS(\mu\mathrm{Vs})$$

3.4

充电时间常数 electrical charge time constant

T_{c}

从恒定正弦波电压加到检波级的输入端瞬间起，到检波器的输出电压达到其终值的 63% 为止，其间所用的时间就是充电时间常数。

注：充电时间常数按下述方法确定：将一个具有幅度恒定、频率等于中频的正弦波信号加到检波器的输入端，此信号电平应工作在相关各级放大电路的线性区域。将一个无惯性的指示器(如阴极射线示波器)接到直流放大器电路中不影响检波器性能的测量点上，记下该仪器指示 D，然后只在有限的时间施加上述同一电平的正弦波信号(包络为矩形的波形)，使偏转上升到 $0.63D$，此信号的持续时间就是检波器的充电时间。

3.5

放电时间常数 electrical discharge time constant

T_{D}

---

1) 编者注：在测量接收机中“脉冲带宽”、“脉冲面积”、“脉冲响应”都是校准测量仪器固有特性的指标。校准中用到的是频谱密度符合规定要求的窄冲激信号(impulse)，并非人们习惯的脉冲(pulse)信号。脉冲面积是冲激信号加到测量接收机输入端后，在仪器中频输出端得到的冲激响应波形对时间的积分。具体做法可以对响应波形以网格划分后计数得出。

从移去加在检波级输入端的恒定正弦波电压的瞬间起，到检波器的输出电压降至其初始值的37%为止，其间所用的时间就是放电时间常数。

注：放电时间常数的测量方法与充电时间常数的测量方法相似，但不是在有限时间内施加信号，而是将施加的信号中断一定时间，使偏转指示降至0.37D所需要的时间，就是检波器的放电时间。

3.6

临界阻尼指示器的机械时间常数　mechanical time constant of a critically damped indicating instrument

T_M

$$T_M = T_L/2\pi$$

式中：

T_L——去除全部阻尼之后的自由振荡周期。

注1：对于临界阻尼指示器，其系统的运动方程式可写成：

$$T_M{}^2(d^2\alpha/dt^2)+2T_M(d\alpha/dt)+\alpha=ki$$

式中：

α——偏转指示；

i——流经指示器的电流；

k——指示器的时间常数。

由上式可以推论，时间常数也可以规定为矩形脉冲(幅度恒定)的持续时间，此矩形脉冲所产生的偏转指示等于幅度与矩形脉冲相同的连续电流所产生的稳定偏转指示的35%。

注2：临界阻尼机械时间常数的测量方法和调节方法可从下述方法之一得到：

a) 把自由振荡周期调节到$2\pi T_M$，然后加上阻尼，使αT等于$0.35\alpha_{max}$。

b) 如果振荡周期不能测量，就将阻尼调到刚好低于临界值，使仪器的过摆不大于5%，调节转动惯量，使αT等于$0.35\alpha_{max}$。

3.7

过载系数　overload factor

过载系数是指电路(或电路组)的实际线性函数的范围所对应的电平与指示仪器满刻度偏转时对应的电平之比。

电路(或电路组)的实际线性函数的范围是指电路(或电路组)的稳态响应偏离理想线性不超过1 dB时的最高电平。

3.8

对称电压　symmetric voltage

在两线电路中(如单相电源)，对称电压是指出现于两线间的射频骚扰电压。有时也称为差模电压。如果用$\mathbf{V}_a$表示其中一个电源端子与地之间的电压矢量，$\mathbf{V}_b$表示另一个电源端子与地之间的电压矢量，那么对称电压即差模电压为$\mathbf{V}_a$与$\mathbf{V}_b$矢量之差($\mathbf{V}_a-\mathbf{V}_b$)。

3.9

CISPR指示范围　CISPR indicating range

CISPR指示范围是指由制造商规定的且满足GB/T 6113本部分要求的接收机最大指示和最小指示之间的指示范围。

4　准峰值测量接收机，频率范围9 kHz～1 000 MHz

测量接收机的规范由其工作频率范围来决定。测量接收机分别覆盖9 kHz～150 kHz(A频段)，150 kHz～30 MHz(B频段)，30 MHz～300 MHz(C频段)和300 MHz～1 000 MHz(D频段)4个频段。

4.1 输入阻抗

测量接收机的输入电路应采用非平衡式。其输入阻抗的额定值为 50 Ω,且当射频衰减为 0 dB 时,其电压驻波比(VSWR)不得超过 2.0;当射频衰减等于或大于 10 dB 时,VSWR 不得超过 1.2。

在 9 kHz~30 MHz 频率范围内的对称输入阻抗:当进行对称测量并采用平衡输入变换器时,应优先选用 600 Ω 的输入阻抗。该输入阻抗可由相关的对称型的人工电源网络提供(必须与测量接收机匹配),也可以由测量接收机提供。

4.2 基本特性

对第 4.4 条规定的脉冲响应是根据具有表 1 基本特性的测量接收机来计算的。

表 1 准峰值测量接收机的基本特性

特 性	频率范围		
	A 频段 9 kHz~150 kHz	B 频段 0.15 MHz~30 MHz	C 频段和 D 频段 30 MHz~1 000 MHz
6 dB 带宽/kHz	0.2	9	120
检波器充电时间常数/ms	45	1	1
检波器放电时间常数/ms	500	160	550
临界阻尼指示器机械时间常数/ms	160	160	100
检波器前端电路的过载系数/dB	24	30	43.5
检波器与指示器之间的直流放大器的过载系数/dB	6	12	6

注 1: 机械时间常数的定义(见第 3.6 条),假设指示器是一种线性设备,也就是说相等的电流会产生相等的偏转增量。假如电流和偏转之间存在其他的转换关系,但只要满足本条要求,这种指示器亦可使用。在电子仪器中,机械时间常数可用某一电路来模拟。

注 2: 电气和机械时间常数都没给出允差,测量接收机的实际值是由满足第 4.4 条要求的设计来确定的。

4.3 正弦波电压准确度

当施加 50 Ω 源阻抗的正弦波信号时,正弦波电压的测量准确度应优于±2 dB。

4.4 脉冲响应

注:附录 B 和附录 C 描述了脉冲发生器的输出特性的确定方法,用于确认是否满足本条的要求。

4.4.1 幅度关系(绝对校准)

测量接收机在所有频率上对试验脉冲的响应应与相应的调谐频率上对未调制的电动势均方根值为 2 mV(66 dBμV)的正弦波信号的响应相等,允差不得超过±1.5 dB,此脉冲在 50 Ω 的源阻抗上具有 a) μVs(微伏秒)电动势的脉冲面积、在至少小于 b) MHz 的频率上有均匀的频谱和 c) Hz 的重复频率。脉冲发生器和正弦波信号发生器的源阻抗均为 50 Ω。试验脉冲的特性见表 2。

表 2 准峰值测量接收机试验脉冲的特性

频率范围	脉冲面积 a)/μVs	均匀频谱最小上限 b)/MHz	重复频率 c)/Hz
9 kHz~150 kHz	13.5	0.15	25
0.15 MHz~30 MHz	0.316	30	100
30 MHz~300 MHz	0.044	300	100
300 MHz~1 000 MHz	0.044	1 000	100

4.4.2 随重复频率的变化(相对校准)

测量接收机对重复频率的响应应做到:当测量接收机的指示保持不变时,幅度与重复频率之间的关系如图 1a)、图 1b)或图 1c)所示。

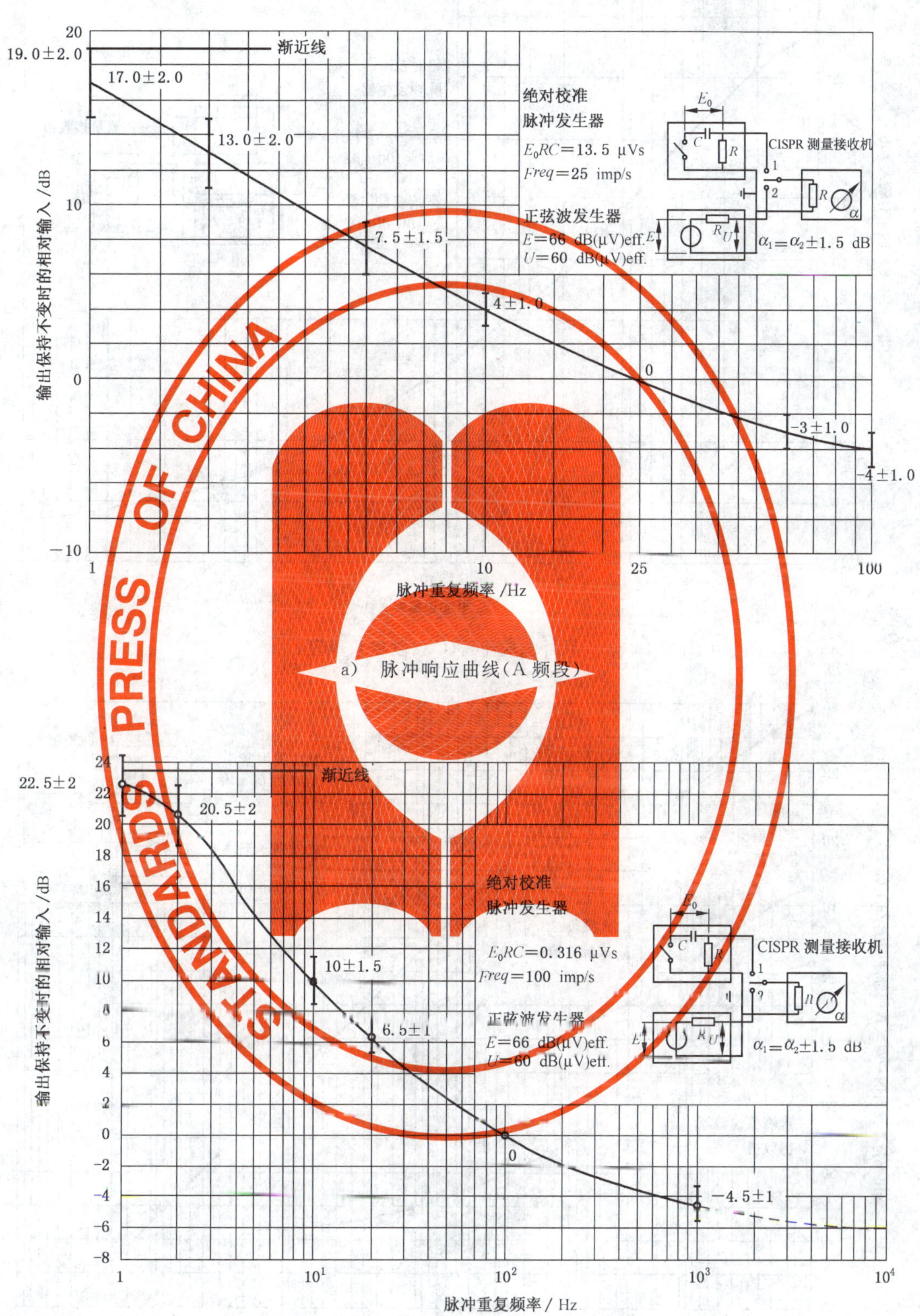

a) 脉冲响应曲线(A 频段)

b) 脉冲响应曲线(B 频段)

图 1 脉冲响应曲线

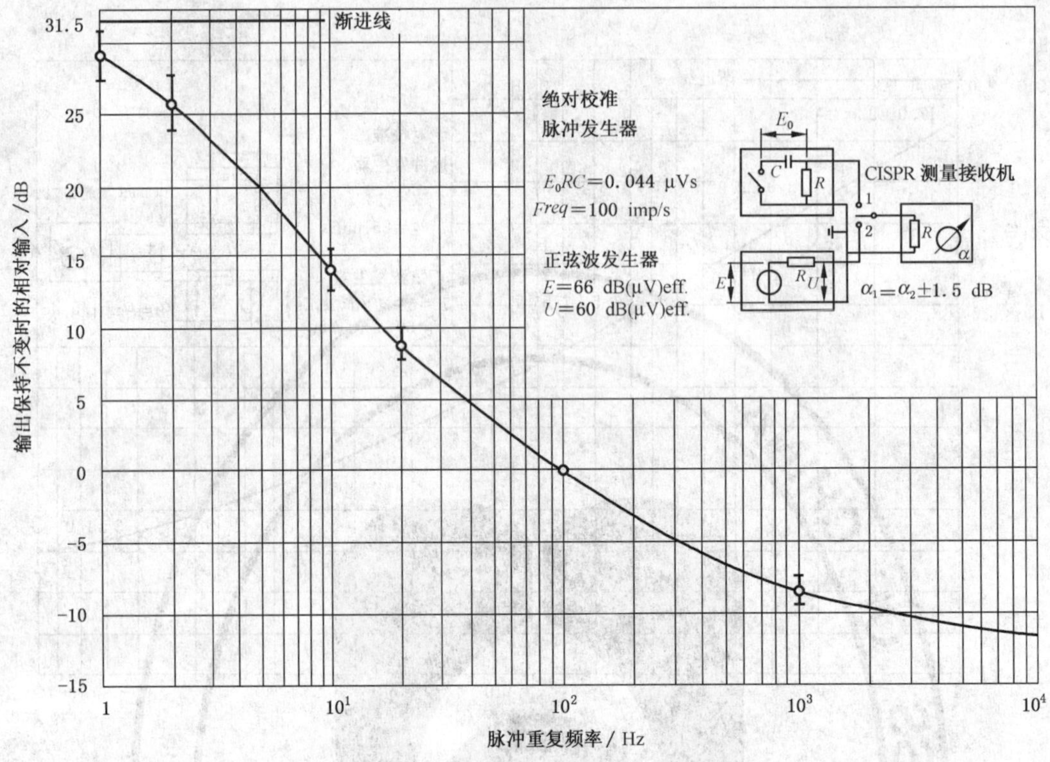

c) 脉冲响应曲线(C 频段和 D 频段)

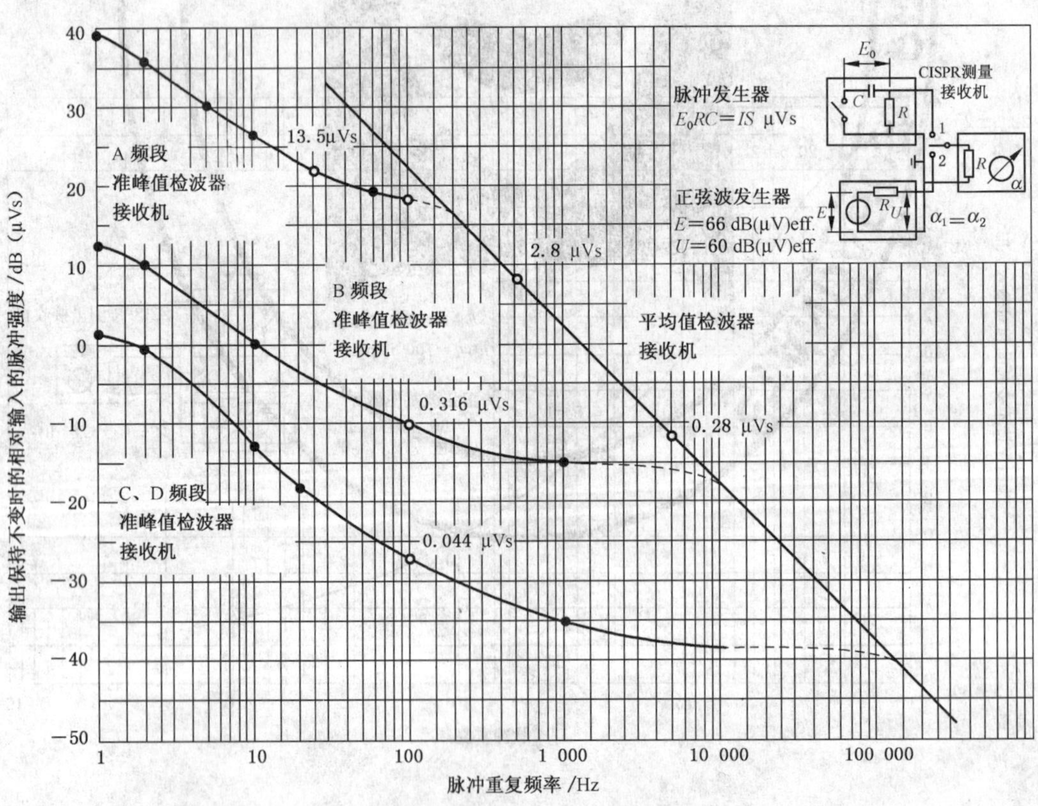

d) 准峰值和平均值检波器接收机的理论脉冲响应曲线

图 1(续)

测量接收机的响应曲线介于表3和相应的图中所规定的限值内。

表3 准峰值测量接收机脉冲响应

重复频率/Hz	标定频段一定时,脉冲的相对等效电平/dB			
	频段A 9 kHz~150 kHz	频段B 0.15 MHz~30 MHz	频段C 30 MHz~300 MHz	频段D 300 MHz~1 000 MHz
1 000	见注4	−4.5±1.0	−8.0±1.0	−8.0±1.0
100	−4.0±1.0	0(基准)	0(基准)	0(基准)
60	−3.0±1.0	—	—	—
25	0(基准)	—	—	—
20	—	+6.5±1.0	+9.0±1.0	+9.0±1.0
10	+4.0±1.0	+10.0±1.5	+14.0±1.5	+14.0±1.5
5	+7.5±1.0	—	—	—
2	+13.0±2.0	+20.5±2.0	+26.0±2.0	+26.0±2.0*
1	+17.0±2.0	+22.5±2.0	+28.5±2.0	+28.5±2.0*
孤立脉冲	+19.0±2.0	+23.5±2.0	+31.5±2.0	+31.5±2.0*

注1:附录D讨论了测量接收机特性对脉冲响应的影响。

注2:在第5.4条、第6.4.1条和第7.4.1条中给出了准峰值测量接收机与含有其他类型检波器的测量接收机对脉冲响应的关系。

注3:图1d)一并给出了以绝对刻度标出的准峰值和平均值检波器测量接收机的理论脉冲响应曲线。图1d)的纵坐标表示相应于均方根值为66 dB(μV)的开路正弦波电压的开路脉冲面积(dB(μVs))。要是测量接收机的输入与校准发生器匹配,则测量接收机的指示为60 dBμV。当测量带宽低于脉冲重复频率时,如果测量接收机调谐在某一离散谱线上,那么图1d)中的曲线仍然有效。

注4:在9 kHz~150 kHz频率范围内,当重复频率高于100 Hz时,由于中频放大器出现脉冲重叠现象,所以不能对该频段的响应做出明确规定。

注5:附录A给出了重复脉冲响应曲线的确定方法。

注6:当频率高于300 MHz时,由于测量接收机的输入过载,脉冲响应应受到限制。表中标有*的数值是任选的,不作硬性要求。

4.5 选择性

4.5.1 总选择性(通带)

测量接收机的总选择性曲线应介于图2a)、图2b)或图2c)所示的限值之间。它是由测量接收机产生相同指示时输入的正弦波电压幅度随频率变化的曲线来描述的。

注:在130 kHz~150 kHz转换/过渡频率范围测量时,可能需要在测量接收机前端安装高通滤波器(如在EN50065 1/A2中定义的低压电网上的信号传送设备),以使得CISPR测量接收机和高通滤波器的合成后的选择性满足下面表中的要求:

频率/kHz	相对衰减/dB
150	≤1
146	≤6
145	≥6
140	≥34
130	≥81

加装高通滤波器的测量接收机应当满足本部分的要求。

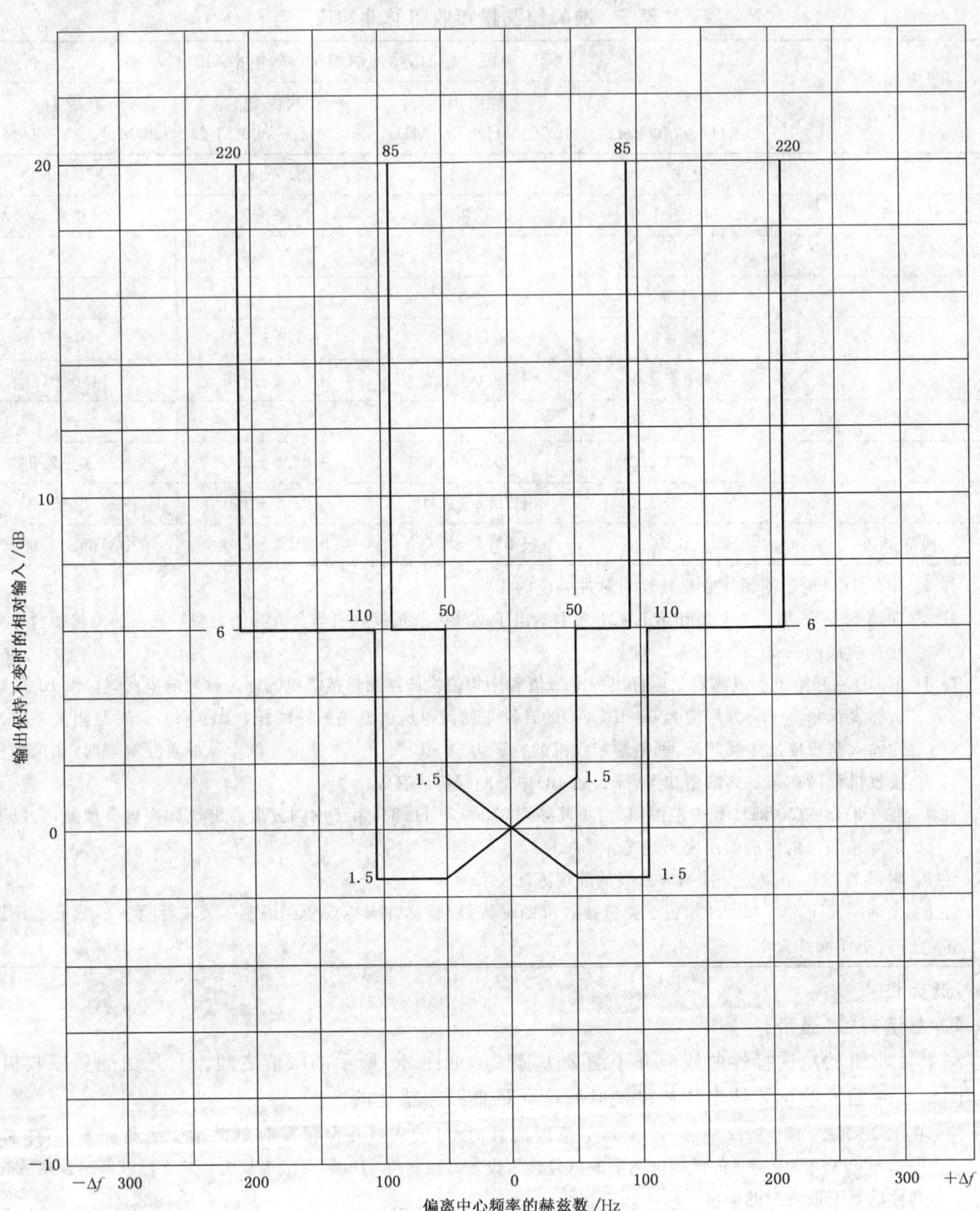

a) 总选择性(通带)的限值(参见 4.5.1,5.5,6.5 和 7.5 条)(A 频段)

图 2 总选择性的限值

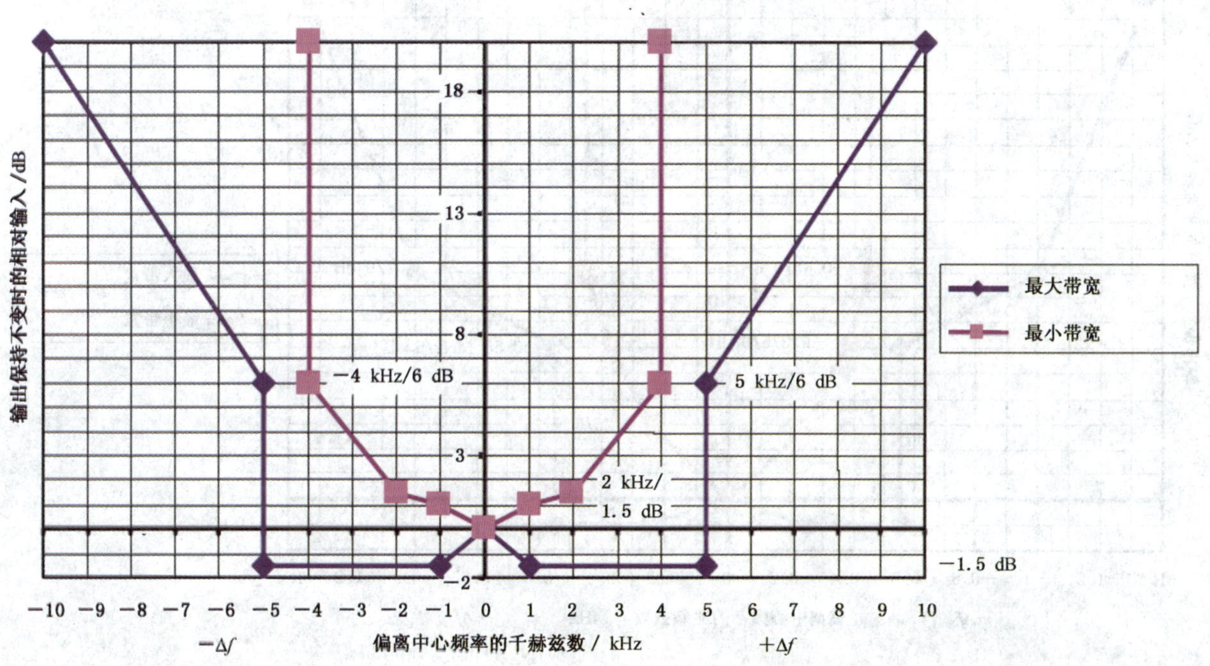

b) 总选择性(通带)的限值(参见第 4.5.1、5.5、6.5 和 7.5 条)(B 频段)

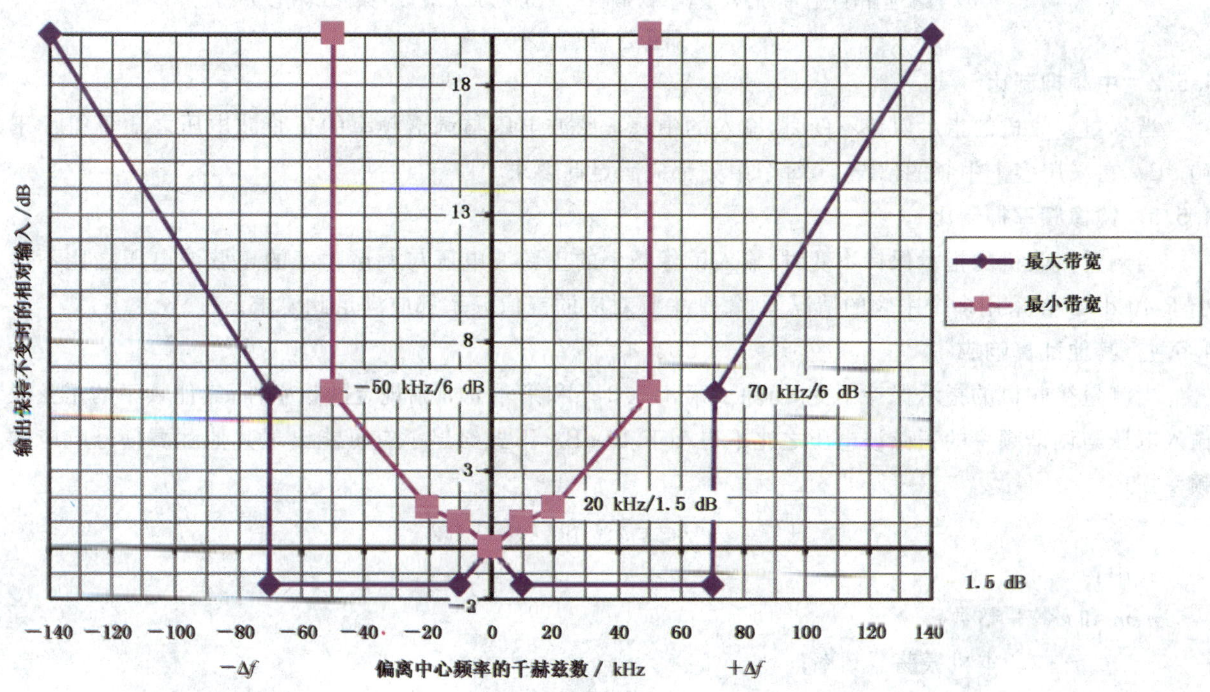

c) 总选择性(通带)的限值(参见第 4.5.1、5.5、6.5 和 7.5 条)(C 频段和 D 频段)

图 2(续)

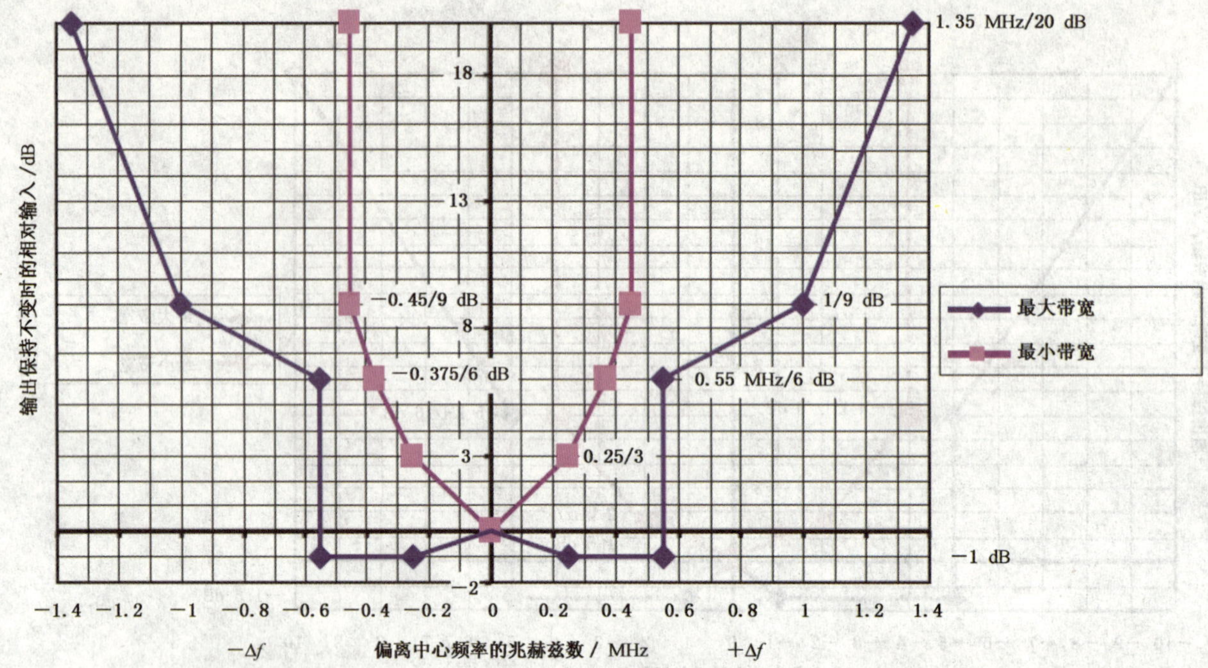

注 1：由于相关滤波器的衰减取决于滤波器的类型，所以图中没有给出脉冲带宽的限值。对于 6 dB 和 9 dB 的带宽已给出了方向的界限。

注 2：总选择性的限值是从当引入选择性要求时由现在使用的设备得到的。

d) 总选择性(通带)的限值(参见第 4.5.1、5.5、6.5 和 7.5 条)(E 频段)

图 2(续)

4.5.2 中频抑制比

当测量接收机的指示保持不变时，输入的中频正弦波电压与调谐频率的正弦波电压之比不得小于 40 dB。在采用多个中频的情况下，每个中频都应满足此要求。

4.5.3 镜像频率抑制比

当测量接收机的指示保持不变时，输入镜像频率的正弦波电压与调谐频率的正弦波电压之比不得小于 40 dB。在采用多个中频的情况下，每个中频对应的镜像频率都应满足此要求。

4.5.4 其他乱真响应

当测量接收机的指示保持不变时，除了第 4.5.2 条和第 4.5.3 条规定的频率外，其他频率的正弦波输入电压与调谐频率的正弦波电压之比不得小于 40 dB。下式给出了有可能出现其他乱真信号响应的频率：

$$(1/m)(nf_L \pm f_i) \text{ 和 } (1/k)(f_0)$$

式中：

n、m 和 k——整数；

f_L——本机振荡器频率；

f_i——中频；

f_0——调谐频率。

注：在采用多个中频的情况下，频率 f_L 和 f_i 分别是每个本机振荡频率和所采用的中频。此外，在测量接收机不施加任何输入信号的情况下也会出现乱真响应。例如，在本机振荡器的谐波频率与一个中频频率不同的情况下就会出现乱真响应。因此本标题下的这些要求并不适用于后者。这些乱真响应所产生的影响将在 4.7.2 中叙述。

4.6 互调效应的限制

当进行下述试验时,测量接收机的响应不应受互调效应的影响。

试验按图 3 所示布置。脉冲发生器所产生的脉冲频谱在低于和等于表 4 频率 3)时应基本上是均匀的,而在表 4 频率 4)应至少降低 10 dB,在试验频率点,带阻滤波器至少应衰减 40 dB,相对于滤波器最大衰减的 6 dB 带宽 B_6 应介于表 4 所列频率 1)和频率 2)之间。

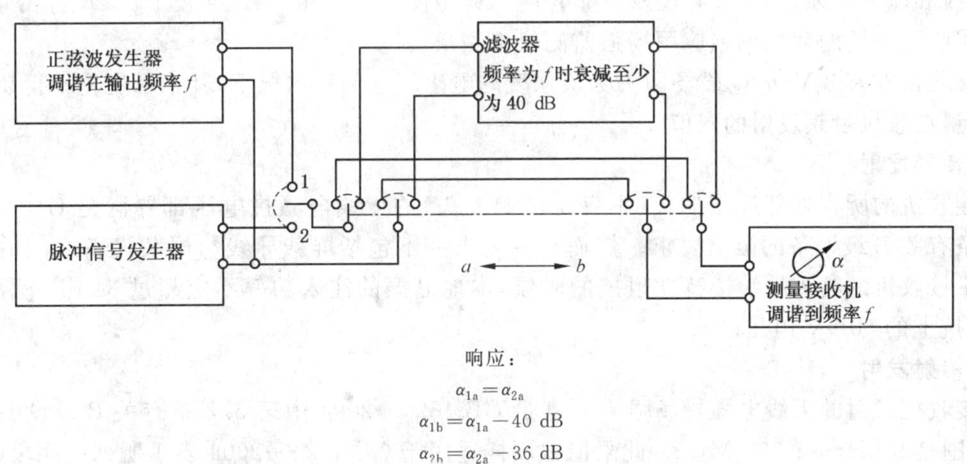

响应:

$\alpha_{1a}=\alpha_{2a}$

$\alpha_{1b}=\alpha_{1a}-40\ \text{dB}$

$\alpha_{2b}=\alpha_{2a}-36\ \text{dB}$

图 3 互调效应的测试布置图

表 4 准峰值测量接收机互调测试的带宽特性

频率范围	1)kHz	2)kHz	3)MHz	4)MHz
9～150 kHz(A 频段)	0.4	4	0.15	0.3
0.15～30 MHz(B 频段)	20	200	30	60
30～300 MHz(C 频段)	500	2 000	300	600
300～1 000 MHz(D 频段)	500	6 000	1 000	2 000

将正弦波信号发生器直接与测量接收机相连接,调整正弦波发生器得到一方便的读数。用脉冲信号发生器替代正弦波发生器,并调整到相同的电平。该脉冲重复频率在 A 频段为 100 Hz,在其他频段为 1 000 Hz。

按上述方法用脉冲信号发生器替代正弦波信号发生器时,该滤波器所引入的衰减不得低于 36 dB。

4.7 测量接收机机内噪声和机内乱真信号的限值

4.7.1 随机噪声

测量接收机的背景噪声所引入的误差不得超过 1 dB。

注:通过以下方法可以找到电平误差超过 1 dB 的频率点:在测量接收机输入端施加一个信号 S,使接收机读数远远大于噪声电平 N(如 40 dB)。减小信号 S 的输出电平,获得接收机读数 S_1,如果(S_1+N)不满足线性特性,电平偏差大于 1 dB,即为要寻找的频率点。

4.7.2 连续波

当采用多个中频时,测量接收机对于任意输入信号,由于乱真响应(如第 4.5.4 条注中所述)存在所引入的测量误差不得超过 1 dB。对于含有中频衰减器的测量接收机,应按第 4.7.1 条所描述的那样进行试验。如果符合要求,则认为已满足要求,否则,应在最后一个混频级后引入中频衰减器。

4.8 屏蔽效能

屏蔽效能是对测量接收机在电磁环境中性能不降低的前提下工作能力的量度,这一要求适用于所有的工作在制造商所规定的 CISPR 指示范围(见 3.9)内的测量接收机。

测量接收机的屏蔽应做到:在 3 V/m(未调制)的电磁环境中,在 9 kHz～1 000 MHz 频率范围内任一频率点上,制造商所规定的 CISPR 指示范围的最大值和最小值所产生的误差不得大于 1 dB。如果不能满足这一要求，制造商需要声明其误差大于 1 dB 的频率点和场强。测试按下述方法进行：

将信号发生器放置于屏蔽室外，将输入信号用一根屏蔽良好的(半刚性)2 m 长电缆通过屏蔽壁的馈通接头加到屏蔽室内的接收机上，输入信号的电平应分别处于制造商所规定的 CISPR 指示范围内的最大值和最小值。测量接收机所有其他同轴终端应端接特性阻抗。

试验时，应按测量接收机正常使用时最简单的布置(不包括诸如耳机等选件)，且接上必不可少的引线(如电源线和输入电缆)。引线长度及其布置应与典型使用情况相一致。

测量接收机附近的环境场强应用场强监测仪来测量。

测量接收机在有 3 V/m 电磁场和去除该强度的电磁场这两种情况下，其指示变化不得超过 1 dB。

4.8.1 测量接收机射频发射的限值

4.8.1.1 传导发射

测量接收机的所有外部连接插头(不仅是电源插头)的无线电骚扰电压都要满足 GB 4824—2004 中第 5.1 条有关 B 级设备的限值要求。然而这一要求并不包括屏蔽导线与屏蔽设备之间的内部连接器。当测量接收机的输入端端接特性阻抗的时候，本地晶振的注入功率不应超过 34 dB(pW)，其相当于 50 Ω 阻抗上的 50 μV 电压。

4.8.1.2 辐射发射

测量接收机发射的无线电骚扰场强需要满足 GB 4824—2004 中第 5.2 条有关 B 级设备的限值要求，频率范围是 9 kHz～1 000 MHz。此限值也同样适用于 GB 4824—2004 表 1 所列的频段(工科医所用的频率)。频率范围 1 GHz～18 GHz 的限值是 45 dB(pW)。

在进行辐射发射和传导发射之前，要保证背景噪声不会影响测量结果(如计算机控制设备等)。

4.9 用于连接断续骚扰分析仪的输出装置

当测量骚扰时，测量接收机在所有频段都必须有两个输出端，其中一个是中频输出，另一个是准峰值检波器的输出。这两个输出端的负载都不应影响指示器。

5 峰值测量接收机，频率范围 9 kHz～18 GHz

本章对采用峰值检波的测量接收机的要求做了规定，这种接收机适用于脉冲或脉冲调制骚扰测量。

对于符合本章要求的频谱分析仪，可用于符合性测量。

5.1 输入阻抗

测量接收机的输入电路应采用非平衡式。测量接收机在 CISPR 指示范围内设置，输入阻抗的额定值为 50 Ω，其电压驻波比(VSWR)不超过表 5 规定的值。

表 5 接收机输入阻抗的驻波比要求

频率范围	射频衰减/dB	VSWR
9 kHz～1 GHz	0	2.0∶1
9 kHz～1 GHz	≥10	1.2∶1
1 GHz～18 GHz	0	3.0∶1
1 GHz～18 GHz	≥10	2.0∶1

9 kHz～30 MHz 频率范围的对称输入阻抗：进行对称(不接地的)测量时，应采用平衡输入变换器(9 kHz～150 kHz 频率范围的优选输入阻抗是 600 Ω)。对称输入阻抗可以由与测量接收机相连/耦合的对称人工电源网络提供，也可以作为选件由测量接收机提供。

5.2 基本特性

5.2.1 带宽

对于所有类型的宽带骚扰，在给出骚扰电平时，应标明测量带宽的实际值，且所用带宽要符合表 6 的要求。

表 6 峰值测量接收机的带宽要求

频率范围	带宽 B_6	参考带宽
9～150 kHz(A 频段)	100～300 Hz[a]	200 Hz(B_6)
0.15～30 MHz(B 频段)	8～10 kHz[a]	9 kHz(B_6)
30～1 000 MHz(C 频段和 D 频段)	100～500 kHz[a]	120 kHz(B_6)
1～18 GHz(E 频段)	300 kHz～2 MHz[a]	1 MHz[b](B_{imp})

[a] 因为峰值测量接收机对非重叠脉冲的响应正比于其带宽，所以测量结果可以用实际带宽表示；也可以用 1 MHz带宽为单位来表示，它是由测量值除以脉冲带宽(MHz)(见第 3.2 条)计算得到的。对于其他类型的宽带骚扰，这一算法会引入误差。一旦产生争议，数据以使用参考带宽的测量结果为准。

[b] 所选的带宽应定义为测量接收机的脉冲带宽，其允差为±10%。按不超过测量接收机脉冲带宽的±10%(允差)的原则来确定所选带宽。

5.2.2 充放电时间常数比

为了获得重复频率为 1 Hz、误差不超过峰值真值 10%的仪器读数，放电时间常数与充电时间常数之比应不小于以下值：

a) 在 9～150 kHz 的频率范围内，其比值为 1.89×10^4；

b) 在 0.15～30 MHz 的频率范围内，其比值为 1.25×10^6；

c) 在 30～1 000 MHz 的频率范围内，其比值为 1.67×10^7；

d) 在 1～18 GHz 的频率范围内，其比值为 1.34×10^8。

如果测量接收机具有峰值保持能力，那么保持时间应设置在 30 ms～3 s 范围。

注：对于使用峰值保持技术(在保持时间后强制放电)或数字峰值检波技术的测量接收机，充放电时间常数比的要求不适用。对于幅度随时间变化的信号可使用显示上的最大保持功能。

如果使用频谱分析仪进行峰值测量，视频带宽(B_{video})的设置应当不小于分辨率带宽(B_{resol})。对于峰值测量，可从频谱分析仪的显示读出测量结果，其检波器工作在线性或者对数模式。

5.2.3 过载系数

对于峰值测量接收机，其过载系数不需像其他类型的测量接收机那么大。对于那种通常设计为直接读数的检波器，过载系数只需比单位 1 稍大即可。对于所选用的时间常数(见第 5.2.2 条)，该过载系数应该是足够的。

5.3 正弦波电压的准确度

当施加 50 Ω 源阻抗的正弦波信号时，正弦波电压的测量准确度应优于±2 dB(1 GHz 以上，优于±2.5 dB)。

5.4 脉冲响应

在 1 000 MHz 以下的频率范围，测量接收机对试验脉冲的响应应与对调谐频率上未调制正弦信号的响应相等，其中脉冲发生器和正弦波发生器的源阻抗均为 50 Ω，试验脉冲的强度为 $1.4/B_{imp}$ mVs (B_{imp}的单位是 Hz)，正弦波信号的电动势均方根值为 2 mV(66 dBμV)。脉冲频谱特性满足表 2 要求。正弦波信号电压电平的允差是±1.5 dB，脉冲重复频率应保证测量接收机中频放大器输出端不出现脉冲重叠现象。

注 1：为了检验本条规定的各项要求，附录 B 和附录 C 给出了脉冲发生器输出特性的确定方法。

注 2：A 频段重复频率为 25 Hz，其他频段为 100 Hz。具有优选带宽的峰值测量接收机与准峰值测量接收机指示之间的关系在表 7 中给出。

表 7 相同带宽的峰值和准峰值测量接收机脉冲响应的相对值(9 kHz～1 GHz)

频率	脉冲面积/mVs	脉冲带宽/Hz	峰值/准峰值(不同脉冲重复率)	
			25 Hz	100 Hz
A 频段	6.67×10^{-3}	0.21×10^{3}	6.1	—
B 频段	0.148×10^{-3}	9.45×10^{3}	—	6.6
C 频段和 D 频段	0.011×10^{-3}	126.0×10^{3}	—	12.0
注：脉冲响应只是基于使用表 6 中的参考带宽给出的。				

在 1 GHz 以上的频率范围，所需要的脉冲面积用测试频点上的调制脉冲载波来定义，原因是要想脉冲发生器获得频率高至 18 GHz 的均匀频谱，是不切实际的(见第 E.6 章)。

5.5 选择性

由于第 5.2.1 条对带宽的要求允许带宽在图 2a)、图 2b)和图 2c)所示的范围内变化，所以，这些选择性曲线只是在形状上适用于峰值测量接收机，因此使用时应在频率轴上标出相应的刻度。例如，图 2a)中的 $B_6/2$ 对应于 100 Hz。

第 4.5.2 条、第 4.5.3 条和第 4.5.4 条的要求适用于本条。

对于频段 E，测量接收机参考带宽的总选择性曲线应介于图 2d)所示的极限值之间。

5.6 互调效应、接收机噪声和屏蔽

第 4.6 条、第 4.7 条和第 4.8 条的要求适用于 1 GHz 以下的频率范围。第 4.7 条和第 4.8.1 条的要求适用于 E 频段。

除此之外，对于 E 频段的要求还有：

——关于互调效应的要求尚在考虑之中。

——E 频段的预选滤波器：当测量某些基频较强的受试设备(EUT)的低电平乱真信号的时候，在测量接收机的输入端(内部或外部)插入滤波器以提供针对基频的足够大的衰减来保护测量接收机的输入电路不会出现过载和损坏，并且防止产生谐波和互调信号。

注 1：对于受试设备的基频衰减使用 30 dB 衰减的滤波器就足够了。

注 2：对于不同的基频需要使用不同的滤波器。

关于屏蔽效能的要求，也就是对高环境辐射骚扰电平的抗扰度能力的要求，尚在考虑之中。

6 平均值测量接收机，频率范围 9 kHz～18 GHz

平均值测量接收机一般不用于脉冲骚扰测量。这种类型接收机的检波器被设计成指示检波器前各级信号包络的平均值。使用平均值检波器测量窄带信号，可以克服与调制或宽带噪声相关的一些问题。

对于符合本章要求的频谱分析仪，可用于符合性测量。

6.1 输入阻抗

平均值测量接收机的输入电路应采用非平衡式。在 CISPR 指示范围内接收机的控制设置，其输入阻抗的额定值为 50 Ω，并且 VSWR 不超过表 5 的要求。

9 kHz～150 kHz 频率范围的对称(平衡)输入阻抗：进行对称(不接地的)测量时，应采用平衡输入变换器(9 kHz～150 kHz 频率范围的优选输入阻抗是 600 Ω)。对称输入阻抗可以由与测量接收机相连/耦合的对称人工电源网络提供，也可以作为选件由测量接收机提供。

6.2 基本特性

6.2.1 带宽

带宽应介于表 8 所规定的范围内。

表 8 带宽要求

频率范围	带宽 B_6	参考带宽
9～150 kHz(A 频段)	100～300 Hz[a]	200 Hz(B_6)
0.15～30 MHz(B 频段)	8～10 kHz[a]	9 kHz(B_6)
30～1 000 MHz(C 频段和 D 频段)	100～500 kHz[a]	120 kHz(B_6)
1～18 GHz(E 频段)	300 kHz～2 MHz[a]	1 MHz[b](B_{imp})

[a] 在第 E.1 章中讨论有关带宽的问题。如果使用的不是参考带宽，那么在报告骚扰电平的同时，还应注明实际使用的测量带宽。

[b] 按照表 6 确定所选择的带宽。

6.2.2 过载系数

对于具有平均值检波器的接收机，检波器前级电路对于脉冲重复频率为 n Hz 的过载系数应为 B_{imp}/n，B_{imp}单位是 Hz。

接收机不应出现过载情况的最小脉冲重复频率：在 A 频段为 25 Hz；在 B 频段，为 500 Hz，在 C 频段和 D 频段为 5 000 Hz。

注：一般而言，对于这种类型的接收机，在脉冲重复频率很低时，不可能为避免测量接收机的非线性运行提供足够的过载系数(对单次脉冲响应未做规定)。

6.3 正弦波电压准确度

当施加 50 Ω 源阻抗的正弦波信号时，正弦波电压的测量准确度应优于±2 dB(1 GHz 以上，优于±2.5 dB)。

6.4 脉冲响应

注：附录 B 和附录 C 描述了脉冲发生器的输出特性的确定方法，将用于检验本条中 1 GHz 以下频率范围的要求。

6.4.1 幅度关系

1 000 MHz 以下，对平均值检波器的规定如下(线性平均值)：测量接收机对试验脉冲的响应应与对调谐频率上未调制正弦信号的响应相等，脉冲发生器和正弦波发生器的源阻抗均为 50 Ω，试验脉冲重复率为 n(Hz)，脉冲面积为 1.4/n(mVs)，正弦波信号的电动势均方根值为 2 mV(66 dBμV)。脉冲的均匀频谱应符合第 4.4.1 条中表 2 的要求。n 值在 A 频段为 25，B 频段为 500，C 频段和 D 频段为 5 000。正弦波信号电压电平的允差是 2.5 dB/－0.5 dB。

注：当脉冲重复频率分别为 25 Hz、100 Hz、500 Hz、1 000 Hz 和 5 000 Hz 时，具有相同带宽的平均值和准峰值测量接收机表头指示(假定有足够的过载系数，且输出电平恒定)之间的关系如表 9 所示。

表 9 相同带宽的平均值和准峰值测量接收机脉冲响应的相对值(9 kHz～1 GHz)

测量接收机的频率范围	(对不同脉冲重复率)准峰值与平均值表头指示之比/dB				
	25 Hz	100 Hz	500 Hz	1 000 Hz	5 000 Hz
9 kHz～150 kHz(A 频段)	12.4				
0.15 MHz～30 MHz(B 频段)		(32.9)	22.9	(17.4)	
30 MHz～1 000 MHz(C 频段和 D 频段)				(38.1)	26.3

注 1：脉冲响应只是基于使用参考带宽的情况(如表 8 所示)。

注 2：表中括号内的数据仅供参考。

1 GHz 以上(E 频段)，规定了两种模式——线性和对数的平均值(加权)检波器：

对于线性平均值检波器，测量接收机对试验脉冲的响应应与对调谐频率上未调制正弦信号的响应相等，其中脉冲发生器源阻抗均为 50 Ω，试验脉冲的重复率为 nHz，脉冲面积为 1.4/n mVs，正弦波信号的电动势均方根值为 2 mV(66 dBμV)。该脉冲规定为脉冲调制载波。n 值为 50 000。正弦波信号电压电平的允差为±1.5 dB。

对于对数平均值检波器，测量接收机对试验脉冲的响应应与对调谐频率上未调制正弦信号的响应相等，其中脉冲发生器源阻抗均为 50 Ω，试验脉冲的重复率为 333 kHz(周期 3 μs 的倒数)，脉冲面积为 6.7nVs(emf)，正弦波信号的电动势均方根值为 2 mV(66 dBμV)。正弦波信号电压电平的允差是±4 dB(由于带宽存在 10%误差可能会引起大约±2.5 dB 的变化)。

更详细的内容请见第 E.6 章。

注 1：在一定条件下可以使用频谱分析仪获得平均值检波的效果：当视频带宽 $B_{video} \ll B_{resol}$ 时，频谱分析仪可以对一定重复频率的被测信号进行适当的平均。减小视频带宽进行测量时，要保证扫描时间足够的长以便使视频滤波器能够得到正确的响应。

注 2：对于平均值(加权)测量的线性模式，其测量结果要与被测信号的平均值电平相一致。如果使用对数模式，其测量结果要与被测信号的对数值的平均值一致。因此，对于幅度交替为 20 dB(μV)和 60 dB(μV)的方波信号，对数模式得到的测量电平为 40 dB(μV)，而线性模式得到的测量电平为 54.1 dB(μV)，则反映的是被测信号的真实平均值。

6.4.2 随重复频率的变化

使用线性平均值检波器的测量接收机对重复脉冲的响应应做到：当测量接收机表头指示保持不变时，幅度和重复频率之间的关系应符合如下规律：

$$幅度 \propto (重复频率)^{-1}$$

从过载方面考虑所确定的最低可用重复频率到数值等于 $B_3/2$ 的频率范围内，允许有+3 dB～−1 dB 的允差。

注：准峰值和平均值检波器接收机的绝对坐标的理论脉冲响应曲线如图 1d 所示。对数平均值检波器测量接收机(1 GHz 以上)对重复脉冲的响应受脉冲之间的噪声电平影响。存在以下变量：

L_{logAv}——对数平均值检波器的指示电平；

T_p——脉冲持续时间；

L_p——脉冲电平，dB(μV)；

T_N——噪声持续时间；

L_N——噪声电平；dB(μV)。

各变量近似符合下式的关系：

$$L_{logAv} = \left(\frac{T_p L_p + T_N L_N}{T_p + T_N}\right)$$

例：如果脉冲电平 L_p 为 85 dB(μV)，噪声电平 L_N 为 8 dB(μV)，$T_p = 1/B_{imp} = 1$ μs，脉冲重复率 n=100 000，那么 $T_N \approx 9$ μs。由上式，L_{logAv}=15.7 dB(μV)。实际上，由于 T_p 偏高，所以 L_{logAv} 偏高，这是因为中频输出的脉冲信号在 1 μs 时间不会迅速地下降到噪声电平。

允差尚在考虑之中。

6.4.3 对间歇的、不稳定的和漂移的窄带骚扰的响应

对间歇的、不稳定的和漂移的窄带骚扰的响应应做到：测量结果应与图 5 所描述的某一时间常数的仪表的峰值读数相当，即 A 频段和 B 频段的时间常数为 160 ms，C 频段和 D 频段的时间常数为 100 ms。时间常数的定义参见 A.3.1。这种响应可以通过在接收机的包络检波器后端使用模拟网络仪表来实现。举例来说，如图 4 所示，通过使用 A/D 转换器和微处理器来连续监测仪表的输出，就可以获得上述的峰值读数。

对于 E 频段，线性平均值检波器的时间常数是 100 ms，而对数平均值检波器的时间常数要求，尚在考虑之中。

由上述要求可以推断，用具有表 10 给定的持续时间和周期参数的重复矩形脉冲对射频正弦波信号进行调制，平均值测量接收机应呈现出表 10 所列的最大读数。针对这一要求，允许有±1.0 dB 的允差。

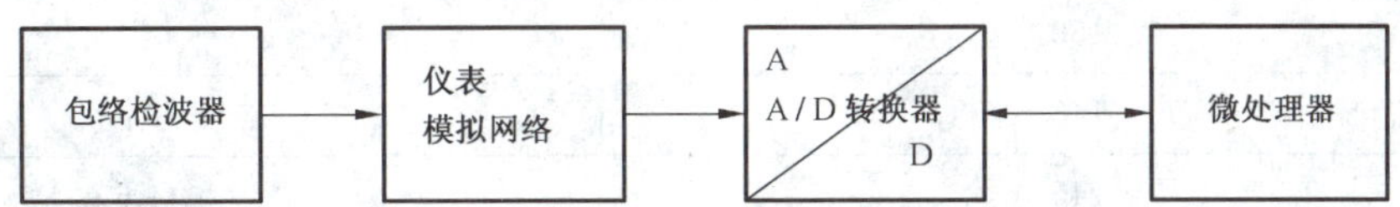

图 4　平均值检波器框图

表 10　平均值测量接收机对具有相同幅度的脉冲调制正弦波输入与连续正弦波的响应的最大读数比

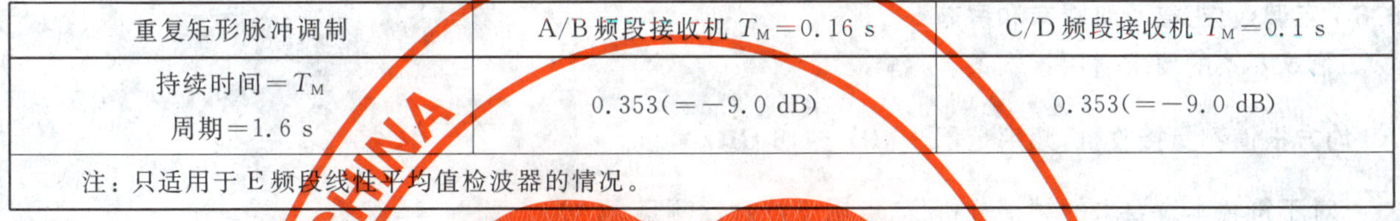

重复矩形脉冲调制	A/B 频段接收机 T_M=0.16 s	C/D 频段接收机 T_M=0.1 s
持续时间=T_M 周期=1.6 s	0.353(=−9.0 dB)	0.353(=−9.0 dB)
注：只适用于 E 频段线性平均值检波器的情况。		

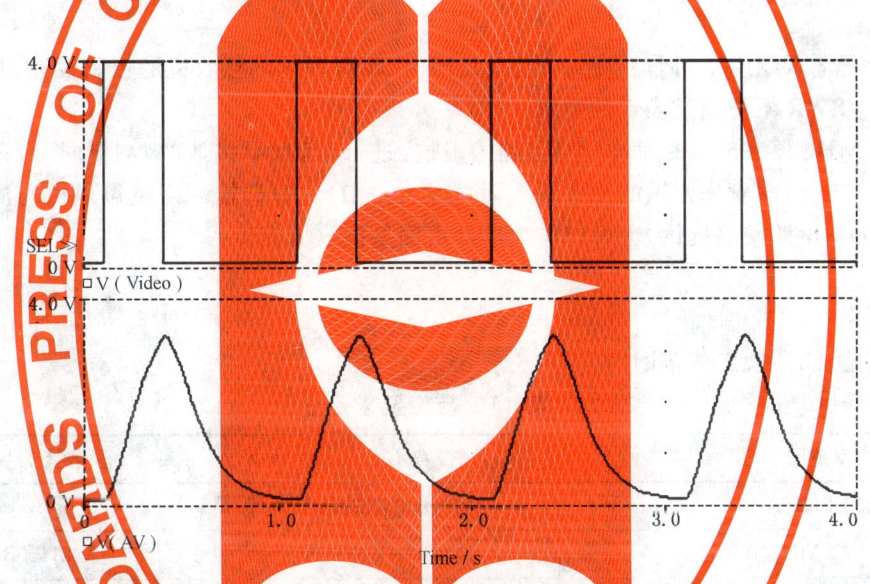

注：对于窄带间歇骚扰的响应可以用对数平均值检波器来描述，比如使用视频带宽一定的(例如：10 Hz)，具有最大保持功能的频谱显示方式。

注：图示的响应是由持续时间 0.3 s，重复频率 1 Hz 的间歇窄带信号引起的，所用的时间常数是 100 ms。如果时间常数设为 160 ms，那么在模拟网络仪表的输出端的峰值显示会低一些。

图 5　模拟网络仪表对于窄带间歇信号的响应

6.5　选择性

对于带宽为 200 Hz(对应于 9 kHz～150 kHz 的频率范围)或带宽为 9 kHz(对应于 0.15 MHz～30 MHz的频率范围)的测量接收机，其总选择性曲线应分别在图 2a)和图 2b)所示的限值范围内。对于带宽为 120 kHz(对应于 30 MHz～1 000 MHz 的频率范围)的接收机，其总选择性曲线应在图 2c)所示的极限值以内。对于其他带宽的测量接收机，图 2a)、图 2b)和图 2c)只在形状上描述了其选择性，使用时应在频率轴上标出相应的刻度。对于频段 E，测量接收机参考带宽的总选择性曲线应介于图 2d)所示的极限值之间。

第 4.5.2 条、第 4.5.3 条和第 4.5.4 条的要求适用于本条。

注：在 130 kHz～150 kHz 转换/过渡频率范围进行测量时，可能需要在测量接收机前端安装高通滤波器(如在 EN50065-1/A2 中定义的电源信号设备)，以使得 CISPR 测量接收机和高通滤波器的合成后的选择性满足下面表中的规定：

频率/kHz	相对衰减/dB
150	≤1
146	≤6
145	≥6
140	≥34
130	≥81

注：加装通滤波器的测量接收机应当满足本部分的要求。

6.6 互调效应、接收机噪声和屏蔽

第5.6条的要求适用于本条。

7 均方根值测量接收机，频率范围 9 kHz ～18 GHz

对于符合本章要求的频谱分析仪，可用于符合性测量。

7.1 输入阻抗

测量接收机的输入端应采用非平衡式。在CISPR指示范围内的接收机的控制设置，其输入阻抗的额定值为50 Ω，VSWR不得超过表5的要求。

9 kHz～30 MHz频率范围的对称（平衡）输入阻抗：进行对称（不接地的）测量时，应采用平衡输入变换器（9 kHz～150 kHz频率范围的优选输入阻抗是600 Ω）。对称输入阻抗可以由与测量接收机相连/耦合的对称人工电源网络提供，也可以作为选件由测量接收机提供。

7.2 基本特性

7.2.1 带宽

带宽应介于表11所规定的范围内。

表11 带宽要求

频率范围	带宽 B_6	参考带宽
9 kHz～150 kHz（A频段）	100～300 Hz[a]	200 Hz（B_6）
0.15 MHz～30 MHz（B频段）	8～10 kHz[a]	9 kHz（B_6）
30 MHz～1 000 MHz（C频段和D频段）	100～500 kHz[a]	120 kHz（B_6）
1 GHz～18 GHz（E频段）	300 kHz～2 MHz[a]	1 MHz[b]（B_{imp}）

[a] 在附录E的第E.1章中讨论有关带宽的问题。如果使用的不是参考带宽，那么在报告骚扰电平的同时，还应注明实际使用的测量带宽。

[b] 按照表6确定所选择的带宽。

7.2.2 过载系数

对于均方根检波器的接收机，检波器前级电路对于脉冲重复频率为 n Hz的过载系数应为 $1.27(B_3/n)^{1/2}$，B_3 的单位是Hz。

注1：一般而言，对于这种类型的接收机，在脉冲重复频率甚低时，不可能为避免测量接收机的非线性运行提供足够的过载系数（对单次脉冲响应未做规定）。不管检波器作何用途，都应确定无过载情况下最小的脉冲重复频率。

注2：附录A给出了过载系数的计算方法。

7.3 正弦波电压准确度

当施加50 Ω源阻抗的正弦波信号时，正弦波电压的测量准确度应优于±2 dB（1 GHz以上优于±2.5 dB）。

7.4 脉冲响应

注：附录B和附录C描述了脉冲发生器的输出特性的确定方法，用于检验本条中1 GHz以下频率范围的要求。

7.4.1 幅度关系

对1 000 MHz以下的均方根值检波器的规定如下：测量接收机对试验脉冲的响应应与对调谐频率上未调制正弦信号的响应相等。脉冲发生器和正弦波发生器的源阻抗均为50 Ω。对于A频段，脉冲强度为[$278(B_3^{-1/2})$]μVs(其中B_3单位为Hz)，试验脉冲重复率为25 Hz，正弦波信号的电动势均方根值为2 mV(66 dBμV)。试验脉冲至少在最高的调谐频率以下有着均匀的频谱。

对于B频段、C频段和D频段的测量接收机，对应的数值是[$139(B_3^{-1/2})$]μVs(其中B_3单位为Hz)和100 Hz。其中脉冲发生器和正弦波发生器的源阻抗均为50 Ω。正弦波信号电压电平的允差是±1.5 dB。

注：附录A给出了均方根值检波器脉冲响应的计算方法。重复频率分别为25 Hz和100 Hz，具有相同带宽的均方根值和准峰值测量接收机表头之间的关系由表12给出。

表12 均方根值和准峰值测量接收机脉冲响应的相对值

测量接收机的频率范围	重复频率/Hz	准峰值/均方根值/dB
9～150 kHz(A频段)	25	4.2
0.15～30 MHz(B频段)	100	14.3
30～1 000 MHz(C频段和D频段)	100	20.1
注：脉冲响应只是基于使用参考带宽的情况(如表11所示)。		

1 GHz以上频率范围(E频段)，测量接收机对试验脉冲的响应应与对调谐频率上未调制正弦信号的响应相等，其脉冲发生器和正弦波发生器的源阻抗均为50 Ω，试验脉冲的重复率为1 000 Hz，脉冲面积为[$44(B_3)^{-1/2}$]μVs，正弦波信号的电动势均方根值为2 mV(66 dBμV)。该脉冲规定为脉冲调制载波。更多内容参见第E.6章。

7.4.2 随重复频率的变化

使用均方根值检波器的测量接收机对重复脉冲的响应应做到：当测量接收机表头指示保持不变时，幅度和重复频率之间的关系应符合如下规律：

$$幅度 \propto (重复频率)^{-1/2}$$

特定的测量接收机的响应曲线不应超出表13给出的限值范围。

表13 均方根值测量接收机的脉冲响应

重复频率/Hz	脉冲的相对等效电平/dB			
	A频段	B频段	C频段和D频段	E频段
100 k	—	—		−20±2
10 k	—		−20±2.0	−10±1
1 000	—	−10±1.0	−10±1.0	0(参考)
100	−6±0.6	0(参考)	0(参考)	+10±1.0
25	0(参考)	+6±0.6	+6±0.6	—
20	+1±0.7	+7±0.7	+7±0.7	—
10	+4±1.0	+10±1.0	+10±2.0	—
2	+11±1.7	+17±1.7	—	—
1	+14±2.0	+20±2.0	—	—

7.5 选择性

由于第 7.2.1 条规定，允许带宽在图 2a)、图 2b)和图 2c)所规定的范围内变化，所以选择性曲线只在形状上适用于均方根测量接收机，应用时，应在频率轴上标出相应的刻度。例如，图 2a)中，$B_6/2$ 对应于 100 Hz。对于频段 E，测量接收机参考带宽的总选择性曲线应介于图 2d)所示的极限值之间。

第 4.5.2 条、第 4.5.3 条和第 4.5.4 条的要求适用于本条。

7.6 互调效应、接收机噪声和屏蔽

第 5.6 条的要求适用于本条。

8 幅度概率分布测量接收机，频率范围 1 GHz～18 GHz

骚扰的幅度概率分布(APD)定义为骚扰幅度超出规定电平的时间概率的累积分布。

通过测量包络检波器的输出或者测量射频测量接收机或频谱分析仪的后级电路就可以得到幅度概率分布(APD)。骚扰幅度应该用接收机输入端相应的场强或电压来表示。通常，幅度概率分布(APD)测量是在固定频率下进行的。

幅度概率分布(APD)测量功能将作为测量装置的附加功能，可能附加在或包含在测量设备里。

幅度概率分布(APD)测量功能可用以下方式实现。一种是使用比较器和计数器来实现(见图 G.1)。该设备可以判定超出一组预设电平幅度(例如：电压)的概率，预设电平数应与比较器数量相等。另一种可行的方法是使用模—数转换器、逻辑电路和存储器(图 G.2)。该设备还能提供一组预设电平的幅度概率分布(APD)图。预设电平数取决于模—数转换器的分辨率(例如：256 个预设电平数对应于 8 位转换器)。

使用上述功能的幅度概率分布(APD)测量被确定为适用于对数字通信系统产生潜在干扰的产品或某一类产品(见 CISPR 16-3 第 1 修正案的第 4.7 条，针对幅度概率分布(APD)技术说明的背景材料)。

下面的技术规范适用于 APD 测量功能。附录 G 提供了这些技术规范的基本原理。

技术规范

a) 幅度的动态范围应大于 60 dB。

b) 幅度准确度(包括门限电平设置误差，)应优于±2.7 dB。

c) 骚扰最大测量时间应大于或等于 2 分钟。如果间隔时间小于整个测量时间的 1%，可以使用间歇测量。

d) 最小可测量概率应为 10^{-7}。

e) APD 测量功能应能预设至少两个幅度电平。对应于所有预设电平的概率应同时被测到。预设电平幅度的分辨率至少应为 0.25 dB。

f) 使用 1 MHz 的分辨率带宽时，采样速率应大于或等于 10 兆次/s。

推荐的技术要求

g) 对带有 A/D 转换器的 APD 测量设备，其显示的幅度分辨率应优于 0.25 dB。

注：APD 测量可能也适用于 1 GHz 以下的频率范围。

9 骚扰分析仪

骚扰分析仪用来自动评定断续骚扰(喀呖声)的幅度、发生率和持续时间。

“喀呖声”有以下特性：

a) 准峰值幅度超出连续骚扰的准峰值限值。

b) 持续时间不大于 200 ms。

c) 与前一个或后一个骚扰的间隔等于或大于 200 ms。

d) 当从一系列短脉冲的第一个脉冲的开始到最后一个脉冲的结束测量到的持续时间不大于 200 ms，且满足条件 a) 和条件 c)，则该系列短脉冲应被视为喀呖声。

时间参数由超过测量接收机的中频参考电平的信号来确定。

注 1：喀呖声的定义和评定应符合 GB 4343.1—2003 的规定。

注 2：现有的分析仪被设计成与一个工作在有限的内部信号电平的准峰值测量接收机一起使用。因此，这种分析仪可能不适合与所有的接收机接口。

9.1 基本特性

a) 分析仪应配置一个测量断续骚扰的持续时间和间隔时间的通道；这个通道的输入端要连接在测量接收机的中频输出上。对于这些测量，只需考虑那些超过接收机中频参考电平的那部分骚扰。持续时间测量的准确度不得低于±5%。

注 1：中频参考电平是测量接收机的中频输出对应于未调制的正弦信号的相应值，该信号的准峰值示值等于连续骚扰的限值。

b) 分析仪应配置评定骚扰的准峰值幅度的通道。

c) 准峰值通道的骚扰幅度对应于在 IF 通道最后下降沿 250 ms 以后的测量值。

d) 两个通道的连接应满足 4.1 的所有要求。

e) 分析仪应能够指示以下信息：

——持续时间等于或小于 200 ms 的喀呖声的数量；

——以分钟为单位的测试持续时间；

——喀呖声率；

——超出连续骚扰准峰值限值的非喀呖声骚扰的发生率。

注 2：图 6 显示的方框图是骚扰分析仪的一个示例。

f) 分析仪必须通过表 14 的所有波形(测试脉冲)的性能检查，以确认其基本特性。

图 7 以图形的形式给出了表 14 所列出的波形。

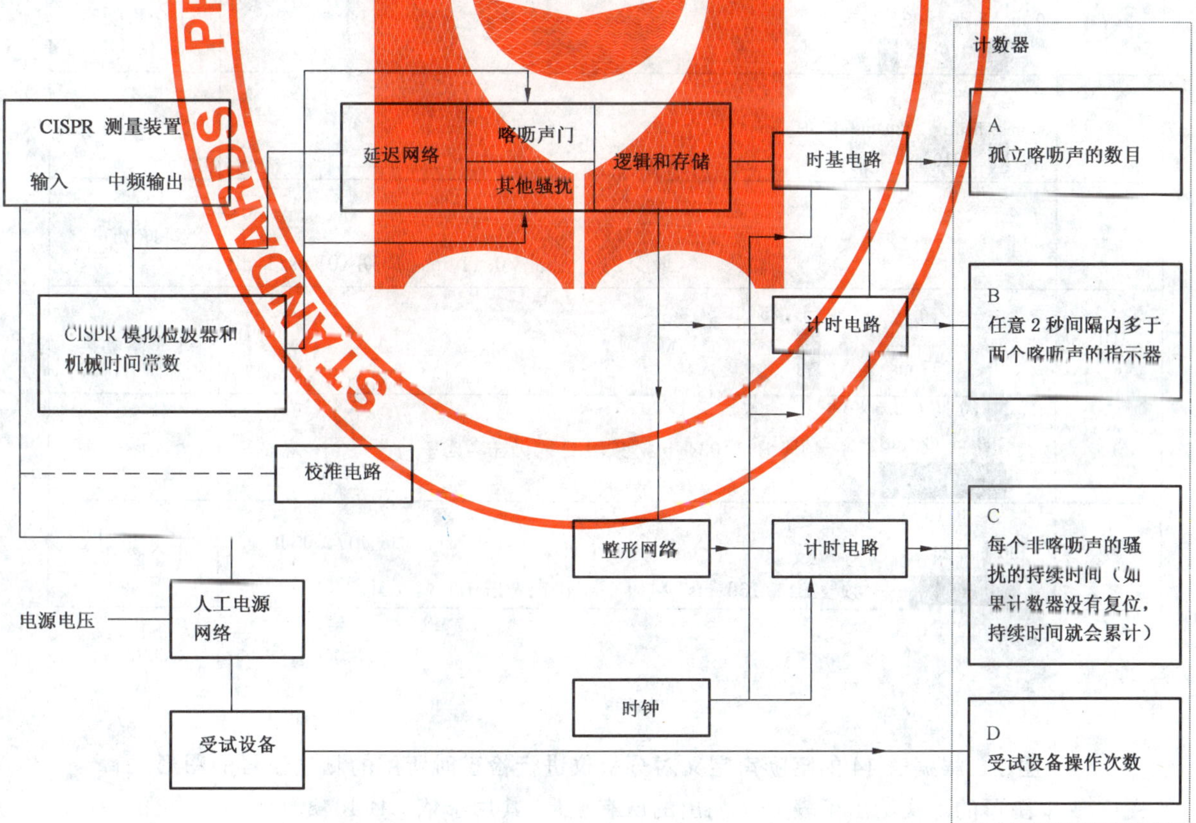

图 6 骚扰分析仪示例

试验编号	试验信号	分析仪的评定
1	0.11 ms / 1 dB	1个喀呖声
2	9.5 ms / 1 dB; −1 s; +1 s	1个喀呖声
3	背景：噪声或CISPR脉冲，200 Hz；−2.5 dB(QP); 190 ms / 1 dB; −1 s; +1 s	1个喀呖声
4	背景：噪声或CISPR脉冲，200 Hz；−2.5 dB(QP); 1 333 ms / 1 dB	非喀呖声
5	210 ms / 1 dB	非喀呖声
6	30 ms / 5 dB; 30 ms / 5 dB; 180 ms	非喀呖声
7	30 ms / 5 dB; 30 ms / 5 dB; 130 ms	1个喀呖声
8	30 ms / 5 dB; 30 ms / 5 dB; 210 ms	2个喀呖声
9	最少21个脉冲 /0.11 ms/ 周期 10 ms/1 dB	非喀呖声
10	30 ms / 25 dB; 265 ms; 30 ms / −2.5 dB	1个喀呖声
11	190 ms / 25 dB; 频段B:1 034 ms/ 频段C：仍在考虑中	2个喀呖声
12	190 ms / 25 dB; 频段B:1 166 ms/ 频段C：仍在考虑中; 30 ms / −2.5 dB / 2 dB IF; 30 ms / −2.5 dB / 2 dB IF	1个喀呖声

图7　根据表14的喀呖声定义对分析仪进行检查时所用的测试信号的图形

图F.1以图形的形式给出了表F.1列出的所有波形，其用于依GB 4343.1—2003的第4.2.3条中喀呖声定义的例外情况的性能检查。

表 14 骚扰分析仪性能测试——检查喀呖声定义所用的测试信号

试验编号	测试信号参数						
	1		2		3	4	5
	相对于测量接收机的QP参考指示作单独调节的脉冲的QP幅值/dB		在测量接收机中频输出端调节的脉冲[f] 持续时间/ms		脉冲间隔或周期（IF输出）/ms	分析仪的评定	在IF输出端测到的测试信号和对应于测量接收机的参考指示关联的QP信号的图形
	脉冲1	脉冲2	脉冲1	脉冲2			
1	1		0.11			1个喀呖声	0 100 200 300 400 500 600 700 800 900 1000 1 s
2[a]	1		9.5			1个喀呖声	0 0.4 0.8 1.2 1.6 2 2.2 2.2 s
3[a]	1		190			1个喀呖声	0 0.4 0.8 1.2 1.6 2 2.2 2.2 s
4	1		1 333[b]			非喀呖声	0 0.2 0.4 0.6 0.8 1.0 1.2 1.4 1.6 1.8 2.0 2 s

表 14（续）

测试编号	测试信号参数						
	1		2		3	4	5
	相对于测量接收机的QP参考指示作单独调节的脉冲的QP幅值/dB		在测量接收机中频输出端调节的脉冲持续时间/ms		脉冲间隔或周期（IF输出）/ms	分析仪的评定	在IF输出端测到的测试信号和对应于测量接收机的参考指示关联的QP信号的图形
	脉冲1	脉冲2	脉冲1	脉冲2			
5	1		210			非喀呖声（210 ms）	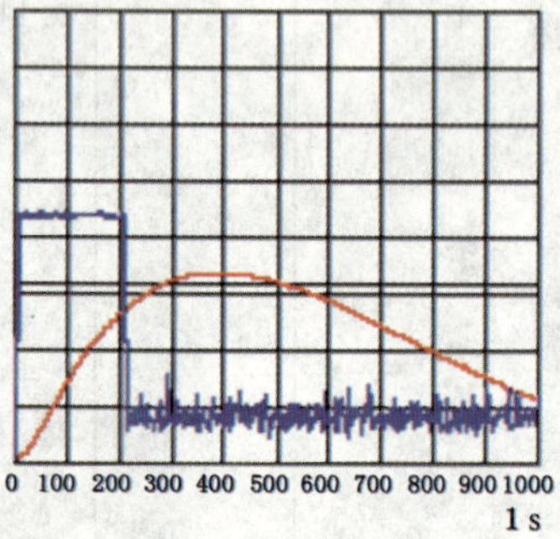 0 100 200 300 400 500 600 700 800 900 1000 1 s
6	5	5	30	30	180	非喀呖声（240 ms）	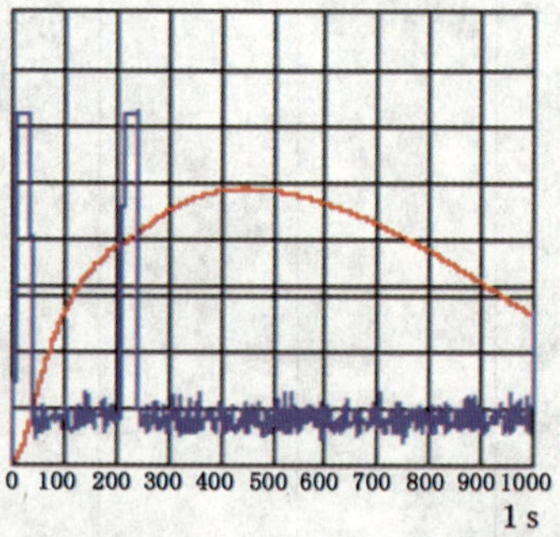 0 100 200 300 400 500 600 700 800 900 1000 1 s
7	5	5	30	30	130	1个喀呖声	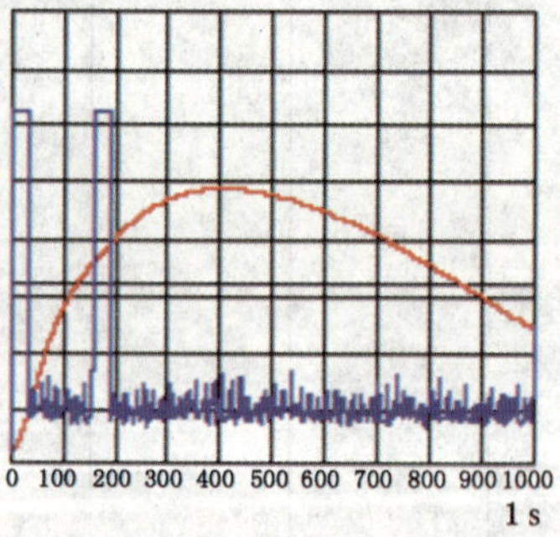 0 100 200 300 400 500 600 700 800 900 1000 1 s
8	5	5	30	30	210	2个喀呖声	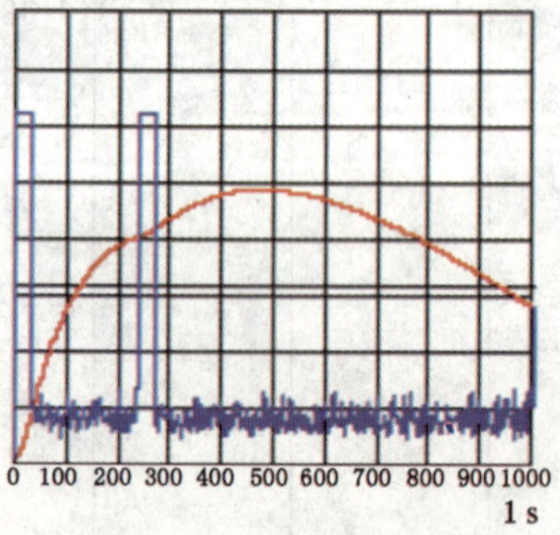 0 100 200 300 400 500 600 700 800 900 1000 1 s

表 14（续）

测试编号	测试信号参数						
	1		2		3	4	5
	相对于测量接收机的QP参考指示作单独调节的脉冲的QP幅值/dB		在测量接收机中频输出端调节的脉冲[f]持续时间/ms		脉冲间隔或周期（IF输出端）/ms	分析仪的评定	在IF输出端测到的测试信号和对应于测量接收机的参考指示关联的QP信号的图形
	脉冲1	脉冲2	脉冲1	脉冲2			
9	1		0.11		周期：10，最少21个脉冲	非喀呖声	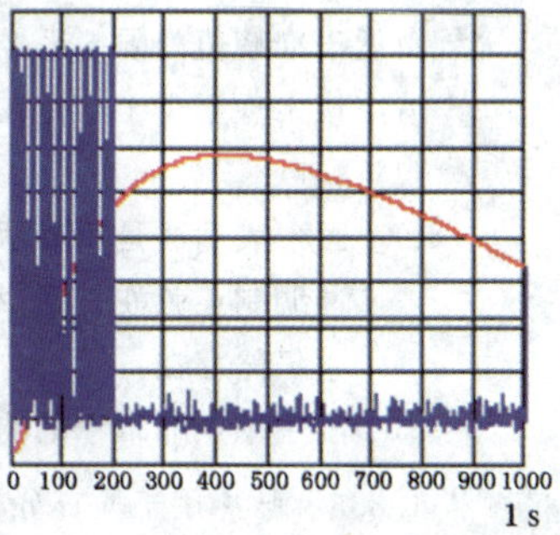 0 100 200 300 400 500 600 700 800 900 1000 1 s
10	−2.5	25	30	30	265	1个喀呖声	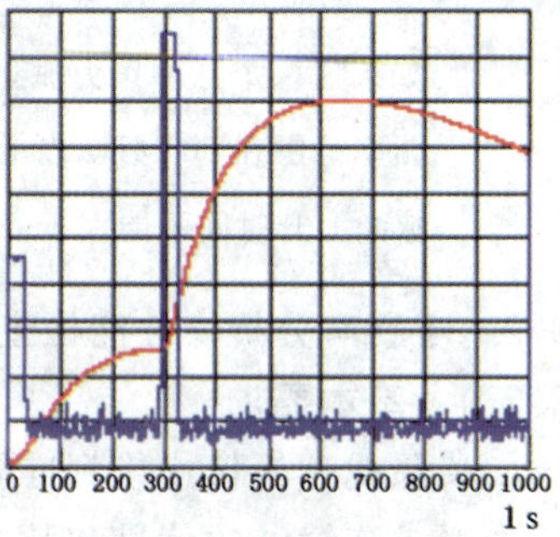 0 100 200 300 400 500 600 700 800 900 1000 1 s
11	25	−2.5[c]	190	30	1 034[e]	2个喀呖声[d]	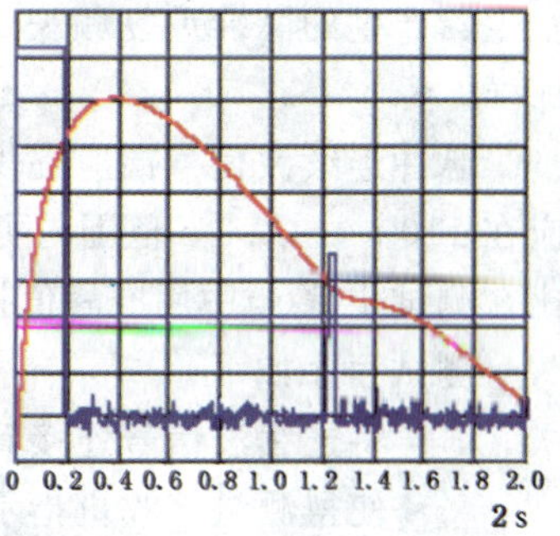 0 0.2 0.4 0.6 0.8 1.0 1.2 1.4 1.6 1.8 2.0 2 s
12	25	−2.5[c]	190	30	1 166[c]	1个喀呖声	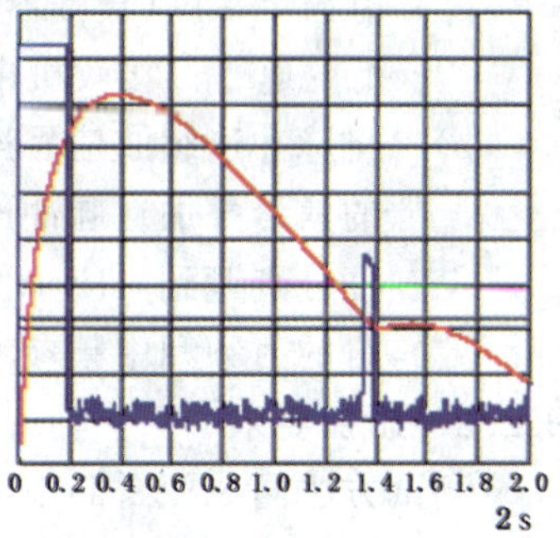 0 0.2 0.4 0.6 0.8 1.0 1.2 1.4 1.6 1.8 2.0 2 s

表 14(续)

<table>
<tr><td rowspan="4">测试编号</td><td colspan="7">测试信号参数</td></tr>
<tr><td colspan="2">1</td><td colspan="2">2</td><td>3</td><td>4</td><td>5</td></tr>
<tr><td colspan="2">相对于测量接收机的QP参考指示作单独调节的脉冲的QP幅值/dB</td><td colspan="2">在测量接收机中频输出端调节的脉冲[f]持续时间/ms</td><td rowspan="2">脉冲间隔或周期(IF输出端)/ms</td><td rowspan="2">分析仪的评定</td><td rowspan="2">在IF输出端测到的测试信号和对应于测量接收机的参考指示关联的QP信号的图形</td></tr>
<tr><td>脉冲1</td><td>脉冲2</td><td>脉冲1</td><td>脉冲2</td></tr>
<tr><td colspan="8">[a] 由低于准峰值门限电平2.5 dB的200 Hz CISPR脉冲组成的背景噪声来进行。这些脉冲在测试脉冲开始前就应该出现至少1 s,并在测试脉冲结束后至少持续1 s。
观察:
1) 图形表示法是用显示200 Hz脉冲的测试接收机以非常短保持时间(<1 ms)的峰值测量来完成的。当脉冲调制正弦波一到,200 Hz脉冲就看不到了(如试验编号3的图中所示的那样),但在喀呖声骚扰过程中它仍然存在。
2) 图中原点非常窄的响应是因固件的缺陷造成的。
[b] 1.333 s脉冲用于检查分析仪对那些只高于准峰值门限电平1 dB的脉冲门限。
[c] 这些较低电平应该高于中频门限但低于准峰值门限。
[d] 如果这两个脉冲作为孤立的骚扰进行测量,就只能记录到一次喀呖声。
[e] 频率范围在30 MHz以上的对应值仍在考虑中,在进一步的研究后将作修订。
[f] 脉冲上升时间不能大于40 μs。</td></tr>
</table>

9.2 喀呖声分析仪性能检查的确认测试方法

9.2.1 基本要求

将骚扰分析仪连接到准峰值测量接收机,接收机调谐到方便的频率上。

要求连续波的信号和脉冲连续波信号都在接收机的调谐频率上。测试2和3也要求CISPR脉冲发生器产生的脉冲重复频率为200 Hz的信号在调谐频率上覆盖接收机的带宽,如附录B中定义的那样。

脉冲连续波信号源应提供两个独立的可变脉冲。脉冲的上升时间不大于40 μs。脉冲的持续时间应在110 μs ~1.3 s范围内可变,且其幅度变化范围大于44 dB。脉冲连续波信号源的任何背景噪声应比在测试步骤a)中用准峰值接收机测到的参考电平至少低20 dB。

测试程序如下:

a) 将连续波信号连接到与骚扰分析仪一起使用的测量接收机的输入端,调整连续波信号的幅度,使得测量接收机指示器指示在参考(0 dB)点,其值与连续骚扰准峰值限值相等。调整接收机射频灵敏度(衰减器)控制键至一个比接收机噪声高但比作为中频通道门限值的连续骚扰限值低的电平。接收机中频输出端的连续波信号相应的电平设定为中频参考电平。

b) 将脉冲连续波信号连接到测量接收机的输入端。对于测试2和3,将CISPR脉冲发生器产生的信号叠加在脉冲连续波信号上。信号的参数在表14中给出。表14第一列中所示的脉冲幅度分别调到对应于作为中频通道门限的连续骚扰限值。这些将对应于先前段落中建立的各自的射频和中频参考电平。

9.2.2 附加要求

测试方法同9.2.1 a)中描述的一样。

信号的参数在表F.1中给出。

附 录 A
(规范性附录)
准峰值测量接收机和均方根值测量接收机对重复脉冲响应的确定
(第3.2条、第4.4.2条、第7.2.2条和第7.4.1条)

A.1 概述

本附录给出了确定重复脉冲响应曲线的步骤以及计算过程所需的数据,同时说明了在运算过程中所作的一些假设。计算依次分为三步。

A.2 检波器前各级的响应

一般来说,检波器前各级的脉冲响应完全是由规定接收机总选择性的几个中频级确定的。

习惯上认为,将两个临界耦合调谐变压器级联即可获得这个选择性,从而在-6 dB处产生符合要求的通带。为了计算,可将任何其他的等效电路归纳为上述情况。实际上,由于该选择性曲线通常是对称的,所以可以使用等效低通滤波器来计算脉冲响应的包络,而由此近似产生的误差可以忽略不计。

脉冲响应的包络可写成下式:

$$A(t)=4\omega_0 G e^{-\omega_0 t}(\sin\omega_0 t-\omega_0 t\cos\omega_0 t) \quad \cdots\cdots(A.1a)$$

式中:

G——调谐频率处的总增益;

ω_0——$(\pi/\sqrt{2})B_6$ 的角频率。

从上述方程中可得到两个临界耦合调谐变压器对于脉冲面积为$\nu\tau$的响应的包络为:

$$A(t)=(\nu\tau)4\omega_0 G e^{-\omega_0 t}(\sin\omega_0 t-\omega_0 t\cos\omega_0 t) \quad \cdots\cdots(A.1b)$$

对于$\tau\ll 1/\omega_0$,等效低通滤波器相应的选择性曲线可写成:

$$F(f)=G[(2\omega_0^2)/((\omega_0+j\omega)^2+\omega_0^2)]^2 \quad \cdots\cdots(A.2)$$

式中:

$\omega=2\pi f$

带宽 B_0 和 B_6 分别为:

$$B_3=\left[\sqrt{2}\times\sqrt[4]{(\sqrt{2}-1)}\right]\omega_0/\pi=0.361\ \omega_0 \quad \cdots\cdots(A.3a)$$

$$B_6=\sqrt{2}\times\omega_0/\pi=0.450\ \omega_0 \quad \cdots\cdots(A.3b)$$

包括与实际接收机具有相同均方根值的理想矩形滤波器的接收机,其有效带宽等于功率带宽Δf,定义为:

$$\Delta f=(1/F_0^2)\int_{-\infty}^{+\infty}F^2(f)\,df \quad \cdots\cdots(A.4)$$

式中:

$F(f)$——总选择性曲线;

F_0——$F(f)$的最大值(假设为单峰选择性曲线)。

对于$F_0=1$,功率带宽为

$$\Delta f=\int_{-\infty}^{+\infty}F^2(f)\,df \quad \cdots\cdots(A.5)$$

将方程(A.2)代入方程(A.5),且令$G=1$,得:

$$\Delta f = \int_{0}^{+\infty} 2[(2\omega_0^2)/((\omega_0 + j\omega)^2 + \omega_0{}^2)]^4 \mathrm{d}f \qquad \text{(A.6)}$$

由此可得：

$$\Delta f = 0.265\sqrt{2} \times \omega_0 = 0.375\omega_0 \qquad \text{(A.7)}$$

于是：

$$B_6 = 0.963\,\Delta f \qquad \text{(A.8)}$$

A.3 准峰值电压表检波器对前置各级输出的响应

计算是在下述条件下进行的：假定检波器电路接到最后一级中频输出端并不影响中频输出信号的幅度和波形，换言之，这一级的输出阻抗与检波器的输入阻抗相比可忽略不计。

任何一个检波器，都可简化为这种形式（实际或等效的）：一个非线性元件（例如二极管）与一个电阻（总正向电阻 S）相联，随后再接一个由电容 C 和放电电阻 R 并联组成的电路。

充电时间常数 T_c 取决于 S 和 C 的乘积，而放电时间常数 T_D 取决于 R 和 C 的乘积。

T_c 和乘积 SC 之间的关系可以这样来确定：突然施加一个幅度恒定的射频信号，当时间 t 等于 T_c 时，使得指示电压达到最后稳定值的 0.63 倍。

电容器两端的电压 U 与施加于检波器上射频信号幅度 A 之间的关系，可用下列方程式表示：

$$\mathrm{d}U/\mathrm{d}t + U/(RC) = A(\sin\theta - \theta\cos\theta)/(\pi \times SC) \qquad \text{(A.9)}$$

式中：

θ——导通角（$U=A\cos\theta$）。

这个方程式不能直接积分。由于所选的时间常数满足上述条件，所以 SC 乘积的大小可用近似方法求得。例如：

A 频段：

$$T_c = 45\ \text{ms}$$
$$T_D = 500\ \text{ms}$$
$$2.81SC = 1\ \text{ms}$$

B 频段：

$$T_c = 1\ \text{ms}$$
$$T_D = 160\ \text{ms}$$
$$3.95SC = 1\ \text{ms}$$

C 频段和 D 频段：

$$T_c = 1\ \text{ms}$$
$$T_D = 550\ \text{ms}$$
$$4.07SC = 1\ \text{ms}$$

进而，把得到的值代入方程（A.9），由第 A.2 条中的方程（A.1）所给定的函数 $A(t)$ 取代恒定幅度 A，则可求出（用近似方法）施加孤立脉冲或重复脉冲时方程的解。

实际中，重复脉冲频率的响应也可以这样求得：只要任意假设每一个脉冲开始时检波器输出电压的电平，再确定由脉冲引起的电压增量 ΔU，于是就可求得两脉冲之间必须存在的间隔，从而重复假设初始条件。

A.3.1 指示仪表对检波器输出信号的响应

为了简化起见，合理地假设检波器输出电压的上升部分是陡峭的。

然后，求解下列特征方程：

$$\frac{\mathrm{d}^2\alpha}{\mathrm{d}t^2} + \frac{2}{T_M}\frac{\mathrm{d}\alpha}{\mathrm{d}t} + \frac{1}{T_M^2}\alpha = \frac{1}{T_M^2}\exp\left(\frac{-t}{T_D}\right) \qquad \text{(A.10)}$$

式中：

$\alpha(t)$——指示器的偏转；

T_D——准峰值电压表的放电时间常数；

T_M——临界阻尼指示器的机械时间常数。

相对来说在响应曲线两端求解这个方程要简单些。一方面，因为脉冲之间具有足够间隔使脉冲起始点为零，并且是已知的；另一方面，因为脉冲具有足够高的重复频率，所以指示器的惯性不会使其完全随着振幅摆动。而在响应曲线的中间，计算就变得较为复杂。此时每个脉冲起始时，指示器指针都在摆动，所以只有计及了指针的起始位置和速度的情况下才能求解此方程。

A.4 均方根值检波器对前置各级的输出电压

均方根值检波器对前置各级的输出电压可以从下式求出：

$$U_{rms} = \left[n\int_0^{+\infty} (A^2(t)/2)\mathrm{d}t \right]^{1/2} \quad \cdots\cdots (A.11)$$

式中：

n——脉冲重复频率，Hz。

输出电压也可以由频率响应曲线从下式求出：

$$U_{rms} = \left[n\int_{-\infty}^{+\infty} (2\nu\tau \times F^2(f)/2)\mathrm{d}f \right]^{1/2} \quad \cdots\cdots (A.12)$$

式中：

$\nu\tau$——具有均匀频谱的脉冲面积。

由此得：

$$U_{rms} = \sqrt{2} \times \nu\tau \times \sqrt{n}\left(\int_{-\infty}^{+\infty} F^2(f)\mathrm{d}f\right)^{1/2} \quad \cdots\cdots (A.13)$$

由方程(A.5)，上式可简化为：

$$U_{rms} = \sqrt{2} \times \nu\tau \times \sqrt{n}\ \sqrt{\Delta f} \quad \cdots\cdots (A.14)$$

由方程(A.14)，取 $U_{rms}=2$ mV；$n=100$ Hz，于是得：

$$\nu\tau = (100\sqrt{2})/\sqrt{\Delta f} \quad (\mu Vs) \quad \cdots\cdots (A.15)$$

由方程(A8)得：

$$\nu\tau = 139/\sqrt{B_3} \quad (\mu Vs) \quad \cdots\cdots (A.16)$$

A.4.1 过载系数的计算

脉冲重复频率为 n 所对应的过载系数计算如下：

由方程(A.14)得：

$$U_{rms} = (\nu\tau) \times (2n\Delta f)^{1/2}$$

由方程(A.1)，且令 $G=1$，得：

$$A(t)_{peak} = 0.944 \times \nu\tau \times \omega_0$$

于是求得过载系数：

$$A(t)_{peak}/\sqrt{2} \times U_{rms} = 1.28(B_3/n)^{1/2} \quad \cdots\cdots (A.17)$$

A.5 均方根仪器指示和准峰值仪器指示之间的关系

方程(A.16)表明了均方根值电压表的幅度关系。当正弦波信号的大小为 2 mV 时；等效的脉冲(重复频率为 100 Hz)强度$(\nu\tau)_{rms}$应为：

$$(\nu\tau)_{rms} = 139/\sqrt{B_3}(\mu Vs)$$

对于方程(A.2)引用的选择性曲线,当以 6 dB 带宽为基准时,相应的幅度关系为:

$$(\nu\tau)_{\rm rms} = 155/\sqrt{B_6}(\mu {\rm Vs})$$

对于准峰值接收机来说,与 2 mV 正弦波信号等效的脉冲强度$(\nu\tau)_{\rm qp}$如下:

在 0.15 MHz~30 MHz 频率范围:

$$(\nu\tau)_{\rm qp} = 0.316\ \mu{\rm Vs}$$

在 30 MHz~1 000 MHz 频率范围:

$$(\nu\tau)_{\rm qp} = 0.044\ \mu{\rm Vs}$$

因此,如果测量接收机的通带特性符合方程(A.2),并且 6 dB 处的带宽与第 4 章、第 5 章、第 6 章和第 7 章中规定的额定带宽相符,那么$(\nu\tau)_{\rm rms}$与$(\nu\tau)_{\rm qp}$存在如下关系:

在 0.15 MHz~30 MHz 频率范围:

$$(\nu\tau)_{\rm rms}/(\nu\tau)_{\rm qp} = 14.3\ {\rm dB}$$

在 30 MHz~1 000 MHz 频率范围:

$$(\nu\tau)_{\rm rms}/(\nu\tau)_{\rm qp} = 20.1\ {\rm dB}$$

上述关系只有当重复频率为 100 Hz 时才成立。对于其他的重复频率,必须使用相应的脉冲响应曲线。

附 录 B
（规范性附录）
脉冲发生器频谱的确定
（第 4.4 条、第 5.4 条、第 6.4 条和第 7.4 条）

B.1 脉冲发生器

为了检查测量接收机是否符合本部分的要求，需要使用脉冲发生器。采用脉冲发生器技术可以检验测量接收机与第 4.4 条、第 5.4 条、第 6.4 条和第 7.4 条要求的一致性。

相应于被测测量接收机的每个频段，脉冲发生器应在规定的重复频率范围内产生具有表 B.1 所规定的脉冲面积。脉冲面积变化不得大于规定值的±0.5 dB，重复频率的变化不得超过 1%。

表 B.1 脉冲发生器特性

待检测接收机的频段	脉冲面积/μVs	重复频率/Hz
(0.09～0.15)MHz	13.5	1,2,5,10,25,60,100
(0.15～30)MHz	0.316	1,2,10,20,100,1 000
(30～300)MHz	0.044	1,2,10,20,100,1 000
(300～1 000)MHz	（见注）	1,2,10,20,100,1 000
注：脉冲发生器应能产生足够幅度的脉冲，并且在 1 000 MHz 以下的频段有一个尽可能均匀的频谱。		

B.1.1 脉冲的频谱

脉冲的频谱由作为被测测量接收机调谐频率的函数的曲线来定义。它表示在具有恒定带宽的测量设备输入端等效电压的变化规律。

脉冲频谱在接收机频段上限以下应基本恒定。在该频段内，如果频谱幅度的变化相对其低频段来说不大于 2 dB，那么就可以认为脉冲发生器的频谱在该频段内是满足均匀性要求的。测量频率处的脉冲面积的变化不会超过±0.5 dB。

为了检验接收机与第 4.6 条要求的一致性，必须对高于频段上限的频谱加以限制（在两倍于上限频率处，幅度下降 10 dB）。由于调谐频率所分隔的所有各频谱成分的互调产物会对响应产生影响，所以检验的严格程度必须有一个统一的标准。

B.2 一般测量方法

附录 C 给出了精确确定脉冲频谱幅度绝对值的方法。

可使用下列方法测量频谱幅度随频率的变化。

把脉冲发生器连接到一台 RF 接收机的输入端上，将示波器与接收机的中频输出端连接，用来指示接收机输出端的射频脉冲。

在接收机的每个调谐频率点进行如下测量：

a) 接收机 6 dB 带宽 B_6(Hz)；

b) 标准信号发生器输出的均方根值 E_0，此信号发生器的源阻抗与脉冲发生器的源阻抗相同，并调谐到接收机频带的中心频率，使示波器上产生的偏转幅度等于射频脉冲的峰值。

每个频率上频谱的相对幅度取为：

$$S_\tau(f) = E_0/B_6$$

在所考虑的频段中，对于各种试验频率，该测量应重复进行。

脉冲频谱由与测量频率有关的 $S_\tau(f)$ 曲线给出。

所用的测量接收机对于所用信号的峰值电平应该是线性设备。

寄生响应，尤其是镜像频率的响应和中频响应的抑制至少应为 40 dB。

如果在一系列的测量过程中，脉冲重复频率保持不变，那么就可以用准峰值指示器代替示波器，用符合本部分规定的测量接收机进行测量。

附　录　C
（规范性附录）
纳秒脉冲发生器输出的准确测量
（第 4.4 条、5.4 条、6.4 条和 7.4 条）

C.1　脉冲面积（*IS*）的测量

C.1.1　概述

理论和实践研究表明准确的测量方法全部包含在第 C.1.2 条至第 C.1.5 条的内容当中。

C.1.2　面积法

被测脉冲通过窄带滤波器馈送，滤波器通带的中心频率设置在具有对称幅度特性和不对称相位特性的频率 f 处（只要放大器工作在线性范围即可使用）。

测出带通滤波器输出包络线 $A(t,f)$ 以下的总面积（将其各个部分的符号也考虑进去），便可计算此积分方程。

$$2(IS)=S(f)=\int_{-\infty}^{+\infty}A(t,f)\mathrm{d}t$$

式中：

IS——脉冲面积；

$S(f)$——频谱密度；

$A(t,f)$——单个孤立脉冲引起包络线的幅度（由等效的输入正弦波电压表示）。

在使用这个公式时，要求低频接收机或骚扰测量接收机的中频放大器与一系列变频器一起使用，以便在整个脉冲频谱内调谐。将末级中频放大器的输出接到示波器测量面积。

从这种测量方法中可以看到：当脉冲的持续时间比频率 f 的周期短得多时，只要使用合适的示波器（例如，对纳秒脉冲需用取样示波器），并将各部分的符号考虑进去，则可直接由积分面积测量脉冲面积。

C.1.3　标准传输线法

传输线的长度与传输时间 τ 相对应，充电至电压 V_0 的传输线向一个负载电阻放电，其电阻值与传输线的特征阻抗相等。在这里，传输线被认为既包括了实际线路，又包括开关外壳内的充电线路。在脉冲频谱低频部分，当频谱密度 $S(f)$ 为 $2\nu\tau$ 时，其幅度不随频率而变化，也不受存在于传输线和负载电阻之间的某些寄生阻抗（如电感或电阻）或有限开关时间的影响。

C.1.4　谐波测量法

本测量方法可用于这样的脉冲发生器，其产生的脉冲序列具有足够高的重复频率和稳定性。

如果脉冲的重复频率 F 超过测量接收机带宽，那么测量接收机可在脉冲频谱中选一条谱线，这种情况下，脉冲面积可按下式确定：

$$IS=V_k/2F=V\sqrt{2}/2F$$

式中：

IS——脉冲面积；

V_k——$\sqrt{2}V$，k 次谐波的峰值。

接下来便可用该脉冲发生器来校准测量接收机的脉冲响应特性。该测量接收机的带宽要足够得宽，以便能接收许多谐波分量（在 6 dB 带宽内约可接收十个或十个以上的谐波分量）。

C.1.5　能量法

另一种方法是把一个热源（电阻器）所产生的功率与脉冲发生器所产生的功率进行比较，然而，与上述三种方法相比,这种方法的测量准确度要低一些。频率为 1 000 MHz 的量级时,可以使用该方法。

C.2 脉冲发生器的频谱

C.2.1 为了确定测量接收机与第 4.4.1 条,第 5.4 条,第 6.4.1 条和第 7.4.1 条要求的一致性,脉冲面积的误差不应超过±0.5 dB。

C.2.2 脉冲重复频率的误差不得超过 1%。

C.2.3 为了检查测量接收机与第 4.4.2 条,第 5.4 条,第 6.4.2 条和第 7.4.2 条要求的一致性,脉冲面积不应受其重复频率的影响。

C.2.4 为了检查测量接收机与第 4.4 条,第 5.4 条,第 6.4 条和第 7.4 条要求的一致性,脉冲发生器的频谱在测量接收机的通带范围内应是均匀的。在下列情况下,就可认为已满足了此要求:

a) 如果频谱随频率的变化在测量接收机的频率通带内基本是线性的,并且在测量接收机 6 dB 通带内,频谱的不平坦度不得超过 0.5 dB;

b) 如果频谱在测量接收机调谐频率处的两侧均匀递减,那么−6 dB 电平处的频谱宽度至少应比测量接收机在相同的−6 dB 电平处的带宽至少大 5 倍。

上述两种情况,都假设脉冲面积等于在调谐频率上的幅度。

附 录 D
(规范性附录)
准峰值测量接收机特性对脉冲响应的影响
(第 4.4.2 条)

重复频率高时,脉冲响应曲线电平基本上取决于带宽的大小;而重复频率低时,时间常数则起重要作用。由于时间常数的允差尚未规定,所以推荐允差为 20%。

重复频率很低时,应特别关注由于过载系数未知而引起的影响。利用表 1 规定的带宽和时间常数对孤立脉冲进行准确测量时所需的过载系数必须满足。

通过检验仪表指示范围两端的脉冲响应曲线,可以核查出检波器可能出现的非线性现象。关于这一点,最临界的重复频率很可能在 20 Hz～100 Hz 频率范围内。

附 录 E
（规范性附录）
平均值测量接收机和峰值测量接收机的响应
（第 6.2.1 条）

E.1 检波器前端各级的响应

已经证明：具有对称频率特性的窄带电路对脉冲的响应，其包络线下的面积与带宽无关，并可按下式求出：

$$\int_{-\infty}^{+\infty} A(t)\,\mathrm{d}t = 2\nu\tau G_0 \qquad \text{(E.1)}$$

式中：

ν——$B_{imp}\tau \ll 1$ 时矩形脉冲的幅度；

τ——$B_{imp}\tau \ll 1$ 时矩形脉冲的持续时间；

G_0——该电路在中心频率的增益。

严格地说来，只有在包络线不振荡的情况下，这个定理才成立。振荡的包络线具有双调谐电路的特性；如果不用相敏检波器，则可能需要通过校准来补偿振荡响应所引入的误差。在临界耦合的情况下，包络线的第二峰值约为第一峰值的 8.3%。

注：在第 A.2 章规定的检波器前端各级的响应是振荡的。因此，由振荡响应引入的校准误差应由第 6.4.1 条的 +2.5 dB/−0.5 dB的有偏允差来进行补偿。

只要脉冲在中频放大器的输出不发生重叠，那么平均值就与脉冲重复频率 n 成正比。

所以，平均值电压等于 $2\nu\tau G_0 n$。

由方程(E.1)看来，为平均值测量接收机规定有效带宽看来是没有意义的。

E.2 过载系数

为了计算过载系数和在峰值测量接收机中使用，将检波器前各级有效脉冲带宽规定如下：

$$B_{imp} = A(t)_{max}/2G_0 \qquad \text{(E.2)}$$

式中：

$A(t)_{max}$——施加一个单位脉冲时中频级输出包络的峰值。

从方程(A.17)(见附录 A)运算中可以得到：

$$B_{imp} = (0.944\,2/2)\omega_0 = 1.05B_6 \text{ 或 } 1.31B_3 \qquad \text{(E.3)}$$

式中 B_6 和 B_3 已在第 3.2 条中定义。

对于其他类型的调谐电路，如果已知 B_{20}(20 dB 处的带宽)和 B_3 之比，就可以用图 E.1 来估计 B_{imp} 和 B_6 之比。

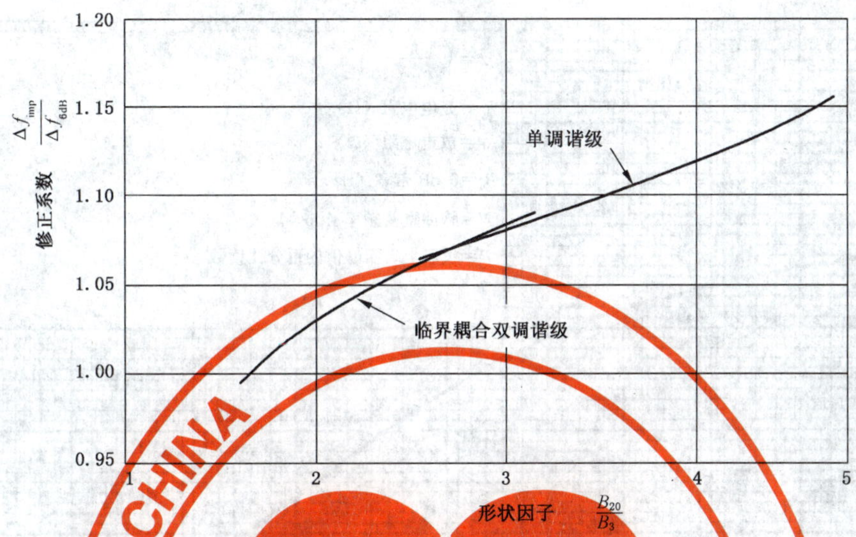

图 E.1 对于其他调谐电路估计 B_{imp}/B_6 之比的修正系数

E.3 平均值仪表指示与准峰值仪表指示之间的关系

如果要求重复频率为 n Hz 的脉冲在平均值仪表上产生的响应与正弦波信号发生器(其输出阻抗与脉冲发生器的相同)所产生的未调制的 2 mV(均方根值)信号在调谐频率上的响应相同,则产生这种响应所需要的脉冲面积为:

$$\nu\tau = 1.4/n \quad (\mathrm{mVs})$$

例如,当重复频率为 100 Hz 时,脉冲面积为 14 μVs。

所以,根据附录 A 第 A.5 章产生相同指示时 $(\nu\tau)_{ave}$ 与 $(\nu\tau)_{qp}$ 之比为:

在(0.15～30)MHz 频率范围:

$$(\nu\tau)_{ave}/(\nu\tau)_{qp} = 32.9\ \mathrm{dB}$$

在(30～1 000)MHz 频率范围:

$$(\nu\tau)_{ave}/(\nu\tau)_{qp} = 50.1\ \mathrm{dB}$$

以上假设对于所讨论的重复频率有足够的过载系数,并且所用的这些带宽分别与本部分中第 4 章中那些相对应。当重复频率为 1 000 Hz 时,相应的比值分别为 17.4 dB 和 38.1 dB。

E.4 峰值测量接收机

如在接受机内采用直读式仪表,对时间常数的要求可由图 E.2 中的曲线来确定。该曲线表示随参数 α 而变化的真实峰值读数的百分数,此曲线还包括时间常数比,带宽 B_6 以及脉冲重复频率。使用这个曲线时应注意:

$$R_c/R_D = (1/4)(T_c/T_D) \qquad \cdots\cdots (E.4)$$

式中:

T_c——充电时间常数;

T_D——放电时间常数。

例如:若要求仪表读数在重复频率为 1Hz 时,至少是真实峰值的 90%,则放电时间常数对充电时间常数的比值必须做到:

——在 0.15 MHz～30 MHz 频率范围为 1.25×10^6;

——在 30 MHz～1 000 MHz 频率范围为 1.67×10^7。

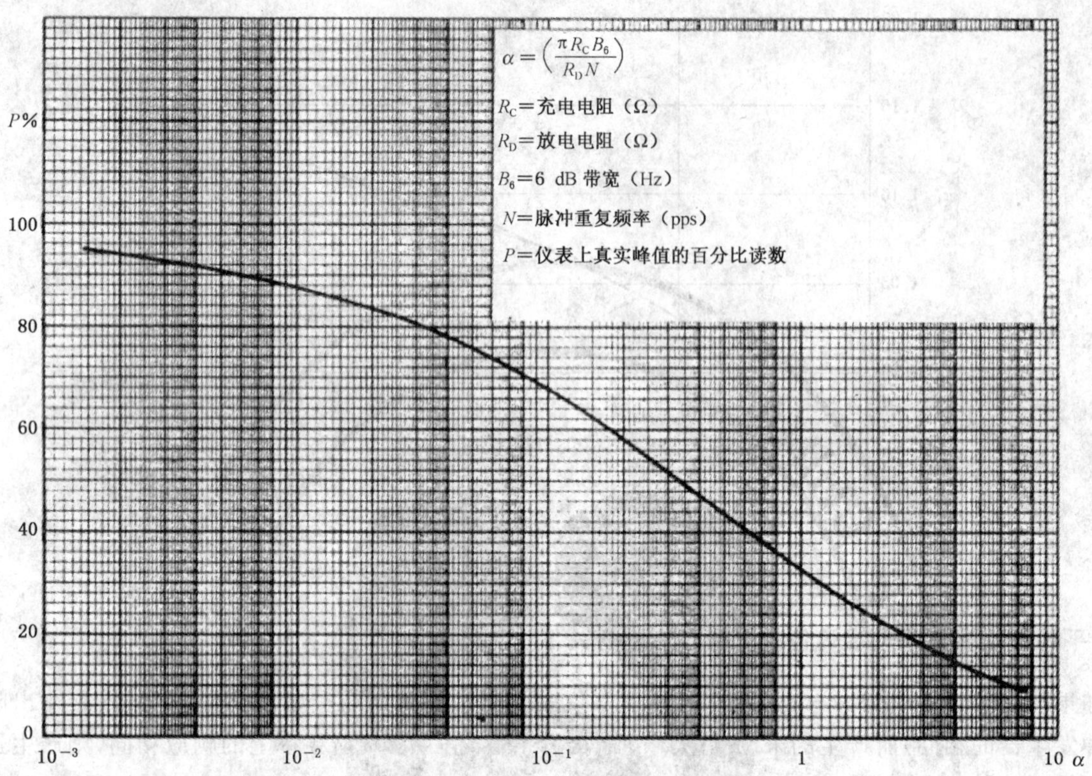

图 E.2 脉冲检波系数 *P*

E.5 测量接收机的峰值仪表指示和准峰值仪表指示之间的关系

如果要求在测量接收机的峰值仪表上产生的响应与正弦波信号发生器所产生的未调制的 2 mV (r.m.s)信号在调谐频率上的响应相同，则产生这种响应所需要的脉冲面积 *IS* 为：

$$1.4/B_{imp}(\text{mVs}) \qquad \cdots\cdots(\text{E.5})$$

(B_{imp}：单位为 Hz)

根据第 4.2 条表 1 中 6 dB 带宽的规定，B_{imp} 值等于 $1.05B_6$（见第 E.2 章）。峰值仪表需要的 B_{imp} 值和相应的脉冲面积 *IS* 值为：

频率范围	*IS* 峰值/mVs	B_{imp}/Hz
A 频段	6.67×10^{-3}	0.21×10^{3}
B 频段	0.148×10^{-3}	9.45×10^{3}
C 和 D 频段	0.011×10^{-3}	126×10^{3}

因此，取第 4.1.1 条表 2 准峰值接收机试验脉冲特性参数(*IS*)a)列中的值，可得到准峰值和峰值仪表指示相同情况下两者的 *IS* 之比：

A 频段	6.1 dB(脉冲重复频率 25 Hz)
B 频段	6.6 dB(脉冲重复频率 100 Hz)
C 和 D 频段	12.0 dB(脉冲重复频率 1 000 Hz)

E.6 测量接收机对 1 GHz 以上的脉冲响应的测量

要求脉冲信号发生器直到 18 GHz 的频率范围还能产生均匀一致的频谱是不现实的。实际中，为了测试测量接收机对 1 GHz 以上脉冲的响应并验证不同类型的测量接收机的幅度关系，一般使用调谐频率上的脉冲调制载波。其脉冲宽度应小于或等于 $1/3B_{imp}$。保证脉冲宽度的准确性是很重要的,因为这样可以保证产生相关条款所要求的某一特定的脉冲面积。另外,需要使用示波器来测量脉冲持续时间,矩形脉冲的脉冲持续时间可以通过频谱显示的最小值之间的距离来验证(见图 E.3 中的一个取样波形)。

对于带宽 B_{imp} 为 1 MHz 的峰值检波器的测量接收机,脉冲面积(电动势)应当为 $1.4/B_{imp}$(mVs),也就是说,1.4 nVs 的脉冲响应与对调谐频率上未调制正弦波信号的响应相等,正弦波的电动势(有效值)是 2 mV(66 dBμV)。如表 E.1 中所示,使用不同的脉冲宽度,可以产生所要求的脉冲面积的脉冲调制载波。

表 E.1 对于 1.4 nVs 的脉冲调制信号的载波电平

脉冲宽度 W_p/ns	载波电平(电动势)$L_{载波}$/dB(μV)
100	86
200	80

对于线性平均值检波器的测量接收机,脉冲面积(电动势)应当为 1.4/n (mVs),其中 n 为脉冲重复率,则脉冲响应与对调谐频率上未调制正弦波信号的响应相等,正弦波的电动势(有效值)是 2 mV (66 dBμV)。如果 n=50 000,脉冲面积等于 28 nVs,也就是说,比带宽 B_{imp} 为 1 MHz 的峰值检波器的测量接收机大 26 dB。

对于有效值(rms)检波器的测量接收机,脉冲面积(emf)应当为 $44(B_3^{-1/2})$ μVs,其脉冲重复率为 1 kHz,则脉冲响应与对调谐频率上未调制正弦波信号的响应相等,正弦波的电动势(有效值)是 2 mV (66 dBμV)。如果 B_{imp} 为 1 MHz,相应的 B_3 为 700 kHz,则脉冲面积等于 52.6 nVs,也就是说,比带宽 B_{imp} 为 1 MHz 的峰值检波器的测量接收机大 31.5 dB。

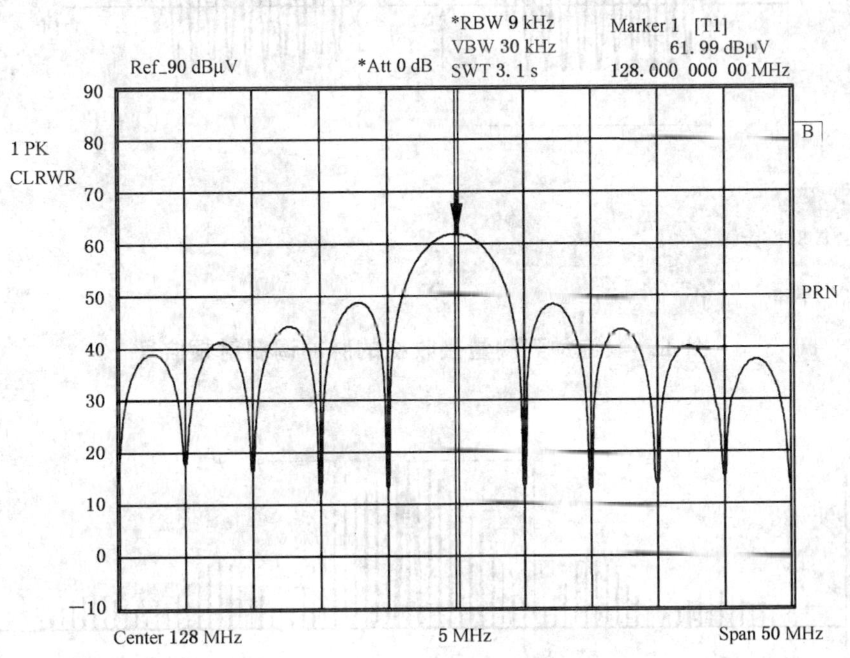

图 E.3 脉冲宽度为 200 ns 的脉冲调制载波信号的频谱示例

E.7 测量接收机的脉冲带宽的测量

测量接收机的脉冲带宽 B_{imp} 定义为接收机测得的峰值 U_p 与试验脉冲的脉冲频谱密度 D 的商,即:

$$B_{imp} = U_p / D \quad (\text{MHz}) \qquad \cdots\cdots (E.6)$$

式中：

U_p——接收机测得的峰值，μV；

D——脉冲频谱密度，μV/ MHz。

同 CISPR 测量接收机一样，假设 U_p 和 D 这两个量可以通过未调制正弦波信号的有效值来校准。

脉冲频谱密度通常不被作为一个精确的参考量。为了减少脉冲宽度测量的不确定度，下面的方法一和方法二提供了不同的测试方法。在一定的条件下，测量接收机的选择性曲线可以用来计算 B_{imp}(如方法 3 所描述的)。由于 B_{imp} 被称为测量接收机的“电压带宽”(以便不与功率带宽即等效噪声带宽相混淆；当使用测量接收机的有效值检波器的时候，电压带宽可以用来确定高斯噪声的有效值)。B_{imp} 同时受以下因素的影响：IF 滤波器的选择性曲线，滤波器(可能的非线性)相位响应和接收机的视频带宽。B_{imp} 与 B_6 相比较宽，但是目前还没有一个系数用来表征测量接收机 B_{imp} 与 B_6 或 B_3 之间的关系。

方法一：通过对相同幅度和宽度、高低两种不同脉冲重复频率(prf)的两个脉冲的脉冲响应的比对来获得 B_{imp} 的测量方法。

本方法适用于如图 E.4 所示的具有较短的脉冲持续时间和两种不同脉冲重复频率(prf)的脉冲调制射频信号。对于较高的重复频率(prf)($f_p \gg B_{imp}$)，将接收机调谐到载波频率，如图 E.5 所示；对于较低重复频率(prf)($f_p \ll B_{imp}$)，频谱表现为宽带信号，脉冲频谱密度为 $D = U_1 \times \tau$，如图 E.6 所示。该脉冲形状(包括幅度 U_1 和持续时间 τ)应与 prf 无关。如果 B_{imp} 为 1 MHz，f_{p1} 可以选择为 30 MHz，f_{p2} 可以选择为 30 kHz。

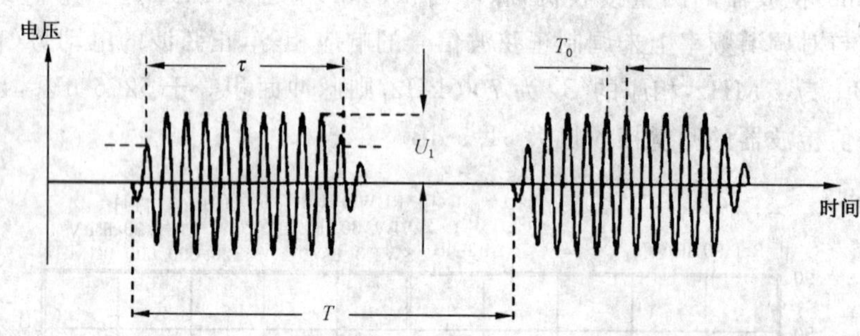

τ 脉冲宽度(50%)

$f_p = \frac{1}{T}$ 脉冲重复频率(prf)

$f_0 = \frac{1}{T_0}$ 载波信号频率

图 E.4 施加到测量接收机的脉冲调制射频信号

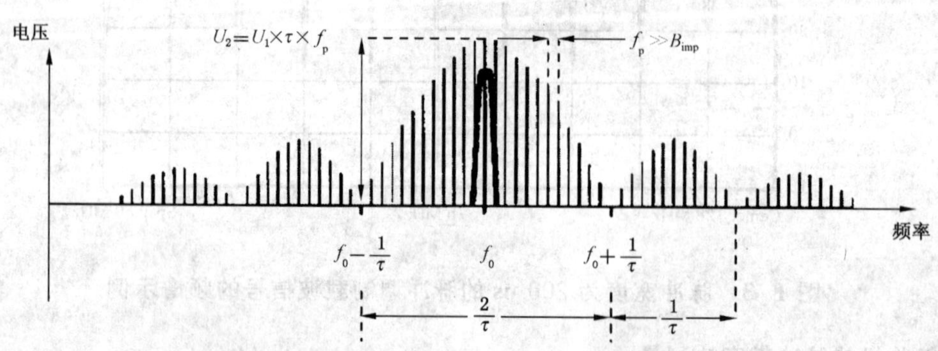

图 E.5 B_{imp} 远小于 prf 情况时的滤波特性

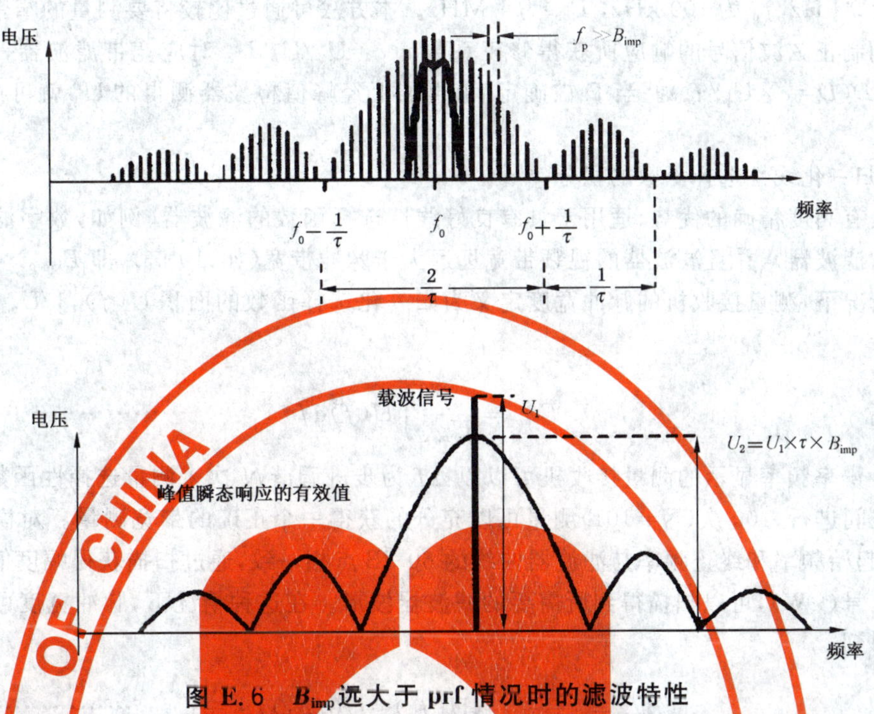

图 E.6　B_{imp}远大于 prf 情况时的滤波特性

第一次测量，可以得到 U_2 的有效值幅度为 $U_1\times\tau\times f_{p1}$。如果信噪比高的话，可以降低测量不确定度。注意不要过载。第二次测量，可以得到幅度为 $U_1\times\tau\times B_{imp}$ 峰值瞬态响应的最大有效值 U_p。如果两次测量中 $U_1\times\tau$ 完全相等，如图 E.7 所示，那么 B_{imp} 就可以利用两次的测量结果由式(E.7)计算得到：

$$B_{imp}=f_{p1}\frac{U_p}{U_2} \qquad \text{(E.7)}$$

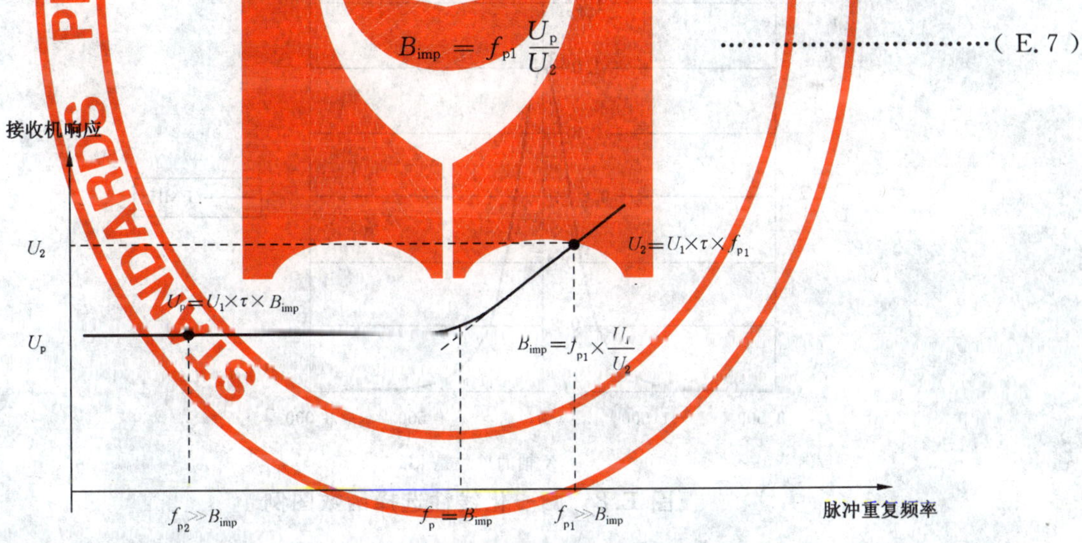

图 E.7　脉冲宽度的计算

方法二：通过对脉冲信号的响应和窄带信号对相同脉冲信号的响应比较来获得 B_{imp} 的测量方法

如果没有幅度保持恒定且独立于所选择的脉冲重复频率(prf)的脉冲发生器，那么可以使用方法 2。该方法适用于相对较低的 prf。方法 2 的测量原理同方法 1。然而，方法 2 不使用 prf 高的信号，而且第 2 次测量时，使用比 prf 窄很多的滤波器。该方法在第 C.1.5 条也有描述。

本方法的脉冲密度 D 由公式 $D=U_k/f_p$ 给出，其中 U_k 为单根谱线上测得的电压(也就是，载波频率；如果是脉冲调制载波信号，或者是中心线位于接收频率，那么应在该位置上测量 B_{imp})，f_p 为 prf。另外，f_p 与窄带带宽相比必须足够的高，相对于将要测量的 B_{imp}，要足够得低，即满足 $B_{narrow}\ll f_p\ll B_{imp}$。

例如，B_{narrow}为 9 kHz，f_p 为 100 kHz，B_{imp}为 1 MHz。本方法可通过比较将要测量的窄带滤波器和宽带滤波器对未调制正弦波信号的响应所获得修正系数 $c(c=U_2/U_1$，U_2 对应宽带滤波器，U_1 对应窄带滤波器)来计算 $D(D=c\times U_k/f_p)$。当 D 被确定后，再加上经峰值检波器测得的 U_p 就可由式(E.7)计算出 B_{imp}。

方法三：归一化线性选择函数的积分

本方法具有高度精确的优势，适用于具有良好线性选择函数的滤波器(例如，数字滤波器或由制造商规定指标的滤波器)，并且滤波器的视频带宽远远大于脉冲带宽(如，10 倍)，即 $B_{video}\gg B_{imp}$。

在这种情况下，测量接收机的脉冲宽度定义为归一化选择函数的面积 $U(f)$，$1/U_{max}$则定义为归一化常数：

$$B_{imp}=\frac{1}{U_{max}}\int_{-\infty}^{+\infty}U(f)\mathrm{d}f \qquad \text{(E.8)}$$

带有高分辨率频率显示的测量接收机可以以 Δf 为步进调谐 N 次来测量选择性函数 $U(f_n)$。测量在 60 dB 点之间进行，100 次($N=101$)测量可以充分的获得一个正确的带宽测量。对模拟的扫描接收机，可以设置起始频率和终止频率与滤波器曲线的 60 dB 点相一致，通过扫描获得幅度值。测试信号是一个连续波信号(CW)，可以扫描得到所需要的滤波器波形。在这种情况下，脉冲宽度可以通过测量并由下式计算得到：

$$B_{imp}=\frac{1}{U_{max}}\sum_{n=1}^{N}(U(f_n)+U(f_{n+1}))\cdot\frac{\Delta f}{2} \qquad \text{(E.9)}$$

图 E.8 是 1 MHz 的归一化线性选择函数的图例。

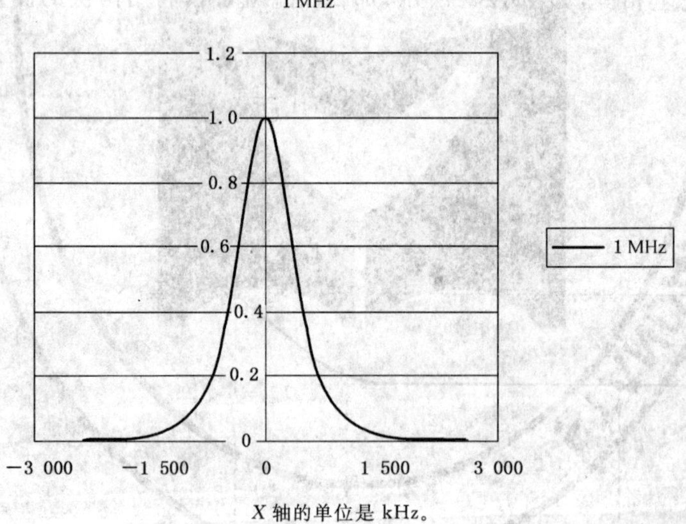

图 E.8 归一化线性选择函数图例

附　录　F
（规范性附录）
根据 GB 4343.1—2003 第 4.2.3 条喀呖声定义的例外情况的性能检查

为了喀呖声定义的例外情况的性能检查，骚扰分析仪应提供以下附加信息：

a)　持续时间小于或等于 10 ms 的喀呖声的数量；

b)　持续时间大于 10 ms 但小于或等于 20 ms 的喀呖声的数量；

c)　持续时间大于 20 ms 但小于或等于 200 ms 的喀呖声的数量；

d)　幅度超过连续骚扰准峰值限值的每个被记录的骚扰的持续时间；

e)　如果器具产生的骚扰与所定义的喀呖声明显不同，并且不能适用任何例外情况，那么应提供器具没通过测试的指示；

f)　e)中提到的从测试开始到骚扰出现的时间间隔；

g)　准峰值电平限值超过连续骚扰限值的非喀呖声骚扰的总持续时间；

h)　喀呖声率。

表 F.1　骚扰分析仪测试信号[a]

测试编号	测试信号参数						
	1		2		3	4	5
	相对于测量接收机的 QP 参考指示作单独调节的脉冲的 QP 幅值/dB		在测量接收机中频输出端调节的脉冲[b] 持续时间/ms		脉冲间隔或周期（IF 输出端）/ms	分析仪应给出的评定结果	在 IF 输出端测到的测试信号和对应于测量接收机的参考指示关联的 QP 信号的图形
	脉冲 1	脉冲 2	脉冲 1	脉冲 2			
1	1		0.11			1 个喀呖声 ≤10 ms	0 50 100 150 200 250 300 350 400 450 500 500 ms
2[a]	1		9.5			1 个喀呖声 ≤10 ms	0 50 100 150 200 250 300 350 400 450 500 500 ms

表 F.1（续）

测试编号	测试信号参数						
	1		2		3	4	5
	相对于测量接收机的QP参考指示作单独调节的脉冲的QP幅值/dB		在测量接收机中频输出端调节的脉冲[b]持续时间/ms		脉冲间隔或周期（IF输出端）/ms	分析仪应给出的评定结果	在IF输出端测到的测试信号和对应于测量接收机的参考指示关联的QP信号的图形
	脉冲1	脉冲2	脉冲1	脉冲2			
3[a]	1		10.5			1个喀呖声 ＞10 ms， ≤20 ms	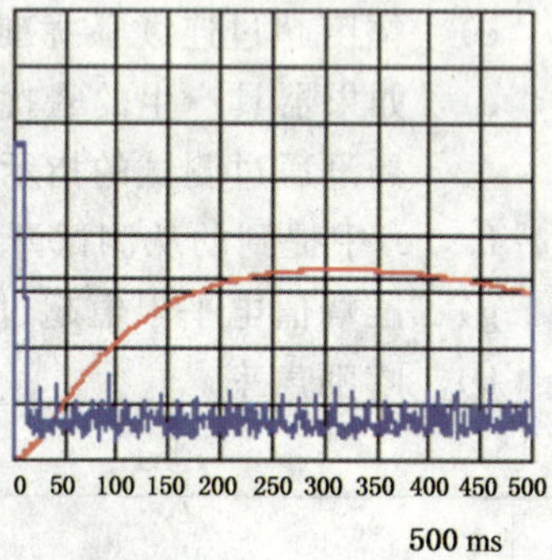 0 50 100 150 200 250 300 350 400 450 500 500 ms
4	1		19			1个喀呖声 ＞10 ms， ≤20 ms	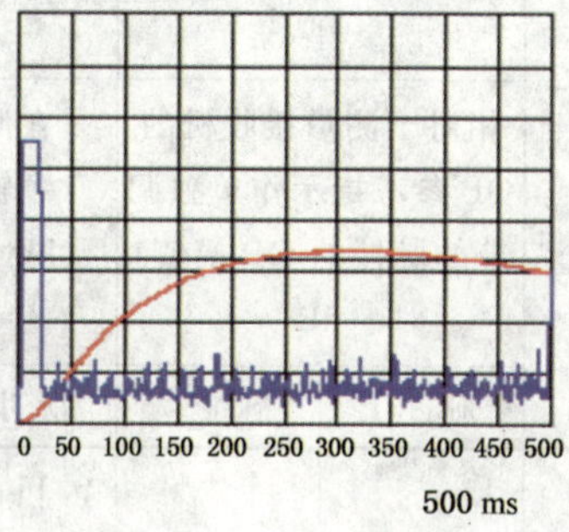 0 50 100 150 200 250 300 350 400 450 500 500 ms
5	1		21			1个喀呖声 ＞20 ms	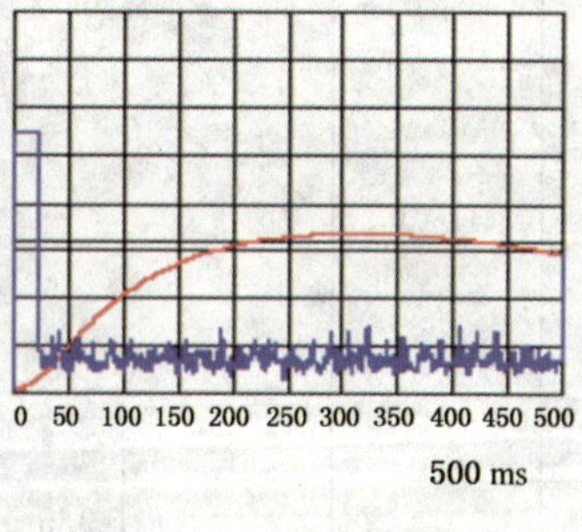 0 50 100 150 200 250 300 350 400 450 500 500 ms
6	1		190			1个喀呖声 ＞20 ms	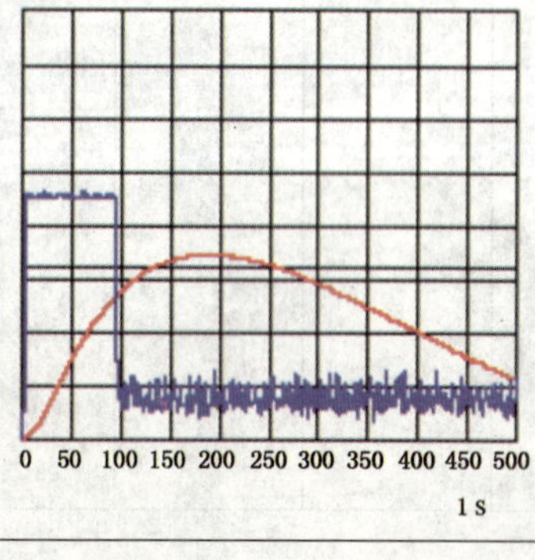 0 50 100 150 200 250 300 350 400 450 500 1 s

表 F.1（续）

测试编号	测试信号参数						
	1		2		3	4	5
	相对于测量接收机的QP参考指示作单独调节的脉冲的QP幅值/dB		在测量接收机中频输出端调节的脉冲[b]持续时间/ms		脉冲间隔或周期（IF输出端）/ms	分析仪应给出的评定结果	在IF输出端测到的测试信号和对应于测量接收机的参考指示关联的QP信号的图形
	脉冲1	脉冲2	脉冲1	脉冲2			
7	5	5	210	210	150	如果每个程序循环或每个最小观察时间内仅一次：被计为1个喀呖声＞20 ms（见注1，E2，600 ms规则）	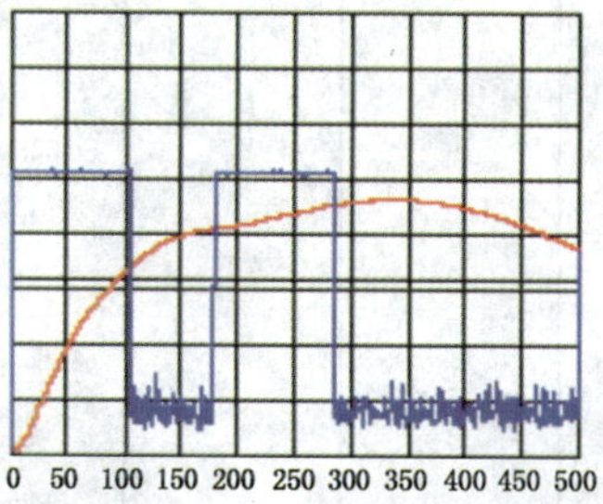 0 50 100 150 200 250 300 350 400 450 500 1 s
						否则 连续骚扰（570 ms）	
8	5	5	220	220	190	**不符合** 连续骚扰（见注1，E2：因为总持续时间是630 ms＞600 ms），没有例外情况可以适用	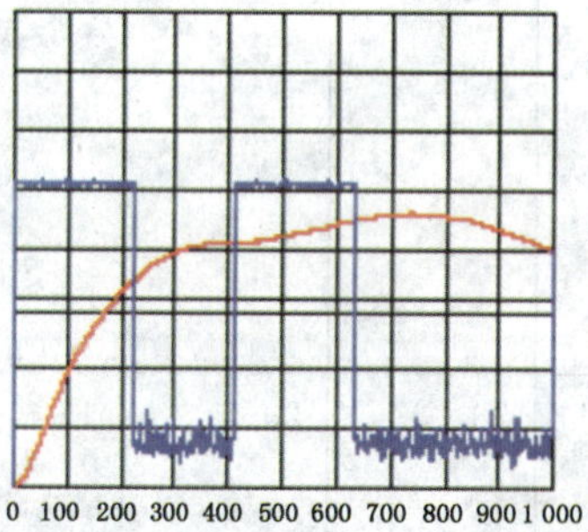 0 100 200 300 400 500 600 700 800 900 1 000 1 s
9	5	5	190	190	190	**如果** 最后喀呖声率小于5：计为2个喀呖声＞20 ms（见注1，E4；电冰箱规则；也见注3）	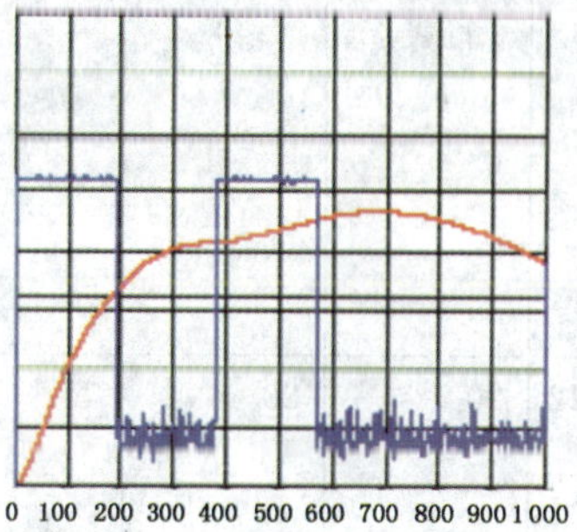 0 100 200 300 400 500 600 700 800 900 1 000 1 s
						如果 每个程序循环内仅一次，或最小观察时间内仅一次：计为1个喀呖声＞20 ms（见注1，E2） **否则** 不符合：连续骚扰（570 ms）	

表 F.1（续）

测试编号	测试信号参数						
	1		2		3	4	5
	相对于测量接收机的QP参考指示作单独调节的脉冲的QP幅值/dB		在测量接收机中频输出端调节的脉冲[b]持续时间/ms		脉冲间隔或周期（IF输出端）/ms	分析仪应给出的评定结果	在IF输出端测到的测试信号和对应于测量接收机的参考指示关联的QP信号的图形
	脉冲1	脉冲2	脉冲1	脉冲2			
10	5	5	50	50	185	**如果** 最后喀呖声率小于5：计为2个＞20 ms的喀呖声 （见注1、2、3）	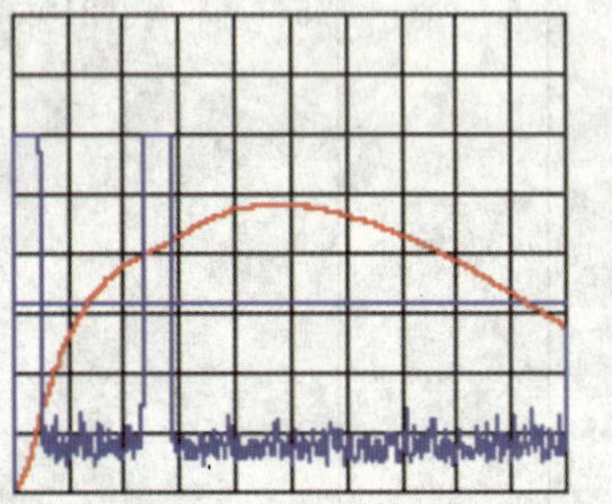 0 100 200 300 400 500 600 700 800 900 1 000 1 s
						如果 每个程序循环内或最小观察时间内不超过一次：计为1个喀呖声＜600 ms（见注1，E2，2×285 ms ＞20 ms） **否则** 不通过：连续骚扰（285 ms）	
11	20	20	15	5	1个脉冲1＋9个脉冲2，重复到有40个喀呖声被记录，每个脉冲间的间隔是13 s	36个喀呖声＜10 ms 4个喀呖声＞10 ms，≤20 ms 90％及以上的喀呖声＜10 ms **通过** （见注1，E3；也见注4；不要求测量喀呖声的幅度）	
12	20	20	15	5	1个脉冲1＋8个脉冲2，重复到有40个喀呖声被记录，每个脉冲间的间隔是13s	35个喀呖声＜10 ms 5个喀呖声＞10 ms，≤20 ms 小于90％的喀呖声＜10 ms （见注1，E3；也见注4。没有例外情况可适用。采用上四分位法后，因为喀呖声的幅度太高了，最终的结果为“不符合”）	

表 F.1(续)

注 1:CISPR 14-1:2005,第 4.2.3 条,包含以下例外情况:

E1——"单次开关操作"

这种例外情况只能由操作者来评定,而不能由骚扰分析仪自动评定。在这里提到此种情况是为了避免本部分和CISPR 14-1 的使用者混淆例外情况的编号方式。

E2——"时间帧小于 600 ms 的喀呖声的组合"("600 ms 规则")

在程序控制的器具中,时间帧小于 600 ms 的喀呖声的组合在每个被选择的程序周期内允许一次。对于其他器具,该喀呖声的组合在最小观察时间内允许一次。这同样适用于控制恒温的三相开关,三相中的每一相和中线之间相继引起的三个骚扰。这种喀呖声的组合被认为是一个喀呖声 。

E3 ——"瞬时开关"

满足以下条件的器具:

——喀呖声率不超过 5,

——(该器具)引起的喀呖声没有一个的持续时间长于 20 ms,且

——(该器具)引起的 90%的喀呖声的持续时间小于 10 ms,

应认为符合限值规定,而与喀呖声的幅度无关。如果有条件之一不满足,那么断续骚扰的限值适用。

E4 —— "间隔时间小于 200 ms 的喀呖声"(电冰箱规则)

对于喀呖声率小于 5 的器具,任何两个骚扰中的每个骚扰的最大持续时间为 200 ms,尽管骚扰之间的间隔时间小于 200 ms,仍应被判定为两个喀呖声。例如观测电冰箱,在这种情况下这种结构(图形)被评定为两个喀呖声,而不是一个连续骚扰。

注 2:仅当 E4 不适用时,分析仪才适用例外情况 E2。

注 3:检查波形 11 和 12 仅在例外情况 E3 适用的情况下可以通过测试,如下面计算所示:

对于检查波形 11 和 12,包括在"0"秒的喀呖声,在 13s × 39= 507 s,即 8.45 min 后将会记录到 40 个要求的喀呖声。因此喀呖声率为 40/8.45 = 4.734(要求小于 5,这取决于是否 90%的喀呖声都<10 ms)。

注 4:依照 CISPR 14-1 喀呖声限值放宽为:20 × lg(30/4.734) = 16.04 dB。

因此检查波形 11 和 12(幅度超过限值 20 dB)决不可能通过 CISPR 14-1:2005 中的上四分位法,它意味着仅允许 25%的喀呖声超过喀呖声限值。

[a] 测试信号用于 CISPR 14-1:2005 中第 4.2.3 条喀呖声定义的例外情况的性能检查。

[b] 脉冲的上升时间不能长于 40 μs。

测试编号	测试信号		分析仪的评定
1	0.11 ms / 1 dB		1个喀呖声≤10 ms
2	9.5 ms / 1 dB		1个喀呖声≤10 ms
3	10.5 ms / 1 dB		1个喀呖声>10 ms,≤20 ms
4	19 ms / 1 dB		1个喀呖声>10 ms,≤20 ms
5	21 ms / 1 dB		1个喀呖声>20 ms
6	190 ms / 1 dB		1个喀呖声>20 ms
7	210 ms / 5 dB 150 ms 210 ms / 5 dB		1个喀呖声≤600 ms(程序控制的受试设备)
8	220 ms / 5 dB 190 ms 220 ms / 5 dB		连续≥600 ms
9	190 ms / 5 dB 190 ms 190 ms / 5 dB		1个喀呖声≤600 ms(计为2个喀呖声电冰箱规则)
10	50 ms / 5 dB 185 ms 50 ms / 5 dB		N<5,计为2个喀呖声 N≥5,则为连续的,或者1个喀呖声≤600 ms用于程序控制的受试设备
11	15 ms / 20 dB 13 s 13 s 13 s 13 s 13 s 13 s 13 s 13 s 13 s 9 pulses / 5 ms / 20 dB	重复计数到40个喀呖声	36个喀呖声≤10 ms 4个喀呖声>10 ms,≤20 ms
12	15 ms/20 dB 13 s 13 13s 13s 13s 13s 13s 13s 8 pulses / 5 ms/20 dB	重复计数到40个喀呖声	35个喀呖声<10 ms 5个喀呖声>10 ms,≤20 ms

图 F.1 依照表 F.1 的附加要求对分析仪作性能检查时所用的测试信号的图示

附 录 G
（资料性附录）
APD 测量功能规范的基本原理

技术指标是基于以下的定义和考虑：

a) 幅度的动态范围

幅度的动态范围的定义为获得 APD 所必需的范围。动态范围的上限要高于被测骚扰的峰值电平，下限要低于产品技术委员会规定的骚扰限值电平。

按照 GB 4824 中 2 组 B 类峰值限值，工科医设备设在 110 dBμV/m，规定加权限值为 60 dBμV/m。因此，建议动态范围高于 60 dB，并有 10 dB 的裕量。

b) 采样速率

理想状况下，骚扰的 APD 可以使用被保护的无线电业务的等效带宽来测量。然而，频谱分析仪的分辨率带宽在频率范围为 1 GHz 以上时定为 1 MHz。因此采样速率应高于 10 兆次/s。

c) 最大可测量时间

GB 4824 中规定微波烹饪器具在 1 GHz 以上的峰值测量的最大保持时间为 2 min。因此，APD 测量的可测量时间至少为 2 min。由于计数器或存储器的容量有限，对于长的测量周期连续测量可能很困难。因此，在间隔时间小于总测量时间的 1%的情况下，允许间歇测量。

d) 最小可测量概率

大约需要出现 100 次才能得到有意义的结果。因此，最小可测量概率按以下方式计算：假定测量时间为 2 min，且采样率为 10 兆次/s，则概率可由下式确定：

$$100/(120 \times 10 \times 10^6) \sim 10^{-7}$$

e) APD 测量数据显示

显示 APD 结果的幅度分辨率由动态范围和 A/D 转换器的分辨率决定。例如，当一个 8 位的 A/D 转换器应用于 60 dB 的动态范围时，显示的分辨率可达到小于 0.25 dB(～ 60 dB/256)。

图 G.1 和图 G.2 表示了 APD 测量功能的实施方块图。

图 G.3 描述了 APD 测量结果的例子。

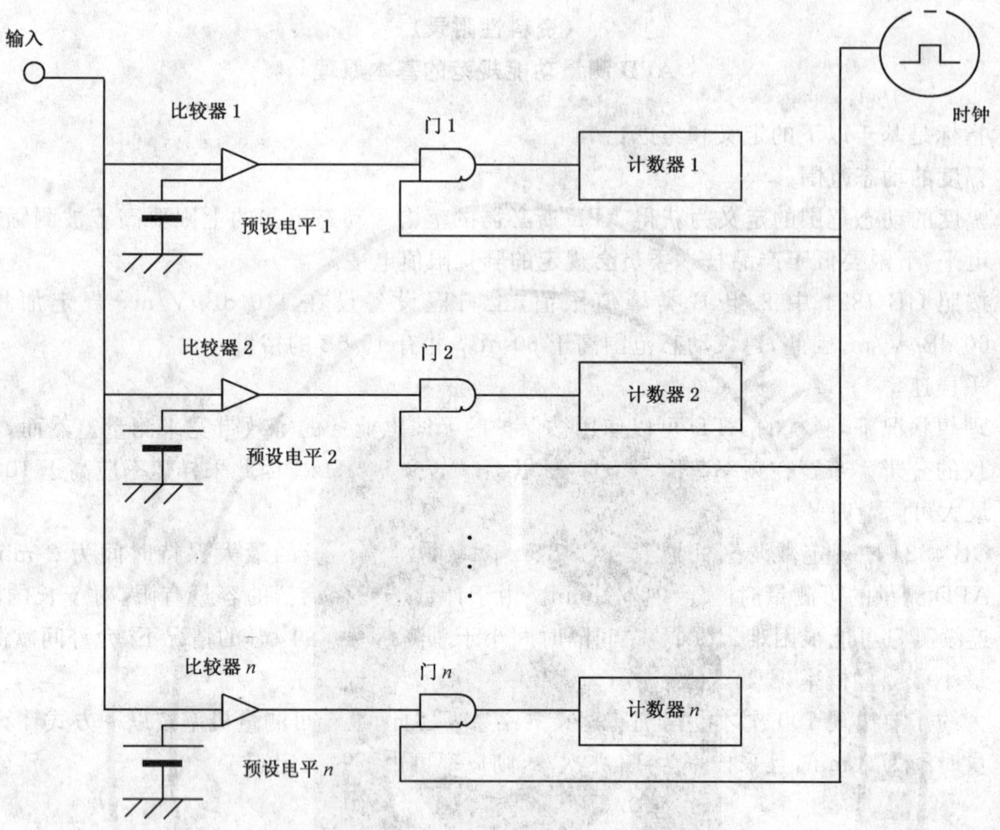

图 G.1 无 A/D 转换器的 APD 测量电路的方框图

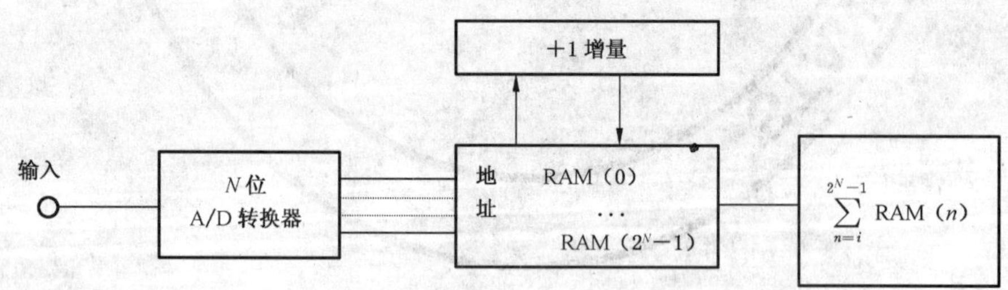

图 G.2 有 A/D 转换器的 APD 测量电路方框图

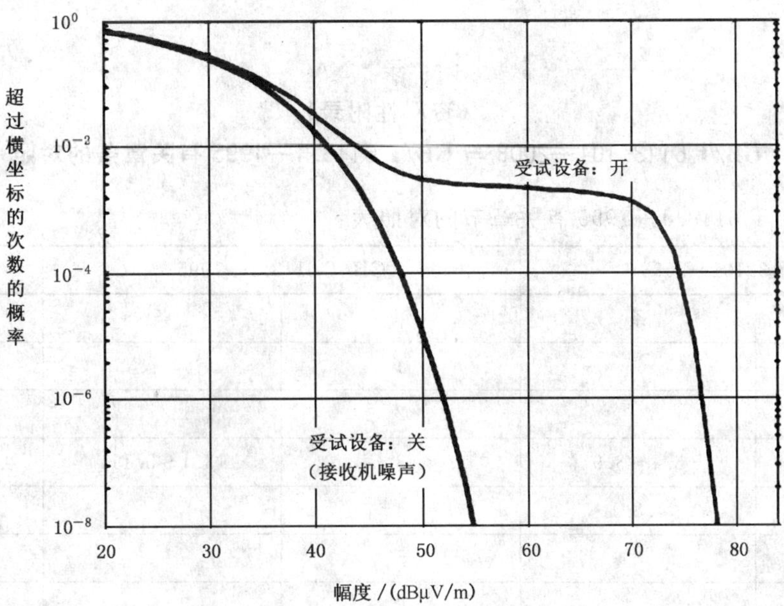

图 G.3　APD 测量显示的例子

附 录 NA
（资料性附录）
GB/T 6113.101—2008 与 GB/T 6113.1—1995 有关章条的对照

本部分与 GB/T 6113.1—1995 有关章节的对照表：

GB/T 6113.101—2008		GB/T 6113.1—1995		备注
章	条	章	条	
1		1		
2		2		
3	3.1～3.9	3	3.1～3.11	
4	4.8.1	4		
5		5		
6		6		
7		7		
8				
9	9.1;9.2.1;9.2.2	13	13.1	
附录 A		附录 A		
附录 B		附录 B		
附录 C		附录 C		
附录 D		附录 D		
附录 E		附录 E		
附录 F				
附录 G				
附录 NA				

参 考 文 献

CISPR 16-1-2:2003, Specification for radio disturbance and immunity measuring apparatus and methods—Part 1-2: Radio disturbance and immunity measuring apparatus—Ancillary equipment—Conducted disturbances

CISPR 16-1-3:2004, Specification for radio disturbance and immunity measuring apparatus and methods—Part 1-3: Radio disturbance and immunity measuring apparatus—Ancillary equipment—Disturbance power

CISPR 16-1-4:2003, Specification for radio disturbance and immunity measuring apparatus and methods—Part 1-4: Radio disturbance and immunity measuring apparatus—Ancillary equipment—Radiated disturbances

CISPR 16-1-5:2003, Specification for radio disturbance and immunity measuring apparatus and methods—Part 1-5: Radio disturbance and immunity measuring apparatus—Antenna calibration test sites for 30 MHz to 1 000 MHz

CISPR 16-2-1:2003, Specification for radio disturbance and immunity measuring apparatus and methods—Part 2-1: Methods of measurement of disturbances and immunity—Conducted disturbance measurements

CISPR 16-2-2:2003, Specification for radio disturbance and immunity measuring apparatus and methods—Part 2-2: Methods of measurement of disturbances and immunity—Measurement of disturbance power

CISPR 16-2-3:2003, Specification for radio disturbance and immunity measuring apparatus and methods—Part 2-3: Methods of measurement of disturbances and immunity—Radiated disturbance measurements

CISPR 16-2-4:2003, Specification for radio disturbance and immunity measuring apparatus and methods—Part 2-4: Methods of measurement of disturbances and immunity—Immunity measurements

CISPR 16-4-1:2003, Specification for radio disturbance and immunity measuring apparatus and methods—Part 4-1: Uncertainties, statistics and limit modelling—Uncertainties in standardized EMC tests

CISPR 16-4-2:2003, Specification for radio disturbance and immunity measuring apparatus and methods—Part 4-2: Uncertainties, statistics and limit modelling—Uncertainty in EMC measurements

CISPR 16-4-3:2004, Specification for radio disturbance and immunity measuring apparatus and methods—Part 4-3: Uncertainties, statistics and limit modelling—Statistical considerations in the determination of EMC compliance of mass-produced products

CISPR 16-4-4:2003, Specification for radio disturbance and immunity measuring apparatus and methods—Part 4-4: Uncertainties, statistics and limit modelling—Statistics of complaints and a model for the calculation of limits

ICS 33.100
L 06

中华人民共和国国家标准

GB/T 6113.102—2008/CISPR 16-1-2:2006
部分代替 GB/T 6113.1—1995

无线电骚扰和抗扰度测量设备和测量方法规范 第1-2部分:无线电骚扰和抗扰度测量设备 辅助设备 传导骚扰

Specification for radio disturbance and immunity measuring apparatus and methods—Part 1-2:Radio disturbance and immunity measuring apparatus—Ancillary equipment—Conducted disturbances

(CISPR 16-1-2:2006,IDT)

2008-01-12 发布　　2008-09-01 实施

中华人民共和国国家质量监督检验检疫总局
中国国家标准化管理委员会　发布

前　言

GB/T 6113.102 等同采用 CISPR 16-1-2:2006《无线电骚扰和抗扰度测量设备和测量方法规范 第 1-2 部分:无线电骚扰和抗扰度测量设备　辅助设备　传导骚扰》(1.2 版)。

鉴于 IEC/CISPR 16 为电磁兼容系列基础标准,且篇幅大,内容多,为了方便标准的制定、维护和使用,2002 年 IEC/CISPR A 分会决定对该标准的结构进行重大调整,将原来的 4 个部分拆分为 14 个部分,2006 年增至 15 个部分,并从 2003 年 11 月起陆续发布。我国依据等同原则,将陆续完成相应国家标准的制修订工作。该系列标准中的新、旧国家标准及其与 IEC/CISPR 16 系列标准/出版物的对应关系如下:

<table>
<tr><th>旧标准编号和名称</th><th>新标准编号和名称</th></tr>
<tr><td rowspan="5">GB/T 6113.1—1995
(eqv CISPR 16-1:1993)
《无线电骚扰和抗扰度测量设备规范》</td><td>GB/T 6113.101—2008(CISPR 16-1-1:2006,IDT)
第 1-1 部分:无线电骚扰和抗扰度测量设备　测量设备</td></tr>
<tr><td>GB/T 6113.102—2008(CISPR 16-1-2:2006,IDT)1)
无线电骚扰和抗扰度测量设备和测量方法规范
第 1-2 部分:无线电骚扰和抗扰度测量设备
辅助设备　传导骚扰</td></tr>
<tr><td>GB/T 6113.103—2008(CISPR 16-1-3:2004,IDT)
第 1-3 部分:无线电骚扰和抗扰度测量设备
辅助设备　骚扰功率</td></tr>
<tr><td>GB/T 6113.104—2008(CISPR 16-1-4:2005,IDT)
第 1-4 部分:无线电骚扰和抗扰度测量设备
辅助设备　辐射骚扰</td></tr>
<tr><td>GB/T 6113.105—2008(CISPR 16-1-5:2003,IDT)
第 1-5 部分:无线电骚扰和抗扰度测量设备
30 MHz～1 000 MHz 天线校准用试验场地</td></tr>
<tr><td rowspan="4">GB/T 6113.2—1998
(eqv CISPR 16-2:1996)
《无线电骚扰和抗扰度测量方法》</td><td>GB/T 6113.201—2008(CISPR 16-2-1:2003,IDT)
第 2-1 部分:无线电骚扰和抗扰度测量方法
传导骚扰测量</td></tr>
<tr><td>GB/T 6113.202—2008(CISPR 16-2-2:2004,IDT)
第 2-2 部分:无线电骚扰和抗扰度测量方法
骚扰功率测量</td></tr>
<tr><td>GB/T 6113.203—2008(CISPR 16-2-3:2003,IDT)
第 2-3 部分:无线电骚扰和抗扰度测量方法
辐射骚扰测量</td></tr>
<tr><td>GB/T 6113.204—2008(CISPR 16-2-4:2003,IDT)
第 2-4 部分:无线电骚扰和抗扰度测量方法
抗扰度测量</td></tr>
<tr><td>CISPR 16-3:2000
Reports and recommendations of CISPR</td><td>GB/Z 6113.3—2006 (CISPR 16-3:2003,IDT)
第 3 部分:无线电骚扰和抗扰度测量技术报告</td></tr>
</table>

旧标准编号和名称	新标准编号和名称
CISPR 16-4:2002 Uncertainty in EMC measurements	GB/Z 6113.401—2007 (CISPR 16-4-1/TR:2005,IDT) 第 4-1 部分:不确定度、统计学和限值建模 标准化 EMC 试验的不确定度
	GB/T 6113.402—2006(CISPR 16-4-2:2003,IDT) 第 4-2 部分:不确定度、统计学和限值建模 测量设备和设施的不确定度
	GB/Z 6113.403—2007(CISPR 16-4-3/TR:2004,IDT) 第 4-3 部分:不确定度、统计学和限值建模 批量产品的 EMC 符合性确定的统计考虑
	GB/Z 6113.404—2007 (CISPR 16-4-4/TR:2003,IDT) 第 4-4 部分:不确定度、统计学和限值建模 抱怨的统计和限值的计算模型
	GB/Z 6113.405 (CISPR 16-4-5:2006,IDT)[2)] 第 4-5 部分:不确定度、统计学和限值建模 替换试验方法的使用条件

1) 黑体字为该标准的本部分。

2) 待制定。

注 1:表中除 GB/T 6113.102 以外的国家标准名称以制定或修订后、发布的标准名称为准。

注 2:CISPR 16 系列标准调整之前没有与 CISPR 16-3 和 CISPR 16-4 相对应的国家标准。

与 CISPR 16-1-2:2006(1.2 版)相比,GB/T 6113.102 主要进行了如下编辑性修改:

1. 术语 3.1、3.2 和 3.3,分别增加了"并列"术语:对称电压/差模电压、不对称电压/共模电压和非对称电压/V 端子电压,以避免读者在后面的叙述中混淆,而且也与 GB/T 6113.2 保持统一;

2. 表 3~表 6 的编号依次改为表 1~表 4,表 1 和表 2 分别改为表 5 和表 6;

3. 表 1~表 6 的标题重新命名,使之更加清晰,也便于使用;

4. 对标准正文和附录中的公式按顺序进行了编排;

5. 原文图 4 中 N 线上的 R_5 应为 R_3,特作更正;

6. 增加了新旧版本国家标准的对照表,以方便读者使用。

GB/T 6113 的本部分自发布之日起,与 GB/T 6113.101—2008、GB/T 6113.103—2008、GB/T 6113.104—2008和 GB/T 6113.105—2008 组合在一起替代 GB/T 6113.1—1995。

与 GB/T 6113.1—1995 对应内容相比,本部分(GB/T 6113.102)主要发生如下的变化:

1. 增加了新旧版本的对照表,以方便读者使用;

2. 增加 AMN,AAN,ISN,CDN 和 LCL 等 5 个术语;

3. 在第 4.1~4.4 条增加了包含有人工电源网络特性参数——模和相角的规范在内的 4 张表,便于与图对照和使用;

4. 增加了表 6 V 型网络的最小隔离度(minimum isolation);

5. 增加了对 V 型人工电源网络的分压系数的校准方法;

6. 增加了容性电压探头的构造和要求;

7. 增加了模拟手和串联 RC 元件。

本部分的附录 A、附录 E 和附录 F 为规范性附录,附录 B、附录 C、附录 D、附录 G、附录 H、附录 I 和附录 NA 为资料性附录。

本部分由全国无线电干扰标准化技术委员会提出并归口。

本部分起草单位：信息产业部电子工业标准化研究所、北京交通大学、信息产业部电子第五研究所、东南大学、中国计量科学研究院、上海电器科学研究所(集团)有限公司、广州威凯检测技术研究所、国家无线电监测中心、上海市计量测试技术研究院。

本部分主要起草人：陈俐、朱文立、陈世钢、张林昌、崔强、蒋全兴、杨春荣、寿建霞、谢鸣、龚增、王铮、张科。

引　言

GB/T 6113.102 为基础标准 GB/T 6113 的组成部分。本部分包括 8 章和 10 个附录。主要涉及 9 kHz～1 GHz频率范围传导骚扰和抗扰度测量用的辅助设备的技术规范。这些辅助设备包括：人工电源网络、电流探头和电压探头、传导抗扰度测量用的耦合单元、测量信号线用的耦合装置，以及人工手和串联 RC 组件等。此外，还在作为资料性的附录中给出了有关辅助设备的构造、工作原理、实例、性能参数的设置和确认或校准等信息。

无线电骚扰和抗扰度测量设备和测量方法规范 第1-2部分:无线电骚扰和抗扰度测量设备 辅助设备 传导骚扰

1 范围

GB/T 6113 的本部分为基础标准,规定了 9 kHz～1 GHz 频率范围射频骚扰电压和骚扰电流测量用辅助设备的特性和性能。本部分包括以下辅助设备的规范:人工电源网络、电流探头和电压探头、电流注入耦合单元。

本部分的所有要求应在测量设备的 CISPR 指示范围内所有测量频率上的所有电压和电流电平都应得到满足。

无线电骚扰和抗扰度测量方法在 GB/T 6113.201～6113.204 中给出,有关无线电骚扰的更详尽的信息在 GB/Z 6113.3 中给出。

2 规范性引用文件

下列文件中的条款通过 GB/T 6113 的本部分的引用而成为本部分的条款。凡是注日期的引用文件,其随后所有的修改单(不包括勘误的内容)或修订版均不适用于本部分,然而,鼓励根据本部分达成协议的各方研究是否可使用这些文件的最新版本。凡是不注日期的引用文件,其最新版本适用于本部分。

GB 4343.1—2003 电磁兼容 家用电器、电动工具和类似器具的要求 第1部分:发射(CISPR 14-1:2000+A1:2001,IDT)

GB/T 6113.101—2008 无线电骚扰和抗扰度测量设备和测量方法规范 第1-1部分:无线电骚扰和抗扰度测量设备 测量设备(CISPR 16-1-1:2006,IDT)

GB/T 6113.201 2008 无线电骚扰和抗扰度测量设备和测量方法规范 第2-1部分:无线电骚扰和抗扰度测量方法 传导骚扰测量(CISPR 16-2-1:2003,IDT)

GB/Z 6113.3—2006 无线电骚扰和抗扰度测量设备和测量方法规范 第3部分:无线电骚扰和抗扰度测量技术报告(CISPR 16-3:2003,IDT)

GB/Z 6113.401—2007 无线电骚扰和抗扰度测量设备和测量方法规范 第4-1部分:不确定度、统计学和限值建模 标准化的 EMC 试验不确定度 (CISPR 16-4-1/TR:2005,IDT)

GB/T 6113.402—2006 无线电骚扰和抗扰度测量设备和测量方法规范 第4-2部分:不确定度、统计学和限值建模 测量设备和设施的不确定度 (CISPR 16-4-2:2003,IDT)

GB/T 4365—2003 电工术语 电磁兼容(IEC 60050(161):1990,IDT)

GB 9254—1998 信息技术设备的无线电骚扰限值和测量方法(CISPR 22:1997,IDT)

计量学基本术语和通用术语国际词汇,ISO,日内瓦,第2版,1993

3 术语和定义

GB/T 4365—2003 中的术语和定义和下列术语和定义适用于本部分。

3.1

对称(差模)电压　symmetric (differential mode) voltage

在两线电路中(如单相电源),对称电压指出现在两线间的射频骚扰电压。有时也称为差模电压。如果用 $\mathbf{V}_a$ 表示其中一个电源端子与地之间的电压矢量,$\mathbf{V}_b$ 表示另一个电源端子与地之间的电压矢量,那么对称电压即差模电压为 $\mathbf{V}_a$ 与 $\mathbf{V}_b$ 矢量之差,即:$\mathbf{V}_a-\mathbf{V}_b$。

3.2

不对称(共模)电压　asymmetric (commen mode) voltage

指出现在两电源端子电气中点与地之间的射频骚扰电压。有时也称为共模电压,其值为 $\mathbf{V}_a$ 与 $\mathbf{V}_b$ 矢量之和的一半,即$(\mathbf{V}_a+\mathbf{V}_b)/2$。

3.3

非对称(V 端子)电压　unsymmetric (V-terminal) voltage

指 3.1 和 3.2 中定义的 $\mathbf{V}_a$ 或 $\mathbf{V}_b$ 矢量电压的幅度。该电压用 V 型人工电源网络来测量。

3.4

人工电源网络(AMN)　artificial mains network(AMN)

在射频范围内向受试设备端子之间提供一规定阻抗,并能将试验电路与供电电源上的无用射频信号隔离开来,进而将骚扰电压耦合到测量接收机上。人工电源网络有两种基本类型:分别用于耦合非对称电压的 V 型和用于耦合对称电压和不对称电压的△型。线路阻抗稳定网络(LISN)和 V 型人工电源网络可替换使用。

3.5

不对称人工网络(AAN)　asymmetric artificial network(AAN)

用于测量非屏蔽对称信号(例如电信)线上的共模电压(或将共模电压注入到非屏蔽信号线上)同时具有抑制差模信号功能的网络。

注:术语"Y 网络"是 AAN 的同义词。

3.6

阻抗稳定网络(ISN)　impedance stabilization network(ISN)

为 EUT 提供稳定阻抗的人工网络。通常作为 AAN 的同义词,例如在 GB 9254 中。

3.7

耦合/去耦网络(CDN)　coupling/decoupling network(CDN)

用于测量其中一个电路上的信号并防止另一个电路上的信号被测量到,或者用于将信号注入到其中一个电路上并防止该信号耦合到另一个电路上的人工网络。

3.8

纵向转换损耗(LCL)　longitudinal conversion loss(LCL)

在一个单端口或双端口网络中,由互连线上的纵向(不对称模式)信号在网络的端子上产生无用横向(对称模式)信号程度的量度(其比值用 dB 表示)。

(定义来自 ITU-T 建议书 O.9[1])

4　人工电源网络

人工电源网络应能在射频范围内向受试设备端子提供一规定阻抗,并能将试验电路与供电电源上的无用射频信号隔离开来,进而将骚扰电压耦合到测量接收机上。

人工电源网络有两种基本类型:用于耦合非对称(V 端子)电压的 V 型和分别用于耦合共模电压和差模电压的△型。

1) ITU-T Recommendation O.9, Measuring arrangements to assess the degree of unbalance about earth.

对于每根电源线人工电源网络都配有三个端:连接供电电源的电源端、连接受试设备的设备端和连接测试设备的骚扰输出端。

注1:附录A给出了一些人工电源网络的电路示例。

注2:本章规定了人工电源网络的阻抗和隔离要求及相应的测量方法。与人工电源网络有关的不确定度的一些背景资料和原理在GB/Z 6113.401的6.2.3条和GB/T 6113.402中给出。

4.1 人工电源网络阻抗

人工电源网络的阻抗规范包括当骚扰输出端端接50 Ω负载阻抗时在受试设备端测得的相对于参考地的阻抗的模和相角两个部分。

人工电源网络EUT端的阻抗定义为对受试设备呈现的终端阻抗。因此,当骚扰输出端没有与测量接收机相连时,该输出端应端接50 Ω阻抗。为保证接收机端口具有准确的50 Ω终端阻抗,可在网络的内部或者外部使用10 dB的衰减器,衰减器的驻波比(从任何一端看进去的)应小于或等于1.2。该衰减应包括在电压分压系数的测量中(见第4.10条)。

对于其他任意大小的外部阻抗,AMN的EUT端口的每个端子(PE除外)与参考地之间的阻抗都应满足第4.2条,或第4.3条,或第4.4条,或第4.5条,或第4.6条的相应要求,这也包括相应的电源端子与参考地之间的短路情况。这一要求在人工电源网络在其额定工作条件下连续电流达到规定的最大值时的所有温度上也应得到满足。对于规定的最大峰值电流,这一要求也应满足。

当人工电源网络的相角不满足规范要求时,应按GB/T 6113.402对测得的相角进行不确定度的预评估。如果测得相角的偏差超过了规定的允差,其评估不确定度则可参见附录I给出的有关相角的不确定度贡献的计算指南。

注:由于受试设备的连接器对于直到30 MHz的射频并没有进行优化,因此必须使用专用的测量适配器来进行短路以实现网络阻抗的测量。网络分析仪的OSM(开路/短路/匹配)校准用来规范适配器的特性,同时将适配器的插入损耗和插头的长度也一并考虑进去。

4.2 50 Ω/50 μH+5 ΩV型人工电源网络(适用于9 kHz~150 kHz)

表1和图1a)示出了9 kHz~150 kHz频率范围内网络阻抗(模和相角)随频率变化的特性曲线。实际中,网络阻抗的模的允差为±20%,相角的允差为±11.5°。

表1 50 Ω/50 μH+5 ΩV型网络阻抗的模和相角(见图1a))
(适用于9 kHz~150 kHz频率范围)

频率/MHz	阻抗的模/Ω	相角/(°)
0.009	5.22	26.55
0.015	6.22	38.41
0.020	7.25	44.97
0.025	8.38	49.39
0.030	9.56	52.33
0.040	11.99	55.43
0.050	14.41	56.40
0.060	16.77	56.23
0.070	19.04	55.40
0.080	21.19	54.19
0.090	23.22	52.77
0.100	25.11	51.22
0.150	32.72	43.35

注:如果此类人工电源网络满足本条和4.3条的阻抗(模和相角)要求,那么该网络也可用于150 kHz~30 MHz的频率范围。

4.3　50 Ω/50 μHV 型人工电源网络(适用于 0.15 MHz～30 MHz)

表 2 和图 1b)示出了在 0.15 MHz～30 MHz 频率范围内网络阻抗(模和相角)随频率变化的特性曲线。实际中,网络阻抗的模的允差为±20%,相角的允差为±11.5°。

4.4　50 Ω/5 μH+1 ΩV 型人工电源网络(适用于 150 kHz～100 MHz)

表 3 和图 2 示出了在 150 kHz～100 MHz 频率范围内网络阻抗(模和相角)随频率变化的曲线。实际中,模的允差为±20%,相角的允差为±11.5°。

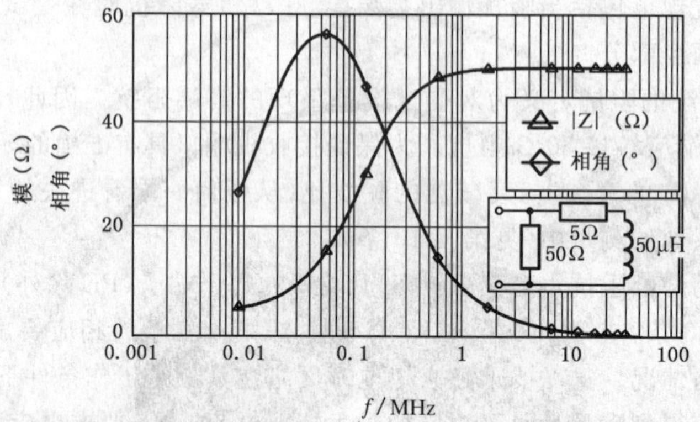

a)　频段 A(频率范围为 9 kHz～150 kHz)(见第 4.2 条)

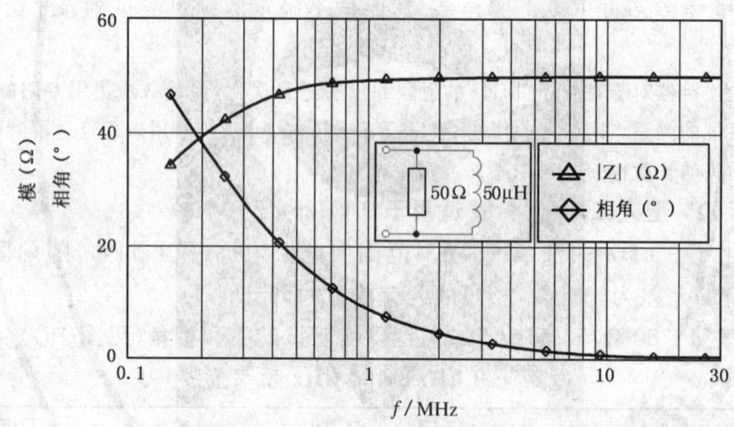

b)　频段 B(0.15 MHz～30 MHz)(见第 4.3 条)

图 1　V 型人工电源网络的阻抗(模和相角)

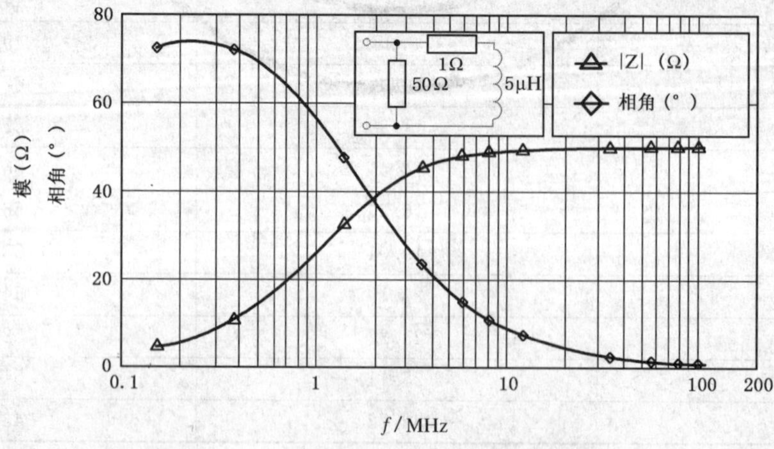

图 2　频段 B 和频段 C(0.15 MHz～108 MHz)V 型人工电源网络的阻抗(模和相角)(见第 4.4 条)

表 2 50 Ω/50 μHV 型网络阻抗的模和相角(见图 1b))
(适用于 0.15 MHz～30 MHz 频率范围)

频率/MHz	阻抗的模/Ω	相角/(°)
0.15	34.29	46.70
0.17	36.50	43.11
0.20	39.12	38.51
0.25	42.18	32.48
0.30	44.17	27.95
0.35	45.52	24.45
0.40	46.46	21.70
0.50	47.65	17.66
0.60	48.33	14.86
0.70	48.76	12.81
0.80	49.04	11.25
0.90	49.24	10.03
1.00	49.38	9.04
1.20	49.57	7.56
1.50	49.72	6.06
2.00	49.84	4.55
2.50	49.90	3.64
3.00	49.93	3.04
4.00	49.96	2.28
5.00	49.98	1.82
7.00	49.99	1.30
10.00	49.99	0.91
15.00	50.00	0.61
20.00	50.00	0.46
30.00	50.00	0.30

4.5 150 ΩV 型人工电源网络(适用于 150 kHz～30 MHz)

该人工电源网络阻抗的模应为(150±20)Ω,相角不得超过 20°。

4.6 150 Ω △型人工电源网络(适用于 150 kHz～30 MHz 频率范围)

该人工电源网络在其端子之间和两端子相连后与参考地之间的阻抗的模应为(150±20)Ω,相角不得超过 20°。

测量对称电压时,需要使用屏蔽的、平衡的变压器。为了避免阻抗网络产生明显的变化,该变压器的输入阻抗在所关注的频率上不得低于 1 000 Ω。由测量接收机测得的电压取决于该网络的元件值和变压比。网络应校准。

4.6.1 150 Ω △型人工电源网络的平衡

包括该网络和通过变压器连接的测量接收机在内的系统的平衡应做到:当存在不对称电压时,对称电压的测量应基本上不受影响。测量网络的平衡特性应按图 3 所示的电路进行。

将内阻抗为 50 Ω 的发生器输出大小为 U_a 的电压注入到两个大小为 200 Ω±1%的电阻的公共点与参考地之间。这两个电阻的另一端连接到人工电源网络的设备端。

在测量对称电压的位置上测量电压 U_s。U_a/U_s 之比应大于 20∶1(26 dB)。

表 3 50 Ω/5 μH+1 Ω V 型网络阻抗的模和相角(见图 2)

(适用于 150 kHz～100 MHz 频率范围)

频率/MHz	阻抗的模/Ω	相角/(°)
0.15	4.70	72.74
0.20	6.19	73.93
0.30	9.14	73.47
0.40	12.00	71.61
0.50	14.75	69.24
0.70	19.82	64.07
1.00	26.24	56.54
1.50	33.94	46.05
2.00	38.83	38.15
2.50	41.94	32.27
3.00	43.98	27.81
4.00	46.33	21.63
5.00	47.56	17.62
7.00	48.71	12.80
10.00	49.35	9.04
15.00	49.71	6.06
20.00	49.84	4.55
30.00	49.93	3.04
50.00	49.97	1.82
100.00	49.99	0.91
108.00	49.99	0.84

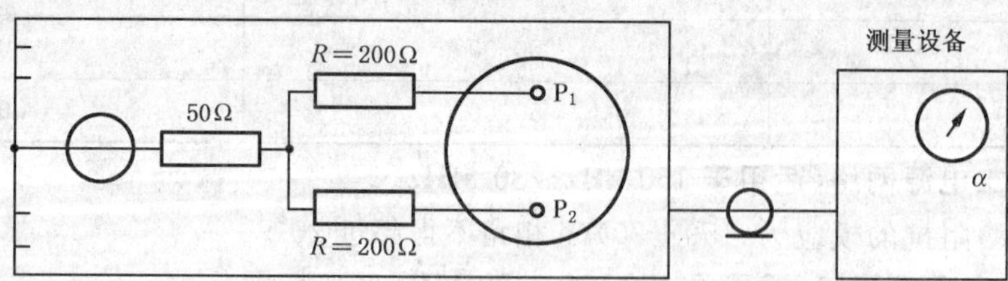

R——200 Ω±1%;

P_1,P_2——连接受试设备端子。

图 3 差模电压测量布置的平衡的检查方法

4.7 隔离

4.7.1 要求

为了确保在所有测试频率上电源侧的无用信号和供电电源的未知阻抗不影响测量,当 EUT 端口相关端子端接给定的终端时,每一个电源端子与接收机端口之间应满足基本隔离(去耦因子)要求。此要求仅适用于 V 型人工电源网络本身,不包括额外的外部电缆和滤波器。

表 4 V 型网络的最小隔离度

条款	V 型网络的类型	频率范围/MHz	最小隔离度/dB
4.2	50 Ω/50 μH+5 Ω	0.009～0.05	0～40*
		0.05～30	40
4.3	50 Ω/50 μH	0.15～30	40
4.4	50 Ω/5 μH+1 Ω	0.15～3	0～40*
		3～108	40
注：带有 * 的值表示：最小隔离度随着频率的对数线性增加。			

注：可能需要在人工电源网络外部施加额外的滤波来抑制电源端口的骚扰(具体要求见 GB/T 6113.201)。

4.7.2 测量程序

试验布置见附录 H 中的图 H.1。进行隔离测量时，首先测量 50 Ω 负载阻抗上的电压 U_1，这时的信号源阻抗为 50 Ω。然后将此信号源连接在相关电源端子和参考地之间，受试设备端口的相关端子应端接 50 Ω，此时测量接收机端口(端接 50 Ω 的阻抗)的输出电压为 U_2。第 4.1 条提及 10 dB 衰减器的衰减应增加到隔离要求中。对于所有的电源与受试设备的端子，都应满足这一隔离要求。如果其他的电源端子的终端影响隔离的测量结果，那么当这些电源端子开路和短路时，此也应满足该隔离要求。

应满足式(1)：

$$U_1 - U_2 \geq F_D + A \qquad (1)$$

式中：

U_1——电源端子的参考电压，dB(μV)；

U_2——接收机端口的输出电压，dB(μV)；

F_D——基本的隔离(去耦因子)要求，dB；

A——内置衰减器的衰减，dB。

注：由于受试设备的插头对于直到 30 MHz 的无线电频率并没有进行优化，因此必须使用专用的测量适配器来进行短路以实现网络阻抗的测量。测量 U_1 必须通过与信号源相连的测量适配器来进行。

4.8 电流负载能力和串联电压降

最大连续电流和最大峰值电流应予以规定。

当流经受试设备的连续电流达到最大时，施加到受试设备上的电压不得小于人工电源网络电源端电压的 95%。

4.9 加以改进的参考地连接

某些类型设备的测试要求在第 4.2 条和第 4.3 条人工电源网络中的参考地线按照相应产品说明书的要求有一定的阻抗插入。插入点分别为图 4 和图 5 中参考地线所标的×处。插入阻抗或者为 1.6 mH感抗或者为第 4.2 条和第 4.3 条相应频段要求的阻抗。

注：为安全起见，应省略 4.2 中所提及的 5 Ω 电阻。

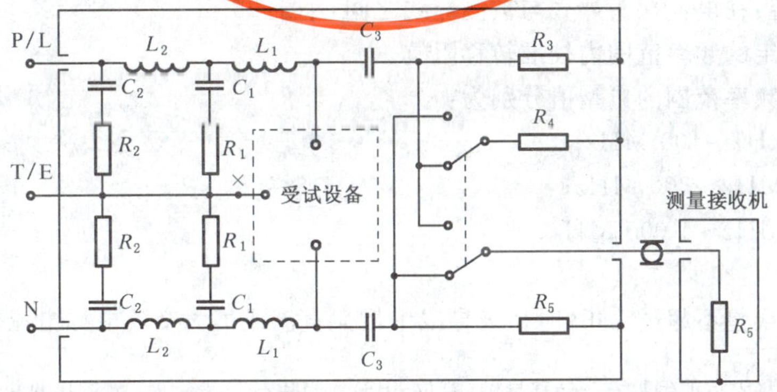

图 4 50 Ω/50 μH+5 Ω V 型人工电源网络电路图示例(见第 4.2 条和第 A.2 章)

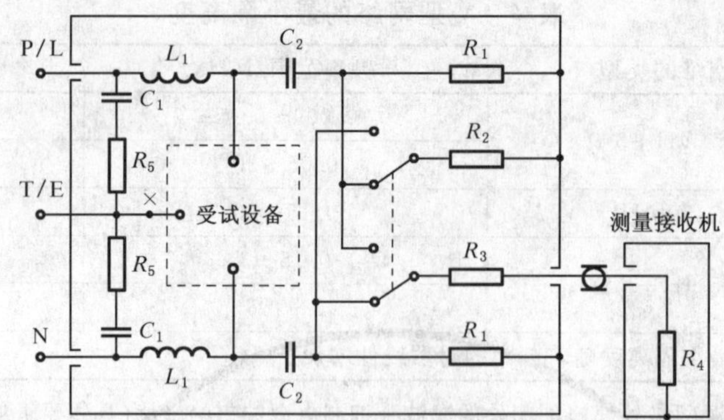

图 5　50 Ω/50 μH,50 Ω/5 μH+1 Ω 或 150 Ω V 型人工电源网络示例

(分别见第 4.3、4.4、4.5 条和第 A.3、A.4、A.5 章)

4.10　V 型人工电源网络分压系数的校准

应测量 V 型网络 EUT 端口和 RF 输出端口间的分压系数;并计入骚扰电压测量中。测量分压系数的测量程序见 A.8。

5　电流探头和电压探头

5.1　电流探头

用专门改进的卡式电流传感器就可以测量线上的不对称骚扰电流,而不需要与导线导电接触,也不用改变其电路。这种方法的实用性是不言而喻的;复杂的导线系统、电子线路等的测量可以在不打乱正常工作或正常布置的状态下进行。电流探头的构造应能方便地卡住被测导线,被测导线充当一匝的初级线圈,次级线圈则包含在电流探头中。

可以制造用于 30 Hz～1 000 MHz 频率范围测量的电流探头。当测量常规电源系统 100 MHz 以上的驻波电流时,应将电流探头置于电流的最大位置。

电流探头的设计应使其在通带内具有平坦的频响。低于通带的频率范围,仍可进行精确测量,只是由于转移阻抗的减小降低了灵敏度。高于通带的频率范围,由于电流探头产生的谐振,测量不再准确。

电流探头附加屏蔽结构后,就可以测量共模骚扰电流或者差模骚扰电流。附录 B 的第 B.5 章给出了一些构造的细节。

5.1.1　构造

电流探头的构造应保证其在不断开电源线的情况下进行测量。

附录 B 中包含一些典型的电流探头结构。

5.1.2　特性

插入阻抗:≤1 Ω。

转移阻抗[2]:(0.1～5)Ω,在平坦线性范围;(0.001～0.1)Ω,低于平坦线性范围(电流探头端接 50 Ω)。

附加的并联电容:在电流探头外壳与被测导线之间,小于 25 pF。

频率响应:在规定的频率范围内校准转移阻抗。

探头频率范围的典型值分别为:

100 kHz～100 MHz;

100 MHz～300 MHz;

200 MHz～1 000 MHz。

脉冲响应:待定。

磁饱和:应规定误差不超过 1 dB 时初级导线中最大直流或最大交流电源电流值。

---

2)　也可以使用转移阻抗的倒数——转移导纳(单位 dBS)。当用分贝表示时,测量接收机的读数应加上导纳。为了校准转移阻抗(或转移导纳),必要时可使用一个为此而设计的夹具(见附录 B)。

转移阻抗允差:待定。

外部磁场的影响:当将载流导线从探头孔径内移至探头外附近时,指示器应至少减少 40 dB。

电场的影响:对于 10 V/m 以下的电场不敏感。

位置的影响:使用探头时,任何尺寸的导线放置在孔径内任何部位,在 30 MHz 以下,小于 1 dB;在(30~1 000)MHz 范围内,小于 2.5 dB。

电流探头的口径:至少 15 mm。

5.2 电压探头

5.2.1 高阻抗电压探头

图 6 给出的电路用来测量电源线与参考地之间的电压。电压探头由一个隔直电容器 C 和一个电阻组成,该电阻使得电源线与地线之间总的电阻为 1 500 Ω。此探头也可以用来测量其他线上的电压,此时可能需要增加探头的输入阻抗,以避免对高阻抗电路的加载。为安全起见,电感可跨接在测量接收机的输入端(与地之间),其感抗 X_L 远远大于 R。

电压探头的插入损耗应在 9 kHz~30 MHz 的频率范围 50 Ω 系统中校准。任何测量用保护装置对测量准确度的影响都不得超过 1 dB,否则应予以校准。在有强背景噪声时应注意确保骚扰电平得到准确的测量。

连接探头的导线、被测电源线和参考地之间形成的环应尽可能的小,以减小强磁场的影响。

5.2.2 容性电压探头

利用呈夹子状的电容耦合装置,可以在不与源导线直接进行电连接和不调整电路的情况下就可以测量电缆的不对称骚扰电压。这种方法的便捷性是不言而喻的;对复杂电线系统、电子电路等,可以在不中断 EUT 正常工作或结构时,或在不切断电缆(以便插入测量装置)时就可以进行测量。容性电压探头的结构允许它可以方便地卡住被测导线。

容性电压探头用于 150 kHz~30 MHz 内传导骚扰的测量,它在测量频率范围内的频率响应几乎是平坦的。分压系数定义为电缆上的骚扰电压与测量接收机输入电压的比值,其大小与电缆的类型有关。在规定的频率范围内对每种类型的电缆,都用附录 G 的方法对该参数都进行校准。

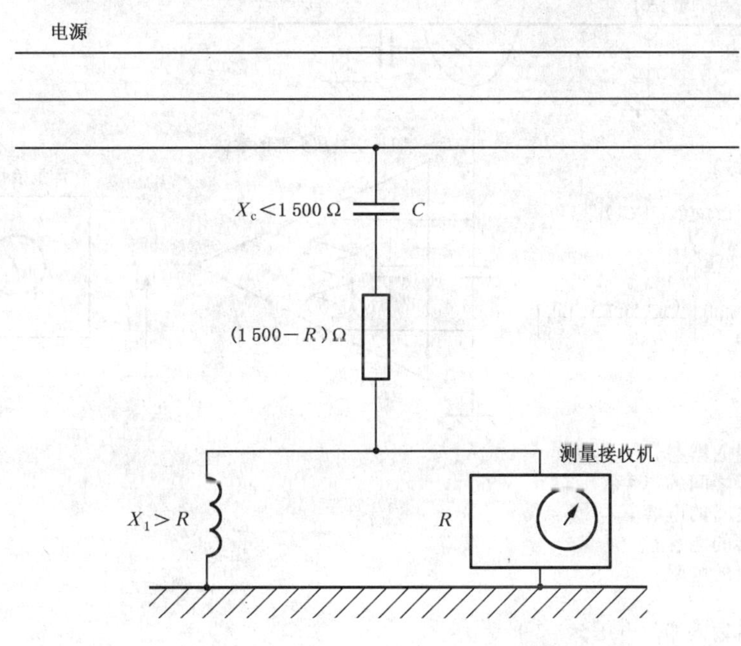

注:$V=\frac{1\,500}{R}U$。

式中:

V——骚扰电压;

U——测量设备的输入电压。

图 6 电源射频电压测量电路(见第 5.2.1 条)

可能需要对容性电压探头采取额外的屏蔽,以便对来自电缆周围的不对称(共模)信号提供足够的隔离(见第 5.2.2.2 条中的"电场的影响")。附录 G 给出了隔离的测量方法与结构的例子。

这种容性电压探头可以用于电信端口骚扰的测量。最小的可测电平典型值为 44 dBμV。

5.2.2.1 结构

容性电压探头应做成可以在不断开被测电缆时就能进行电压测量。图 7 中的电路可用于电缆和参考地间电压的测量。探头包括容性耦合夹,它同跨阻放大器相连。该放大器的输入阻抗 R_p 与电抗 X_c 相比时应足够大以得到平坦的频率响应。

附录 G 提供了有关容性电压探头典型结构和验证的说明。

5.2.2.2 要求

附加的并联电容容量:在容性电压探头接地端和受试电缆间,小于 10 pF。

频率响应:在规定的频率范围内校准电压分压系数 $F_a = 20\lg|V/U|$ dB,见图 7。

脉冲响应:对 GB/T 6113.101 附录 B 和附录 C 方法所确定的 B 频段脉冲能保持线性。

电场的影响:当电缆从容性电压探头移开后电压指示值减少至少 20 dB。测量方法见附录 G。(由与探头附近的其他电缆发生的静电耦合引起)

容性电压探头口径或开口:(当两个同轴电极在缝隙处打开时的口径,见图 G.1) 至少 30 mm

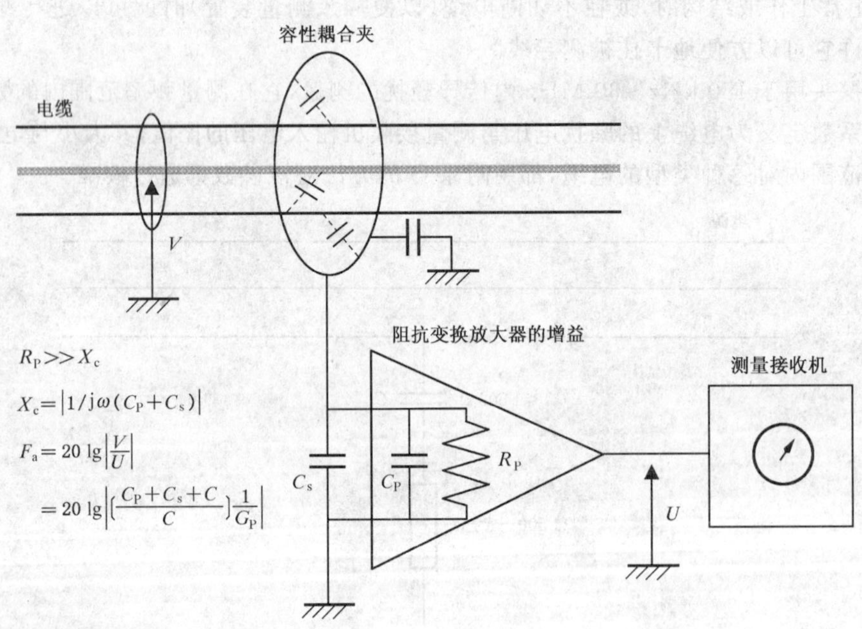

G_p——跨阻放大器的增益;
C——电缆和夹子之间的电容;
C_s——探头和地之间的电容;
C_p——跨阻放大器的电容;
R_p——跨阻放大器的电阻;
V——骚扰电压;
U——测量接收机输入端的电压。

图 7 电缆与参考地之间的电压测量电路

6 用于传导电流抗扰度测量的耦合单元

耦合单元用于将骚扰电流注入到受试引线上,并把来自与受试设备相连的其他引线和设备的电流影响隔离开来。至少在 30 MHz 以下，采用 150 Ω 源阻抗可使下面两个量存在良好的对应关系，即作用于实际装置的射频骚扰场强和用注入方法产生同样的影响所必须施加的电动势值。设备的抗扰度用电动势值来表征。附录 C 和附录 D 分别给出了各种类型的耦合单元的工作原理和示例及其结构。

6.1 特性

耦合单元的性能在(0.15～30)MHz 频率范围内用阻抗来检验；在(30～150)MHz 频率范围内用插入损耗来检验。

6.1.1 阻抗

在(0.15～30)MHz 频率范围内，受试设备的骚扰信号注入点与耦合单元地之间测得的总的不对称阻抗(射频扼流圈与 150 Ω 阻性骚扰源阻抗并联)的模为(150±20)Ω，相角不得超过±20°(该阻抗与 150 Ω 的 V 型人工电源网络的阻抗相同，见第 4.4 条)。

例如，对于 A 型和 S 型耦合单元，其注入点是指输出连接器的屏蔽层；对于 M 型和 L 型的耦合单元，其注入点是指公共输出端。

6.1.2 插入损耗

在(30～150)MHz 频率范围，两个相同的耦合单元串联后的插入损耗应在(9.6～12.6)dB 范围内，测试布图如图 8 所示。

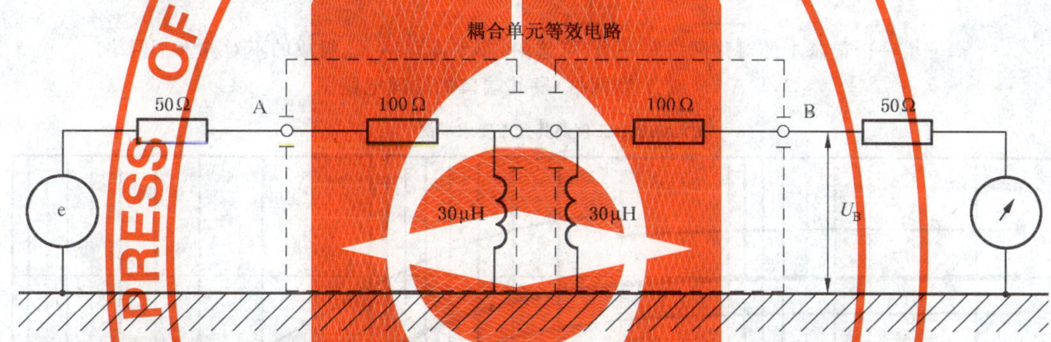

注：两个单元之间的连接线应尽可能短(≤1 cm)。

图 8 用于核查耦合单元插入损耗的测量布置图(频率范围：30 MHz～150 MHz)

在(30～150)MHz 频率范围内，按照图 8 测得的一对耦合单元的插入损耗 U_G/U_B 应在(9.6～12.6)dB 之间。U_G 为信号发生器与测量接收机直接相连时从测量接收机得到的读数；U_B 为插入耦合单元后从测量接收机得到的读数。

7 用于信号线测量的耦合单元

信号线的骚扰电动势可以通过测量传导骚扰电压或骚扰电流来评估。信号线的抗扰度可以通过注入传导骚扰电压或骚扰电流来评估。为此，需要相应的耦合装置在信号线上将骚扰分量从有用信号中分离出来进行测量。该装置可以同时用来进行电磁发射和抗扰度测量(包括差模和共模，电压和电流)。这种测量的典型装置有电流探头和不对称人工网络(AAN 或 Y 型网络)。

注 1：信号线传导抗扰度测量装置 AAN 的要求参见 GB/T 17626.6[3]。(AAN 是一种特殊形式的“耦合/去耦装置”[所以也称耦合/去耦网络(CDNs)])。一个符合骚扰测量要求的 AAN 也能同时满足抗扰度测试的要求。

注 2：信号线包括通信线以及可能与通信线连接的设备端子。

注 3：术语“不对称电压”和“共模电压”与“对称电压”和“差模电压”一样是同义词，定义见第 3 章。

注 4：就 V 型网络和△型网络而言，术语“不对称人工网络(AAN)”是“Y 型网络”的同义词。T 型网络是一种特殊形式的 Y 型网络。

当使用电流探头进行测量但限值是以电压为单位给出时，电压限值必须除以信号线阻抗或终端阻抗(该终端阻抗在详细的测量程序中进行规定)以获得相应的电流限值。该阻抗可以是详细的测量程序中所要求的共模阻抗。

3) GB/T 17626.6 电磁兼容(EMC) 试验和测量技术 射频场感应的传导骚扰抗扰度。

第 7.1 条规定了不对称(共模)人工网络(AAN)的规范。对 AAN 来说,差模对共模的抑制比(V_{dm}/V_{cm})是不对称人工网络至关重要的参数。该参数通过纵向转换损耗(LCL)来表述。附录 E 给出了一个不对称人工网络和相应的检验和校准程序要求的实例。

7.1 不对称人工网络的要求(AAN 或 Y 型网络)

不对称人工网络(AAN)用来测量(或注入)非屏蔽平衡信号线(如电信线)上的共模电压,同时用来抑制差模信号。

注:在 GB 9254 中这种网络被称为阻抗稳定网络(ISN)。

图 9a)为通用的不对称人工网络电路示意图。

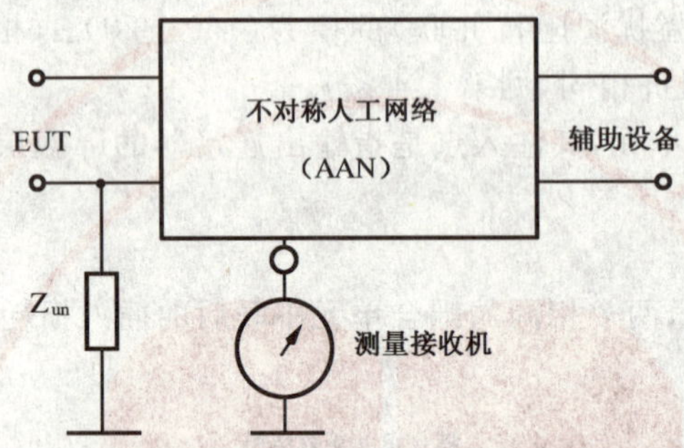

a) 由一个最基本的对称网络和一个(可选的)非平衡网络 Z_{un} 组成的不对称人工网络(AAN 或 Y 型网络)及其端口的原理电路图

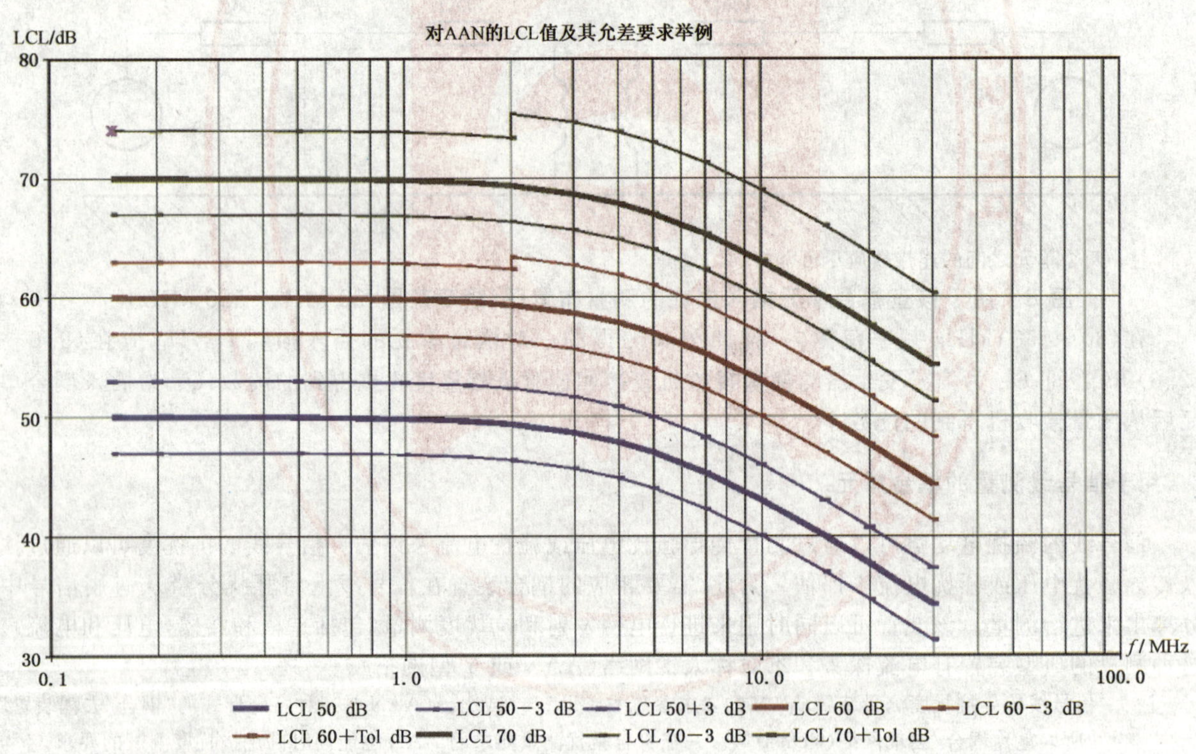

注 1:例如,可按下式定义:

$$LCL = LCL_{lf} - 10\lg\left[1+\left(\frac{f}{f_{corner}}\right)^2\right] \pm Tol(\mathrm{dB})$$

式中:

LCL_{lf}——在低频点的 *LCL* 值,如 50 dB;

f——频率,MHz;

f_{corner}——转折频率,如:5 MHz;

Tol——LCL 值的允差,如 3 dB。

注 2:50 dB、60 dB 和 70 dB 的理想值在图中用粗线表示,其允差用细线表示。

b) AAN(Y 型网络)的纵向转换损耗(LCL)示意图

图 9 AAN 的纵向转换损耗的电路原理图及 LCL 要求举例

用于不对称(共模)骚扰测量的 AAN 的规范应覆盖不对称骚扰电压和发射有用信号的频率范围。该规范在表 5 中给出。

表 5　共模骚扰电压测量用不对称人工网络的规范

a.	不对称骚扰电压测量用基本网络的终端阻抗[a] ● 幅度 ● 相位	 150 Ω±20 Ω 0°±20°
b.	在网络 EUT 端口的纵向转换损耗(LCL)[b]	9 kHz～150 kHz:待定; 0.15 MHz～30 MHz:由相应的产品标准规定,如图 9b)所示[c]
c.	AE 端口与 EUT 端口之间的共模信号的去耦衰减	9 kHz～150 kHz:待定; 0.15 MHz～1.5 MHz:>35 dB～55 dB 随频率的对数呈线性增加; >1.5 MHz:>55 dB
d.	AE 端口与 EUT 端口之间的对称电路插入损耗	<3 dB[d]
e.	EUT 端口与测量接收机端口之间的不对称电路分压系数,该值应加到测量接收机读数中	典型值:9.5 dB[e]
f.	网络的对称负载阻抗	待定[f]
g.	有用信号(模拟或数字)的传输带宽	待定[g]
h.	频率范围[h]　(1) 发射 　　　　　(2) 抗扰度	(0.009) 0.15 MHz～30 MHz 参见 GB/T 17626.6

[a] AAN 的不对称阻抗通常会受到图 9a)所示的附加的不平衡网络的影响。本部分规定的阻抗允差是针对基本网络的。如果不平衡网络附加的阻抗和相位的影响是可以忽略的,那么所给出的允差可以适用于包含有不平衡网络的 AAN。若非如此,例如,不平衡网络使得阻抗的改变超过 10 Ω 或相位的改变超过 10°,则产品标准应在规定阻抗和相位允差时计人该影响,这是因为需给 AAN 的制造商留下一些允差的空间。

[b] 确定仪器符合性目前有不同的方法:用一个 LCL 值高于信号线实际需求的 AAN,或直接用 LCL 去模拟现有电信类的线路。

[c] 图 9b)给出的带允差修正的 LCL 值是来自 CISPR 22:1997 的一个修订案的草案。其他的 LCL 值可由未来的产品标准来规定。因此,本部分给出的 LCL 值的规格只是一个例子。通常,LCL 的允差应考虑三个因素:基本 AAN 的 LCL 值的残差、不对称网络 Z_{un} 与标称值的偏离、LCL 值测量的不确定度。产品标准中给出的允差应考虑,可接受的允差应随所要求的 LCL 值和不同的频率而变化。图 9b)给出了一个合理的允差的示例。

[d] 实际的参数取决于(被测的)传输系统的规格和要求。有时(被测的)传输系统允许插入损耗超过 6 dB。AAN 的插入损耗取决于整个平衡电路的源阻抗和负载阻抗。阻抗的高低决定了插入损耗的大小,具体值由制造商提供,例如 100 Ω。另外,制造商规定 AAN 平衡电路中的相位特性是有用的。

[e] 应该按照图 E.6 的测量布置图测量分压系数来对 AAN 进行校准。

[f] 取决于网络系统的参数,如:100 Ω 或 600 Ω。

[g] 取决于网络系统对平衡传输信号的插入损耗参数,如:≤2 MHz 或≤100 MHz。

[h] 若需覆盖全部的频率范围可能需要多个网络。

7.2　对同轴和其他屏蔽电缆的人工网络的要求

同轴电缆和其他屏蔽电缆用的人工网络用于(如:通讯或射频)电缆屏蔽层非对称(共模)电压的测量(或注入),同时允许通信或射频信号通过。其要求在表 6 中给出。

注 1:在 GB 9254 中这类网络被称为同轴电缆或屏蔽电缆阻抗稳定网络(ISN)。

表 6 同轴电缆和其他类型的屏蔽电缆测量用人工网络的规范

a.	共模骚扰电压测量用的基本网络终端阻抗[a] ● 幅度 ● 相位	 150 Ω±20 Ω 0°±20°
b.	AE 端口与 EUT 端口之间的共模信号的去耦衰减[b]	9 kHz～150 kHz:待定, 0.15 MHz～30 MHz:>40 dB
c.	EUT 端口与 AE 端口之间的对(通信或射频)有用信号的插入损耗和传输带宽,包括特征阻抗	依系统要求而定[c]
d.	EUT 端口与测量接收机端口之间的非对称电路的分压系数,该值应加到测量接收机读数中	典型值:9.5 dB[d]
e.	频率范围 (1)发射 (2)抗扰度	(0.009) 0.15 MHz～30 MHz 参见 GB/T 17626.6

[a] 人工网络的阻抗由(网络内部)扼流圈和电缆过壁连接器对地电容与 150 Ω 电阻的并联来决定。

[b] 由于 AE 端口同轴电缆的屏蔽层是直接与人工网络的金属壳体连接,所以人工网络自身的去耦衰减不是问题。电磁发射(或抗扰度)测试时若按照这样的布置,最小的去耦衰减将能得到保证。

[c] 在 EUT 端口与 AE 端口之间的对(通信或射频)有用信号的插入损耗和传输带宽与屏蔽层和芯线导体之间的特征阻抗同样不是本部分的内容。它们应当根据系统的要求来确定。

[d] 人工网络的校准应通过测量分压系数来实现,该测量是按照图 F.2 的测量布置来进行的。

8 模拟手和串联 RC 元件

8.1 引言

在一些产品技术规范中,对没有地线与 EUT 金属部分连接且正常使用时为手持的 EUT,要求使用模拟手。带金属涂层的塑料机壳可能也要使用模拟手。模拟手用于 150 kHz～30 MHz(5 MHz～30 MHz是最关键的频率)的传导发射试验,以模拟操作人员手部对测量的影响。需要带模拟手评估的设备类型有:电动工具、家用设备,例如手持式搅拌器、电话、游戏杆、键盘等。

8.2 模拟手和 RC 元件的结构

模拟手中有一个规定尺寸的金属箔(带),它被按规定的方式放在或缠绕在设备上通常被使用者接触的部分。

金属箔按规定的方式借助一个 RC 组件连到骚扰测量系统的参考点,该组件含有一个 C=220 pF±20%的电容串联一个 510 Ω±10%的电阻(见图 10a))。

模拟使用者手持设备手柄或设备机身的金属箔带通常 60 mm 宽。对键盘,可以用一个金属箔,或更可行地是用一个最大尺寸为 100 mm×300 mm 的金属板来放在键盘的上面。图 10 和图 11 给出了示例。

RC 组件和金属箔之间的连接线的长度应为 1 m。如果试验布置需要更长的连接线,则测量频率接近 30 MHz 时,该线的总电感应小于 1.4 μH。

当将整根互连线看作自由空间的一根线,传导发射试验的上限频率为 30 MHz 时,连接线的电感 L 应小于 1.4 μH。对于给定长度的连接线,由该要求和式(2)可以算出线的最小直径(单位:m):

$$L = \frac{\mu l}{2\pi}\left[\ln\left(\frac{4l}{d}\right) - 1\right] \quad \text{(H)} \qquad \cdots\cdots(2)$$

式中:

μ——介电常数,大小为 $4\pi\times10^{-7}$ H/m;

l——线的长度,m;

d——线的直径,m。

注:当满足电感 1.4 μH 的要求时,RC 网络的这个阻抗(指感抗)在 30 MHz 时将起主导作用。

8.3 模拟手的使用

当线长不超过 1 m 时,RC 组件和参考地之间连接线的最大长度要求将得到满足。例如,RC 组件既可以靠近金属箔放置也可以靠近参考点放置。如何选择取决于金属箔放置处骚扰源的内部共模阻抗(通常未知)、由互连线及其环境组成的传输线的特性阻抗。如果将发射测量的频率限制到 30 MHz,则 RC 组件的位置就不重要了。RC 组件的一个实际位置(还考虑到复现性这一点)是位于人工电源网络或线路阻抗模拟网络的内部。

当测量电源的传导发射时,参考点为人工电源网络(AMN)的参考地。当测量信号线或控制线上的发射时,参考点为线路阻抗稳定网络(LISN)的参考地。使用模拟手的一般原则是:RC 组件的 M 端子应连到受试设备上任何暴露的、不旋转的金属部分,以及连到所有随设备提供的固定或可拆卸手柄上缠绕的金属箔。表面有涂层或漆的金属件被认为是暴露的金属部分,应直接与 RC 部件相连。

以下内容详细描述了模拟手的使用说明:

a) 如果设备外壳全部为金属且已接地时,则无需使用模拟手。

b) 如果设备的外壳为绝缘材料,则应将金属箔缠绕在手柄 B(图 10c))和第二手柄 D(如果有)上。还应在马达定子铁芯部位用 60 mm 宽的金属箔缠绕机身 C(见图 10c)),或缠绕在变速器上(如果这样能得到更高的骚扰电平)。应将所有的这些金属箔(适用时还包括金属环或套管 A)一起连到 RC 组件的 M 端子。

c) 如果设备外壳的一部分为金属,另一部分为绝缘材料且为绝缘手柄时,应在手柄 B 和 D(图 10c))处用金属箔缠绕。如果马达处的机身是非金属的,则用 60 mm 宽的金属箔在马达定子铁芯位于的机身 C 处缠绕;或缠绕在变速器上(如果是绝缘承重材料且测出了更大的骚扰电平)。机身的金属部分 A、缠绕手柄 B 和 D 的金属箔以及机身 C 处的金属箔相连后再连到 RC 组件的端子 M。

d) 当Ⅱ类设备(没有地线)有 A 和 B 两个绝缘手柄和金属机身 C 时,例如电锯(图 10c)),应将金属箔缠绕在手柄 A 和 B。在 A 和 B 处的金属箔和金属机身 C 相连后再连到 RC 组件的 M 端子。

e) 图 11 给出了针对电话手柄和键盘的例子。对于电话手柄,60 mm 宽的金属箔缠绕在手柄上并有一些重叠。对键盘,金属箔或印制电路板应尽量覆盖整个按键区。当使用印制电路板时,应将金属一面放在键盘上,但尺寸不得超过 300 mm×100 mm。

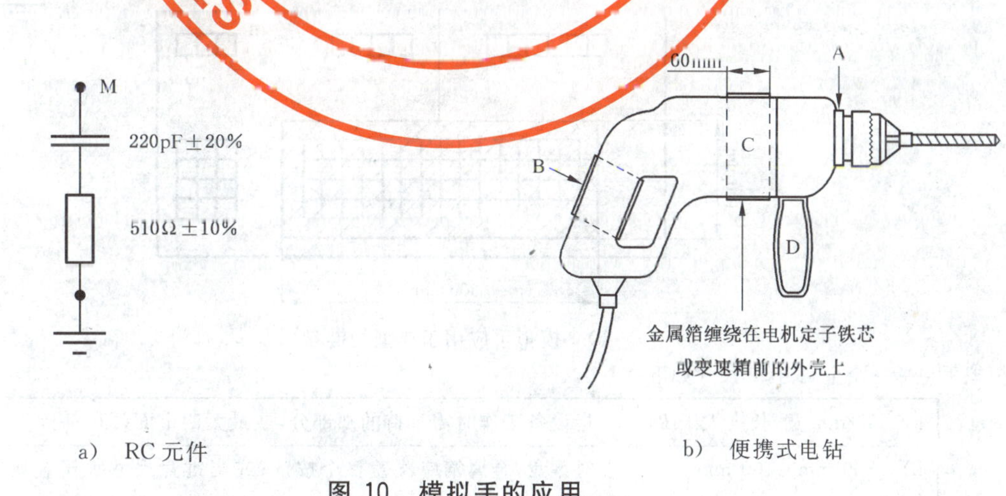

a) RC 元件　　　　b) 便携式电钻

图 10 模拟手的应用

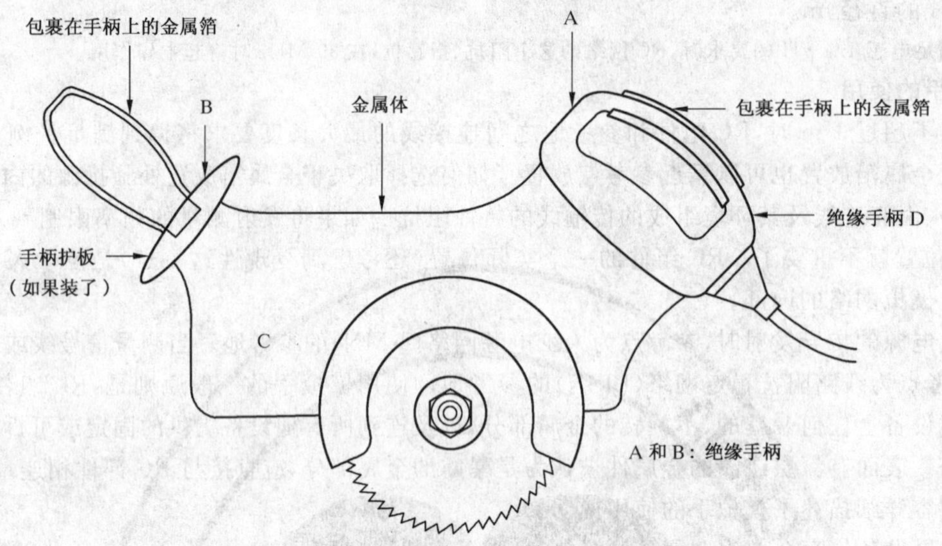

c） 便携式电锯

图 10（续）

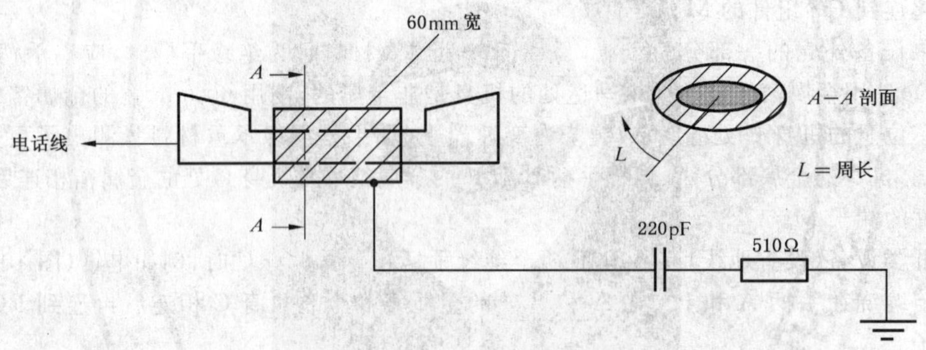

a） 模拟手应用于电话手柄

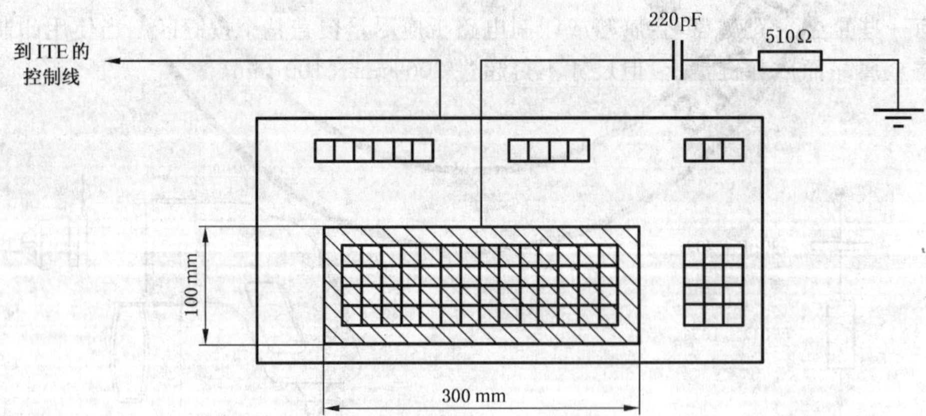

b） 模拟手应用于典型的键盘

模拟手包括一个金属箔，其尺寸如下：

a） 60 mm 宽，长度大于 L	指设备工作时需手持的那部分，或最大四个面（即一周）
b） 300 mm×100 mm	对键盘，金属箔应覆盖整个按键；或当键盘尺寸大于金属箔的最大尺寸时，覆盖部分键盘

图 11 模拟手应用于 ITE 的示例

附　录　A
（规范性附录）
人工电源网络
（第 4 章）

本附录进一步给出了用于射频电压测量的人工电源网络的有关资料和数据。人工电源网络的工作频率范围为 9 kHz～100 MHz，载流能力为 500 A。其中包括用于测量每根电源线与参考地之间的电压的 V 型网络和用于测量每根电源线之间的对称电压及电源线电气中点与参考地之间的不对称电压的△型网络。

A.1　概述

人工电源网络电路必须首先保证在其工作频率范围内提供规定的阻抗，其次还必须对电网中的寄生信号提供充分的隔离（至少应比测量接收机的测量电平低 10 dB），此外，还必须能够阻止电源电压施加到测量接收机的输入端。对每根电源线（单相两线制和三相四线制）都应做这样的处理：在用开关把测量接收机与受试电源线连接的同时，应为其他电源线提供正确的终端。下面给出的电路都具备这些功能。这些电路适用于单相两线制。扩展到三相四线制的使用也是容易实现的。

A.2　50 Ω/50 μH＋5 Ω V 型人工电源网络示例

图 4 给出了一个适用电路，其元件值列于表 A.1 中。图中 L_1，C_1，R_1，R_4 和 R_5 规定了网络阻抗，L_2，C_2 和 R_2 将电源寄生信号和电源阻抗的变化隔离开来，C_3 用来去除测量接收机和电源电压之间的耦合。这种结构使用时最大电流容量为 100 A。

表 A.1　50 Ω/50 μH＋5 Ω V 型人工电源网络的元件值

元件	数值
R_1	5 Ω
R_2	10 Ω
R_3	1 000 Ω
R_4	50 Ω
R_5	50 Ω（测量接收机的输入阻抗）
C_1	8 μF
C_2	4 μF
C_3	0.25 μF
L_1	50 μH
L_2	250 μH

在 9 kHz～150 kHz 频率范围内的最低端，C_3 的 0.25 μF 容量具有不可忽略的阻抗。除非另有规定，否则必须对该阻抗进行修正。

由于 C_1 和 C_2 的电容量很大，为了安全起见，网络盒壁应牢固焊接到参考地或者使用一个电源隔离变压器。

在 9 kHz～150 kHz 频率范围内，电感 L_2 的 Q 值不得低于 10。实际中，把相线和中线支路的两个电感线圈按相反的方向串联耦合（共用铁芯扼流圈）比较有利。

第 A.7 章给出了电感 L_1 的实用结构。对于工作电流大于 25 A 的设备，L_2 的结构也许不满足要求。这种情况下,隔离部分 L_2,C_2 和 R_2 都可省去。其影响是当频率低于 150 kHz 时,网络的阻抗特性可能会超出第 4.2 条中的规定,并且电源噪声的隔离也不够充分。

这种电路同样可以满足第 4.3 条中对 50 Ω/50 μH V 型人工电源网络规定的要求。

A.3 50 Ω/50 μH V 型人工电源网络示例

表 A.2 列出了图 5 电路图中的元件值。L_1,C_1,R_2,R_3 和 R_4 规定了网络阻抗。与图 4 示例不同,由于这个电路能够满足阻抗特性,所以没有隔离部分。然而,在电网噪声电平高的情况下,需用一只滤波器以减少寄生信号电平。这样构造的网络,使用时最大的电流容量达 100 A。

表 A.2 50 Ω/50 μH V 型人工电源网络的元件值

元件	数值
R_1	1 000 Ω
R_2	50 Ω
R_3	0 Ω
R_4	50 Ω(测量接收机的输入阻抗)
R_5	0 Ω
C_1	1 μF
C_2	0.1 μF
L_1	50 μH

由于 C_1 具有较大的电容量,所以,为安全起见,网络盒壁应与参考地可靠连接或者使用电源隔离变压器。

第 A.7 章给出了适用于电感 L_1 的结构。

A.4 50 Ω/5 μH+1 Ω V 型人工电源网络示例

表 A.3 列出了图 5 所示电路的元件值,适用于 150 kHz～30 MHz 频率范围,电流最大容量可达 400 A。

表 A.3 50 Ω/5 μH+1 Ω V 型人工电源网络的元件值

元件	数值
R_1	1 000 Ω
R_2	50 Ω
R_3	0 Ω
R_4	50 Ω(测量接收机的输入阻抗)
R_5	1 Ω
C_1	2 μF(最小值)
C_2	0.1 μF
L_1	5 μH

图 A.1 给出了另外一种 50 Ω/5 μH+1 Ω V 型人工电源网络的电路图适用于 150 kHz～100 MHz 频率范围,电流最大容量可达 500 A。

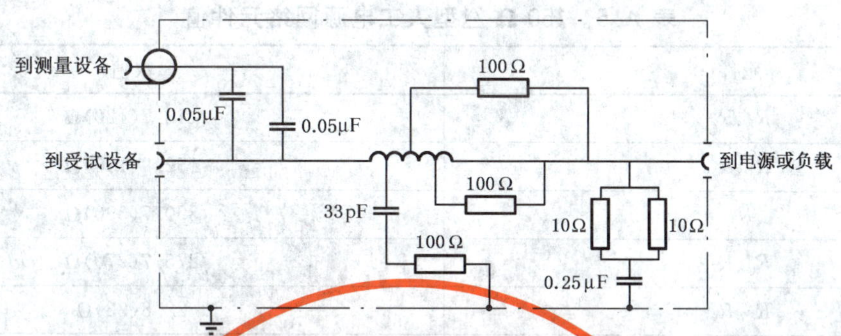

注：线圈细节：5 μH，用 ϕ6 mm 的导线在 ϕ50 mm 的骨架上绕 18 匝，抽头在 3.5 匝、9 匝和 13.5 匝处。

图 A.1 用于低阻抗电源装置的 50 Ω/5 μH+1 Ω V 型人工电源网络的电路图示例

A.5 150 Ω V 型人工电源网络示例

图 5 给出了该网络的电路图。表 A.4 给出了组成该电路的元件值。

表 A.4 150 Ω V 型人工电源网络元件值

元件	数值
R_1	1 000 Ω
R_2	150 Ω
R_3	100 Ω
R_4	50 Ω（测量接收机的输入阻抗）
R_5	0 Ω
C_1	1 μF
C_2	0.1 μF
L_1	能够达到规定阻抗的适当的值

A.6 150 Ω △型人工电源网络示例

图 A.2 给出了一个适用的电路。表 A.5 给出了电路的元件值。

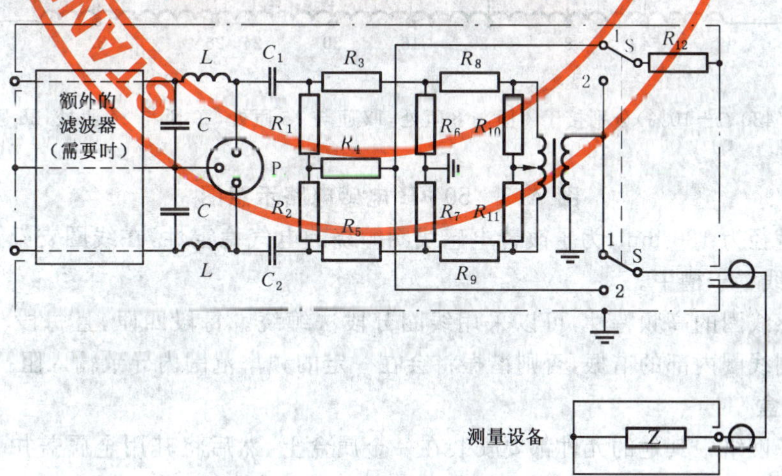

P——受试设备插座；

1——对称分量；

2——不对称分量。

图 A.2 用于具有非平衡输入的测量设备的△型人工电源网络示例

表 A.5 150 Ω △型人工电源网络元件值

元件	数值
R_1、R_2	118.7(120)Ω
R_3、R_5	152.9(150)Ω
R_4	390.7(390)Ω
R_6、R_7	275.7(270)Ω
R_8、R_9	22.8(22)Ω
R_{10}、R_{11}	107.8(110)Ω
R_{12}	50 Ω
C_1、C_2	0.1 μF
L、C	能够达到规定阻抗的适当的值
注 1：假定平衡—不平衡变压器的匝数比为 1∶2.5，具有中心抽头。 注 2：括号内的电阻值为允差±5%的电阻系列中最近的优选值。	

按电路图中的电阻值(括号内的数)计算出的网络性能如下：

衰减：	对称	20(20)dB
	不对称	20(19.9)dB
网络阻抗：	对称	150(150)Ω
	不对称	150(148)Ω

A.7 用于人工电源网络的 50 μH 电感线圈的设计

A.7.1 电感线圈

组成电感的螺线管线圈示于图 A.3。它是由 35 匝直径为 6 mm 的单层铜线以 8 mm 的间距缠绕在一个绝缘材料的线圈架上构成的，金属壳外的感抗大于 50 μH，金属壳内的感抗为 50 μH。

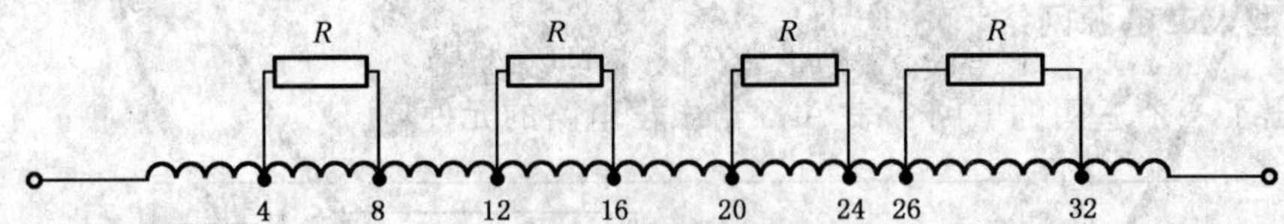

注：多个电阻 R(430 Ω±10%)分别接于 4 匝与 8 匝处，12 匝与 16 匝处，20 匝与 24 匝处，26 匝与 32 匝处。感抗为 50 μH。

图 A.3 50 μH 电感电路示意图

电感线圈的直径为 130 mm，为了改善电感线圈缠绕的电气稳定性，在线圈支架上刻有 3 mm 深的螺旋槽，并将金属线置于槽中。

为了改善电感线圈的高频特性，可以采用线圈分段法缠绕。每段四匝，且每段与 430 Ω 的电阻并联。这样能够抑制线圈内部的谐振，否则谐振将会在一定的频率范围内导致输入阻抗偏离规定的数值。

A.7.2 电感线圈盒

电感线圈以及网络中其他的元件都要安装在一金属盒上，然后将其用金属盖扣紧。底部和侧面的金属盖应打孔，以增加热耗散。盒子的几何尺寸为 360 mm×300 mm×180 mm。图 A.4 给出了结构示意图。

注：建议网络负载终端应尽可能靠近线圈盒的一角，以便在两个或两个以上的网络之间可用短线将它们的终端与用于连接受试设备的电源插座连接起来。

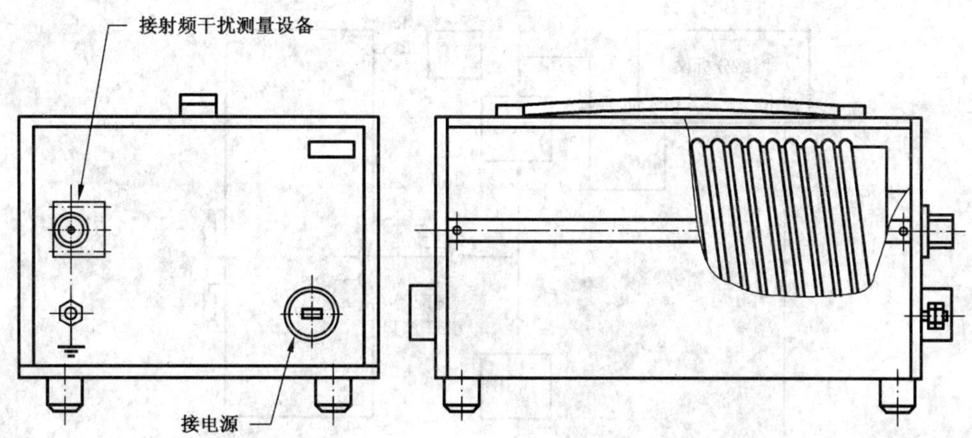

图 A.4　人工电源网络的全视图

A.7.3　电感线圈的隔离

当图 4 中的电路采用电感线圈，且又省去隔离部分 L_2、C_2 和 R_2 时，电网上的信号衰减如图 A.5 所示。此衰减曲线是在电源终端与无线电干扰测量设备的终端之间测定的。曲线 1 表示电源终端信号发生器的内阻抗为 50 Ω 的情况，曲线 2 表示信号发生器的内阻抗随人工电源网络输入阻抗模的标称值而变化的情况（见图 A.5）。

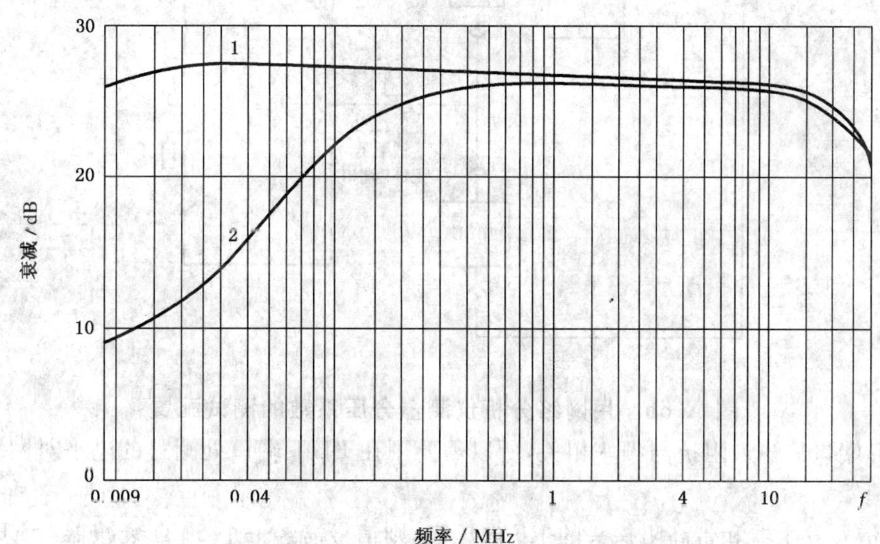

曲线 1——$Z_{gen}=R_{gen}=50\ \Omega$；

曲线 2——$Z_{gen}=|Z_{inAMN}|$

图 A.5　人工电源网络滤波器的衰减特性

A.8　V 型人工电源网络分压系数的测量

可以用图 A.6a）和图 A.6b）给出的试验布置来确定每种 V 型网络的分压系数。用网络分析仪，或信号发生器和测量接收机或带高阻（低电容）探头的 RF 电压表，在每根线上对每种内部连接（例如手动或远端切换）进行测量。EUT 端口没有连到 RF 端口的所有线都应端接 50 Ω。

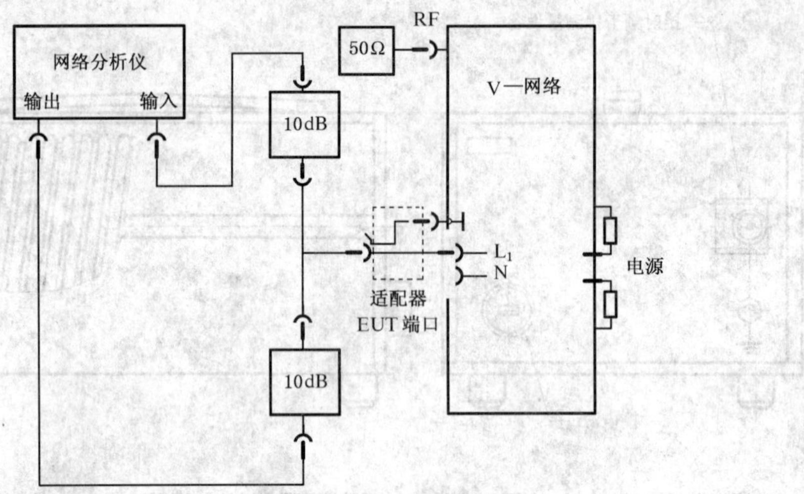

图 A.6a 网络分析仪归一化的测试配置

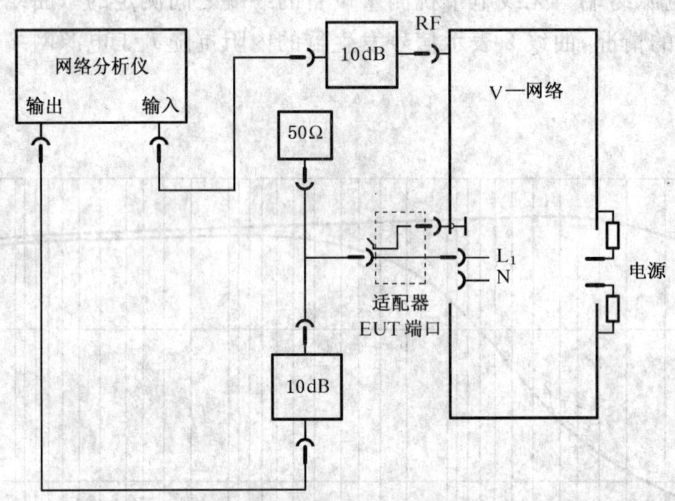

图 A.6b 用网络分析仪测量分压系数的测试配置

由于 EUT 端口的输入阻抗与频率相关，所以需要用在 EUT 端口处测得的电平对网络分析仪来进行归一化。

如果使用信号发生器和带高阻探头的 RF 电压表，则信号需经一个 50 Ω 衰减器向 EUT 端口馈入，RF 端口用 50 Ω 负载端接。通过在 EUT 和 RF 端口的两次测量可以确定分压系数。

EUT 端口处使用的适配器的结构对校准起着关键的作用。其连接必须是低阻抗的，T 型连接器必须尽可能靠近 EUT 端口和接地端子。10 dB 衰减器用来提供准确的 50 Ω 源和负载阻抗以便得到准确的测量。

电源端口的每根线应该用相对机壳具有 50 Ω 的负载端接。

对 150 Ω 的 V 型网络，必须考虑 EUT 端口和测量接收机端口之间(即 150 Ω/50 Ω)的分压系数。

附 录 B
（资料性附录）
电流探头的结构、频率范围和校准
（第5章）

B.1 电流探头物理和电气方面的考虑

电流探头的物理尺寸应能容纳被测的最粗电缆，电气上应能承受流经电缆的最大功率电流并满足被测信号的频率范围。

电流探头通常呈环状，被测导线应放置在环的中心位置。现有的要求和制造厂的规范表明电流探头的环内径为2 mm～30 cm。把次级线圈放置在环体内，以此来实现卡式电流钳的功能。把环形铁芯和线圈屏蔽起来，以阻止静电耦合。屏蔽的间隙应不致使传感器中匝数缩减太多。

用于干扰测量的典型电流探头的次级匝数为7～8匝。它是一个最佳匝数比，能够获得最宽的平坦频率范围和1 Ω或更低的插入阻抗。在100 kHz以下的频率范围，使用硅钢片铁芯。在100 kHz～400 MHz频率范围，使用铁氧体芯；在200 MHz～1 000 MHz频率范围，使用空心，并配有平衡—不平衡50 Ω输出变换器。图B.1示出了典型电流探头的结构示意图。

电流探头通常作为骚扰测量的传感部件。因此，电流探头被设计成将骚扰电流转变成测量接收机可以检测的电压。电流探头的灵敏度可方便地用转移阻抗表示。转移阻抗定义为次级电压（一般跨接50 Ω电阻负载）与初级电流之比，有时也用转移导纳表示。

电流探头和测量接收机的总灵敏度也是测量接收机灵敏度的函数。导线中最小可测骚扰电流为测量接收机灵敏度（V）与电流探头转移阻抗（Ω）之比。例如：如果使用灵敏度为1 μV测量接收机和转移阻抗为10 Ω的电流探头，那么最小可测电流为0.1 μA。然而，如果使用灵敏度为10 μV测量接收机和转移阻抗为1 Ω的电流探头，则最小可测电流为10 μA。为了得到最高灵敏度，转移阻抗应尽可能的高。

转移阻抗通常用相对1 Ω的分贝（dB）表示。这是一个便于与更通用的骚扰分贝单位（相对于1 μV或1 μA）发生相关的单位（相对1 Ω的Z_T分贝数可表示为$20\lg Z_T$）。

B.2 电流探头的等效电路

根据一般变压器的理论，电流探头可以用精确的等效电路表示。由于从许多的标准教材[4]可以看到，在此不必重复该电路。经过对精确电路及其导出方程大量简化，转移阻抗可以从下述方程求出：

高频时：

$$Z_T=\frac{\omega M}{\left[\left(\frac{\omega L}{R_L}\right)^2+(\omega^2LC-1)^2\right]^{\frac{1}{2}}} \quad \cdots\cdots(B.1)$$

中频时：

$$Z_T=\frac{MR_L}{L}（当\ \omega^2LC=1时） \quad \cdots\cdots(B.2)$$

低频时：

$$Z_T=\frac{\omega M}{\left[\left(\frac{\omega L}{R_L}\right)^2+1\right]^{\frac{1}{2}}} \quad \cdots\cdots(B.3)$$

4) MIT staff: Magnetic Circuits and Transformers, John Wiley & sma, Inc, New Nork, N. Y., 1947.

式中：

Z_T——转移阻抗；

M——初级和次级线圈之间的互感；

L——次级线圈电感；

R_L——次级负载阻抗(通常 50 Ω)；

C——次级分布电容；

ω——角频率(单位：rad/s)。

从上述方程可以得出如下结论：

a) 负载恒定时，中心频率最大转移阻抗直接正比于互感与次级感抗之比(R_L 为常量)；

b) 当次级分布电容的容抗与负载电阻相等时，出现高频率半功率点。

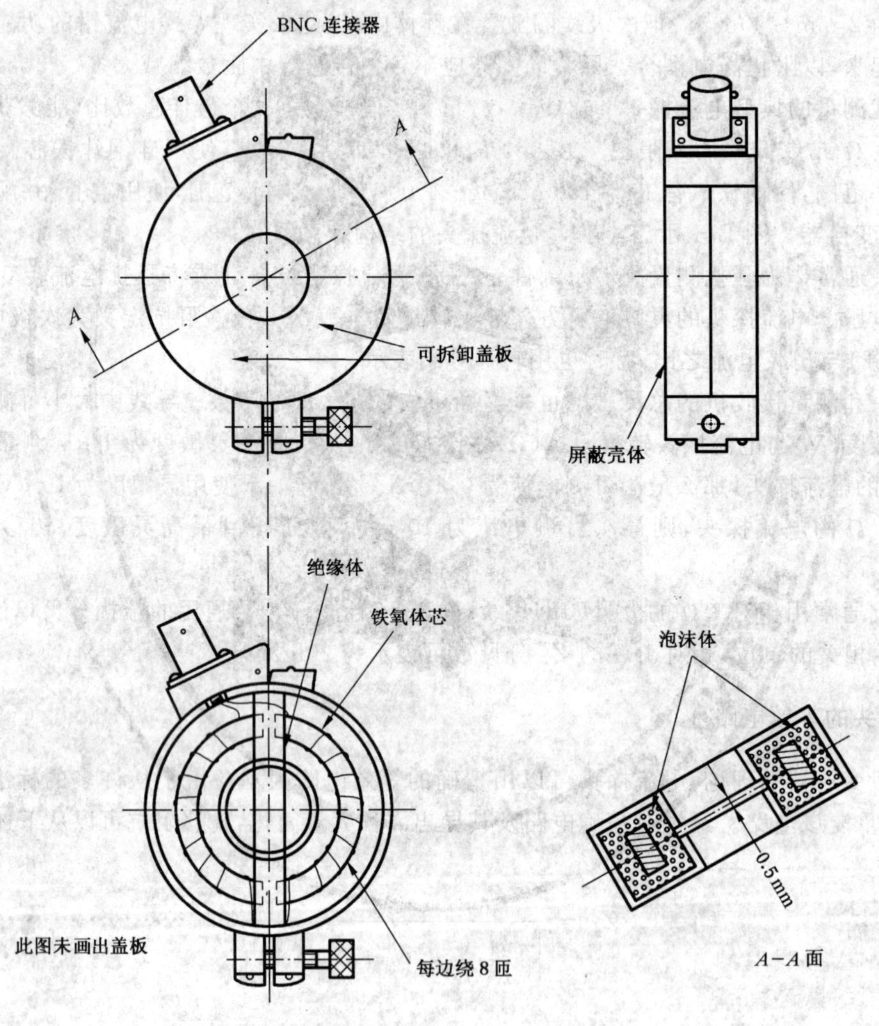

图 B.1 典型电流探头结构示意图

B.3 电流探头测量中的有害效应

因为电流探头基本上是一个环形变换器，所以次级阻抗会反射到初级。对于匝数为 8，负载为 50 Ω 的次级线圈，典型的插入阻抗约为 1 Ω。只要被测电路的源和负载阻抗之和大于 1 Ω，那么电流探头的应用不会明显改变初级电流。然而，如果电路的源阻抗和负载阻抗之和小于其插入阻抗，那么电流探头的使用就可能明显地改变初级电流。

一种用来测量初级电源线上骚扰电流的电流探头，其载流范围可达直流 300 A 或者交流 100 A。电流探头也可以用来测量产生于器件外部周围的强磁场。电流探头的转移阻抗必须不受电源电流或磁通密度的影响。因此，磁路的设计应不使其出现磁饱和。由于交流电源电流的频率可能在 20 Hz～15 kHz 范围，所以在这些频率上，电流探头的输出很可能损坏与其相连的接收机的输入电路。可行的解决办法是在电流探头与接收机之间插入一个电源频率的抑制滤波器。图 B.2 示出了一个截止频率为 9 kHz 高通滤波器。

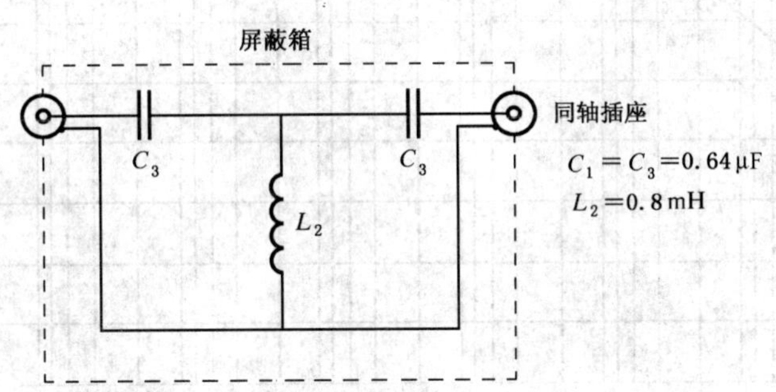

图 B.2　截止频率为 9 kHz 高通滤波器

B.4　电流探头典型的频响特性

图 B.3 示出了电流探头典型的频率特性，在通带 100 kHz～100 MHz 和(30～300)MHz 以及(200～1 000)MHz 范围内具有平坦的特性。

B.5　电流探头的屏蔽结构

带有导电(例如，铜、黄铜等)屏蔽结构的电流探头可以用来测量两线(相线和中线)电路中的共模和差模骚扰电流。这种方式适用于 100 kHz～20 MHz 频段，其基本特性就是一个改进了的含有高通滤波器的射频电流探头。高通滤波器的目的是为了保证在电流探头的输出端有效地抑制电源频率电流。测试布置见 GB/T 6113.201。

B.5.1　理论模型

图 B.4a)给出了用于电流测量的人工电源网络装置。

骚扰电流的分量：I_1 为电源线相线电流，I_2 为电源线中线电流，I_C 为共模电流，I_D 为差模电流。

注：假设 I_1 和 I_2 之间的相角为零。这是导线长度小于 1 m、频率低于 30 MHz 的情况。

从图 B.4a)和图 B.4b)可以看出上述电流之间存在如下关系：

$$I_1 = I_C + I_D \qquad \cdots\cdots\text{(B.4)}$$

$$I_2 = I_C - I_D \qquad \cdots\cdots\text{(B.5)}$$

$$2I_C = I_1 + I_2 \qquad \cdots\cdots\text{(B.6)}$$

$$I_D = I_1 - I_2 \qquad \cdots\cdots\text{(B.7)}$$

因此，若只想得到共模电流，则环绕导线的卡式电流钳的输出应为 I_1 和 I_2 之和，而 I_1 与 I_2 之差仅为对称电流的输出。因为对于共模电流方程中的系数为 2，所以仅对共模电流的测量应减去 6 dB 的修正值(见图 B.4b)。

B.5.2　屏蔽结构

所需要的附加屏蔽如图 B.5。其尺寸大小是相对于具有直径为 51 mm 的中心孔径电流探头标出的。对于其他大小的电流探头，其尺寸按比例标出。

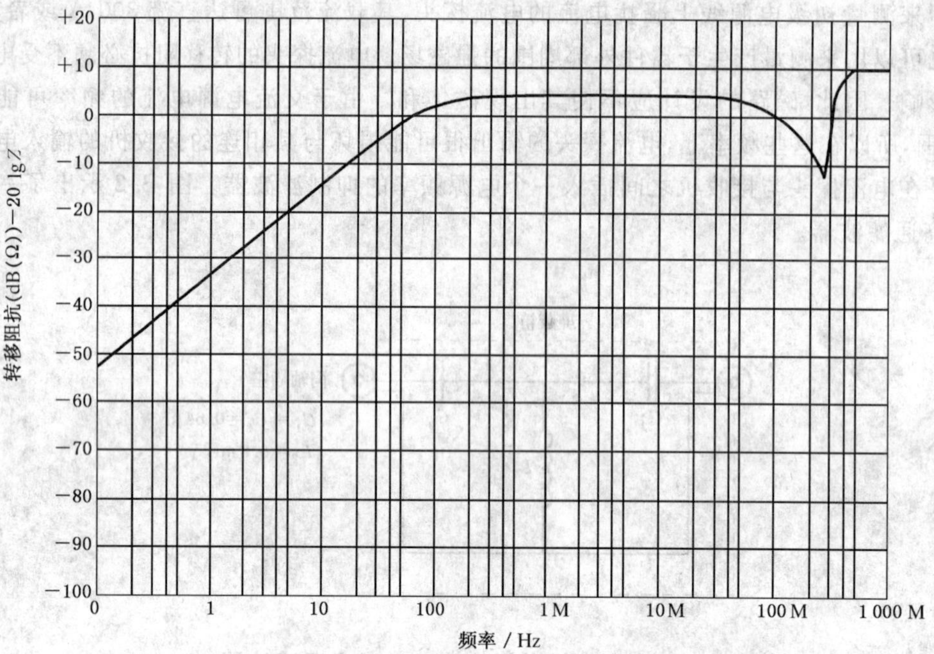

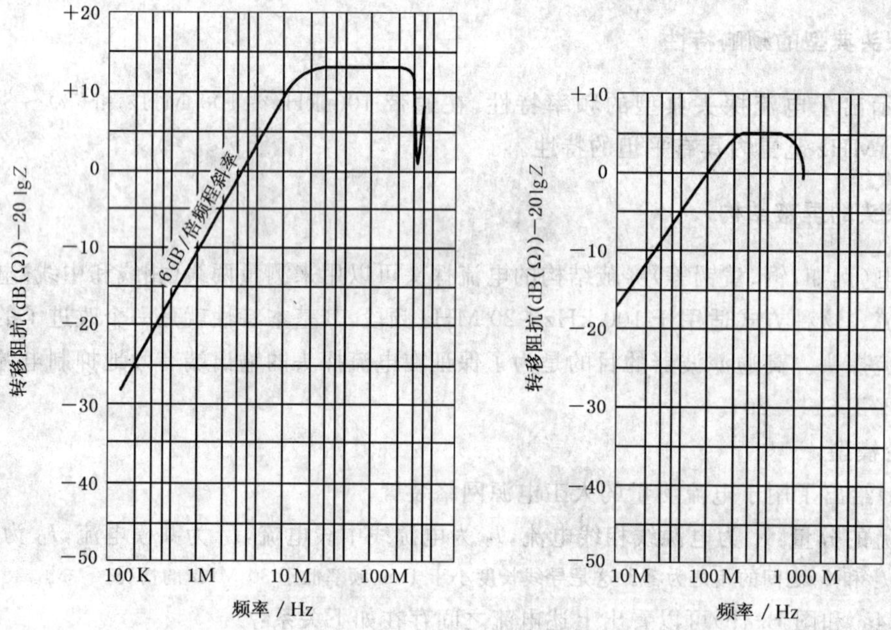

图 B.3　典型电流探头的转移阻抗(见第 B.4 章)

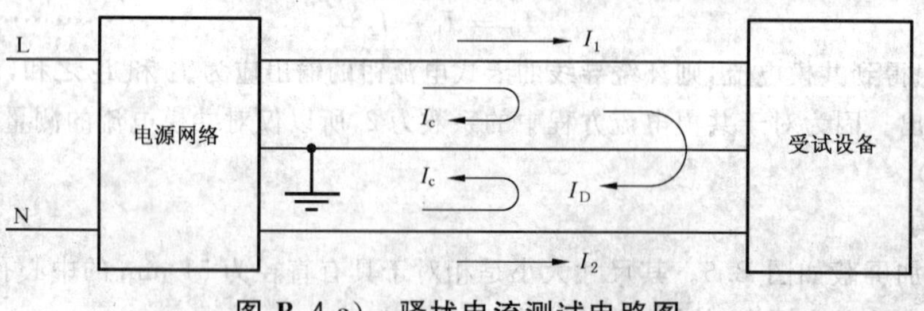

图 B.4 a)　骚扰电流测试电路图

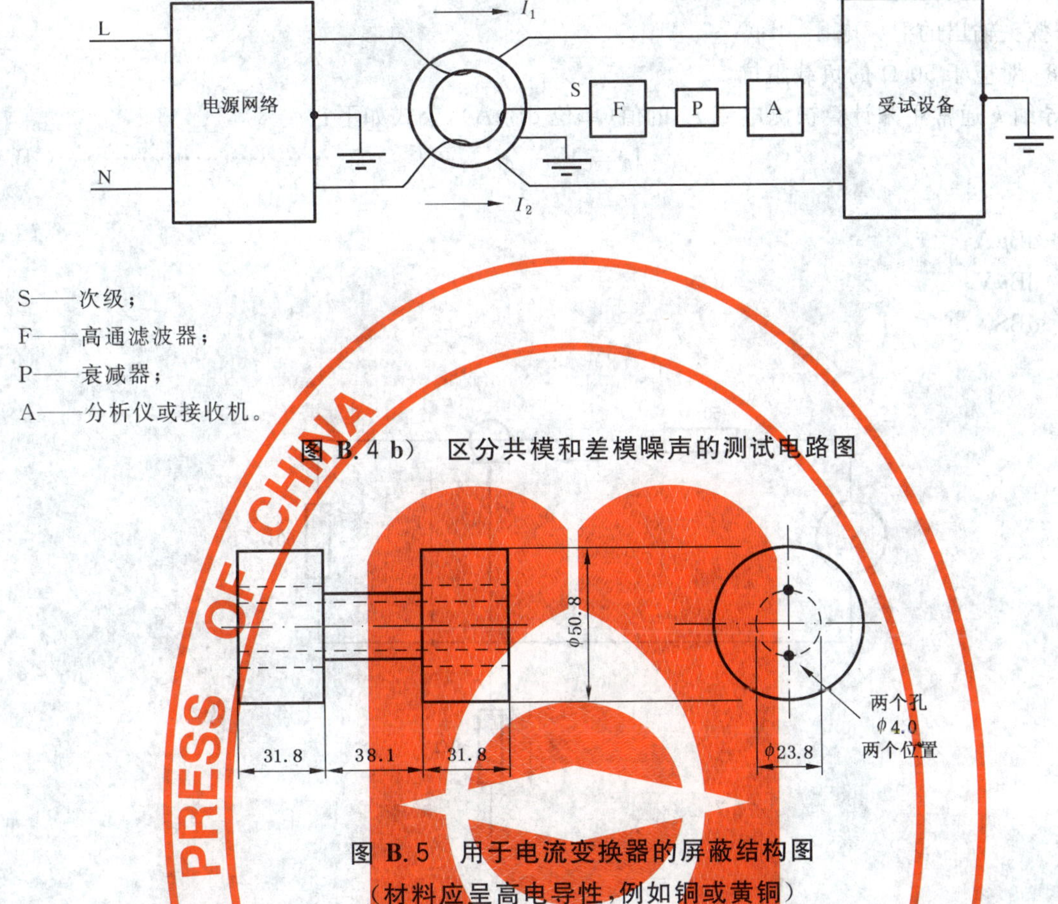

S——次级；
F——高通滤波器；
P——衰减器；
A——分析仪或接收机。

图 B.4 b) 区分共模和差模噪声的测试电路图

图 B.5 用于电流变换器的屏蔽结构图
（材料应呈高电导性，例如铜或黄铜）

这种结构用来放置电流探头内的未屏蔽导线，并且当电流探头输出单点接地时，它可以对任何外部的耦合提供附加的屏蔽。将 0.75 mm^2 的绝缘多股线穿过铜屏蔽体上的孔洞，并用接线柱固定在两端。其中一端与来自人工电源网络的屏蔽引线相连，另一端与来自受试设备的屏蔽引线相连。屏蔽体的中心孔径由绝缘胶带构成，以便绝缘多股线能紧固在截槽中，于是，当电流探头被扣紧时，使得屏蔽体的这一部分能够与电流探头紧密结合。

屏蔽体的放置应使引线垂直于探头一分为二的截面。此外，保证图 B.5 所示的屏蔽结构与电流探头壳体的绝缘，以防止电流探头壳体中的气隙被短路也是很重要的。

B.5.3 高通滤波器

如果需要，在电流探头的输出与测量接收机之间插入一个高通滤波器，该滤波器可以是测量接收机的一个组成部分（见图 B.2 和图 B.4b））。

B.6 电流探头的校准

电流探头的校准可以用一个夹具来进行。该夹具由同轴适配器的两半组成。当将电流探头装配其上时，便形成了一根同轴线：包裹着电流探头的为外导体，穿过探头口径的为内导体（见图 B.8）。

校准等效电路示于图 B.6。当同轴线匹配良好时，流经内导体的电流 I_P 可通过测量线上的电压 V_1 来计算。如果探头用金属体作为屏蔽体就应考虑将夹具设计成性能良好的同轴线。如果电流探头的电压输出为 V_2，转移导纳可由下式算出：

$$k = V_1 - V_2 - 34 \qquad \text{(B.8)}$$

式中：

k——转移导纳，dBS；

V_1——同轴线上的射频电压，dBμV；

V_2——探头输出的射频电压，dBμV；

系数 34 对应于 50 Ω 的负载阻抗。

转移导纳 k 通常用来计算被测电流 I_P 的值(单位 dBμA)，公式如下：

$$I_P = V_2 + k \quad \cdots\cdots(B.9)$$

式中：

I_P——dBμA；

V_2——dBμV；

k——dBS。

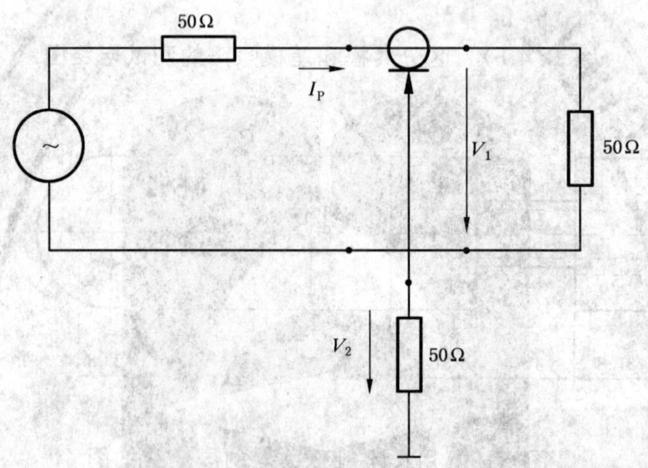

图 B.6 用于电流探头系数 k 测量的带有同轴适配器和电流探头的电路图

图 B.7 示出了典型的校准结果。图 B.8a)和图 B.8b)分别示出了同轴适配器夹具的回波损耗和照片。

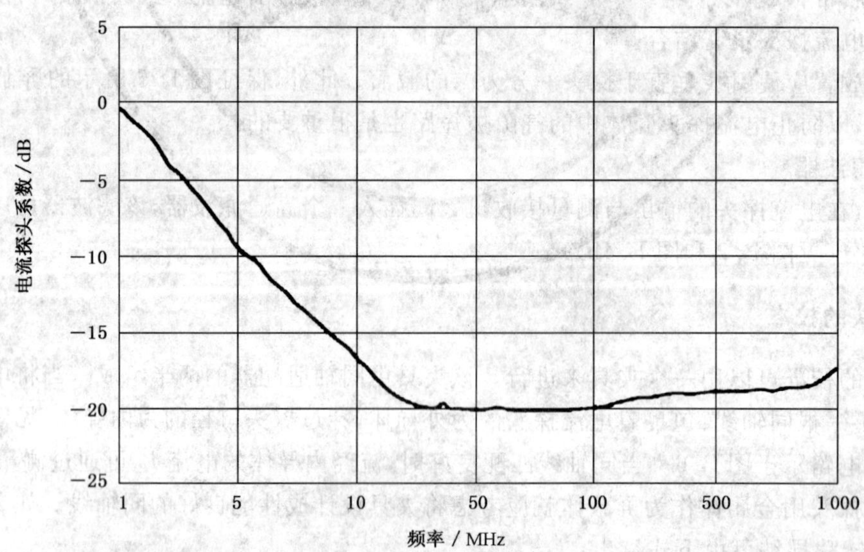

图 B.7 作为频率函数的电流探头系数 k

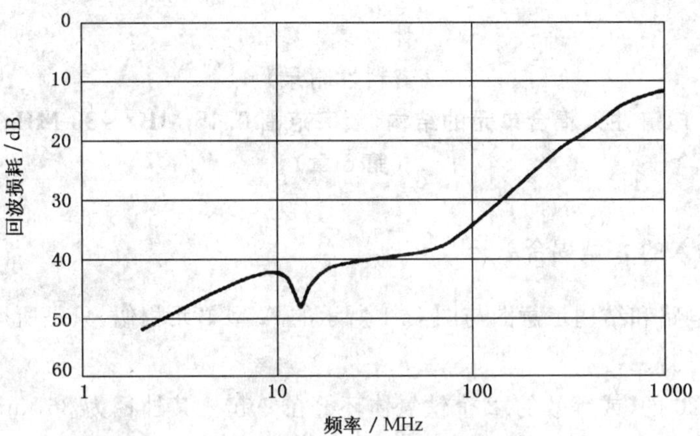

图 B.8 a） 回波损耗

同轴适配器(见图 B.8b))端接 50 Ω、内有电流探头时的回波损耗。电流探头也端接 50 Ω。

图 B.8 b） 同轴适配器两半之间的电流探头

附　录　C
（资料性附录）
电流注入耦合单元的结构，频率范围 0.15 MHz～30 MHz
（第 6 章）

C.1　用于同轴天线输入的 A 型耦合单元

A 型耦合单元的电路和结构示意图与图 C.1 所示的 A 型单元相似，只是所用的电感值为 280 μH。

280 μH 电感的结构：

磁芯：将材料为 4C6 的（或等效的）2 个铁氧体环叠在一起。其外径为 36 mm，内径为 23 mm，厚度为 30 mm。

绕组：用全屏蔽的小型同轴电缆绕 28 匝，例如线径为 0.9 mm，其外包有外径为 1.5 mm 的绝缘塑料护套的微型同轴电缆。

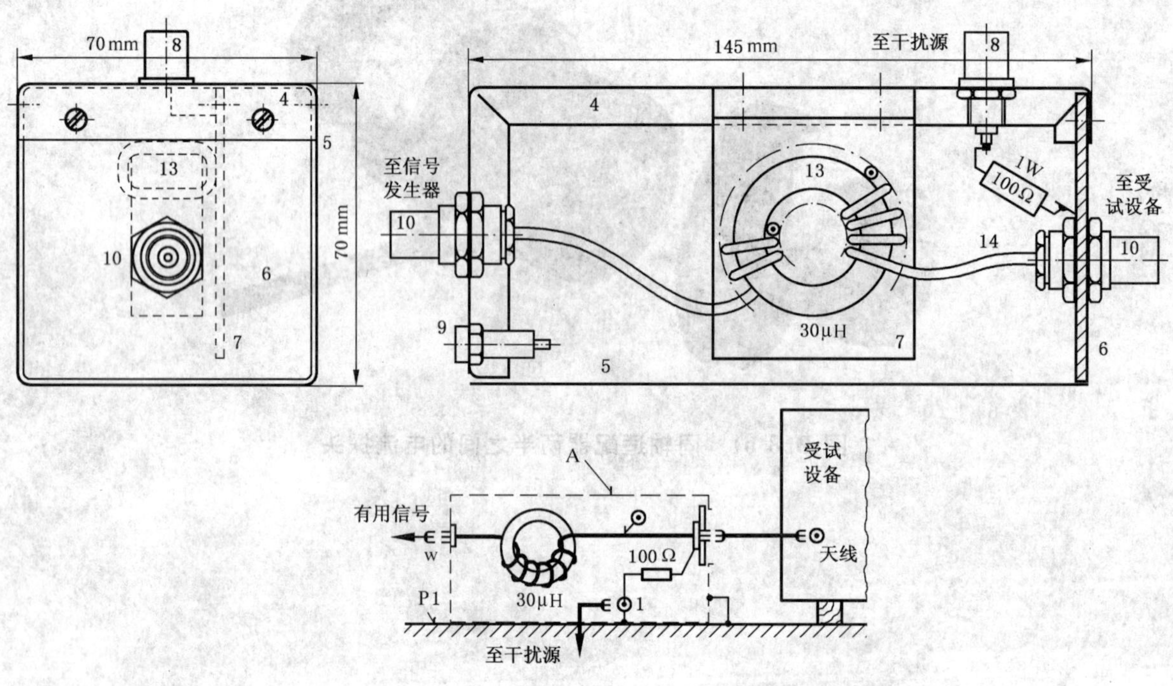

4、5——金属盒（145 mm×70 mm×70 mm），5 连接到接地平板 P1；

6——前面板（绝缘材料）；

7——扼流圈的支架板；

8——BNC 同轴连接器，50 Ω；

9——接地插座；

10——BNC 同轴连接器；

13——4C6 型铁氧体环（Ø36×Ø23×15 mm），用同轴电缆缠绕 14 匝；

14——同轴电缆；外径 2.4 mm；

P1——接地平板。

图 C.1　用于同轴输入的 A 型耦合单元的电路和结构示例（见第 C.1 和 D.2 章）

C.2 用于电源线的 M 型耦合单元

M 型耦合单元的电路和结构示意图与图 C.2 所示的 M 型耦合单元相似，只是所用的电感值为 560 μH，电容 C_1 为 0.1 μF，C_2 为 0.47 μF。

560 μH 电感的结构：

磁芯：2 个材料为 4C6 的（或等效的）铁氧体环叠在一起。其外径为 36 mm，内径为 23 mm，厚度为 30 mm。

绕阻：用绝缘铜绕线绕 40 匝，线径为 1.5 mm。

4～9——见 A 型耦合单元；

11——受试设备的电源插座（两个绝缘香蕉插头）；

12——电源插座（2P+地）；

15——两个 4C6 型铁氧体环（Ø36×Ø23×15 mm），每个 20 匝；

16——绝缘铜线，外径 Ø0.8 mm。

图 C.2 用于电源线的 M 型耦合单元的电路和结构示例（见第 C.2 和 D.2 章）

C.3 用于扬声器引线上的 L 型耦合单元

L 型耦合单元的电路和结构示意图与图 C.3 所示的 L 型耦合单元相似，只是使用了两个大小为 560 μH 电感，C_1 为 47 nF，C_2 为 0.22 μF。

560 μH 扼流圈的结构：

磁芯：一个材料为 4C6 的（或等效的）铁氧体环。其外径为 36 mm，内径为 23 mm，厚度为 15 mm。

绕组：用漆绝缘双股并行的绕线绕 56 匝，线径为 0.4 mm。

注：4C6 型磁性铁氧体的特性：

相对起始磁导率——$\mu_i=120$

损耗因子——2 MHz 时 $\tan\delta/\mu_i<40$，10 MHz 时 $\tan\delta/\mu_i<100$

电阻率——$\rho=10$ kΩm

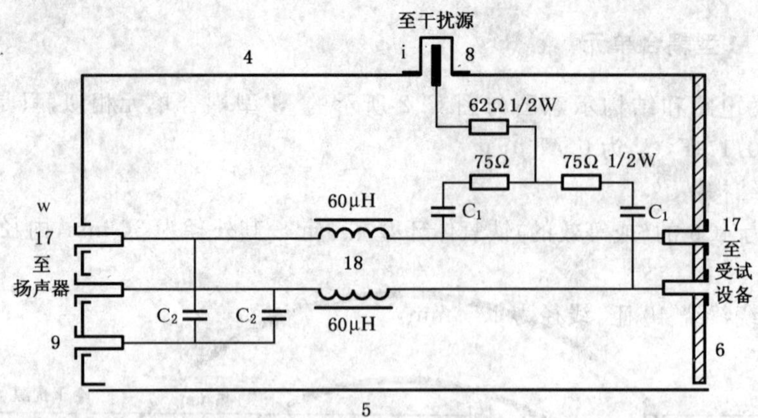

4、5、6、8、9——见 A 型耦合单元(包括结构);

17——绝缘香蕉插座;

18——两个 60 μH 电感,每个电感:

磁芯:一个 4C6 型铁氧体芯(Ø36×Ø23×15 mm);

匝数:外径为 1.2 mm 铜绝缘线绕 20 周;

电感安装:见 M 型单元;

C_1=10 nF　C_2=47 nF

图 C.3　用于扬声器引线的 L 型耦合单元的电路图(见第 D.2 章)

C.4　用于音频信号的 Sw 型耦合单元

Sw 耦合单元的电路和结构示意图与图 C.4 所示的 SW 型耦合单元相似,只是使用了第 C.1 章中所述的 280 μH 电感。屏蔽电缆可以是音频类型,其直径不应大于 2.1 mm。

注:如果受试设备使用的双声道信号电缆是连在一起的,那么第 C.1 章所述的 A 型耦合单元正可用于此。

C.5　用于音频视频和控制信号的 Sw 型耦合单元

Sw 型耦合单元的电路和结构示意图与图 C.5 所示的单元相似,只是使用了第 C.2 章中所述的 560 μH 电感。三线电缆的外径不应超过 1.5 mm。这可用下述方法实现:用 2 根 UT-20 型微型同轴电缆(直径为 0.6 mm)和一根直径为 0.3 mm 的漆绝缘铜线。

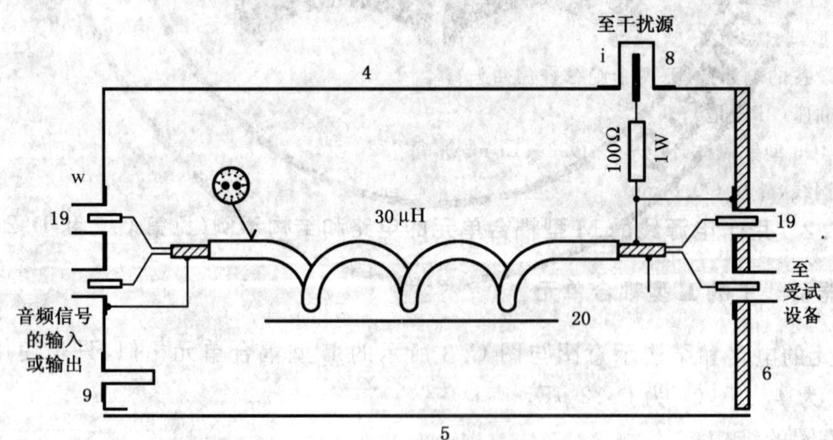

4、5、6、8、9——见 A 型耦合单元;

19——插座;

20——30 μH 电感,

电感铁芯:一个 4C6 型铁氧体环(Ø36×Ø23×15 mm);

线圈:屏蔽双绞线电缆绕 14 匝,绝缘外径 2.8 mm。

电感安装:见 A 型单元。

图 C.4　用于音频信号的 Sw 型耦合单元的电路图和简化结构示意图(见第 D.2 章)

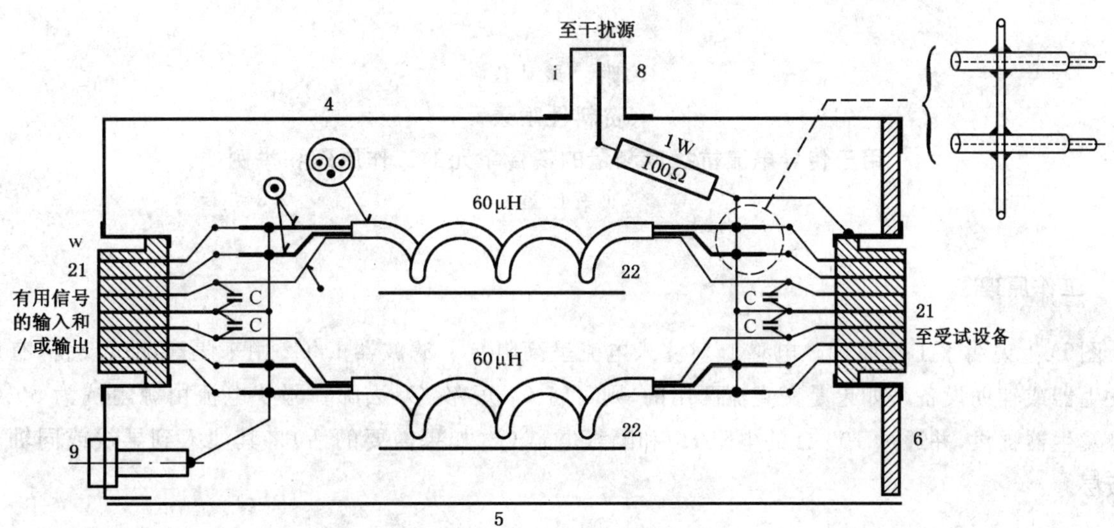

4、5、6、8、9——见 A 型耦合单元；

21——多芯插座(如 7 针的 DIN 插座)；

22——两个 60 μH 电感，每个电感含有一个材料为 4C6 的铁氧体环(Ø36×Ø23×15 mm)，

线圈：用三线电缆绕 20 圈；

电缆：由两个外径为 0.9 mm 的 UT-34 型微型同轴电缆和一根直径为 0.4 mm 的漆包线組成，三线电缆的外径为 2.4 mm。

电感安装：见 M 型单元；

C=1 nF(如信号源许可还可更大些)

图 C.5 用于音频、视频和控制信号的 Sw 型耦合单元的电路图和简化结构示意图(见第 D.2 章)

附 录 D
（资料性附录）
用于传导电流抗扰度测量的耦合单元的工作原理和举例
（第6章）

D.1 工作原理

图D.1说明了工作原理。电感L对注入电流呈高阻抗。滤波器L/C2用来隔离测试设备（有用信号发生器或辅助设备）；如果是交直流两用的，则可将 C_1 短路，C_2 去除。骚扰电流由源阻抗为50 Ω的信号发生器提供，并通过100 Ω的电阻 R_1 和隔直电容 C_1（如果需要的话）将其注入到导线或同轴电缆屏蔽层。

D.2 耦合单元的类型及其结构

使用下面类型的耦合单元：

A型：射频同轴单元用于射频范围载有有用信号的同轴线的抗扰度测量。其结构详图示于图C.1。将100 Ω的电阻（与50 Ω骚扰信号源形成150 Ω的源阻抗）连接到耦合单元同轴输出连接器的屏蔽层上。

M型：M型单元用于电源线的抗扰度测量。其结构详图示于图C.2。骚扰电流通过连接于两线之间的100 Ω等效电阻不对称地注入电源线。这种单元与△型人工电源网络相似，从受试设备端看，则呈现150 Ω阻性的对称和不对称的等效阻抗。

L型：L型单元用于扬声器引线的抗扰度测量，其结构详图示于图C.3。骚扰源阻抗的构成与M型单元相同。

Sw和Sr型：这两种类型的耦合单元是为音频、视频和其他辅助设备引线的抗扰度测量而设计的。它们采用多芯型单元，以便适应多种不同芯数、不同结构连接器的测量需求。如下所述：

Sw型：这种单元为音频、射频、控制和其他信号提供通路。这种情况下，为了确保骚扰信号直接注入到受试设备，需要滤波。其结构详图示于图C.4。图中绕在磁环上的屏蔽双芯线，可为音频信号提供简单的滤波。对于多引线电缆，由于结构上的原因，可将引线分成单股后再绕到磁环上（见图C.5）。上述两种情况，骚扰电流通过100 Ω的电阻注入到输出连接器屏蔽外壳和接地点以及屏蔽引线的屏蔽层，然后通过电容器注入到其他（未屏蔽的）引线。

Sr型：Sr型单元设计用于不要求有信号通路的场合。电缆中所有的引线都应端接匹配的负载阻抗。其结构详图示于图D.2。骚扰电流通过100 Ω电阻注入到连接器的接地屏蔽壳和接地插针上，同时也注入到那些接有负载电阻（R_1～R_n）的对应点上。注意图C.4和图C.5示出的单元如能正确端接负载也可用于此目的。

如果骚扰信号发生器的源阻抗不是50 Ω，就应调整串联电阻的阻值以得到要求的150 Ω。

图C.1～图C.5和图D.1、图D.2示出的射频扼流圈，在1.5～150 MHz的频率范围，其电感值为30 μH，或2个60 μH的并联值；在0.15～30 MHz频率范围，其电感值为280 μH或2个560 μH的并联值。附录C描述了扼流圈的结构。

为了尽可能地减小耦合单元输出端的分布电容，设计阶段就应引起重视。注意对于那些耦合单元的金属壳体，应采用大截面积铜编织带将其可靠地连接到接地平板。

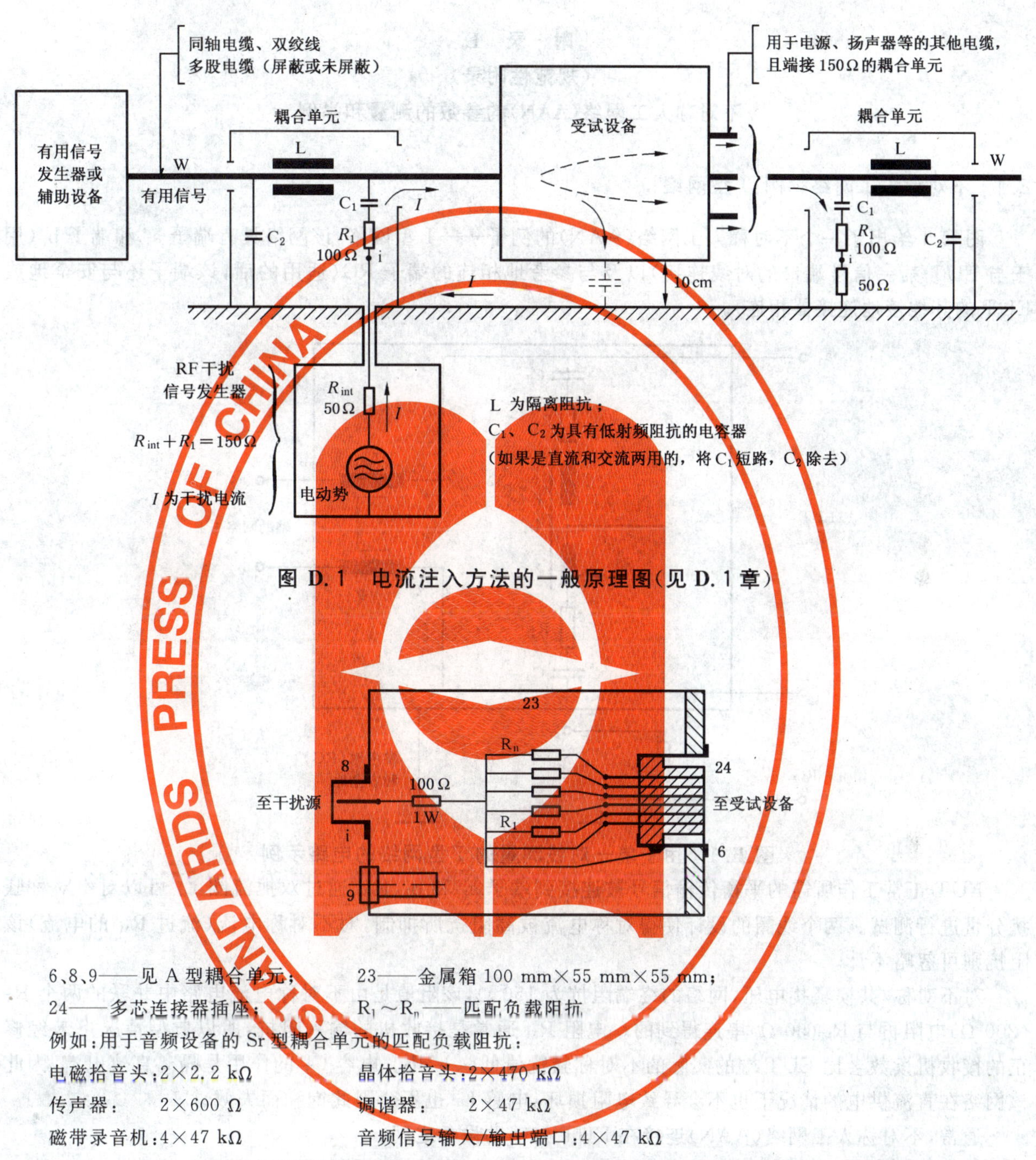

图 D.1 电流注入方法的一般原理图(见 D.1 章)

6、8、9——见 A 型耦合单元；　　23——金属箱 100 mm×55 mm×55 mm；

24——多芯连接器插座；　　R_1～R_n——匹配负载阻抗

例如：用于音频设备的 Sr 型耦合单元的匹配负载阻抗：

电磁拾音头：2×2.2 kΩ　　晶体拾音头：2×470 kΩ

传声器：　2×600 Ω　　调谐器：　2×47 kΩ

磁带录音机：4×47 kΩ　　音频信号输入/输出端口：4×47 kΩ

图 D.2 带有负载阻抗的 Sr 型耦合单元的电路和简化结构示意图(见 D.2 章)

附　录　E
（规范性附录）
不对称人工网络(AAN)的参数的测量和举例

E.1　不对称人工网络举例:T型网络

图E.1给出了一个不对称人工网络(AAN)的例子——T型网络,该网络具有端子a_1和端子b_1(用于与EUT某一信号端口的对线连接)以及与参考地相连的端子RG(适用的话,该端子还与安全地或EUT的其他接地连接器相连)。

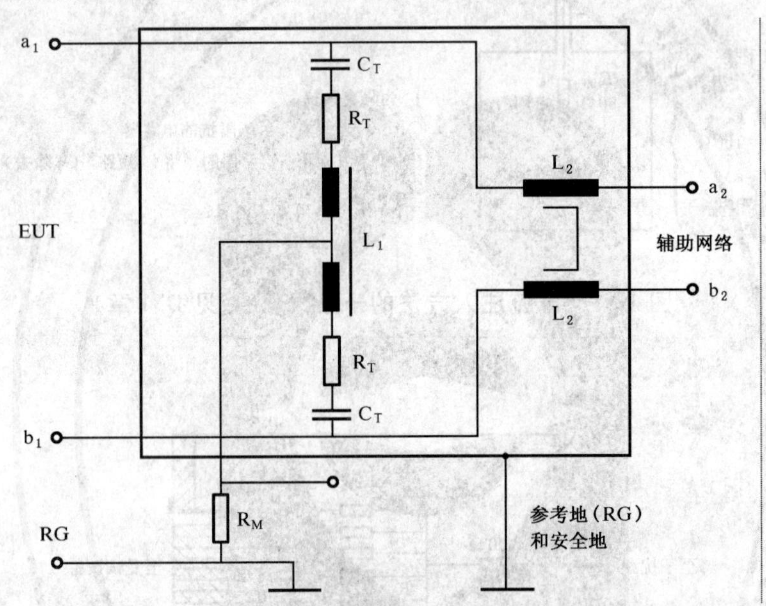

图E.1　用于单一对线测量的T型网络的电路示例

EUT正常工作所需的平衡传输信号被连接到端子a_2和b_2上。通过双扼流圈L_1可以对不对称骚扰分量进行测试。两个线圈的设计使得对称电流被高阻抗所抑制,对不对称电流(流过R_M的电流)该阻抗则可忽略不计。

对不对称/共模骚扰电压,网络的终端阻抗为150 Ω,该阻值是由不对称电流电路中并联的两个R_T(200 Ω)电阻再与R_M(50 Ω)串连得到的。电阻R_M通常是接收机的输入阻抗,所以典型情况下未经修正的接收机读数会比EUT端的实际的不对称骚扰值低9.5 dB。电容C_T的作用是隔离直流电流,因此该网络在直流供电的情况下也不会导致电阻损坏,电感L_1也不会因此饱和而失效。

通常,不对称人工网络(AAN)连接在EUT与辅助设备之间。

E.2　不对称人工网络(AAN)参数的测量

为了确定与本部分第7.1条要求的符合性,采用针对以下参数的测试程序:

a)　终端阻抗:端子a_1与端子b_1连接在一起时与RG端子之间的阻抗。该阻抗应在端子a_2、b_2与接地端子RG开路和短路两种状态下分别进行测量(见图E.2)。

b)　纵向转换损耗(LCL):Y型网络抑制参数应按照图E.3c)所示的方法进行测量。网络分析仪(NA)将输出信号施加到纵向转换损耗探头上。该探头的残留纵向转换损耗必须比不对称人工网络(AAN)要求的纵向转换损耗至少高10 dB。纵向转换损耗探头的校验见图E.3a),纵向转换损耗探头的校准见图E.3b)。

c)　去耦衰减:应按图E.4所示的方法测量去耦衰减。

d) 对称(平衡)电路的插入损耗:应按图 E.5 所示的方法测量平衡电路的插入损耗。

Y 型网络的插入损耗测试需用两个纵向转换损耗探头作为平衡—不平衡转换器使用。两个相同的平衡—不平衡转换器相串连以分别测出其各自的插入损耗。平衡—不平衡转换器应做到,在 0.15 MHz～30 MHz 频率范围,两个平衡—不平衡转换器合成的插入损耗小于 1 dB。

e) 不对称电路的分压系数(Y 型网络的校准):按图 E.6 所示的方法测量不对称电路的分压系数。

f) 对称负载阻抗及传输带宽:该参数依系统不同而不同。Y 型网络针对某一特定阻抗在考虑传输带宽影响时可达到最优化。传输带宽可以按图 E.5 所示的测试布置图通过测量某一特定的对称负载阻抗而得出。

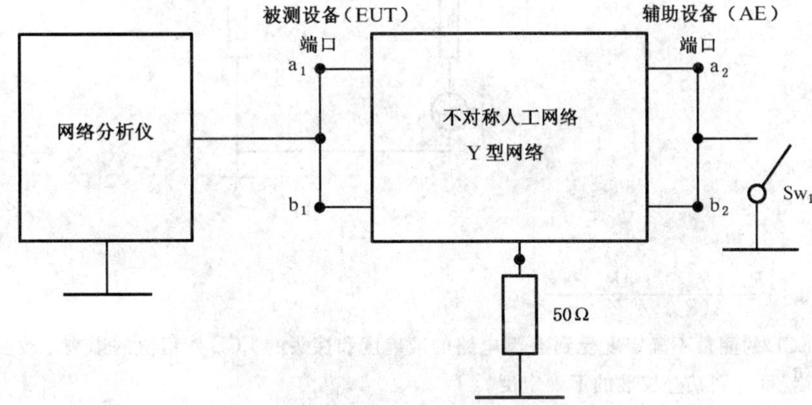

注:对于有多组对线的 ANN(即多于一组),应分别测量每一组对线,测量时,所有的 EUT 端口线以及所有的 AE 端口线应分别连在一起。

图 E.2 终端阻抗测量布置图

注:当端接一个由 R_1、R_2 和 R_3($R_2=R_3$)组成的最小化的 LCL 的Π型电路时(它包括 AAN 的额定对称阻抗 $Z\left(=\frac{R_1\cdot(R_2+R_3)}{R_1+R_2+R_3}\right)$和 150 Ω$\left(=\frac{R_2\cdot R_3}{R_2+R_3}\right)$的不对称阻抗),理想状态下,探头应有 20 dB 的残留纵向转换损耗,或高于被测的纵向转换损耗的最大值。当 $Z=100\ \Omega$ 时:$R_1=120\ \Omega$,$R_2=R_3=300\ \Omega$。

纵向转换损耗探头应工作在具有大小等于 $Z/4$ 的不对称源阻抗的状态下。

当 $Z=100\ \Omega$ 时,$Z/4=25\ \Omega$。

为得到最佳的复现性,通过互换Π型电路与 LCL 探头平衡端子的连接方式,可以使探头的 LCL 值达到最大。

定义:纵向转换损耗(LCL)$=20\lg\left|\frac{E}{V}\right|$(dB)(引自 ITU-T 建议书 G.117)

LCL 探头应该有合适的结构使 LCL 探头能使用普通网络分析仪进行测量。在文献[1]中给出了 LCL 探头的示例。

a) LCL 探头校验布置

图 E.3 用 LCL 探头进行的 LCL 值测量(包括探头的校验和校准)

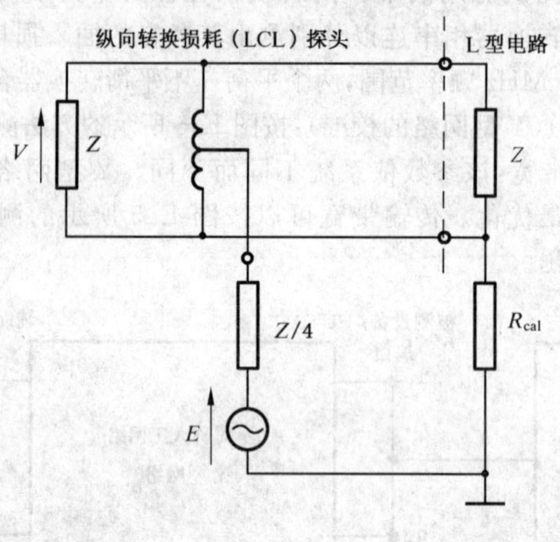

注：$LCL_L = 20\lg\left|\frac{(R_{sym} \mathbin{/\!/} Z) + 4R_{cal} + Z}{2(R_{sym} \mathbin{/\!/} Z)}\right|$ dB

图 E.3b 所示的 LCL 的测量不确定度受到 L 型电路的准确度和探头的 LCL 残留值的影响。改变 LCL 探头相对于 L 型电路的连接方向，就可得到某些校准的不确定度。

L 型网络举例：当 $Z=100\ \Omega$，$R_{sym}=100\ \Omega$，$R_{cal}=750\ \Omega$ 时，得到的 LCL 值为 29.97 dB，约等于 30 dB。

b) LCL 探头校准测试图（L 型电路）

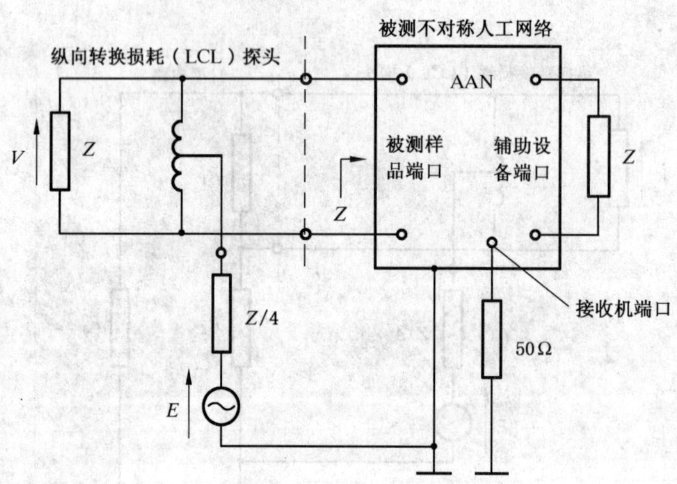

注 1：LCL 的定义参见图 E.3a)。

注 2：基于被测纵向转换损耗(LCL)与探头纵向转换损耗(LCL) 残留值密切相关，在 EUT 端口，通过互换 LCL 探头与 EUT 的连接端子，并对两次测量结果取平均值后可以提高测试的准确度。

注 3：对于有多组对线的 AAN(即多于一组)，应分别测量每一组对线的 LCL，其他所有对线应通过各自的共模阻抗 Z 进行端接，以防影响被测对线。

c) AAN 网络的 LCL 测量布置

图 E.3（续）

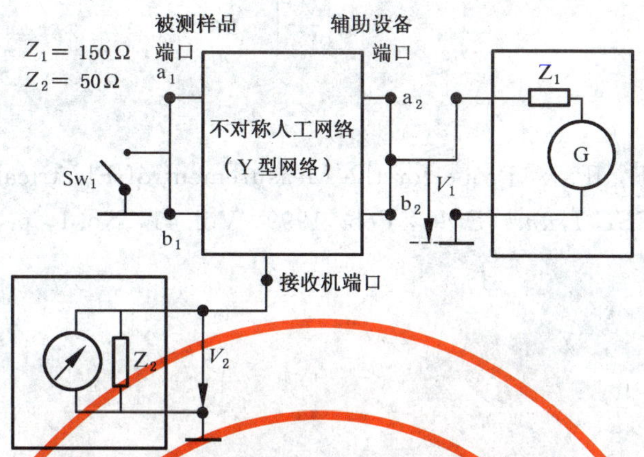

注 1：去耦衰减应该在 Sw_1 开、关两个位置上分别进行测量。

注 2：对于有多组对线的 AAN(即多于一组)，测量时 EUT 端口的所有的线和 AE 端口的所有的线应分别各自连接在一起。

注 3：a_{vdiv} 是按图 E.6 测得的分压系数。

图 E.4　对 AAN 的 AE 端口与 EUT 端口之间不对称信号去耦衰减(隔离度)测量布置图

$$a_{decoup} = 20\lg\left|\frac{V_1}{V_2}\right| - a_{vdiv} \quad (dB)$$

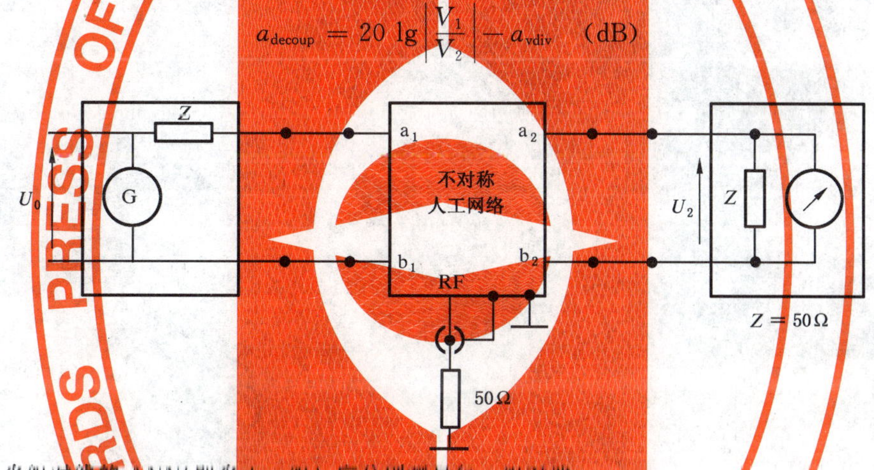

注：对于有多组对线的 ANN(即多于一组)，应分别测量每一组对线

图 E.5　AAN(对称信号)插入损耗的测量布置

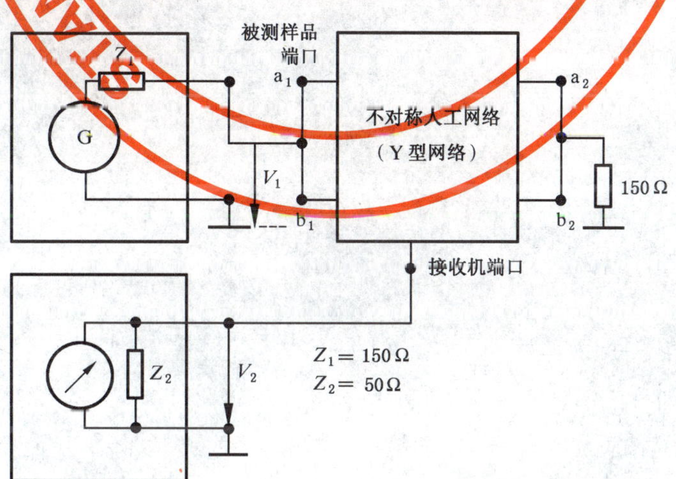

注：如果不对称人工网络(AAN)结构更为复杂(如：多于一组对线)，那么测量时 EUT 端口的所有的线和 AE 端口的所有的线应分别各自连接在一起。

图 E.6　AAN 的不对称电路分压系数校准布置图

$$a_{\mathrm{vdiv}} = 20\ \lg\left|\frac{V_1}{V_2}\right| \quad (\mathrm{dB})$$

E.3 参考文献

[1] MACFARLANE，IP. A Probe for the Measurement of Electrical Unbalance of Networks and Devices. *IEEE Trans. EMC*，Feb. 1999，Vol. 41，No. 1，p. 3-14.

附 录 F
（规范性附录）
用于同轴和屏蔽电缆测量的人工网络（AN）的参数的测量和举例

F.1 用于同轴和其他类型的屏蔽电缆测量的人工网络的描述

图 F.1 给出了用于同轴电缆测量的人工网络的示例，它由微型同轴电缆（微型的半刚性固体铜屏蔽或微型的双绞屏蔽同轴电缆）绕制在铁氧体磁环上组成的内置共模扼流圈构成。

如果不需要高的屏蔽衰减，内置的共模扼流圈可以使用绝缘的双绞线（其中一根绝缘线与同轴电缆的内芯线相连，另一根绝缘线与同轴电缆的屏蔽层相连）绕制在一个普通的磁芯（如铁氧体环）上构成。

对多芯屏蔽电缆，内置的共模扼流圈可由多根绝缘的信号线与一根绝缘的屏蔽线或者由一根多芯屏蔽电缆在磁芯上绕制而成。

F.2 用于同轴和屏蔽电缆测量的人工网络的参数的测量

a） 终端阻抗：测量终端阻抗是指测量过壁连接器上的同轴电缆的屏蔽层（没有附加的 EUT 电缆）与参考地连接器之间的阻抗，此时，接收机端口端接 50 Ω 匹配阻抗。

b） 分压系数：人工网络的分压系数的测量应该按照图 F.2 所示的布置进行。

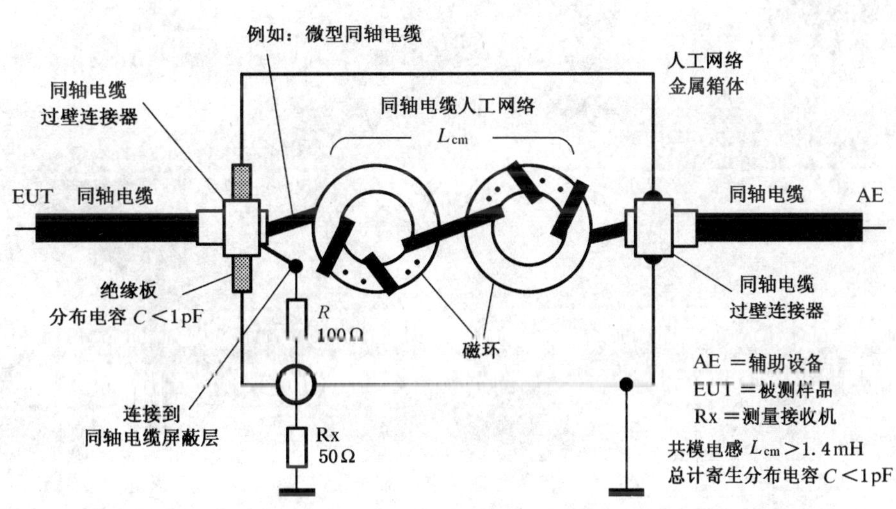

图 F.1 用于同轴电缆测量的人工网络示例

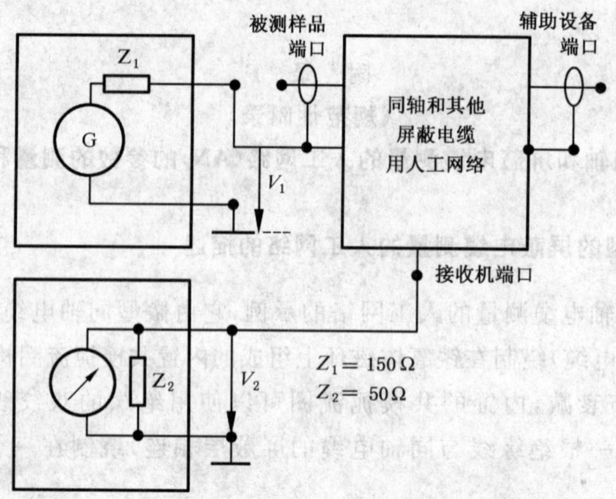

图 F.2 用于同轴和屏蔽电缆测量的人工网络的分压系数测试布置

$$电压分压系数：a_{\mathrm{vdiv}} = 20\ \lg\left|\frac{V_1}{V_2}\right| \quad (\mathrm{dB})$$

附 录 G
（资料性附录）
容性电压探头的结构和评价
（第 5.2.2 条）

G.0 引言

本附录提供容性电压探头（CVP）校准方法的示例。只要其校准方法的不确定度与本附录所提供的校准方法的不确定度相当，也可以使用其他的校准方法。

G.1 容性电压探头的物理和电气考虑

图 G.1 给出了容性电压探头的结构。它由两个同轴电极、一个接地端、一个电缆夹具和一个跨阻放大器组成。外电极用于静电屏蔽，以降低沿着电缆外皮的静电耦合引起的测量误差。

图 G.2 为探头的等效电路。当电缆和地之间存在电压时，在内电极和外电极间将产生一个静电感应电压。该电压由一个高输入阻抗放大器检测出，然后经过跨阻放大器变换成低阻抗。其输出由一个测量接收机测量。

G.2 分压系数频率响应的确定

图 G.3 为测量容性电压探头频率响应的测试布置。电压探头依照以下程序来验证。

a） 准备一根与 EUT 实际使用相同的电缆。

注：如果该探头用来测量几种类型的电缆，则应针对一些典型的电缆类型来校准并给出校准结果。虽然从方程(G.3)可以估算出分压系数(F_a)，但还是建议对每一根电缆的 F_a 进行实际测量。

b） 将校准夹具放在参考地平面上，如图 G.3 所示。

c） 将电缆两端连到校准夹具的内端口(端口 1，端口-2)(见图 G.3)。

d） 将探头放在校准单元里，调整电缆使其通过探头中心。

注意：如果校准夹具的端板离电压探头的两端太近，分布电容将增加，这会在较高频率对校准产生负面影响。如果校准夹具的端板离电压探头的两端太远，则校准夹具又可能会在较高频率形成驻波。这些驻波对校准也会产生负面作用。

e） 将探头的接地端与校准夹具的内部接地端连接。将校准夹具的外部接地端与参考地平面连接。接地条应做到低电感、尽可能短并尽量远离电压探头口径。

f） 将输出阻抗为 50 Ω 的信号发生器通过一个 10 dB 的衰减器连到端口-1 的外端口。

g） 将一个输入阻抗为 50 Ω 的电平表连到端口-2 的外端口，用 50 Ω 负载端接了探头的输出端口。在规定的频率范围内测量电平 V。

h） 将电平表连到探头的输出端口，用 50 Ω 负载端接端口-2 的外端口。在规定的频率范围内测量电平 U。

i） 用测量值计算分压系数 $F_a = 20\ \lg|V/U|$。

G.3 确定外部电场影响的测量方法

G.3.1 外部电场的影响

外部电场的影响可通过和靠近探头的其他电缆的静电耦合来实现。图 G.4 为静电耦合模型及其

等效电路。#2电缆上的共模电压 V_x 和#1电缆的电压 V 通过电容 C_x 和 C 出现在高阻电压探头的输入端子上，见图 G.4(a)。可用静电屏蔽来降低由 C_x 带来的耦合，但由于静电屏蔽的不完整，在外电极和其他电缆(C_x')之间的静电耦合使得外电场的影响仍然存在，见图 G.4(b)。G.3.2 提供了评估外电极和其他电缆间静电耦合影响的测量程序。应注意，电压 V 受 V_x 的影响，除非 $|Z_s| \ll |1/(j\omega C_c)|$。

G.3.2 确定外部电场影响的测量方法

由于静电屏蔽的作用有限，由静电耦合引起的外电场的影响可用图 G.5 中的测试布置来测量。测量程序如下：

a) 用 G.2 中的方法测量分压系数，$F_a = 20\lg|V/U|$。

b) 将容性电压探头放在电缆的旁边，距离“s”为 1 cm(见图 G.5)。

c) 将探头的接地端口连到校准单元的内部接地端口，校准单元的外部端口连到参考接地平面。

d) 将输出阻抗为 50 Ω 的信号发生器通过 10 dB 衰减器连到端口-1 的外端口。

e) 将输入阻抗为 50 Ω 的测量接收机连到端口-2 的外端口，用 50 Ω 负载端接了探头的输出端口。在规定的频率范围内测量电平 V_s。

f) 将测量接收机连到探头的输出端口，用 50 Ω 负载端接了端口-2 的外端口。在规定的频率范围内测量电平 U_s。

g) 外部电场影响减少的量 F_s 由测量值 V_s、U_s 通过 $F_s = F_a/(V_s/U_s)$ 计算来确定。

G.4 脉冲响应

容性电压探头是包含骚扰接收机在内的测量系统的一部分。它不能影响第 4 章描述的测量接收机的性能。由于容性电压探头内含有有源电路，所以应测量探头的脉冲响应。其响应可用 GB/T 6113.101附录 B 和附录 C 中描述的 B 频段脉冲发生器来测量。

注：用脉冲发生器来测量脉冲响应是困难的。用峰值等于脉冲峰值的正弦连续波测量探头的线性特性，也就测试了探头的脉冲性能。这是可以实现的，因为探头内没有检波器和带通滤波器。由于信号发生器和测试夹具间使用同轴电缆，所以可能需要使用衰减器来减小反射信号的大小。如果不用使频率响应平坦化，则可不使用衰减器。

脉冲发生器的脉冲响应在 0.15 MHz～30 MHz 是 0.316 mVs，见 GB 6113.101 表 B.1。脉冲信号发生器的频谱在 30 MHz 以下实际上为常数。下式近似给出了脉冲的宽度：

$$\tau = 1/(\pi f_m) \qquad \text{(G.1)}$$

式中 f_m 为 30 MHz，因此得到 $\tau = 0.0106\ \mu s$。

脉冲幅度 A 由下式给出：

$$A = 0.136/\tau = 29.8\ \text{V} \qquad \text{(G.2)}$$

这意味着容性电压探头在 30 V 以下都应呈线性。

当信号发生器的幅度为 30 V 时，可用测量分压系数 F_a 来验证其线性特性。

G.5 影响分压系数的因素

容性电压探头(CVP)的分压系数取决于受试电缆的半径和该电缆在探头内电极中所处的位置。虽然骚扰测量需要用到分压系数值，但要想计算出所有类型电缆的系数可能是困难的。为评估电缆结构对分压系数的影响而进行了一项研究。

对分压系数依赖性的研究采取了测量与理论分析相结合的方法。图 G.6 表明电缆在(探头)电极内位置变化时导致分压系数偏离的情形。图 G.6 中，“a”表示电缆的半径，“b”表示内电极的内半径，“c”表示外电极(静电屏蔽)的内半径，“g”表示内电极中心到电缆中心的间距。实验中，用一根铜棒来代替电缆。用横轴来表示间隔比 $g/(b-a)$；实线表示根据内电极和电缆间电容变化得到的计算结果，圆点表示测量值。结果发现，测量数据和计算数据吻合得很好。当间隔比小于 0.8 时，容性电压探头的灵敏度并不取决于电缆在内电极所处位置的变化。因此，为了减小测量误差，受试电缆应调整到从探头的中心通过。

图 G.7表明分压系数对电缆半径的依赖性。纵轴表示分压系数 F_a 的偏离，实线表示根据以下公式计算的结果：

$$F_a=\frac{\left\{1+\frac{1}{C_p}\frac{2\pi\varepsilon}{\ln\frac{b}{a}}d\right\}}{\left\{1+\frac{1}{C_p}\frac{2\pi\varepsilon}{\ln\frac{b}{a_{ref}}}d\right\}} \qquad \cdots\cdots(G.3)$$

式中 ε 为介电常数，a_{ref} 为用作基准的电缆半径，其他常数见图 G.1 的定义。跨阻放大器的增益 C_p 由测量得出。

圆点和菱形点表示了一些电缆的测量结果。每根电缆的等效半径以电缆中所包含的每一根线所组成的表面积为准取值，再与对应铜棒表面积的值来比较。电缆中含有的线的数目在 1～12 之间。图 G.7表明计算值和利用铜棒进行的测量结果十分吻合。因此，实际电缆测量的结果与计算值之间的偏离在 2 dB 之内。该研究结果表明，分压系数可以用式（G.3）和各电缆的表面积近似计算得出。

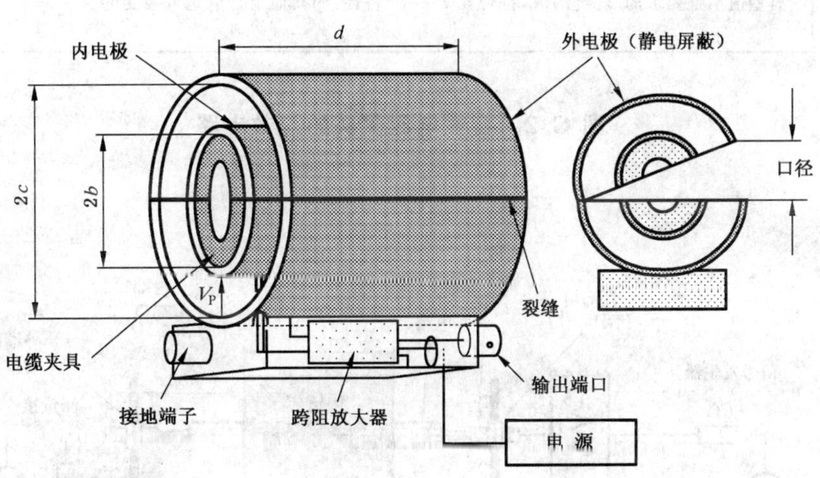

注意：

a） 电缆夹具用于将受试电缆固定在探头的中心。可将其看作介质。它将增大受试电缆和电压探头内电极间的电容。

b） 需要对外部电场进行隔离，以使得电源线拾取的信号不会耦合到电压探头的电路当中。

图 G.1 容性电压探头的结构

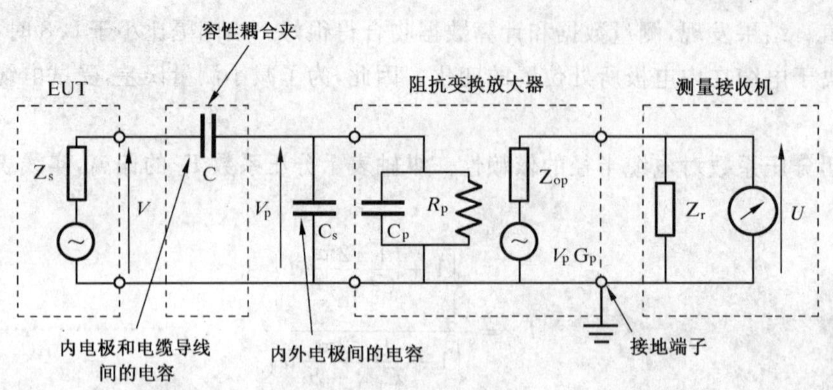

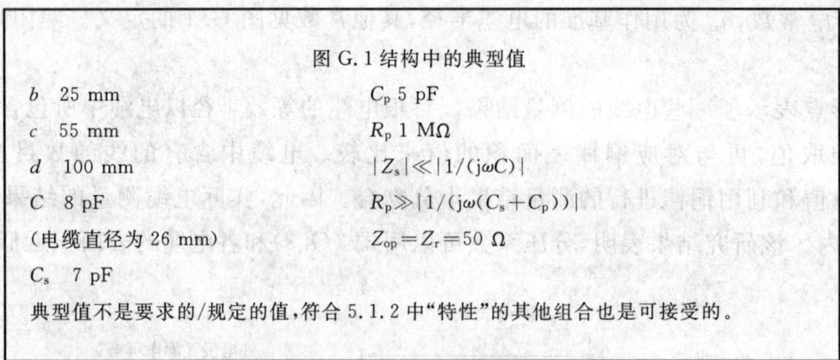

图 G.1 结构中的典型值

b 25 mm	C_p 5 pF
c 55 mm	R_p 1 MΩ
d 100 mm	$\|Z_s\| \ll \|1/(j\omega C)\|$
C 8 pF	$R_p \gg \|1/(j\omega(C_s+C_p))\|$
(电缆直径为 26 mm)	$Z_{op}=Z_r=50\ \Omega$
C_s 7 pF	

典型值不是要求的/规定的值，符合 5.1.2 中“特性”的其他组合也是可接受的。

图 G.2 容性电压探头的等效电路

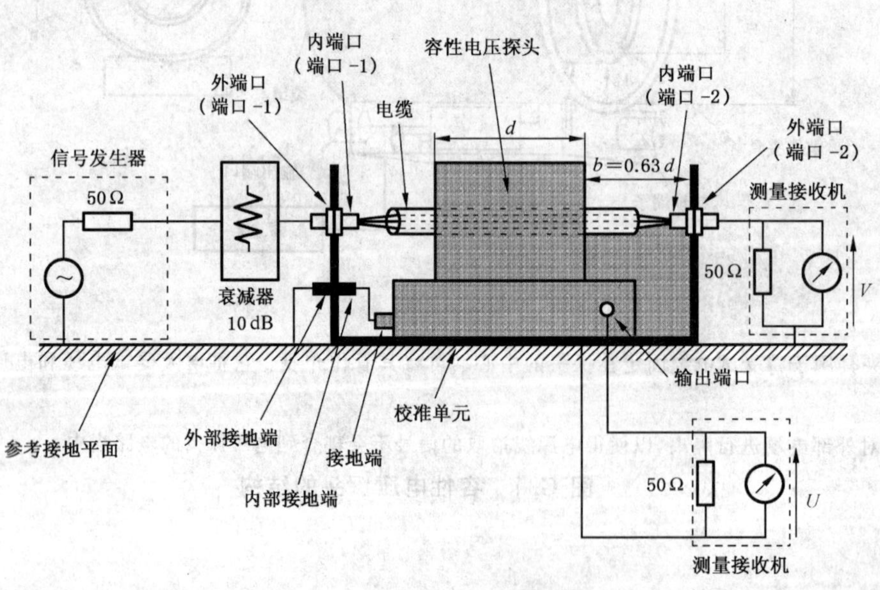

图 G.3 校准频率响应的试验布置

a) 无静电屏蔽的容性电压探头

b) 带静电屏蔽的容性电压探头

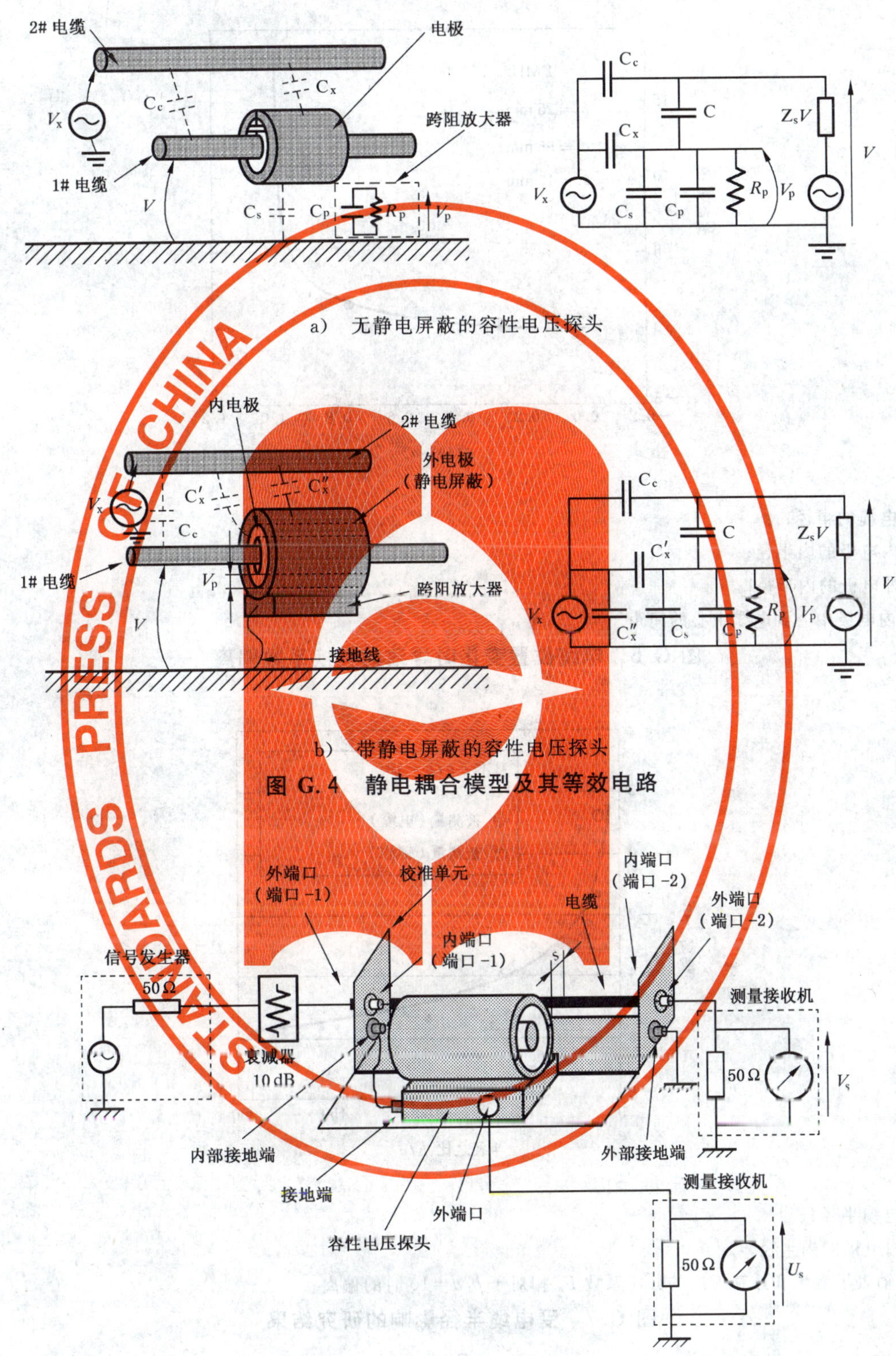

图 G.4 静电耦合模型及其等效电路

s——电缆和探头外侧的距离。

图 G.5 利用屏蔽来减少由静电耦合引起的外部电场的影响的试验布置

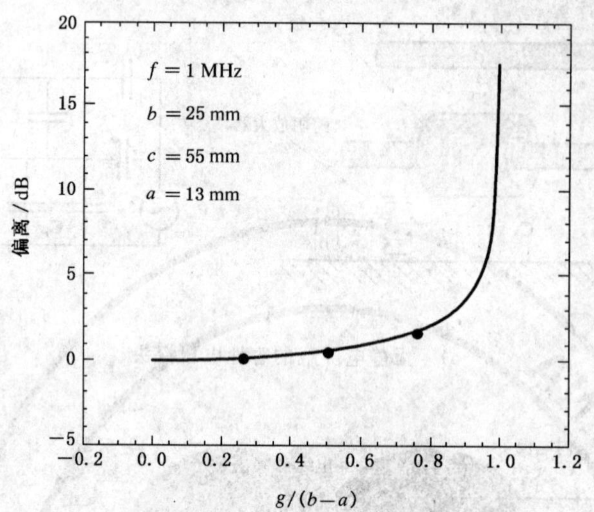

a——电缆的半径；

b——内电极的内半径；

c——外电极的内半径；

d——内电极中心到电缆中心的间距。

图 G.6 电缆位置变化时导致的转换系数偏离

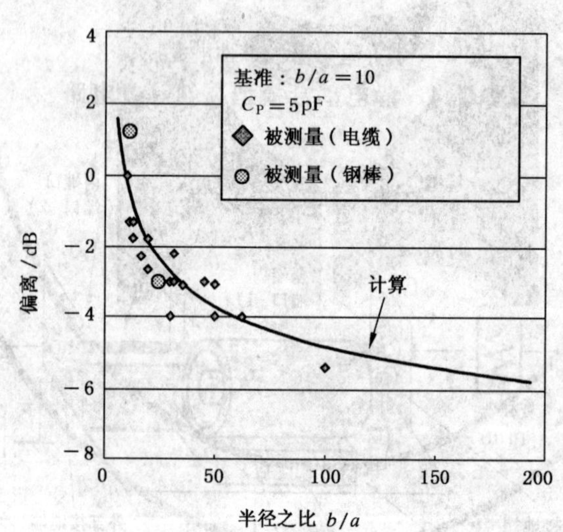

a——电缆半径；

b——内电极的内半径。

注：纵轴表示测量和计算得出的分压系数 F_a 相对于 $b/a=10$ 时的偏离。

图 G.7 受电缆半径影响的研究结果

附 录 H
(资料性附录)
V型人工电源网络的电源和受试设备/接收机端口之间基本去耦因子引入的原理

为了减小未知的实际电源阻抗对V型人工电源网络阻抗的影响,对于给定的EUT端口的终端,可以对电源端口和接收机端口之间的基本去耦因子(隔离度)作出规定。对于不同类型的V型人工电源网络之间的差异也必须给予考虑。

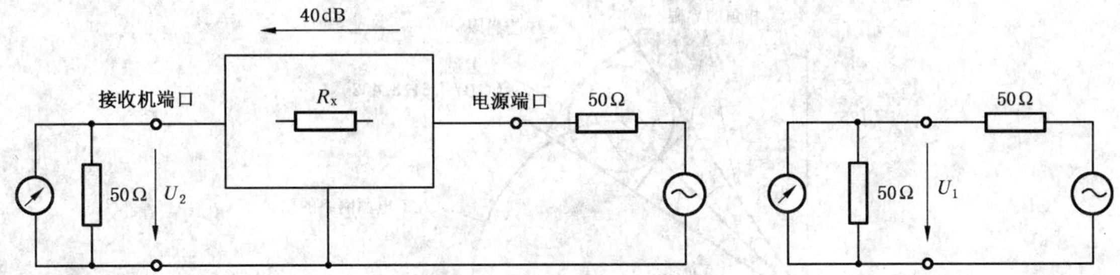

U_1——用50 Ω端接源测得的电压;

U_2——EUT端口或者接收机端口的电压;在4.7.2条中,U_2为接收机端口的电压。

图 H.1 隔离度(去耦因子)测量布置

例如,如果R_x=4 950 Ω就可以满足40 dB的隔离度($20\lg(U_1/U_2)$)要求。如果电源端口的阻抗为短路或开路,EUT端口的阻抗会有1%的变动。因此,为了将电源阻抗对人工电源网络阻抗的影响控制在1%以下,则需要具有40 dB大小的隔离度(第4.7条给出了详细的测量程序)。GB/T 6113.402的不确定度计算是基于20%的阻抗允差和不考虑电源端口的影响的情况下作出的。确保电源端口没有影响是不现实的。然而可以通过40 dB的隔离,1%的阻抗允差来控制对电源端口的影响,也就是说,例如,如果人工电源网络的阻抗允差的不确定度贡献为2.6 dB,那么未知的电源端口终端的不确定度贡献就可以达到0.13 dB量级(0.13 dB已包括在上述的2.6 dB中,因此不必再加上)。

此外,40 dB的隔离有助于限制电源端口的终端对分压系数的影响,并且有助于保持来自电源端口的骚扰低于临界电平。进一步的抑制可通过额外的滤波手段来实现。

注:此处临界电平是指相关标准在电源端口允许的最大环境噪声电平。

从制造商反应的情况可知,40 dB的隔离要求就可以容易地得到满足。如果仍不能满足40 dB的要求,那么只要通过诸如在电源端口终端和地之间增加电容的方法即可满足要求。

附 录 I
（资料性附录）
V 型人工电源网络输入阻抗引入相角允差的说明

在 GB/T 6113.402 中，U_{CISPR} 值的计算基于“不确定度圆”ΔZ_{in}（见图 I.1）的假设，ΔZ_{in} 也被重新定义为阻抗允差圆。

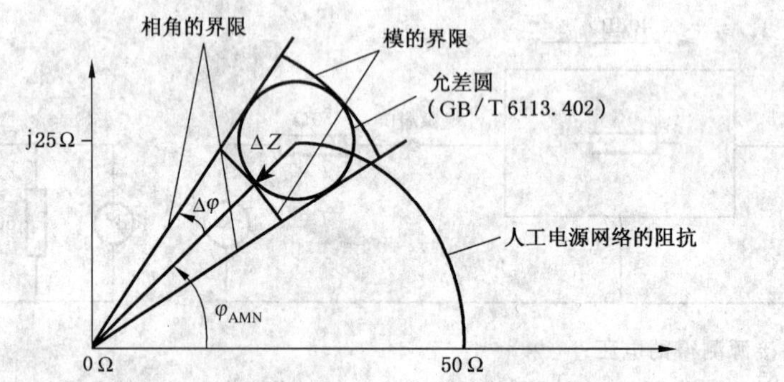

图 I.1 阻抗模和相角允差的定义

然而现有的网络分析仪没有规定阻抗允差圆。为了实现这个功能需要额外的软件。合理的作法是在现有阻抗允差的规范的基础上增加相角允差的规范。运用三角函数，从 $\Delta|Z|/|Z|=0.2$ 可得 $\Delta\varphi=11.54°$。

GB/Z 6113.401 被认为是使用 V 型人工电源网络进行的传导发射测量的不确定度和复现性的理论基础。为了说明由于与 V 型人工电源网络规定的相角存在偏差所带来的影响，那么可以使用 GB/Z 6113.401 的式(14)。

$$\frac{\Delta U_m}{U_{mt}}=\frac{Z_{d0}+Z_{13}}{Z_d+Z_{in}}\left(\frac{\Delta\alpha}{\alpha_0}+\frac{\Delta U_d}{U_{d0}}\right)+\frac{Z_{d0}}{Z_d+Z_{in}}\left(\frac{\Delta Z_{in}}{Z_{13}}-\frac{\Delta Z_d}{Z_{d0}}\right) \quad \cdots\cdots(\text{I}.1)$$

式中：

U_{mt}——在理想情况下 CISPR 接收机电压读数的真值电平；

Z_{13}——V 型人工电源网络的理想阻抗；

Z_{in}——$Z_{13}+\Delta Z_{in}$；

Z_{d0}、U_{d0}——骚扰源（即受试设备）参数的真值；

α_0——V 型人工电源网络分压系数的真值；

ΔU_m、$\Delta\alpha$、ΔU_d、ΔZ_{in}、ΔZ_d——与真值或理想值的偏差。

由于我们关注的是相角允差对不确定度的影响，$\Delta\alpha$、ΔU_d 和 ΔZ_d 的贡献可设为 0，从 GB/Z 6113.401 中的式(16)可得：

$$\frac{\Delta U_m}{U_{mt}}=\frac{Z_{d0}}{Z_d+Z_{in}}\left(\frac{\Delta Z_{in}}{Z_{13}}\right)=c_2\cdot\frac{\Delta Z_{in}}{Z_{13}} \quad \cdots\cdots(\text{I}.2)$$

GB/Z 6113.401 的图 15 示出了对于 $|Z_{13}/Z_{d0}|$ 的不同值，系数 c_2 的绝对值作为阻抗 Z_{in} 和 $Z_{d0}=Z_{EUT}$ 的相角差 $\varphi=\varphi_{Z_{in}}-\varphi_{d_0}=\varphi_{AMN}-\varphi_{EUT}$ 的函数。

针对数组不同的 φ_{EUT}(0°、−45°、−90°)、φ_{AMN}(0°、30°、46°)、$|Z_{13}/Z_{d0}|$(0.1、0.2、0.4、0.8、1.0、1.4) 和 $\Delta\varphi_{AMN}$(−23°、−11.5°、11.5°、23°)，使用电子数据表可以计算出系数 c_2 的绝对值。为了进行此研究，因子 $\Delta Z_{in}/Z_{13}$ 的绝对值已设为 0.2（即阻抗模允差的最大值），即：

$$\frac{\Delta U_m}{U_{mt}}=|c_2|\cdot 0.2 \quad \cdots\cdots(\text{I}.3)$$

为了比较相角偏差而带来的电压偏差，使用下式进行对数计算：

$$电平偏差 = 20\lg\left(1-\frac{\Delta U_{m}}{U_{mt}}\right) \quad\cdots\cdots(I.4)$$

已经对 $\Delta\varphi_{AMN}=-23°$和$-11.5°$的电平偏差结果进行了比较，对 $\Delta\varphi_{AMN}=11.5°$和 23°的电平偏差结果也作了比较，也就是，电平偏差$_{(23°)}$ − 电平偏差$_{(11.5°)}$。

由此，可以得到下列结果：

对于 $\varphi_{EUT}=0°$和 $\varphi_{AMN}=0°$：电平偏差$_{(23°)}$ − 电平偏差$_{(11.5°)}$ = 0.018 dB(最大值)。

对于 $\varphi_{EUT}=-45°$和 $\varphi_{AMN}=46°$：电平偏差$_{(23°)}$ − 电平偏差$_{(11.5°)}$ = 0.27 dB(最大值)。

对于 $\varphi_{EUT}=-45°$和 $\varphi_{AMN}=30°$：电平偏差$_{(23°)}$ − 电平偏差$_{(11.5°)}$ = 0.86 dB(最大值)。

对于 $\varphi_{EUT}=-90°$和 $\varphi_{AMN}=46°$：电平偏差$_{(23°)}$ − 电平偏差$_{(11.5°)}$ = 3.07 dB(最大值)。

对 $\Delta\varphi_{AMN}=11.5°$和 23°引入的电平偏差的比较表明：测量的复现性不但受到 V 型人工电源网络阻抗的影响，而且还受到频率(确定 φ_{AMN})和相角 φ_{EUT} 的影响。读者通过观察 GB/Z 6113.401 的图 15 可容易地理解这一点。

结论：以上研究表明仅规定 V 型人工电源网络的输入阻抗的模是不够的。引入 V 型人工电源网络输入阻抗的相角允差的限值 $|\Delta\varphi_{AMN}|_{最大值}=11.5°$的规定并不会引起制造方面的问题，反而可以改善相同的受试设备测量的复现性。

附　录　NA
（资料性附录）
GB/T 6113.102—2008 与 GB/T 6113.1—1995 有关章条的对照

本部分与 GB/T 6113.1—1995 有关章条的对照表：

GB/T 6113.102—2008		GB/T 6113.1—1995		备注
章	条	章	条	
1		1		
2		2		
3	3.1～3.3	3	3.8～3.10	
	3.4～3.8			
4	4.1～4.9	10	10.1～10.9	
	4.10			
5	5.1～5.2.1	11	11.1～11.2	
	5.2.2			
6		17		
7		19		
8				
附录 A	A.1～A.7	附录 F	F1～F7	
	A.8			
附录 B		附录 G		
附录 C		附录 M		
附录 D		附录 N		
附录 E				
附录 F				
附录 G				
附录 H				
附录 I				
附录 NA				

ICS 33.100
L 06

中华人民共和国国家标准

GB/T 6113.103—2008/CISPR 16-1-3:2004
部分代替 GB/T 6113.1—1995

无线电骚扰和抗扰度测量设备和测量方法规范 第1-3部分:无线电骚扰和抗扰度测量设备 辅助设备 骚扰功率

Specification for radio disturbance and immunity measuring apparatus and methods—Part 1-3: Radio disturbance and immunity measuring apparatus—Ancillary equipment—Disturbances power

(CISPR 16-1-3:2004, IDT)

2008-01-12 发布　　2008-09-01 实施

中华人民共和国国家质量监督检验检疫总局
中国国家标准化管理委员会　发布

前　言

GB/T 6113.103 等同采用 CISPR16-1-3:2004《无线电骚扰和抗扰度测量设备和测量方法规范　第 1-3 部分:无线电骚扰和抗扰度测量设备　辅助设备　骚扰功率》(2.0 版)。

鉴于 IEC/CISPR 16 为电磁兼容系列基础标准,且篇幅大,内容多,为了方便标准的制定、维护和使用,2002 年 IEC/CISPR A 分会决定对该标准的结构进行重大调整,将原来的 4 个部分拆分为 14 个部分,2006 年增至 15 个部分,并从 2003 年 11 月起陆续发布。我国依据等同原则,将陆续完成相应国家标准的制修订工作。该系列标准中的新、旧国家标准及其与 IEC/CISPR 16 系列标准/出版物的对应关系如下:

<table>
<tr><th>旧标准编号和名称</th><th>新标准编号和名称</th></tr>
<tr><td rowspan="5">GB/T 6113.1—1995
(eqv CISPR 16-1:1993)
《无线电骚扰和抗扰度测量设备规范》</td><td>GB/T 6113.101—2008(CISPR 16-1-1:2006,IDT)
第 1-1 部分:无线电骚扰和抗扰度测量设备　测量设备</td></tr>
<tr><td>GB/T 6113.102—2008(CISPR 16-1-2:2006,IDT)
第 1-2 部分:无线电骚扰和抗扰度测量设备　辅助设备　传导骚扰</td></tr>
<tr><td>GB/T 6113.103—2008(CISPR 16-1-3:2004,IDT)[1]
无线电骚扰和抗扰度测量设备和测量方法规范
第 1-3 部分:无线电骚扰和抗扰度测量设备　辅助设备　骚扰功率</td></tr>
<tr><td>GB/T 6113.104—2008(CISPR 16-1-4:2005,IDT)
第 1-4 部分:无线电骚扰和抗扰度测量设备　辅助设备　辐射骚扰</td></tr>
<tr><td>GB/T 6113.105—2008(CISPR 16-1-5:2003,IDT)
第 1-5 部分:无线电骚扰和抗扰度测量设备
30 MHz～1 000 MHz 天线校准用试验场地</td></tr>
<tr><td rowspan="4">GB/T 6113.2—1998
(eqv CISPR 16-2:1996)
《无线电骚扰和抗扰度测量方法》</td><td>GB/T 6113.201—2008(CISPR 16-2-1:2003,IDT)
第 2-1 部分:无线电骚扰和抗扰度测量方法　传导骚扰测量</td></tr>
<tr><td>GB/T 6113.202—2008(CISPR 16-2-2:2004,IDT)
第 2-2 部分:无线电骚扰和抗扰度测量方法　骚扰功率测量</td></tr>
<tr><td>GB/T 6113.203—2008(CISPR 16-2-3:2003,IDT)
第 2-3 部分:无线电骚扰和抗扰度测量方法　辐射骚扰测量</td></tr>
<tr><td>GB/T 6113.204—2008(CISPR 16-2-4:2003,IDT)
第 2-4 部分:无线电骚扰和抗扰度测量方法　抗扰度测量</td></tr>
<tr><td>CISPR 16-3:2000
Reports and recommendations of CISPR</td><td>GB/Z 6113.3—2006(CISPR 16-3:2003,IDT)
第 3 部分:无线电骚扰和抗扰度测量技术报告</td></tr>
</table>

旧标准编号和名称	新标准编号和名称
CISPR 16-4:2002 Uncertainty in EMC measurements	GB/Z 6113.401—2007(CISPR 16-4-1/TR:2005,IDT) 第4-1部分:不确定度、统计学和限值建模标准化EMC试验的不确定度
	GB/T 6113.402—2006(CISPR 16-4-2:2003,IDT) 第4-2部分:不确定度、统计学和限值建模测量设备和设施的不确定度
	GB/Z 6113.403—2007(CISPR 16-4-3/TR:2004,IDT) 第4-3部分:不确定度、统计学和限值建模 批量产品的EMC符合性确定的统计考虑
	GB/Z 6113.404—2007(CISPR 16-4-4/TR:2003,IDT) 第4-4部分:不确定度、统计学和限值建模 抱怨的统计和限值的计算模型
	GB/Z 6113.405(CISPR 16-4-5:2006,IDT)[2)] 第4-5部分:不确定度、统计学和限值建模替换试验方法的使用条件
1) 黑体字为该标准的本部分; 2) 待制定。 注1: 表中除GB/T 6113.103以外的国家标准名称以制定或修订后、发布的标准名称为准。 注2: CISPR 16系列标准调整之前没有与CISPR16-3和CISPR16-4相对应的国家标准。	

GB/T 6113的本部分自发布之日起,与GB/T 6113.101—2008、GB/T 6113.102—2008、GB/T 6113.104—2008和GB/T 6113.105—2008组合在一起替代GB/T 6113.1—1995。

本部分与GB/T 6113.1—1995对应内容相比,主要在如下方面发生了变化:

a) 增加了缩略语,以简化文中的叙述;

b) 明确用吸收钳因子和去耦因子2个参数来规范和衡量吸收钳的特性;

c) 增加了3种吸收钳的校准方法,并给出了其相互之间的关系;

d) 增加了现场试验场地的确认和校准后吸收钳在试验现场的符合性校验;

e) 增加了对辅助吸收装置的描述;

f) 增加了吸收钳测试系统的质量保证程序——期间核查;

h) 为了读者方便,在等同标准的基础上增加了附录NA"GB/T 6113.103—2008与GB/T 6113.1—1995有关章节的对照"。

i) 本部分包括了2006年发布的CISPR 16-1-3的勘误表的内容。

本部分的附录A为资料性附录,附录B和附录C为规范性附录。

本部分由全国无线电干扰标准化技术委员会提出并归口。

本部分起草单位:信息产业部电子工业标准化研究所、广州威凯检测技术研究所、上海电器科学研究所(集团)有限公司、国家无线电监测中心、中国计量科学研究院、信息产业部电子第五研究所、东南大学、上海市计量测试技术研究院、北京交通大学。

本部分主要起草人:陈俐、张林昌、寿建霞、杨春荣、谢鸣、朱文立、崔强、张科、蒋全兴、龚增、王铮、陈世钢。

引 言

GB/T 6113 的本部分由 4 章和 4 个附录组成，其主要内容旨在对用于无线电骚扰功率测量的辅助设备——功率吸收钳的各个方面作出规定，包括吸收钳的组成和构造，吸收钳的物理和电气特性参数和性能规范，吸收钳的 3 种校准方法（原始校准法、夹具校准法和参考装置法）和吸收钳校准用参考场地，吸收钳/骚扰功率实际测量用试验场地的确认和吸收钳在试验现场的校验方法以及有效性的判定依据等。作为开阔试验场（OATS）上骚扰场强的测量方法的一种替代方法——吸收钳测量方法在 GB/T 6113.202中做出了相应的规定。

无线电骚扰和抗扰度测量设备和测量方法规范 第1-3部分:无线电骚扰和抗扰度测量设备 辅助设备 骚扰功率

1 范围

GB/T 6113 的本部分为基础标准,规定了 30 MHz～1 GHz 频率范围内无线电骚扰功率测量用吸收钳的特性和校准方法。

2 规范性引用文件

下列文件中的条款通过 GB/T 6113 的本部分的引用而成为本部分的条款。凡是注日期的引用文件,其随后所有的修改单(不包括勘误的内容)或修订版均不适用于本部分,然而,鼓励根据本部分达成协议的各方研究是否可使用这些文件的最新版本。凡是不注日期的引用文件,其最新版本适用于本部分。

GB/T 6113.102—2008 无线电骚扰和抗扰度测量设备和测量方法规范 第1-2部分:无线电骚扰和抗扰度测量设备 辅助设备 传导骚扰(CISPR 16-1-2:2006,IDT)

GB/T 6113.202—2008 无线电骚扰和抗扰度测量设备和测量方法规范 第2-2部分:无线电骚扰和抗扰度测量方法 骚扰功率测量(CISPR 16-2-2:2004,IDT)

GB/T 6113.402—2006 无线电骚扰和抗扰度测量设备和测量方法规范 第4-2部分:不确定度、统计学和限值建模 测量设备和设施的不确定度(CISPR 16-4-2:2003,IDT)

GB/T 4365—2003 电工术语 电磁兼容(IEC 60050(161):1990,IDT)

GB/T 6113.104—2008 无线电骚扰和抗扰度测量设备和测量方法规范 第1-4部分:无线电骚扰和抗扰度测量设备 辅助设备 辐射骚扰(CISPR 16-1-4:2005,IDT)

3 术语、定义和缩略语

3.1 术语和定义

GB/T 4365—2003 确立的术语和定义适用于 GB/T 6113 的本部分。

3.2 缩略语

ACA 吸收钳装置

ACMM 吸收钳测量方法

ACRS 吸收钳校准用参考场地

ACTS 吸收钳测试用试验场地

CF 吸收钳因子

CRP 吸收钳参考点

DF 去耦因子

DR 规定测量接收机共模阻抗同电流变换器之间去耦的去耦因子

JTF 夹具转换因子

LUT 受试线

RTF 参考转换因子

SAD 辅助吸收装置

SAR　　半电波暗室

SRP　　滑轨参考点

4 吸收钳设备

4.1 概述

使用吸收钳进行骚扰功率的测量是测定 30 MHz 以上频段辐射骚扰的一种方法。该测量方法作为开阔试验场（OATS）上测量骚扰场强的一种替代方法。吸收钳测量方法（ACMM）在 GB/T 6113.202—2008第 7 章中作了描述。

ACMM 的测试系统包括：

——吸收钳；

——辅助吸收装置；

——ACTS。

图 1 给出了吸收钳测试方法的总体描述，包括该方法所需的设备和设施以及校准和确认方法。本章规定了 ACMM 所需的设备和设施要求。附录 B 中描述了吸收钳的校准方法和吸收钳和辅助吸收装置其他性能的确认方法。附录 C 中规定了吸收钳测试场地的确认程序。吸收钳适合于某些类型设备的骚扰测量，这取决于受试设备的结构和尺寸。应针对每一类别的设备规定严密的测量方法及其适用范围。如果受试设备自身(不包括连接线)的尺寸接近波长的 1/4，那么直接的外壳辐射就可能发生。仅有电源线作为外部导线的 EUT，其骚扰能力可以用起辐射天线作用的电源线所提供的功率来衡量。不考虑器具的直接辐射，该功率近似等于由器具提供给环绕电源线放置并处于最大吸收功率位置上的(适当的)吸收装置的功率。不只是设备的电源线，其外部导线，不管是屏蔽的还是非屏蔽的，也能以与电源线相同的方式辐射能量。吸收钳也可用于对这些导线进行测试。

有关 ACMM 应用的详细内容见 GB/T 6113.202—2008 中的第 7.9 条。

4.2 吸收钳

4.2.1 吸收钳的描述

附录 A 中描述了吸收钳的结构，并给出了典型例子。

吸收钳包括以下 5 个组成部分：

——宽带射频电流变换器；

——宽带射频功率吸收体和受试线的阻抗稳定器；

——吸收套筒，即铁氧体环的附件，用来减小来自电流变换器到测量接收机的同轴电缆表面上的射频电流；

——吸收钳输出端与连接到接收机的同轴电缆之间的 6 dB 衰减器；

——连接到接收机的同轴电缆。

吸收钳的参考点(CRP)，即吸收钳内电流变换器前端的纵向位置(见图 A.2)。该参考点用来确定测量过程中吸收钳所在的位置。吸收钳的参考点应在吸收钳的外壳标出。

4.2.2 吸收钳因子和吸收钳测试用试验场地的场地衰减

使用 ACMM 进行实际测量的示意图如图 2 所示。有关 ACMM 更详细的规定见 GB/T 6113.202—2008的第 7 章。

骚扰功率的测量是以测量 EUT 所产生的不对称电流为基础的，方法是在吸收钳的输入端使用一个电流探头。环绕 LUT(受试线)的吸收钳的铁氧体将电源的骚扰同电流变换器隔离开来。沿着拉直的(起发射作用)LUT 移动吸收钳以寻找最大电流。该线将吸收钳的输入阻抗转换到 EUT 的输出端。经过最佳的调整，可在电流探头处测到最大的骚扰电流，即在接收机输入端测得的最大骚扰电压。

在这种情况下，吸收钳的实际钳因子 CF_{act} 与钳的输出信号 V_{rec} 和被测量(即 EUT 的骚扰功率 P_{EUT})有关，其关系如下：

$$P_{EUT} = CF_{act} + V_{rec} \qquad (1)$$

式中：

P_{EUT}——EUT 的骚扰功率(dBpW);

V_{rec}——测得的电压(dBμV);

CF_{act}——实际钳因子(dB(pW/μV))。

理想情况下,在接收机输入端接收的功率电平(dBpW)可用下式计算:

$$P_{rec} = V_{rec} - 10\lg(Z_i) = V_{rec} - 17 \qquad \cdots\cdots(2)$$

式中:

Z_i——50 Ω,测量接收机的输入阻抗;

V_{rec}——测得的电压(dBμV)。

从式(1)和式(2)可以得到 EUT(发射)的骚扰功率 P_{EUT} 与接收机的接收功率 P_{rec} 之间的关系:

$$P_{EUT} - P_{rec} = CF_{act} + 17 \qquad \cdots\cdots(3)$$

EUT 的骚扰功率与测量接收机接收功率之间的理想关系定义为实际钳的场地衰减 A_{act}(dB)

$$A_{act} \equiv P_{EUT} - P_{rec} = CF_{act} + 17 \qquad \cdots\cdots(4)$$

实际钳的场地衰减取决于以下 3 个特性:

——钳的响应特性;

——场地特性;

——EUT 的特性。

4.2.3 吸收钳的去耦功能

当吸收钳的电流变换器测量骚扰功率时,环绕受试线的铁氧体环的去耦衰减就会产生不对称阻抗,并将电流变换器与受试线的远端隔离开来,该隔离减小了所连接电源的骚扰影响和远端的阻抗的骚扰影响以及对被测电流的影响。该去耦衰减被称为去耦因子(*DF*)。

吸收钳需要二次去耦,二次去耦是对电流变换器与接收电缆的不对称(共模)阻抗进行去耦。它是通过在电流变换器到测量接收机之间的电缆上放置铁氧体环来实现的。该去耦衰减被称为接收机的去耦因子(*DR*)。

4.2.4 吸收钳的要求

用于骚扰功率测量的吸收钳应满足以下要求:

a) 吸收钳的实际钳因子 CF_{act}(见第 4.2.1 条中定义)应按附录 B 规定的方法来确定。实际钳因子的不确定度应根据附录 B 的要求来确定。

b) 宽带射频吸收器的去耦因子 *DF* 和受试线阻抗稳定器应根据附录 B 所描述的测试程序来校验。在整个频段上,去耦因子应至少为 21 dB。

c) 电流变换器到吸收钳的测量输出端的去耦性能应根据附录 B 所描述的测试程序来确定。在整个频段上,测量接收机的去耦因子 *DR* 应至少为 30 dB。30 dB 包含 20.5 dB 的吸收钳衰减与 9.5 dB 的耦合/去耦网络(CDN)衰减。

d) 吸收钳外壳的长度应为 600 mm±40 mm。

c) 在吸收钳输出端应连接大小至少为 6 dB 的 50 Ω 射频衰减器。

4.3 吸收钳的校准方法及其相互关系

吸收钳校准的目的是为了在尽可能接近 EUT 实际测量的情况下确定吸收钳因子 *CF*。然而,在第 4.2.2 条中已表明,吸收钳因子是 EUT、吸收钳特性和场地性能的函数。为了实现标准化(复现性)测量,校准方法应使用一个规定明确且具有性能复现性的测试场地,再加上具有复现性的信号发生器和测量接收机。在这种情况下,剩下的唯一变量就是被测吸收钳了。

下面描述了三种吸收钳的校准方法及其各自的优点、缺点和适用范围(见表 1)。图 3 给出了这三种方法的示意图。

一般来说,每一种校准方法都包含以下两个步骤。

首先,接收机通过一个 10 dB 的衰减器直接从射频发生器(50 Ω 输出阻抗)得到一个作为参考值的输出功率 P_{gen}(图 3a))。其次,使用以下三种校准方法之一,在添置吸收钳且射频发生器和 10 dB 衰减器均不变的情况下测量骚扰功率。

a) 原始校准法

原始校准法的校准布置如图 3b)所示,在参考场地上配置一块大的垂直参考平面。根据定义,该方法可直接给出 CF 值,又由于该原始校准法用于限值的确定,因此被作为参考。将受试线连接到垂直参考平面上的馈通连接器的中心,在垂直参考平面的另一侧将馈通连接器连接到信号发生器。按这种校准配置,依据附录 B 规定的测试程序,沿着受试线移动吸收钳,寻找到每个频点上的最大值 P_{orig}。然后由下式就可得到最小的场地衰减 A_{orig} 和吸收钳因子 CF_{orig}:

$$A_{orig} = P_{gen} - P_{orig} \qquad \cdots\cdots (5)$$

和

$$CF_{orig} = A_{orig} - 17 \qquad \cdots\cdots (6)$$

由此得到的最小场地衰减 A_{orig} 大约在 13 dB~22 dB 范围之间。

b) 夹具校准法

夹具校准法通过一个校准夹具来实现,其长度能够容纳被校准的吸收钳和辅助吸收装置(SAD)。

该夹具为吸收钳提供一个参考构架(见图 3c))。在这种校准配置中,当吸收钳被固定在夹具中的某一个位置时,P_{jig} 是频率的函数。场地衰减 A_{jig} 和吸收钳因子 CF_{jig} 可由下式得到:

$$A_{jig} = P_{gen} - P_{jig} \qquad \cdots\cdots (7)$$

和

$$CF_{jig} = A_{jig} - 17 \qquad \cdots\cdots (8)$$

c) 参考装置法

参考装置法是在一个不带有垂直参考平面的参考场地上使用一个参考装置来实现的。该参考装置采用同轴结构,以便与受试线相连(见图 3d))。在这种校准配置中,依据附录 B 规定的测试程序,沿着受试线移动吸收钳,寻找到每个频点上的最大值 P_{ref},然后由下式就可得到最小的场地衰减 A_{ref} 和吸收钳因子 CF_{ref}:

$$A_{ref} = P_{gen} - P_{ref} \qquad \cdots\cdots (9)$$

和

$$CF_{ref} = A_{ref} - 17 \qquad \cdots\cdots (10)$$

附录 B 详细描述了上述三种吸收钳的校准方法。这三种校准方法在图 1 中给出了简要地描述。图 1 还表明了吸收钳测量方法、吸收钳校准方法和参考场地的作用三者之间的关系。

注:吸收钳校准包括吸收钳、衰减器和线缆,它们必须作为一个整体来进行校准。

通过夹具校准法和参考装置法得到的吸收钳因子(CF_{jig},CF_{ref})与原始校准法得到的吸收钳因子 CF_{orig} 呈系统性的差异。因此,有必要在三者之间建立以下的系统关系。

夹具校准法的转换因子 JTF 可由下式计算:

$$JTF = CF_{jig} - CF_{orig} \qquad \cdots\cdots (11)$$

每种类型的吸收钳的 JTF(dB)将由吸收钳制造商来确定。制造商或获得认可的校准实验室应按下述方法来确定 JTF:取某一个产品系列中的 5 件至少进行 5 次可重复的校准,其结果的平均值即为 JTF。类似地,参考校准法的钳转换因子 RTF 可由下式计算得到:

$$RTF = CF_{ref} - CF_{orig} \qquad \cdots\cdots (12)$$

同样地,每种类型的吸收钳的 RTF(dB)将由吸收钳制造商来确定。制造商或获得认可的校准实验室应按下述方法来确定 RTF:取某一个产品系列中的 5 件至少进行 5 次可重复的校准,其结果的平均值即为 RTF。

综上所述,原始校准法能直接给出 CF_{orig} 值。而夹具校准法和参考装置法只能分别给出 CF_{jig} 和 CF_{ref},然后分别通过式(11)和式(12)的计算才能得到原始校准法的吸收钳因子。

4.4 辅助吸收装置

除了吸收钳的吸收部分外,还应将辅助吸收装置(SAD)直接放置在吸收钳的后面,以减少测量的不确定度。SAD 的作用是在吸收钳提供的去耦衰减的基础上提供附加的去耦衰减。在校准和测量过程中,SAD 应以与吸收钳同样的方式进行移动。为了使 SAD 能方便地移动,需要安装轮子。SAD 的尺寸应使受试线在其中的高度与其在吸收钳中的高度保持一致。

SAD的去耦因子应按附录B描述的方法来确认。SAD的去耦因子应同吸收钳一起来测量。

注：新技术使得SAD的附加的去耦功能集成到吸收钳里成为可能。因此，如果吸收钳本身已满足去耦因子的要求，则不必再用SAD。

4.5 吸收钳测试用试验场地

4.5.1 吸收钳测试用试验场地的描述

ACTS适用于ACMM。ATCS可以在室外，也可以在室内，该设施包括以下部件(见附录C中的图C.1)：

——用于放置EUT的试验桌；

——用于支撑吸收钳和EUT的连接线(即受试线(LUT))的钳滑轨；

——用于放置吸收钳到接收机之间的连接电缆的导轨；

——辅助手段，如帮助吸收钳移动的绳子。

所有以上提及的ACTS部件(不包括EUT试验桌)全部应按ACTS的确认程序进行测量。

钳滑轨离EUT一侧较近的一端作为滑轨的参考点(SRP，见图C.1)。该参考点用来规定该点到吸收钳CRP之间的水平距离。

4.5.2 吸收钳测试用试验场地的性能

ACTS具有以下性能：

a) 物理方面：能为EUT和LUT提供特定的支撑手段。

b) 电气方面：能为吸收钳和EUT提供一个理想的(RF)场地，能为吸收钳的使用提供一个良好的测试环境(不会因为墙或支撑部件，如EUT试验桌、钳滑轨、导轨固定装置和绳，而导致发射失真)。

4.5.3 吸收钳测试用试验场地的要求

以下要求适用于ACTS：

a) 为了保证吸收钳能在钳滑轨5 m长的范围内移动，钳滑轨应有6 m长。

注：为了实现测量的复现性，钳滑轨的长度至少应为6 m，钳扫描的长度至少应为5 m。由于钳滑轨的长度由扫描长度(5 m)、SPR与CRP之间的空隙(0.15 m)、吸收钳自身的长度(0.64 m)再加上末端引线的固定(0.1 m)长度来确定，因此要求钳滑轨的总长度为6 m。

b) 钳滑轨的高度应为0.8 m±0.05 m。这意味着在吸收钳和SAD内的LUT与参考平面之间的高度比钳滑轨高出数厘米。

c) 放置EUT的试验桌和钳滑轨的材料应该是(对电磁波)不反射和不导电的，且其介电常数近似等于空气中的介电常数。照此要求，放置EUT的试验桌从电磁的角度来说应是透明的。

d) 用于沿着钳滑轨来移动钳的绳子对电磁波也应该是透明的。

注：在300 MHz以上，放置EUT的试验桌和钳滑轨的材料的影响十分显著。

e) 场地的适用性(见4.5.2b)ACTS的电气性能)通过比较现场测得的钳因子$CF_{\text{in-situ}}$和在吸收钳参考场地上用原始校准法得到的钳因子CF_{orig}两者之间的差值来校验(见附录C)。其差的绝对值Δ_{ACTS}应符合以下要求：

$$\Delta_{\text{ACTS}} = \left| CF_{\text{orig}} - CF_{\text{in-situ}} \right| \qquad (13)$$

在30 MHz～150 MHz频段：<2.5 dB；

在150 MHz～300 MHz频段：由2.5 dB线性减少到2 dB；

在300 MHz～1 000 MHz频段：<2 dB。

有关场地确认程序的更多细节见下面的规定。

4.5.4 吸收钳测试用试验场地ACTS的确认方法

ACTS的特性按如下方法确认。

——ACTS的物理方面的要求(见4.5.3a)和4.5.3b))可由“视检”来确认。

——ACTS的电气方面的要求(见4.5.3e))可根据原始校准法通过比较被校准的吸收钳的钳因子

CF 和在现场测得的钳因子 $CF_{in\text{-}situ}$ 来确认(见附录 C)。

研究业已表明符合辐射发射测量要求的 10 m OATS 或 SAR 可作为实施 ACMM 的理想场地。因此,可采用经确认的 10 m OATS 或 SAR 作为 ACTS 电气性能确认的参考场地。相应地,如果得到确认的 10 m OATS 或 SAR 用作 ACTS,则不必对场地的电气性能进行再确认。

吸收钳测试场地的电气性能的确认程序在附录 C 中给出。

4.6 吸收钳仪器/测试系统的质量保证程序

4.6.1 概述

吸收钳和辅助吸收装置的性能会随着时间的推移因使用、老化或缺陷而发生改变。类似地,ACTS 的性能也会因其结构的变化或老化发生而改变。

只要已知最初的夹具钳因子和参考装置钳因子,那么夹具校准法和参考装置校准法就可方便地用于质量保证程序。

4.6.2 ACTS 质量保证核查

在 ACTS 得到确认后在该场地确定的场地衰减 A_{ref} 数据可作为参考数据使用。

在一段时间间隔后或者场地改变后,场地衰减测量应重新进行,并将测量结果同参考数据进行比较。

这种方法的优点就是对 ACMM 的所有因素的评价能一次完成。

4.6.3 吸收钳的质量保证核查

已经得到确认的吸收钳,其测定的去耦因子和钳因子可作为参考数据使用。

在一段时间间隔后或者场地发生变化后,应通过测量去耦因子和通过夹具校准法测量钳因子来对这两个性能参数进行重新验证(见附录 B)。

4.6.4 合格/不合格质量保证准则

有关质量保证测试的合格/不合格判定准则与这些测量参数的测量不确定度有关。也就是说,如果这些参数的变化小于测量不确定度,则参数的变化是可以接受的。

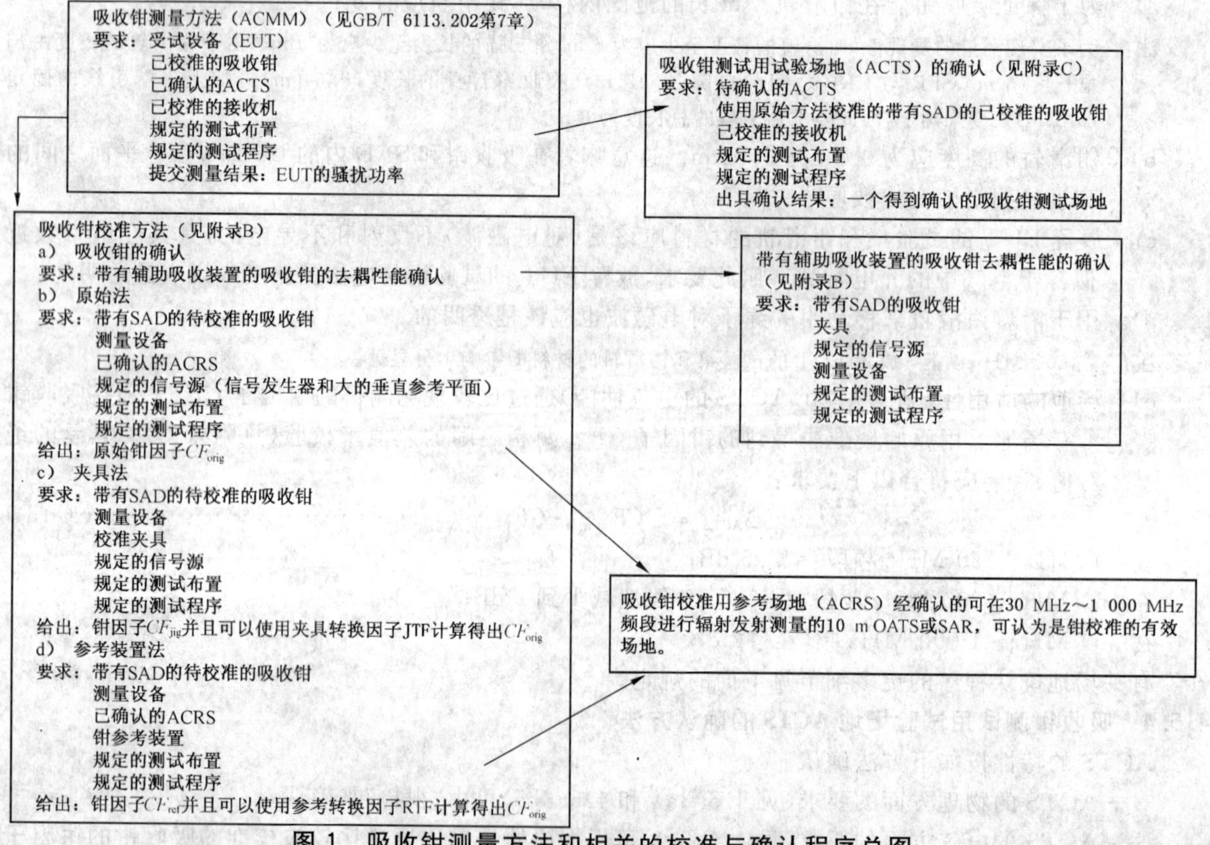

图 1 吸收钳测量方法和相关的校准与确认程序总图

表 1 3种吸收钳校准方法的特性及其互相关系

校准方法的名称	适用的试验场地	使用的 EUT	优点、缺点和说明	具体应用
原始校准法	ACRS	大的垂直参考平面，在该参考平面背后连接着信号发生器	优点：因为该方法是原始校准方法，因而被认为是参考方法。根据定义，该方法可直接给出 *CF* 值。 缺点：搬运大参考平面比较费力；需要 ACRS。 说明：校准布置接近大型 EUT 的实际测量。	吸收钳的直接校准
夹具校准法	吸收钳校准夹具	夹具的其中一个垂直面，在此垂直面的后面连接着发生器	优点：使用方便； 不需要 ACRS； 复现性好。 缺点：不直接给出 *CF* 值，使用 JTF 计算 *CF*。 说明：校准布置与实际测量布置差别较大。	吸收钳的非直接校准； 钳的质量保证核查
参考装置法	ACRS	小的参考装置，远端连接着发生器	优点：参考装置容易使用。 缺点：需要 ACRS； 不直接给出 *CF* 值，使用 RTF 计算 *CF* 值。 说明：校准布置接近大型 EUT 的实际测量布置。	吸收钳的非直接校准； ACTS 的确认； 钳测量布置的质量保证核查
注： ACRS 是一个经确认的 10 m OATS 或 SAR。				

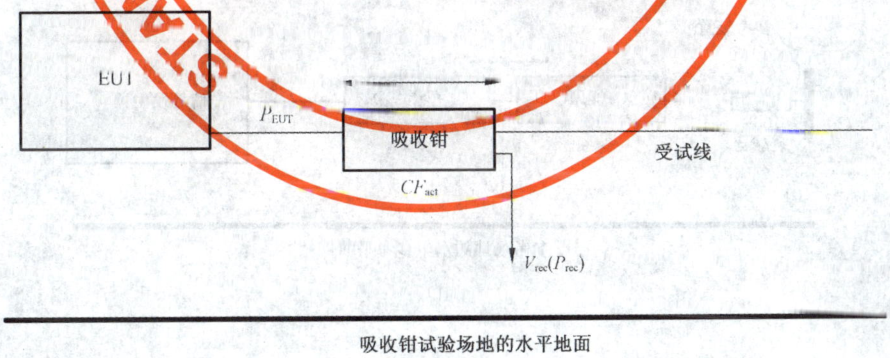

注：

P_{EUT}——EUT 的骚扰功率，dBpW；

V_{rec}——测得的电压，dBμV；

CF_{act}——实际钳因子，dB(pW/μV)；

P_{rec}——接收的功率电平，dBpW。

图 2 吸收钳测量方法的示意图

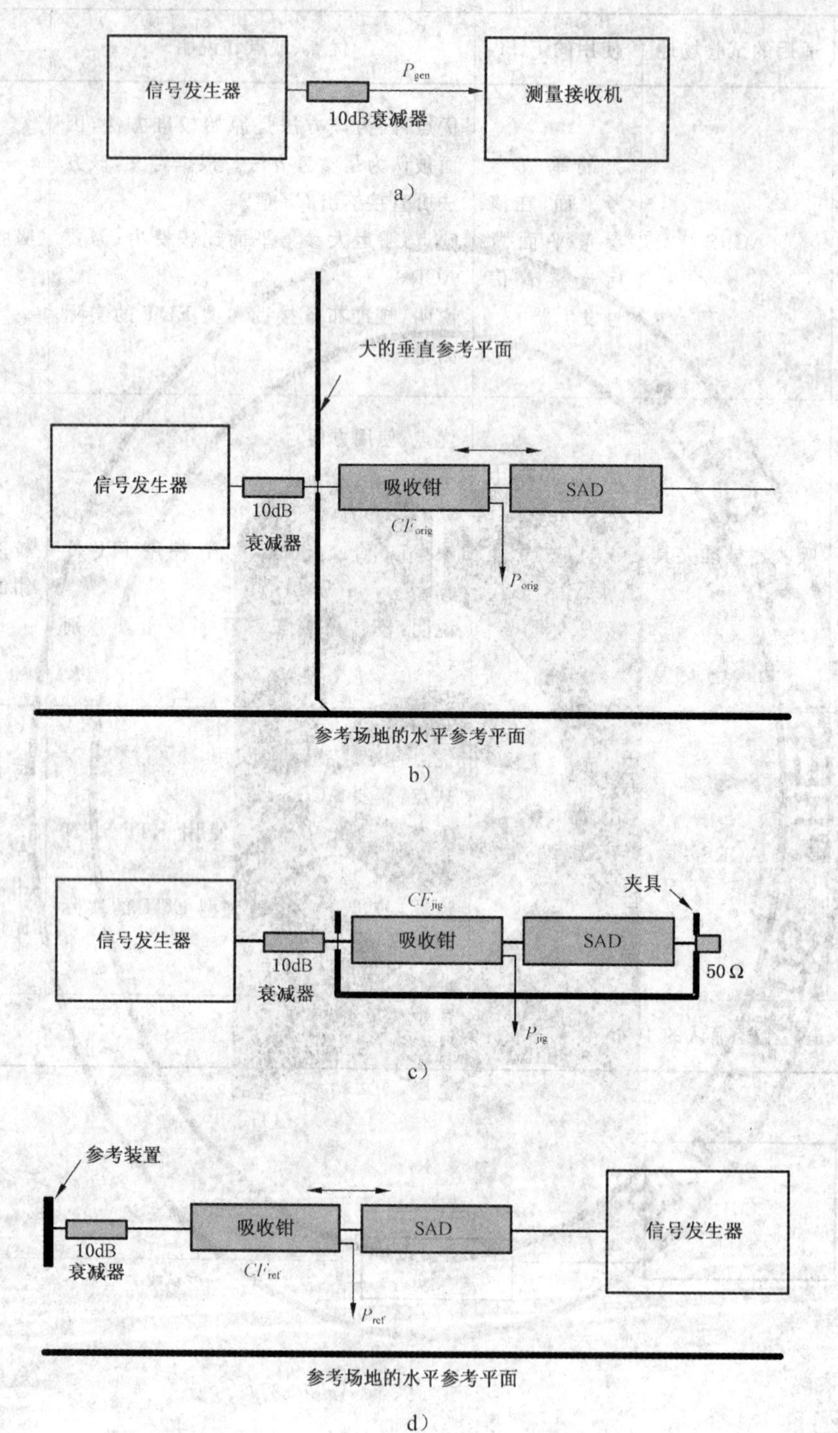

注：

1) CF_{orig}，CF_{jig}，CF_{ref}——吸收钳因子；

2) P_{orig}，P_{ref}，P_{jig}——根据所选用的校准方法得到的测量值；

3) P_{gen}——通过 10 dB 衰减器后信号发生器的输出功率；

4) 图 3b)、图 3c)和图 3d)分别对应表 1 中的三种方法。

图 3　吸收钳校准方法的示意图

附　录　A
（资料性附录）
吸收钳的结构(第 4.2 条)

A.1　吸收钳的结构实例

图 A.1 和 A.2 描述了吸收钳的基本组成。第 4.2 条中描述的吸收钳的三个主要组成部分是电流变换器 C,功率吸收体和阻抗稳定器 D，以及吸收套筒 E。D 由数个铁氧体环组成,E 由铁氧体环或管构成。电流变换器 C 的铁心为两个或三个 D 中使用的那种铁氧体环。电流变换器的次级线圈由单匝环绕铁氧体环的小型的同轴电缆组成并按图所示连接。电缆通过吸收套筒 E 至吸收钳上的同轴终端(可经过一个 6 dB 的衰减器)。C 和 D 紧密安装在一起,并沿着同一轴线方向,使其能够沿着受试线 B 移动。由于某些实际原因，吸收套筒 E 通常沿着吸收体 D 一侧安装。D 和 E 都用来衰减流经引线上的不对称电流。

图 A.2 示出了性能经改进后的吸收钳的某些特征。一对金属半圆筒(1)安装在电流变换器 C 的磁环内侧壁,起电容屏蔽作用。这个圆筒被分成两半。绝缘管(2)把受试线架在变换器的中心。这个绝缘管从变换器的输入端一直延伸到吸收体 D 的第一个铁氧体环,它用于吸收钳的校准和测量线径较小的受试线。

使用合适的铁氧体制成的吸收钳,可覆盖 30 MHz～1 000 MHz 的频率范围。

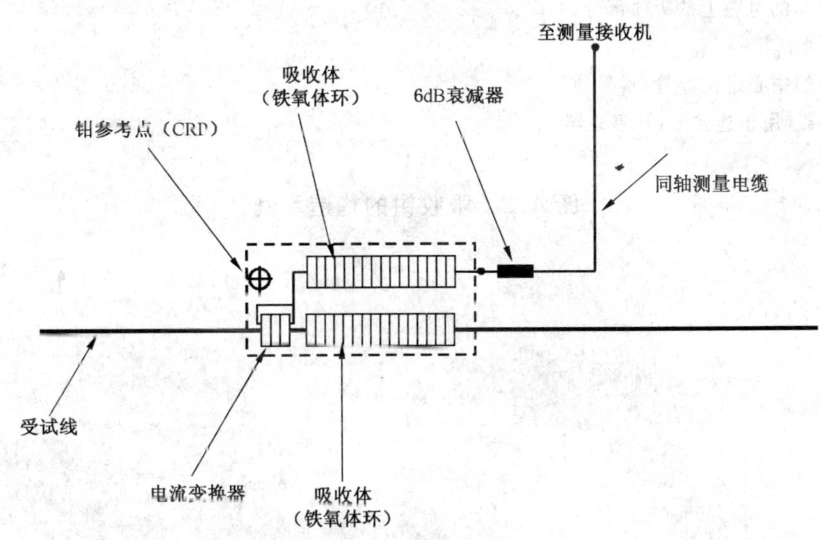

注：6 dB 的衰减器和测量电缆是吸收钳整体的组成部分。

图 A.1　吸收钳装置及其各组成部分

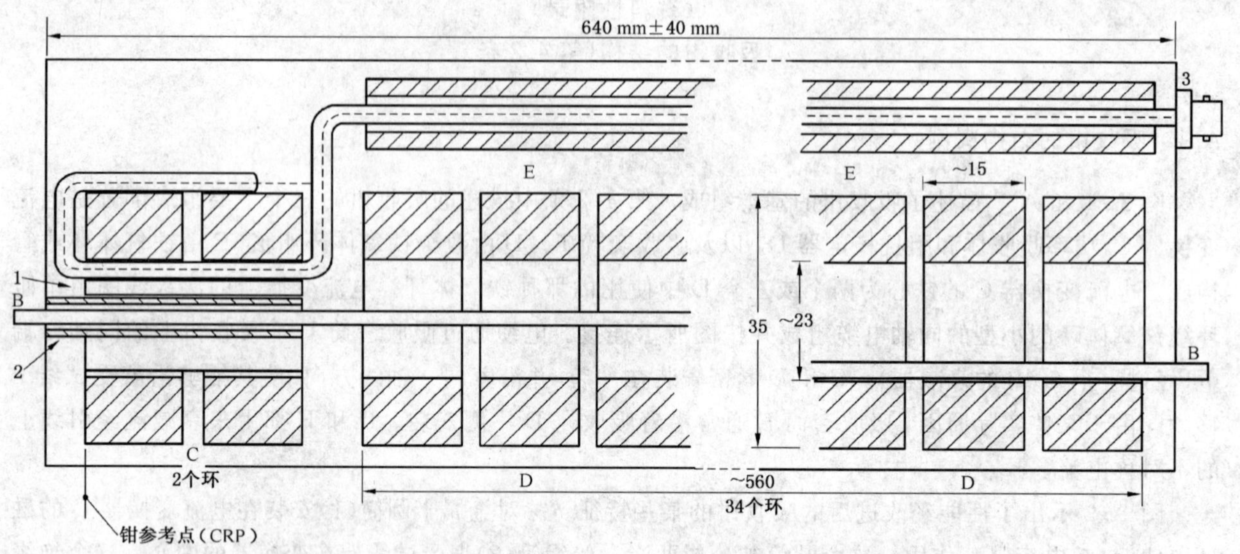

B——受试线；

C——电流变换器；

D——吸收部分；

E——来自变换器的电缆上的吸收部分；

1——一对金属半圆筒；

2——受试线 B 的中心定位导管；

3——同轴连接器(用于连接 6 dB 衰减器)。

图 A.2 吸收钳的构造示例

附 录 B
(规范性附录)
吸收钳和辅助吸收装置的校准和确认方法(第4章)

B.1 概述

本附录给出了吸收钳和辅助吸收装置的校准和确认方法。

吸收钳的钳因子(*CF*)的校准方法(见4.3)在第B.2章中给出。

去耦因子 *DF* 和 *DR* 的确认方法在第B.3章中给出。

B.2 吸收钳的校准方法

有3种方法可以确定包括至少6dB的衰减器和接收机电缆在内的吸收钳的钳因子(*CF*)。由于吸收钳的去耦效果并不理想,所以吸收钳和电缆会互相影响。电缆的类型和长度可能会影响总的不确定度。因此校准时应将接收电缆(从吸收钳连接到接收机的电缆)包括在内。

B.2.1 原始校准法

B.2.1.1 校准布置和测量设备

校准布置如图B.1所示。校准时,所有设备必须放置在ACRS内以避免对周围环境的影响。如果ACRS没有金属接地平板,那么就需要使用一个典型的6 m×2 m的水平接地平板。

对校准程序来说,一个有效的ACRS可以是一个符合GB/T 6113.104的NSA要求的10 m OATS或者SAR。

校准配置由以下各部分组成:

——钳的滑轨,由大约6 m长的非反射材料构成,确保受试线在距地面0.8 m±0.05 m的高度上。这就意味着在吸收钳和SAD的内部,LUT到参考平面的高度要比钳滑轨高出数厘米;

——一个面积至少为2.0 m×2.0 m的垂直地平板。其与金属地平板相连,在其垂直对称轴上高度为0.87 m的地方安装一个N型插座/插孔。该垂直地平板放置于接近钳滑轨的前面,即被称之为吸收钳测试场地参考点(SRP)的位置上;

——一根用于测试的绝缘受试线,其长度为7.0 m±0.05 m,直径为4 mm(绝缘部分除外),该引线的一端被连接(如:焊接)到固定的插座上,另一端被连接到与金属(水平)接地平板相连的M型CDN(见GB/T 6113.102图C.2)的相(L)线和中(N)线上;CDN的输出测量端端接50 Ω(**出于安全原因,CDN不能连接到电源上!**)。CDN在高至40 MHz~50 MHz的频率范围为受试线的远端提供了一个稳定的不对称阻抗;

——一个合适的非金属钳装置,该装置在钳滑轨的另一侧,可以轻轻地拉直受试线;

——一个辅助吸收装置(SAD),位于离被校准钳50 mm处的钳滑轨上。该辅助装置是一个去耦因子 *DF* 等于或大于第4章规定的可移动的铁氧体钳;

——在垂直接地平板附近有一个对电磁波透明的材料组成的缓冲器保证CRP到垂直接地平板的距离不小于150 mm。

一台接收机或者网络分析仪用来测量发生器和吸收钳的输出。在吸收钳输出端测得的信号电平应该比当发生器关断时在该处测得的环境信号电平高40 dB。测试系统的非线性应该小于0.1 dB。

作为参考测量,接收机或者网络分析器(NA)的跟踪信号发生器的输出通过连接有10 dB衰减器的同轴电缆同NA的输入端相连接。

B.2.1.2 校准程序

一个受试线用非金属的引导部件安装在待校准的吸收钳的外部,使其能从电流变换器的中间通过(图B.2)。

将待校准的吸收钳和辅助吸收钳(SAD)一起放置在钳滑轨上,如图B.1所示。被测钳的电流变换器朝向垂直接地平板方向。电流变换器的前边沿是钳参考点(CRP),制造商应给出该点的标识。吸收钳应该放置在使CRP和垂直地平板之间距离为150 mm的地方。受试线穿过两个钳后,在钳滑轨的尾部应该通过适当的非金属钳装置被轻轻的拉直。在受试线连接到CDN之前不应该接触到金属地平板。

NA的输出通过同轴电缆和10 dB的衰减器连接到插座。吸收钳到接收机的电缆连接到NA的输入端。

场地衰减在60 MHz以下的频率范围,步长为1 MHz;60 MHz～120 MHz频率范围,步长为2 MHz;在120 MHz～300 MHz频率范围,步长为5 MHz;300 MHz以上,步长为10 MHz。

应测出沿着钳滑轨以合适的速度一起移动两个钳(吸收钳和SAD)时场地衰减的最小值。吸收钳可以通过非金属的绳子牵引。吸收钳的移动速度必须保证在小于10 mm移动距离内可以测量到每个频率的场地衰减。

吸收钳装置的钳因子CF_{orig}由4.3中的式(5)和式(6)通过钳场地衰减计算出来。

B.2.2　夹具校准法

B.2.2.1　吸收钳校准夹具规范

如第4章所述,吸收钳夹具校准法能够用来校准吸收钳。该夹具用来测量吸收钳和SAD在一个50 Ω测量系统中的插入损耗。应当注意,空夹具的特征阻抗并不是50 Ω。夹具法进行的测量使得被测的插入损耗可以独立于环境进行。夹具尺寸的大小以及校准钳的布置如图B.3～图B.5所示。

B.2.2.2　校准程序

将受试线用非金属的引导部件安装在待校准的吸收钳的前端,使得受试线可从电流变换器的中间通过(图B.2)。将吸收钳放置在夹具中,且钳参考点(CRP)到垂直边缘的距离为30 mm,如图B.3和B.4所示;同时SAD的尾部到另一个垂直边缘的距离也应为30 mm。受试线用香蕉插头连接到垂直边缘的插座上。

插入损耗通过NA来测量。吸收钳输出端测得的信号电平应比环境电平高40 dB。插入损耗的非线性应低于0.1 dB。

NA的输出通过同轴电缆和10 dB的衰减器连接到NA的输入来校准测试系统。

当测量系统被校准后,将NA的输出通过同轴电缆和10 dB衰减器连接到位于钳参考点(CRP)的位置上的夹具一端的插座上。CRP对面的插座端接50 Ω。吸收钳的输出端通过6 dB的衰减器和接收电缆连接到NA的输入端。

插入损耗在60 MHz以下的频率范围,步长为1 MHz;60 MHz～120 MHz频率范围,步长为2 MHz;在120 MHz～300 MHz频率范围,步长为5 MHz;300 MHz以上,步长为10 MHz。

夹具校准法的钳因子CF_{jig}用插入损耗由式(7)和式(8)计算得出。制造商至少应该确定在4.3中所定义的夹具转换因子JFT,这样由式(11)就可以计算出这种类型吸收钳的CF_{prig}。

B.2.3　参考装置校准法

B.2.3.1　参考装置和试验场地的规范和使用

参考装置应能够通过电容耦合在受试线上激励一定大小的电流,与环境、供电电压和测量设备无关。这可以通过同轴电缆和10 dB的衰减器馈给参考装置的RF电压予以实现。参考装置由与单层电路板相同的材料构成。在电路板的中央装有一个这样的同轴连接器,仅其中间针脚与铜箔相连。该同轴连接器与10 dB的衰减器相连(见图B.7)。应用一根双层屏蔽电缆与参考装置相连,以保证在受试线中的感应的不对称电流来自于参考装置,而不是电缆内部直接泄漏出来的。

参考装置代替在ACRS中的原始校准法中的垂直接地平板。校准布置如图B.6所示。此校准方法适用的场地为ACRS。得到校准程序确认的ACRS可以为一个符合GB/T 6113.104的NSA要求的10 m OATS或者SAR。

B.2.3.2　校准程序

把一根受试线用非金属的引导部件安装在待校准的测吸收钳的外部,使得受试线可从电流变换器的中间通过(图B.2)。

待校准的吸收钳和辅助吸收钳(SAD)一起放置在钳滑轨上，如图 B.7 所示。被测钳的电流变换器朝向参考装置的方向，该位置位于吸收钳一侧的 SRP 位置。电流变换器的前边沿是钳参考点(CRP)，制造商应在吸收钳的外壳给出该点的标识。应将吸收钳放置在使 CRP 和参考装置之间距离为 150 mm 的地方。(与网络分析仪相连的)受试线在穿过两个吸收钳后应通过吸收钳滑轨两端装有的适当的非金属固定装置被轻轻地拉直。

将带 10 dB 衰减器的同轴电缆(被测线)连接到 NA 的输出端。吸收钳的接收电缆与 NA 的输入端相连。

场地衰减在 60 MHz 以下的频率范围，步长为 1 MHz；60 MHz～120 MHz 频率范围，步长为 2 MHz；在 120 MHz～300 MHz 频率范围，步长为 5 MHz；300 MHz 以上，步长为 10 MHz。

当两个吸收钳以适当的速度在距参考装置 150 mm 到大概 4.5 m 之间的范围内移动时可以测得场地衰减的最小值。移动吸收钳应使用非金属的绳索牵引，吸收钳的移动速度必须保证在小于 10 mm 移动距离内可以测量到每个频率的场地衰减。

吸收钳的钳因子 CF 通过测得的最小的场地衰减用 4.3 中的式(9)和式(10)计算得到。

制造商至少应该确定在用 4.3 中所定义的参考装置的转换因子 RTF，这样由式(12)就可计算出这种类型的吸收钳的 CF_{orig}。

B.2.4 吸收钳校准的测量不确定度

有关吸收钳校准的不确定度应该包含在每份校准报告中。校准报告应该考虑以下的不确定因素：

——原始校准法：

a) 测量设备的不确定度；

b) 吸收钳的输出(带有 6 dB 衰减器的接收电缆)与测量设备之间的失配，以及；

c) 校准的可重复性，包括诸如以下因素的影响：受试线位于电流变换器的中心，到网络分析仪的接收电缆的引导部分。

吸收钳应满足去耦因子 DF 和 DR 的最基本要求。

——夹具校准法：

a) 钳因子 CF 的不确定度；

b) 测量设备的不确定度；

c) 吸收钳的输出(带有 6 dB 衰减器的接收电缆)与测量设备之间的失配，以及；

d) 校准的可重复性，包括诸如如下因素的影响：受试线位于电流变换器的中心。

吸收钳应满足去耦因子 DF 和 DR 的最基本要求。

——参考装置校准法：

a) 钳因子 CF 的不确定度；

b) 测量设备的不确定度；

c) 吸收钳的输出(带有 6 dB 衰减器的接收电缆)与测量设备之间的失配，以及；

d) 校准的可重复性，包括诸如如下因素的影响：受试线位于电流变换器的中心，到网络分析仪的接收电缆的引导部分。

吸收钳应满足去耦因子 DF 和 DR 的最基本的要求。

有关确定吸收钳校准法的不确定度预评估的详细指南参见 GB/T 6113.402—2006。

B.3 去耦因子的确认方法

B.3.1 带有辅助吸收装置的吸收钳的去耦因子 DF

去耦因子的测量方法适用于带有辅助吸收装置的吸收钳，吸收钳制造商必须具备这种条件，并将该方法作为质量管理的手段之一。

用吸收钳校准夹具来测量去耦因子 DF(见图 B.3、B.4 和 B.5)。对于参考测量和受试设备的测量，去耦因子的测量均采用 50 Ω 的测量系统。由于当钳插入夹具中时，夹具的阻抗会改变，因此空夹具的参考值可能会给出一个实际不存在的测量值。必须注意：空的夹具不是一个 50 Ω 的测量系统！

测量去耦因子 DF 的程序如下：从图 B.8 可以看出使用频谱分析机分两个测量步骤。首先，进行参考测量，此时，通过两个 10 dB 的衰减器来测量发生器的输出电平，得到 P_{ref}；然后按 B.2.2.2 的描述来放置带有 SAD 的吸收钳。在夹具的两边的连接处使用 10 dB 的衰减器。夹具的垂直边缘到被测设备的参考点（钳上的 CRP）和吸收钳的末端应该有 30 mm 距离，此时可测得输出电平 P_{fil}，因此去耦因子 DF 可由下式确定：

$$DF = P_{ref} - P_{fil} \qquad \text{(B.1)}$$

在关注的频带内，带有 SAD 的吸收钳的去耦因子至少应为 21 dB。

注：一般来讲，SAD 本身的 DF 约为 15 dB。

可用 NA 来实施上述测量。在这种情况下，如果 NA 所实施的校准是在连接夹具的接口上进行的，那么就可省去衰减器。

B.3.2 吸收钳去耦因子 *DR*

使用吸收钳的校准夹具来测量去耦因子 DR（见图 B.3，B.4 和 B.5）。吸收钳制造商必须具备这种条件，并将该方法作为质量管理的手段之一。

吸收钳去耦因子的测量程序如下（见图 B.8 和 B.9）。当测量穿过电流变换器的同轴电缆上的不对称电压时，按 B.2.2.2 将不带有 SAD 的吸收钳放置在夹具中。用一根短的同轴电缆将测量输出端与 A 型 CDN 相连（见 GB/T 6113.102—2008，图 C.1）。CDN 放置在金属接地板上。用一个 50 Ω 的负载将吸收钳 CRP 相对应的另一端与夹具相连。

图 B.8 表明，首先使用频谱分析仪进行参考测量是十分必要的。通过两个 10 dB 的衰减器来测量发生器的输出电平，得到 P_{ref}。

然后，按图 B.9 来布置吸收钳。通过 10 dB 的衰减器将发生器与其中一个夹具（最靠近吸收钳 CRP 的一段）相连接。另外一个夹具端接 50 Ω。吸收钳输出端与 CDN 相接。CDN 的测量输出端通过一个 10 dB 的衰减器与接收机相连，其输出端端接 50 Ω，此时可测得输出电平 P_{fil}。因此可由下式计算出去耦因子 DR：

$$DR = P_{ref} - P_{fil} \qquad \text{(B.2)}$$

在所关注的频段，吸收钳的去耦因子应至少为 30 dB。该 30 dB 包括吸收钳 20.5 dB 的衰减和 CDN9.5 dB 的衰减。

可用 NA 来实施上述测量。在这种情况下，如果 NA 所实施的校准是在连接夹具的接口上进行的，那么就可省去衰减器。

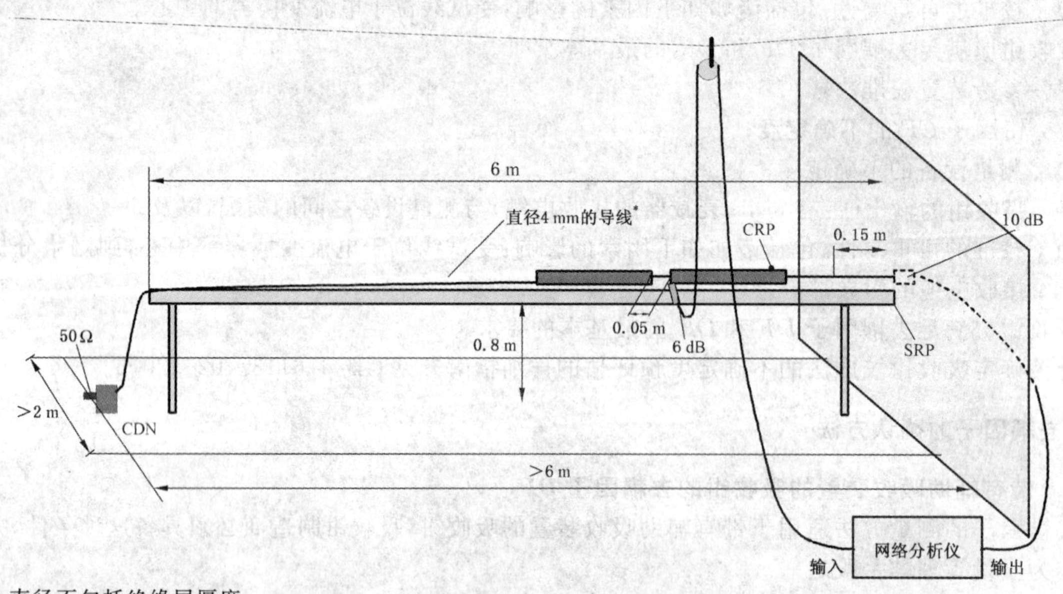

* 直径不包括绝缘层厚度。

图 B.1 原始校准法的试验场地示意图

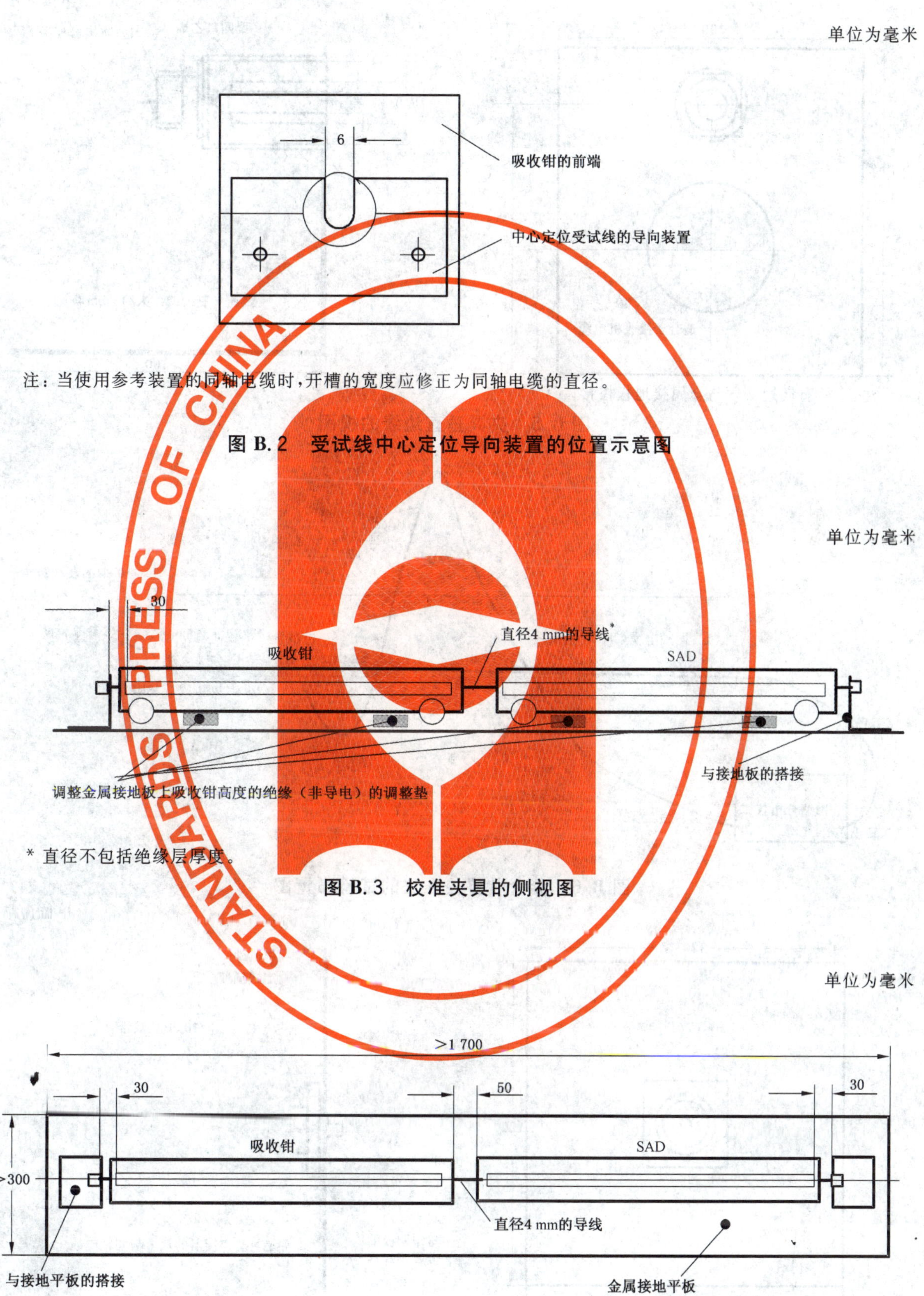

注：当使用参考装置的同轴电缆时，开槽的宽度应修正为同轴电缆的直径。

图 B.2 受试线中心定位导向装置的位置示意图

* 直径不包括绝缘层厚度。

图 B.3 校准夹具的侧视图

图 B.4 夹具的俯视图

单位为毫米

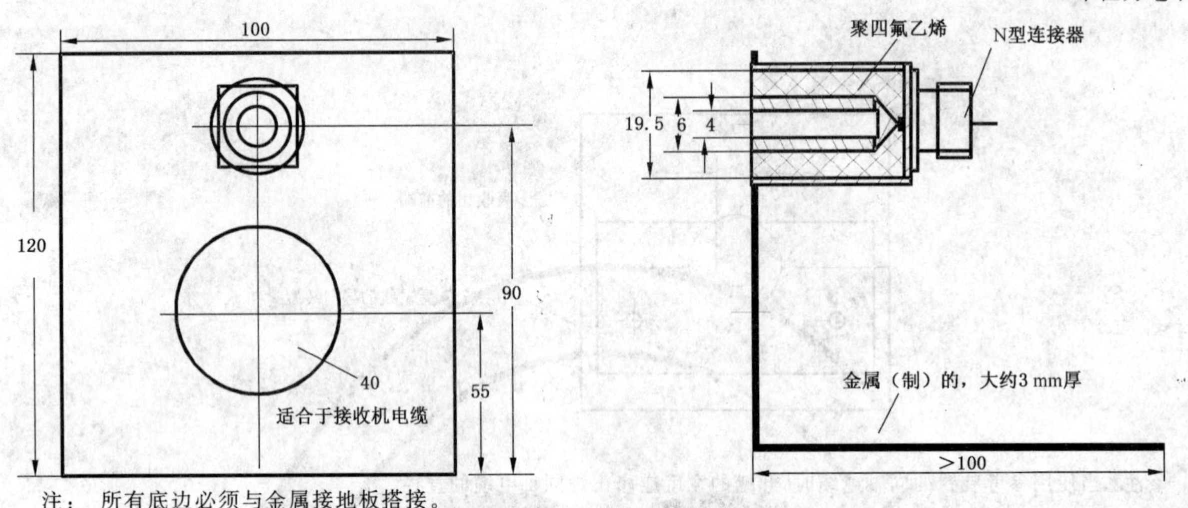

注： 所有底边必须与金属接地板搭接。

图 B.5 夹具垂直边缘的视图

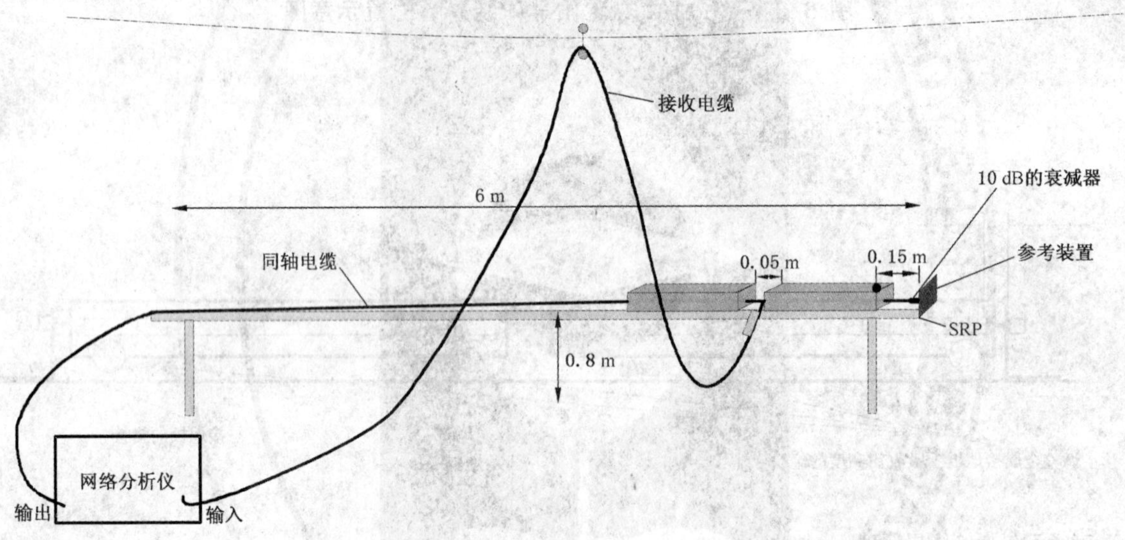

图 B.6 参考装置校准法的试验布置图

单位为毫米

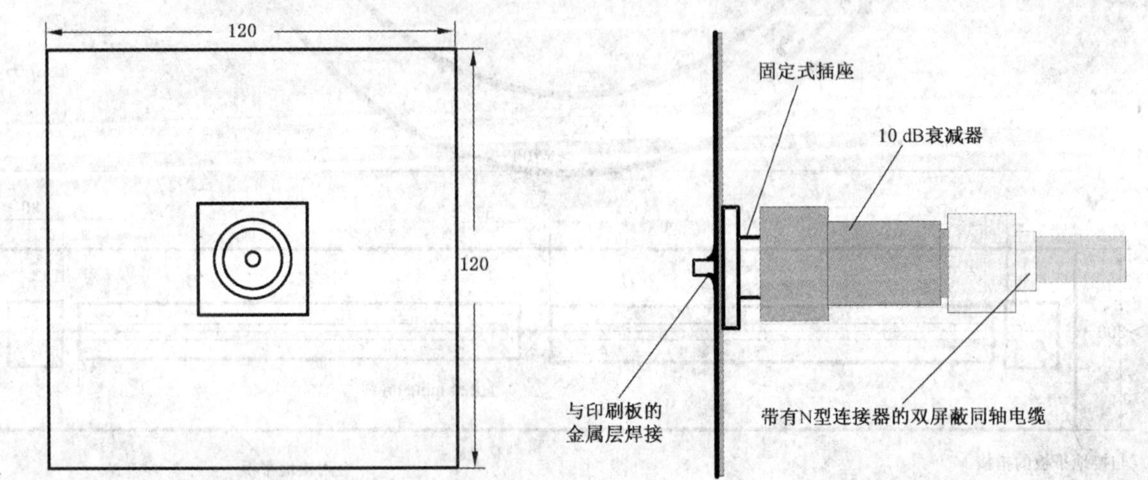

图 B.7 参考装置的规格

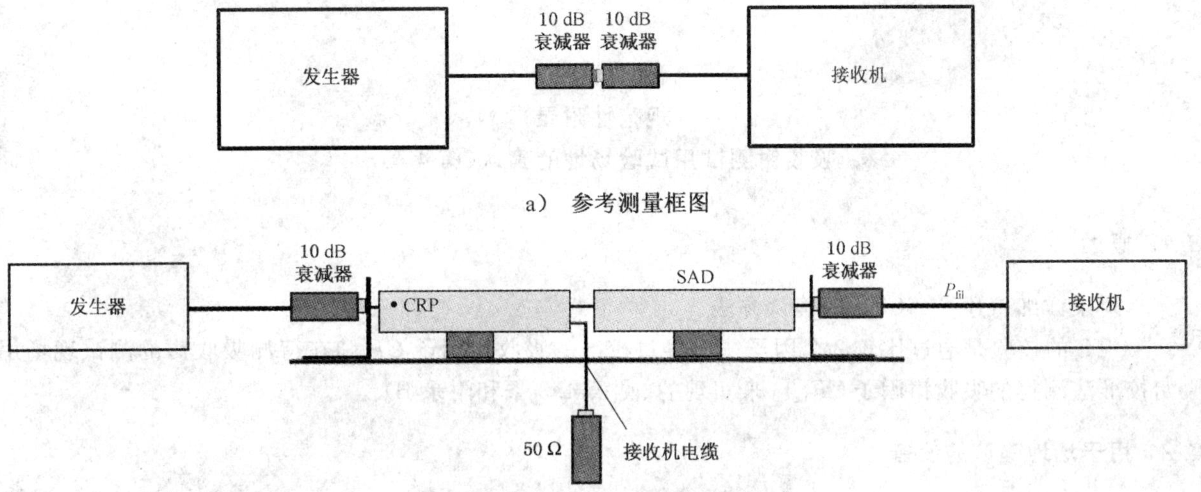

a） 参考测量框图

b） 使用吸收钳和SAD放置在夹具中的测量

图 B.8　去耦因子 *DF* 的测量布置图

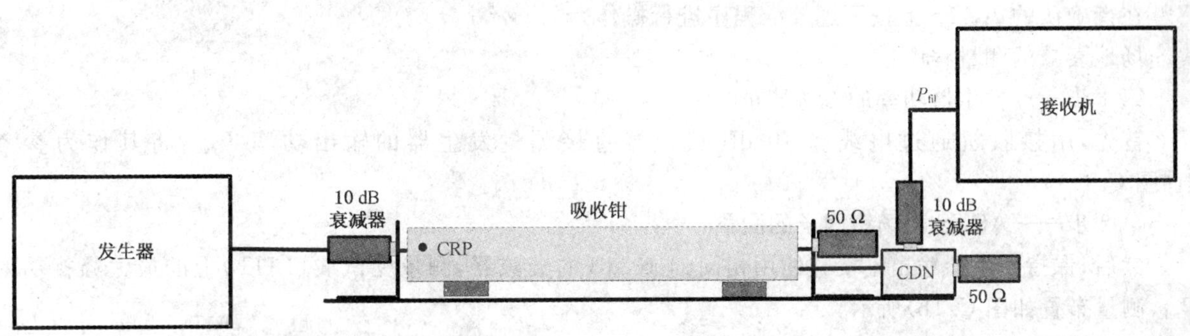

P_{fil}＝由吸收滤波器衰减后的实测 P

图 B.9　去耦因子 *DR* 的测量布置图

附　录　C
（规范性附录）
吸收钳测试用试验场地的确认（第 4 章）

C.1　概述

本附录详细叙述了 ACTS 的确认方法。

ACTS 的校验是通过比较 2 个因子——经过校准的吸收钳因子 CF 和在待测吸收钳的测试现场用原始校准法测得的吸收钳因子 $CF_{\text{in-situ}}$ 来实现的（见第 4.3 条和附录 B）。

C.2　用于场地确认的设备

按原始法（见 B.2.1）在受试线上产生一规定的共模电流，该测试配置中包含一块垂直接地平板和一根特定的受试线。这个共模电流可能会受到 ACTS 周围环境的影响，使得该电流值偏离 ACRS 上测得的相应值。

C.3　确认程序

在待确认的 ACTS 上按下述校准程序进行操作。

场地衰减的测量程序：

第 1 步——发生器功率的参考测量

首先，用接收机通过电缆和 10 dB 衰减器直接测量发生器的输出功率 P_{gen}，将其作为参考值（图 C.1a））。

第 2 步——ACTS 现场钳因子的测量

然后，保持发生器输出不变并使用相同的 10 dB 的衰减器，测量受试线（LUT）上的最大骚扰功率 P_{ref}，测量布置如图 C.1b）所示。

将两个吸收钳（吸收钳和辅助吸收装置（SAD））放在吸收钳滑轨上，如图 C.1b）所示。测试时，受试吸收钳的钳参考点朝着垂直接地平板的方向。垂直接地平板放在吸收钳滑轨的 SRP 位置上。受试线用非金属牵引装置固定在受试钳外面，以保证受试线能穿过电流变换器的中心（图 B.2）。吸收钳则放在吸收钳参考点距垂直接地平板 150 mm 远处。受试线在穿过两个吸收钳后应通过吸收钳滑轨两端装有的适当的非金属嵌位装置被轻轻地拉直。测试时，受试线应连接到垂直接地平板固定插孔上。

NA 的输出通过 10 dB 衰减器连接到垂直接地平面的固定插孔上。吸收钳的接收电缆连接到 NA 的输入端。在 60 MHz 以下的频率范围，步长为 1 MHz；60 MHz～120 MHz 频率范围，步长为 2 MHz；120 MHz～300 MHz 频率范围，步长为 5 MHz；300 MHz 以上，步长为 10 MHz。测量吸收钳以合适的速度从距离垂直接地平板 150 mm 处移至 4.5 m 处时测量最大骚扰功率。吸收钳可通过一根非金属绳子来回移动。吸收钳的移动速度必须保证在小于 10 mm 移动距离内可以测量到每个频率的场地衰减。

第 3 步——钳因子的计算

所要考虑的场地（现场）的吸收钳因子（以 dB 表示）可由下式来确定：

$$CF_{\text{in-situ}} = (P_{\text{gen}} - P_{\text{ref}}) - 17 \qquad \text{(C.1)}$$

CF_{orig} 和 $CF_{\text{in-situ}}$ 可由一个检测实验室或第三方校准实验室来确定。

C.4　ACTS 的确认

用原始校准法得到的吸收钳因子 CF_{orig} 与测试场地的吸收钳因子 $CF_{\text{in-situ}}$ 作比较。如果校准场地的确认和校准程序（第 C.3 章和 B.2.1）由检测机构自身给出并且满足第 C.5 章中的不确定度要求，那么

ACTS 确认的可接受准则按式(13)来确定(参见 4.5.3)。

如果吸收钳因子由第三方确定,那么场地有效性的可接受准则为:

在 30 MHz～150 MHz 频段:<3 dB;

在 150 MHz～300 MHz 频段:由 3 dB 线性减少到 2.5 dB;

在 300 MHz～1 000 MHz 频段:<2 dB。

C.5 ACTS 确认方法的不确定度

确认 ACTS 的测量不确定度取决于:

——测量设备的测量不确定度;

——吸收钳(含 6 dB 衰减器)的输出端与测量设备之间的失配;

——测量的可重复性,包含受试线位于电流变换器中心的不确定度,以及由接收电缆至网络分析仪引导的不确定度。

在 ACTS 确认的过程中,上面所提到的不确定度都应该给予考虑。

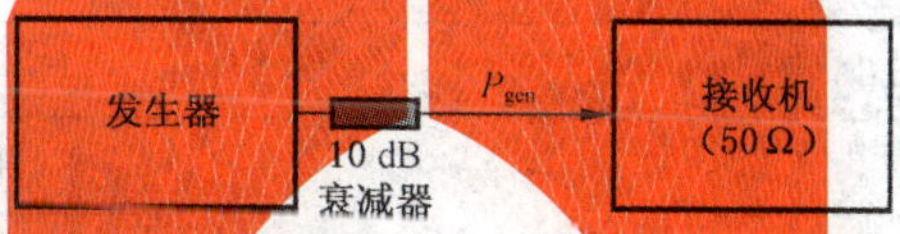

a) 信号发生器功率的参考(电平)测量框图

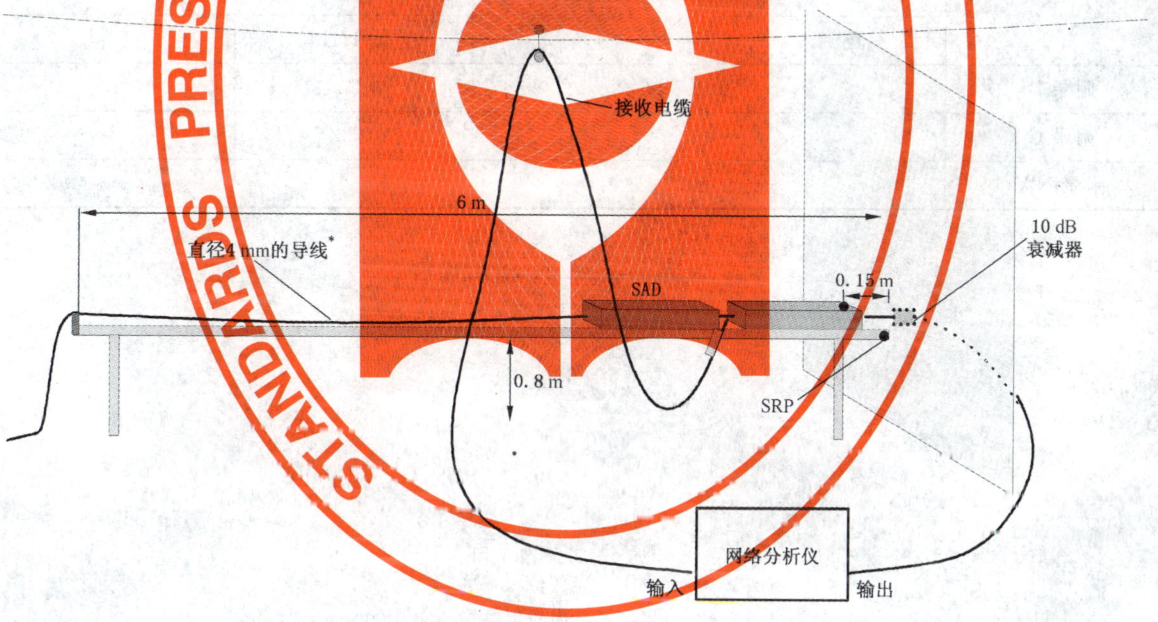

* 长度:7.0 m,直径不包含绝缘层的厚度。

b) 在 ACTS 或 ACRS 中的骚扰功率测量布置

图 C.1 使用参考装置对 ACTS 进行确认时场地衰减的测试布置图

附 录 NA
(资料性附录)
GB/T 6113.103—2008 与 GB/T 6113.1—1995 有关章条的对照

本部分与 GB/T 6113.1—1995 有关章条的对照表：

GB/T 6113.103—2008		GB/T 6113.1—1995		备注
章	条	章	条	
1		1		
2				
3				
4	4.1	12	12.1	
	4.2		12.2	
	4.3～4.6			
附录 A	A.1	附录 H	H1	
	A.2			
	图 A.1			
	图 A.2		图 H1b	
附录 B				
附录 C				
附录 NA				

ICS 33.100
L 06

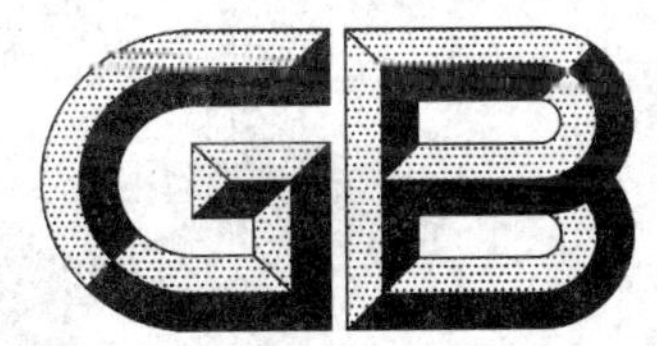

中华人民共和国国家标准

GB/T 6113.104—2008/CISPR 16-1-4:2005
部分代替 GB/T 6113.1—1995

无线电骚扰和抗扰度测量设备和测量方法规范 第1-4部分:无线电骚扰和抗扰度测量设备 辅助设备 辐射骚扰

Specification for radio disturbance and immunity measuring apparatus and methods—Part 1-4: Radio disturbance and immunity measuring apparatus —Ancillary equipment—Radiated disturbances

(CISPR 16-1-4:2005,IDT)

2008-01-12 发布 2008-09-01 实施

中华人民共和国国家质量监督检验检疫总局
中国国家标准化管理委员会 发布

前　　言

GB/T 6113.104 等同采用 CISPR 16-1-4(1.2 版):2005《无线电骚扰和抗扰度测量设备和测量方法规范　第 1-4 部分:无线电骚扰和抗扰度测量设备　辅助设备　辐射骚扰》。

鉴于 IEC/CISPR 16 为电磁兼容系列基础标准,且篇幅大,内容多,为方便标准的制定、维护和使用,2002 年 IEC/CISPR A 分会决定对该标准的结构进行重大调整,将原来的 4 个部分拆分为 14 个部分,2006 年增至 15 个部分,并从 2003 年 11 月起陆续发布。我国依据等同采用原则,将陆续完成相应国家标准的制定和修订工作。该系列标准中的新、旧国家标准及其与 IEC/CISPR 16 系列标准/出版物的对应关系如下:

旧标准编号和名称	新标准编号和名称
GB/T 6113.1—1995 (eqv CISPR 16-1:1993) 《无线电骚扰和抗扰度测量设备规范》	GB/T 6113.101—2008(CISPR 16-1-1:2006,IDT) 第 1-1 部分:无线电骚扰和抗扰度测量设备　测量设备
	GB/T 6113.102—2008(CISPR 16-1-2:2006,IDT) 第 1-2 部分:无线电骚扰和抗扰度测量设备 辅助设备　传导骚扰
	GB/T 6113.103—2008(CISPR 16-1-3:2004,IDT) 第 1-3 部分:无线电骚扰和抗扰度测量设备 辅助设备　骚扰功率
	GB/T 6113.104—2008(CISPR 16-1-4:2005,IDT)1) **无线电骚扰和抗扰度测量设备和测量方法规范** **第 1-4 部分:无线电骚扰和抗扰度测量设备** **辅助设备　辐射骚扰**
	GB/T 6113.105—2008(CISPR 16-1-5:2003,IDT) 第 1-5 部分:无线电骚扰和抗扰度测量设备 30 MHz～1 000 MHz 天线校准用试验场地
GB/T 6113.2—1998 (eqv CISPR 16-2:1996) 《无线电骚扰和抗扰度测量方法》	GB/T 6113.201—2008(CISPR 16-2-1:2003,IDT) 第 2-1 部分:无线电骚扰和抗扰度测量方法 传导骚扰测量
	GB/T 6113.202—2008(CISPR 16-2-2:2004,IDT) 第 2-2 部分:无线电骚扰和抗扰度测量方法 骚扰功率测量
	GB/T 6113.203—2008(CISPR 16-2-3:2003,IDT) 第 2-3 部分:无线电骚扰和抗扰度测量方法 辐射骚扰测量
GB/T 6113.2—1998 (eqv CISPR 16-2:1996) 《无线电骚扰和抗扰度测量方法》	GB/T6113.204—2008(CISPR 16-2-4:2003,IDT) 第 2-4 部分:无线电骚扰和抗扰度测量方法 抗扰度测量

旧标准编号和名称	新标准编号和名称
CISPR 16-3:2000 Reports and recommendations of CISPR	GB/Z 6113.3—2006 (CISPR 16-3:2003,IDT) 第3部分：无线电骚扰和抗扰度测量技术报告
CISPR 16-4:2002 Uncertainty in EMC measurements	GB/Z 6113.401—2007 (CISPR 16-4-1:2003,IDT) 第4-1部分：不确定度、统计学和限值建模 标准化EMC试验的不确定度
	GB/T 6113.402—2006(CISPR 16-4-2:2003,IDT) 第4-2部分：不确定度、统计学和限值建模 测量设备和设施的不确定度
	GB/Z 6113.403—2007(CISPR 16-4-3:2004,IDT) 第4-3部分：不确定度、统计学和限值建模 批量产品的EMC符合性确定的统计考虑
	GB/Z 6113.404-2007(CISPR 16-4-4:2003,IDT) 第4-4部分：不确定度、统计学和限值建模 抱怨的统计和限值的计算模型
	GB/Z 6113.405(CISPR 16-4-5:2006,IDT)[2] 第4-5部分：不确定度、统计学和限值建模 替换试验方法的使用条件

1） 黑体字为该标准的本部分；

2） 待制定。

注1：表中除GB/T 6113.104以外的国家标准名称以制定或修订后、发布的标准名称为准。

注2：CISPR 16系列标准调整之前没有与CISPR 16-3和CISPR 16-4相对应的国家标准。

与CISPR 16-1-4 (1.2版):2005相比,GB/T 6113.104主要进行了以下编辑性修改：

1. 增加国家标准的前言和引言；

2. 将驻波比统一用单一数字表达,如VSWR不大于1.2；

3. 纠正了部分图的错误编号；

4. 增加附录C中的公式编号,便于文中叙述和引用；

5. 按CISPR 16-1-4(第2.1版):2007更正了4.2.2和4.3.3标题和相关内容及4.4.2的标题,见当页的编者注。

6. 为了读者方便,在等同标准的基础上增加了附录NA“GB/T 6113.104—2008与GB/T 6113.1—1995有关章节的对照”。

GB/T 6113的本部分自发布之日起,与GB/T 6113.101—2008、GB/T 6113.102—2008、GB/T 6113.103—2008和GB/T 6113.105—2008组合在一起替代GB/T 6113.1—1995。

与GB/T 6113.1—1995对应内容相比,本部分(GB/T 6113.104)主要发生如下的变化：

1. 增加3.2～3.13等12个术语；

2. 增加4.4.2条“天线的平衡”；

3. 增加4.4.3条“天线的交叉极化性能”；

4. 增加4.6条“1 GHz～18 GHz频率范围”的天线要求；

5. 增加4.7条“特殊天线的配置”;

6. 增加5.7条“有接地平板的试验场地的适用性”;

7. 增加5.8条“无接地平板的试验场地的适用性”;

8. 增加规范性的附录A“宽带天线参数”;

9. 增加规范性的附录B“单极天线(1 m杆天线)的特性方程与相关天线匹配网络的特性”;

10. 增加规范性的附录C“用于在9 kHz~30 MHz频率范围内测量磁场感应电流的环形天线系统”;

11. 为了读者方便,在等同标准的基础上增加了附录NA“GB/T 6113.104—2008与GB/T 6113.1—1995有关章节的对照”。

本部分的附录A、附录B、附录C和附录E为规范性附录,附录D、附录F和附录NA为资料性附录。

本部分由全国无线电干扰标准化技术委员会提出并归口。

本部分起草单位:信息产业部电子工业标准化研究所、东南大学、北京交通大学、中国计量科学研究院、信息产业部电子第五研究所、上海电器科学研究所(集团)有限公司、广州威凯检测技术研究所、上海市计量测试技术研究院、国家无线电监测中心。

本部分主要起草人:陈俐、胡景森、蒋全兴、闻映红、张林昌、崔强、杨春荣、寿建霞、黄攀、龚增、黄楚彬、张科、王铮、朱文立。

引　言

GB/T 6113.104 为基础标准 GB/T 6113 的组成部分。本部分包括 8 章和 7 个附录。内容主要涉及 9 kHz～18 GHz 频率范围辐射骚扰和辐射抗扰度测量用的辅助设备和设施的技术规范。辐射测量用辅助设备主要是天线，测量设施则包括 30 MHz～1 GHz 频率范围无线电骚扰场强测量用试验场地和 1 GHz～18 GHz 频率范围骚扰场强测量用试验场地、总辐射功率测量用混响室和辐射抗扰度用 TEM 小室。GB/T 6113 的本部分在第 3 章对试验天线、试验场地和描述天线或场地的性能参数给出了定义；在第 4 章按不同的频率范围对不同类型的天线的性能作出规定，这些天线包括磁场天线、电场天线、复合天线、以及一种特殊的天线——环天线系统(LAS)；在第 5 章规定了开阔试验场地及其确认程序、可替换的试验场地的适用性及判定准则，以及试验桌和天线塔的评估；在第 6 章描述了混响室的结构和测量方法；在第 8 章对 1 GHz～18 GHz 频率范围试验场地的特性作了规定，包括参考试验场地、试验场地的确认以及可替换的试验场地。此外，还在作为规范性的附录 A、附录 B、附录 C 和附录 E 中分别对宽带天线参数、1 m 杆天线的特性、9 kHz～30 MHz 频率范围内测量磁场感应电流的环形天线系统和 30 MHz～1 GHz 试验场地的确认程序作了详细的描述，在作为资料性的附录 D 和附录 F 中提供与上述内容相关的一些背景资料。由于某些原因，第 7 章 TEM 小室只给出了标题，目前，该国际标准的制订者 CISPR A 分会仍在研究制定当中。

无线电骚扰和抗扰度测量设备和测量方法规范 第1-4部分:无线电骚扰和抗扰度测量设备 辅助设备 辐射骚扰

1 范围

GB/T 6113 的本部分为基础标准,规定了用于9 kHz~18 GHz 频率范围内辐射骚扰测量的辅助设备的特性和性能。

本部分包括试验天线与骚扰场强测试用试验场地、TEM 小室和混响室等辐射骚扰辅助装置的规范。

GB/T 6113 本部分的要求在测量设备的 CISPR 指示范围内的所有频率和辐射骚扰的所有电平上都应得到满足。

GB/T 6113.203 涵盖了辐射骚扰的测量方法,有关无线电骚扰的更多信息在 GB/Z 6113.3 中给出。不确定度、统计学和限值建模在 GB/T 6113 的第4部分给出。

2 规范性引用文件

下列文件中的条款通过 GB/T 6113 的本部分的引用而成为本部分的条款。凡是注日期的引用文件,其随后所有的修改单(不包括勘误的内容)或修订版均不适用于本部分,然而,鼓励根据本部分达成协议的各方研究是否可使用这些文件的最新版本。凡是不注日期的引用文件,其最新版本适用于本部分。

GB 4343.1—2003 电磁兼容 家用电器、电动工具和类似器具的要求 第1部分:发射(CISPR 14-1:2000,IDT)

GB/T 6113.101—2008 无线电骚扰和抗扰度测量设备和测量方法规范 第1-1部分:无线电骚扰和抗扰度测量设备 测量设备(CISPR 16-1-1:2006,IDT)

GB/T 6113.105—2008 无线电骚扰和抗扰度测量设备和测量方法规范 第1-5部分:无线电骚扰和抗扰度测量设备 30 MHz~1 000 MHz 天线校准试验场地(CISPR 16-1-5:2003,IDT)

GB/T 6113.201—2008 无线电骚扰和抗扰度测量设备和测量方法规范 第2-1部分:无线电骚扰和抗扰度测量方法 传导骚扰测量(CISPR 16-2-1:2003,IDT)

GB/T 6113.203—2008 无线电骚扰和抗扰度测量设备和测量方法规范 第2-3部分:无线电骚扰和抗扰度测量方法 辐射骚扰测量(CISPR 16-2-3:2003,IDT)

GB/Z 6113.3—2006 无线电骚扰和抗扰度测量设备和测量方法规范 第3部分:无线电骚扰和抗扰度测量技术报告(CISPR 16-3:2003,IDT)

GB/Z 6113.401—2007 无线电骚扰和抗扰度测量设备和测量方法规范 第4-1部分:不确定度、统计学和限值建模 标准化的 EMC 试验不确定度(CISPR 16-4-1/TR:2005,IDT)

GB/T 6113.402—2006 无线电骚扰和抗扰度测量设备和测量方法规范 第4-2部分:不确定度、统计学和限值建模 测量设备和设施的不确定度(CISPR 16-4-2:2003,IDT)

GB/T 4365—2003 电工术语 电磁兼容(IEC 60050(161):1990,IDT)

计量学基本术语和通用术语国际词汇,ISO,日内瓦,第2版,1993

3 定义

GB/T 4365—2003 中的定义和下列定义适用于本部分。

3.1

带宽　bandwidth

B_n

低于响应曲线中点某一规定电平处测量接收机总选择性曲线的宽度，用符号 B_n 表示。n 表示所规定电平的分贝数。

3.2

CISPR 指示范围　CISPR indicating range

CISPR 指示范围是指由制造商规定的且满足 GB/T 6113 本部分要求的接收机最大指示和最小指示之间的指示范围。

3.3

天线校准用试验场地　calibration test site;CALTS

具有金属接地平面、严格规定了水平极化和垂直极化电场的场地衰减性能的开阔试验场地。

CALTS 用于确定天线在自由空间中的天线系数。

CALTS 的场地衰减测量用来与符合性试验场地的相应的场地衰减测量作比较，以评价符合性试验场地的性能。

3.4

符合性试验用试验场地　compliance test site;COMTS

为与符合性限值相比较，保证受试设备骚扰场强测量结果有效且可重复的环境。

3.5

天线　antenna

发射或接收系统中设计用来以特定方式发射或接收电磁波的部分。

注 1：在本部分的上下文中，平衡-不平衡转换器是天线的一部分。

注 2：也可见术语 3.10“线天线”。

3.6

平衡-不平衡转换器　balun

用于传输线或装置之间从平衡到不平衡或不平衡到平衡转换的无源电气网络。

3.7

自由空间谐振偶极子　free-space-resonant dipole

由两根相同长度的共线直导体构成的线天线，两根导体端对端放置，由一小间隙分隔。每根导体的长度近似为四分之一波长，从而使得当偶极子处于自由空间时，在特定的频率上，其间隙两端测得的线天线的输入阻抗为纯实数。

注 1：在本部分的上下文中，与平衡-不平衡转换器相连的线天线也称为“试验天线”。

注 2：该线天线也被称为“调谐偶极子”。

3.8

场地衰减　site attenuation

试验场地上两个规定位置之间的场地衰减指的是当信号发生器的输出与接收机的输入之间的直接电气连接被放在规定位置上的发射天线和接收天线所代替时，通过两端口网络测量得到的插入损耗。

3.9

试验天线　test antenna

自由空间谐振偶极子和特定的平衡-不平衡转换器的组合。

注：仅用于 GB/T 6113 的本部分。

3.10

线天线　wire antenna

由一根或多根金属导线或金属杆构成的用于发射或接收电磁波的特定结构。

注：线天线不包含平衡-不平衡转换器。

3.11

全电波暗室　fully anechoic room;FAR

内表面装有射频吸波材料(也就是 RF 吸收器)的屏蔽室,该吸波材料能够吸收所关注的频率范围内的电磁能量。

3.12

准自由空间试验场地　quasi-free space test-site

在任意频率上,用垂直极化调谐偶极子测量得到的场地衰减与计算得到的自由空间的场地衰减的偏差不大于±1 dB 的试验场地。

3.13

试验空间　test volume

在 FAR 中受试设备所占的空间。

注:在该试验空间,准自由空间的条件应该得到满足,并且,该空间距离 FAR 中吸波材料的典型距离为 0.5 m 或更远。

4　无线电辐射骚扰测量用天线

天线和插入天线与接收机之间的电路不应对测量接收机的总的特性产生影响。当天线与测量接收机相连时,测试系统应符合 GB/T 6113.101 适用于所关注的频带的带宽要求。

天线应为线极化天线,并且极化方向是可以改变的,以便能够测量入射辐射场的所有极化分量。天线中心距地面的高度依据特定的试验程序应是可调节的。

有关宽带天线参数的额外信息见附录 A。

4.1　场强测量的准确度

当使用满足本条要求的天线和满足 GB/T 6113.101 的测量接收机测量正弦波的均匀场时,场强测量准确度应优于±3 dB。

注:该要求不包括试验场地的影响。

4.2　频率范围 9 kHz～150 kHz

实验表明,在此频率范围内观测到的干扰现象是磁场分量起主要作用。

4.2.1　磁场天线

为了测量辐射的磁场分量,既可以使用电屏蔽的环天线,也可以使用铁氧体杆天线。环天线可用边长为 60 cm 的正方形包容。

磁场强度单位为 μA/m,用对数单位表示,20 lg(μA/m)=dB(μA/m)。相应的发射限值用相同的单位表示。

注:不论是近场还是远场,即在所有的条件下,辐射场的磁场分量的强度(单位:dB(μA/m)或 μA/m)都可以直接测量。然而,许多场强测量接收机是以等效平面波电场强度(单位:dB(μV/m))的形式来校准的,也就是假设电场分量与磁场分量的比为 120 π 或 377 Ω。这个假设是在远场条件下成立,即与源之间的距离大于 1/6 波长($\lambda/2\pi$)。在这种情况下,磁场分量的值可以通过在接收机上读取的电场分量除以 377 来获得,或者从电场值(单位:dB(μV/m))中减去 51.5 dB 来获得磁场值(单位:dB(μA/m))。

应该清楚地理解上述电场与磁场的固定比值只适用于远场条件。

电场强度除以 377 Ω 得到磁场强度 H(μA/m):

$$H(\mu A/m) = E(\mu V/m)/377\ \Omega \qquad (1)$$

以 dB(μV/m)为单位的电场强度减去 51.5 dB 得到以 dB(μA/m)为单位的磁场强度:

$$H\mathrm{dB}(\mu A/m) = E\mathrm{dB}(\mu V/m) - 51.5\ \mathrm{dB}(\Omega) \qquad (2)$$

用于上述转换关系式中的阻抗 Z=377 Ω,20 lg$Z$=51.5 dB,为一常数。此常数源于场强测量设备以 μV/m(或 dB(μV/m)为单位指示磁场时所用的修正系数。

4.2.2 环天线的屏蔽[1)]

屏蔽得不够理想的环天线会对电场产生响应。对环天线的电场响应的鉴别应通过在均匀场旋转环平面使其平行于电场矢量的方法来评估。环平面平行于磁通量测得的响应比环平面垂直于磁通量测得的响应至少低 20 dB。

4.3 频率范围 150 kHz～30 MHz

4.3.1 电场天线

测量辐射的电场分量时，对称或不对称的天线都可以使用。当使用不对称天线时，测量仅表示电场在垂直杆天线的感应。测量结果中应注明所使用天线的类型。

附录 B 中给出了 1 m 长单极天线(杆天线)工作特性的计算和其匹配网络的特性的有关信息。

当辐射源和天线之间的距离不超过 10 m 时，天线的总长度应为 1 m 。当距离大于 10 m 时，天线长度最好为 1 m，但不得超过距离的 10%。

电场强度的单位为 μV/m，或采用对数单位为 20 lg(μV/m)＝dB(μV/m)，有关的发射限值也应采用相同的单位。

4.3.2 磁场天线

测量辐射的磁场分量，应使用 4.2.1 中所描述的电屏蔽环天线。

当测量较低的场强时，应使用调谐的电对称环天线而不使用非调谐的电屏蔽环天线。

4.3.3 天线的交叉极化响应[1)]

如果使用对称的电场天线，天线的交叉极化响应应满足 4.4.3 的要求。如果使用对称的磁场天线，则应满足 4.2.2 的要求。

4.4 频率范围 30 MHz～300 MHz

4.4.1 电场天线

基准天线应为对称偶极子。

4.4.1.1 对称偶极子

当频率大于或等于 80 MHz 时，天线应调整到谐振长度；当频率低于 80 MHz 时，天线长度应等于 80 MHz 时的谐振长度，并通过适当的变换装置进行调谐与馈源匹配。天线应通过平衡-不平衡转换装置与测量设备的输入端相连。

4.4.1.2 短偶极子

下列条件可使用短于半波长的偶极子：

a) 天线总长度大于测量频率的十分之一波长(λ/10)；

b) 用匹配良好的电缆将天线与测量接收机连接起来，以确保电缆上的电压驻波比(VSWR)小于 2.0。校准时应考虑 VSWR；

c) 这种天线应与调谐偶极子具有同等的极化鉴别能力(见 4.4.2)，为了达到此目的，应借助于平衡-不平衡转换器；

d) 为了确定被测场强，应在规定的距离(也就是，至少在 3 倍于偶极子长度的距离上)确定并使用同一条校准曲线(天线系数)；

注：这样得到的天线系数应能满足均匀正弦波电场的技术要求，测量准确度不劣于±3 dB。图 1 给出了校准曲线的实例。它表示了对不同的 l/d，输入阻抗为 50 Ω 的测量接收机的输入电压与场强的理论关系。在这些曲线中，平衡-不平衡转换器被认为是理想的 1：1 转换器。然而，应注意到这些曲线中并未将平衡-不平衡转换器、电缆以及电缆和接收机之间的失配所引起的损耗考虑进去。

e) 尽管由于偶极子的缩短提高了天线系数，导致场强仪灵敏度的降低，但是场强仪的测量下限(如由接收机的噪声和偶极子的传输系数确定)仍应保证比被测信号电平至少低 10 dB。

---

1) 此标题和内容按照 CISPR 16-1-4:2007(2.1 版)进行了修改。

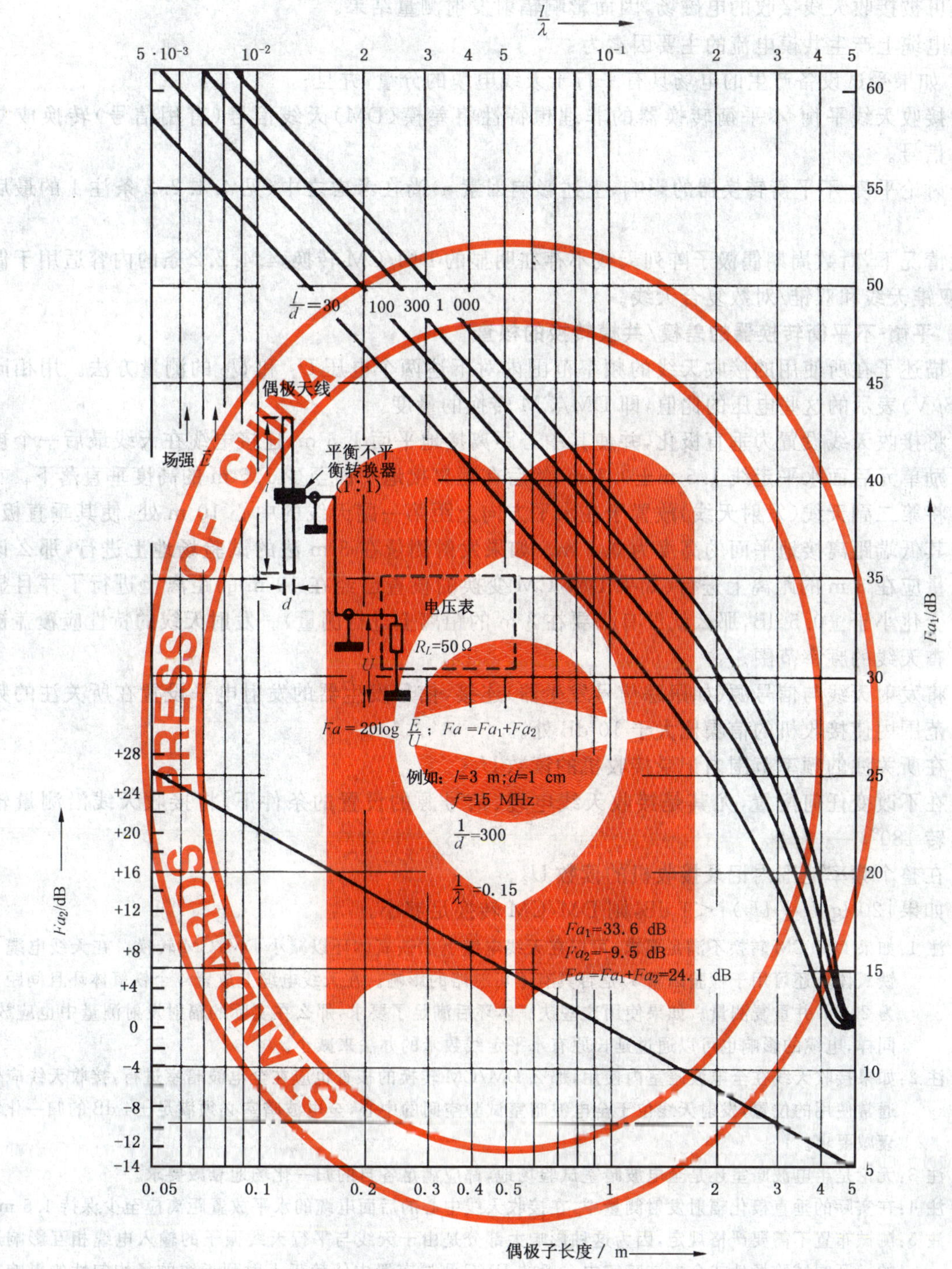

图 1 $R_L=50\ \Omega$ 时短偶极子的天线系数

4.4.1.3 宽带天线

满足 4.5.2 条复合天线要求的宽带天线均可使用。

4.4.2 天线特性[2)]

4.4.2.1 概述

在辐射发射测量中,与接收天线相连的电缆(天线电缆)存在着共模(CM)电流,其结果是这些共模

2) 此标题和内容按照 CISPR 16-1-4:2007(2.1 版)进行了修改。

电流产生可被接收天线接收的电磁场,因而影响辐射发射测量结果。

天线电缆上产生共模电流的主要因素为:

a) 如果受试设备产生的电场具有平行于天线电缆的分量,并且;

b) 接收天线平衡-不平衡转换器的非理想特性将差模(DM)天线信号(有用信号)转换成共模信号。

本条讨论平衡-不平衡转换器的影响,上述影响因素 a)尚在考虑之中(见 4.4.2.2 条注 1 的最后一句话)。

一般情况下,对数周期偶极子阵列天线不存在明显的 DM/CM 转换,4.4.2.2 条的内容适用于偶极子天线、双锥天线和双锥/对数复合天线。

4.4.2.2 平衡-不平衡转换器的差模/共模转换的核查

以下描述了在所使用的接收天线的频率范围内对下述两个电压 U_1 和 U_2 的测量方法。用相同单位(如,dBμV)表示的这些电压的比值,即 DM/CM 转换的量度。

1) 将接收天线设置为垂直极化,并使其中心距离接地平面 1.5 m,连接电缆在天线最后一个被激励单元后面水平走线 1.5 m±0.1 m,然后在距离接地平面至少 1.5 m 的高度垂直落下。

2) 将第二副天线(发射天线)放置于在水平方向上距第一副天线的中心 10 m 处,使其垂直极化,其低端距离接地平面的高度为 0.1 m。如果发射测量在 3 m 法的试验场地上进行,那么该测量应在 3 m 的距离上进行(如果 DM/CM 变换的核查已经在 10 m 的距离上进行了并且显示变化小于±0.5 dB,那么就没有必要在 3 m 的距离上进行测量)。发射天线的特性应覆盖被核查天线的频率范围。

3) 将发射天线与信号源(如跟踪信号发生器)连接,信号发生器的发射电平设置在所关注的频率范围内使接收机的信噪比大于 10 dB 处。

4) 在所关注的频率范围内记录接收机的读数 U_1;

5) 在不改变任何配置,尤其是接收天线电缆、信号源的设置的条件下,将接收天线沿测量轴旋转 180°。

6) 在整个频率范围内记录接收机的读数 U_2。

7) 如果 $|20\lg(U_1/U_2)|<1$ dB,则 DM/CM 转换足够小。

注 1:如果 DM/CM 转换不满足要求,可以在天线电缆上加铁氧体环以减小 DM/CM 转换。在天线电缆上加铁氧体环还可用于检验因素 a)是否具有不可忽略的影响。在天线电缆上放置 4 个铁氧体环且间距大约为 20 cm 并重复测量。如果使用这些铁氧体环后满足了要求,那么在实际的辐射发射测量中也应放置。同样,电缆的影响也可以通过延长原有水平走线数米的办法来减小。

注 2:如果接收天线在全电波暗室内使用,那么 DM/CM 转换的核查也应在全电波暗室进行,接收天线应位于通常使用的位置,发射天线位于全电波暗室试验空间的中心,全电波暗室必须满足±4 dB 的归一化场地衰减要求。

注 3:无论是半电波暗室还是全电波暗室试验场地,都应满足各自的归一化场地衰减要求。

注 4:在实际的垂直极化辐射发射测量中,在接收天线中心的后面电缆的水平放置距离应至少保持 1.5 m。

注 5:测试布置不需要严格规定,因为这种影响大部分是由于天线与平行天线振子的输入电缆相互影响造成的。开阔试验场地或全电波暗室内一般的 EMC 测试布置中依赖于入射到天线的场均匀性的影响微乎其微。

注 6:对于具有安装在侧面(与天线杆成 90°)的接收电缆连接头的平衡-不平衡转换器应使用直角连接器以减低电缆的变形。

4.4.3 天线的交叉极化性能

当天线置于平面极化的电磁场中时,天线与场交叉极化时的端电压应至少比共极化时的端电压低 20 dB。这种试验适用于由每个偶极子的两个振子臂构成的梯形对数周期偶极子阵列(LPDA)天线。使用这些天线所进行的测量主要在 200 MHz 以上,但该要求适用于 200 MHz 以下。这种测试不适用于共线偶极子和双锥天线,因为它们的对称设计本身所固有的交叉极化抑制均大于 20 dB。这些天线和喇叭天线必须具备大于 20 dB 的交叉极化抑制,制造商在进行型式试验时应保证这一点。

为了达到准自由空间条件，应使用高质量的暗室或在户外足够高于地面的天线塔。为了使地面反射最小，使天线垂直极化。被核查天线接收到的应为平面波，被核查天线与源天线之间的中心距离应大于1个波长。

注：在被核查天线处需要一个高质量的试验场地来建立平面波。交叉极化的鉴别可通过下述方法来验证：在一对喇叭天线或一对一端开口的波导天线之间传输一平面波，并测得由场地衰减和喇叭天线固有的交叉极化的性能所产生的对水平分量的抑制超过30 dB。如果场地衰减非常低且喇叭天线具有相同的性能，那么一个喇叭的交叉极化性能应比一对喇叭的组合交叉极化耦合低大约6 dB。

当干扰信号比有用信号低20 dB时，对有用信号产生的最大误差为±0.9 dB。当交叉极化信号与共极化信号同相时会产生最大的误差。当LDPA的交叉极化响应比共极化时不足20 dB时，操作者必须计算不确定度并在结果中声明。例如14 dB意味着最大不确定度为+1.6 dB～－1.9 dB，当计算标准不确定度时应使用较大的值并假设为U型分布。

为了将0 dB信号与－14 dB信号相加，首先应将电压的相对值除以20，再取反对数值。然后将较小的信号与带单位的信号相加，取对数后再乘以20，计算结果将得到正的误差分贝；重复上述过程但将较小的信号从带单位的信号中减去，将得到负的误差分贝。

为了计算辐射发射结果的不确定度，如果在一个极化方向上测得的信号电平超过与之垂直的极化方向上的被测信号6 dB或更多，则只有14 dB交叉极化鉴别的LPDA被认为满足规定的20 dB，如果垂直极化(VP)和水平极化(HP)信号电平之差小于6 dB，该差值与交叉极化之和小于20 dB，那么必须计算附加的不确定度。

4.5 频率范围300 MHz～1 000 MHz

4.5.1 电场天线

如果使用偶极子天线，那么它应该满足4.4.1.1和4.4.2的要求。

4.5.2 复合天线

由于在300 MHz～1 000 MHz频率范围内的简单偶极子天线的灵敏度非常低，因此可使用较复杂的复合天线，这种天线应为：

a) 天线应为线性极化，这可采用与检验简单偶极子天线的对称相同的方法来检验。

b) 天线方向图的主瓣应满足在直射波方向上的响应与来自地面反射波方向上的响应的差值不大于1 dB。

为保证以上的条件，在与天线最大增益相差1 dB的范围内，测量天线垂直方向上的方向图波瓣宽度2φ应满足以下条件：

1) 如果测量天线保持水平方向：

$$\varphi > \arctan[(h_1 + h_2)/d]$$

2) 如果测量天线以最佳的位置向地面倾斜(这样直射波射线和反射波射线都包含在波瓣宽度2φ内)：

$$2\varphi > \arctan[(h_1 + h_2)/d] - \arctan[(h_1 - h_2)/d]$$

式中：

h_1——测量天线高度；

h_2——受试设备高度；

d——测量天线和受试设备之间的水平距离。

天线的方向图应在天线垂直极化时在水平面检查，应假设垂直极化时测得的方向图，尤其是天线波瓣宽度2φ，应与水平极化时测得的相同。

考虑天线与源之间有效距离和增益随频率的变化是必要的。

c) 从与天线馈电端相连的接收机端测得的天线的电压驻波比不应超过2.0。

d) 应给出校准系数使天线有可能满足4.1的要求。

4.6 频率范围1 GHz～18 GHz

1 GHz以上的辐射发射测量应使用经过校准的线极化天线，包括双脊波导喇叭天线、矩形波导喇叭天线、锥型喇叭天线、最佳增益喇叭天线和标准增益喇叭天线。使用的任何天线的方向性图的“波束”或主瓣应足够大以覆盖在测试距离上的受试设备，或允许对受试设备进行扫描以确定辐射源或辐射源的方向。天线主瓣宽度定义为天线的 3 dB 波束宽度，在天线的文件中应给出确定这个参数的相关信息。这些喇叭天线的口径尺寸应足够小以满足测量距离(单位：m)等于或大于以下的最小距离：

$$R_m \geqslant D^2/2\lambda$$

式中：

D——天线的最大口径，m；

λ——测量频率上的自由空间波长，m。

在有争议的情况下，优先使用标准增益喇叭天线或类似的精确校准的喇叭天线。

注：任何校准的线极化天线，如对数周期天线，都可用来测量。如果使用频谱分析仪或较老的无线电噪声测量仪，那么在这个频率范围内，除了喇叭天线，许多天线的增益都不够。试验人员应保证在使用的测量距离上总的测量灵敏度至少低于适用的限值 6 dB。同时应保证用来改进灵敏度的任何手段，例如预选放大器，不应产生失真、杂散信号、或其他过载问题。由于对数周期偶极子阵列比喇叭天线具有更宽的波瓣宽度，在测量中来自地面的反射会产生显著的误差。

4.7 特殊的天线配置

4.7.1 环天线系统

在 9 kHz～30 MHz 频率范围内，单个受试设备辐射的磁场分量可用特殊的环天线系统(LAS)来确定。在 LAS 中，该干扰是以磁场在 LAS 系统的环天线中的感应电流形式来测量的。LAS 允许室内测量。

LAS 由三个相互垂直的、直径为 2 m 的大圆环天线(LLAS)构成，由非金属底座支撑，详细描述在附录 C 中给出。

受试设备位于 LAS 的中心，受试设备的最大尺寸应满足受试设备和 LLA 之间的距离至少为 0.2 m，有关信号电缆的布置在附录 C.3 中的注释 2 和图 C.6 中给出。电缆应布在一起，与环天线所在空间的夹角为相同的 45°，与 LAS 任何一个环的距离不小于 0.4 m。

三个相互垂直的 LLAS 能够以规定的准确度来测量所有极化方向上的辐射场的干扰，而不用旋转受试设备或改变 LLAS 的方向。

三个 LLAS 中的每一个均应符合 C.5 条给出的确认要求。

注：只要 LLAS 圆环的直径 $D \leqslant 4$ m 且受试设备与一个 LA 之间的距离不大于 $0.1D$(m)，也可以使用不同于标准直径 2 m 的 LLAS 圆环。非标准直径环天线的修正因子在 C.6 章中给出。

5 用于无线电骚扰场强测量的试验场地，30 MHz～1 000 MHz

试验场地周围的环境应能够确保受试设备的骚扰场强测量结果的有效性和可重复性。对于那些只能工作在使用现场的受试设备，须另行规定。

5.1 开阔试验场地

正常情况下，骚扰场强的测量是在开阔试验场地上进行的。该开阔试验场地具有空旷的水平的地势特征。这种试验场地应避开建筑物、电力线、篱笆和树木等，并应远离地下电缆、管道等，除非它们是受试设备(受试设备)供电和运行所必需的。附录 D 推荐了适用于 30 MHz ～1 000 MHz 频率范围的开阔试验场地的详细结构。5.6 条给出了开阔试验场地确认的判定程序，更详细的内容见附录 E。附录 F 给出了试验场地的±4 dB 可接受准则。

5.2 气候保护罩

如果试验场地全年使用，则需要一个气候保护罩。气候保护罩应能够保护包括受试设备和场强测量天线在内的整个试验场地，或者是只保护受试设备。所使用的材料应具有射频透明性，以避免造成不需要的反射和受试设备辐射场强的衰减。

气候保护罩的形状应易于排雪、冰或水。更详细的内容见附录 D。

5.3 无障碍区

为了得到一个开阔试验场地，在受试设备和场强测量天线之间需要一个无障碍区域。无障碍区域应远离那些具有较大的电磁场的散射体，并且这个区域应足够大，使得无障碍区域以外的散射不会对天线测量的场强产生影响。为了确定无障碍区域是否足够大，应该进行场地确认的试验。

由于来自物体散射场强的幅度大小与许多因素(如，物体的尺寸、到受试设备的距离、受试设备所在的方位、物体的导电性和介电常数以及频率等)相关，所以，对所有设备规定一个必须且充分适宜的无障碍区域是不切实际的。无障碍区域的尺寸和形状取决于测试距离及受试设备是否可被旋转。如果试验场地配备了转台，那么推荐使用椭圆形的无障碍区域，接收天线和 EUT 分别放在其两个焦点上，长轴的长度为测量距离的 2 倍，短轴的长度为测量距离的$\sqrt{3}$倍(见图 2)。

对于该椭圆形的无障碍区域来说，其周界上任何物体的反射波的路径均为两个焦点之间的距离的 2 倍。如果放置在转台上的受试设备较大，那么就有必要扩展无障碍区的周界，以保证从受试设备周界到障碍物之间的净尺寸。

如果试验场地没有配备转台，也就是说，EUT 是固定不动的，那么推荐使用圆形的无障碍区域。受试设备的周界到试验场地的周界的径向距离为测试距离的 1.5 倍(见图 3)。此时，测量天线可在距离 EUT 半径远的位置上围绕着 EUT 移动。

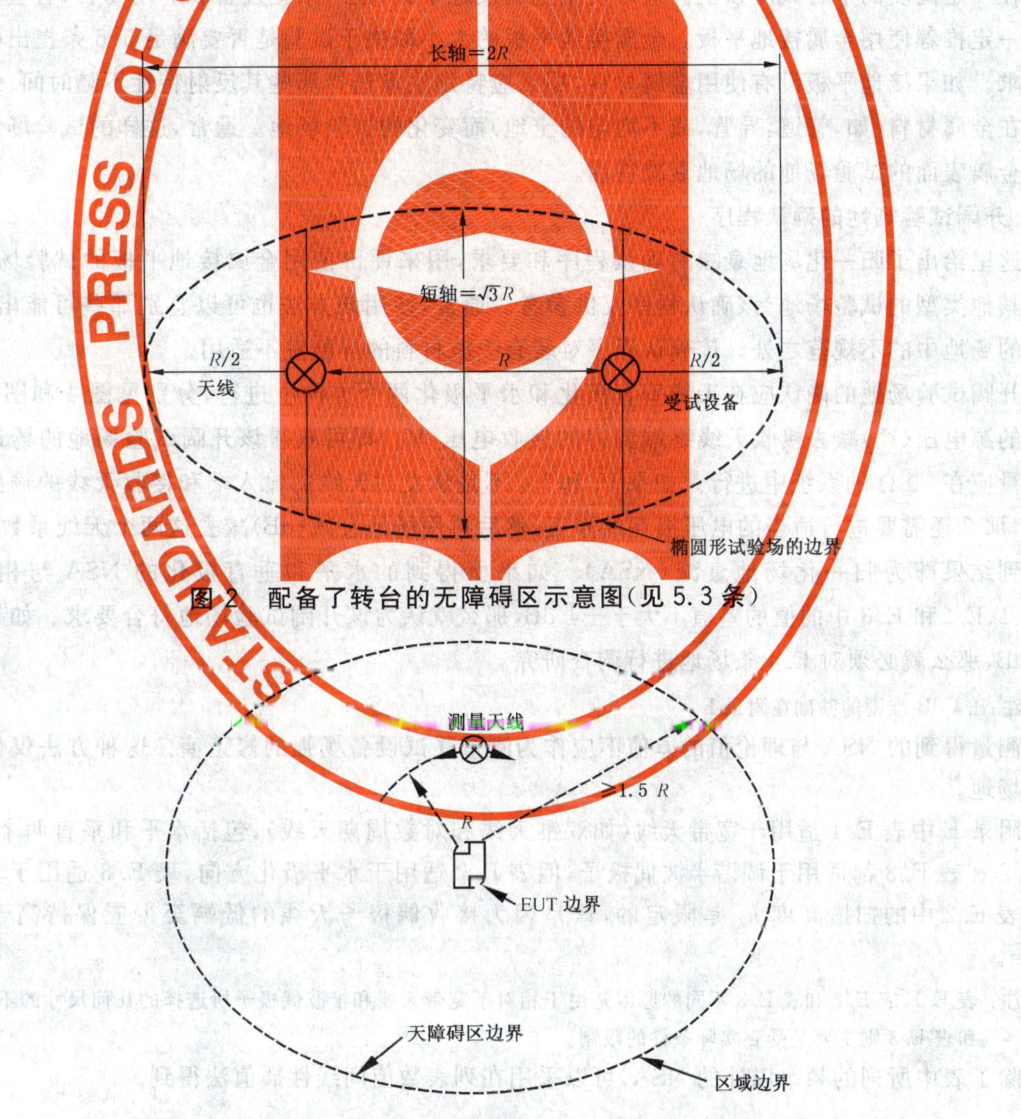

图 2 配备了转台的无障碍区示意图(见 5.3 条)

图 3 未配备转台、EUT 固定不动情况下的无障碍区示意图(见 5.3 条)

无障碍区的地势应平坦。为了排水的需要，允许地势稍稍倾斜。如果使用金属接地平板，可见附录 D.2 所述的对金属接地平板平滑度的要求。测量设施和测试人员都应在无障碍区之外。

5.4 试验场地周围的射频环境

试验场地周围的射频电平与被测电平相比应足够的低,有关这方面的场地质量可以按以下4个等级来评价:

a) 周围的射频电平比被测电平低6 dB;

b) 周围某些射频电平比被测电平低,但不足6 dB;

c) 周围某些射频电平比被测电平高,但只在有限的可识别的频率上;它们可能是非周期的(即相对于测量来说,发射之间的间隔足够的长),也可能是连续出现的;

d) 周围的射频电平在大部分测量频率范围内都比被测电平高,并且是连续出现的。

所选择的试验场地应确保:能够维持在给定的环境中和可行的工程等级下的测量准确度。

注:为了得到更理想的测量结果,建议周围的射频电平比被测电平低20 dB。

5.5 接地平板

接地平板可以用对地具有高导电率的大面积的金属材料构成。接地平板可以放在地平面上,也可以放在一定高度的平台或屋顶上。最好使用金属接地平板,但对某些设备和应用场合,有些产品类标准并不一定推荐使用金属接地平板。金属接地平板的大小取决于试验是否要满足5.6条提出的场地确认的要求。如果接地平板没有使用金属材料,那么应特别注意选择那些其反射特性不随时间、气候或因地下存在金属材料(如,管道,导管,或不均匀的土地)而变化的试验场地。通常,这样的试验场地会给出不同于金属表面的试验场地的场地衰减特性。

5.6 开阔试验场地的确认程序

这里给出了归一化场地衰减的确认程序和要求,用来评价使用金属接地平板的试验场地的质量。对于其他类型的试验场地,该确认程序仅供参考。通常,使用该方法也可以鉴别那些可能出现,应予以考虑的场地中的不规范之处。该确认程序对装有吸波材料的屏蔽室不适用。

开阔试验场地的确认应在天线垂直极化和水平极化两个方向上进行,分别见图4和图5。用发射天线的源电压(V_i)减去接收天线终端测得的接收电压(V_R)即可获得该开阔试验场地的场地衰减。电压测量应在50 Ω的系统中进行。如果V_i和V_R不是从发射天线的输入端和接收天线的输出端分别得到的,那么还需要进行适当的电压损耗的修正,然后再用场地衰减(dB)减去这两个天线系数(dB),之后所得到结果即为归一化场地衰减(NSA)。如果所得到的水平和垂直极化的NSA与相应附录E表E.1、E.2和E.3中的值的差值不大于±4 dB,那么就认为该开阔试验场地符合要求。如果差值超过±4 dB,那么就必须对E.4条场地进行调查研究。

注:±4 dB准则的基础在附录F。

测量得到的NSA与理论值的差值不应作为测量受试设备场强的修正值。这种方法仅仅用来确认试验场地。

附录E中表E.1适用于宽带天线(如双锥天线和对数周期天线),包括水平和垂直两个极化方向。表E.2和表E.3都适用于调谐半波偶极子,但表E.2适用于水平极化方向,表E.3适用于垂直极化方向。表E.2中的扫描高度h_2是限定的,这是因为接收偶极子天线的低端至少应保持高于接地平板25 cm。

注:表E.1、表E.2和表E.3不同的原因是由于相对于宽带天线和半波偶极子所选择的几何尺寸的不同,而表E.2和表E.3则主要是受到实际条件的限制。

除了表中所列的频率以外的NSA,可以采用在列表数值间线性插值法得到。

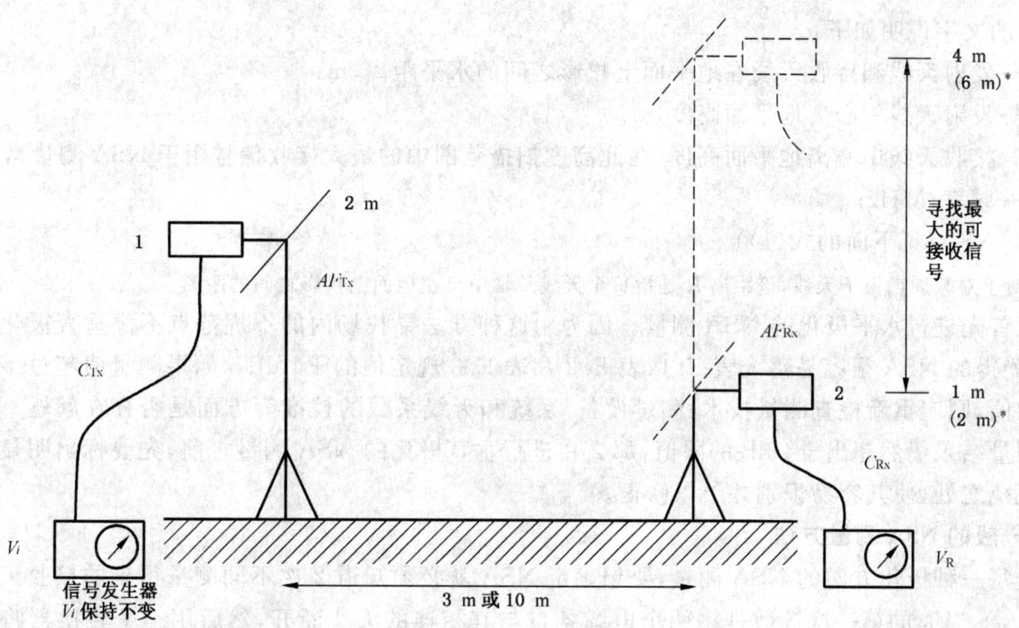

注 1：* 天线相距 30 m 时适用。

注 2：V_R 为信号发生器(1)和测量接收机(2)相连和不相连时的读数。

图 4　水平极化场地衰减的测量布置示意图(见 5.6 条和附录 E)

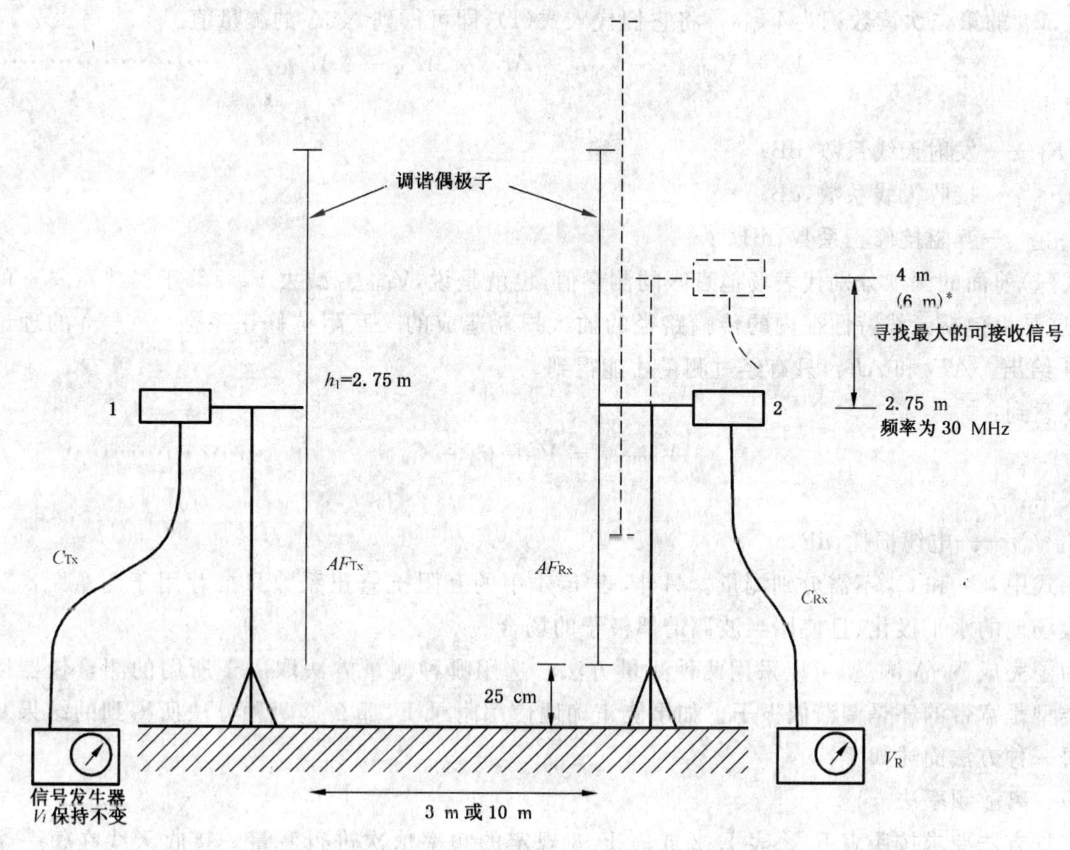

注 1：* 天线相距 30 m 时适用。

注 2：对于宽带天线，$h_{1\,\min}=h_{2\,\min}=1$ m。

注 3：频率大于 30 MHz 时，h_2 的调节范围见表 E.3。

图 5　垂直极化场地衰减的测量布置示意图(见 5.6 条和附录 E)

表中的文字说明如下：

R——发射天线和接收天线在地平面上投影之间的水平距离，m；

h_1——发射天线中心离地平面高度，m；

h_2——接收天线中心离地平面高度(在此高度扫描范围中的最大接收信号用于 NSA 测量)，m；

f_m——频率，MHz；

A_N——NSA(见下面的式(1))。

注：对于对数周期振子天线，该距离 R 是指每个天线长轴中点在地面上投影之间的距离。

建议首先进行水平极化的 NSA 测量。因为用这种方法寻找场内的不规范点不像垂直极化那么敏感，因而测得的 NSA 很容易落入表 E.1、表 E.2 和表 E.3 规定值的±4 dB。如果测量值超过了规定表中规定的值，则应重新检查测量技术、测量设备/系统和天线系数的校准等方面是否存在问题。如果检查之后测量结果仍然超出±4 dB 的限值，那么在进行垂直极化的 NSA 测量之前，先要标出明显的试验场地不规范之处，使其容易识别并予以修正。

5.6.1 一般的 NSA 测量方法

对于每一种极化方向的 NSA 测量，要想确定 NSA 就必须知道 2 次不同测量得到的接收天线的终端电压(V_R)。V_R 的第一次读数是将两个电缆各自与其相连的天线断开，然后用一个转换器将它们连接起来之后测得的；第二次读数是将两根电缆各自重新与天线相连、天线进行高度扫描后测量得到的最大值。(测量距离为 3 m 和 10 m 时，该高度扫描范围为 1 m～4 m；测量距离为 30 m 时，高度扫描范围为 1 m～4 m 或 2 m ～6 m。)这两次测量中，信号源电压 V_i 应保持不变。V_R 的第一次读数记为 V_{DIRECT}，V_R 的第二次读数记为 V_{SITE}。将它们代入式(1)，即可得到 NSA 的测量值。

$$A_N = V_{DIRECT} - V_{SITE} - AF_T - AF_R - \Delta AF_{TOT} \qquad \cdots\cdots(1)$$

式中：

AF_T——发射天线系数，dB；

AF_R——接收天线系数，dB；

ΔAF_{TOT}——互阻抗修正系数，dB。

式(1)前面的两项分别代表场地衰减的测量值，也就是说，V_{DIRECT} 减去 V_{SITE} 等于经典意义上的场地衰减，这是由包括天线特性在内的传输路径的插入损耗造成的。互阻抗修正系数 ΔAF_{TOT} 的理论值由表 E.4 给出。AF_T 和 AF_R，只有经过测量才能得到。

注意到：

$$V_{DIRECT} = V_I - C_T - C_R \qquad \cdots\cdots(2)$$

式中：

C_T，C_R——电缆损耗，dB；

上式中，C_T 和 C_R 不需分别测量。另外，表 E.4 中的互阻抗修正系数只推荐用于测量距离为 3 m 的试验场地的水平极化、且使用半波调谐偶极子的场合。

为了完成 NSA 测量，可以采用两种测量方法。选用哪种测量方法取决于所用的测量仪器以及天线的类型是宽带的还是调谐偶极子。如果能正确地使用附录 E，那么这两种方法所得到的结果基本相同。每一种方法简述如下：

a) 离散频率法

这种方法要求按照表 E.1、表 E.2 或表 E.3 规定的频率依次进行测量。接收天线在每一个频率上，在表中规定的可调范围内找出最大的接收信号。将测得的值代入式(1)，进而得到 NSA。附录 E 推荐了一种方法，用于实现数据的记录和 NSA 测量值的计算，并以此为基础来与理论值进行比较。

b) 扫描频率法

这种测量方法是用宽带天线来实现的。测量时还要使用一台具有峰值保持(最大保持)和贮存能力的自动测量设备和一台跟踪信号发生器。测量过程中,应在其规定的范围内对所有频率和测量高度进行扫描或扫频。频率扫描的速度应比天线扫描的速度快得多。其他方面与 a)相同。更多的详细内容在附录 E 中给出。

5.6.2 天线系数的确定

NSA 测量中需要准确的天线系数。一般来说;天线所附带的天线系数是不够准确的,除非他们使用特殊的方法测量得到的。测量要求使用线性极化天线。附录 E 给出了一种有用的天线校准方法。制造商提供的天线系数也许已经考虑了安装在部件之间的平衡-不平衡变换器所引入的损耗。如果使用了可分离的平衡-不平衡变换器或一体化的电缆,那么就必须考虑它们的影响。附录 E 也给出了用于调谐半波偶极子的计算公式。

5.6.3 场地衰减的偏差

如果 NSA 的测量结果的偏差超出±4 dB,那么应首先检查下列环节:

a) 测量程序;

b) 天线系数的准确度;

c) 信号源的漂移、接收机或频谱分析仪输入衰减器和读数的准确度。

检查完毕后,如果在上述 3 个环节中未发现差错,那么说明场地本身确实存在问题,并对可能导致场地变化的原因进行细致的调查研究。附录 F 给出了 NSA 测量中可能出现的误差。

需要注意的是:由于垂直极化测量通常更为精密,所以与水平极化测量的结果相比,采用这种具有更高的灵敏度的测量更能发现试验场地的不规范之处。需要检查的主要方面包括:

a) 接地平板的尺寸和结构不合适;

b) 场地周界附近有可能造成有害辐射的物体;

c) 气候保护罩;

d) 当转台表面具有导电性、且与接地平板等高时,转台周边与接地平板的不连续性;

e) 接地平板上厚的电解质覆盖物;

f) 接地平板上用于安放梯子的开口。

5.7 带有接地平板的试验场地的适用性

到目前为止,已经构造了许多不同类型的试验场地来进行辐射发射的测量。其中大多数都能够免受气候和周围环境电平的影响。这些场地包括:全天候的开阔试验场地和装有吸波材料的屏蔽室。

无论试验场地用什么样的构建材料,按 5.6 条规定所得到的单次的归一化场地衰减的测量结果都有可能反映不出这样一个可替换的试验场地的适用性。

为了对可替换的试验场地进行评价,建议使用以下的程序。它是通过在受试设备所占有的整个空间内进行多次 NSA 测量的基础上来实现的。所有的 NSA 测量的结果都应落入±4 dB 的误差预算中,才可认为该替换试验场地的适用性与开阔试验场地是等效的。

下面讨论涉及带有接地平板的可替换的试验场地。

5.7.1 可替换的试验场地的归一化场地衰减

对可替换的试验场地,只进行单次的 NSA 测量是不够的,原因是有可能拾取来自结构(建筑物)和/或安装在顶部和侧壁上的射频吸波材料的反射。出于对这种场地描述的需要,特对术语“试验空间”作如下定义:最大的受试设备或系统围绕其中心位置 360°旋转所形成的空间(例如,利用转台旋转而成)。要对场地进行水平极化和垂直极化的评估,如图 6a)和图 6b)所示,可能要求进行多达 20 次的场地衰减测量。即:水平面的 5 个位置(中心,左、右、前、后),两个极化方向(水平和垂直),和两个高度(水平极化时 1 m 和 2 m;垂直极化时 1 m 和 1.5 m)。

使用宽带天线来实施上述的测量时,测量距离是指相对于两个天线的中心之间的距离。发射天线和接收天线的振子应相互平行,并且与测量轴垂直。

对于垂直极化,发射天线所在的非中心的位置应在试验空间的周界上。而且,天线的低端应高于地面 25 cm;对于最低的测量高度,也可能要求天线的中心要比 1 m 稍高。

对于左、右位置上的水平极化,如果吸波材料和/或其他结构与 EUT 周界之间的距离至少为 1 m,那么将天线的中心向试验空间的中心位置移动,使得天线的末端或者处于试验空间周界上,或者处在离开周界不超过试验空间的直径 10%的位置上。前、后位置都应在试验空间的周界上。

满足下述条件,可以减少所要求的测量次数:

a) 如果吸波材料和/或其他结构离试验空间的后周界的距离大于 1 m,那么,后边位置上要进行的垂直极化和水平极化的测量可以被省略;

注:业已表明:靠近电介质表面放置的辐射发射源的电流分布会发生变化,它会对该位置上的辐射源的辐射性能产生影响。当受试设备靠近这些电介质的表面放置时,那么就需要进行附加的场地衰减测量。

b) 如果天线的顶端至少能覆盖试验空间直径的 90%,那么试验空间左、右位置连接线上要进行的水平极化的数量就可减少到规定的最小数量;

c) 如果受试设备的顶部的高度(包括支撑桌子的高度)小于 1.5 m,那么,在 1.5 m 高度位置上要进行的垂直极化就可以被省略;

d) 如果试验空间的长宽高的尺寸(包括所用试验桌子的尺寸)不超过 1 m×1.5 m×1.5 m,那么只需在中心、前和后 3 个位置上进行水平极化测量,但同时要在 1 m 和 2 m 这 2 个高度上进行。如果也满足上述 a)的条件,那么后面位置上的测量也可以省略。这样就只需要在最基本的 8 个位置上进行测量:一个高度 4 个位置上的垂直极化测量(前、左、中、右);再加上 2 个高度 2 个位置(前、中)共四点的水平极化测量。见图 6c 和图 6d。

进行 NSA 测量时,应按表 1 和表 2 维持发射天线和接收天线之间的距离不变。应注意:为了允许这样的 NSA 测量,表中的值已作了相应的修改和补充:增加了额外的天线高度;将测量距离 30 m 时的扫描高度限制在 1 m~4 m 的范围。移动接收天线时,天线必须沿着与转台中心的连线并保持其(与发射天线之间的)距离不变(见图 a、图 b、图 c 和图 d)。如果上述所有的 NSA 测量的结果都满足 5.7.2 的要求和下面 5.7.3 条对接地平板的要求,那么就可认为该替换试验场地对辐射发射的测量是适用的。

注:目前正在研究是否需要进行进一步的测量来确定替换场地的适用性。

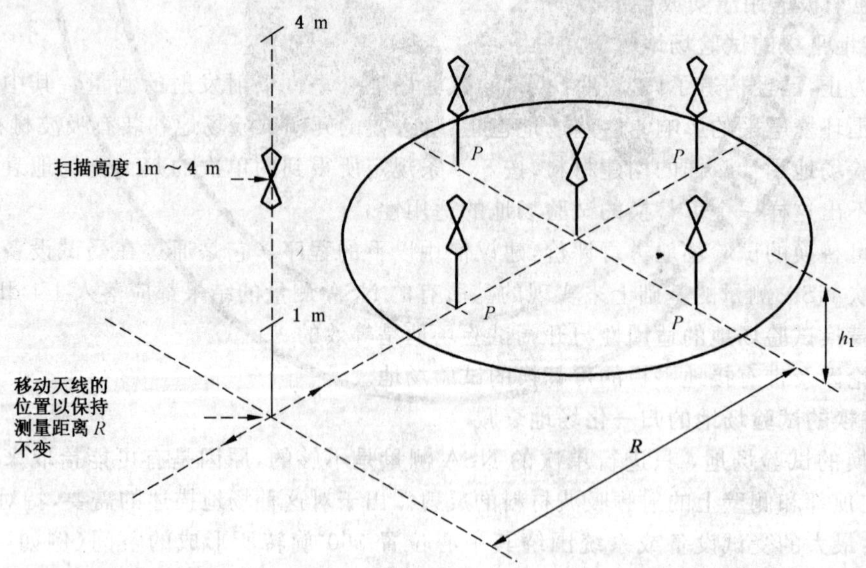

注:1) P 为受试设备旋转 360°所得到的周界。

2) h_1 为 1 m 和 1.5 m。

3) R 为发射天线和接收天线的中心垂直投影之间的距离。

a) 用于替换试验场地的垂直极化 NSA 测量时典型的天线位置的示意图

图 6 替换试验场地测量的典型天线位置

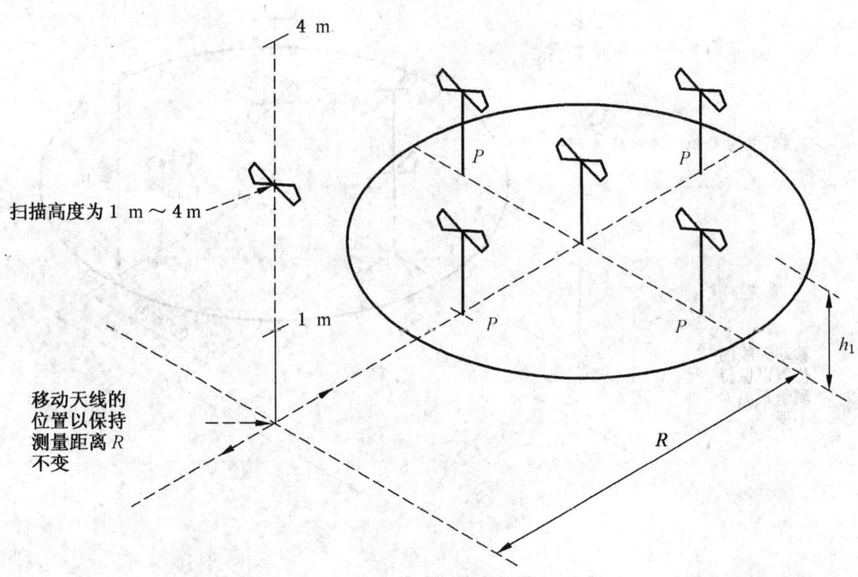

注:1) P 为受试设备旋转 360°所得到的周界。

2) h_1 为 1 m 和 2 m。

3) R 为发射大线和接收大线的中心垂直投影之间的距离。

b) 用于替换试验场地的水平极化 NSA 测量时的典型天线位置的示意图

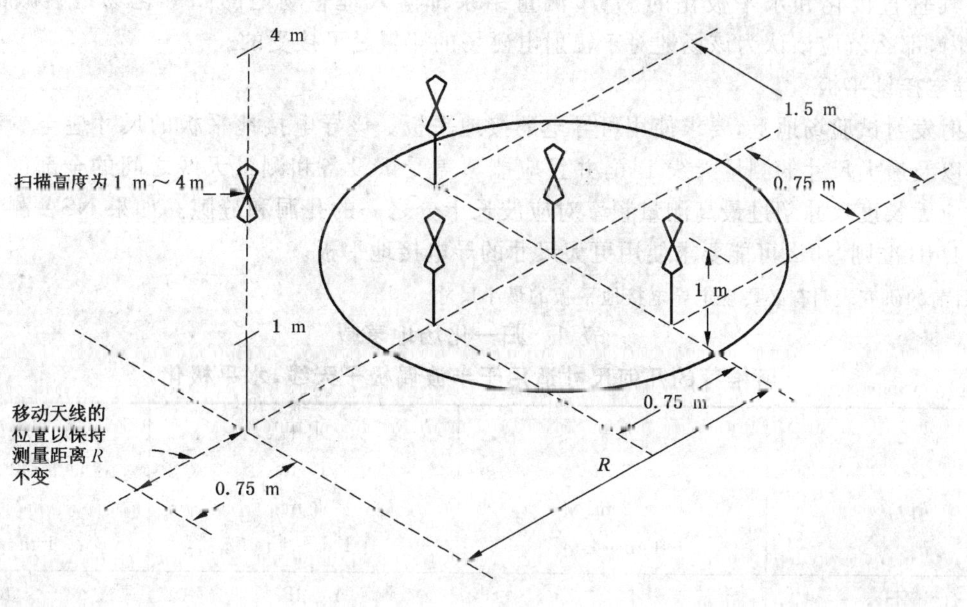

注：R 为发射天线和接收天线的中心垂直投影之间的距离。

c) 用于替换试验场地的垂直极化 NSA 测量时典型的天线位置的示意图

(受试设备的整体尺寸长宽高不超过 1 m×1.5 m×1.5 m，受试设备后周界离可能引起反射的吸波材料和/或其他结构最近距离大于 1 m)

图 6（续）

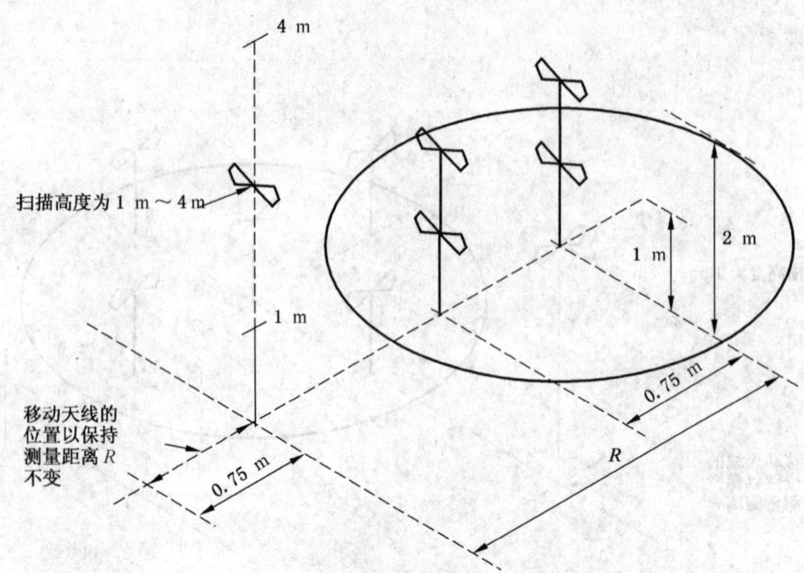

注：R为发射天线和接收天线的中心垂直投影之间的距离。

d) 用于替换试验场地的水平极化NSA测量时典型的天线位置的示意图

（受试设备的整体尺寸长宽高不超过1 m×1.5 m×1.5 m，受试设备后周界离可能引起反射的吸波材料和/或其他结构最近距离大于1 m）

图6（续）

5.7.2 场地衰减

如果其垂直极化和水平极化的NSA测量结果都落入理想场地的归一化场地衰减的理论值的±4 dB以内，那么就应该认为该场地对于辐射电磁场的测量是可接受的。

5.7.3 导电接地平板

在辐射发射试验场地上，要求使用可导电的接地平板。该导电接地平板的尺寸应至少超过受试设备的周界以及最大尺寸的测量天线1 m，并且应能覆盖受试设备和测量天线之间的全部区域。导电接地平板上应无长度尺寸超过最高测量频率对应波长十分之一的孔洞和缝隙。如果NSA测量的结果没有满足±4 dB准则，那么可能要求使用更大尺寸的导电接地平板。

注：目前的研究表明有必要规定导电接地平板的最小尺寸。

表1 归一化场地衰减

（所推荐的几何尺寸适用于半波偶极子天线，水平极化）

极化 R h_1 h_2	水平 3 m 2 m 1 m～4 m	水平 10 m 2 m 1 m～4 m	水平 30 m 2 m 1 m～4 m
f_m/MHz	A_N/dB		
30	11.0	24.1	41.7
35	8.8	21.6	39.1
40	7.0	19.4	36.8
45	5.5	17.5	34.7
50	4.2	15.9	32.9
60	2.2	13.1	29.8

表 1(续)

极化 R h_1 h_2	水平 3 m 2 m 1 m～4 m	水平 10 m 2 m 1 m～4 m	水平 30 m 2 m 1 m～4 m
f_m/MHz	A_N/dB		
70	0.6	10.9	27.2
80	−0.7	9.2	27.2
90	−1.8	7.8	23.0
100	−2.8	6.7	21.2
120	−4.4	5.0	18.2
140	−5.8	3.5	15.8
160	−6.7	2.3	13.8
180	−7.2	1.2	12.0
200	−8.4	0.3	10.6
250	−10.6	−1.7	7.8
300	−12.3	−3.3	6.1
400	−14.9	−5.8	3.5
500	−16.7	−7.6	1.6
600	−18.3	−9.3	0
700	−19.7	−10.6	−1.4
800	−20.8	−11.8	−2.5
900	−21.8	−12.9	−3.5
1 000	−22.7	−13.8	−4.5

表 2 归一化场地衰减[1)]
（所推荐的几何尺寸适用于宽带天线）

极化 R h_1 h_2	水平 3 m 1 m 1 m～4 m	水平 10 m 1 m 1 m～4 m	水平 30 m 1 m 1 m～4 m	垂直 3 m 1 m 1 m～4 m	垂直 3 m 1.5 m 1 m～4 m	垂直 10 m 1 m 1 m～4 m	垂直 30 m 1 m 1 m～4 m
f_m/MHz	A_N/dB						
30	15.8	29.8	47.8	8.2	9.3	16.7	26.0
35	13.4	27.1	45.1	6.9	8.0	15.4	24.7
40	11.3	24.9	42.8	5.8	7.0	14.2	23.5
45	9.4	22.9	40.8	4.9	6.1	13.2	22.5
50	7.8	21.1	38.9	4.0	5.4	12.3	21.6
60	5.0	18.0	35.8	2.6	4.1	10.7	20
70	2.8	15.5	33.1	1.5	3.2	9.4	18.7

表 2（续）

极化 R h_1 h_2	水平 3 m 1 m 1 m～4 m	水平 10 m 1 m 1 m～4 m	水平 30 m 1 m 1 m～4 m	垂直 3 m 1 m 1 m～4 m	垂直 3 m 1.5 m 1 m～4 m	垂直 10 m 1 m 1 m～4 m	垂直 30 m 1 m 1 m～4 m
f_m/MHz	A_N/dB						
80	0.9	13.3	30.8	0.6	2.6	8.3	17.5
90	−0.7	11.4	28.8	−0.1	2.1	7.3	16.5
100	−2.0	9.7	27	−0.7	1.9	6.4	15.6
120	−4.2	7.0	23.9	−1.5	1.3	4.9	14.0
140	−6.0	4.8	21.2	−1.8	−1.5	3.7	12.7
160	−7.4	3.1	19	−1.7	−3.7	2.6	11.5
180	−8.6	1.7	17	−1.3	−5.3	1.8	10.5
200	−9.6	0.6	15.3	−3.6	−6.7	1.0	9.6
250	−11.7	−1.6	11.6	−7.7	−9.1	−0.5	7.7
300	−12.8	−3.3	8.8	−10.5	−10.9	−1.5	6.2
400	−14.8	−5.9	4.6	−14.0	−12.6	−4.1	3.9
500	−17.3	−7.9	1.8	−16.4	−15.1	−6.7	2.1
600	−19.1	−9.5	0	−16.3	−16.9	−8.7	0.8
700	−20.6	−10.8	−1.3	−18.4	−18.4	−10.2	−0.3
800	−21.3	−12.0	−2.5	−20.0	−19.3	−11.5	−1.1
900	−22.5	−12.8	−3.5	−21.3	−20.4	−12.6	−1.7
1 000	−23.5	−13.8	−4.4	−22.4	−21.4	−13.6	−3.5
1） 表中给出的数据应用于天线垂直极化时，当天线中心距地面 1 m，天线低端至少距地面 25 cm。							

5.8 无接地平板的试验场地的适用性

30 MHz～1 000 MHz 无接地平板的场地适用性的判定程序如下。

5.8.1 有关自由空间试验场地方面的测量考虑（在其内部全部安装了吸波材料的屏蔽室被认为是这样的场地）

内部全部加装了吸波材料的屏蔽室（也被称作“全电波暗室”（FAC），或“全电波室”（FAR））可用于辐射发射测量。当使用 FAR 时，应在相关的标准（通用标准、产品或产品类标准）中规定适用的辐射发射限值。应以与 OATS 上的试验相似的方法来制定符合 FAR 试验的无线电业务保护要求（限值）。

FAR 旨在模拟自由空间，使得只有来自发射天线或受试设备的直射波能够到达接收天线。通过在六面使用合适的吸波材料应能使所有的非直射波和反射波减到最小。

5.8.2 场地性能

可以通过下面的两种方法来确认场地。一种叫作场地参考法，另一种叫作 NSA 法。

5.8.2.1 归一化衰减的理论值

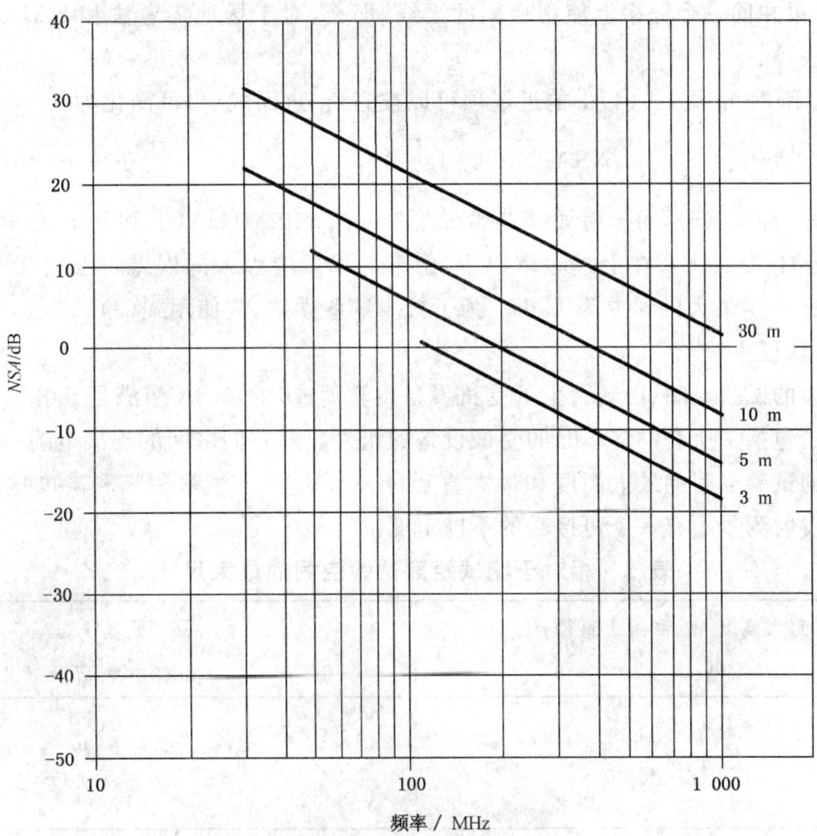

图 7 对于不同的测量距离,作为频率函数的理想自由空间中的 ***NSA*** 理论曲线图(见式(5))

注:3 m 法 110 MHz 以下和 5 m 法 60 MHz 以下的频率特性包含了近场的效应。对于每一个单独的试验场地,近场效应都必须计算在内。

以下叙述的 NSA 的理论适用于无限小的天线。

对于一个特定的试验场地,所谓场地衰减(*SA*)就是在两个天线连接器之间测得的传输损耗。对于一个自由空间的环境来说,SA(dB)可以近似地用式(3)来表示:

$$SA = 20\lg\left[\left(\frac{5Z_0}{2\pi}\right)\left(\frac{d}{\sqrt{1-\frac{1}{(\beta d)^2}+\frac{1}{(\beta d)^4}}}\right)\right]-20\lg f_m+AF_R+AF_T \quad \cdots\cdots(3)$$

式中:

AF_R、AF_T——分别为发射天线和接收天线的系数,dB /m;

d——两天线相位中心之间距离,m;

Z_0——参考阻抗(即 50 Ω),Ω;

β——由 $2\pi/\lambda$ 来确定;

f_m——频率,MHz。

由于 NSA 的理论值(dB)是由场地衰减减去相应的天线系数来确定的,因此:

$$NSA_{calc} = 20\lg\left[\left(\frac{5Z_0}{2\pi}\right)\left(\frac{d}{\sqrt{1-\frac{1}{(\beta d)^2}+\frac{1}{(\beta d)^4}}}\right)\right]-20\lg f_m \quad \cdots\cdots(4)$$

对于 3 m 法 110 MHz 以下和 5 m 法 60 MHz 以下的频率,通过与图 7 和式(4)的理论 NSA 的比较,需要对表 3 中所要求的每一个测量位置应用近场修正系数。近场修正系数对所用的天线、测量距离和试验空间都是特定的,因此必须通过诸如 NEC 这样的数字模型的计算来获得。5.8.2.2.1 条提供的场地参考法中,如果在同一个频率上使用相同的天线,那么,对于场地参考法和 FAR 的确认,式(3)的近场修正项就可去掉。

对于 10 m 法和 30 m 法,式(4)中的近场项可以被省略,进而式(4)可简化为:

$$NSA_{\text{calc}} = 20\lg\left[\frac{5Z_0 d}{2\pi}\right] - 20\lg f_{\text{m}} \qquad \cdots\cdots(5)$$

如果使用简化后的式(5),而不是式(3),那么在 3 m 法 110 MHz 以上和 5 m 法 60 MHz 以上的频率所引入的误差小于 0.1 dB。在上述频率以下,由于近场效应引入的误差将会大于 0.1 dB。具体到 3 m法,在 30 MHz 产生最大的误差为 1 dB。为了减少这些误差,应使用式(3)。

5.8.2.2 场地确认程序

在一个圆柱体的试验空间(由转台上的受试设备旋转而成)内,NSA 应满足 5.8.3 条的要求。这里所指的"受试设备"包括了所有的多单元的受试设备的组件以及它们之间的连接电缆。表 3 给出了作为测量距离的函数的试验空间的最大高度和最大直径($h_{\max} = d_{\max}$)。测量距离和高度这样一个比值可以确保在受试设备发射测量中有一个可接受的不确定度。

表 3 相对于测试距离试验空间的最大尺寸

试验空间的最大高度 $h_{\max}$ 和最大直径 $d_{\max}$ m	测试距离 D_{nominal} m
1.5	3.0
2.5	5.0
5.0	10.0

单一位置的 SA 测量可能不足以拾取来自 FAR 结构(建筑物)和/或安装在其侧壁、地板和顶部以及转台上的吸波材料的反射。

因此,全电波暗室的 SA 测量和确认应在试验空间中的 15 个测量位置上、发射天线分别处于垂直极化和水平极化的情况下来进行(见图 10)。

a) 在试验空间的底部、中部和顶部 3 个高度上;

b) 在所有的(3 个)水平面内的 5 个位置上:每个平面的中心、前、后、左、右。如果后面位置与吸波材料的距离大于 0.5 m,那么后面位置上的测量就可省略。在受试设备的试验过程中,如果转台上后面的位置也可以转到前面,那么后面反射的贡献也不会影响最大的信号。

为了测量 SA,应使用两副宽带天线。其中发射天线放在试验空间需要测量的位置上,其参考点的投影与该位置重合;接收天线放在试验空间以外,其方位和位置如前所述。发射天线应具有近似的全向 H-面方向图。(对于 3 m 法,天线的最大尺寸不得超过 40 cm,对于较大的测量距离,天线的尺寸可以按照比例相应的增大。)

在 30 MHz～1 000 MHz 的频率范围,典型的宽带接收天线是复合天线(双锥天线和 LPD 的组合)。或者是在 30 MHz～200 MHz 使用双锥天线,在 200 MHz～1 000 MHz 使用 LPD。

注:由于双锥天线和 LPD 的组合成的物理尺寸较大,无论是测量距离为 3 m 的发射试验还是电波暗室的场地确认,都不推荐使用这些复合天线(双锥天线和 LPD 的组合)。

在 FAR 上测量 SA 应与在准自由空间上测量参考 SA 时(5.8.2.2.2)所使用的设备(天线、电缆、铁氧体、衰减器、放大器、信号发生器和测量接收机)全部相同。进行场地确认时所用的接收天线应与对受试设备进行辐射发射测量时所用的接收天线的类型完全一致。

对于试验空间在水平和垂直两个极化方向上、其内放置发射天线的所有位置上的场地确认,应设置 FAR 中接收天线所在的高度,并且应将其固定在试验空间高度的一半的位置上,见图 8 和图 9。应倾斜天线来使得两天线的视轴与测量轴(即发射天线和接收天线之间连线)在一条线上。测量轴上接收天线参考点与试验空间前点之间的距离表示为 $d_{nominal}$。当发射天线移动到试验空间的其他位置时,应沿着测量轴移动接收天线以维持 $d_{nominal}$ 不变。对于所有的测量位置和极化方向,相互平行的带有振子的接收天线和发射天线必须面对着面(呈倾斜状,见图 9)。在场地确认过程中,任意一个天线座和天线支撑物都应该各就各位。

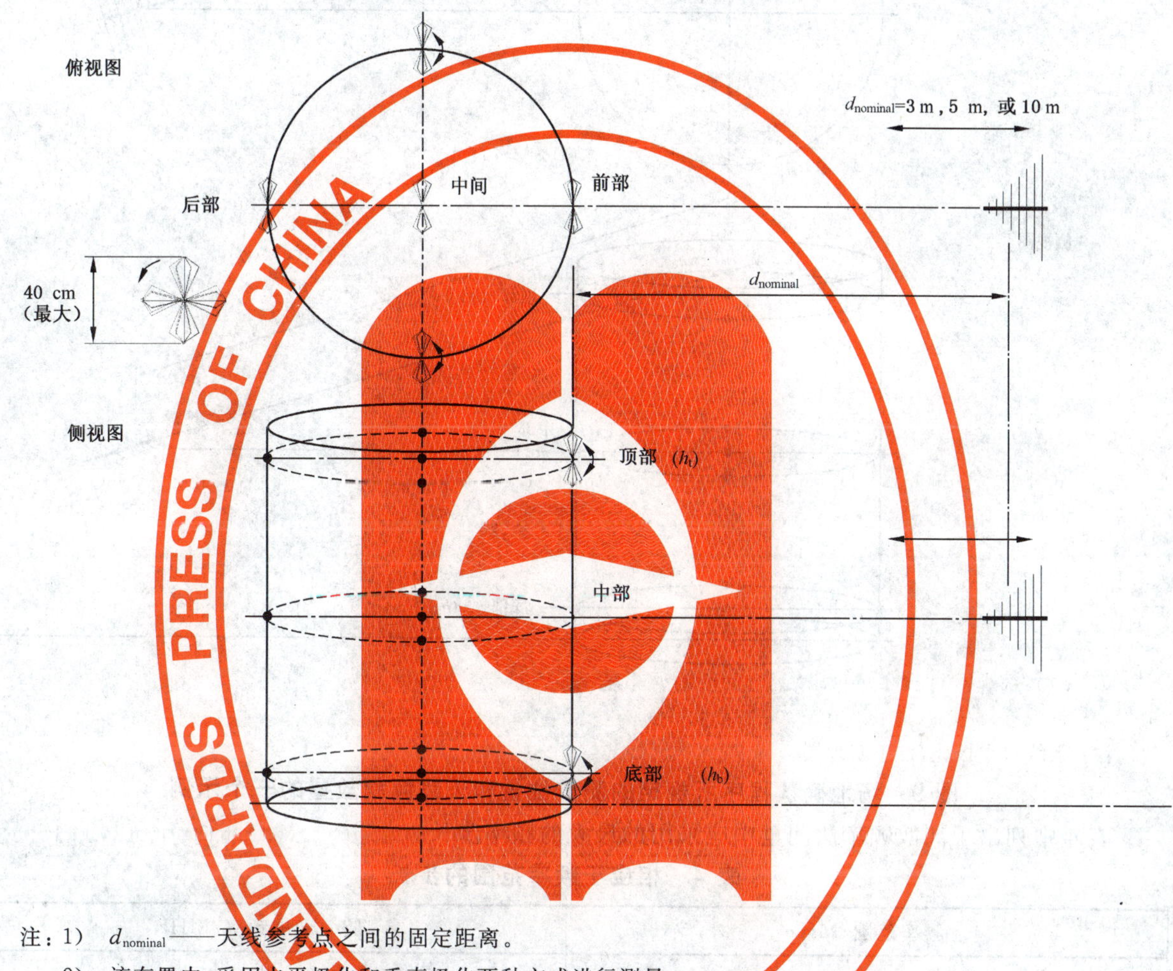

注:1) $d_{nominal}$——天线参考点之间的固定距离。

2) 该布置中,采用水平极化和垂直极化两种方式进行测量。

图 8 场地确认程序所规定的测量位置示意图

对于所有的在试验空间内放置发射天线的位置上、以及垂直和水平极化 2 个方向上,都应将发射天线和测量天线放在测量轴上。

在某些位置上,为满足上述的要求,有必要将天线倾斜放置(见图 9)。

$d_{nominal}$ 是与限值有关的测试距离;或者是确认程序所规定的天线之间的固定距离;或者是天线校准程序中规定的天线之间的间隔。

应按下述要求来确定发射天线在试验空间中的摆放位置:

——“中间”,其可能沿着 FAR 的半高和半宽位置的虚拟的轴线;

——“顶部”(h_t)和底部(h_b),为 h_{max}(见表 3)的一半减去发射天线大小的一半(例如,对于小的双锥天线为 20 cm)。

上述要调整的位置对于垂直极化和水平极化都适用。试验空间的顶部与 FAR 顶部的吸波材料的距离、试验空间的底部与地面放置的吸波材料之间的距离分别由试验空间的 NSA 试验所确定的吸波材料的性能给出,但至少为 0.5 m,以避免受试设备与吸波材料之间的耦合。

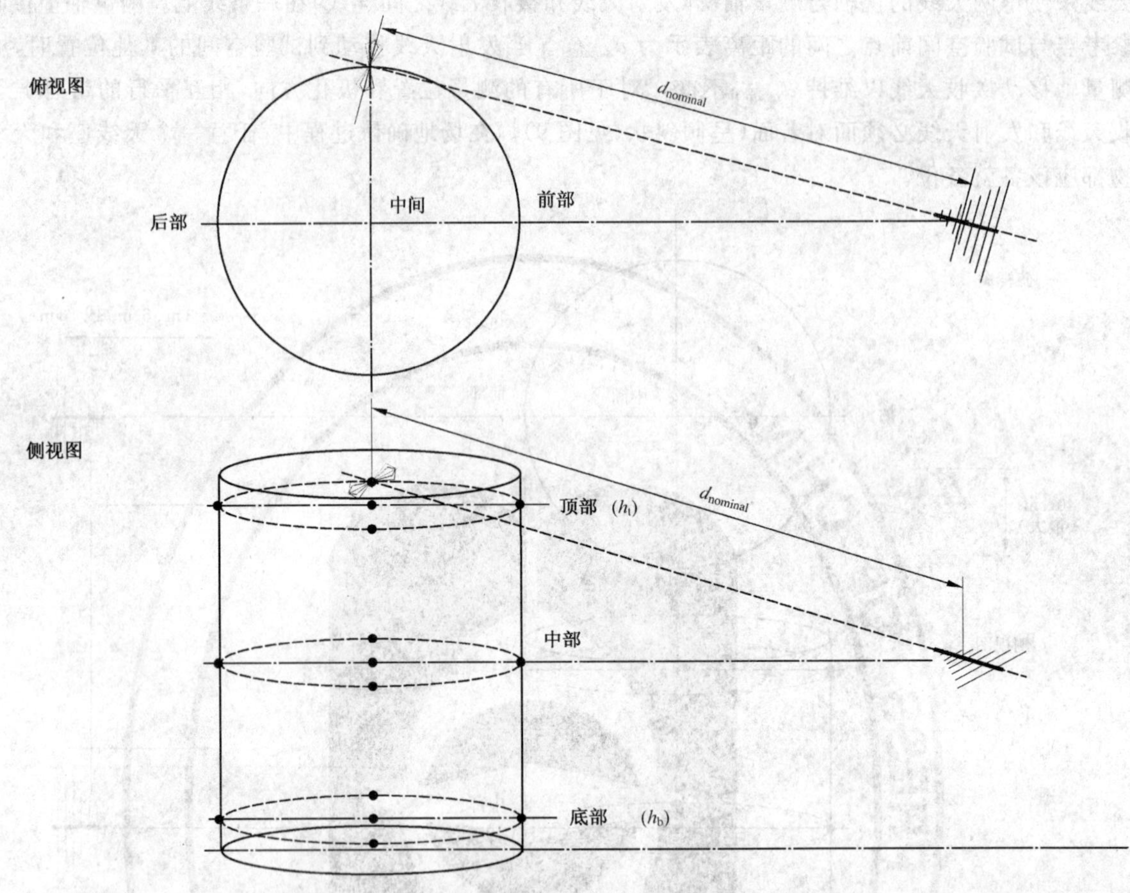

注：天线水平极化，位于右顶端。

图 9　场地确认程序所规定的测量位置和天线倾斜放置的一个示例

表 4 中列出了离散频率法测量中应采用的最大的频率步长。

表 4　相应于频率范围的步长

频率范围/MHz	最大步进频率/MHz
30～100	1
100～500	5
500～1 000	10

对于场地的确认，可以使用下面两种方法：

a)　场地参考法，适用于小于 5 m 的测量距离；

b)　NSA 法，适用于不小于 5 m 的测量距离。

SA 测量方法旨在提供与理想场地所进行的测量时的 0 dB 偏差。只要这些与所规定的试验布置和程序或者隐含的场地缺陷不冲突，如平滑谐振，那么就允许使用任何测量方法以降低测量的不确定度。

采用下述方法可以降低场地确认方法的测量不确定度。

——当天线垂直极化时，屏蔽电缆应在其离开天线垂落到地面之前至少应有 2 m 长的距离。如果可能，应将该电缆直接放入 FAR 侧壁的管状的连接器当中。另一种可行的方法是在电缆上加装铁氧体。还有一种减少电缆影响的办法是使用光缆连接。

——在天线连接器端接衰减器（如 6 dB 或 10 dB）可以减少天线因大的阻抗失配带来的影响。

——使用安装有性能良好的平衡-不平衡转换器的天线（当天线相对于其视轴旋转 180°时，接收机读数的变化不超过±0.5 dB。4.4.2 条描述了检验天线平衡的方法)。

——如果独立的双锥天线和 LPD 天线(在频率达到 200 MHz 时,变换天线的类型)用于受试设备的试验,那么对 FAR 进行评估时可以使用这些天线。如果相对于测量距离,复合天线(双锥天线/LPD 天线的复合)的机械尺寸足够的小,那么也可以使用复合天线对 FAR 进行评估。

应按规定的间隔实施 FAR 的场地确认程序,以检测出 FAR 特性长期变化的状况。当场地的改变可能会影响 FAR 内电磁波传输特性时,也应对场地进行确认。

5.8.2.2.1 场地参考法(SRM)

场地参考法要求以在准自由空间场地上用一对天线(发射天线和接收天线)进行的 SA 测量作为参考。5.8.2.2.2 条给出了参考场地衰减(SA_{ref})的确定程序。该方法考虑了天线间的互耦合和近场效应,这些因素可以对 3 m 法的测量结果产生显著的影响。在(发射天线和接收天线之间的)标称距离 $d_{nominal}$ 上来进行参考场地衰减 $SA_{ref}(d)$ 的测量。

按下面 3 个步骤来进行场地的确认,该方法适用于试验空间的所有位置。

1) M_0 为一系列的空间试验测量开始之前,将电缆连接在一起时用测量接收机测得的参考电平,正常情况下 M_0 只测一次,dBμV;

2) M_1 为连接天线后用测量接收机测得的电平,dBμV;

被确认场地的场地衰减 SA_{val}(dB)可以由式(6)计算。

$$SA_{val} = M_0 - M_1 \qquad (6)$$

3) 测得的场地衰减与参考场地衰减 $SA_{ref}(d)$(dB) 的偏离(ΔSA)由式(7)计算,单位 dB。

$$\Delta SA = SA_{ref}(d) - SA_{val}(d) \qquad (7)$$

5.8.2.2.2 场地参考法的确定

为了得到小于 5 m 测量距离上的准确的场地确认,建议使用一对专用的天线(发射天线和接收天线)来确定场地参考。要求有一个准自由空间的试验场地。它由 2 个非金属天线架构成($\varepsilon_r \leqslant 2.5$ 的木质或塑料材料的,低损耗,保持机械强度下直径尽可能地小),允许在地平面之上的一定高度上放置天线(见图 10)。一种可行的能够获得±1 dB 的场地性能认可的方法是选择如下的天线高度:

$$h \geqslant d \times 8/3 \qquad (8)$$

式中:

d——两天线之间的间隔。

为了抑制地面的影响,推荐天线的高度为 $h = d \times 8/3$,或需要在地面上放置可工作到低至 30 MHz 的吸波材料。

注:测量距离为 3 m、频率为 30 MHz 时,存在一个近场影响项($1/d^2$),当天线高度为 $d \times 5/3$ 时,其产生的误差为 0.8 dB。这种情况已经得到英国和奥地利国家实验室的验证。如果地面上不放任何的吸波材料,要想得到一个不确定度小于±0.5 dB 的场地参考,那么推荐的天线高度为 $d \times 8/3$。

上述的测量距离 d 应等于实际中的测量距离 $d_{nominal}$(FAR 中两个天线之间的距离)。天线应处于垂直极化方向(因为地面反射信号有较强的干扰,所以不应使用水平极化)。它可以提供一个良好的接近自由空间的场地。因为周围的建筑物,树木等可能对垂直极化的天线产生影响,所以天线距它们的空间距离应大于 $d \times 8/3$。

应注意,天线电缆不应影响测量结果。采用如图 10 所示的电缆布置或使用 RF 光电连接是避免天线电缆影响的最好办法。

参考测量的布置直接影响 FAR 评估结果。

按下述 3 个步骤来确定场地参考 SA_{ref}。

1) M_{0RS} 为将电缆连接在一起时用测量接收机测得的参考电平,dBμV;

2) $M_{1RS}(d)$ 为在所要求的距离 $d_{nominal}$、连接天线后用测量接收机测得的电平,dBμV;

3) 按式(9)来计算得到 $SA_{ref}(d)$(dB),

$$SA_{ref}(d) = M_{0RS} - M_{1RS}(d) \qquad (9)$$

对于测量距离为 3 m 的场地确认,天线离地面的高度至少应为 4 m,这个高度是进行发射测量中所用到的对天线架进行遥控的典型高度。在这种情况下,电磁吸波材料应放在两个天线之间的地面上,其放置的最小面积应扩展到天线照射的所有方向之外,并且必须证明能够满足5.8.1条所规定的准自由空间条件。对于大于3 m的测量距离的场地确认,选用的天线高度将大于$d\times 8/3$,或使用业已证明满足±1 dB的参考场地衰减的可替换的试验布置。

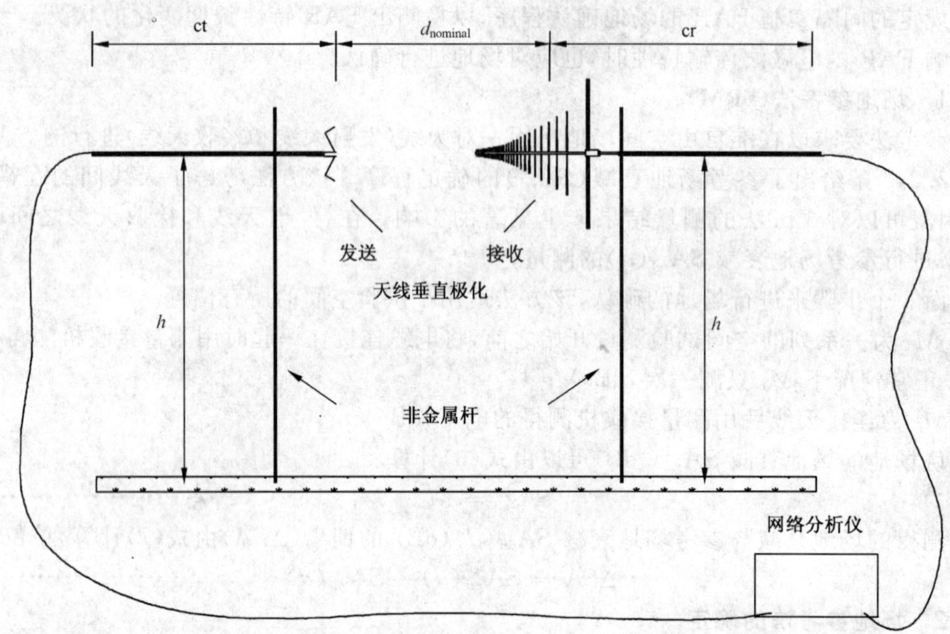

注:1) d_{nominal}:确定距离。

2) h:天线高于接地平面或地平面的高度。

3) ct,cr:用于发送和接收天线的同轴馈电电缆,取向垂直,分别位于收、发天线之后,如果实际情况允许应至少相距2 m。在全电波暗室内,电缆取向尽可能水平,最好是直接穿过暗室的墙壁孔,或使用光纤连接到与天线输出端相连的RF光电转接器。

4) 对图8的所有周界可分别得到场地参考。

图10 自由空间场地参考测量的典型布置图

5.8.2.2.3 NSA法

NSA法要求使用发射天线和接收天线在自由空间中的天线系数(由CISPR系列标准中的有关天线校准的条款来定义)。按以下4个步骤在每一个测量位置上进行场地确认。

1) M_0为将电缆连接在一起时用测量接收机测得的参考电平,dBμV;

2) M_1为连接天线后用测量接收机测得的电平,dBμV;

3) 按式(10)来计算测得的NSA(NSA_{m}),dB。

$$NSA_{\text{m}} = M_0 - M_1 - AF_{\text{T}} - AF_{\text{R}} \quad\cdots\cdots(10)$$

式中:

AF_{T},AF_{R}——自由空间中的天线系数,dB/m。

4) 按式(11)来计算与NSA_{calc}的偏差ΔNSA_{m}。

$$\Delta NSA = NSA_{\text{m}} - NSA_{\text{calc}} \quad\cdots\cdots(11)$$

式中:NSA_{calc}由式(5)计算得到,ΔNSA与5.8.3条规定的NSA准则,如±4 dB准则,进行比较。

注:发射天线和接收天线的参考点之间的距离必须为d_{nominal}(它是由天线校准所确定的)。由于天线相位中心的变化,天线之间的有效距离随频率的变化而变化。通过有效距离和d_{nominal}之间的比可以补偿传输损耗。

5.8.3 场地确认准则

试验场地应满足下列要求：

a) 在所有的测量频率和每一个测量位置以及水平和垂直两个极化方向上，*SA* 或 *NSA* 的偏差(分别由式(7)和式(11)得到)应小于±4 dB。

b) 必须按 GB/T 6113.402 推荐的方法对场地评估过程中的不确定度预评估作出报告，并且，其评估分量(不确定度的输入量)应与带有接地平板的替换场地上进行的场强测量所要求的完全相同。

5.9 试验桌和天线塔影响的评估

5.9.1 概述

本部分 D.5 规定的试验桌用来放置场强测量中的 EUT。试验桌的形状、结构和材料的介电常数都会对场强的测量结果产生影响。5.9.2 给出了用来确定 30 MHz～1 000 MHz 频率范围内试验桌对场强测量的影响和评估其有关不确定度贡献的程序。

注：在评估中仅采用使试验桌上的发射天线处于水平极化的状态。因为这种方向的极化已考虑了试验桌最坏效应的情况。

由于天线塔的任何扰动的效应都会体现在 NSA 的测量中，因此不需要再进行额外的评估。

5.9.2 试验桌影响的评估程序(台式设备)

试验桌的类型、形状和构成的材料都会影响场强的测量结果。应用评估程序来确定这种影响，并对由试验桌引入的标准不确定度进行评估。为了评估试验桌的影响，应使用一特定的发射天线在有和没有试验桌的特定布置的情况下进行两次发射测量。这两次测量结果之差可给出试验桌影响的评估结果。该测量程序如下：

试验桌应放置在试验场地的典型位置上，其最大尺寸(即矩形试验桌的对角线，或圆形试验桌的半径)应面向接收天线方向(见图 11)。对于 1 000 MHz 以下的频率，应在试验桌上放置总长度小于 0.40 m的小的双锥天线，并使其处于水平极化。试验桌的表面与平衡-不平衡转换器中心之间的距离为 0.1 m(见图 12)。放置小的双锥天线使其平衡-不平衡转换器的中点处于接收天线轴线上试验桌中心与桌子边缘之间的中点之上。将信号发生器输入信号馈给试验桌上的天线。频率的步进应小于或等于所使用的最高频率的 0.5%。天线的接收电压应至少高于测量设备的噪声电平 20 dB。接收天线的电缆应在其后部水平走线大约 2 m，且电缆的高度应与天线的高度相同。铁氧体管应以合适的间隔放置在接收天线电缆上以免影响测量。

应在发射天线的位置保持不变的情况下先后进行(有和没有试验桌情况下的)两次发射测量，通过接收天线来寻找最大电压 V_r。在 1 GHz 以下的频率范围，应至少在 200 MHz[3)]～1 GHz 的频率范围内进行测量。对于 OATS 或 SAC，接收天线要在 1 m～4 m 范围进行高度扫描，但对于 FAR，接收天线要放置在固定高度。

两次测量结果之差值 $\Delta(f)$ 可由式(12)计算得到。

$$\Delta(f) = |V_{r/有} - V_{r/无}| \quad \cdots\cdots(12)$$

式中：

$V_{r/无}$——无试验桌时在特定频率测得的电压，dB(μV)；

$V_{r/有}$——有试验桌时在特定频率测得的电压，dB(μV)；

200 MHz～1 000 MHz 的最大差值可作为评估的最大偏差。

$$\Delta_{max} = \max|V_{r/有} - V_{r/无}|_{200\,MHz\sim1\,000\,MHz} \quad (dB) \quad \cdots\cdots(13)$$

由试验桌引入的标准不确定度 $u_{试验桌}$ 可由测得的最大差值 Δ_{max} 来进行评估，并假设为矩形分布。因此 $u_{试验桌}$(单位：dB)可由式(14)计算得到。

3) 对于 200 MHz 以下的频率范围，应用此验证程序，试验桌的影响可忽略。

$$u_{试验桌} = \frac{1}{\sqrt{3}} \cdot \Delta_{max} \qquad \cdots\cdots (14)$$

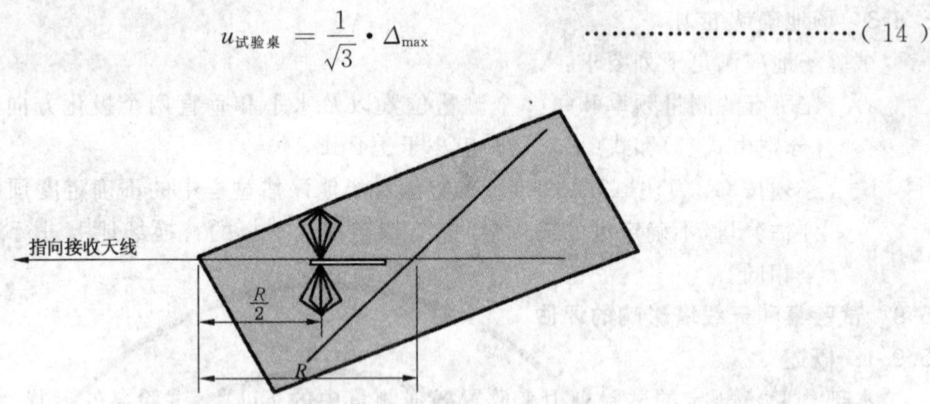

图 11 矩形试验桌上天线相对于试验桌边缘的位置(俯视)示意图

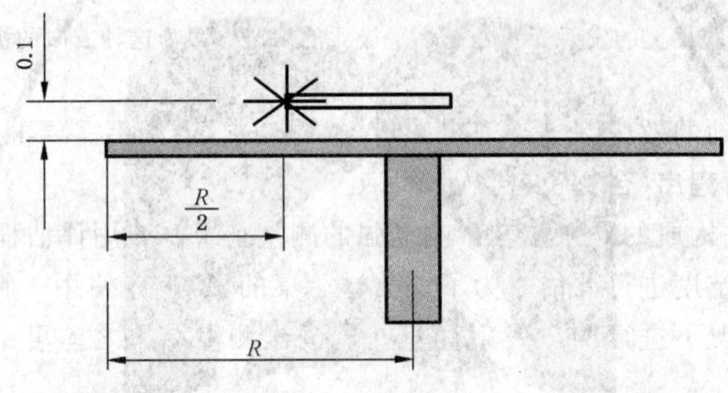

图 12 试验桌上天线的位置(侧视)示意图

注:试验室会使用不同类型的试验桌,因此其结构和材料的类型也会有所不同。应充分地来确定最坏情况下的 Δ(或$V_{r/有}$),从而来确定 $u_{试验桌}$。

5.9.3 试验桌影响的评估程序(落地式设备)

对于落地式设备,试验桌应使用非导电性、低介电常数的材料来构造。如果试验桌的周界小于或等于受试设备投影在地面上的区域,则不要求对试验桌进行评估。

6 用于总辐射功率测量的混响室

对一些工作在微波频率范围的设备,由于存在易受设备工作条件及其周边环境复杂三维场分布的影响,因此辐射总功率的测量被认为是与骚扰控制有关的重要参数。可将设备放置于一个金属墙面的合适腔体中测量,为了避免驻波效应在腔体内产生的非均匀电磁能量密度分布,腔体内安装有搅拌器。在适当的(搅拌器)尺寸、形状和位置条件下,腔体中任意位置上的能量密度随相位、幅值和极化按固定的统计分布规律随机变化。

6.1 腔体

6.1.1 尺寸与形状

混响室的线尺寸应大于最低频率所对应的波长。它还应该足够大以容纳受试设备、搅拌器和测量天线。微波设备的尺寸小到体积约为 0.2 m³的台式烤箱,大到高为 1.7 m、底座为 760 mm 的大型装置。混响室的形状除三维尺寸为相同数量级外没有特别要求,且三维尺寸最好是不同的。若最低测试频率为 1 GHz,那么要求混响室的体积至少为 8 m³。混响室的实际尺寸最终取决于其物理特性。混响室的适用性测试方法见 6.1.4。

混响室的墙壁和搅拌器均应为金属的。各金属部件之间机械连接应很好且沿整个长度方向具有很低的电阻。各连接部件的表面应无腐蚀。混响室内不放置如木材等吸波材料。

6.1.2 门、墙壁开孔和安装支架

混响室的门应该足够大以容纳操作者和设备的进出。门应朝外开,且应安装紧密以使能量的泄露最小。为方便混响室内发射与接收天线的安装,安装支架可安装在混响室的内壁上。

6.1.3 搅拌器

以下描述了两种搅拌器的例子。其他形状的搅拌器在搅拌效率满足 6.1.4 规定的条件下也是允许的。

6.1.3.1 旋转翼

若使用旋转翼,那么两个翼片安装在混响室内相邻的两个墙面上,与墙面相距至少 1/4 个最大使用波长,翼片应具有足够的厚度以保证结构强度。旋转翼应选取壁面尺寸允许的最大长度,其宽度通常为长度的 1/5。

6.1.3.2 旋转桨

若使用旋转桨,那么可在混响室墙壁上安装 2~3 个旋转桨叶。桨叶间互成直角,旋转桨的形状可参见图 13,围绕与其长度方向平行的轴旋转。旋转筒状空间的直径应至少等于最大使用波长,且长度应为墙面尺寸所允许的最大尺寸,结构上应保证一定的强度。

单位为毫米

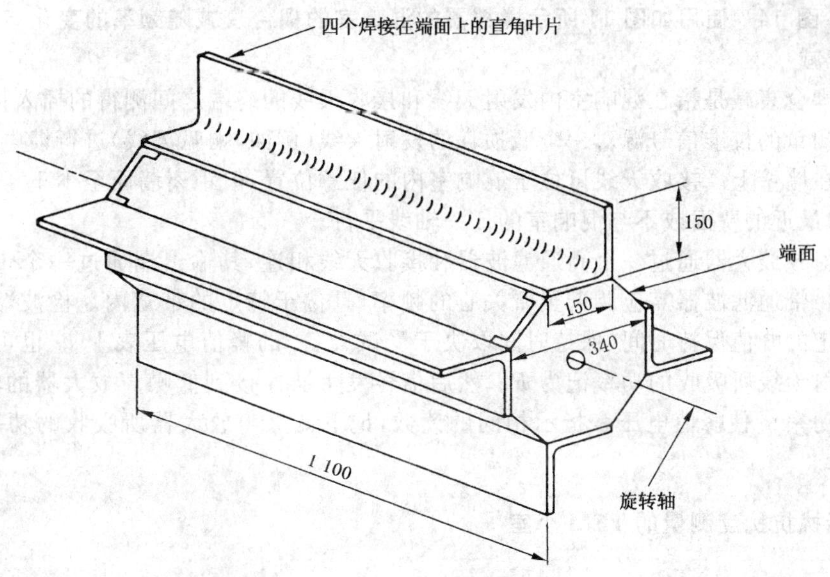

图 13 典型的桨叶搅拌器举例

6.1.3.3 旋转速度

搅拌器的旋转速度应不同。旋转一周的最长时间应小于测量仪器测量时间之和的 1/5。对于 6.1.5中所描述的测试设备,转速在 50 rev/min 和 200 rev/min 之间较为合适。用于驱动搅拌器的电动机,连同其减速装置,最好安装在混响室的墙外。

6.1.4 搅拌器效率的测试

混响室中所期望的能量的均匀分布由耦合衰减(在 6.1.5 中描述)随频率变化的平滑性来表示。在低频段,由于波长较长,更难获得这种均匀性,耦合衰减存在明显的最大值和最小值。搅拌器的效率越高,随频率变化的最大值和最小值之差就越小,从而使可用频率更低。

在混响室的整个可用频段上测量耦合衰减,在可观察到最大值和最小值的低频段,应间隔 100 MHz测量一个点。然后接收天线保持固定,发射天线以 45°的间隔进行旋转,在上述每一个位置、每一个频率点上重复进行测试。之后将接收天线旋转 90°,重复整个测试过程。当搅拌器满足下列条件时可认为是满足要求的。(1) 发射天线在任何位置时,曲线的最大值和最小值包络不超过 2 dB。

(2) 四条曲线的平均值在 2 dB 的包络之内或更小。如图 14 所示为典型的测试结果。

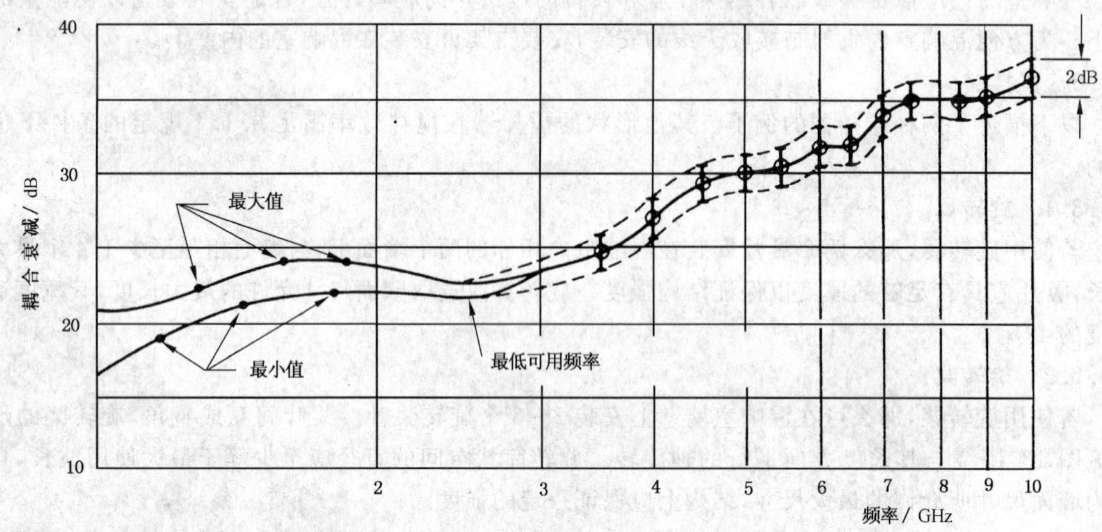

注：所有测试点均应落在以虚线表示的 2 dB 包络内。

图 14　使用如图 11 所示搅拌器的混响室的耦合衰减随频率的变化范围

6.1.5　耦合衰减

混响室的耦合衰减是指在混响室内发射天线和接收天线的终端之间测得的插入损耗。用一个输出功率可被精确测量的校准信号源对一个低损耗的发射天线(例如，喇叭天线)进行馈电，发射天线位于混响室内或安装在墙壁上。接收天线可位于混响室内的任意位置，但距离墙面至少 1/4 波长，并不指向发射天线、不指向最近的壁面或不与混响室的任一轴线平行。

一低噪声射频放大器通过一个高通滤波器和接收天线相连，其输出端通过一个带通滤波器和二极管检波器相连。带通滤波器需应调谐至所关心的频率，且位于特定的带宽内。检波器的输出信号连接到一个具有特定的峰值保持时间(保持时间取决于受试设备)的峰值电压表上 。也可选用频谱仪进行该项测试。发射天线所吸收的功率记为 P。然后信号发生器连接到低噪声放大器的输入端，调整信号发生器的输出功率 p 使峰值电压表指示相同的读数，记下低噪声放大器所吸收的功率，耦合衰减即为 $10\lg(P/p)$ dB。

7　用于辐射骚扰抗扰度测量的 TEM 小室

(在考虑中。)

8　用于无线电骚扰场强测量的试验场地，1 GHz～18 GHz

1 GHz～18 GHz 测量时的试验场地特性取决于无反射的条件。为了达到无反射的自由空间的条件，可能有必要使用吸波材料和/或提高 EUT 的放置高度。

注：对于落地式受试设备，要求靠近地面时的无反射条件可能达不到。

8.1　参考试验场地

参考试验场地应是一个满足自由空间条件的开阔试验场地(FSOATS)，能够确保其反射不会影响在这个场地上进行的测量。

8.2　试验场地的确认

试验场地的确认程序被用来对 1 GHz～18 GHz 的试验场地进行确认，与自由空间相比所允许的、可接受的试验场地的允差(比如，像目前标准规定的 1 GHz 以下的允差为±4 dB)尚在考虑当中。

8.3　可替换的试验场地

任何一个达到自由空间条件的试验场地都可被认为是一个可使用的替换试验场地。

附　录　A
（规范性附录）
宽带天线参数

A.1　概述

当新的改进型天线用于利用扫频接收机或频谱仪来进行宽频带的辐射发射和抗扰度测量时，提供可用于比较这种宽带天线特征和有效性的特定参数是非常有帮助的。各种 CISPR 出版物规定了用于测量的特定天线。在 80 MHz 以上最好使用调谐偶极子天线。通常情况下，其他类型宽带天线能获得与使用特定天线相同的测试结果。这些宽带天线和特定天线或其他天线通过列出相关参数进行比较是有帮助的。这些参数作为 CISPR 出版物的一部分推荐给新的天线用户。天线制造商也应使用这些信息来规定作为骚扰测量的宽带天线的重要技术参数。然而 CISPR 的目的不是表明任何特定的宽带天线优先于调谐偶极子天线。

A.2　宽带天线参数

CISPR 测量使用的宽带天线是那些线极化且具有很宽的频率范围的天线。但它不排斥使用调整有限长度和增加天线单元的天线。这些天线的典型阻抗由实部和虚部构成。其他参数在下面规定。

A.2.1　天线类型

以下参数描述了应该提供的宽带天线的物理参数，注意有一些参数并不适用于每副天线。

A.2.1.1　固定或可变长度/直径的天线类型

如果天线长度可变，那么应规定其改变基本固定长度所增加或减小的部分。

注：可全调谐的天线不被认为是宽带天线，因此不在此规定范围内。环天线的直径一般不变。

A.2.1.2　长/宽比或环的直径

以米为单位，例如对于对数周期阵列，应提供沿测量轴线的天线长度和最大振子的宽度。

A.2.1.3　有源或无源天线

宽带天线如果包含放大器、预放和其他放大信号和/或影响频响的非线性有源装置，则被认为是有源天线。

A.2.1.4　安装要求

不是安装在天线塔或三脚架上的天线需提供安装要求。

A.2.1.5　连接器类型

规定了 BNC、N、SMA 等适用类型。

A.2.1.6　平衡-不平衡转换器类型

规定了转换器是分立的、分布式的、可调谐的等。

A.2.2　天线规范

A.2.2.1　频率范围

以 MHz 或 kHz 为单位规定的频率范围，天线在此频率范围内工作特性不变。如果在频率范围两端的任一端存在以 dB/倍频程表示的性能下降，则应予以规定。

A.2.2.2　增益和天线系数

A.2.2.2.1　增益

给出相对于全向辐射体(dBi)的典型或实际增益，以 dB 为单位。

A.2.2.2.2　天线系数

规定典型的或实际的天线系数，以 dB/m 为单位。

增益和天线系数应使用 A.2.3.1 中的校准程序来测量。

A.2.2.3 线极化的方向性和方向性图

规定以E面和H面的极化图来表示的方向性图和用度表示的方向性。

对于方向性很弱的天线,规定以dB为单位的前后比,如果是全向天线,则应予以说明。

A.2.2.4 VSWR和阻抗

标明最大电压驻波比和标称的输入阻抗(Ω)。

A.2.2.5 有源天线性能

对于具有有源放大增益的天线,应规定交调产物电平、对外界骚扰的电场和磁场抗扰度电平,及确定过载或不恰当操作的任何检查方法。

A.2.2.6 可承受功率

对用于抗扰度试验的天线应规定一个最大可承受的发射功率(W)。

A.2.2.7 其他条件

如果天线必须在全天候无防护的区域中使用,应规定天线必须工作的温度和湿度以及在全天候无防护的区域中使用时应采取的任何防护措施。

A.2.3 天线校准

A.2.3.1 用于发射测量的校准方法

应标明所使用的校准方法,即

a) 计算法(使用公式);

b) 测量法(规定使用的标准或方法或溯源到国家校准实验室,天线是否经过独立校准);

注:对于抗扰度测量,场强校准通常使用放置在受到辐射的装置处的已校准的辅助天线来进行,因此,不需要对发射天线进行校准。

A.2.3.2 频率间隔

在校准过程中指定的以MHz或kHz为单位的频点。如果使用扫频方式,则应说明。

A.2.3.3 校准准确度

规定以± dB表示的校准的标称的准确度。指明最差情况下的准确度和出现上述情况的频段部分。

A.2.3.4 优选和特定天线的相关性

如果替代在CISPR出版物中引用的优选或指定天线,则必须给出以dB为单位的与优选或指定宽带天线的测量结果等效的所有相关系数。也要指明任何可从磁场强度转换而来的转换系数,反之亦然,或者除了场强以外任何其他测量单位的转换也要指明转换系数。

A.2.3.5 单位

规定磁场场强和电场场强发射测量所必要的校准单位。

A.2.4 天线用户的信息

A.2.4.1 天线的使用

提供一份天线的使用说明书,使预防措施或限制条件得到保证以减少使用者误操作的机会。

A.2.4.2 物理限制

在使用天线时如果存在任何物理上的限制,应标明:

a) 离地面的最小高度;

b) 相对于接地板的优选的极化方向;

c) 特殊用途,即只能作为发射天线或接收天线来使用。一般情况下,这取决于无源天线平衡不平衡转换器的功率承受能力或有源天线的单向辐射特性。

d) 简单的欧姆检查以确定天线的连续性;

e) 最近的天线振子与受试设备之间的最小间隔。

附　录　B
（规范性附录）
单极天线（1 m 杆天线）的特性方程与相关天线匹配网络的特性[4)]

B.1　描述

B.1.1　单极天线（1 m 杆天线）系统的介绍

单极天线通常用于 30 MHz 以下，但有时也用于更高的频率。由于在低频段的波长较长，那些用于高频天线校准或描述特性的方法不再适用。本附录中规定的技术适用于 30 MHz 以下的频段。该方法已商用化，按照预期的使用，其误差很小（小于 1 dB）。

天线系数溯源到国家标准的首选方法是用平面波对整个天线进行照射。此外本附录中还包含了另外一种可选方法——单极天线的电容替代法。尽管有可能利用电容替代法来确定天线系数，但在实际校准过程中为获得准确的天线系数（误差小于±1 dB）需要更多的专业知识。尤其当为某些单极部件没有与同轴连接器相连的天线设计夹具时更是如此。总而言之，对于频率高于 10 MHz 以上以及天线为有源天线的情况，使用电容替代法需要特别注意。

B.1.2　单极（杆）天线的特性方程

以下方程用于确定非常见尺寸杆天线或单极天线的有效高度、自电容和高度修正因子。

这些方程仅适用于长度小于 $\lambda/8$ [8][5)] 的圆柱形杆天线。

$$h_e = \frac{\lambda}{2\pi}\tan\frac{\pi h}{\lambda} \quad [1],[2],[3] \qquad \text{(B.1)}$$

$$C_a = \frac{55.6h}{\left(\ln\frac{h}{a}\right)-1}\,\frac{\tan\frac{2\pi h}{\lambda}}{\frac{2\pi h}{\lambda}} \quad [3],[4],[5],[6],[7],[8] \qquad \text{(B.2)}$$

$$C_h = 20\log h_e \qquad \text{(B.3)}$$

式中：

h_e——天线的有效高度，m；

h——天线的实际高度，m；

λ——波长，m；

C_a——杆天线的自电容，pF；

a——杆天线导体的半径，m；

C_h——高度修正因子，dBm。

B.2　匹配网络的特性描述方法

等效电容替代法使用集中参数天线来代替实际的杆天线振子。集中参数天线的主要元件是一个与杆天线或单极天线的自电容相等的电容。集中参数天线由信号源进行馈电，利用如图 B.1 所示的测试配置对匹配网络或天线基座的输出进行测量。以 dB(1/m) 为单位的天线系数（AF）由方程（B.4）给出。

$$AF = V_D - V_L - C_h \qquad \text{(B.4)}$$

式中：

V_D——信号发生器输出的测量值，dBμV；

4）　本附录基于 IEEE 291—1991（参见 B.5）。

5）　方括号中的数字指的是引用 B.5 中的参考文献。

V_L——匹配网络输出的测量值,dBμV;

C_h——有效高度修正因子,dBm。

对于电磁兼容测试中使用的单极(1 m 杆)天线,有效高度(h_e)为 0.5 m ,高度修正因子(C_h)为 −6 dB(m) ,自电容(C_a)为 10 pF。

注:非常见尺寸杆天线的有效高度、高度修正因子和自电容的计算参见 B.1.2 。

以下两种程序均可采用:B.2.1 中描述的网络分析仪法;B.2.2 中描述的信号发生器和射频噪声仪法。两种方法都使用同一个集中参数天线。构造集中参数天线的指导参见 B.3。为了获得在天线的工作频率范围内或 9 kHz~30 MHz 频率范围(两者之间取较小者)内天线系数随频率变化的光滑曲线,都要取足够多的频率点进行测试。

B.2.1 网络分析仪法的测试程序

a) 用测试中使用的电缆对网络分析仪进行校准。

b) 如图 B.1 所示对受试匹配网络和测试设备进行配置。

c) 从参考通道的信号电平(dBμV)上减去测试通道中的信号电平(dBμV),再减去天线的高度修正因子(对于 1 m 杆天线而言为 −6 dB),即可获得受试天线的天线系数(dB(1/m))。

注:由于网络分析仪的通道阻抗非常接近 50 Ω,任何误差都可通过仪器校准来进行修正,所以测试时不需要使用衰减器。若确有需要,可以使用衰减器,但使用衰减器后将增加网络分析仪校准的复杂程度。

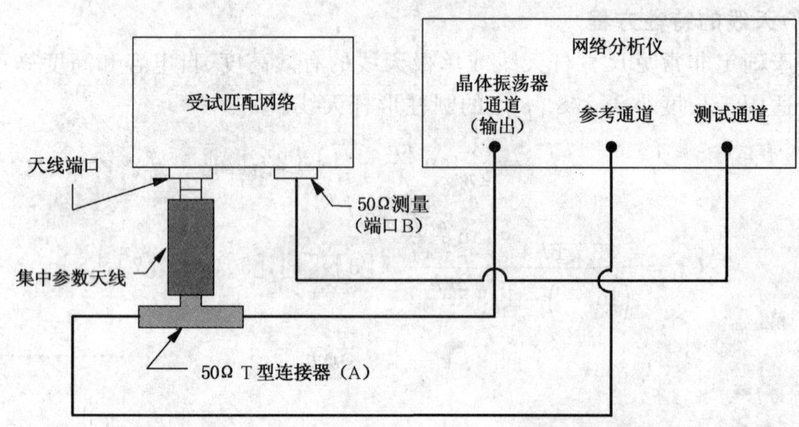

注 1:集中参数天线尽可能靠近受试设备端口。T 型连接器尽可能靠近集中参数天线。T 型连接器和参考通道输入端口、T 型连接器和晶体振荡器通道以及测试通道的 50 Ω 测量端口和测试通道之间应使用相同长度和相同类型的电缆。

注 2:网络分析仪不需要使用也不推荐使用衰减器。

图 B.1 使用网络分析仪的测试方法

B.2.2 使用射频噪声仪和信号发生器法的测试程序

a) 如图 B.2 所示对受试匹配网络和测试设备进行配置。

b) 如图所示连接设备并在 T 型连接器上连接 50 Ω 终端负载,测量射频输出端口(B)的接收信号电压 V_L(dBμV)。

c) 保持信号发生器的射频输出不变,将 50 Ω 终端负载换接到端口 B,并将接收机的输入电缆换接到 T 型连接器(A)上,测量驱动信号电压 V_D(dBμV)。

d) 从 V_D 减去 V_L,再减去天线的高度修正因子 C_h(对于 1 m 杆天线而言为 −6 dB),即可获得受试天线的天线系数(dB(1/m))。

50 Ω 终端负载应有非常小的驻波比(SWR)(小于 1.05),射频噪声仪应经过校准,且具有较小的驻波比(SWR)(小于 2)。信号发生器输出的频率和幅度应稳定。

注:信号发生器由于作为转换标准使用,因而无需校准。

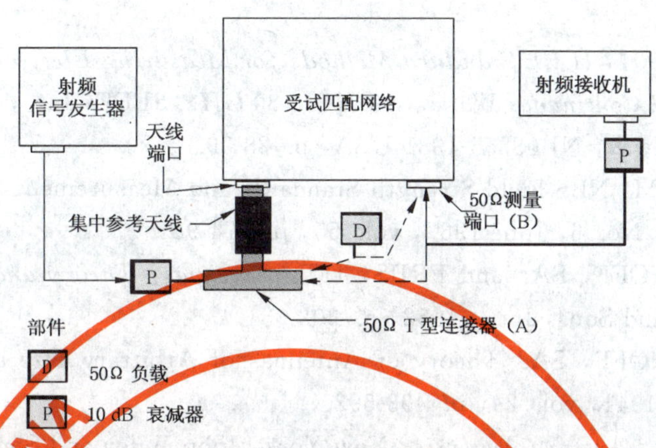

注1：集中参数天线尽可能靠近受试设备端口。T型连接器尽可能靠近集中参数天线。

注2：如果接收机和信号发生器的电压驻波比很低，可以不必使用衰减器或采用6 dB或3 dB的衰减器。

注3：集中参数天线可以集成其他匹配部件来控制输入端口的电压驻波比和测试端口的信号发生器电平。

图 B.2 使用射频噪声仪和信号发生器的测试方法

B.3 对集中参数天线的考虑

用作集中参数天线的电容器应安装在一个小金属盒中或是一个金属支架上。引线应尽可能短，不超过8 mm，且距金属盒或金属支架的表面为5 mm～10 mm，如图B.3所示。

天线系数测试中所使用的T型连接器可以放置在集中参数天线所在的金属盒中，为信号发生器提供阻抗匹配的电阻器也可以放置在该金属盒中。

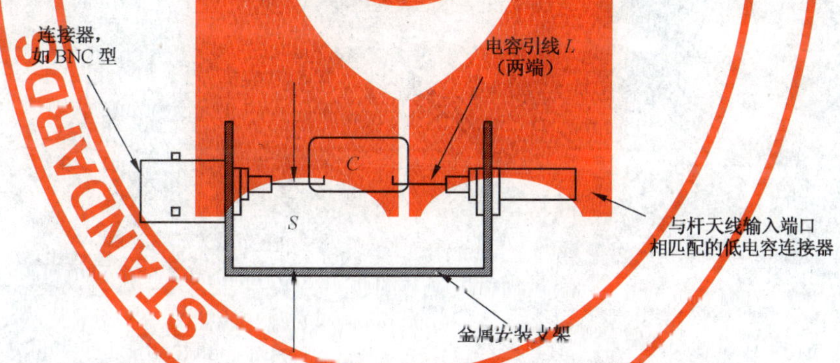

C——由式(B.2)计算得到的天线电容(C_a)，5%的允差，(镀)银云母。

S——引线间距，5 mm～10 mm(如果密封在金属盒中，距金属盒所有表面为10 mm)。

L——引线长度，尽可能短，不大于8 mm(总的引线长度不能超过40 mm，包括电容引线和杆天线端口连接器的长度)

图 B.3 集中参数天线中电容安装举例

B.4 单极(杆)天线的应用

单极杆天线在应用时通常有一个地网或安装在接地平面上。为获得正确的场强值，使用时应遵照制造商给出的关于地网的使用注意事项。

如果天线使用的是拉杆式振子，则应将杆拉伸到制造商说明书中规定的长度。

许多测试标准规定：单极(杆)天线的地网应搭接在接地平板或测试台的接地平板上，应满足测试标准的要求。

B.5 参考文献

[1] IEEE 291—1991, *IEEE Standard Methods for Measuring Electromagnetic Field Strength of Sinusoidal Continuous Waves*, 30 *Hz to* 30 *GHz*. IEEE, Inc. , 445 Hoes Lane, PO Box 1331, Piscataway, NJ 08855-1331 USA, p. 28-29.

[2] GREENE, FM. NBS Field-Strength Standards and Measurements (30 Hz to 1000 MHz). *Proc. IEEE*, No. 6, June 1967, vol. 55, p. 974-981.

[3] SCHELKUNOFF, SA. and FRIIS, HT. *Antennas: Theory and Practice*. New York: John Wiley and Sons, Inc. , 1952, p. 302-331.

[4] SCHELKUNOFF, SA. Theory of Antennas of Arbitrary Size and Shape. *Proc of the IRE*, Sept. 1941, vol. 29, p. 493-592.

[5] WOLFF, EA. *Antenna Analysis*. New York: John Wiley and Sons, Inc. , 1966, p. 61.

[6] HALLÉN, E. Theoretical Investigation into the Transmitting and Receiving Qualities of Antennas. *Nova Acta Soc. Sci. Upsaliensis*, Ser. IV, 11, No. 4, 1938, p. 1-44.

[7] KING, RWP. , *Theory of Linear Antennas*, Harvard University Press, Cambridge, MA, 1956, p.16-17, 71, 184 and 487.

[8] *The Radio Frequency Interference Meter* NAVSHIPS 94810, by The Staff of the Moore School of Electrical Engineering, University of Pennsylvania, 1962, p. 36-38.

附 录 C
(规范性附录)
用于在 9 kHz～30 MHz 频率范围内测量磁场感应电流的环形天线系统

C.1 介绍

本附录提出了环形天线系统(LAS)的相关信息和数据,该环形天线系统用于测量由单台受试设备发射的磁场所感应的电流,受试设备置于环形天线系统的中心,频率范围为 9 kHz～30 MHz。本部分的 4.7 以及 GB/T 6113.203 对环形天线系统也有涉及。

本部分对环形天线系统以及环形天线系统中的天线有效性验证方法进行了描述,给出了磁场感应电流和磁场强度之间的转换系数,磁场强度可用距受试设备一定距离处的单匝磁场环天线来测得。

C.2 环形天线系统的构成

环形天线系统,如图 C.1 所示,包括三个相互垂直的大环天线(LLA),具体结构在 C.3 中描述。整个环形天线系统由一个非金属的底座支撑。

大环天线(LLA)的电流探头和同轴转换器之间,以及该转换器和测试设备之间的 50 Ω 同轴电缆的表面转移阻抗在 100 kHz 时应小于 10 mΩ/m,在 10 MHz 时应小于 1 mΩ/m。当使用如 RG223/U 之类的双层编织屏蔽电缆时可满足上述要求。

所有连接器的表面转移阻抗应可以和同轴电缆的转移阻抗相比拟。当使用类似 BNC 卡锁型的高质量连接器时可满足上述要求(见 IEC 60169-8[6])。

所有电缆均应装配铁氧体吸收环,如图 C.1 所示,以提供一个 10 MHz 时 R_S>100 Ω 的共模串联阻抗。诸如 12 个 3E1 型铁氧体环(最小尺寸:外径 29 mm ×内径 19 mm ×长度 7.5 mm)构成的铁氧体管可满足上述要求。

C.3 大环天线(LLA)的结构

构成环形天线系统中大环天线的同轴电缆的表面转移阻抗已在 C.2 中规定,此外,大环天线的内导体阻抗应足够低(见注 1)。当使用例如 RG223/U 之类的双层编织屏蔽电缆时可同时满足上述两项要求。

为使环天线保持圆形,同时也为了保护天线的缝隙结构,电缆被插入一个非金属的薄壁管中,管的内径约为 25 mm,如图 C.2 中的例子所示。也可采用功能相同的其他非金属结构。

环的直径 D 为标准的 2 m。如果有必要,例如对于大尺寸受试设备的情况,该直径可以增加。但在 30 MHz 以下的频率范围,最大允许的直径为 4 m。直径继续增加会在测试频率范围的高频端引起环形天线系统不可重复的谐振响应。

应注意的是:随着直径的增加,环天线系统对环境噪声的灵敏度成正比地增加,而对有用信号的灵敏度则与直径的平方成反比。

一个大环天线包含两个互相面对面的且相对电流探头对称分布的天线缝隙(如图 C.2 所示)。这种缝隙由同轴天线电缆的外导体制成,其宽度应小于 7 mm 。缝隙跨接两组并列的 100 Ω 的串联电阻,每个串联电路的中心与同轴天线电缆的内导体相连,如图 C.3 所示。

在缝隙的每一侧,同轴天线电缆的外导体可搭接在带有两块长方形铜片的印制电路板上,两块铜片相距至少为 5 mm,以保证天线的缝隙结构紧固(见图 C.4)。

---

6) IEC 60169-8:1978 射频连接器 第 8 部分:外导体内径为 6.5 mm(0.256 英寸)的卡口式射频同轴连接器特性阻抗 50 Ω(BNC 型)。

围绕同轴天线电缆内导体的电流探头在 9 kHz～30 MHz 频率范围内应具有 1 V/A 的灵敏度。电流探头的插入损耗应足够低(见注 1)。

电缆的外导体应焊接在装有电流探头的金属盒上(见图 C.5)。该金属盒的最大尺寸为:宽 80 mm,长 120 mm,高 80 mm。

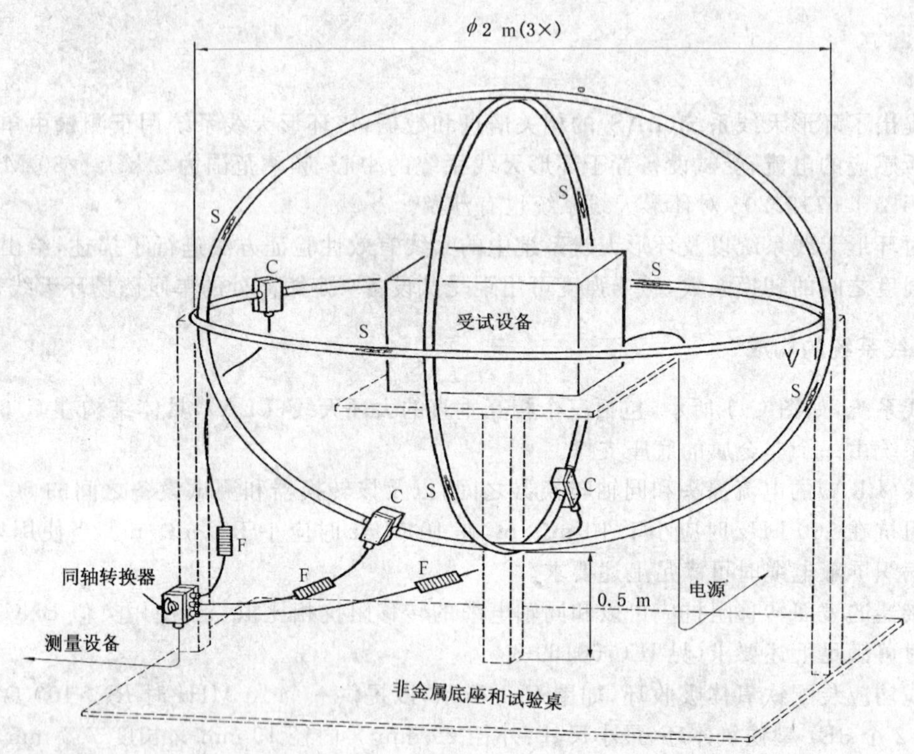

S——天线缝隙

C——电流探头

F——铁氧体吸收环

图 C.1 由三个相互垂直的大环天线构成的环形天线系统

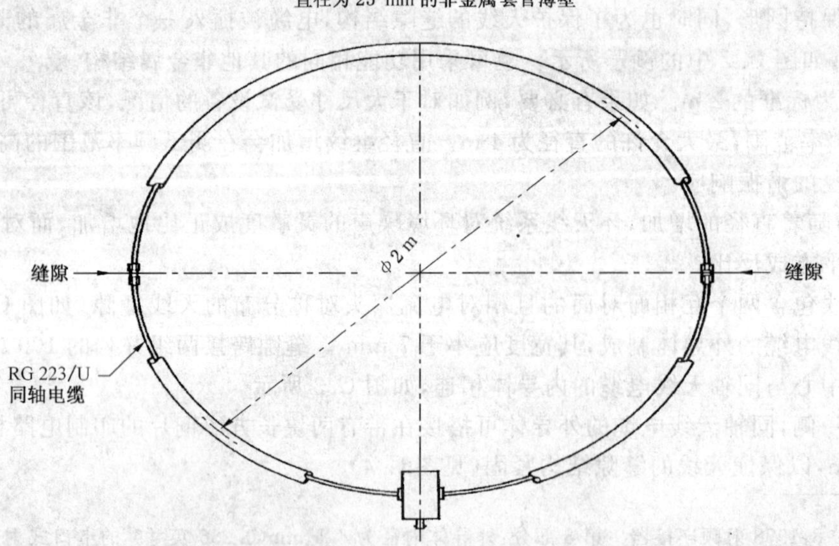

图 C.2 包含两个互相面对面的且相对电流探头对称分布的天线缝隙的大环天线

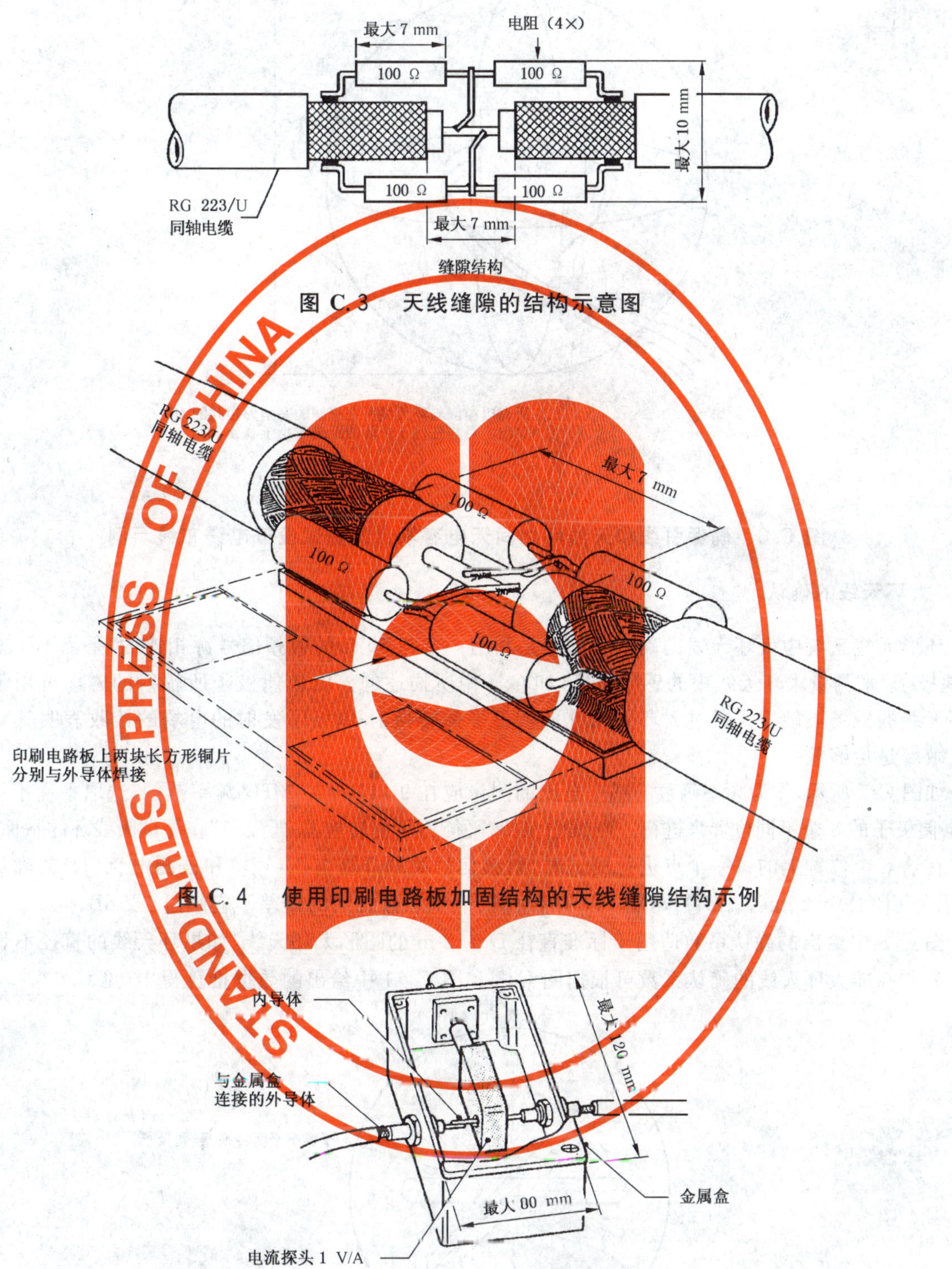

图 C.3　天线缝隙的结构示意图

图 C.4　使用印刷电路板加固结构的天线缝隙结构示例

图 C.5　装有电流探头的金属盒结构示意图

注 1：为使大环天线在 9 kHz～30 MHz 频率范围的低端具有平坦的频率响应，电流探头的插入损耗 R_c 在 $f=9$ kHz 时应远小于 $2\pi fL_c$，其中 L_c 表示电流探头的电感。此外，9 kHz 时应满足 $(R_c+R_i)<<X_i=2\pi fL$，其中 R_i 为环的内导体的电阻，L 为环的电感，该电感值沿圆周约为 1.5 μH/m，因此对于一个标准的大环天线，$f=9$ kHz 时，$X_i=0.5\ \Omega$。

注 2：为避免在受试设备和环形天线系统之间的寄生电容耦合，受试设备和大环天线组件之间的距离至少应为环直径的 0.10 倍。特别要注意受试设备的引线。电缆应布在一起，与环天线所在空间的夹角为相同的 45°，与 LAS 任何一个环的距离不小于 0.4 m（如图 C.6 所示）。

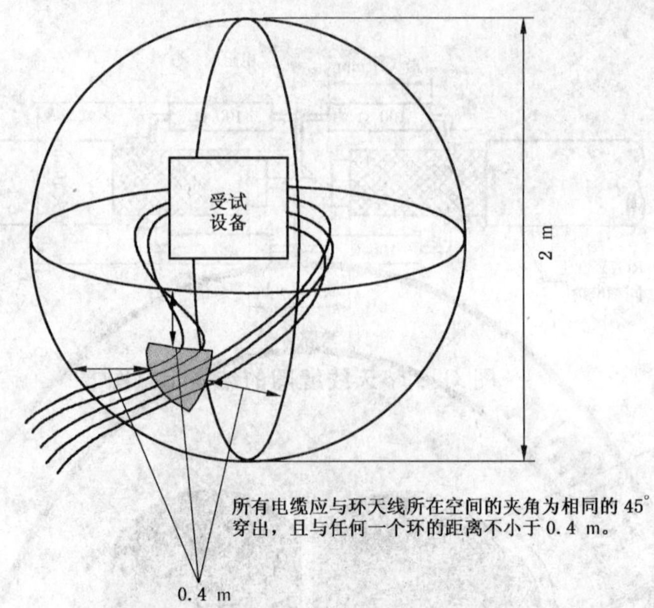

图 C.6　确保引线和天线环之间无电容耦合的受试设备电缆布线示例

C.4　大环天线的确认

环形天线系统中大环天线的确认和校准是利用一个与 50 Ω 的射频信号源相连的“平衡不平衡转换器-偶极子”来测量大环天线中的感应电流，如 C.5 中所描述的。由该偶极子所辐射的磁场可用于验证大环天线的磁场灵敏度。通过大环天线对平衡不平衡转换器-偶极子发射的电场的接收表明其对电场的灵敏度是足够低的。

如图 C.7 所示，作为频率函数的感应电流的测量应在 9 kHz～30 MHz 频率范围，选取平衡不平衡转换器-偶极子的 8 个不同位置来进行。测试中保持“平衡不平衡转换器-偶极子”在受试天线环的平面内。

在这 8 个位置上的每一个点进行测试时，射频信号源的开路电压(V_{go})和被测电流(I_1)的确认系数(表示为 $dB(\Omega)=20\lg(V_{go}/I_1)$)与图 C.8 中给出的确认系数之间的偏差不应超过±2 dB。

图 C.8 中给出的确认系数适用于标准直径 D 为 2 m 的圆形大环天线，如果环天线的直径不是2 m，则此类非标准大环天线的确认系数可根据图 C.8 和图 C.11 中给出的数据推算得出(见 C.6)。

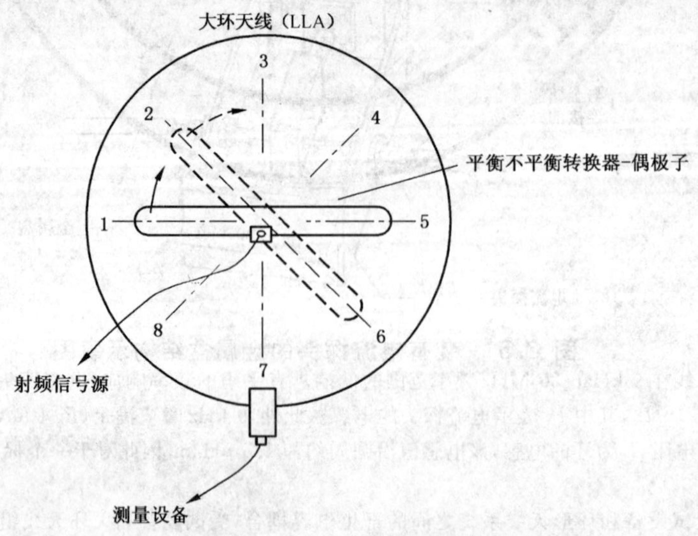

图 C.7　对大环天线进行确认时平衡不平衡转换器-偶极子的 8 个位置

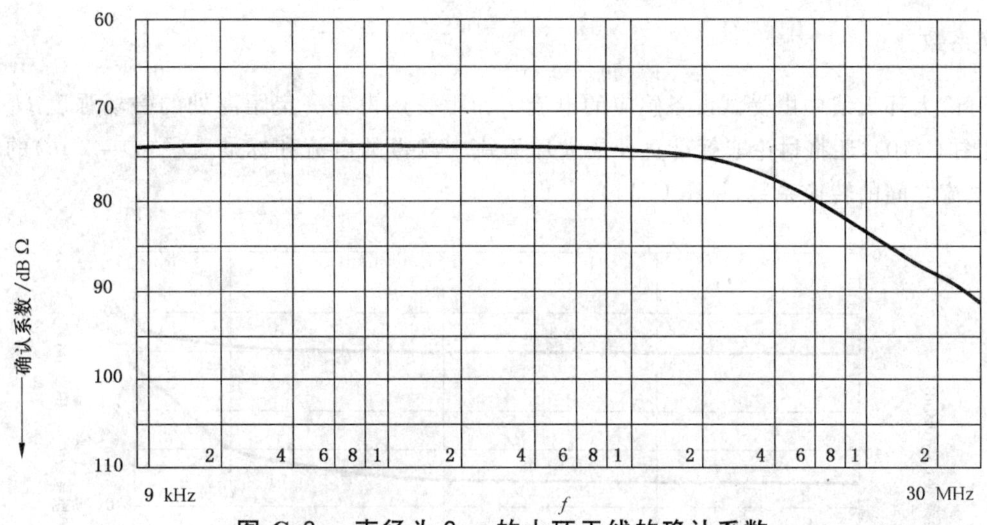

图 C.8　直径为 2 m 的大环天线的确认系数

C.5　平衡不平衡转换器-偶极子的结构

如图 C.9 所示，平衡不平衡转换器-偶极子可以设计为能同时辐射由大环天线测量的磁场和不被大环天线接收的电场。

平衡不平衡转换器-偶极子由 RG 223/U 同轴电缆构成，其宽度 W 为 150 cm，高度 H 为 10 cm（电缆与电缆之间的中心距离），如图 C.9 所示。

同轴电缆外导体上的缝隙将偶极子分为两部分，其中一部分，即图 C.9 中所示的右半部分，在靠近缝隙的一侧以及靠近连接器的一侧均为短路，短路意味着同轴电缆的内、外导体电气连接在一起。该部分与 BNC 连接器的参考地相连。同轴电缆的内导体，构成了图 C.9 中偶极子的左半部分，与 BNC 连接器的中间管脚相连，同轴电缆的外导体与 BNC 连接器的参考地相连。

使用一小金属盒来屏蔽靠近偶极子的连接部分。左右半部分同轴偶极子电缆的外导体均搭接在该金属盒上，相当于 BNC 连接器的参考地。

为使结构紧固，偶极子由一个非金属底座支撑。

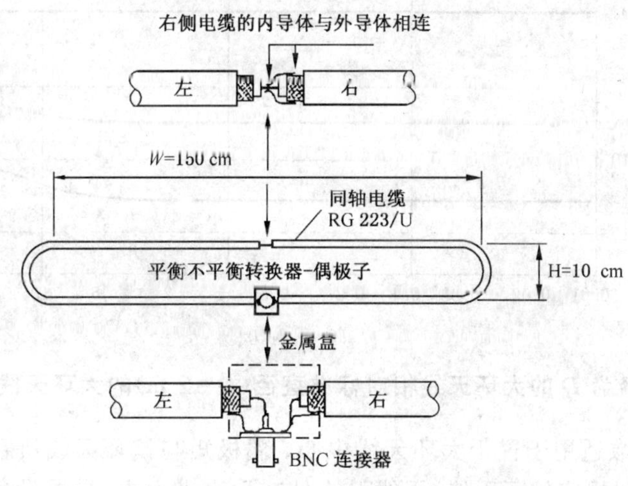

图 C.9　平衡不平衡转换器-偶极子的结构

C.6　转换系数

本条讨论大环天线中由受试设备感应的电流 I 和距受试设备一定距离处的磁场强度 H 之间的转换系数(见图 C.10),还将讨论非标准直径的大环天线中测得的电流和标准直径(D=2 m)的大环天线中测得的电流之间的转换系数(见图 C.11)。

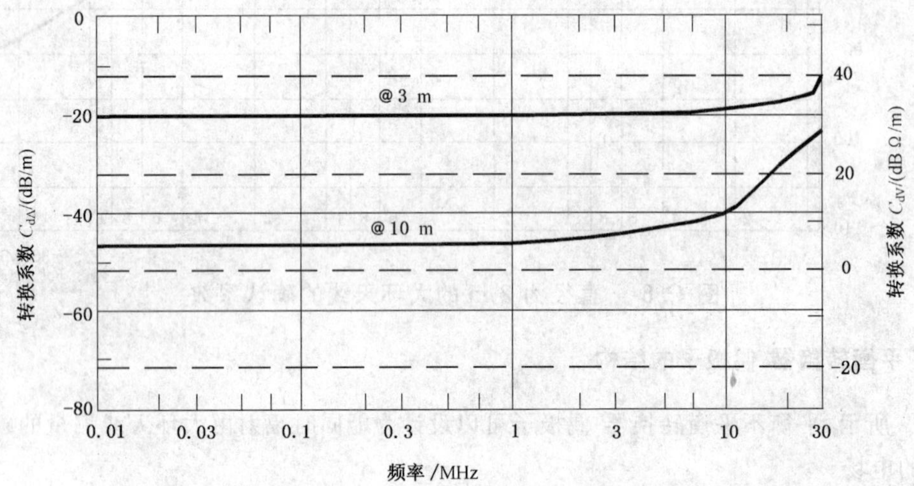

图 C.10　两种标准测量距离 d 所对应的转换系数 C_{dA}(转换单位为 dB(μA/m))和 C_{dV}(转换单位为 dB(μV/m))

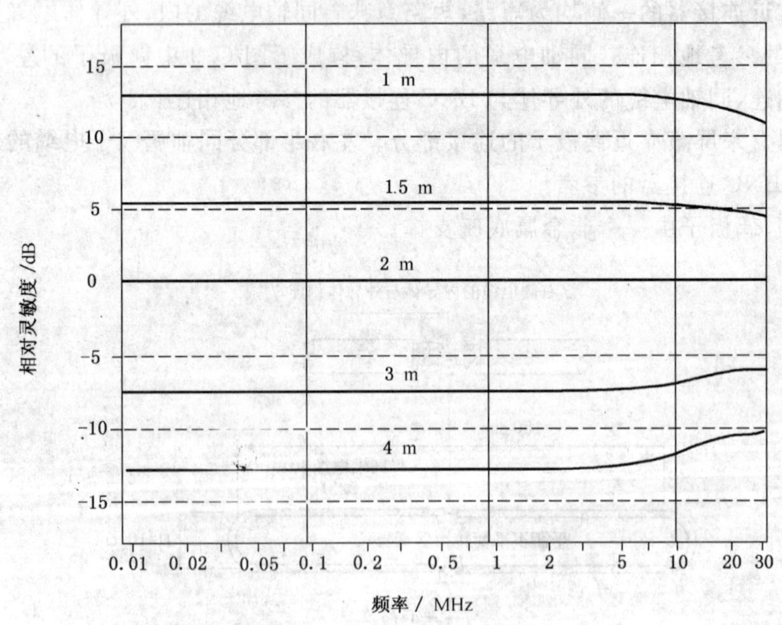

图 C.11　直径为 D 的大环天线相对标准直径(D=2 m)的大环天线的灵敏度 S_D

图 C.10 中的转换系数适用于置于大环天线中心、偶极矩与该环天线所在平面相垂直的磁场源。应注意的是:使用 4.2 中所规定的环天线,天线始终处在垂直平面内,受试设备仅围绕其垂直轴旋转。因此,在这种情况下,只有水平偶极矩,即与地平面平行的偶极矩被测量。所以对于垂直偶极矩的情况,转换系数不能用于比较两种测量方法的结果。然而对于在磁场测量法中将环天线置于一个水平面内,或将受试设备倾斜 90°的情况,该系数则是可用的,此时原垂直偶极矩已变为水平偶极矩。

如果受试设备内部骚扰源的实际位置距离标准环天线系统的中心不足 0.5 m,那么测量结果与骚扰源位于天线系统中心时的结果的偏差小于 3 dB。

在距离 d 处测得的磁场强度 H[dB(μA/m)]与电流 I[dB(μA)]之间的关系为:

$$H[\mathrm{dB}(\mu\mathrm{A/m})] = I[\mathrm{dB}(\mu\mathrm{A})] + C_{\mathrm{dA}}(\mathrm{dBm}^{-1}) \quad \cdots\cdots (\mathrm{C.1})$$

其中 C_{dA} 是当磁场强度 H 以 dB(μA/m)为单位时,对于特定距离 d 的电流-场强转换系数,参见下列公式后的注释。

总之,转换系数是随频率变化的,图 C.10 给出了标准距离 3 m 和 10 m 情况下的 C_{dA}。对于 d=30 m 的标准距离,转换系数仍在考虑中。

在直径为 D(单位:m)的大环天线中测得的电流和标准直径(D=2 m)的大环天线中测得的电流之比为 S_{D},以分贝为单位,图 C.11 中给出了几个不同直径 D 所对应的 S_{D} 曲线。利用该比值,式(C.1)可改写为:

$$H[\mathrm{dB}(\mu\mathrm{A/m})] = I[\mathrm{dB}(\mu\mathrm{A})] - S_{\mathrm{D}}(\mathrm{dB}) + C_{\mathrm{dA}}(\mathrm{dBm}^{-1}) \quad \cdots\cdots (\mathrm{C.2})$$

注:对于骚扰的计算,CISPR 使用 dB(μA/m)代替 dB(μV/m)作为磁场强度 H 的单位,在上下文中,以 dB(μA/m)为单位的磁场强度和以 dB(μV/m)为单位的磁场强度之间满足以下关系:

$$H[\mathrm{dB}(\mu\mathrm{V/m})] = H[\mathrm{dB}(\mu\mathrm{A/m})] + 51.5[\mathrm{dB}(\Omega)] \quad \cdots\cdots (\mathrm{C.3})$$

为方便起见,图 C.10 中还给出了 I[dB(μA)]与 H[dB(μV/m)]之间的转换系数 C_{dV}。

以下例子解释了如何使用上述的式(C.1)、式(C.2)、式(C.3)以及图 C.10 和图 C.11。

a) 已知:测量频率 f=100 kHz,环直径 D=2 m,环中的电流 I=XdB(μA),利用式(C.1)和图 C.10,可以得到:d=3 m 时:

$$H[\mathrm{dB}(\mu\mathrm{A/m})] = X[\mathrm{dB}(\mu\mathrm{A})] + C_{3\mathrm{A}}(\mathrm{dBm}^{-1}) = (X - 19.5)\mathrm{dB}(\mu\mathrm{A/m}) \quad \cdots\cdots (\mathrm{C.4})$$

$$H[\mathrm{dB}(\mu\mathrm{V/m})] = X[\mathrm{dB}(\mu\mathrm{A})] + C_{3\mathrm{V}}(\mathrm{dB}\Omega/\mathrm{m}) = [X + (51.5 - 19.5)]\mathrm{dB}(\mu\mathrm{V/m}) \quad \cdots\cdots (\mathrm{C.5})$$

b) 已知:测量频率 f=100 kHz,环直径 D=4 m,环中的电流 I=XdB(μA),则利用图 C.11,可以得到同一受试设备在标准直径(D=2 m)的大环天线中感应的电流为:

$$I[\mathrm{dB}(\mu\mathrm{A})] = X - S_{3}(\mathrm{dB}) = (X + 13)\mathrm{dB}(\mu\mathrm{A}) \quad \cdots\cdots (\mathrm{C.6})$$

c) 已知:对直径 D=3 m 的大环天线进行确认。

在每一频率点,用图 C.8 中给出的确认系数减去图 C.11 中给出的相对灵敏度 S_{3},即可得到所需的确认系数。因此,如果测量频率 f=100 kHz,则直径 D=3 m 的大环天线的确认系数为(73.5−(−7.5))=81 dB(Ω)。

C.7 参考文献

A Large-Loop Antenna for Magnetic Field Measurements, J. R. Bergervoet and H. Van Veen, Proceedings of the 8th International Zürich Symposium on EMC, pp 29-34, March 1989, ETH Zentrum-IKT, 8092 Zürich, Switzerland.

附　录　D
（资料性附录）
开阔试验场地的详细结构，频率范围 30 MHz～1 000 MHz（第 5 章）

D.1　概述

第 5.1～5.5 条给出了有关开阔场地结构方面的主要考虑。此外，本附录还给出了一些更详细的资料，以助于确保能构造一个良好的试验场地和气候保护罩。保证实施过程中的适用性的可靠方法是按 5.6 条进行归一化场地衰减的测量。

D.2　接地平板的构造

D.2.1　材料

对于进行场强测量的试验场地，建议使用金属材料。然而由于某些实际的原因，并不能对所有设备的测量规定使用金属材料的接地平板（以下简称为金属接地平板）。金属接地平板的一些实例包括：实心金属箔片、金属箔、穿孔金属板、拉制网板、编织网、编结金属帘和金属网格栅等。接地平板应无线性尺寸达到最高测试频率所对应波长的几分之一的缝隙和孔洞。对于编结帘、穿孔金属板、金属格栅和拉制金属网板等类型的接地平板，推荐金属网孔口径的最大尺寸为波长的十分之一（$\lambda/10$）（1 000 MHz 时，大约为 3 cm）。如果接地平板采用金属板材，管料或棒料拼接而成，所有接缝处都要连续可靠地钎焊或熔焊，决不能有大于十分之一波长的间隙。接地平板上的厚的电介质涂料，如沙子、沥青或木屑，都可能会破坏试验场地的衰减特性。

D.2.2　平坦性（粗糙度）

瑞利粗糙度准则对评估接地平板的最低可接受的均方根（rms）粗糙度是非常有用的（见图 D.1）。对于大多数实际的试验场地来说，特别是测量距离为 3 m 时，从测量的角度来看，优于 4.5 cm 的粗糙度是没有实际意义的。对于 10 m 和 30 m 的试验场地，更差一些的粗糙度也是可以接受的。然而，无论如何，总是应该按照 5.6 条来进行场地衰减测量，以确定其场地的粗糙度是否是可接收的。

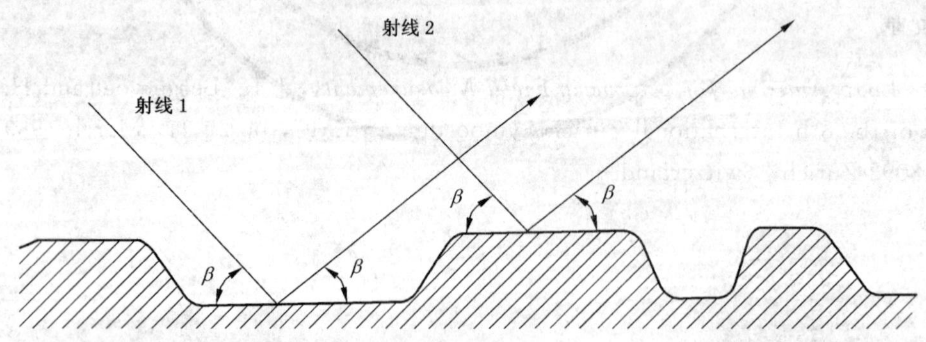

图 D.1　瑞利准则

表 D.1　试验场地的均方根粗糙度

测量距离 R/m	发射天线高度 h_1/m	接收天线最大高度 h_2/m	最大均方根粗糙度 b	
			波长 λ	1 GHz 时的 b 值/cm
3	1	4	0.15	4.5
10	1	4	0.28	8.4
30	2	6	0.49	14.7

粗糙度 b 值由下式计算得到：

$$b=\frac{\lambda}{8\cdot\sin\beta}$$

D.3　为受试设备提供服务的设施

为受试设备提供电气服务的设施，即电源的走线，应在接地平板的下面，并应尽可能地在较大的范围内与测量轴成直角。所有的引线、电缆以及到转台（即放置受试设备的装置）的导管也应在接地平板的下面走线。如果不可能在下面走线，就应将这些服务于受试设备的设施贴在接地平板上，并且要与接地平板等高，还要与接地平板搭接。

D.4　气候保护罩的构造

D.4.1　材料和紧固件

在频率 1 000 MHz 以下，薄的纤维玻璃、大多数的塑料、经过特殊处理的木头以及纤维材料都不会对受试设备的发射造成明显的衰减。然而，有些材料（例如，木头和尼龙），受潮后，就会造成发射的损耗，尤其是当测量受试设备的发射要穿过这些材料的时候，衰减就会变得更加严重。应该谨防在构架上即组成结构的材料之间聚集着导电颗粒的空气、水和冰。对外界物体也要进行周期性的检查，因为它们有可能堆积在结构上导致测量误差。

接地平板的上方金属的使用应维持在一个最低的限度。建议尽可能地采用塑料或纤维紧固件。所有的拉桩、基桩及其类似的基座都应远离试验区，以免影响测量。

D.4.2　内部的布置

所有结构的组件都应无反射。用于供暖和冷却换气的吹风机和通风道及其支撑设施都应在试验区域以外，即都应在结构外安装，除非他们用非导电材料制成、或在金属接地平板的下面、或在远低于非金属接地平板的下方运行。为了使设备正常工作，也许需要对温度和湿度进行控制。所有的隔离层即窗户都应采用非金属的框架。安装在地面上的导轨和梯子都应该是非导电的。

D.4.3　尺寸

气候保护罩的大小取决于受试设备的尺寸，而且还取决于是否要覆盖包括天线在内的试验场地，或者只是覆盖受试设备和测量设备以及接收天线（包括接收天线架和进行垂直极化测量时接收天线将要升至的最大高度）。

D.4.4　随时间和气候变化的均匀性

推荐对归一化场地衰减进行周期性测量，目的是为了检测出试验场地的不规范之处，它们是由气候状态（如潮湿吸收）或者保护罩材料遭受污染而引起的气候保护罩的性能降低而造成的。这种测量同时也可以对射频电缆和测量仪器的校准进行核查。通常，每隔 6 个月测量一次就足够了，除非物理特性表明其性能衰减太快，例如，由于空气污染改变了材料的颜色。

D.5　转台

为了方便地测量受试设备所有方向上的辐射发射，推荐使用转台。对于落地式的受试设备，应使用金属覆盖的且与接地平板齐平的转台，并将其与接地平板导电连接。测量台式受试设备时，可以使用置于接地平板之上的非金属转台，或者使用组合式的转台，这种转台是由金属转台上放置一个非金属桌子组成的。测量落地式的受试设备时，允许非金属转台比接地平板略高一些。

D.6 接收天线底座的安装

接收天线应安装在一个高度可调的非金属支架上，测量距离等于或小于 10 m 时，应在 1 m～4 m 范围内调节；测量距离大于 10 m 时，应在 1 m～4 m 或者 2 m～6 m 的范围内调节。天线水平极化时，电缆应连接到天线的平衡-不平衡转换器，并且为了与地面保持平衡，电缆应垂落到接地平板上。接地平板与接收天线的平衡-不平衡转换器的距离应大于 1 m。从电缆与接地平板相交的那点起，电缆就应以某种方式继续在接地平板的下方走线，以免影响测量。天线与骚扰分析仪之间的连接电缆应尽可能地短，以保证 1 000 MHz 时的可接收的信号电平。

对于垂直极化的偶极子类型的天线，连接到测量接收机的电缆应在其离开接收天线（离开受试设备）到垂落至接地平板之前能够与接地平板保持大约 1 m 或更长的平行距离。天线电缆的横向托架应有约 1 m 长。到骚扰分析仪之间的电缆的其余部分的布置与水平极化的情况相同。

上述两种情况下，天线系数的校准都不应受天线架或同轴电缆到天线的布局的影响。

附　录　E
（规范性附录）
开阔试验场地的确认程序，频率范围 30 MHz ～1 000 MHz（第 5 章）

E.1　概述

5.6 给出了用归一化场地衰减确定场地确认的一般要求和程序。本附录提供了实现归一化场地衰减的具体步骤。

E.2　离散频率法

E.2.1　测量布置

图 4 和图 5 示出了特定的测量布置示意图。首先，用一根适当长度的传输线将信号发生器和发射天线连接起来，然后将发射天线放在规定的位置上，该天线的高度设置在 h_1（见表 E.1、E.2 和 E.3），并选择所需的极化方向。如果使用可调谐的偶极子天线，那么就需要按所需的频率来调整天线的长短。

将接收天线安装在一个可在 h_{2min}～h_{2max} 高度范围内升降的支架上，它距发射天线的距离为 R，用一根长度适宜的电缆将其与测量接收机或频谱分析仪连接起来，其极化方向与发射天线的极化方向相同。如果使用调谐偶极子天线，则应按所需的频率调节天线的长度。垂直极化时，偶极子天线离地面的高度不得小于 25 cm（见表 E.3）。

当使用调谐偶极子进行完整的 NSA 测量时，在包括 30 MHz～80 MHz 在内的频率范围内，天线都要被调谐在各自的频率上。

E.2.2　测量程序

应按下述步骤对表 E.1、表 E.2 和表 E.3 中所规定的每一个频率进行测量。测量时，接收天线应与发射天线的极化方向保持一致。测量应首先在水平方向上进行，然后再在垂直方向上进行，此时，发射天线的高度设置在 h_1 上。

a)　调整信号发生器的输出电平，使其高于周围和测量接收机（或频谱分析仪）的噪声电平，并得到一个适宜的接收的电压指示；

b)　按表 E.1、表 E.2 和表 E.3 中相应规定的 h_2 来升高天线塔上的接收天线进行扫描；

c)　记录最大的信号电平，该值即为第 5.6.1 条式(1)中的 V_{SITE}；

d)　断开各自与发射和接收天线相连的电缆，用转接器直接将两根电缆连接起来；

e)　记录发射电缆与接收电缆连接后的信号电平，该值即为第 5.6.1 条式(1)中的 V_{DIRECT}；

f)　对每一个频率的每一种极化，都要重复步骤 c)～e)，然后将每次测得的值依次代入 5.6.1 条式(1)；

g)　将各个频率相应的发射天线和接收天线的系数依次代入 5.6.1 条式(1)；

h)　将表 E.4 给出的互阻抗修正系数 ΔAF_{TOT} 依次代入 5.6.1 条式(1)（表 E.4 中的值只适用于特定的条件：测量天线为调谐偶极子、极化方向为水平、测量距离为 3 m，而且 $\Delta AF_{TOT}=0$）；

i)　5.6.1 条式(1)得到的 A_N 即为该测量极化方向上、该测量频率上的 NSA；

j)　用表 E.1、表 E.2 和表 E.3 中给出的 A_N 减去第 i 步中得到的 NSA 的值；

k)　如果第 j 步得到的差值不超过±4 dB，那么就被认为该开阔试验场地在该频率处、该极化方向上是有效的；

l)　每测量一个新的频率点，都要在两种极化方向上重复步骤 a)～k)。

E.3 扫描频率法

E.3.1 测量布置

扫描频率法的测量布置与 E.2.1 条所述的测量布置基本相同,不同的只是使用了宽带天线。由于宽带天线的物理尺寸小,所以没有必要对垂直极化方向上的天线移动做严格的要求。

E.3.2 测量步骤

使用具有峰值保持(最大保持)贮存能力的自动测量设备和跟踪信号发生器,按下述步骤进行测量。这种方法能在所要求的频率范围内对接收天线的高度 h_2 和测量频率进行扫描。该频率范围通常取决于所用宽带天线的类型。频率扫描的速度一定要比天线高度的扫描速率快得多。首先,将发射天线的高度设置在 h_1,然后

a) 调整信号发生器的输出电平,使其高于测量接收机(或频谱分析仪)的背景噪声,并得到一个适宜的接收到的电压指示;

b) 按表 E.1、表 E.2 和表 E.3 中相应规定的扫描范围,将支架上的接收天线升至最大的高度;

c) 按要求设置频谱分析仪的扫频范围。应该确保调整后的频谱分析仪能够在相同幅度的刻度上将超过 60 dB 的相似信号显示出来,以便可以与第 e)步所记录的电平相对应;

d) 慢慢降低接收天线的高度直至上述表中相应于该试验场地的尺寸所列出的高度扫描范围的最低点。贮存或记录所接收到的最大电压显示/指示 V_R(dBμV)(降低天线所用的时间应比频谱分析仪的扫描时间长得多);

e) 断开各自与发射天线和接收天线相连的电缆,用转接器直接将两根电缆连接起来,贮存或记录此时的电压显示;

f) 对每一个频率用第 e)步得到的电压减去第 d)步得到的电压值,然后再分别减去发射天线和接收天线的系数 AF_T(dB/m)和 AF_R(dB/m)(作为频率连续函数的天线系数可以从用离散天线系数连接成的简单线性曲线中得到)。该结果即为所用频率范围的 NSA 的测量值。应将测量值绘成曲线。表 E.1 给出了理想场地的归一化场地衰减的理论值;

g) NSA 的理论值与其测量值之差应落入±4 dB 的范围内。

注:对于上述两种 NSA 测量方法,无论是信号源的输出阻抗还是测量接收机(或频谱分析仪)的输入阻抗的失配都能引起反射,从而导致测量误差。这可以通过使用 10 dB 的衰减器来避免。将衰减器分别连接在发射天线和接收天线电缆的信号输出端。在整个 NSA 的测量过程中,每根电缆的输出端都要保留这样的衰减器。

E.4 超出场地可接受限值的一些可能的原因

如果偏差超出±4 dB 的范围,那么需要就如下方面的进行调查:

首先应核查测量系统的校准。如果在测量过程中信号发生器和测量仪器无漂移,那么应着重检查天线系数,因为天线也可以形成反射。如果上述疑点都已排除,那么再重新开始测量。如果偏差仍然超出±4 dB,那么就需要检查试验场地及其周围的区域。一般来说,垂直极化的场地衰减对场地的异常极为敏感。倘若如此,便可基于测量场地的垂直衰减来找出问题产生的原因。以下几个方面都有可能出现问题:接地平板的结构不合理和试验场地不够大、由于相邻的物体(如篱笆、建筑物和灯塔等等)离得太近而产生的反射、全天候保护罩的性能降低等。后者是由于结构不完备、维修技术不完善、以及空气中携带的导电性污染的剩余物长期浸透所致。

E.5 天线校准

用于场地衰减测量的宽带天线校准系数应该溯源到天线校准国家标准*,由制造商提供的天线系数也许并不十分精确,因而很难获得 NSA 的测量值与理论值很好的一致性。通常,天线系数已把平衡不平衡转换器的损耗包括在内。如果使用单独的平衡-不平衡转换器,就必须单独考虑它的影响。经验

* 正在考虑中。

表明：只要发射天线离接地平板的高度大于 1 m，当频率低于 1 GHz 时，各种电磁兼容测量用的通用的宽带天线（如，双锥天线、短偶极子天线和对数周期天线）的天线系数随几何尺寸和极化方向的变化可忽略不计。如果怀疑由于在测量中使用了不常用的天线或不常用的场地尺寸、或者由于天线之间的互耦合或垂直极化天线的传输线的散射效应引起的天线系数的变化，则应首先校准在这些几何位置上的天线系数，尤其当测量距离为 3 m 时更应注意。

通常，场地衰减都是在 50 Ω 的系统当中得到的。也就是说，信号发生器和测量接收机都具有 50 Ω 源阻抗，且发射天线和接收天线的辐射阻抗也已通过平衡-不平衡转换器实现了匹配。

制造商提供的天线系数通常也是相对于 50 Ω 阻抗给出的。也就是说，为了实现无损耗的匹配，50 Ω阻抗与天线辐射阻抗的转换系数（如果适用的话）以及所用的平衡-不平衡转换器的损耗也应包含在天线系数当中。

如果使用半波偶极子，那么天线系数可由下式计算：

$$AF = 20\lg(2\pi/\lambda) + 10\lg(73/50) \quad (\text{dB}) \qquad \cdots\cdots(E.1)$$

$$= 20\lg f - 31.9 \quad (\text{dB}) \qquad \cdots\cdots(E.2)$$

式中：

f——频率，MHz。

注：实际上，由于偶极子天线与其镜像天线之间存在互阻抗，所以，天线系数会受天线架设高度的影响。

对于设计良好的调谐半波偶极子，其平衡-不平衡转换器的平均损耗大约为 0.5 dB，因此式(E.2)变为：

$$AF = 20\lg f - 31.4 \quad (\text{dB}) \qquad \cdots\cdots(E.3)$$

在平衡-不平衡转换器被安装进壳体之前，应将发射天线和接收天线的平衡-不平衡转换器相连，测量其损耗，其中每个平衡-不平衡转换器的损耗为测得的总的损耗的一半。

在用规定的调谐偶极子进行 NSA 测量时，重要的是检查这些计算值是否能够代表它们的校准系数。最简单的检测方法就是对装配好的且调谐好的半波振子进行 VSWR 测量。天线在地面上的放置高度至少应为 4 m（如果可能，还应再高些），以尽可能地减少地面的耦合，同时半波振子也要按照表E.3 的要求进行调谐。只需在天线工作的频率范围的低端、中点和高端检查天线的 VSWR 就足够了。

在频率低于 100 MHz 时，也可以按下述方法检查平衡-不平衡转换器：移去平衡-不平衡转换器，将 70 Ω 电阻跨接在安装振子的两个端子之间，然后测量端接平衡-不平衡转换器之后的 VSWR。该值应小于 1.5。

表 E.1 归一化场地衰减（相对于宽带天线推荐的几何尺寸）[1)]

极化	水平	水平	水平	水平	垂直	垂直	垂直	垂直
R/m	3	10	30	30	3	10	30	30
h_1/m	1	1	1	1	1	1	1	1
h_2/m	1～4	1～4	2～6	1～4	1～4	1～4	2～6	1～4
f_m/MHz	A_N(dB)							
30	15.8	29.8	44.4	47.8	8.2	16.7	26.1	26.0
35	13.4	27.1	41.7	45.1	6.9	15.4	24.7	24.7
40	11.3	24.9	39.4	42.8	5.8	14.2	23.6	23.5
45	9.4	22.9	37.3	40.8	4.9	13.2	22.5	22.5
50	7.8	21.1	35.5	38.9	4.0	12.3	21.6	21.6
60	5.0	18.0	32.4	35.8	2.6	10.7	20.1	20
70	2.8	15.5	29.7	33.1	1.5	9.4	18.7	18.7
80	0.9	13.3	27.5	30.8	0.6	8.3	17.6	17.5
90	−0.7	11.4	25.5	28.8	−0.1	7.3	16.6	16.5
100	−2.0	9.7	23.7	27	−0.7	6.4	15.7	15.6

表 E.1(续)

极化 R/m h_1/m h_2/m	水平 3 1 1～4	水平 10 1 1～4	水平 30 1 2～6	水平 30 1 1～4	垂直 3 1 1～4	垂直 10 1 1～4	垂直 30 1 2～6	垂直 30 1 1～4
f_m/MHz	A_N(dB)							
120	−4.2	7.0	20.6	23.9	−1.5	4.9	14.1	14.0
140	−6.0	4.8	18.1	21.2	−1.8	3.7	12.8	12.7
160	−7.4	3.1	15.9	19	−1.7	2.6	11.7	11.5
180	−8.6	1.7	14.0	17	−1.3	1.8	10.8	10.5
200	−9.6	0.6	12.4	15.3	−3.6	1.0	9.9	9.6
250	−11.9	−1.6	9.1	11.6	−7.7	−0.5	8.2	7.7
300	−12.8	−3.3	6.7	8.8	−10.5	−1.5	6.8	6.2
400	−14.8	−5.9	3.6	4.6	−14.0	−4.1	5.0	3.9
500	−17.3	−7.9	1.7	1.8	−16.4	−6.7	3.9	2.1
600	−19.1	−9.5	0	0	−16.3	−8.7	2.7	0.8
700	−20.6	−10.8	−1.3	−1.3	−18.4	−10.2	−0.5	−0.3
800	−21.3	−12.0	−2.5	−2.5	−20.0	−11.5	−2.1	−1.1
900	−22.5	−12.8	−3.5	−3.5	−21.3	−12.6	−3.2	−1.7
1 000	−23.5	−13.8	−4.5	−4.4	−22.4	−13.6	−4.2	−3.5

1) 表中给出的数据应用于天线垂直极化时,当天线中心距地面 1 m,天线低端至少距地面 25 cm。

表 E.2 归一化场地衰减(相对于调谐半波偶极子水平极化推荐的几何尺寸)

极化 R/m h_1/m h_2/m	水平 3[1)] 2 1～4	水平 10 2 1～4	水平 30 2 2～6
f_m/MHz	A_N/dB		
30	11.0	24.1	38.4
35	8.8	21.6	35.8
40	7.0	19.4	33.5
45	5.5	17.5	31.5
50	4.2	15.9	29.7
60	2.2	13.1	26.7
70	0.6	10.9	24.1
80	−0.7	9.2	21.9
90	−1.8	7.8	20.1
100	−2.8	6.7	18.4
120	−4.4	5.0	15.7
140	−5.8	3.5	13.6
160	−6.7	2.3	11.9
180	−7.2	1.2	10.6
200	−8.4	0.3	9.7
250	−10.6	−1.7	7.7
300	−12.3	−3.3	6.1

表 E.2(续)

极化	水平	水平	水平
R/m	3[1)]	10	30
h_1/m	2	2	2
h_2/m	1～4	1～4	2～6
f_m/MHz	A_N/dB		
400	−14.9	−5.8	3.5
500	−16.7	−7.6	1.6
600	−18.3	−9.3	0
700	−19.7	−10.6	−1.3
800	−20.8	−11.8	−2.4
900	−21.8	−12.9	−3.5
1 000	−22.7	−13.8	−4.4

1) 对于相距 3 m,水平极化的调谐半波偶极子天线,应用测得的 NSA 值减去互阻抗系数(见表 E.4),再与本表给出的理想场地的 NSA 的理论值进行比较。

表 E.3 归一化场地衰减(相对于调谐半波偶极子垂直极化推荐的几何尺寸)

f_m/MHz	R=3 m h_1=2.75 m		R=10 m h_1=2.75 m		R=30 m h_1=2.75 m	
	h_2/m	A_N/dB	h_2/m	A_N/dB	h_2/m	A_N/dB
30	2.75 to 4	12.4	2.75 to 4	18.8	2.75 to 6	26.3
35	2.39 to 4	11.3	2.39 to 4	17.4	2.39 to 6	24.9
40	2.13 to 4	10.4	2.13 to 4	16.2	2.13 to 6	23.8
45	1.92 to 4	9.5	1.92 to 4	15.1	2 to 6	22.8
50	1.75 to 4	8.4	1.75 to 4	14.2	2 to 6	21.9
60	1.50 to 4	6.3	1.50 to 4	12.6	2 to 6	20.4
70	1.32 to 4	4.4	1.32 to 4	11.3	2 to 6	19.1
80	1.19 to 4	2.8	1.19 to 4	10.2	2 to 6	18.0
90	1.08 to 4	1.5	1.08 to 4	9.2	2 to 6	17.1
100	1 to 4	0.6	1 to 4	8.4	2 to 6	16.3
120	1 to 4	−0.7	1 to 4	7.5	2 to 6	15.0
140	1 to 4	−1.5	1 to 4	5.5	2 to 6	14.1
160	1 to 4	−3.1	1 to 4	3.9	2 to 6	13.3
180	1 to 4	−4.5	1 to 4	2.7	2 to 6	12.8
200	1 to 4	−5.4	1 to 4	1.6	2 to 6	12.5
250	1 to 4	−7.0	1 to 4	−0.6	2 to 6	8.6
300	1 to 4	−8.9	1 to 4	−2.3	2 to 6	6.5
400	1 to 4	−11.4	1 to 4	−4.9	2 to 6	3.8
500	1 to 4	−13.4	1 to 4	−6.9	2 to 6	1.8
600	1 to 4	−14.9	1 to 4	−8.4	2 to 6	0.2
700	1 to 4	−16.3	1 to 4	−9.7	2 to 6	−1.0
800	1 to 4	−17.4	1 to 4	−10.9	2 to 6	−2.4
900	1 to 4	−18.5	1 to 4	−12.0	2 to 6	−3.3
1 000	1 to 4	−19.4	1 to 4	−13.0	2 to 6	−4.2

表 E.4 互阻抗修正系数 ΔAF_{TOT}(dB)(适用于调谐半波偶极子天线,相距 3 m)

f_m/MHz	水平极化 R=3 m h_1=2 m h_2=1 m～4 m	垂直极化 R=3 m h_1=2.75 m h_2(见表 E.3)
30	3.1	2.9
35	4.0	2.6
40	4.1	2.1
45	3.3	1.6
50	2.8	1.5
60	1.0	2.0
70	−0.4	1.5
80	−1.0	0.9
90	−1.0	0.7
100	−1.2	0.1
120	−0.4	−0.2
125	−0.2	−0.2
140	−0.1	0.2
150	−0.9	0.4
160	−1.5	0.5
175	−1.8	−0.2
180	−1.0	−0.4

注 1:调谐偶极子天线的值通过矩量法和数值计算程序(NEC)或 MININEC 计算机系统得到。

G. J. Burke 和 A. J. Poggio,数值电磁编码——矩量法,Lawrence,Livermore Laboratory, California, January, 1981.

J. W. Rockway, J. C. Logan, D. W. S. Tam, S. T. Li, *The MININEC System: Microcomputer Analysis of Wire Antennas*, Artech House, Boston, 1988.

Berry, J.; Pate, B.; Knight: "Variations in Mutual Coupling Correction Factors for Resonant Dipoles Used In Site Attenuation Measurements", Proc IEEE Sym on EMC, Washington, DC, 1990.

注 2:理论上,在自由空间,调谐偶极子的天线系数应把 0.5dB 的平衡-不平衡转换器损耗(对每根天线)包括在内。

注 3:这些相关系数不能全面的描述在地平面以上所测得的天线系数,例如:当测试距离为 3 或 4 m 时。尽管这些天线系数在低频时不同于自由空间的情况,但是这些值足以表明场地的异常。

注 4:用户应注意一些具有特殊平衡-不平衡转换器的半波偶极子或天线可能会出现与表 E.4 中天线不同的特性。

注 5:测量距离为 10 m 和 30 m 的时,应考虑互耦修正系数。作为一中间的过程,场地适用性可通过令这些修正系数等于零来估算。

附 录 F
（资料性附录）
4 dB 场地可接受准则的基础（第 5 章）

F.1 概述

本附录给出了第 5.6 条所要求的归一化场地衰减测量的±4 dB 可接受准则的基础。

F.2 误差分析

表 F.1 中的误差分析适用于第 5.6 条归一化场地的测量方法。总的误差估算是以±4 dB 可接受准则为基础的。其中，包含大约 3dB 的测量不确定度和由于场地不完善引入的附加允许的 1 dB。

表 F.1 中的误差估算没有包括信号发生器、跟踪信号发生器和可能用到的放大器由于幅度稳定性引入的不确定度，也没有包括测量技术引入的潜在误差。大多数的信号发生器和跟踪发生器的输出电平会随时间和温度而漂移，放大器的增益也会随温度而变化。重要的是要把误差源限制在一定的范围，或使其能够在测量中得到修正，否则，就可能会仅仅因为测量设备/设施的问题导致场地不能满足±4 dB可接受准则。

表 F.1 误差的估算 单位为 dB

误差项	测量方法	
	离散法	扫描频率法
发射天线系数1)	±1	±1
接收天线系数1)	±1	±1
电压表	0	±1.6 2)
衰减器	±1	0
场地不完善	±1	±1
总计	±4	±4.6

1) 频率高于 800 MHz，天线系数的误差可能达到±1.5 dB。

2) 由所用设备的操作说明书给出。

例如，如果能够从自动频谱分析仪的操作说明书中尽可能地去除或补偿各项潜在的误差源，那么就只剩下幅度误差需要考虑：

a) 校准器的不确定度：±0.2 dB；

b) 频率响应平滑度：±1.0 dB；

c) 输入衰减切换：±1.0 dB；

d) 射频（RF）和中频（IF）增益的不确定度：±0.4 dB。

上述潜在的误差的总和为±2.6 dB，但并没有将±0.05 dB/K 的温度漂移包括进去。实际上，当使用替代法测量时，与频响平滑度和输入衰减相关的误差通常要小于 1 dB，所以，作为两端子电压表来使用的频谱分析仪，其总误差不会大于±1.6 dB，该值已被应用在表 F.1 当中。

衰减器的绝对准确度大都很差，但还是有些较好的。因此，在离散测量中的误差估算有可能偏大或偏小。如果采用扫描频率法测量，将在外部连接使用的衰减器与自动分析仪一起使用，那么误差估算的值可能还要大些。

这些误差估算中不包括测试设备的增益、输出电平和幅度响应随时间和温度变化产生的漂移所引入的误差。

实际上，上述考虑计算在内的误差总体上是很小的。对于一个结构良好的固定的试验场地来说，满足±4 dB 准则意味着实际上允许异常试验场地与理想的试验场地的偏差大于±1 dB。

附 录 NA
（资料性附录）
GB/T 6113.104—2008 与 GB/T 6113.1—1995 有关章条的对照

本部分与 GB/T 6113.1—1995 有关章条的对照表：

GB/T 6113.104—2008		GB/T 6113.1—1995		备注
章	条	章	条	
1		1		
2		2		
3	3.1	3	3.2	
	3.2～3.13			
4	4.1～4.4.1.3	14	14.1～14.4.1.3	
	4.4.2～4.4.3			
	4.5		14.5	
	4.6～4.7			
5	5.1～5.6.3	15	15.1～15.6.3	
	5.7～5.9			
6		16		
7		18		
8				
附录 A				
附录 B				
附录 C				
附录 D		附录 J		
附录 E		附录 K		
附录 F		附录 L		

ICS 33.100
L 06

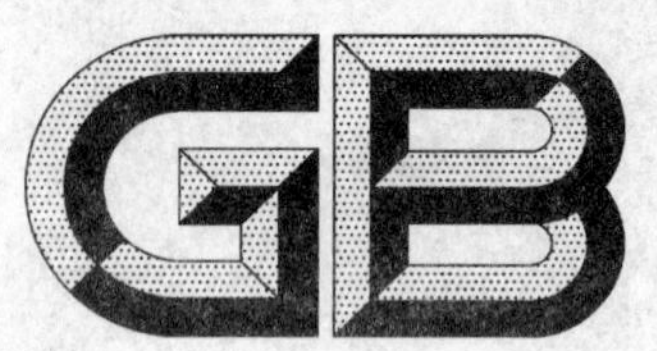

中华人民共和国国家标准

GB/T 6113.105—2008/CISPR 16-1-5:2003
部分代替 GB/T 6113.1—1995

无线电骚扰和抗扰度测量设备和测量方法规范 第1-5部分:无线电骚扰和抗扰度测量设备 30 MHz~1 000 MHz 天线校准用试验场地

Specification for radio disturbance and immunity measuring apparatus and methods—Part 1-5: Radio disturbance and immunity measuring apparatus—Antenna calibration test sites for 30 MHz to 1 000 MHz

(CISPR 16-1-5:2003, IDT)

2008-01-12 发布　　　　2008-09-01 实施

中华人民共和国国家质量监督检验检疫总局
中国国家标准化管理委员会　发布

前　言

GB/T 6113.105 等同采用 CISPR 16-1-5(1.0 版):2003《无线电骚扰和抗扰度测量设备和测量方法规范　第 1-5 部分:无线电骚扰和抗扰度测量设备　30 MHz～1 000 MHz 天线校准用试验场地》。

鉴于 IEC/CISPR 16 为电磁兼容系列基础标准,且篇幅大,内容多,为了方便标准的制定、维护和使用,2002 年 IEC/CISPR A 分会决定对该标准的结构进行重大调整,将原来的 4 个部分拆分为 14 个部分,2006 年增至 15 个部分,并从 2003 年 11 月起陆续发布。我国依据等同采用原则,将陆续完成相应国家标准的制定和修订工作。该系列标准中的新、旧国家标准及其与 IEC/CISPR 16 系列标准/出版物的对应关系如下:

<table>
<tr><th>旧标准编号和名称</th><th>新标准编号和名称</th></tr>
<tr><td rowspan="5">GB/T 6113.1—1995
(eqv CISPR 16-1:1993)
《无线电骚扰和抗扰度测量设备规范》</td><td>GB/T 6113.101—2008(CISPR 16-1-1:2006,IDT)
第 1-1 部分:无线电骚扰和抗扰度测量设备　测量设备</td></tr>
<tr><td>GB/T 6113.102—2008(CISPR 16-1-2:2006,IDT)
第 1-2 部分:无线电骚扰和抗扰度测量设备
辅助设备　传导骚扰</td></tr>
<tr><td>GB/T 6113.103—2008(CISPR 16-1-3:2004,IDT)
第 1-3 部分:无线电骚扰和抗扰度测量设备
辅助设备　骚扰功率</td></tr>
<tr><td>GB/T 6113.104—2008(CISPR 16-1-4:2005,IDT)
第 1-4 部分:无线电骚扰和抗扰度测量设备
辅助设备　辐射骚扰</td></tr>
<tr><td>GB/T 6113.105—2008(CISPR 16-1-5:2003,IDT)[1)]
无线电骚扰和抗扰度测量设备和测量方法规范
第 1-5 部分:无线电骚扰和抗扰度测量设备
30 MHz～1 000 MHz 天线校准用试验场地</td></tr>
<tr><td rowspan="2">GB/T 6113.2—1998
(eqv CISPR 16-2:1996)
《无线电骚扰和抗扰度测量方法》</td><td>GB/T 6113.201—2008(CISPR 16-2-1:2003,IDT)
第 2-1 部分:无线电骚扰和抗扰度测量方法
传导骚扰测量</td></tr>
<tr><td>GB/T 6113.202—2008(CISPR 16-2-2:2004,IDT)
第 2-2 部分:无线电骚扰和抗扰度测量方法
骚扰功率测量</td></tr>
</table>

旧标准编号和名称	新标准编号和名称
GB/T 6113.2—1998 (eqv CISPR 16-2:1996) 《无线电骚扰和抗扰度测量方法》	GB/T 6113.203 —2008(CISPR 16-2-3:2003,IDT) 第 2-3 部分：无线电骚扰和抗扰度测量方法 辐射骚扰测量
	GB/T 6113.204—2008(CISPR 16-2-4:2003,IDT) 第 2-4 部分：无线电骚扰和抗扰度测量方法 抗扰度测量
CISPR 16-3:2000 《Reports and recommendations of CISPR》	GB/Z 6113.3—2006 (CISPR 16-3:2003,IDT) 第 3 部分：无线电骚扰和抗扰度测量技术报告
CISPR 16-4:2002 《Uncertainty in EMC measurements》	GB/Z 6113.401—2007 (CISPR 16-4-1/TR:2005,IDT) 第 4-1 部分：不确定度、统计学和限值建模 标准化 EMC 试验的不确定度
	GB/T 6113.402—2006(CISPR 16-4-2:2003,IDT) 第 4-2 部分：不确定度、统计学和限值建模 测量设备和设施的不确定度
	GB/Z 6113.403—2007(CISPR 16-4-3/TR:2004,IDT) 第 4-3 部分：不确定度、统计学和限值建模 批量产品的 EMC 符合性确定的统计考虑
	GB/Z 6113.404—2007 (CISPR 16-4-4/TR:2003,IDT) 第 4-4 部分：不确定度、统计学和限值建模 抱怨的统计和限值的计算模型
	GB/Z 6113.405(CISPR 16-4-5:2006,IDT)[2] 第 4-5 部分：不确定度、统计学和限值建模 替换试验方法的使用条件

1) 黑体字为该标准的本部分；

2) 待制定。

注 1：表中除 GB/T 6113.105 以外的国家标准名称以制定或修订后、发布的标准名称为准。

注 2：CISPR16 系列标准调整之前没有与 CISPR 16-3 和 CISPR 16-4 相对应的国家标准。

与 IEC/CISPR 16-1-5:2003(1.0 版)相比，本部分主要进行了以下修改：

1) 增加国家标准的前言和引言；

2) A.2.2 中第 4 段最后一句[C.5]应为[C.6]，原文有误，特作更正；

3) 附录 C 中的式(C.3)原文有误，特作更正。

GB/T 6113 的本部分自发布之日起，与 GB/T 6113.101—2008、GB/T 6113.102—2008、GB/T 6113.103—2008 和 GB/T 6113.104—2008 组合在一起替代 GB/T 6113.1—1995。

本部分与 GB/T 6113.1—1995 对应内容相比，全部为新增内容。

本部分的附录 A、附录 B、附录 C、附录 D、附录 E 和附录 F 为资料性附录。

本部分由全国无线电干扰标准化技术委员会提出并归口。

本部分起草单位：信息产业部电子工业标准化研究所、北京交通大学、中国计量科学研究院、东南大学、信息产业部电子第五研究所、上海电器科学研究所(集团)有限公司、广州威凯检测技术研究所、上海市计量测试技术研究院、国家无线电监测中心。

本部分主要起草人：陈俐、闻映红、黄攀、蒋全兴、张林昌、崔强、杨春荣、龚增、寿建霞、黄楚彬、张科、王铮、胡景森、朱文立。

引 言

GB/T 6113.105 为基础标准 GB/T 6113 的组成部分。本部分包括 4 章和 6 个附录。其内容主要涉及天线校准用试验场地。本部分在第 4 章规定了用于天线校准的试验场地的构造和技术规范、场地确认过程所使用的试验天线的特性和规范、天线校准用试验场地的确认程序及该场地的符合性判定准则、场地确认报告的编制和出具,以及垂直极化方向的天线校准试验场地的确认。本部分还在资料性的附录中给出了一些有关天线和场地方面的,如 CALTS 的要求、试验天线的考虑以及天线和场地衰减理论等有关信息。

无线电骚扰和抗扰度测量设备和测量方法规范 第1-5部分:无线电骚扰和抗扰度测量设备 30 MHz~1 000 MHz 天线校准用试验场地

1 范围

GB/T 6113 的本部分为基础标准,规定了用于进行天线校准的试验场地的要求以及试验天线的特性、校准场地的确认程序和场地符合性判定准则;并进一步在资料性附录中给出了校准场地的要求、试验天线的考虑以及天线和场地衰减理论的有关信息。

GB/T 6113.101 和 GB/T 6113.104 给出了测量设备的规范,GB/Z 6113.401 给出了有关不确定度的更详尽的信息和背景资料,这有助于对天线的校准过程进行不确定度的评估。

2 规范性引用文件

下列文件中的条款通过 GB/T 6113 的本部分的引用而成为本部分的条款。凡是注日期的引用文件,其随后所有的修改单(不包括勘误的内容)或修订版均不适用于本部分,然而,鼓励根据本部分达成协议的各方研究是否可使用这些文件的最新版本。凡是不注日期的引用文件,其最新版本适用于本部分。

GB 4343.1—2003 电磁兼容 家用电器、电动工具和类似器具的要求 第1部分:发射(CISPR 14-1:2000+A1:2001,IDT)

GB/T 6113.101—2008 无线电骚扰和抗扰度测量设备和测量方法规范 第1-1部分:无线电骚扰和抗扰度测量设备 测量设备(CISPR 16-1-1:2006,IDT)

GB/T 6113.104—2008 无线电骚扰和抗扰度测量设备和测量方法规范 第1-4部分:无线电骚扰和抗扰度测量设备 辅助设备 辐射骚扰(CISPR 16-1-4:2005,IDT)

GB/Z 6113.401—2007 无线电骚扰和抗扰度测量设备和测量方法规范 第4-1部分:不确定度、统计方法和限值建模 标准化的 EMC 试验不确定度(CISPR 16-4-1/TR:2005,IDT)

GB/T 6113.402—2006 无线电骚扰和抗扰度测量设备和测量方法规范 第4-2部分:不确定度、统计方法和限值建模 测量设备和设施的不确定度(CISPR 16-4-2:2003,IDT)

GB/T 4365—2003 电工术语 电磁兼容(IEC 60050(161):1990,IDT)

计量学基本术语和通用术语国际词汇,ISO,日内瓦,第2版,1993

3 术语和定义

GB/T 4365—2003 中的术语和定义及下列术语和定义适用于本部分。

3.1

校准用试验场地 calibration test site;CALTS

具有金属接地平面、严格规定了水平极化和垂直极化电场的场地衰减性能的开阔试验场地。

CALTS 用于确定天线在自由空间中的天线系数。

CALTS 的场地衰减测量用来与符合性试验场地的相应的场地衰减测量作比较，以评价符合性试验用试验场地的性能。

3.2

符合性试验用试验场地 compliance test site；COMTS

为与符合性限值相比较，保证受试设备骚扰场强测量结果有效且可重复的环境。

3.3

天线 antenna

发射或接收系统中设计用来以特定方式发射或接收电磁波的部分。

注1：在本部分的上下文中，平衡-不平衡转换器是天线的一部分。

注2：也可见术语3.8“线天线”。

3.4

平衡-不平衡转换器 balun

用于传输线或装置之间从平衡到不平衡或不平衡到平衡转换的无源电气网络。

3.5

自由空间谐振偶极子 free-space-resonant dipole

由两根相同长度的共线直导体构成的线天线，两根导体端对端放置，由一小间隙分隔。每根导体的长度近似为四分之一波长，从而使得当偶极子处于自由空间时，在特定的频率上，其间隙两端测得的线天线的输入阻抗为纯实数。

注1：在本部分的上下文中，与平衡-不平衡转换器相连的线天线也称为“试验天线”。

注2：该线天线也被称为“调谐偶极子”。

3.6

场地衰减 site attenuation

试验场地上两个规定位置之间的场地衰减指的是当信号发生器的输出与接收机的输入之间的直接电气连接被放在规定位置上的发射天线和接收天线所代替时，通过两端口网络测量得到的插入损耗。

3.7

试验天线 test antenna

自由空间谐振偶极子和特定的平衡-不平衡转换器的组合。

注：仅用于GB/T 6113的本部分。

3.8

线天线 wire antenna

由一根或多根金属导线或金属杆构成的用于发射或接收电磁波的特定结构。

注：线天线不包含平衡-不平衡转换器。

4 30 MHz～1 000 MHz 频率范围天线校准用试验场地的规范和确认程序

GB/T 6113.104 第5章规定了30 MHz～1 000 MHz 无线电骚扰场强测量用的试验场地要求，这种试验场地可能不适合用作天线校准。本章规定了30 MHz～1 000 MHz 频率范围在导电且平坦的金属平面上用于天线校准的试验场地的要求和确认程序。完全满足这些要求的试验场地也可用作GB/T 6113.104中5.6规定的可选择的确认程序中用来比较的参考试验场地。

4.1 概述

在这里被称为CALTS、适合用来进行天线校准的试验场地是一个可以获得天线在自由空间中的天线系数的合适环境。在反射平面上仅使用水平极化来进行天线的校准是最方便的。4.3至4.6规定了CALTS的特性、可计算的试验天线的特性以及CALTS的验证（确认）程序和性能（判定）准则。4.5

给出的CALTS确认程序要求使用的4.4条所规定的可计算的偶极子天线，这样就有可能将理论上预测的场地衰减与CALTS性能的测量值相比较。CALTS的确认报告中的条目归纳在4.7中。附录A给出了如何建造一个符合4.6条规定的确认准则的CALTS指南。

为了使CALTS能作为依据GB/T 6113.104第5章进行试验场地确认的参考试验场地(REFSITE)，还需要作一些补充规定。4.7给出了这样的场地特性和性能判定准则。在GB/T 6113.104第5章中规定的用于判定是否符合辐射发射限值的试验场地在这里被称为符合性试验场地(COMTS)。可通过将COMTS相应的场地衰减测量值(优先)与GB/T 6113.104第5章给出的场地衰减理论值或者与REFSITE使用相同的测量配置和设备(天线、电缆、信号发生器、接收机等)时的场地衰减测量值相比较的方法来对COMTS进行确认。

本部分的资料性附录包含了CALTS的规范和在CALTS确认程序中使用的可计算的自由空间谐振偶极子(调谐偶极子)的特性，同时也给出了场地衰减的理论计算模型、数值计算例子和确认程序实施一览表。

4.2 天线校准用试验场地(CALTS)规范

4.2.1 概述

CALTS由以下主要部分构成：

——导电性良好的平坦金属面(反射面)；

——包围反射面的电磁无障碍空间。

此外，还需要以下辅助设备：

——CALTS确认过程或天线校准过程中两个架设天线的天线塔；

——与这些天线相连的电缆；

——测量设备，如RF信号发生器和测量接收机。

4.2.2条给出了CALTS的规范性要求，而附录A包含了许多资料性的内容，例如，如何构建和进行CALTS选址，使得CALTS大都能满足其确认准则。

4.2.2 CALTS规范

为了校准天线，CALTS应符合4.5.3条给出的符合性判定准则，即：

a) 在固定的天线高度处的场地衰减；

b) 在所有频率上对应场地衰减最大时的天线高度，在该高度上天线应被校准。

注1：在CALTS的确认过程中使用的设备也应满足相应的规范要求(见4.3和4.4)。

注2：CALTS的确认报告(4.6)要包含如何保持其符合性要求的信息，以使得CALTS在实际使用过程中被认为是符合要求的。

4.3 试验天线规范

4.3.1 概述

为了进行场地确认过程中所需要的场地衰减理论值SA_C的(数值)计算，还需要对天线进行精确建模。因此，试验天线应为具有规定性能的与平衡-不平衡转换器相连的自由空间谐振偶极子。4.3.2中给出了试验天线的规范。附录B给出了一个试验天线的构造例子。

试验天线由平衡-不平衡转换器和两根共线导线(导体)构成，每根导线具有直径D_{we}和长度L_{we}。这两根导线与平衡-不平衡转换器处的两个馈电端(见图1中的A和B)相连，两个馈电端之间的间隙宽度为W_g。天线顶端到顶端的长度L_a由$L_a=2L_{we}+W_g$给出。试验天线的中心位于两根共线导线中心线上的间隙的中间。

平衡-不平衡转换器具有不平衡的输入/输出(发射/接收天线)端口和在两个馈电端A和B处的平衡端口。例如，在图1中，平衡-不平衡转换器的用途被示意性地表示为平衡/不平衡变换器。

4.3.2 规范性要求

4.3.2.1 试验天线应具有相同长度 L_{we} 的振子，振子能与平衡-不平衡转换器断开使得平衡-不平衡转换器的参数能够得到确认，并能把场地衰减测量中使用的两个天线的平衡-不平衡转换器连接头连接在一起。

4.3.2.2 近似为 $\lambda/2$ 的线天线的顶端到顶端的长度 $L_a(f, D_{we})$ 由馈电端在自由空间中、规定频率上的输入阻抗的虚部的绝对值小于 1 Ω 的条件来决定。

注 1：如果振子具有固定的直径，并且 $D_{we} << L_a$，那么，$L_a(f, D_{we})$ 能够从 C.1.1 中的(C.2)式计算出来。如果直径不是常数，例如，当使用拉杆天线时，那么 $L_a(f)$ 只能用数值方法计算，见 C.2.2。

注 2：当使用拉杆天线时，可伸缩的导线应以这样的方式来调谐，即首先要使用具有最大直径的导线(见图 2)，然后应采用数值计算方法来计算。

在 30 MHz～80 MHz 的测试频率上使用固定长度 $L_a = L_a|_{f=80\ \mathrm{MHz}}$ 的偶极子的情况目前仍在考虑当中。

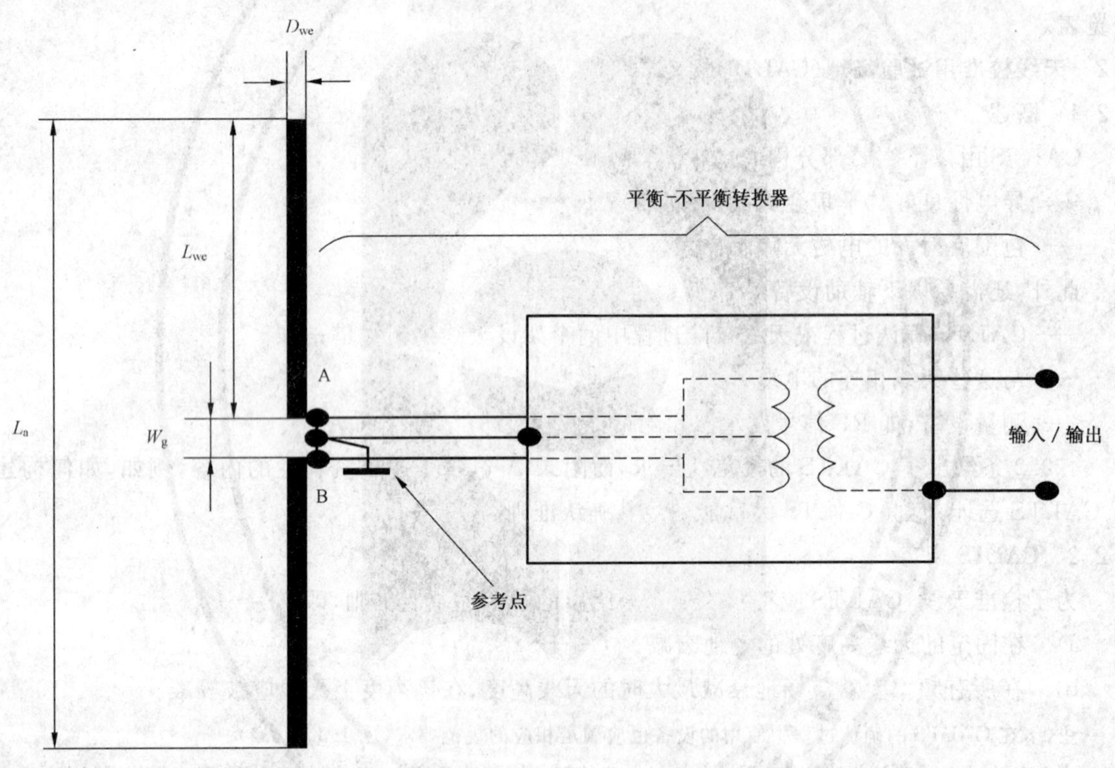

注：试验天线的中心在两根振子中心线上的间隙的中间。

图 1 试验天线的示意图

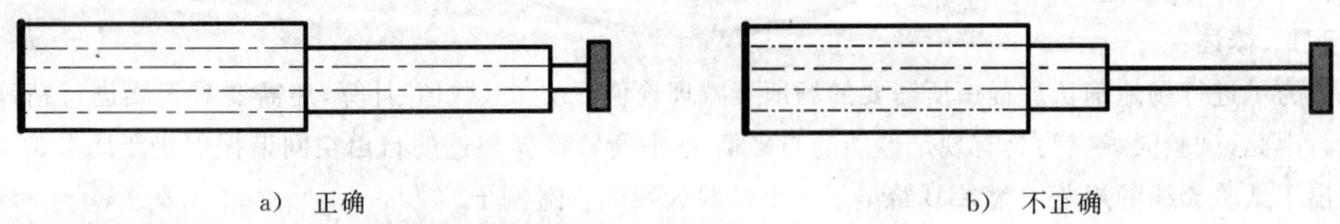

a) 正确　　b) 不正确

图 2 长度为 L_{we} 的可伸缩振子的调整

4.3.2.3 无论哪个值更小，馈电端的间隙应满足 $W_g \leqslant 15$ mm 或 $W_g \leqslant 0.03\lambda_{min}$，取两者中较小的。其中，

$\lambda_{min} = c_0 / f_{max}$；

f_{max}——所用试验天线的最高频率；

c_0——电磁波在真空中的速度。

4.3.2.4 如果实际线天线顶端到顶端的长度 $L_a(f)$落在该天线规定长度 $L_a(f)$的 ΔL_a 之内(见表 2),那么当馈电端间隙的宽度符合 4.3.2.3 时,可以认为该长度是有效的。

4.3.2.5 平衡-不平衡转换器的平衡端口应做到:

a) 当不平衡端口端接由外电路(天线馈电电缆)引入阻抗 Z_e 时,具有特定最大电压驻波比($VSWR$)条件下的特定阻抗 Z_{AB},见表 2;

b) 当两个馈电端与平衡-不平衡转换器参考点之间均端接阻抗 $Z_{AB}/2$ 时,所具有的相对于平衡-不平衡转换器参考点的幅度平衡优于 ΔA_b(dB),见表 2;

c) 当两个馈电端与平衡-不平衡转换器参考点之间均端接阻抗 $Z_{AB}/2$ 时,其相位平衡达到 $180°\pm\Delta\phi_b°$(见表 2)。

注 1:通过平衡-不平衡转换器连接器,能够在三个平衡-不平衡转换器端口处进行 RF 测量。

注 2:平衡端口阻抗 Z_{AB}是图 1 中的馈电端 A 和 B 之间的阻抗,该阻抗的首选值是 $Z_{AB}=100\ \Omega$(实部)。

注 3:由外电路引入的阻抗 Z_e 一般为 50 Ω,这是首选值。

注 4:幅度和相位的平衡要求保证了在馈电端 A 和 B 处相对于平衡-不平衡转换器参考点而言的信号幅度足以相等,而相位相反。当平衡端口满足这些要求时,在不平衡端口端接阻抗 Z_e 的条件下,两个馈电端之间的隔离度大于 26 dB。

注 5:实际使用当中,应调整平衡-不平衡转换器的元件的方向使得提供最小共极化反射而给线天线。

注 6:平衡-不平衡转换器的元件是电气屏蔽的,因此,它们的(寄生)特性不受周围环境的影响。平衡-不平衡转换器的参考点和输出/输入端口的接地端与该屏蔽层相连。

4.3.2.6 确定 4.3.2.5 中要求的平衡-不平衡转换器的特性可能取决于 S 参数的测量,也可能部分取决于注入测量。

注 1:当由信号发生器和接收机测量的平衡-不平衡转换器的整套 S 参数和平衡-不平衡转换器表现出来的端口阻抗已知时,假设平衡-不平衡转换器的特性合并入 SA_c 的计算中,4.4.4.2 和 4.4.4.4 中的平衡-不平衡转换器的点对点连接可被电缆和电缆之间的连接所取代。

注 2:S 参数和注入测量在附录 B 中描述。

4.3.2.7 如果在 CALTS 的确认过程中使用的试验天线和测量设备的阻抗 Z_{AB}和/或 Z_e 分别不同于首选值 100 Ω 和 50 Ω,那么确认报告中应注明这一点(4.6)。

4.4 天线校准用试验场地确认程序

4.4.1 概述

在天线校准试验场地的确认程序中,需要将测量得到的场地衰减 SA_m 和理论计算得到的场地衰减 SA_c 进行比较。这样才能检验 CALTS 是否能够充分地满足 SA 计算中所假设的条件,也就是:

a) 平面非常平坦,并且无限大;

b) 平面反射系数的绝对值 $r=1$;

c) 平面上反射的水平极化 EM 波与入射波之间的相位差 $\Psi=\pi$(单位:弧度);

d) 辅助设备和平板周围的环境的影响可以忽略不计。

为了检验这些特性,要求进行两组测量:

1) 特性 a)、b)和 d)可以在固定天线高度(见 4.4.4)进行 SA 测量的同时进行验证,然后将 SA 的测量值与计算值进行比较。

2) 特性 a)、c)和 d)可以在一个试验天线进行高度扫描以寻找最大 SA 的同时进行验证,然后将测量得到最大值与计算得到的相应高度上的理论值进行比较(见 4.4.5)。

另外,后一组特性还可以在进行扫频测量程序的同时进行确认(见 4.4.6)。

下面用$\pm\Delta X$ 来代表参数 X 在确认程序中的最大允差。允差的值在表 2 中给出。

4.4.2 测试配置

4.4.2.1 试验天线的中心、天线升降杆和天线的同轴电缆需要放置在与反射平板垂直的平面上，并且位于反射平板的中心位置。

注："试验天线中心"的规定见 4.3.1。

4.4.2.2 共线的导线振子需要始终与反射平面(天线为水平极化方向)平行放置，并且垂直于 4.4.2.1 中提到的(垂直)平面。

注：所使用的相对较长的导线振子可能会下垂，因此会影响测量结果。可以通过物理的办法把导线振子支撑起来或通过在理论场地衰减计算时予以考虑来消除这种影响。(见 4.4.4.3 和 4.5.3.1)。

4.4.2.3 两副试验天线中心之间的水平距离是

$$d = 10.00\ \text{m} \pm \Delta d\ \text{m}(\text{见表 2})。$$

4.4.2.4 发射天线中心距离反射平面的高度是

$$h_t = 2.00\ \text{m} \pm \Delta h_t\ \text{m}(\text{见表 2})。$$

4.4.2.5 接收天线中心距离反射平面的高度应当可以在 $h_r \pm \Delta h_r$ 之间进行调节，具体值见表 1 和表 2；并且应当可以按照 4.4.5 中的要求，在 1.0 m$\leqslant h_r \leqslant$4.0 m 的高度范围内进行扫描。

4.4.2.6 连接发射和接收天线的平衡-不平衡转换器的同轴电缆的走向要保持与导线振子垂直且平行于反射平面至少走线 1 m。之后，电缆垂落到反射平面上，然后(最好)继续在反射平面下面穿行，或在反射平面上面垂直于导线振子布置，直至到达反射平面的边沿。为了避免共模耦合，建议在连接平衡-不平衡转换器的同轴电缆上安装铁氧体。

注 1：电缆应该具有低传输阻抗特性，以避免感应产生的电缆表面电流影响测量结果。

注 2：当电缆的一部分在反射平面下走线时，在电缆穿过反射平面处，必须将电缆的外层与反射平面进行 360°搭接。

4.4.2.7 射频信号发生器和射频信号接收机的放置位置不能高于反射平板，除非将它们放置在距离发射平板 20 m 以外的位置上。

4.4.2.8 在整个场地衰减测量过程中，必须保证射频信号发生器的输出频率准确、输出电平稳定不变。见 4.4.4.5。

注：在测量程序中，有可能需要先对射频信号发生器和射频信号接收机进行预热(通常按照设备制造商给出的预热时间进行预热)，以确保这些设备在整个测量过程中能够保持长时间的稳定。

4.4.2.9 射频信号接收机必须经过校准，以确保在至少 50 dB 的动态范围内保持线性。接收机线性度的不确定度表示为 ΔA_r(见 4.5.2.2)。接收机线性度的不确定度的合理值一般为 0.2 dB。

注：如果线性动态范围小于 50 dB，那么可以用替代法：使用一个 4.4.4.7 中描述的经过校准的精密衰减器。

4.4.3 测试频率和接收天线的高度

4.4.3.1 按照 4.2.2，4.4.4 所描述的确认方法应至少在表 1 规定的频率和接收天线中心距接地平面固定高度 h_r 上进行。

注 1：如果还想关注 CALTS 中间频率的性能，那么可以通过使用 A.2.2 中给出的扫频测量方法进行测量。

注 2：对于高品质因数响应必须要格外注意，特别是频率高于 300 MHz 时。在这种情况下，必须要在规定的频率和相应的高度上进行扫频测量。

4.4.3.2 除了 4.4.4 中给出的确认方法外，还应该按照 4.4.5 中给出的(三接收)天线高度扫描测量法，或者 4.4.6 中给出的(三次)频率扫描测量法进行测量。

a) 当采用接收天线高度扫描法测量时，必须在测试频率 f_s 为 300 MHz、600 MHz 和 900 MHz 时进行测量，并依照不同的频率调谐试验天线。

b) 当采用频率扫描测量法时，测量必须在{2.65 m，300 MHz}，{1.30 m，600 MHz}和{1.70 m，900 MHz}这三组频率和相应的接收天线高度上进行，并依照不同的频率来调谐试验天线。

表 1 *SA* 测量时的规定频率和接收天线所在的固定高度

(在这里 $h_t=2$ m,$d=10$ m(见 4.4.2.3 和 4.4.2.4))

频率/MHz	h_r/m	频率/MHz	h_r/m	频率/MHz	h_r/m
30	4.00	90	4.00	300	1.50
35	4.00	100	4.00	400	1.20
40	4.00	120	4.00	500	2.30
45	4.00	140	2.00	600	2.00
50	4.00	160	2.00	700	1.70
60	4.00	180	2.00	800	1.50
70	4.00	200	2.00	900	1.30
80	4.00	250	1.50	1 000	1.20

4.4.3.3 如果有窄带噪声,例如广播发射机产生的信号,对 4.4.3.1 和 4.4.3.2 中规定的频率处的精确测量产生了影响,那么可以选择距离规定测试频率尽量近的其他频率进行测量。

如果偏离了给定的频率,那么应在确认报告中加以说明(见 4.6)。

4.4.3.4 为发射天线提供信号的射频信号发生器的频率必须要调整到表 1 或 4.4.3.2 所规定的频率的 Δf 范围内(见表 2)。

4.4.4 场地衰减测量法

本条给出了在规定频率确定场地衰减测量值 SA_m(见 4.5.3.1)的测量方法的 3 个步骤。所谓场地衰减是指发射天线馈入端(图 3 和图 4 的 A 和 B)和接收天线的馈入端(图 3 和图 4 的 C 和 D)之间的 *SA*。

注:如果能够得到平衡-不平衡转换器的所有 *S* 参数值(见 4.3.2.6),且在 *SA* 的理论计算中包含了平衡-不平衡转换器的特性参数后,那么只考虑两个电缆与平衡-不平衡转换器接口处的 *SA* 也是可能的。在后面的描述中,会在注释中给出这种方法,而且用这种方法会更合适。

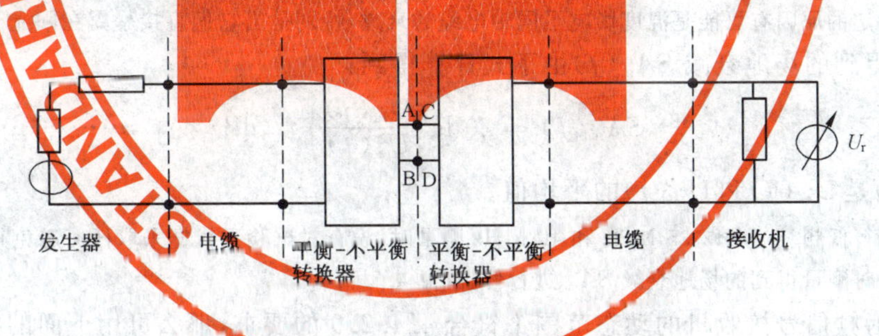

图 3 $U_{r1}(f)$或$U_{r2}(f)$的测定

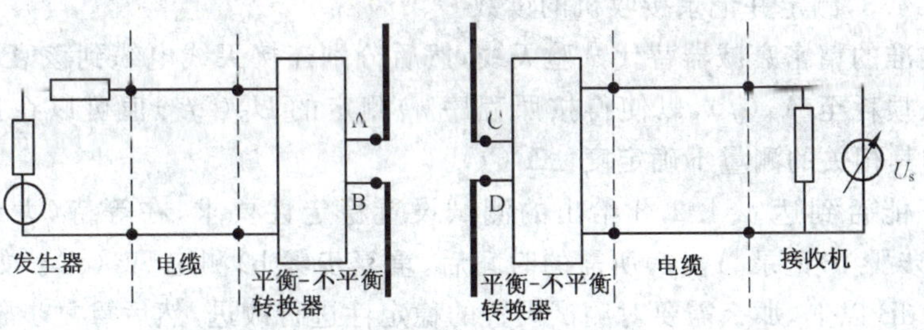

图 4 在规定位置上带有线天线的 $U_s(f)$ 的测定

4.4.4.1 测量步骤 1:在某一规定频率 f 处,测定参考电压为 $U_{r1}(f)$。该电压可以给出射频信号发生器输出端口和发射线天线馈入端之间的信号衰减,同样的,也可以给出接收线天线馈入端和接收机输入端口之间的信号衰减。

$U_{r1}(f)$的测定如后所述(见图3)。先将试验天线的天线杆与平衡-不平衡转换器之间断开,然后将两个平衡-不平衡转换器尽量短的进行头对头的连接(见后面的注4),对接距离最好小于$\lambda_{min}/10$,λ_{min}在4.3.2.3中定义。

设置射频信号发生器的输出电平,使接收机的读数至少比接收机的噪声高60 dB(见后面的注2)。将接收机读数记为$U_{r1}(f)$。

注1:测量中所发射电平值不能超出当地允许的发射值。

注2:在本条中,假定射频接收机符合4.4.2.9的要求。如果射频接收机符合4.4.2.9中注释的条件,那么应使用4.4.4.7中给出的方法。

注3:可以通过减小接收机的带宽来降低接收机的噪声。但是,如果射频信号发生器和射频信号接收机之间没有如跟踪源和频谱分析仪之间的频率锁定关系,那么接收机的带宽必须保持足够宽度,以防止射频信号发生器的信号可能发生频率偏移,从而影响测量结果。

注4:如果按4.4.4的注中给出的方法,那么要将所有发射和接收天线断开,将它们的电缆相互连接,来测定4.4.4.4中的$U_{r1}(f)$或$U_{r2}(f)$。

4.4.4.2 在特定频率下,保持4.4.4.1中使用的射频信号发生器的幅度设置在整个测量过程中不变。在4.4.4.3和4.4.4.4中也同样要保持不变。

4.4.4.3 测量步骤2:将两个平衡-不平衡转换器相互断开,将天线杆安装在各自的平衡-不平衡转换器上(见图4),然后调整天线杆的长度到规定的长度$L_a(f)$。将试验天线安装在4.4.2和4.4.3规定的位置上。其他设备的测试设置按照4.4.4.1进行。同时见4.4.2.2和4.4.4.5的注。

在特定测试频率f和规定天线位置处,记录接收机的读数为$U_S(f)$。

4.4.4.4 测量步骤3:在同一个特定频率处,重复进行参考电压测量(见4.4.4.1)。该电压值记录为$U_{r2}(f)$。

4.4.4.5 如果用对数单位表示的$U_{r1}(f)$与$U_{r2}(f)$之差大于0.2 dB,那就需要对测试布置的稳定性进行改进,然后重复测量步骤1、测量步骤2和测量步骤3。

注:产生不稳定的原因有可能是温度影响了同轴电缆的衰减,特别是当它们直接暴露在阳光下时。

4.4.4.6 测量得到的场地衰减$SA_m(f)$由下式计算得到:

$$SA_m(f) = 20\lg\left\{\frac{U_{ra}(f)}{U_S(f)}\right\} \quad (\text{dB}) \qquad \cdots\cdots(1)$$

式中$U_{ra}(f)$是$U_{r1}(f)$和$U_{r2}(f)$的平均值。

注:如果在进行低频30 MHz、35 MHz和40 MHz测量时,没有对试验天线杆采取任何避免其下垂的措施,那么就可能需要对测量得到的场地衰减SA_m进行修正(见4.5.3.1)。

4.4.4.7 如果射频信号接收机的动态范围不符合4.4.2.9的要求,那么可用下面的办法来替代。这种方法需要平衡-不平衡转换器的所有S参数,并会在计算理论SA的时候用到这些参数。

a) 按照4.4.4.3,测定并记录接收机的读数$U_S(f)$。

b) 用经过校准的精密衰减器替代试验天线,然后分别连接天线电缆到该衰减器的两端。调节衰减器插入损耗至$A_{i1}(f)$,以使得按照程序a)测定的$U_S(f)$值可以在接收机上重现。记录$A_{i1}(f)$和其相关的测量不确定度$\Delta A_i(f)$。

c) 为了验证能否到达4.4.2.8给出的测试设置稳定性要求,在等待(大约)按照程序a)记录$U_S(f)$和步骤b)记录$A_{i1}(f)$所需的时间后,重复步骤b)测定$A_{i2}(f)$。如果$A_{i2}(f)$与$A_{i1}(f)$相差0.2 dB以上,那么需要对测试设置的稳定性进行改进,然后重复步骤a)、b)和c)。

d) 如果测试设置足够稳定,那么测量得到的场地衰减按下式给出:

$$SA_m(f) = 20\lg\{A_{ia}(f)\} \quad (\text{dB}) \qquad \cdots\cdots(2)$$

式中$A_{ia}(f)$为$A_{i1}(f)$与$A_{i2}(f)$以线性单位计算得到的平均值。

4.4.5 天线高度扫描测量法

本条给出了三天线高度扫描测量法。此方法需要测定场地衰减值呈锐最大值时的接收天线高度 $h_{r,max}$(见 4.4.3.2 和 4.5.3.2)。“锐最大值”是由接收天线处收到的直射波与非直射波(即来自反射平面的反射波)接近全部相消产生的。

4.4.5.1 按照 4.4.3.2 的 a)给定的频率 f_s,并按照 4.4.2 给出的测试设置,将接收试验天线(调谐到频率 f_s 处)从 $h_r=1.0$ m 处升到 $h_{r,max}(f_s)$处,对应 *SA* 的第一个锐最大值处,也就是接收机读到的第一个锐最小值处。

注:不必关心接收机读到的最小值的具体数值。此时接收机的读数仅是为了寻找 $h_{r,max}(f_s)$。

4.4.5.2 测量 $h_{r,max}(f_s)$的高度并记录其对应的不确定度 $\Delta h_{r,max}(f_s)$。

注:测量得到的 $h_{r,max}(f_s)$可能与 4.4.3.2 的 b)中给出的 $h_{rs}(f_s)$并不相等,这是因为 $h_{r,max}(f_s)$还取决于实际试验天线的特性。

4.4.6 频率扫描测量法

本条给出了三次扫描频率测量方法,该方法用于测定场地衰减为锐最大值时的频率 f_{max},见 4.4.3.2的 b)和 4.5.3.3。锐最大值是由接收天线处收到的直射波与非直射波(即来自反射平面的反射波)接近全部相消产生的。

4.4.6.1 在固定的接收试验天线高度,即 4.4.3.2 的 b)中给出的 $h_{rs}(f_s)$处,按照 4.4.3.2 的 b)中给出 f_s 调谐试验天线,并进行测试设置,射频信号发生器的扫描起始频率要低于 f_s,比如从比 f_s 低 100 MHz的频率处开始扫描,终止频率 $f_{max}(h_{rs})$对应于 *SA* 的最大的锐最大值,也就是接收机读数的最小值。

注:不必关心接收机读到的最小值的具体值。此时接收机的读数仅是为了寻找 $f_{max}(h_{rs})$。

4.4.6.2 记录 $f_{max}(h_{rs})$,并记录它对应的不确定度 $\Delta f_{max}(h_{rs})$。

注:测量得到的 $f_{max}(h_{rs})$可能与 4.4.3.2 的 b)中给出的 $f_s(h_{rs})$并不相等,这是因为 $f_{max}(h_{rs})$还取决于实际试验天线的特性。

4.5 天线校准用测试场地的符合性准则

4.5.1 概述

如果满足下列条件,则认为 CALTS 是令人满意的:在所有天线校准所需的频率点都对 CALTS 进行了场地衰减测量(4.4.3.1)和天线高度或频率测量,并且所得到的测量值都在计算得到理论值的裕量之内(4.5.3)。除了各种测量数据的不确定度之外,理论值的裕量还需要考虑测试设置可接受的允差。

如 4.5.2 所述,裕量的不确定度包括必须使用理论模型计算的一部分和直接与在测定场地衰减时进行电压测量和高度或频率扫描测量的不确定度相关联的一部分。

4.5.2 允差和测量不确定度

4.5.2.1 各种参数的最大允差在表 2 中列出。

表 2 $d=10$ m 的最大允差

变量	最大允差	条款
L_a	±0.002 5L_a 或 ±0.001 m,如果 $L_a\leqslant 0.400$ m	4.3.2.4
Z_{AB}	$VSWR\leqslant 1.10$	4.3.2.5 条 a)
A_b	±0.4 dB	4.3.2.5 条 b)
ϕ_b	±2°	4.3.2.5 条 c)
d	±0.04 m	4.4.2.3
h_t	±0.01 m	4.4.2.4

表 2（续）

变量	最大允差	条款
h_r	± 0.01 m	4.4.2.5
f	$\pm 0.001 f$	4.4.3.4
注：是否需要对天线振子直径的允差 ΔD_{we} 和天线振子排列线性度带来的不确定度进行评估正在考虑中。		

4.5.2.2 4.4.4.6 式(1)所定义的测量场地衰减 SA_m 的测量不确定度 ΔSA_m 按照下式计算：

$$\Delta SA_m(\text{dB}) = \sqrt{\{\Delta SA_r(\text{dB})\}^2 + \{\Delta SA_t(\text{dB})\}^2} \quad \cdots\cdots(3)$$

式中 ΔSA_r 由 4.4.2.9 中的 ΔA_r 或 4.4.4.7 中的 $\Delta A_i(f)$ 给出，这两种方法都可以使用。ΔSA_t 是场地衰减对于参数允差的灵敏度(表 2 中给出的最大值)。式(3)中用到的 ΔSA_r 和 ΔSA_t 的置信度都应是 95%。

注：ΔSA_t(95%)可通过附录 C 中给出的模型计算得到的。

4.5.2.3 如果这些参数的允差符合表 2 中给出的允差，那么在 30 MHz～1 000 MHz 频率范围内可以认为 ΔSA_t(95%)=0.2 dB。在这种情况下，不需要计算 ΔSA_t，也不需要在 CALTS 确认报告中给出计算结果。

注：ΔSA_t(95%)=0.2 dB 的基本原理在 C.1.3.2 中给出。

4.5.2.4 4.4.5 中定义的测量接收天线的 $h_{r,max}$ 的测量不确定度 Δh_{rm} 按照下式给出：

$$\Delta h_{rm} = \sqrt{\{\Delta h_{r,max}(\text{m})\}^2 + \{\Delta h_{rt}(\text{m})\}^2} \quad \cdots\cdots(4)$$

式中 $\Delta h_{r,max}$ 在 4.4.5.2 中定义，Δh_{rt} 是 $h_{r,max}$ 对于参数允差的灵敏度(表 2 中给出的最大值)。

注：Δh_{rt} 可以用 C.1.3.3 中给出的模型来计算。

4.5.2.5 如果这些参数的允差符合表 2 中给出的允差，那么可以在三个规定的频率处认为 Δh_{rt}(95%)=0.025 m。在这种情况下，不需要计算 Δh_{rt}，也不需要在 CALTS 确认报告中给出计算结果。

注：Δh_{rt}(95%)=0.025 m 的基本原理在 C.1.3.3 中给出。

4.5.2.6 4.4.6 中定义的测量 f_{max} 的测量不确定度 Δf_{rm} 由下式给出：

$$\Delta f_{rm}(\text{MHz}) = \sqrt{\{\Delta f_{max}(\text{MHz})\}^2 + \{\Delta f_t(\text{MHz})\}^2} \quad \cdots\cdots(5)$$

式中 Δf_{max} 在 4.4.6.2 中定义；Δf_t 是 f_{max} 对于参数允差的灵敏度(表 2 中给出的最大值)。

注：Δf_t 可以用 C.1.3.4 中给出的模型来计算。

4.5.2.7 如果这些参数的允差符合表 2 中给出的允差，那么可以在这三个规定的接收天线高度处认为 $\Delta f_t(95\%)/f_c=0.015$。在这种情况下，不需要计算 Δf_t，也不需要在 CALTS 确认报告中给出计算结果。

注：$\Delta f_t(95\%)/f_c=0.015$ 的基本原理在 C.1.3.4 中给出。

4.5.3 符合性判定准则

在本条中，用于计算的参数值是某次测量中出现的实测值。这些实测的参数值假设是在足够小的测量不确定度情况下测定的，这样可以合理推断参数值在表 2 给出的最大允差范围内。

例如：如果天线中心之间的距离为给定的 d=10.00 m(4.4.2.3)，在实际的 SA 测量中，该距离为 d_a=10.01 m，那么后面的值将被用于计算。然而，$(d-d_a)$应总是小于 0.04 m。只要 d_a 是以很小的测量不确定度来确定的，那么 $|d-d_a|<0.04$ m 就是合理的(见表 2)。

4.5.3.1 如果在用于天线校准的所有频率上都满足式(6)(见图 5)，那么 CALTS 符合场地衰减的判定准则。

$$|SA_c(\text{dB}) - SA_m(\text{dB})| < T_{SA}(\text{dB}) - \Delta SA_m(\text{dB}) \quad \cdots\cdots(6)$$

式中：

$SA_c(f)$——规定频率处 SA 的理论值，在附录 C 中给出了计算方法，计算需要用到应用 4.3.2.6 得到的试验天线数据和实际的几何参数值 L_a、d、h_t 和 h_r；

$SA_m(f)$——从式(1)和式(2)(同时见注)得到的 SA 的测量值；

$\Delta SA_m(f)$——4.5.2.2 中导出的 SA 的测量不确定度(95%置信度);

$T_{SA}(f)$——SA 可接受的允差。

如果没有特别声明,那么天线校准标准要求使用 CALTS,在 30 MHz～1 000 MHz 的频率范围内,可接受的允差 $T_{SA}(f)=1.0$ dB。

至少应该证明在表 1 中所列的频率上 CALTS 均符合 SA 的判定准则。

注 1:在 30 MHz～40 MHz 频率范围内,如果天线杆的末端有明显的下垂,那么需要对 SA_m 的值进行修正。

a) 如果在 30 MHz 时,4.8 m 长的偶极子的末端下垂 16 cm,那么 SA_m 在 1 m、2 m 和 4 m 高度时分别应加上 0.27 dB、0.13 dB 和 0.08 dB,这样才能正确比较 SA_m 和 SA_c。

b) 如果末端下垂超过 20 cm,那么必须计算 $SA_m(f)$需要增加的值(见 C.2)。

注 2:实例

如果 $\Delta SA_t(95\%)=0.2$ dB(如 4.5.2.3 所述),并且 $\Delta SA_r(95\%)=0.2$ dB,那么 $\Delta SA_m(95\%)=0.3$ dB。因此场地衰减的计算值和测量值之间允许的最大偏差为 0.7 dB。使用 $\Delta SA_r(95\%)$值比较小的接收机、减小各种变量的允差和使用 $\Delta SA_t(95\%)$的实际值都可以增大最大可接收允差值。

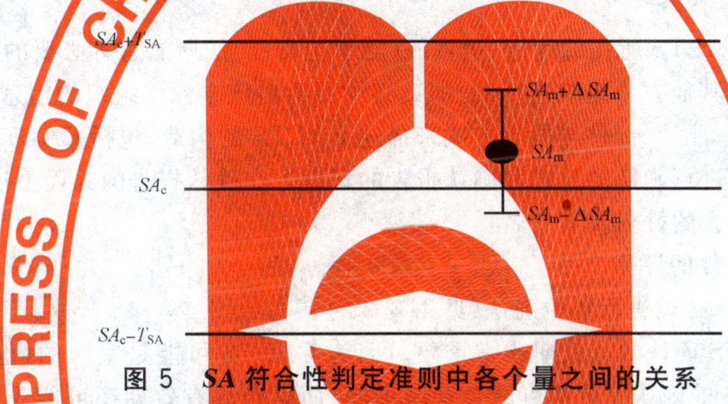

图 5 **SA 符合性判定准则中各个量之间的关系**

4.5.3.2 如果在 4.4.3.2 的 a)中给出的频率 f_s 处都满足式(7),那么 CALTS 的 SA 最大值都符合接收天线高度标准。

$$|h_{rc}(\mathrm{m})-h_{r,\max}(\mathrm{m})|<T_{hr}(\mathrm{m})-\Delta h_{rm}(\mathrm{m}) \quad \cdots\cdots(7)$$

式中:

$h_{rc}(\mathrm{m})$——SA 出现最大值的接收天线理论高度,也就是信号传输的最小值。附录 C 中给出了计算方法。计算会用到应用 4.3.2.7 得到的试验天线数据和实际的几何参数值 L_a、d、h_t 和实际频率 f_s;

$h_{r,\max}(\mathrm{m})$——按照 4.4.5 描述的程序得到的接收天线高度;

$\Delta h_{rm}(\mathrm{m})$——由 4.5.2.4 导出的接收天线高度测量的不确定度(95%置信度);

$T_{hr}(\mathrm{m})$——$h_{r,\max}$的允差。

如果没有特别声明,那么天线校准标准要求使用 CALTS,可接受的允差 $T_{hr}=0.05$ m。

注:既可以应用 4.5.3.2,也可以应用 4.5.3.3;同时见 4.4.3.2。

4.5.3.3 如果在 4.4.3.2 的 b)中给出的频率 f_s 处都满足式(8),接收天线在高度 h_{rs}处,并调整到相应的调谐长度,那么 CALTS 的 SA 最大值符合频率标准。

$$|f_c(\mathrm{MHz})-f_{\max}(\mathrm{MHz})|<T_f-\Delta f_m(\mathrm{MHz}) \quad \cdots\cdots(8)$$

式中:

$f_c(\mathrm{MHz})$——SA 出现最大值的理论频率,也就是信号传输的最小值。附录 C 中给出了计算方法。计算会用到应用 4.3.2.7 得到的试验天线数据和实际的几何参数值 L_a、d、h_1 和 h_{rs};

$f_{\max}(\mathrm{MHz})$——按照 4.4.6 描述的程序得到的频率;

$\Delta f_m(\mathrm{MHz})$——由 4.5.2.6 导出的频率测量的不确定度(95%置信度);

T_f——$f_{\max}$ 的允差。

如果没有特别声明，那么天线校准标准要求使用CALTS，可接受的允差 $T_f=0.03f_c$。

注：既可以应用4.5.3.2，也可以应用4.5.3.3；同时见4.4.3.2。

4.6 确认报告

4.6.1 概述

GB/T 6113的本部分给出了对CALTS的要求、确认程序和符合性标准。确认过程的最后步骤就是编制和出具“CALTS确认报告”。

确认报告是溯源和保证CALTS符合GB/T 6113本部分要求的一种手段。

CALTS的拥有者或其他方都可以对CALTS确认的实际工作负责。

CALTS确认报告必须符合4.6.2给出的要求。

4.6.2 确认报告要求

CALTS确认报告必须要给出诸多条目，每一条目对应CALTS确认的某一方面。确认报告中的每一条目和包含的论证过程如下所述。附录F给出了要求的所有条目的摘要清单。

a) 通用信息

通用信息包括CALTS所在的地点、负责的(能承担责任)的所有者等必要的信息。

如果场地确认是其他方或组织进行的，那么必须要给出该方或该组织的信息。

必须要借助绘图、照片、部件号码等方式来描述CALTS的构造，包括CALTS的辅助设备。

另外还必须给出进行确认的日期和确认报告的日期。在确认报告的封面上还必须有确认报告的编制者和授权人的姓名及其签名。

b) 有效期和限制条件的评估

在天线校准之前，必须进行场地确认(见4.2.2的a))。

因此给出CALTS确认的有效期非常重要。因为CALTS可能是室内的，也可能是露天的设施，所以CALTS的确认有效期可能会有所不同，而且确认有效期还可能受到其他因素，如环境变化、电缆老化或吸波材料老化的影响。CALTS的所有者有责任评估并声明CALTS确认的有效期。

与有效期评估相关的条目或相关的方面应该在CALTS使用的过程中确定是否发生变化：例如，对于露天设施，环境、树木、雪、地面湿度等。一般来说，电缆铺设、设备、天线和天线升降杆性能的稳定性是非常重要的。另外环境条件、设备或吸波材料的老化和设备的校准有效期也会影响CALTS的有效期。

可以使用快速测量或目检来经常评估CALTS性能的有效性/一致性。

应该明确声明有哪些特别的环境条件、配置条件或者限制条件。

c) 试验天线的描述和确认

确认报告的本条目用于说明是否符合天线要求。

试验天线(天线振子和平衡-不平衡转换器)应符合4.3.2给出的规范和表2中给出参数值的要求。

无论在检查还是在测量中，都要对每一条标准要求的条目进行核查，以确定是否符合要求。符合性确认结果应该可以在附录或独立的文件中找到(照片、测量结果、校准结果、厂商声明等)。

d) 测试设置

确认报告中的该条目是有关测试设置的。试验布置应符合4.4.2给出的规范和表2中给出参数值的要求。

无论在检查还是在测量中，都要逐一针对要求的条目进行核查，以确定是否符合要求。符合性确认结果应该可以在附录或独立的文件中找到。

e) 确认测量

按照4.4.4中给出的程序，并按照表1给出的测试频率和天线高度进行的场地衰减确认测量的测量结果应该在确认报告的本部分中给出。另外，天线高度扫描测量(4.4.5)或频率扫描测量(4.4.6)的测量结果也应该在本条目中给出。

f) 场地衰减和允差的计算

确认报告中的这个条目应指明天线高度是使用附录C给出的程序计算得到的，还是使用其他的数学方法得到的。在与表2给出的允差有偏差的情况下，使用表2给出的允差的默认值或计算值得到的场地衰减的计算结果和测量的总不确定度的计算结果应在本条目中给出。

g) 符合性判定时的计算

确认报告中的这个条目中，需要将 *SA* 的计算结果和测量值，以及对应的允差和不确定度代入式(6)中作为频率的函数，来确定其是否符合要求。同样也要确定是否符合高度标准(式(7))或频率扫描标准(式(8))。

h) 符合性的最终声明

本条目需要给出测量得到的场地衰减在所有频率点处都符合式(6)，并符合高度或频率扫描标准。这样就可以声明被测的 CALTS 在考虑了有效期和条目 b)给出的限制条件和配置的情况下符合 CALTS 的要求。

4.7 垂直极化方向的天线校准用试验场地的确认

具体内容正在考虑中，以下只给出框架。

4.7.1 概述

4.7.2 场地规范

4.7.3 确认程序

4.7.4 符合性判定准则

4.7.5 确认报告

附 录 A
（资料性附录）
CALTS 的要求

A.1 概述

规范性要求意味着一般情况下 CALTS 可以被认为是一个开阔试验场地(OATS)。然而,规范性要求并不要求 CALTS 总是 OATS。因此,CALTS 可能是全天候的,也可能位于岩盐地上,等等,只要满足所有的规范性要求即可。

有关试验场地的详细信息可在 GB/T 6113.104 中的第 5 章中找到,而其他一些额外的信息在下面给出,尤其要关注本部分为用户提供的参考文献(见 A.4)。

A.2 反射面

A.2.1 反射面的结构

反射面的材料可以是整张金属板,也可以是金属丝网。金属板或金属丝网应最好在接缝处连续焊接,或沿接缝相隔的距离$<\lambda_{min}/10$,其中,λ_{min}为与所考虑的最高频率有关的波长。如果选择金属丝网,那么必须注意交叉的金属丝相互之间良好的导电性接触,网孔宽度应小于$\lambda_{min}/10$。

材料的厚度取决于机械强度和稳定性要求。导电性等于或优于铁的导电性就足够高了。对反射面的形状不是非常苛求,只要不是椭圆形的即可(见 A.2.2)。反射面不应被具有一定厚度的保护层所覆盖,因为该保护层可能改变反射波的相位,正如在 4.4.1 条所说,它可以导致相位 Φ 改变而不同于 π 弧度 [A.4]*。有关反射面的光滑度和粗糙度见 GB/T 6113.104 第 5 条和参考资料[A.3]。±10 mm 的不平度一般对测到 1 000 MHz 是足够了。

反射面的水平尺寸必须足够大以使得反射面的有限大小对与天线校准有关的不确定度容限的影响足够低。不幸的是还没有理论模型将最小的反射面水平尺寸与规定的作为天线校准结果的最大不确定度容限联系起来。一个可能的准则是第一菲涅耳区应包含在反射面内([A.1]、[A.2]和[A.3])。这导致反射面的最小尺寸为 20 m(长)×15 m(宽),但更小的反射面也可能满足 CALTS 的要求。在最低频率(30 MHz)处试验天线的长度 L_a 约为 5 m。因此,对于 20 m×15 m 的反射面,在 30 MHz～1 000 MHz 频率范围内的所有频率上,确认试验配置在平面上的投影与反射面边缘之间的距离都至少为 L_a。

A.2.2 反射面边缘效应和反射面周围环境

当限制反射面的大小时,该反射面的边缘自动过渡到具有不同反射特性的媒质中,因此,电磁波有可能在该边缘发生散射并导致对测量结果有不希望的影响。通常对垂直极化测量结果要注意边缘效应,而对水平极化测量结果边缘效应可忽略不计[A.7]。

在其他情况中,散射的数量依赖于反射面是位于与周围土壤(湿土或干土也可能引入差异[A.5])相同的平面内,还是被抬高了,如位于屋顶顶部。研究结果可在参考文献[A.6]中找到,参考文献[A.6]中还举例说明了反射面的形状从来就不能是第一菲涅尔区的椭圆形。因为在那种情况下,边缘散射所引入的不确定度是可累积的。

反射面的边缘与周围的土壤多点接地,如果土壤具有良导性,如当土壤湿的时候,那么它对金属反射面构成了很好的扩展[A.7]。

如果潜在的反射障碍物位于距反射面边界 40 m 的距离之内,那么应验证这些障碍物的影响可忽略不计。这种验证是通过使用固定长度的偶极子进行扫频测量的方式来进行的。这种测量可与 4.4.6

---

* 方括号中的参考文献指的是 A.4 的参考文献。

中描述的测量相比。在发射天线高度 $h_t=2$ m 的情况下，与扫频范围和接收天线的固定高度 h_r 有关的天线固定长度(调谐到频率 f_r)的可能选择在表 A.1 中给出。用数值计算技术，如 NEC(见 C.3 的 [C.6])，宽带测量是可计算的。

表 A.1 固定长度偶极子天线的组合，扫频范围和接收天线的高度

f_r/MHz	B_s/MHz	h_r/m
60	30～100	4.0
180	100～300	1.8
400	300～600	1.2
700	600～1 000	1.4

在没有异常的情况下，响应将以平滑的方式变化。在有异常情况存在时，窄带谐振将叠加在响应上。这些谐振能识别障碍物的反射更糟所在的精确频点。通过将大的金属板放置在障碍物前面并位于可引起最大影响的角度以夸大障碍物的影响就能在这些频点上确认可疑障碍物的位置。

A.3 辅助设备

如果 CALTS 同时用作为 COMTS，那么应注意：天线塔的材料、适配器、绳索、天线塔和绳索湿度的影响、电缆的方向、连接器和可能存在的转台不应影响测量结果。在这种情况下，A.2 中提到的扫频测量可能会显露一些潜在的问题。

A.4 参考文献

[A.1] ANSI Standard C63.4，1992，Methods of Measurement of Radio-Noise Emissions from Low-Voltage Electrical and Electronic Equipment in the range of 9 kHz to 40 GHz，1992.

[A.2] Microwave Antenna Measurements，Hollis，J. S.，Lion T. J. and Clayton L. (Editors)，Scientific Atlanta Inc.，Atlanta，GA，U. S. A.，1986.

[A.3] Transmission and Propagation of Electromagnetic Waves，Sander K. F. and Reed G. A. L.，Cambridge University Press，Cambridge，UK，1987.

[A.4] Note on the Open-Field Site Characterization，Livshits B. and Harpell K.，IEEE EMC Symposium，Denver，pp 352-355，1992.

[A.5] Site Attenuation for Various Ground Conditions，Sugiura A.，Shimizu Y. and Yamanaka Y.，Trans. IEICE，E73，9，pp 1517-1523，September 1990.

[A.6] Ground-Plane Size and Shape experiments for Radiated Electromagnetic Emission Measurements，Berquist A. P. and Bennett W. S.，EMC/ESD Symposium，Denver，U. S. A.，pp 211-217，1992.

[A.7] EMC Antenna Calibration and the Design of an Open-Field Site，Salter M. J. and Alexander M. J.，Meas. Sci. Technol.，2，pp 510-519，1991.

[A.8] Calibration of Antennas used for Radiated Emission Measurements in Electromagnetic Interference (EMI) Control，ANSI Standard C63.5，1988.

附 录 B
（资料性附录）
试验天线的考虑

B.1 描述了一个试验天线的例子，而 B.2 则讨论了从 S 参数测量和/或从注入测量来确定平衡-不平衡转换器的特性，如 4.3.2.6 条所提到的。

B.1 试验天线举例

基于参考资料[B.1]* 的一个试验天线的例子如图 B.1 所示。天线的平衡-不平衡转换器由以下几部分构成：

a) 一个 180°的 3 dB 混合耦合器，该耦合器的求和端口（Σ）总是端接负载的特性阻抗（假设为 50 Ω），差分端口（Δ）为试验天线的输入/输出口。

b) 半刚性同轴电缆通过高质量连接头，如 SMA 接头，与混合耦合器的平衡端口 A 和 B 相连。电缆的长度约为 1 m，其中该长度也被用来分隔线天线和天线塔及耦合器的反射。

c) 用来限制共模电流在平衡-不平衡转换器上和所连天线电缆上感应的围绕半刚性电缆的磁珠（F）。

d) 在半刚性电缆输出端作为阻抗稳定或匹配用的 3 dB 衰减器（M）。天线振子通过 SMA 接头与之相连。这些从 A 端口到 B 端口的连接器（或 C 端口和 D 端口）在 4.4.4 和附录 C 中提及。这些连接头的外导体在振子附近相互电气接触，接触点就是当进行 S 参数测量时的平衡-不平衡转换器的参考点。

应注意的是前面提到的平衡-不平衡转换器仅仅是可以使用的平衡-不平衡转换器的一个例子。其他类型的平衡-不平衡转换器也可能用到。事实上假设满足 4.3.2 条中规定的要求的话，每种类型的平衡-不平衡转换器都是允许使用的。

振子的长度应是在与试验天线相连后满足在 4.3.2.2 条中规定的要求 $L_a(f)$（见计算 $L_a(f)$ 的 C.1.1）的。在表 C.1 中假定了如果 $f<180$ MHz，则振子的直径为 10 mm，因此，给予较长线天线良好的机械强度。表 C.1 中也假定了当频率 $f \geqslant 180$ MHz 时，振子的直径为 3 mm 就足够了。在频率 $f<60$ MHz时，振子是拉杆天线，或使用固定长度的偶极子天线（见附录 D）。

B.2 平衡-不平衡转换器性能的确定

B.2.1 理想的无损耗平衡-不平衡转换器

测量 S 参数的基本配置如图 B.2 所示。平衡-不平衡转换器的不平衡输入/输出端口编为“1”号，平衡端口分别编为“2”和“3”。

理想的无损耗平衡-不平衡转换器的特征是假设所有三个端口都端接它们的特性阻抗时，A 端口和 B 端口的信号幅度完全相等而相位正好反相，相差 180°。在相同的条件下，如果所有的端口都对入射波没有反射，那么端口 2 的入射波也不会传输到端口 3（反之亦然）。

假设这三个端口的特性阻抗等于 50 Ω（见 4.3.2.5）。与图 B.1 相比，图 B.2 中用单个标注“平衡-不平衡转换器”的黑盒子表示完整的平衡-不平衡转换器（耦合器、电缆等）。图 B.1 中混合耦合器的 Σ 端口常常端接特性阻抗，因此不起作用。

---

* 方括号中的参考文献指的是 B.3 的参考文献。

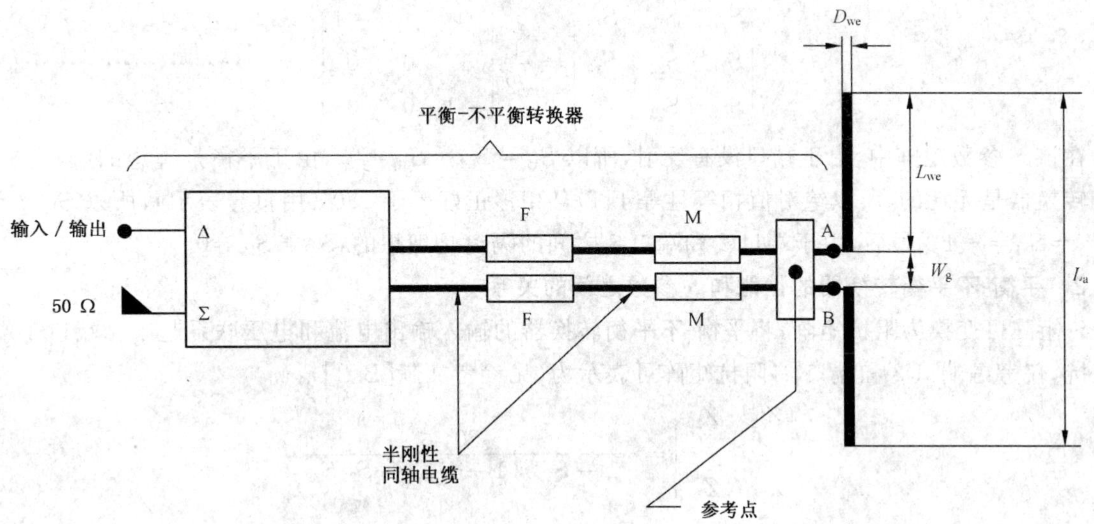

F——磁珠；

M——匹配器。

注：平衡-不平衡转换器使用复合同轴接头。

图 B.1 试验天线举例

图 B.2 当信号发生器和负载相互交换时测量 S_{11} 和 S_{12} 及 S_{22} 和 S_{21} 的示意图

（本图中在信号发生器和负载的位置均加上开关）

S 参数给出了图 B.2 中用 a_1 或 a_2 表示的入射波与用 b_1 和 b_2 表示的散射波之间的关系。入射信号和散射信号通过直接耦合器(D)用分析仪测量。参数 $S_{11}=b_1/a_1$ 和 $S_{21}=b_2/a_1$（在 $a_2=0$ 的条件下）用端接 50 Ω 的端口 3 测量。交换信号发生器和负载（通过改变两个开关的位置）可测量 $S_{22}=b_2/a_2$ 和 $S_{12}=b_1/a_2$（在 $a_1=0$ 的条件下）。同样，用 50 Ω 负载端接端口 2 并在端口 1 和端口 3 之间测量就可得到 S_{11} 和 S_{13}，S_{31} 和 S_{33}。最后，用 50 Ω 负载端接端口 1 并在端口 2 和端口 3 之间测量（又）可得到 S_{22} 和 S_{33}，S_{23} 和 S_{32}。

理想的无损耗平衡-不平衡转换器的 S 参数矩阵由下式给出：

$$\begin{bmatrix} S_{11} & S_{12} & S_{13} \\ S_{21} & S_{22} & S_{23} \\ S_{31} & S_{32} & S_{33} \end{bmatrix} = \frac{1}{\sqrt{2}} \begin{bmatrix} 0 & 1 & -1 \\ 1 & 0 & 0 \\ -1 & 0 & 0 \end{bmatrix} \qquad \cdots\cdots (\text{B.1})$$

在该 S 参数矩阵中，由于端口没有反射，所以 $S_{11}=S_{22}=S_{33}=0$。由于平衡是理想的(假定平衡-不平衡转换器是无耗的，所以绝对值相等且等于 1)且相移正好等于 180°(用负号表示)，所以 $S_{12}=S_{21}=1$ 和 $S_{13}=S_{31}=-1$。最后，由于端口 2 和端口 3 之间的隔离是理想的，$S_{23}=S_{32}=0$。

B.2.2 平衡-不平衡转换器的性能和 S 参数之间的关系

S-矩阵可变换为阻抗矩阵，将平衡-不平衡转换器的输入输出电流和电压联系起来。端口 1 端接特性阻抗，仅考虑端口 2 和端口 3，阻抗矩阵可表示为(见参考文献[B.2])：

$$\begin{pmatrix} Z_{22} & Z_{23} \\ Z_{32} & Z_{33} \end{pmatrix} = \frac{50}{(1-S_{22})(1-S_{33})-S_{23}S_{32}} \cdot$$

$$\begin{pmatrix} [(1+S_{22})(1-S_{33})+S_{23}S_{32}] & 2S_{32} \\ 2S_{23} & [(1-S_{22})(1+S_{33})+S_{23}S_{32}] \end{pmatrix} \qquad \cdots\cdots (\text{B.2})$$

因此，阻抗 Z_{AB}(见 4.3.2.5a))由下式给出：

$$Z_{AB} = \frac{1-S_{22}S_{33}+S_{23}S_{32}-S_{23}-S_{32}}{(1-S_{22})(1-S_{33})-S_{23}S_{32}}100 = R_{AB}+\mathrm{j}X_{AB} \qquad \cdots\cdots (\text{B.3})$$

在 SA_c 的计算中需要 Z_{AB}的测量值(见附录 C)。在计算中需要的另一个平衡-不平衡转换器的阻抗 Z_{CD}可用类似的方法来确定。

如果满足式(B.4)，相应的 VSWR 则符合 4.3.2.5a)和表 2 的要求。

$$\frac{1+|\Gamma|}{1-|\Gamma|} < 1.10\text{，其中 } \Gamma = \frac{Z_{AB}-100}{Z_{AB}+100} \qquad \cdots\cdots (\text{B.4})$$

注：如果混合耦合器本身不符合式(B.4)的要求，那么使用具有非常低的 VSWR 的匹配衰减器(图 B.1 中的 M)可能会降低 VSWR。

实际的平衡-不平衡转换器的平衡和相移通过下式来验证：

$$\frac{S_{12}}{S_{13}} = \frac{S_{21}}{S_{31}} = r_b e^{j\phi_b} \qquad \cdots\cdots (\text{B.5})$$

如果满足式(B.6)，那么幅度平衡就符合 4.3.2.5b)和表 2 的要求。

$$0.95 < r_b < 1.05 \qquad \cdots\cdots (\text{B.6})$$

如果满足式(B.7)，那么相位平衡符合 4.3.2.5c)和表 2 的要求。

$$178° < \left|\frac{180\phi_b}{\pi}\right| < 182° \qquad \cdots\cdots (\text{B.7})$$

实际的平衡-不平衡转换器的隔离度通过考虑 S_{23}和 S_{32}的实际值来验证。如果满足式(B.8)，那么该隔离度就符合 4.3.2.5 中的注 4 的要求。

$$|S_{23}| = |S_{32}| < 0.05 \qquad \cdots\cdots (\text{B.8})$$

实际的平衡-不平衡转换器的可能损耗可通过在 CALTS 有效性验证过程中测量参考电压 U_r 时来说明。

图 B.1 给出的平衡-不平衡转换器的例子，损耗的重要贡献来自于 3 dB 的匹配器。

B.2.3 插入损耗的测量

有可能通过如图 B.3 和 B.4 所表示的插入损耗的测量来验证 4.3.2.5b)和 4.3.2.5c)中平衡-不平衡转换器的规定配置。从测量结果可确定所谓的平衡-不平衡转换器的不平衡抑制(BUR)。

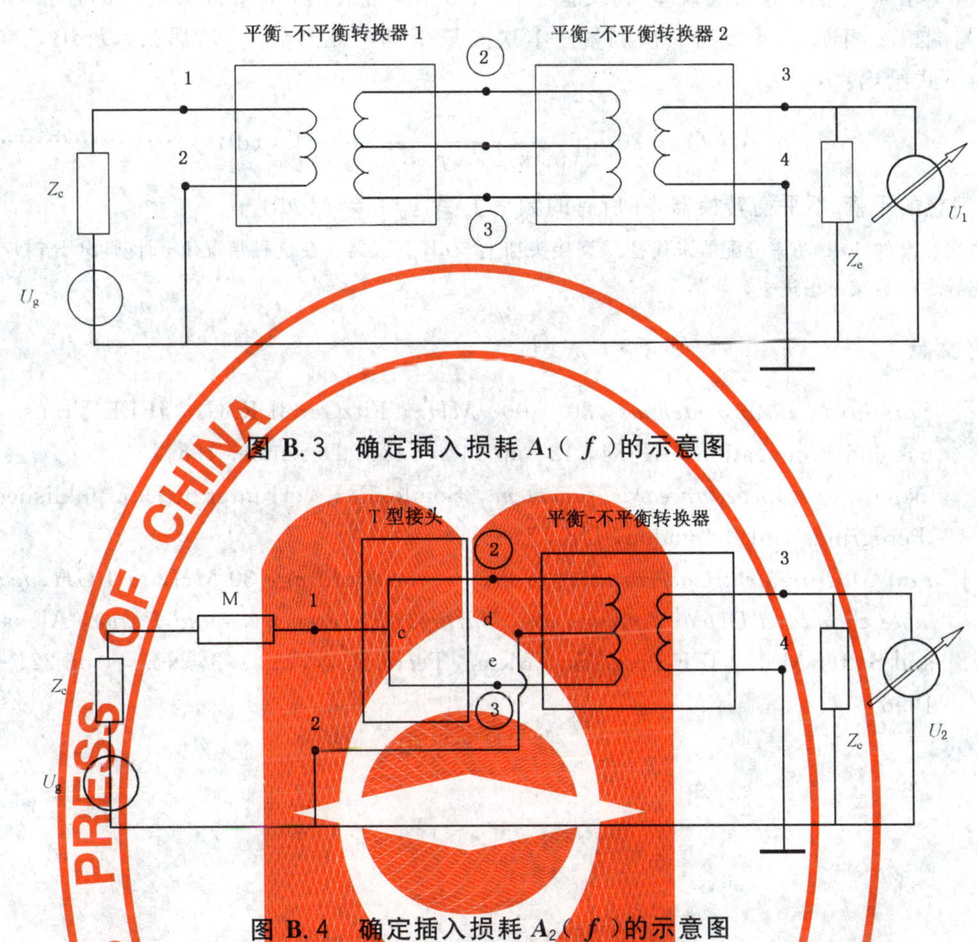

图 B.3　确定插入损耗 $A_1(f)$ 的示意图

图 B.4　确定插入损耗 $A_2(f)$ 的示意图

该测量由两部分组成：一个是确定如 4.4.4.1 中所述的两个同样的点对点直接相连的平衡-不平衡转换器的插入损耗 $A_1(f)$，另一个是确定当平衡端口 2 和 3 并联（见图 B.4）时的单个平衡-不平衡转换器的插入损耗 $A_2(f)$。假设两个平衡-不平衡转换器对 A_1 的贡献相等，那么，平衡-不平衡转换器的非平衡抑制（单位：dB），也称为共模抑制，由下式给出：

$$BUR(f) = A_2(f) - \frac{A_1(f)}{2} \quad (\text{dB}) \qquad \cdots\cdots(\text{B.9})$$

已经表明：当 $BUR > 28$ dB 时，平衡-不平衡转换器可符合前面条款的要求和表 2 给出的有关允差的数值。

在第一种插入损耗的测量中，首先当在如图 B.3 所示的测量电路中不存在两个平衡-不平衡转换器，而连接点 1 和 3 及 2 和 4 短路时，在平衡-不平衡转换器规定的频带上求出作为频率函数的参考电压 $U_{r1}(f)$；接着，在插入点对点相连的两个平衡-不平衡转换器之后再测量电压 $U_1(f)$（见图 B.3），那么，以 dB 为单位表示的 $A_1(f)$ 由下式给出：

$$A_1(f) = 20\lg\left(\frac{U_{r1}(f)}{U_1(f)}\right) \quad (\text{dB}) \qquad \cdots\cdots(\text{B.10})$$

在第二种插入损耗的测量中，首先当在如图 B.4 所示的测量电路中不存在 T 型接头和平衡-不平衡转换器，而连接点 1 和 3 及 2 和 4 短路时，在平衡-不平衡转换器规定的频带上求出作为频率函数的参考电压 $U_{r2}(f)$；接着，在插入 T 型接头和被测平衡-不平衡转换器之后再测量电压 $U_{2a}(f)$（见图 B.4）。在测量中，端口 2 和端口 3（见图 B.2）通过由半刚性电缆构成的同轴对称 T 型接头并联连接，T 型接头的 c-d 和 c-e 部分具有相同的电长度（完全机械对称）。在测量中 d 与端口 2 相连，e 与端口 3 相连。为了避免驻波，加入在图 B.4 中用 M 表示的 6 dB 匹配器。

为了避免由寄生效应导致的误差，再交换平衡-不平衡转换器和 T 型接头之间的连接，即 d 与端口 3 相连，e 与端口 2 相连后，重复后一次测量。本次测量得到电压 $U_{2b}(f)$，那么，以 dB 为单位表示的 $A_2(f)$ 由下式给出：

$$A_2(f) = 20\lg\left(\frac{U_{r2}}{\max\{U_{2a}(f), U_{2b}(f)\}}\right) \quad (\text{dB}) \qquad \text{(B.11)}$$

对于理想的平衡-不平衡转换器，在所有的频率上 $A_2(f) = \infty$ dB。

注：可用校准的 6 dB 功率分配器来代替 T 型接头加上 6 dB 衰减器。在这种情况下，计算 BUR 时应将功率分配器导致的衰减考虑进去。

B.3 参考文献

[B.1] *Standard Linear Antennas*, 30-1 000 *MHz*, FitzGerell R. G., IEEE Trans. on Antennas and Propagation, AP-34, 12, pp 1425-1429, December 1986.

[B.2] *Microwave Impedance Measurement*, Somlo P. I., Hunter J. D., published by Peter Peregrinus Ltd., London, UK, 1985.

[B.3] *Low Measurement Uncertainties in the Frequency Range* 30 *MHz to* 1 *GHz using Calculable Standard Dipole Antenna and National Reference Ground Plane*, Alexander M. J. and Salter M. J., IEE Proc. Sci. Meas. Technol., Vol. 143, No. 4, pp 221 - 228, July 1996.

附 录 C
（资料性附录）
天线和场地衰减理论

C.1 解析式

本条给出了计算线天线(C.1.1)的总长度 $L_a(f)$ 和场地衰减 SA_c(C.1.2)的解析方法。数学模型考虑了发射天线、接收天线和它们在反射面上的镜像之间的互耦合。该模型也可用来求解沿接收天线的实际场强分布，也就是并不假设到达接收天线的场是平面波。在这种方法中唯一的假设是假设线天线上的电流分布是正弦形式的。

假设在解析法中使用的足够细的线天线的长度为 L_a，那么，从解析式计算得到的 SA_c 值在从精确的数值计算所得到的 SA_c 值的±0.01 dB之内。在本部分的上下文中可知，足够细意味着线天线的半径 R_{we} 满足以下条件[C.1]*：

$$\alpha = 2\ln\left(\frac{L_a}{R_{we}}\right), \alpha \geqslant 30$$

对于半波偶极子天线($L_a = (\lambda_0/2)$)，上述条件由以下等式给出：

$$R_{we} = \frac{\lambda_0}{2\sqrt{e^{\alpha}}} \quad \alpha \geqslant 30 \qquad \cdots\cdots (C.1)$$

在C.1.3中给出了一个包括测量不确定度的考虑的完整的数值计算例子。附录E给出了计算各个量的计算机程序。

C.1.1 试验天线的总长度

当求解以下等式时，注意所定义的试验天线，即频率为 f 的自由空间谐振偶极子的总长度 $L_a(f)$。

$$X_a(f, R_{we}) = 0 \qquad \cdots\cdots (C.2)$$

式中：

$X_a(f, R_{we})$——在无限大媒质，即自由空间中辐射的偶极子的阻抗的虚部；

R_{we}——振子的半径，假设其沿振子的长度为常数(不可调节的天线振子)并远小于 L_a。

馈电点的间隙 W_g 假设为无限小。X_a 由下式给出(见[C.2])：

$$X_a = \frac{\eta}{4\pi} \times [2Si(kL_a) + \cos(kL_a) \times \{2Si(kL_a) - Si(2kL_a)\} - \sin(kL_a)\{2Ci(kL_a) - Ci(2kL_a) - Ci(2kR_{we}^2/L_a)\}] \times \sin^{-2}(kL_a/2) \qquad \cdots\cdots (C.3)$$

式中：

η—377 Ω；

$k = 2\pi/\lambda_0$；

λ_0——真空中的波长。

$Si(X)$和$Ci(X)$由下列等式给出：

$$Si(x) = \int_0^x \frac{\sin(\tau)}{\tau} d\tau \qquad \cdots\cdots (C.4a)$$

$$Ci(x) = \int_{\infty}^x \frac{\cos(\tau)}{\tau} d\tau \qquad \cdots\cdots (C.4b)$$

---

* 方括号中的参考文献指的是C.3的参考文献。

$$Si(x)=\frac{\pi}{2}-f(x)\cos x-g(x)\sin x \quad (x\geqslant 1)$$

$$Si(x)=\sum_{n=0}^{\infty}\frac{(-1)^n x^{2n+1}}{(2n+1)(2n+1)!} \quad (x<1) \qquad \text{(C.5a)}$$

并可从参考资料[C.3]足以精确计算出来：

$$Ci(x)=f(x)\sin x-g(x)\cos x \quad (x\geqslant 1)$$

$$Ci(x)=\gamma+\ln x+\sum_{n=1}^{\infty}\frac{(-1)^n x^{2n}}{2n(2n)!}(x<1) \qquad \text{(C.5b)}$$

$$f(x)=\frac{1}{x}\left(\frac{x^4+a_1x^2+a_2}{x^4+b_1x^2+b_2}\right),g(x)=\frac{1}{x^2}\left(\frac{x^4+c_1x^2+c_2}{x^4+d_1x^2+d_2}\right) \qquad \text{(C.5c)}$$

其中，

$a_1=7.241\ 163$ $b_1=9.068\ 580$ $c_1=7.547\ 478$ $d_1=12.723\ 684$

$a_2=2.463\ 936$ $b_2=7.157\ 433$ $c_2=1.564\ 072$ $d_2=15.723\ 606$

表 C.1 中的 $L_a(f)$ 数据是利用式(C.3)到(C.5)从式(C.2)计算出来的。

C.1.2 理论上的场地衰减

场地衰减(SA)是利用电路模型[C.4](见图 C.1)计算的。RF 信号发生器给发射天线的平衡-不平衡转换器的馈电端 A 和 B 提供一个信号。在接收机阻抗 Z_T 两端测量到达接收天线馈电端 C 和 D 的信号。电缆和平衡-不平衡转换器由 T 型网络表示。

当测量参考电压 $U_{r1}(f)$ 和 $U_{r2}(f)$(见 4.4.4.1 和 4.4.4.4)时，馈电端 A 和 C 通过阻抗可以忽略的短路导体相连，类似的，B 和 D 端相连。当馈电端与线天线相连且试验天线在规定的位置测量 $U_s(f)$(见 4.4.4.3)时，场地对信号传输的影响用具有端口 AB 和 CD 的 T 型网络来表示，如图 C.1 所示。

如图 C.1 所示的电路可以简化为如图 C.2 所示的电路，其中，Z_{AB} 和 Z_{CD} 是被测的平衡端口的阻抗(见附录 B)。当测量参考电压 U_r(因而 $Z_1=Z_2=0,Z_3=\infty$)时，从图 C.2 所示的电路可得出结论：

$$U_{CD}=U_{CD,r}=\frac{Z_{CD}}{Z_{AB}+Z_{CD}}U_t \qquad \text{(C.6)}$$

当测量 U_s 时，可得：

$$U_{CD}=U_{CD,s}=\frac{Z_{CD}Z_3}{(Z_{AB}+Z_1+Z_3)(Z_{CD}+Z_2+Z_3)-Z_3^2}U_t \qquad \text{(C.7)}$$

因此，计算的场地衰减 SA_c 为：

$$SA_c=\frac{U_{CD,r}}{U_{CD,s}}=\frac{(Z_{AB}+Z_1+Z_3)(Z_{CD}+Z_2+Z_3)-Z_3^2}{Z_3(Z_{AB}+Z_{CD})} \qquad \text{(C.8)}$$

下一步是将 Z_1、Z_2 和 Z_3 与图 C.3 所描述的实际情况相联系，即与反射面上的两个试验天线相联系。

在发射端口 1(馈电端 A 和 B)和接收端口 2(馈电端 C 和 D)之间传输的信号会受天线和它们的镜像之间的各种耦合的影响。在图 C.3 中这用传输阻抗 Z_{mn} 来表示(n,m:1～4,$n\neq m$)。

端电压 U_{AB} 和 U_{CD} 通常通过下列公式与四个天线的天线电流 I_1 到 I_4 相联系：

$$\begin{aligned}U_{AB}&=Z_{11}I_1+Z_{12}I_2+Z_{13}I_3+Z_{14}I_4\\U_{CD}&=Z_{21}I_1+Z_{22}I_2+Z_{23}I_3+Z_{24}I_4\end{aligned} \qquad \text{(C.9)}$$

对于理论上的反射面和在相互间并行排列的水平极化天线的情况下，$I_3=\rho I_1$，$I_4=\rho I_2$，其中，$\rho=re^{j\phi}$ 是导电平面的复反射系数。在理想情况下，在当前的配置中，$\rho=-1$。而且，由于互易性，$Z_{12}=Z_{21}$ 和 $Z_{23}=Z_{14}$，所以式(C.9)可简化为：

$$\begin{aligned}U_{AB}&=(Z_{11}+\rho Z_{13})I_1+(Z_{12}+\rho Z_{14})I_2\\U_{CD}&=(Z_{12}+\rho Z_{14})I_1+(Z_{22}+\rho Z_{24})I_2\end{aligned} \qquad \text{(C.10)}$$

由图 C.2 中的电路可得：

$$U_{AB}=(Z_1+Z_3)I_1+Z_3I_2$$

$$U_{CD} = Z_3 I_1 = (Z_2 + Z_3) I_2 \quad \cdots\cdots (C.11)$$

与式(C.10)相比可得：

$$Z_1 + Z_3 = Z_{11} + \rho Z_{13},\ Z_2 + Z_3 = Z_{22} + \rho Z_{24} \text{ 和 } Z_3 = Z_{12} + \rho Z_{14}$$

因此，式(C.8)可重写为：

$$SA_c = \frac{(Z_{AB} + Z_{11} + \rho Z_{13})(Z_{CD} + Z_{22} + \rho Z_{24}) - (Z_{12} + \rho Z_{14})^2}{(Z_{12} + \rho Z_{14})(Z_{AB} + Z_{CD})} \quad \cdots\cdots (C.12)$$

从式(C.9)可知，Z_{11} 和 Z_{22} 是在自由空间中辐射的线天线的输入阻抗，因此，不存在反射面。这些阻抗的虚部可以从由式(C.3)所给出的 $X_{11} = X_{22} = X_a$ 来计算，实部 $R_{11} = R_{22} = R_a$ 从下式来计算：

$$R_a = \frac{\eta}{2\pi}\{\gamma + \ln(KL_a) - Ci(KL_a) + \frac{1}{2}\sin(KL_a) \times [Si(2KL_a) - 2Si(KL_a)] + \frac{1}{2}\cos(KL_a) \times [\gamma + \ln(KL_a/2) + Ci(2KL_a) - 2Ci(KL_a)]\} \times \sin^{-2}(KL_a/2) \quad \cdots\cdots (C.13)$$

互阻抗 Z_{12}、Z_{13}、Z_{14} 和 Z_{24} 可以借助于洛仑兹互易定理来计算[C.1,C.2]。在计算中考虑了沿线天线的实际场强，因此不再需要假设到达接收天线的是平面波。唯一要作的假设是假设线天线上的电流分布为正弦形式。如果 $L_a(f) \approx \lambda_0/2$，$R_{we}$ 满足式(C.1)给出的条件，那么，这是允许的。

如果 $Z_{nm} = R_{nm} + jX_{nm}(n=1,\cdots,4, m=1,\cdots,4, n \neq m)$，那么实部由下式给出[C.1]：

$$R_{nm} = \frac{\eta}{4\pi} \times \{2[2Ci(Kr_{nm}) - Ci(Ks_3) - Ci(Ks_4)] + \cos(KL_a) \times [2Ci(Kr_{nm}) + Ci(Ks_1) + Ci(Ks_2) - Ci(Ks_3) - 2Ci(Ks_4)] + \sin(KL_a) + \sin(KL_a) \times [Si(Ks_1) - Si(Ks_2) - 2Si(Ks_3) + 2Si(Ks_4)]\} \times \sin^{-2}(KL_a/2) \quad \cdots\cdots (C.14)$$

虚部由下式给出：

$$X_{nm} = \frac{-\eta}{4\pi} \times \{2[2Si(Kr_{nm}) - Si(Ks_3) - Si(Ks_4)] + \cos(KL_a) \times [2Si(Kr_{nm}) + Si(Ks_1) + Si(Ks_2) - 2Si(Ks_3) - 2Si(Ks_4)] - \sin(KL_a) \times [Si(Ks_1) - Ci(Ks_2) - 2Ci(Ks_3) + 2Ci(Ks_4)]\} \times \sin^{-2}(KL_a/2) \quad \cdots\cdots (C.15)$$

其中，r_{nm} 为天线 n 和 m 中心之间的距离，且

$$s_1 = \sqrt{r_{nm}^2 + L_a^2} + L_a$$

$$s_2 = \sqrt{r_{nm}^2 + L_a^2} - L_a$$

$$s_3 = \sqrt{r_{nm}^2 + (L_a/2)^2} + L_a/2$$

$$s_4 = \sqrt{r_{nm}^2 + (L_a/2)^2} - L_a/2 \quad \cdots\cdots (C.16)$$

现在，4.5.3.1 条中所需要的 SA_c 就可以从式(C.12)计算出来了，因为该式中所有的阻抗都已知了：Z_{AB} 和 Z_{CD} 从试验数据(见附录 B)获得，其他阻抗从式(C.3)和式(C.13)至式(C.16)计算得到。相同的等式也可用来计算给定频率的 $SA_c(h_r)$，这样就可以确定 4.5.3.2 条中所需要的 $h_{r,max}(f_s)$，并可以计算 4.5.2.2 和 4.5.2.3 条中需要的测量不确定度 ΔSA_t 和 $\Delta h_{r,max}$。

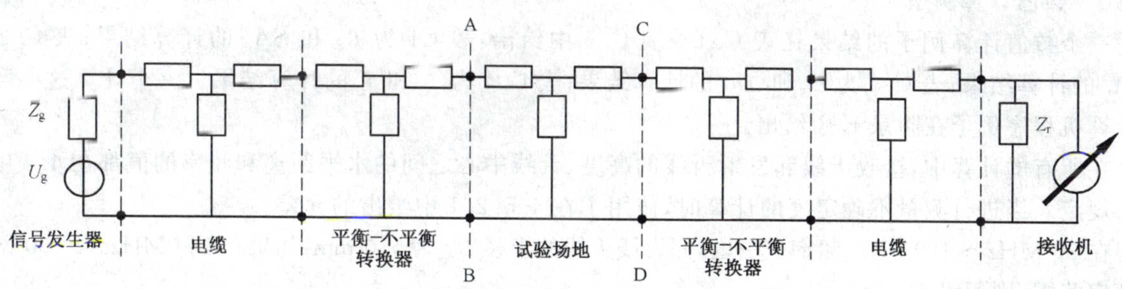

图 C.1　计算 SA 的电路模型

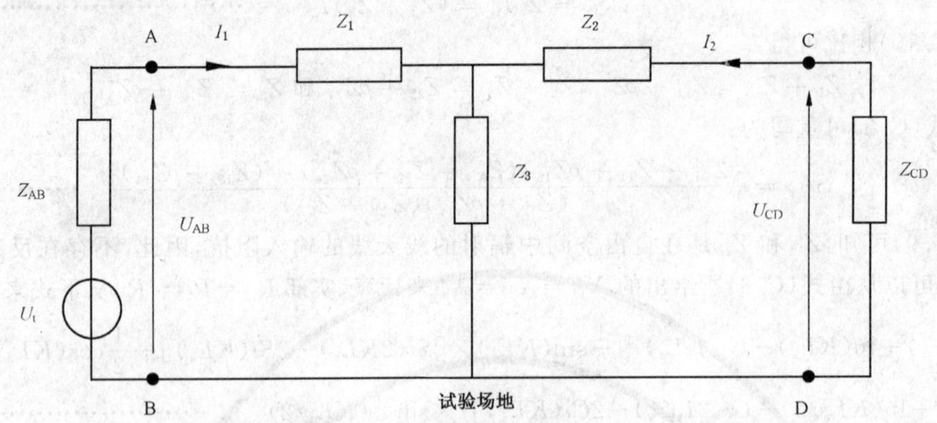

图 C.2 如图 C.1 所示电路模型的等效电路

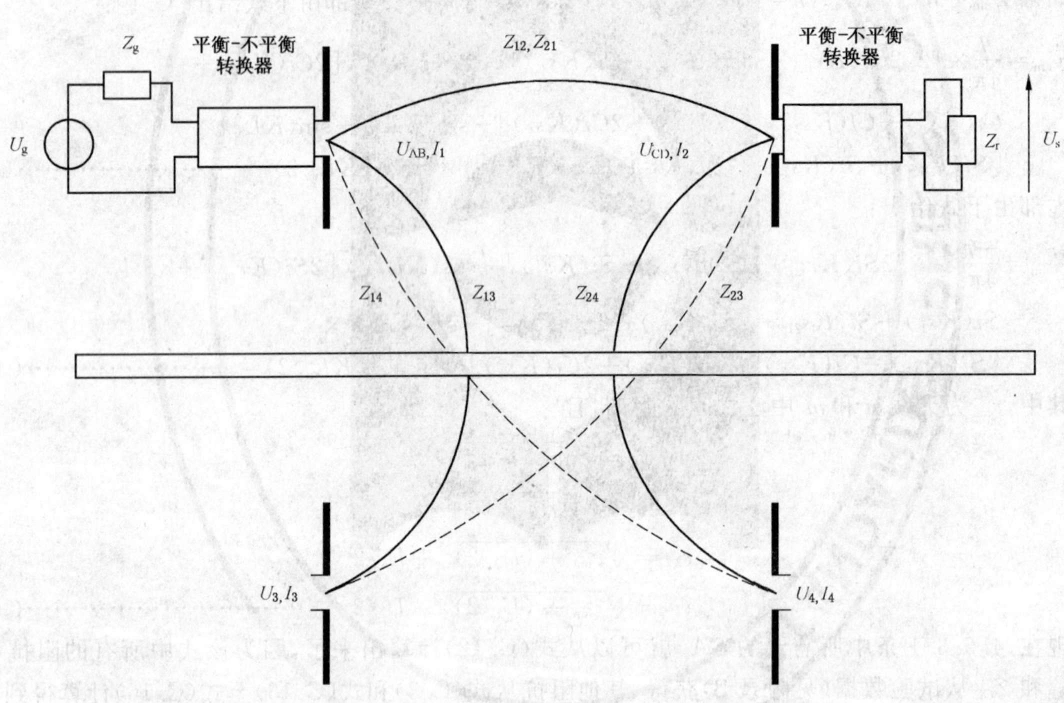

图 C.3 反射面上方的天线及其镜像的互耦合、馈电端电压和天线电流的定义

C.1.3 数值计算例子

一个数值计算例子的结果在表 C.1～表 C.4 中给出：表 C1 为 L_a 和 SA_c 的计算结果；表 C.2 为 ΔSA_t 的计算结果；表 C.3 为 h_{rc} 和 Δh_{rt} 的计算结果；表 C.4 为 f_c 和 f_t 的计算结果。一个计算这些数据的计算机程序例子在附录 E 中给出。

在所有的计算中，接收天线和发射天线的高度、天线中心之间的水平距离和频率的值都在 4.4 中做出了规定。当进行测量不确定度的计算时，使用了在 4.5.2.1 中给出的允差。

在 30 MHz ～180 MHz 频率范围内，假设线天线的半径 R_{we} 为 5.0 mm；如果在 180 MHz～1 000 MHz 的频率范围，则假设 R_{we} 为 1.5 mm。

C.1.3.1 L_a 和 SA_c 的计算（表 C.1）

从式(C.2)计算天线长度 $L_a(f)$，从式(C.13)～(C.16)计算 $SA_c(f)$ 的值，假设理想平衡-不平衡转换器平衡端口的阻抗为优选值(100+j0)Ω,并假设反射面为理想反射面,即 $\rho=-1$。

C.1.3.2 ΔSA_t 的计算(表 C.2)

具有 95%置信水平的测量不确定度 ΔSA_t(4.5.2.2)可从下式进行计算(见[C.6]):

$$\Delta SA_t=\frac{2}{\sqrt{3}}\sqrt{\sum_{i=1}^{9}\Delta SA_c^2(i)} \quad \cdots\cdots(\text{C.17})$$

假设变量 $\Delta SA_c(i)$服从矩形概率分布,并在 $\rho=9$ 个变量中求解不确定度:$h_r,h_t,d,f,Z_{AB},Z_{CD},L_a$,$A_b$ 和 Φ_b(也见表 2)。

对于前 6 个变量,ΔSA_c 可从下式进行计算:

$$SA_c(i)=\text{Max}[Abs\{SA_c-SA(\rho_i\pm\Delta\rho_i)\}] \quad (i=1,2,\cdots\cdots,6) \quad \cdots\cdots(\text{C.18})$$

式中:

SA_c——在 C.1.3.1 中计算的场地衰减的标称值;

$SA(\rho_i+\Delta\rho_i)$,$SA(\rho_i-\Delta\rho_i)$——变量 ρ 加上容差 $\Delta\rho$ 和 ρ 减去容差 $\Delta\rho$ 时计算得到的场地衰减。

由表 2 中规定的 $\Delta h_r,\Delta h_t,\Delta d$ 和 Δf 导致的 ΔSA_c 的结果在表 C.2 的第 3~第 6 列中给出。

注:当计算 Δf 的影响时,天线长度 L_a 在标称频率上保持不变,等于 L_a。在附录 E 中给出的计算机程序中的"程序 SA"中,当改变代表频率的变量"f"时,变量"f_0"保持 L_a 不变。

表 C.1 数值计算举例,计算 L_a,SA_c(见 C.1.3.1)

f/MHz	h_r/m	R_{we}/mm	L_a/m	SA_c/dB	f/MHz	h_r/m	R_{we}/mm	L_a/m	SA_c/dB
30	4.00	5.00	4.803	21.03	160	2.00	5.00	0.885	26.44
35	4.00	5.00	4.112	20.95	180	2.00	1.50	0.797	27.52
40	4.00	5.00	3.594	20.60	200	2.00	1.50	0.716	29.37
45	4.00	5.00	3.192	20.70	250	1.50	1.50	0.572	30.43
50	4.00	5.00	2.870	21.12	300	1.50	1.50	0.476	32.47
60	4.00	5.00	2.388	22.13	400	1.20	1.50	0.355	34.90
70	4.00	5.00	2.043	21.76	500	2.30	1.50	0.283	37.02
80	4.00	5.00	1.785	20.93	600	2.00	1.50	0.236	38.35
90	4.00	5.00	1.585	21.49	700	1.70	1.50	0.201	39.59
100	4.00	5.00	1.425	22.97	800	1.50	1.50	0.176	40.91
120	4.00	5.00	1.185	25.16	900	1.30	1.50	0.156	41.84
140	2.00	5.00	1.013	27.20	1 000	1.20	1.50	0.140	42.71

对于阻抗 Z_{AB} 和 Z_{CD},表 2 规定了 VSWR 的最大值为 1.10。在现在的数值计算例子中,这意味着这两个阻抗在阻抗平面上的边界均为圆(圆心在 $\rho=100+\text{j}0\ \Omega$ 处,半径为 $\Delta\rho=9.5\ \Omega$)。研究表明这足以用来进行当 $\rho=100\pm\Delta\rho+\text{j}0$ 和 $\rho=100\pm\text{j}\Delta\rho$ 时的计算,计算结果在第 7 和第 8 栏中给出。注意表 C.2 的第 7 和第 8 栏中给出的 ΔSA_c 值仅当 $h_r=h_t$ 时才相等。

与 L_a、A_b 和 ϕ_b有关的 ΔSA_c 只能通过数值计算技术来估算,诸如在 C.2 条中所讨论的。使用数值计算方法可知 $\Delta SA_c(L_a)<0.03$ dB,$\Delta SA_c(A_b,\phi_b)<0.03$ dB。

表 C.2 的第 9 栏给出了前面几栏中的 6 个 ΔSA_c 值的均方根值(RSS)$\Delta SA_\Sigma=\sqrt{\Sigma[\Delta SA(i)]}$。将第 9 栏的数据乘以 $2/\sqrt{3}$得到第 10 栏中的 95%置信水平值(见式(C.17))。ΔSA_t 的 95%置信水平值从下式计算得到:

$$\Delta SA_t(\text{CL}=95\%)=\frac{2}{\sqrt{3}}\sqrt{\left\{\sum_{i=1}^{6}\Delta SA_c^2(i)\right\}+\Delta SA_c^2(L_a)+\Delta SA_c^2(A_b,\phi_b)} \quad \cdots\cdots(\text{C.19})$$

假设 $\Delta SA_c(L_a)=0.03$ dB 和 $\Delta SA_c(A_b,\phi_b)=0.03$ dB，可得第 11 栏中的 ΔSA_t 值。在这个例子中，最大值为 $\Delta SA_t=0.19$ dB(80 MHz 时)，这就是为什么在 4.5.3.1 条中提到了 $\Delta SA_t=0.20$ dB 的原因。

表 C.2　数值计算举例，计算 ΔSA_t(见 C.1.3.2)

频率/MHz	SA_c/dB	Δh_t ΔSA_c/dB	Δh_t ΔSA_c/dB	Δd ΔSA_c/dB	Δf ΔSA_c/dB	ΔZ_{AB} ΔSA_c/dB	ΔZ_{CD} ΔSA_c/dB	RSS ΔSA_Σ/dB	95% ΔSA_Σ/dB	95% ΔSA_t/dB
30	21.03	0.023	0.018	0.056	0.031	0.110	0.026	0.13	0.15	0.16
35	20.95	0.028	0.020	0.051	0.007	0.080	0.057	0.12	0.13	0.14
40	20.60	0.025	0.024	0.054	0.005	0.059	0.105	0.14	0.16	0.16
45	20.70	0.013	0.028	0.055	0.013	0.036	0.121	0.14	0.16	0.17
50	21.12	0.001	0.033	0.048	0.016	0.010	0.106	0.12	0.14	0.15
60	22.13	0.002	0.044	0.051	0.005	0.027	0.049	0.09	0.10	0.11
70	21.76	0.019	0.050	0.050	0.038	0.061	0.058	0.12	0.14	0.14
80	20.93	0.014	0.041	0.038	0.039	0.104	0.098	0.16	0.18	0.19
90	21.49	0.011	0.012	0.035	0.011	0.121	0.084	0.15	0.18	0.18
100	22.97	0.007	0.021	0.036	0.027	0.106	0.056	0.13	0.15	0.15
120	25.16	0.008	0.039	0.012	0.018	0.051	0.092	0.12	0.13	0.14
140	27.20	0.043	0.043	0.047	0.029	0.055	0.055	0.11	0.13	0.14
160	26.44	0.030	0.032	0.046	0.023	0.097	0.097	0.15	0.18	0.18
180	27.52	0.021	0.021	0.039	0.029	0.086	0.086	0.13	0.16	0.16
200	29.37	0.015	0.015	0.029	0.017	0.057	0.057	0.09	0.10	0.11
250	30.43	0.035	0.019	0.038	0.027	0.089	0.072	0.13	0.15	0.15
300	32.47	0.010	0.008	0.016	0.020	0.075	0.076	0.11	0.13	0.13
400	34.90	0.042	0.054	0.008	0.016	0.084	0.092	0.14	0.16	0.17
500	37.02	0.005	0.006	0.047	0.009	0.068	0.069	0.11	0.12	0.13
600	38.35	0.000	0.004	0.013	0.012	0.075	0.075	0.11	0.12	0.13
700	39.59	0.002	0.046	0.017	0.008	0.080	0.072	0.12	0.14	0.14
800	40.91	0.004	0.051	0.008	0.009	0.071	0.075	0.12	0.13	0.14
900	41.84	0.005	0.018	0.025	0.009	0.075	0.068	0.11	0.12	0.13
1 000	42.71	0.011	0.062	0.004	0.010	0.079	0.075	0.13	0.15	0.15
ΔSA/dB 最大值		0.043	0.062	0.056	0.039	0.121	0.121	0.16	0.18	0.19

注：本表中的最后一行给出了每列的最大值。第 3 列至第 8 列中小数点后面的第三位数字没有实际意义，仅给出来与计算值相比较。

C.1.3.3 h_{rc}和Δh_{rt}的计算(表C.3)

本条考虑在4.4.3.2a)和4.4.5条中规定的$h_{r,max}(f_s)$,通过搜索当$h_r>1$ m时*SA*中第一个锐最大值的程序可以求得它的值。要仔细判断最大值,即与接收天线处相互抵消的直射波和非直射波有关的最大值。4.4.3.2a)条中规定的h_{rc}在频率f_s处的结果(见4.5.3.2条)在表C.3中给出。

表C.3中也给出了测量不确定度的计算结果,$\Delta h_{r,max}$,类似于C.1.3.2条,使用了表2给出的容差。在计算$h_{r,max}$的情况下,仅Δh_t、Δd和Δf是值得注意的部分。求得Δh_{rt}的最大值为0.02 m(CL=95%),这就是为什么在4.5.2.5条中提到了0.025 m这个值的原因。

表C.3 数值计算举例,计算h_{rc}和Δh_{rt}(见C.1.3.3)

频率/MHz 4.4.3.2a)	h_{rc}/m	Δh_t Δh_{rc}/m	Δd Δh_{rc}/m	Δf Δh_{rc}/m	RSS $\Delta h_{rc\Sigma}$/m	95% $\Delta h_{r,t}$/m
300	2.630	0.014	0.010	0.004	0.017	0.020
600	1.284	0.006	0.005	0.005	0.010	0.011
900	1.723	0.008	0.009	0.002	0.013	0.015
最大值		0.014	0.010	0.005	0.017	0.020

C.1.3.4 f_c和Δf_t的计算(表C.4)

本条考虑在4.4.3.2b)和4.4.6条中规定的$f_{max}(h_r,f_s)$,通过搜索当规定组合$\{h_r,f_s\}$时*SA*中的最大值的程序可以求得它的值。应注意尖锐的最大值的发现,即与接收天线处相互抵消的直射波和非直射波有关的最大值。在4.4.3.2b)条中所规定的组合条件下的f_c的结果(见4.5.3.3条)在表C.4中给出。

表C.4 数值计算举例,计算f_c和Δf_t(见C.1.3.4)

频率/高度/ MHz/m 4.4.3.2 b)	f_c/MHz	Δh_r $\Delta f_c/f_c$	Δh_t $\Delta f_c/f_c$	Δd $\Delta f_c/f_c$	RSS $\Delta f_{\Sigma}/f_c$	95% $\Delta f_t/f_c$
300/2.65	297.4	0.004	0.006	0.005	0.009	0.010
600/1.30	592.6	0.008	0.005	0.004	0.010	0.012
900/1.70	912.1	0.006	0.005	0.004	0.009	0.010
最大值	—	0.008	0.006	0.005	0.010	0.012

表C.4中也给出了测量不确定度的计算结果,$\Delta f_t/f_c$,类似于C.1.3.2条,使用了表2给出的容差。在计算f_{max}的情况下,仅Δh_r、Δh_t和Δd是值得注意的部分。求得Δf_t的最大值为0.012 f_c(CL=95%),这就是为什么在4.5.2.7条中提到了0.015 f_c这个值的原因。

C.2 数值计算

本条给出了另外一种可用的计算天线阻抗、天线总长度和最小场地衰减的方法。该方法使用可在PC机上运行的基于矩量法的商业计算机程序,这种程序的一个例子就是MININEC[C.6,C.7]。这种方法不用假设线天线上的电流分布为正弦分布。

在程序中,为便于分析,天线用分成几段的直导线来表示。为了获得精确的结果,所分的线段的长度是很重要的,与波长相比既不能太长也不能太短,并且线段的长度要大于线段的直径。每半个波长长度的导线分成大约30段会给出较好的结果。

为了核对所选择的分段是否合适,可以研究当线段数增加时计算的阻抗和电流是否会收敛。该程序允许在模型中包含无限大的理想导电接地平面,也允许在导线上的某一点馈入电压并在导线上的某一点连接集总参数负载阻抗。

C.2.1 天线的输入阻抗

从程序的运行结果可以直接得到天线馈电点处的输入阻抗 Z_a。

C.2.2 试验天线的总长度

所选择的天线长度要使天线在自由空间中发生谐振(也就是具有零输入电抗),该长度可以反复选择。程序从天线的长度等于半波长开始运行以确定输入电抗。如果输入电抗是正的,则减小天线的长度;而如果输入电抗是负的,则增加天线的长度。程序从新的天线长度开始重新运行以确定新的天线输入电抗。

改变天线长度和计算由此产生的天线输入电抗,重复上述过程直到输入电抗的模小于 1 Ω。在这个过程,就可得到天线恰当的长度。

C.2.3 理论上的场地衰减

进入矩量法程序的几何模型由两根在无限大的理想导电接地平面上的导线构成。两根导线具有恰当的长度和间隔。代表发射天线的导线在其中点处馈有电压 $U_f = 1 + j0$ V,代表接收天线的导线具有大小为 Z_{CD} 的负载阻抗(平衡-不平衡转换器、接收天线电缆和接收机级联电路的输入阻抗,见图 C.2)。对程序的运行结果/输出有影响的参数为发射天线的输入阻抗和负载电流的幅度。

场地衰减由下式给出:

$$SA_c = 20 \log_{10} \left\{ \frac{U_f}{|I_2|} \left| \frac{Z_a + Z_{AB}}{Z_a(Z_{AB} + Z_{CD})} \right| \right\} \qquad \text{(C.20)}$$

式中:

I_2——负载电流(见图 C.2);

Z_a——发射天线的输入阻抗(见 C.2.1 条);

Z_{AB}——平衡-不平衡转换器、发射天线电缆和信号发生器级联电路的输入阻抗;

Z_{CD}——平衡-不平衡转换器、接收天线电缆和接收机级联电路的输入阻抗。

上式给出的最小场地衰减如果平衡-不平衡转换器的接头相互连接在一起的话就是合适的。如果改为信号发生器的电缆与接收机连接在一起,那么测量得到的平衡-不平衡转换器的 S 参数也要在场地衰减的计算中考虑进去。

C.3 参考文献

[C.1] *High-Frequency Models in Antenna Investigations*, Brown & King, Proc. IRE, vol. 22, No. 4, pp 457-480, April 1934.

[C.2] *Antenna Theory, Analysis and Design*, Balanis C. A., Harper & Row, Section 7.3.2., New York, 1982. (Other text books on antenna theory may provide an expression for the antenna impedance as well.)

[C.3] *Handbook of Mathematical Functions*, Abramowitz M. and Stegun I. A., Dover, Section 5.2., New York, 1972.

[C.4] *Formulation of Normalized Site Attenuation in terms of Antenna Impedances*, Sigiura A., Trans. IEEE on EMC, EMC-32, 4, pp 257-263, 1990.

[C.5] NIST Technical Note 1297, *Guidelines for Evaluating and Expressing the Uncertainty of NIST Measurement Results*, 1994 Edition.

[C.6] *The MININEC system: Microcomputer Analysis of Wire Antennas*, Rockway J. W., Logan J. C., Daniel W. S. T. and Li S. T., Artech House, London, 1988.

[C.7] *Low Measurement Uncertainties in the Frequency Range 30 MHz to 1 GHz Using a Calculable Standard Dipole Antenna and a National Reference Ground Plane*, Alexander M. J. and Salter M. J., IEE Proc. Sci. Meas. Technol., vol 143, No. 4, July 1996.

附 录 D
（资料性附录）
固定长度偶极子天线的应用（频率范围:30 MHz～80 MHz）

正在考虑中(也可见 4.3.2.2)。

附　录　E
（资料性附录）
C.1.3 中用到的 Pascal 语言程序

本附录的目的是使所需要的计算容易实现。后面给出的 Pascal 语言程序（Turbo Pascal 版本 7.0）就是 C.1.3 中用于计算结果的程序。本程序并没有专门进行过优化。

因为本附录给出的这些程序与 C.1 中给出的方程式很近，所以非常便于对照方程式检查。在每个子程序 PROCEDURE 结尾处的{*comment*}部分给出了该子程序 PROCEDURE 中用到的方程式。在{*caculations*}后面是"实际的程序"，它仅包括两行，在这两行中对 L_a 和 SA_c 进行了计算。在这段程序前面是{*InputData*}部分，后面是{*Output Data*}部分。这两部分可以按照实际计算要求进行修改。

```
PROGRAM analytical_calculation_SA_OATS;
USES crt,dos;
LABEL impedance, calculate;
VAR f,f0,laf,la0,wr,ht,hr,d,rab,xab,rcd,xcd,saf,arc,fir: real;
yn : char;

PROCEDURE cprod(r1,i1,r2,i2:real; var rz,iz:real);
begin
rz:= r1*r2-i1*i2; iz:= i1*r2+r1*i2;
end;{cprod, 复数乘法}

PROCEDURE fsc(x:real; var fx: real);
var a1,a2,b1,b2,nom,denom:real;
begin
a1:= 7.241 163; a2:= 2.463 936;
b1:= 9.068 580; b2:= 7.157 433;
nom:= x*x*x*x+a1*x*x+a2;
denom:= x*x*x*x+b1*x*x+b2;
fx:= nom/denom/x;
end; {fsc,方程式 C.5c)}

PROCEDURE gsc(x:real; var gx: real);
var c1,c2,d1,d2,nom,denom:real;
begin
c1:= 7.547 478; c2:= 1.564 072;
d1:=12.723 684; d2:=15.723 606;
nom:= x*x*x*x+c1*x*x+c2;
denom:= x*x*x*x+d1*x*x+d2;
gx:= nom/denom/x/x;
end; {gsc, 方程式 (C.5c)}
```

```
PROCEDURE Si(x:real; var six:real);
var fx,gx:real;
begin
if x>=1 then
begin
fsc(x,fx); gsc(x,gx); six:= Pi/2-fx*cos(x)-gx*sin(x);
end;
if x<1 then
six:= x-x*x*x/18+x*x*x*x*x/600-x*x*x*x*x*x*x/35280;
end; {Si, 方程式 (C.5a)}

CISPR 16-1-5 . IEC:2003 - 95 -
PROCEDURE Ci(x:real; var cix:real);
var fx,gx,sum: real;
begin
if x>=1 then
begin
fsc(x,fx); gsc(x,gx); cix:= fx*sin(x)-gx*cos(x);
end;
if x<1 then
cix:= 0.577+ln(x)-x*x/4+x*x*x*x/96-x*x*x*x*x*x/4320+x*x*x*x*x*x*x*x
*x/322560;
end; {Ci,方程式 (C.5b)}

PROCEDURE Ra(f,laf:real; var raf:real);
var kx0,g,k,x,cix,ci2x,six,si2x,ssi,sci:real;
begin
kx0:= 377/2/Pi; g:= 0.577; k:= 2*Pi*f/3E8;
Si(k*laf,six); Ci(k*laf,cix);
Si(2*k*laf,si2x); Ci(2*k*laf,ci2x);
ssi:= si2x-2*six; sci:= g+ln(k*laf/2)+ci2x-2*cix;
x:= k*laf;
raf:= kx0*(g+ln(x)-cix+sin(x)*ssi/2+cos(x)*sci/2)/sin(x/2)/sin(x/2);
end; {Ra,自由空间, 方程式 (C.13)}

PROCEDURE Xa(f,laf,wr:real; var xaf:real);
var kx0,k,x,cix,ci2x,cixa,six,si2x,ssi,sci:real;
begin
kx0:= 377/4/Pi; k:= 2*Pi*f/3E8;
Si(k*laf,six ); Ci(k*laf,cix );
Si(2*k*laf,si2x); Ci(2*k*laf,ci2x);
Ci(2*k*wr*wr/laf,cixa);
ssi:= 2*six+cos(k*laf)*(2*six-si2x);
```

```
sci:= sin(k * laf) * (2 * cix-ci2x-cixa);
x:= k * laf/2;
xaf:= kx0 * (ssi-sci)/sin(x)/sin(x);
end; {Xa，方程式（C.3)}

PROCEDURE la(f,wr:real; var laf:real);
label again;
var del,lat,lao,xat:real;
begin
del:= 0.1; lat:= 3E8/f/2; lao:= lat;
again:
Xa(f,lat,wr,xat);
lat:= lat-del * lat;
if xat>0 then begin lao:= lat; goto again; end;
lat:= lao+1.1 * del * lao;
Xa(f,lat,wr,xat);
if abs(xat)>0.000 01 then begin del:= del/10; goto again; end;
laf:= lat;
end; {la，length antenna（f)，方程式（C.2)}

CISPR 16-1-5 . IEC:2003 - 97 -
PROCEDURE Rm(r,f,laf,s1,s2,s3,s4:real; var rmf:real);
var k,fac,kcr,kc1,kc2,kc3,kc4,ks1,ks2,ks3,ks4,t1,t2,t3:real;
begin
k:= 2 * Pi * f/3E8; fac:= 377/4/Pi/sin(k * laf/2)/sin(k * laf/2);
Ci(k * r,kcr);
Ci(k * s1,kc1); Ci(k * s2,kc2); Ci(k * s3,kc3); Ci(k * s4,kc4);
Si(k * s1,ks1); Si(k * s2,ks2); Si(k * s3,ks3); Si(k * s4,ks4);
t1:= 2 * (2 * kcr-kc3-kc4);
t2:= cos(k * laf) * (2 * kcr+kc1+kc2-2 * kc3-2 * kc4);
t3:= sin(k * laf) * (ks1-ks2-2 * ks3+2 * ks4);
rmf:= fac * (t1+t2+t3);
end; {R-mutual，方程式（C.14)}

PROCEDURE Xm(r,f,laf,s1,s2,s3,s4:real; var xmf:real);
var k,fac,ksr,kc1,kc2,kc3,kc4,ks1,ks2,ks3,ks4,t1,t2,t3:real;
begin
k:= 2 * Pi * f/3E8; fac:= 377/4/Pi/sin(k * laf/2)/sin(k * laf/2);
Si(k * r,ksr);
Si(k * s1,ks1); Si(k * s2,ks2); Si(k * s3,ks3); Si(k * s4,ks4);
Ci(k * s1,kc1); Ci(k * s2,kc2); Ci(k * s3,kc3); Ci(k * s4,kc4);
t1:= 2 * (2 * ksr-ks3-ks4);
t2:= cos(k * laf) * (2 * ksr+ks1+ks2-2 * ks3-2 * ks4);
```

```
t3:= sin(k * laf) * (kc1-kc2-2 * kc3+2 * kc4);
xmf:= -fac * (t1+t2-t3);
end; {X-mutual,方程式 (C. 15)}

PROCEDURE Dist(r,laf:real; var s1,s2,s3,s4:real);
var sqr1,sqr2:real;
begin
sqr1:= sqrt(r * r+laf * laf); sqr2:= sqrt(r * r+laf * laf/4);
s1:= sqr1+laf; s2:= sqr1-laf;
s3:= sqr2+laf/2; s4:= sqr2-laf/2;
end; {Distances, 方程式 (C. 16)}

PROCEDURE SA(f,f0,d,ht,hr,arc,fir,rab,xab,rcd,xcd:real; var saf:real);
var r,r11,x11,r12,x12,r13,x13,r14,x14,r22,x22,r24,x24,rrc,irc,
rd,xd,rna,xna,rnb,xnb,rn,xn,s1,s2,s3,s4,wr0,la0,alpha :real;
begin
rrc:= arc * cos(fir); irc:= arc * sin(fir); alpha:= 40;
wr0:= 1.5E8/f0/sqrt(exp(alpha)); la(f0,wr0,la0);
Ra(f,la0,r11); Xa(f,la0,wr0,x11); r22:= r11; x22:= x11;
r:= sqrt(d * d+(ht-hr) * (ht-hr)); Dist(r,la0,s1,s2,s3,s4);
Rm(r,f,la0,s1,s2,s3,s4,r12); Xm(r,f,la0,s1,s2,s3,s4,x12);
r:= 2 * ht; Dist(r,la0,s1,s2,s3,s4);
Rm(r,f,la0,s1,s2,s3,s4,rd); Xm(r,f,la0,s1,s2,s3,s4,xd);
cprod(rrc,irc,rd,xd,r13,x13);
r:= sqrt(d * d+(ht+hr) * (ht+hr)); Dist(r,la0,s1,s2,s3,s4);
Rm(r,f,la0,s1,s2,s3,s4,rd); Xm(r,f,la0,s1,s2,s3,s4,xd);
cprod(rrc,irc,rd,xd,r14,x14);
r:= 2 * hr; Dist(r,la0,s1,s2,s3,s4);
Rm(r,f,la0,s1,s2,s3,s4,rd); Xm(r,f,la0,s1,s2,s3,s4,xd);
cprod(rrc,irc,rd,xd,r24,x24);
cprod(r12+r14,x12+x14,rab+rcd,xab+xcd,rd,xd);
cprod(rab+r11+r13,xab+x11+x13,rcd+r22+r24,xcd+x22+x24,rna,xna);
cprod(r12+r14,x12+x14,r12+r14,x12+x14,rnb,xnb);
rn:= rna-rnb; xn:= xna-xnb;
saf:= sqrt((rn * rn+xn * xn)/(rd * rd+xd * xd));
saf:= 20 * ln(saf)/ln(10);
end; {SA, 方程式(C. 6) 和 (C. 12)}

CISPR 16-1-5 . IEC:2003 - 99 -
PROCEDURE YesNo(var rk: char);
begin
repeat
rk:= readkey; rk:= upcase(rk);
```

```
until (rk='Y') or (rk='N');
writeln(rk);
end; {是/否}

BEGIN
{输入数据}
clrscr;
write('Frequency ( MHz)='); read(f ); f:= f*1E6;
write('Radius Wire Antenna (mm)='); read(wr ); wr:= wr*1E-3;
write('Height Transmitting Antenna (m)='); read(ht );
write('Height Receiving Antenna (m)='); read(hr );
write('Horizontal Antenna Distance (m)='); read(d );
write('Ideal Plane Reflection? (Y/N)='); YesNo(yn); if yn='Y'then
begin arc:=1; fir:= Pi; goto impedance; end;
write('Modulus Reflection Coefficient ='); read(arc);
write('Phase Refl. Coef. (Degrees)='); read(fir); fir:= fir*Pi/180;
impedance:
write('Ideal Antenna Impedance (Y/N)='); YesNo(yn); if yn='Y'then
begin rab:= 100; xab:= 0; rcd:= 100; xcd:= 0; goto calculate; end;
write('R-AB (transmit) (Ohm)='); read(rab);
write('X-AB (transmit) (Ohm)='); read(xab);
write('R-CD (receive) (Ohm)='); read(rcd);
write('X-CD (receive) (Ohm)='); read(xcd);
{计算}
calculate:
f0:=f
la(f0,wr,laf);
SA(f,f0,d,ht,hr,arc,fir,rab,xab,rcd,xcd,saf);
{输出数据}
writeln;
writeln('f( MHz)=',f/1E6:3:0,' La(m)=',laf:3:3,' SAc( dB)=',saf:3:3);
writeln;
END.
```

附 录 F
（资料性附录）
确认程序清单

表 F.1 CALTS确认报告中的项目

参考4.6.2	项 目	备注
a	通用信息	
a1	地址，CALTS所在的地点	
a2	地址，CALTS所有者的电话和传真号码	
a3	地址，对CALTS确认报告承担责任的个人或组织的电话和传真号码	可能与a2相同
a4	地址，对CALTS进行确认的个人或组织的电话和传真号码	可能与a2或a3相同
a5	a2、a3、a4中提到的个人或组织的签名	
a6	CALTS构造和CALTS确认中使用的辅助设备的通用描述	使用照片、绘图和部件号码可能会更方便的进行描述
a7	CALTS确认完成的日期和确认报告的签发日期	
b	确认评估	
b1	确认评估结果	
b2	确定当前CALTS确认的有效期	
b3	核对限制条件和配置	
c	试验天线	
c1	核对可计算天线	类型、部件号码
c2	检查天线是否符合标准要求	参考4.3.2和表2中的值
c3	核对天线所使用的特征阻抗	见4.3.2.7
d	测试设置	
d1	详细描述测试设置	
d2	检查测试设置是否符合标准要求	参考4.4.2和表2中的值
e	测量	
e1	如果可能，给出规定频率处偏差的原理	见4.4.3.3
e2	给出符合4.4.4和表1的*SA*测量值，并确定*SA*的不确定度	见4.4.3.1和4.4.4
e3	给出天线高度扫描或频率扫描的测量结果和不确定度	见4.4.3.2和4.4.5或4.4.6
f	计算场地衰减和允差	见4.5.2
f1	给出用于计算*SA*和计算高度或频率处标准的最大*SA*的方法	参考附录C或计算方法
f2	确定*SA*的理论值和高度或频率判据	
f3	按照表2给出的偏差的缺省值或计算值来确定总的测量不确定度	方程式(3)和(4)或(5)

表 F.1(续)

参考 4.6.2	项　目	备注
g	符合性准则的计算	见 4.5.3
g1	确定 *SA* 的计算值和测量值的绝对值,及其对应的天线高度或频率	
g2	确定 *SA* 和天线高度或频率的允差和测量不确定度之间的差值	
g3	使用式(6)和(7)或(8)检查符合性	
h	符合性最终声明	
h1	结果概述,声明在考虑了有效期、给出的限制条件和配置的情况下符合要求	参考 b

ICS 33.100
L 06

中华人民共和国国家标准

GB/T 6113.201—2008/CISPR 16-2-1:2003
部分代替 GB/T 6113.2—1998

无线电骚扰和抗扰度测量设备和测量方法规范 第2-1部分:无线电骚扰和抗扰度测量方法 传导骚扰测量

Specification for radio disturbance and immunity measuring apparatus and methods—Part 2-1: Methods of measurement of disturbances and immunity —Conducted disturbance measurements

(CISPR 16-2-1:2003,IDT)

2008-01-12 发布　　2008-09-01 实施

中华人民共和国国家质量监督检验检疫总局
中国国家标准化管理委员会　发布

前 言

GB/T 6113.201—2008 等同采用国际标准 CISPR 16-2-1:2003《无线电骚扰和抗扰度测量设备和测量方法规范 第 2-1 部分:无线电骚扰和抗扰度测量方法 传导骚扰测量》(英文版)。

鉴于 IEC/CISPR 16 为电磁兼容系列基础标准,且篇幅大、内容多,为了方便标准的制定、维护和使用,2002 年 IEC/CISPR A 分会决定对该标准的结构进行重大调整,将原来的 4 个部分拆分为现在的 14 个部分,2006 年增至 15 个部分,并从 2003 年 11 月起陆续发布。我国依据等同采用原则,将陆续完成相应国家标准的制定和修订工作。该系列中的新、旧国家标准及其与 IEC/CISPR 16 系列标准/出版物的对应关系如下:

<table>
<tr><th>旧标准编号和名称</th><th>新标准编号和名称</th></tr>
<tr><td rowspan="5">GB/T 6113.1—1995
(eqv CISPR 16-1:1993)
《无线电骚扰和抗扰度测量设备》</td><td>GB/T 6113.101—2008(CISPR 16-1-1:2006,IDT)
第 1-1 部分:无线电骚扰和抗扰度测量设备
测量设备</td></tr>
<tr><td>GB/T 6113.102—2008(CISPR 16-1-2:2006,IDT)
第 1-2 部分:无线电骚扰和抗扰度测量设备
辅助设备 传导骚扰</td></tr>
<tr><td>GB/T 6113.103—2008(CISPR 16-1-3:2004,IDT)
第 1-3 部分:无线电骚扰和抗扰度测量设备
辅助设备 骚扰功率</td></tr>
<tr><td>GB/T 6113.104—2008(CISPR 16-1-4:2005,IDT)
第 1-4 部分:无线电骚扰和抗扰度测量设备
辅助设备 辐射骚扰</td></tr>
<tr><td>GB/T 6113.105—2008(CISPR 16-1-5:2003,IDT)
第 1-5 部分:无线电骚扰和抗扰度测量设备
30 MHz~1 000 MHz 天线校准用试验场地</td></tr>
<tr><td rowspan="4">GB/T 6113.2—1998
(eqv CISPR 16-2:1996)
《无线电骚扰和抗扰度测量方法》</td><td>GB/T 6113.201—2008(CISPR 16-2-1:2003,IDT)
无线电骚扰和抗扰度测量设备和测量方法规范
第 2-1 部分:无线电骚扰和抗扰度 测量方法
传导骚扰测量</td></tr>
<tr><td>GB/T 6113.202—2008(CISPR 16-2-2:2004,IDT)
第 2-2 部分:无线电骚扰和抗扰度测量方法
骚扰功率测量</td></tr>
<tr><td>GB/T 6113.203—2008(CISPR 16-2-3:2003,IDT)
第 2-3 部分:无线电骚扰和抗扰度测量方法
辐射骚扰测量</td></tr>
<tr><td>GB/T 6113.204—2008(CISPR 16-2-4:2003,IDT)
第 2-4 部分:无线电骚扰和抗扰度测量方法
抗扰度测量</td></tr>
</table>

<table>
<tr><th>旧标准编号和名称</th><th>新标准编号和名称</th></tr>
<tr><td>CISPR 16-3:2000
Reports and recommendations of
CISPR</td><td>GB/Z 6113.3—2006(CISPR 16-3:2003,IDT)
第3部分:无线电骚扰和抗扰度测量技术报告</td></tr>
<tr><td rowspan="5">CISPR 16-4:2002
Uncertainty in EMC</td><td>GB/Z 6113.401—2007(CISPR 16-4-1/TR:2003,IDT)
第4-1部分:不确定度、统计学和限值建模
标准化EMC试验的不确定度</td></tr>
<tr><td>GB/T 6113.402—2006(CISPR 16-4-2:2003,IDT)
第4-2部分:不确定度、统计学和限值建模
测量设备和设施的不确定度</td></tr>
<tr><td>GB/Z 6113.403—2007(CISPR 16-4-3/TR:2004,IDT)
第4-3部分:不确定度、统计学和限值建模
批量产品的EMC符合性确定的统计考虑</td></tr>
<tr><td>GB/Z 6113.404—2007(CISPR 16-4-4/TR:2003,IDT)
第4-4部分:不确定度、统计学和限值建模
抱怨的统计和限值的计算模型</td></tr>
<tr><td>GB/Z 6113.405(CISPR 16-4-5:2006,IDT)*
第4-5部分:不确定度、统计学和限值建模
替换试验方法的使用条件</td></tr>
<tr><td colspan="2">注1:*待制定;黑体字为该标准的本部分。
注2:表中除GB/T 6113.201以外的国家标准名称以制定或修订后发布的标准名称为准。</td></tr>
</table>

本部分等同采用国际标准CISPR 16-2-1:2003《无线电骚扰和抗骚度测量设备和测量方法规范 第2-1部分:无线电骚扰和抗扰度测量方法 传导骚扰测量》,并作了如下编辑性修改:

1. 根据国际标准前言和引言的内容,重新组织和编写了本部分的前言,取消了引言。

2. 在第2章“规范性引用文件”中,增加下列引用文件:

GB/T 4365—2003《电工术语 电磁兼容》(IEC 60050(161):1990,IDT)

3. 在7.3.3.1条基本要求中,国际标准原文为“insertion loss”(插入损耗),在GB/T 6113.201中将其改为“插入阻抗”(insertion impedance),并相应增加一个脚注。

4. 在第5章说明中,国际标准原文有“absorbing clamps and antennas”(吸收钳及天线),而在该部分中并未出现相关内容,GB/T 6113.201将其删去,并相应增加一个脚注。

5. CISPR 16-2-1:2003第8.4条中,引用了附录D“传导测量时检波器使用的流程图”,本部分将其更正为附录C,并给出了脚注。

本部分与GB/T 6113.202—2008、GB/T 6113.203—2008和GB/T 6113.204—2008组合在一起代替GB/T 6113.2—1998(eqv CISPR 16-2:1996)。

本部分的附录A、附录B、附录C和附录NA为资料性附录。

本部分由全国无线电干扰标准化技术委员会提出并归口。

本部分由上海电器科学研究所(集团)有限公司负责起草,信息产业部电子工业标准化研究所等参加起草。

本部分主要起草人:寿建霞、陈俐、张君、邢琳、朱文立、林京平、徐立、李邦协。

无线电骚扰和抗扰度测量设备和测量方法规范 第2-1部分:无线电骚扰和抗扰度测量方法 传导骚扰测量

1 范围

基础标准 GB/T 6113《无线电骚扰和抗扰度测量设备和测量方法规范》中的第2部分规定了9 kHz～18 GHz 频率范围骚扰的测量方法,本部分为此系列标准中的第2-1部分,规定了9 kHz～30 MHz 频段的传导骚扰测量方法。

2 规范性引用文件

下列文件中的条款通过 GB/T 6113 的本部分的引用而成为本部分的条款。凡是注日期的引用文件,其随后所有的修改单(不包括勘误的内容)或修订版均不适用于本部分,然而,鼓励根据本部分达成协议的各方研究是否可使用这些文件的最新版本。凡是不注日期的引用文件,其最新版本适用于本部分。

GB 4343.1—2003 电磁兼容 家用电器、电动工具和类似器具的要求 第1部分:发射(CISPR 14-1:2000+A1:2001,IDT)

GB/T 4365—2003 电工术语 电磁兼容(IEC 60050(161):1990,IDT)

GB 4824—2004 工业、科学和医疗(ISM)射频设备 电磁骚扰特性 限值和测量方法(CISPR 11:2003,IDT)

GB/T 6113.101—2008 无线电骚扰和抗扰度测量设备和测量方法规范 第1-1部分:无线电骚扰和抗扰度测量设备 测量设备(CISPR 16-1-1:2006,IDT)

GB/T 6113.102—2008 无线电骚扰和抗扰度测量设备和测量方法规范 第1-2部分:无线电骚扰和抗扰度测量设备 辅助设备 传导骚扰(CISPR 16-1-2:2006,IDT)

GB/T 6113.202—2008 无线电骚扰和抗扰度测量设备和测量方法规范 第2-2部分:无线电骚扰和抗扰度测量方法 骚扰功率测量(CISPR 16-2-2:2004,IDT)

GB/T 6113.203—2008 无线电骚扰和抗扰度测量设备和测量方法规范 第2-3部分:无线电骚扰和抗扰度测量方法 辐射骚扰测量(CISPR 16-2-3:2003,IDT)

GB/T 6113.204—2008 无线电骚扰和抗扰度测量设备和测量方法规范 第2-4部分:无线电骚扰和抗扰度测量方法 抗扰度测量(CISPR 16-2-4:2003,IDT)

GB/Z 6113.3—2006 无线电骚扰和抗扰度测量设备和测量方法规范 第3部分:无线电骚扰和抗扰度测量技术报告(CISPR 16-3:2003,IDT)

GB/Z 6113.401—2007 无线电骚扰和抗扰度测量设备和测量方法规范 第4-1部分:不确定度、统计学和限值建模 标准化 EMC 试验的不确定度(CISPR 16-4-1/TR:2003,IDT)

GB/T 6113.402—2006 无线电骚扰和抗扰度测量设备和测量方法规范 第4-2部分:不确定度、统计学和限值建模 测量设备和设施的不确定度(CISPR 16-4-2:2003,IDT)

GB/Z 6113.403—2007 无线电骚扰和抗扰度测量设备和测量方法规范 第4-3部分:不确定度、统计学和限值建模 批量产品的 EMC 符合性确定的统计考虑(CISPR 16-4-3/TR:2004,IDT)

GB/Z 6113.404—2007 无线电骚扰和抗扰度测量设备和测量方法规范 第4-4部分:不确定度、

统计学和限值建模 抱怨的统计和限值的计算模型(CISPR 16-4-4/TR:2003,IDT)

GB 13837—2003 声音和电视广播接收机及有关设备无线电骚扰特性限值和测量方法(IEC/CISPR 13:2001,MOD)

GB 16895 建筑物的电器安装 第4部分:安全防护 (idt IEC 60364-4)

IEC 60083:1997 IEC 标准化成员国使用的家用和类似用途单相插头插座

ITU-R 建议 BS 468-4 声音广播的音频噪声电压电平的测量方法

3 术语和定义

本部分除采用 GB/T 4365—2003 规定的术语和定义以外,还采用下列术语和定义。

3.1

辅助设备 associated equipment

1) 与测量接收机或(试验)信号发生器连接的传感器(例如:探头、网络和天线)。

2) 连接在受试设备(EUT)和测量仪器或(试验)信号发生器之间,用来传送信号或骚扰的传感器(例如:探头、网络和天线)。

3.2

受试设备 EUT

承受电磁兼容性(EMC)符合性(发射)试验的设备(装置、器具和系统)。

3.3

产品(类)EMC 标准 product publication

为产品或产品类的 EMC 专门要求特性而制定的标准。

3.4

(骚扰源的)发射限值 emission limit (from a disturbing source)

规定的电磁骚扰源的最大发射电平。

[GB/T 4365—2003,定义 161-03-12]

3.5

接地参考 ground reference

对 EUT 周围物体构成确定的寄生电容并用来作为参考电位的连接体。

注:参见 GB/T 4365—2003 中 161-04-36。

3.6

(电磁)发射 (electromagnetic) emission

从源向外发出电磁能的现象。

[GB/T 4365—2003,定义 161-01-08]

3.7

同轴电缆 coaxial cable

含有一根或多根同轴线的电缆,一般用于辅助设备与测量设备或(试验)信号发生器的匹配连接,以便提供一个规定的特性阻抗和允许的最大电缆转移阻抗。

3.8

共模(不对称骚扰)电压 common mode (asymmetrical disturbance) voltage

两导线的电气中点与参考地之间的射频电压,或在规定的终端阻抗条件下对一束导线,用电流钳(电流互感器)测量到的整束导线相对于参考地的有效射频骚扰电压(非对称电压的矢量和)。

注:参见 GB/T 4365—2003 中 161-04-09。

3.9

共模电流 common mode current

被两根或多根导线所贯穿的一个规定的"几何"横截面上的导线中流过的电流矢量和。

3.10

差模电压　differential mode voltage

对称电压　symmetrical voltage

两导线之间的射频骚扰电压。

(见 GB/T 4365—2003 中 161-04-08)

3.11

差模电流　differential mode current

在被一些导线所贯穿的一个规定的"几何"横截面上，一组规定通电导线的任意两根导线里流过的电流的矢量差之半。

3.12

非对称模(V-端子)电压　unsymmetrical mode (V-terminal) voltage

装置、设备或系统的导线或端子与规定的接地参考之间的电压。对于一个两端口网络，这两个不对称电压分别是：

a)　不对称电压与对称电压之半的矢量和，以及

b)　不对称电压与对称电压之半的矢量差。

注：参见 GB/T 4365—2003 中 161-04-13。

3.13

测量接收机　measuring receiver

带有不同的检波器的测量骚扰的接收机。

注：测量接收机应符合 GB/T 6113.101—2008 的规定。

3.14

试验布置　test configuration

为测量发射电平而规定的 EUT 测量布置。

注：测量发射电平的要求按 GB/T 4365—2003 中 161-03-11、161-03-12、161-03-14 和 161-03-15 的定义。

3.15

人工网络　artificial network (AN)

模拟实际网络(例如：延伸的电源线路或通信线路)对 EUT 呈现的阻抗而规定的参考负载，跨接其上可测量射频骚扰电压。

3.16

人工电源网络　artificial mains network (AMN)

串接在 EUT 电源进线处的网络。它在给定频率范围内，为骚扰电压的测量提供规定的负载阻抗，并使 EUT 与电源相互隔离。

[GB/T 4365—2003，定义 161-04-05]

3.17

加权(准峰值检波)　weighting (quasi-peak detection)

按照加权特性，将脉冲的峰值检波电压转换成与脉冲重复率相关的一种指示，以对应于脉冲骚扰造成的生理和心理上(听觉或视觉)的影响；或者说它给出一种特定的方法来评价发射电平或抗扰度电平。

注：

1. 在 GB/T 6113.101—2008 中规定了加权特性。

2. 按照 GB/T 4365—2003 中电平定义的要求来评价发射电平和抗扰度电平(见 GB/T 4365—2003 中 161-03-01、161-03-11 和 161-03-14)。

3.18

连续骚扰　continuous disturbance

在测量接收机中频输出端呈现的持续时间大于 200 ms 的射频骚扰，它使工作在准峰值检波方式的

测量接收机表头产生的偏转不会立即减小。

（见 GB/T 4365—2003 中 161-02-11）

注：测量接收机应符合 GB/T 6113.101—2008 的规定。

3.19

断续骚扰　discontinuous disturbance

对于可计数喀呖声而言，在测量接收机中频输出端呈现的持续时间小于 200 ms 的骚扰，它使工作在准峰值检波方式的测量接收机表头产生短暂的偏转。

注：

1. 脉冲骚扰，见 GB/T 4365—2003 中 161-02-08。
2. 测量接收机应符合 GB/T 6113.101—2008 的规定。

3.20

测量时间　measurement time

T_m

使单个频点的测量结果有效的连续时间（某些领域也称为驻留时间）

——对于峰值检波器，检测到信号包络最大值的有效时间。

——对于准峰值检波器，测得加权包络最大值的有效时间。

——对于平均值检波器，确定信号包络平均值的有效时间。

——对于均方根值检波器，确定信号包络有效值的有效时间。

3.21

扫描　sweep

在给定频率跨度内连续的频率变化。

3.22

扫频　scan

在给定频率跨度内连续的频率或步进变化。

3.23

扫描或扫频时间　sweep or scan time

T_s

起始和终止频率之间的扫描或扫频时间。

3.24

跨度　span

Δf

扫描或扫频起始和终止频率之差。

3.25

扫描或扫频的速率　sweep or scan rate

扫描或扫频跨度除以扫描或扫频的时间。

3.26

单位时间（例如：每秒）内扫描的次数　number of sweeps per time (e. g. per second)

n_s

1/（扫描时间＋返回时间）

3.27

观察时间　observation time

T_o

在重复扫描的情况下，某一频点测量时间 T_m 的总和。若 n 为扫描或扫频的次数，则 $T_o = n \times T_m$。

3.28

总观察时间　total observation time

T_{tot}

频谱观察的有效时间(单次或重复扫描)。若 c 为扫描或扫频的频段数,则 $T_{tot}=c\times n\times T_m$。

4　骚扰的类型

本章给出各种骚扰的分类和适合测量它们的各种检波器。

4.1　骚扰类型

由于物理和生理心理上的原因,在测量和评定无线电骚扰时,依据骚扰频谱的分布情况、测量接收机带宽、骚扰持续时间、发生率以及骚扰影响的程度,骚扰可分为以下三类:

a)　窄带连续骚扰:一种离散频率的骚扰,例如:应用射频能量的工、科、医(ISM)设备所产生的基波及其谐波,构成其频谱的只是一些单根谱线,这些谱线的间隔大于测量接收机的带宽。以致在测量中与下述 b)款相反,只有一根谱线落在带宽内。

b)　宽带连续骚扰:通常由诸如带换向器的电机的重复脉冲产生的骚扰。它们的重复频率低于测量接收机的带宽,以致在测量中不止一根谱线落在带宽内。

c)　宽带不连续骚扰:由机械的或电子的开关过程产生的骚扰,例如由重复率低于 1 Hz(喀呖声率小于 30/min)的温度自动调节器或程序控制器产生的骚扰。

对于一些孤立(单个)脉冲,b)和 c)的频谱具有连续频谱的特点,对于重复脉冲,它具有不连续频谱的特点。两种频谱的特点在于其频率范围宽于 GB/T 6113.101—2008 中规定的测量接收机的带宽。

4.2　检波器的功能

根据骚扰的类型,测量时可使用带有如下检波器的测量接收机。

a)　平均值检波器:通常用于窄带骚扰和窄带信号的测量,特别适用于窄带骚扰和宽带骚扰的鉴别。

b)　准峰值检波器:用于宽带骚扰的加权测量,以评价听觉骚扰对无线电听众的影响,但也能用于窄带骚扰的测量。

c)　峰值检波器:可用于宽带骚扰和窄带骚扰的测量。

GB/T 6113.101—2008 中规定了带有这些类型的检波器的测量接收机。

5　测量设备的连接

本章叙述测量设备、测量接收机与辅助设备(如人工网络、电压探头和电流探头[1)]等)的连接方法。

5.1　辅助设备的连接

测量接收机与辅助设备之间应用屏蔽电缆连接,且其特性阻抗应与测量接收机的输入阻抗相匹配。

辅助设备的输出端应端接规定的阻抗。

5.2　射频参考地的连接

人工电源网络(AMN)应通过低射频阻抗连接到参考地。例如,将 AMN 的外壳与参考地或屏蔽室的一个参考壁直接搭接,或者用一个尽可能短而宽的(最大长宽比为 3∶1)低阻抗导体来连接。

端子电压测量仅以参考地为基准,应避免地环路(公共阻抗耦合)。对于装有Ⅰ类设备保护接地(PE)线的测量设备(如测量接收机和与其相连接的辅助设备,如示波器、分析仪、记录仪等等)也应遵守这一要求。如果测量设备的 PE 连接端和其电源的 PE 连接端相对于参考地都没有射频隔离,那么应采用诸如射频扼流圈和隔离变压器的措施来提供必要的射频隔离,或者如果可能,由电池对测量设备供电,以使测量设备至参考地之间的射频连接只有一条路径。

---

1)　删除了原文中的吸收钳及天线。

关于 EUT 的 PE 连接端与参考地之间的连接方法，参见附录 A 中的 A.4。

如果参考地已直接连接且满足了保护接地线安全要求，那么对固定的试验布置不要求用保护接地体(PE 连接端)。

5.3 EUT 和 AMN 之间的连接

附录 A 给出选择 EUT 与 AMN 的接地连接和非接地连接的指南。

6 测量的一般要求和条件

无线电骚扰测量应：

a) 具有可重复性，例如，与测量地点、环境条件，尤其是与环境电平无关。

b) 无相互作用，例如 EUT 与测量设备之间的连接应该既不影响 EUT 的功能，也不影响测量设备的准确度。

遵照以下条件，可能会满足上述要求：

c) 在所需测量的电平上要有足够的信噪比，例如在相应的骚扰限值的电平上。

d) 对测量装置、EUT 的运行条件和终端接法都做出了明确的规定。

e) 用电压探头测量时，在测量点，电压探头要有足够高的阻抗。

f) 用频谱分析仪或扫频接收机测量时，要适当考虑这些设备的一些特殊的工作特性和校准要求。

6.1 非源于 EUT 产生的骚扰

相对于环境噪声的测量信噪比应满足下列要求，若杂散噪声电平超过所要求的环境电平，则必须把它记录在试验报告中。

6.1.1 符合性试验

试验场地应能够将 EUT 的各种发射从环境噪声中区分出来，环境电平最好比所要测量的电平低 20 dB，但至少要低 6 dB。对于 6 dB 的情况，测得的 EUT 骚扰电平比实际的高(可能高达 3.5 dB)。可以在将 EUT 放在适当的位置且不通电，测量环境电平来确定所要求环境的场地适用性。

在依据限值作符合性测量时，只要环境电平和骚扰源发射电平合成的结果不超过规定的限值，环境电平就允许不满足上述 6 dB 的要求。在此情况下，EUT 被认为满足限值要求。也可采取其他的做法，例如，对于窄带信号可减小带宽和/或移动天线靠近 EUT。

注：如果对环境场强和 EUT 发射加上环境的总场强分别进行测量，则有可能对 EUT 场强的不确定性量化水平提供一种估算方法。GB 4824—2004 的附录 C 给出了有关这方面的参考资料。

6.2 连续骚扰的测量

6.2.1 窄带连续骚扰

测量设备应该保持调谐在要考察的离散频率上，如果频率发生波动则要重新调谐。

6.2.2 宽带连续骚扰

为了评价电平不稳定的宽带连续骚扰，应找出最大的可重复产生的测量值，参见 6.4.1。

6.2.3 频谱分析仪和扫频接收机的应用

频谱分析仪和扫频接收机也可用于骚扰测量，尤其是为了缩短测量时间。然而，对于这些仪器的某些特性必须给予特殊的考虑，包括过载、线性、选择性、对脉冲的正常响应、扫频速率、信号捕捉、灵敏度、幅度准确度以及峰值检波、平均值检波和准峰值检波，附录 B 给出对这些特性的要求。

6.3 EUT 的运行条件

EUT 应在下列条件下运行。

6.3.1 正常负载条件

正常负载条件在有关的产品(类)EMC 标准中给出，而对于产品(类)EMC 标准中未包括的那些 EUT，则会在制造商的产品说明书中规定。

6.3.2 运行时间

对于已规定了额定运行时间的 EUT，其运行时间应按铭牌上的规定；否则对运行时间不作限制。

6.3.3 试运行时间(running-in time)

如果没有给定试运行时间,在试验之前,EUT 应运行足够的时间,以便保证其运行的状态和方式是寿命期限内的典型状态。对于某些 EUT 的特定试验条件可能规定在有关的设备说明书中。

6.3.4 电源

EUT 应在额定的电源电压下工作。如果骚扰电平随电源电压显著地变化,则应在 0.9～1.1 倍额定电压下重复测量。如果 EUT 的额定电压不止一种,应在产生最大骚扰的额定电压下进行试验。

6.3.5 运行状态

EUT 应运行在该测量频率上能产生最大骚扰的实际工作状态。

6.4 测量结果的说明

6.4.1 连续骚扰

a) 如果骚扰电平不稳定,那么每次测量时,对测量接收机的读数观察时间应不少于 15 s,应记录下最高读数。对任何孤立的喀呖声,可忽略不计(参见 GB 4343.1—2003 中 4.2)。

b) 如果骚扰电平总体上是不稳定的,在 15 s 内显示的电平连续上升或下降的幅度超过 2 dB,那么应该在更长的时间内观察该骚扰电平,并且应按 EUT 正常使用的条件来对该电平作如下说明:

   1) 如果 EUT 是一个可以频繁开关的设备或者它的旋转方向可以相反,那么在每一个测量频率上刚好接通 EUT 或将它反转,并且在每次测量之后立即将它关断,在每一个测量频率上,应记录在最初一分钟内所获得的最大电平。

   2) 如果 EUT 在正常使用时要运转较长的时间,那么它在整个试验期间都应接通;在每一个测量频率上,只在获得稳定的读数(按照 a)的规定)后才记录该骚扰电平。

c) 在试验中,如果 EUT 的骚扰特性从稳定变化到有一些随机特征,那么 EUT 应当按照 b)来试验。

d) 测量要在整个频谱上进行,至少记录具有最大读数的频率和有关的产品(类)EMC 标准所要求的频率。

6.4.2 断续骚扰

断续骚扰测量可以在有限个频率上进行,详见 GB 4343.1—2003。

6.4.3 骚扰持续时间的测量

将 EUT 连接到相关的 AMN 上。如果有测量接收机就将它连接到 AMN 上,并将阴极射线示波器连接到测量接收机的中频输出端。如果没有接收机,就将示波器直接连接到 AMN 上,由被测量的骚扰来触发启动。对于具有瞬动开关的 EUT,将时基设定在 1 ms/div～10 ms/div。对于其他的 EUT,时基设定在 10 ms/div～200 ms/div。骚扰的持续时间可以由记忆示波器或数字示波器直接记录下来,或者用照片或硬拷贝将荧光屏的情况记录下来。

6.5 连续骚扰的测量时间和扫频速率

无论手动测量,还是自动测量或半自动测量,测量/扫频接收机的测量时间和扫频速率应设置在可以测得最大发射值的状态。特别是当用峰值检波器作预扫时,测量时间和扫频速率应根据 EUT 的发射情况作适当调整。第 8 章提供了如何进行自动测量的导则。

6.5.1 最短测量时间

附录 B.7 中的表 B.1 给出了最小扫描时间或实际可能的最快扫频速率。表 1 中的最短扫频时间按 CISPR 频段给出:

表 1 使用峰值和准峰值检波器时的最小扫频时间 T_s

CISPR 频段		峰值检波器扫频时间	准峰值检波器扫频时间
A	9 kHz～150 kHz	14.1 s	2 820 s=47 min
B	0.15 MHz～30 MHz	2.985 s	5 970 s=99.5 min=1 h 39 min
C/D	30 MHz～1 000 MHz	0.97 s	19 400 s=323.3 min=5 h 23 min

表1给出了测量正弦信号的最小扫频时间。根据骚扰类型,可能需要增加扫频时间,尤其对准峰值测量。在特殊情况下,例如观测到的发射电平不稳定时(见6.4.1),则在某一频点的测量时间 T_m 可能增加至15 s。但孤立的喀呖声除外。

大多数产品标准采用准峰值检波进行符合性测量,若没有省时的程序(见第8章),则测量十分耗时。在采用省时的程序之前,必须进行预扫。为了确保在自动扫频过程中不遗漏,如间歇信号等的发射,应考虑条款6.5.2~6.5.4。

6.5.2 扫频接收机和频谱分析仪的扫频速率

在整个频率跨度内采用自动扫频时,应满足以下两条之一,以避免遗漏骚扰信号:

a) 单次扫描:每一频点的测量时间必须大于间歇信号的脉冲间隔;

b) 采用最大值保持进行重复扫描:每一频点的观察时间应足够长,以捕捉间歇信号。

扫频速率受仪器分辨率带宽和视频带宽的限制。如果对给定的仪器状态选择的扫频速率太快,将会得到错误的测量结果。因此,对确定的频段应选取足够长的扫描时间。间歇信号可以由在每一频率有足够长观察时间的单次扫描或最大值保持的重复扫描来捕捉。对未知的发射信号,通常采用最大值保持的重复扫描更有效。只要频谱仪的显示有较大变化,就有可能发现间歇信号。观察时间应根据干扰信号发生的周期来设定。在某些情况下,为避免同步影响,扫频时间有必要改变。

当使用频谱分析仪或EMI扫频接收机测量时、基于给定的仪器设置和峰值检波确定最小扫描时间,应区分下面的两种情况。

若所选视频带宽大于分辨率带宽,用下式计算最短扫描时间:

$$T_{s\,min} = (k \times \Delta f)/(B_{res})^2 \qquad \cdots\cdots(1)$$

式中:

$T_{s\,min}$——最短扫描时间;

Δf——频率跨度;

B_{res}——分辨率带宽;

k——比例常数,与分辨率滤波器的形状有关。对于同步调谐、近似高斯型滤波器,静态理论值为2~3,对于近似矩形、参差调谐滤波器,k 值为10~15。

若所选视频带宽小于或等于分辨率带宽,使用下面的表达式计算最短扫描时间:

$$T_{s\,min} = (k \times \Delta f)/(B_{res} \times B_{video}) \qquad \cdots\cdots(2)$$

式中:

B_{video}——视频带宽。

大多数频谱分析仪和EMI扫频接收机,根据选定的频段和带宽自动设定扫频时间。调节扫描时间以维持校准状态下的显示。若需要较长的观察时间,例如为了捕捉变化缓慢的信号,可重设自动扫描时间。

此外,对于重复扫频,每秒钟扫频次数由扫描时间 $T_{s\,min}$ 和返回时间决定(即返回本机振荡器和储存测量结果的时间,等等)。

6.5.3 步进接收机的扫频时间

通常步进式EMI接收机用预定的步长连续调谐在各个频率上。当整个频段范围的步长不连续时,为了保证仪器准确测量输入信号,须确定每个频率的最小驻留时间。

实际测量时,频率步长大约小于或等于使用的分辨率带宽的50%(取决于滤波器分辨率的形状),以减少因步长带来的对窄带信号测量不确定度。在这些假设下,步进式接收机的扫频时间可用下式计算:

$$T_{s\,min} = T_{m\,min} \times \Delta f/(B_{res} \times 0.5) \qquad \cdots\cdots(3)$$

式中:

$T_{m\,min}$——每一频点的最小测量(驻留)时间。

此外,对于测量时间,有时还应考虑合成器开关转换频率的时间和系统储存测量结果的时间(这在大多数接收机中都能自动完成),以保证选择的测量时间对测量结果有效。另外,所选择的检波器,例如峰值或准峰值检波器,也会对确定时间周期有影响。

对于单纯的宽带发射,只要能找到发射频谱的最大值,频率步长可增大。

6.5.4 用峰值检波器获得整体频谱的方法

对于每次预扫频测量,应尽可能100%的捕捉EUT所有频谱中关键的频谱分量。基于测量接收机的类型和骚扰的特性(包括窄带和宽带分量),通常采用以下两种方法:

——步进扫频:每一频率的测量(驻留)时间应足够长,以测得信号峰值,例如,脉冲信号测量(驻留)的时间应长于信号重复频率的倒数。

——连续扫频:测量时间必须大于间歇信号间隔(单次扫频),观察时间内的重复频率扫频的次数应尽可能多,以提高捕捉到信号的概率。

图1、图2和图3给出了各种时域发射频谱与对应的测量接收机显示的关系图,每个图的上半部分显示的是采用频谱扫描或步进扫描的方式时,接收机带宽的状态。

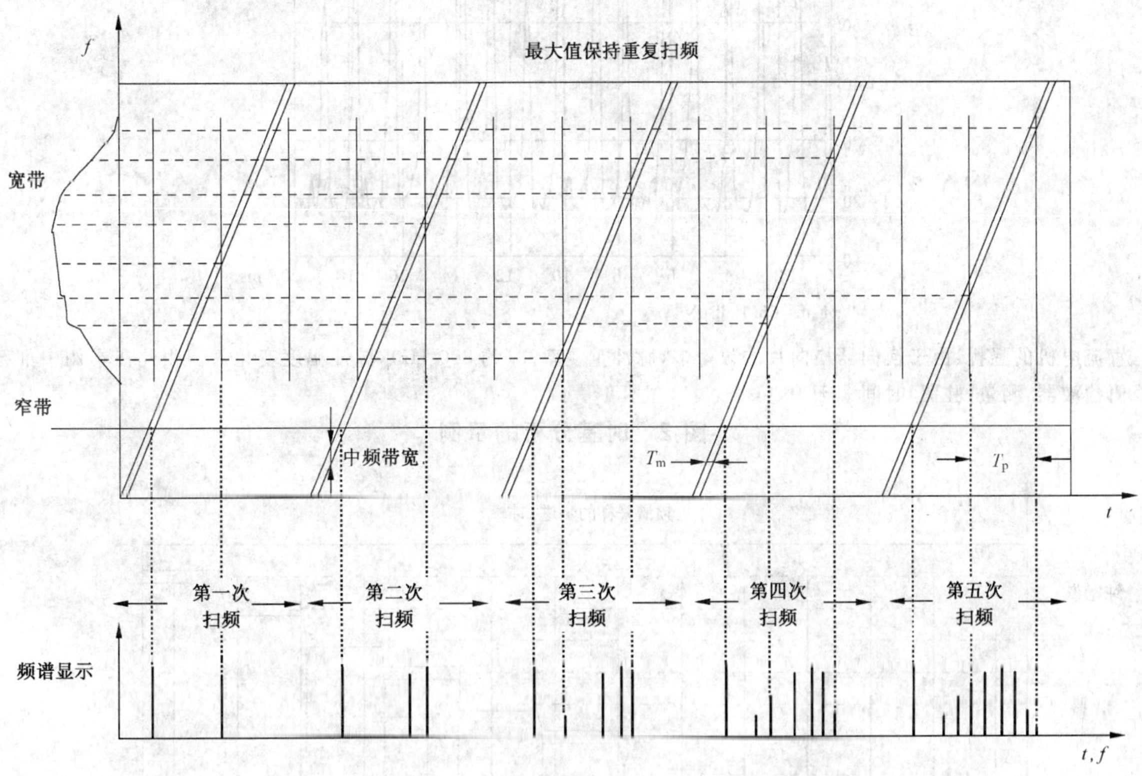

T_p——脉冲信号的重复间隔。脉冲出现在频谱-时间图的每条垂直线上(图的上部)。

图1 对包含有正弦信号(窄带)和脉冲信号(宽带)采用最大值保持方式重复扫频测量示意图

如果发射的类型未知,可用尽可能短的扫描时间和峰值检波进行重复扫描,以测定频谱的包络。短时的单次扫描足以测量EUT频谱中连续的窄带信号。对于连续的宽带信号和间歇窄带信号,在"最大值保持"功能下,用不同扫频速率进行重复扫描确定频谱包络。对于低重复的脉冲信号,应进行重复扫描以形成宽带分量的频谱包络。

为减少测量时间,需对被测信号进行时基分析。这可以用具有图像信号显示的测量接收机在零跨度模式下或用示波器接到接收机中频或视频输出端获得,如图2所示。

下述方法可用于确定脉冲间隔和脉冲重复频率以及选择扫频速率或驻留时间：

——对于连续非调制窄带骚扰，可选用仪器设置的最快扫频时间；

——对于纯连续宽带骚扰，例如，点火发动机、弧焊设备、带换向器的电机，为取得发射频谱可采用步进扫频(用峰值或准峰值检波器)。在这种情况下若知道骚扰类型，根据经验可用折线画出频谱包络线(见图 3)。步长的选择应能保证频谱包络中无明显的变化被遗漏。单次扫描测量(如果足够慢)也能得到频谱包络。

——对于未知频率的间歇窄带骚扰，在“最大值保持”功能下，采用快速短时扫描或慢的单次扫描(见图 4)。在实际测量前，需进行时域分析，以确认能获取正确信号。

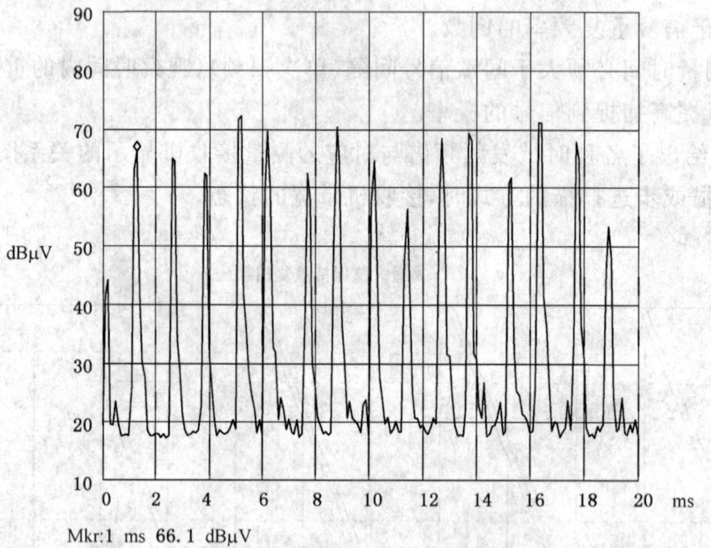

直流电机的骚扰：由于换向器换向片的数量多，脉冲重复率高(约 800 Hz)，脉冲幅度变化大。因此在本例中推荐使用峰值检波器，测量(驻留)时间大于 10 ms。

图 2 时基分析的示例

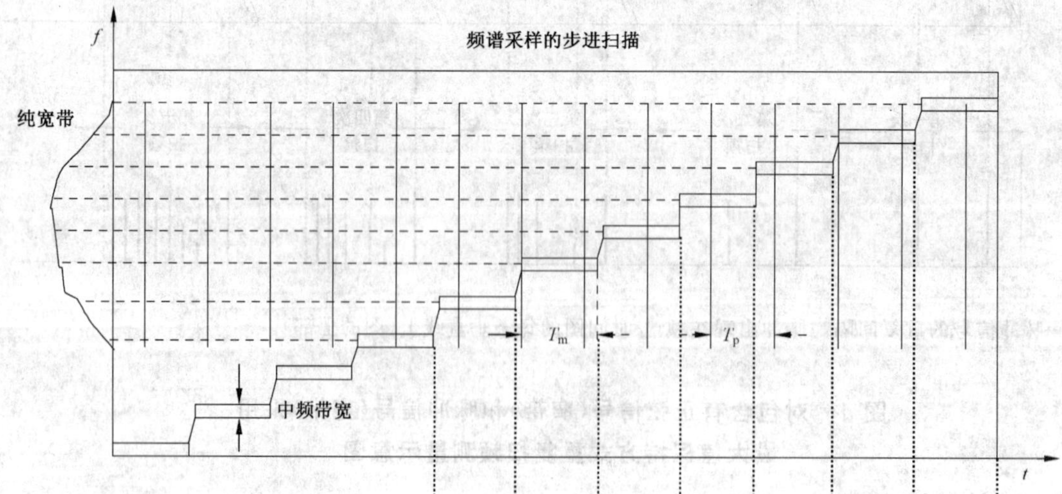

图 3 步进式接收机进行宽带频谱测量

测量(驻留)时间 T_m 应大于脉冲重复间隔 T_p(脉冲重复频率的倒数)。

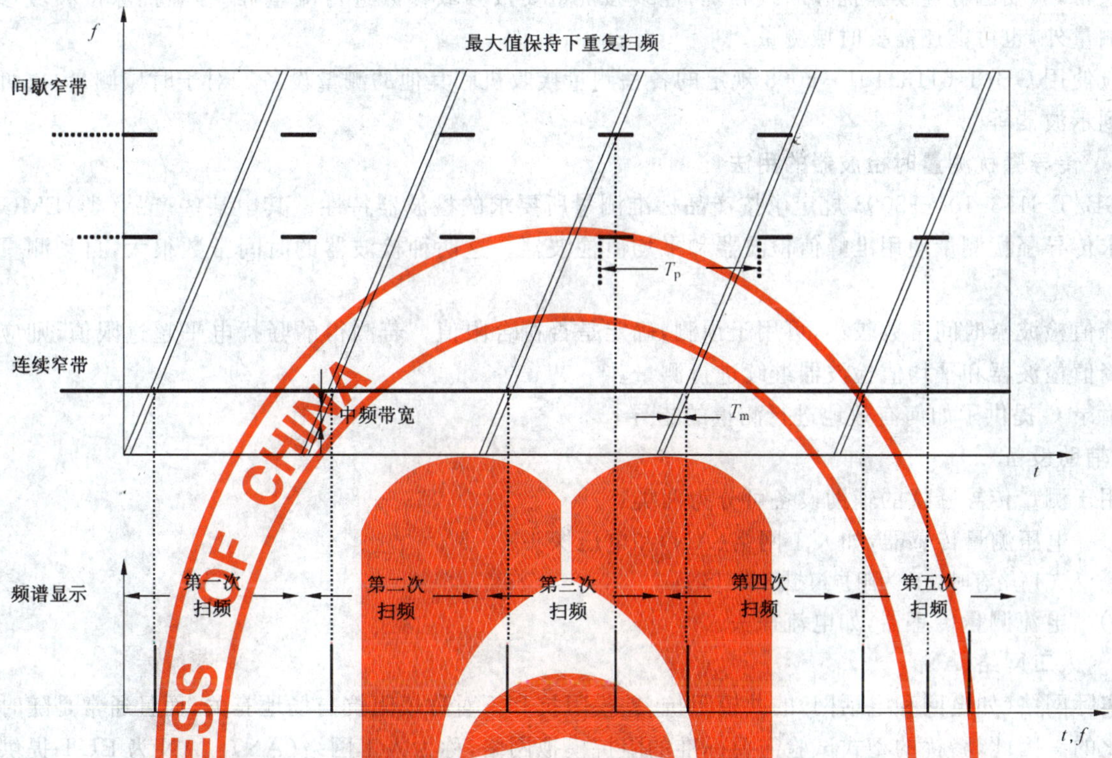

图 4 在最大值保持功能下用短快重复扫频获得发射频谱测得的间歇窄带骚扰

注:在上例中需要进行 5 次扫描,直到所有频谱分量被捕捉。扫描次数或扫描时间可能还要增加,这取决于脉冲宽度和脉冲重复周期。

对于间歇宽带骚扰必须按照 GB/T 6113.101—2008 中所述的断续骚扰分析程序来测量。

7 传导骚扰测量方法(9 kHz~30 MHz)

7.1 概述

当依据发射限值对沿导线传播的电磁骚扰进行符合性试验时,无论是在标准化的测量场地(型式试验)还是在安装场地(现场试验),至少应考虑以下一些方面:

a) 骚扰类型:测量传导骚扰有两种方法,或测量电压(CISPR 普遍采用的方法),或测量电流。两种方法都可用来测量以下三种类型的传导骚扰,即:
——共模(也称为不对称型);
——差模(也称为对称型);
——非对称。

注:差模电压主要在电源网络上测量,共模电压(或电流)主要对信号线和控制线进行测量。

b) 测量设备:选用测量设备的类型与被测骚扰特性有关(参见 7.2)。

c) 辅助设备:根据 7.1.a),选用辅助设备,即人工网络(AN)、电流探头或电压探头,与被测骚扰类型有关。每种类型的辅助设备都会对测量的信号和线路附加射频负载(参见 7.3)。

d) 骚扰源的射频负载条件:测量装置对 EUT 内的骚扰源会呈现出一定的射频负载阻抗。在型式试验中,这些射频负载阻抗是标准的,但在现场试验的情况下,则可能取决于安装场地的各种状况(参见 7.3 和 7.4)。

e) EUT 的试验布置:一个标准化的试验布置应当规定出参考地、EUT 和辅助设备相对于参考地的位置、连接到参考地的方法以及 EUT 和辅助设备的相互连接方法(参见 7.4 和 7.5)。

7.2 测量设备(接收机等)

通常,需要区分连续骚扰和断续骚扰,连续骚扰主要按频域参数进行测量,断续骚扰除按频域参数进行测量外,也可能还需要时域测量。

应使用GB/T 6113.101—2008规定的各种测量接收机和其他的测量设备。对于时域测量,也可能会用到示波器等。

7.2.1 传导骚扰测量时检波器的用法

GB/T 6113.101—2008规定了按产品标准测量所要求的检波器特性。其中某些产品(类)EMC标准要求传导骚扰测量使用准峰值检波器和平均值检波器。这两种检波器的时间常数很大,自动测量很耗时。

峰值检波器时间常数较小,可用于预测,确定是否符合限值。若测得的骚扰电平超过限值,则应改用准峰值检波器和平均值检波器继续进行测量。

附录C提供了如何有效地进行测量的指导。

7.3 辅助设备

用于测量传导骚扰的辅助设备可分为两类:

a) 电压测量传感器,如人工网络(AN)和电压探头;

注:人工网络有时被称为阻抗模拟网络(ISN)。

b) 电流测量传感器,如电流探头。

7.3.1 人工网络(AN)

实际网络(如电网和电话网)的共模阻抗、差模阻抗和不对称模阻抗与场地有关,而且通常是随时间而变化的。因此,骚扰的型式试验需要标准的阻抗模拟网络,称为人工网络(AN)。AN为EUT提供标准的射频负载。为此,把AN插入在EUT和实际网络或信号模拟器之间。这样,AN就可以以确定的阻抗来模拟延伸的网络(长线)。

7.3.1.1 人工网络(AN)的类型

除非有特殊理由要求其他的网络结构,否则应该使用GB/T 6113.102—2008中规定的AN。通常,AN可分为三种类型:

a) V型AN:在规定的频率范围内,在EUT的每一个被测端子与参考地之间的射频阻抗都具有一个规定的值,然而,并没有阻抗元件被直接连接在这些端子之间。这种结构能确定(间接地)被测量的差模电压和共模电压。采用V型AN对EUT的端子数量(即被测的线路数量)原则上没有限制。

b) △型AN:在规定的频率范围内,在EUT的一对被测端子之间以及在这些端子与参考地之间的射频阻抗都具有一个规定的值,这种结构直接确定了差模和共模射频负载阻抗。

   加上一个平衡/不平衡变换器,就可用△型AN来测量对称和非对称骚扰电压。

c) T型AN:在规定的频率范围内,在EUT的一对被测端子与参考地之间的共模射频阻抗有规定的值。通常,在这样的T型AN中没有包含规定的差模负载阻抗,这个规定的差模(负载)阻抗必须由连接到T型AN的电源(线)端子的外部电路来提供。

   这种类型的AN仅用来测量共模骚扰电压。

7.3.1.2 基本要求

AN应满足下列基本要求:

a) 在规定的频率范围内,AN应在EUT的被测量端子之间以及这些端子与参考地之间提供规定的射频阻抗。此外,如果规定了试验布置(参见7.4),为了满足本条要求,被测量的骚扰源还要以规定的方法施加负载。

b) 如果要用AN分别测量共模和/或差模骚扰电压(参见7.3.1.1),则应当在合适的频率范围内,规定差模信号对共模信号的抑制比,反之亦然。

c) 在规定的频率范围内,规定的射频阻抗和实际网络(或信号模拟器)之间通常应有一个隔离,以使得通过实际网络(或信号模拟器)的 AN 的负载不会明显地影响规定的射频阻抗值。

d) AN 应提供一个规定的连接端口(连接器)来连接测量设备以实现规定的试验布置。输入连接器应适合于 GB/T 6113.101—2008 中所规定的具有 50 Ω 输入阻抗的测量设备。

e) AN 应提供一个可以与参考地连接的规定连接点,以实现规定的试验布置。

f) AN 应该按照规定的程序进行校准。

7.3.1.3 附加要求

AN 应满足下述附加的要求:

a) AN 应包含一个去耦网络或隔离网络,以防止:

——由网络所需要的线电压(例如电源电压)损坏那些构成规定射频阻抗的元件;

——由 EUT 产生的峰值电压(例如开关瞬变)损坏那些构成规定射频阻抗的元件;

——额定的线电压对测量结果的影响,例如测量设备输入级的过载;

b) AN 应包含一个滤波器,以防止实际网络或信号模拟器上的有用信号影响测量结果。

7.3.2 电压探头

符合标准规定的电压探头,见 GB/T 6113.102—2008。

不能用 AN 来测量有端子的骚扰电压,可使用电压探头。这些如与天线、控制线、信号线和负载线相连接的端子通常用电压探头来测量共模骚扰电压。电压探头在被测端子与参考地之间呈现射频高阻抗。

7.3.2.1 基本要求

a) 在规定的频率范围内,电压探头应在其测量点和参考地之间提供一个高的射频阻抗,以免影响被测电压。

b) 电压探头应具有一个隔离电容器,其量值能保证线路电压不会损坏测量接收机。

c) 电压探头应提供一个规定的 50 Ω 连接端口(连接器)来连接标准的(CISPR)测量接收机,以便进行规定的骚扰测量。

d) 电压探头应提供一个规定的连接,使参考地能以指定的方式通过一根规定的最大长度的导线连接到该点,除非要求参考地按其他规定的方式连接到 EUT 上。

e) 电压探头应按照规定的程序进行校准,此时,该程序应计及测量点附近的寄生效应,例如在测量点和探头的屏蔽层之间非期望有的容性耦合。探头阻抗和测量设备的输入阻抗之间的电压分配应与频率无关,否则要在校正过程中予以考虑。

f) 电压探头的铭牌应标明最大的线电压。

7.3.3 电流探头

电流探头或电流互感器可测量电源线、信号线、负载线等导线上的三类骚扰电流(参见 7.1),卡式结构的探头便于使用。

不管导线的数量多少,只需将电流探头环绕导线卡住,即可测量导线上的共模电流。在这种情况下,导线上的差模电流会感应出幅度相等,但方向相反的信号,其结果使得这些信号在很大程度上相互抵消了。这样就允许在导线中存在幅度很大的差模(工作)电流情况下,可以测量到幅度很小的共模电流。

符合标准规定的电流探头见 GB/T 6113.102—2008。

7.3.3.1 基本要求

a) 在规定的频率范围内,电流探头应具有一个规定的转移阻抗,即按照规定的程序来测量时,探头中感应的射频电压和穿过探头的单根导线上已知的射频电流有规定的比值。

b) 在规定的频率范围内,电流探头引入 EUT 的插入阻抗[1]应小于 1 Ω。

---

1) 原文的插入损耗(insertion loss)应为插入阻抗(insert impedance)。

c) 电流探头的结构应达到使电场对测量结果的影响可以忽略不计。

d) 为了能实现规定的试验布置，电流探头应提供一个规定的连接端口(连接器)来连接标准的测量设备。此外，还应说明与电流探头连接的测量设备的输入阻抗。

e) 在电流探头的技术规范中应包括未饱和电流的最大额定值。

f) 电流探头应按照规定的程序进行校准。

7.4 EUT 的试验布置

7.4.1 EUT 的布置及其与 AN 的连接

为了测量骚扰电压，EUT 要按下列要求通过一个或多个 AN 连接到供电电源和任何其他的延伸网络(通常，V 型网络用于这种场合，见图 5)。其他产品(类)EMC 标准提供了针对特定的 EUT 类别的试验细节。

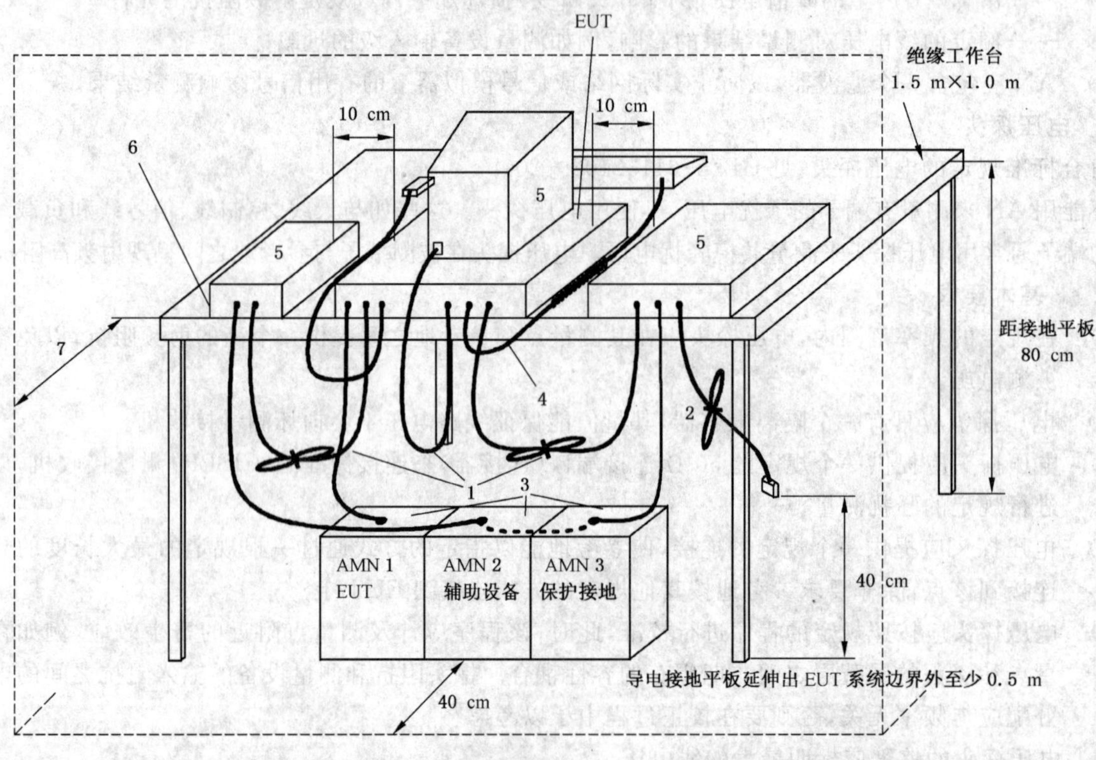

1——离接地平面不足 40 cm 的那些下垂的互连电缆应来回折叠成 30 cm～40 cm 长的线束，悬垂在接地平面与工作台的中间。

2——连接到外围设备的那些 I/O 电缆应在其中心处捆扎起来，电缆的末端可端接合适的阻抗，其总长度应不超过 1 m。

3——EUT 连接到 AMN1。AMN 的测量端必须用 50 Ω 端接。AMN 直接放置在水平接地平面上，距离垂直接地平面 40 cm。

3.1 所有关键设备连接到 AMN2。

3.2 辅助设备的保护接地线(绿色/黄色)连接到 AMN3。

4——用手操作的装置，如键盘、鼠标等，其电缆应尽可能地接近主机放置。

5——EUT 以外的受试组件。

6——EUT 及其外围设备的后部都应排列成一排，并与工作台面的后部齐平。

7——工作台面的后部应该与搭接到地面上的垂直接地平板相距 40 cm。

图 5 台式设备电源线传导骚扰测量的试验布置(见 7.4.1 和 7.4.2)

不论接地与否，台式 EUT 都应按下述规定布置：

——EUT 的底部或背面应放置在离参考接地平面 40 cm 的规定的距离上。该接地平面通常是屏蔽室的某个墙面或地板，它也可以是一个至少为 2 m×2 m 的金属接地平板。

实际布置按下述方法来实现：

EUT 放在一个至少 80 cm 高的绝缘材料的试验台上，离屏蔽室的墙面为 40 cm；或

EUT 放在一个 40 cm 高的绝缘材料的试验台上，EUT 的底部高出接地平面 40 cm。

——EUT 所有其他的导电平面至少应该距离其他的参考接地平面 80 cm。

——如图 5 所示，那些 AN 是通过这样的方式放在地板上，即 AN 外壳的一个侧面距离垂直参考接地平面及其他的金属部件为 40 cm。

——EUT 的电缆连接如图 5 所示。

——对于仅有一根电源线的台式 EUT 可选择如图 6 所示的试验布置。

1——2 m×2 m 的金属壁；

2——EUT；

3——往返折叠成(3 cm×40 cm)的超长电源线；

4——"V"型电源网络；

5——同轴电缆；

6——测量接收机；

B——参考接地连接点；

M——至测量接收机输入端；

P——至 EUT 的电源。

图 6 仅带有一根电源线的 EUT 可选的试验布置(见 7.4.1)

落地式 EUT 应放置在地面上，与地面接触的各点除了与正常使用时相一致以外，还要遵从上述有关布置的规定。应使用一块接地的金属板，EUT 不应与金属板有金属性的接触。该金属板可作为参考

接地平面,其边界至少应超出 EUT 的边界 50 cm,面积至少为 2 m×2 m,试验布置的例子参见图 7 和图 8。

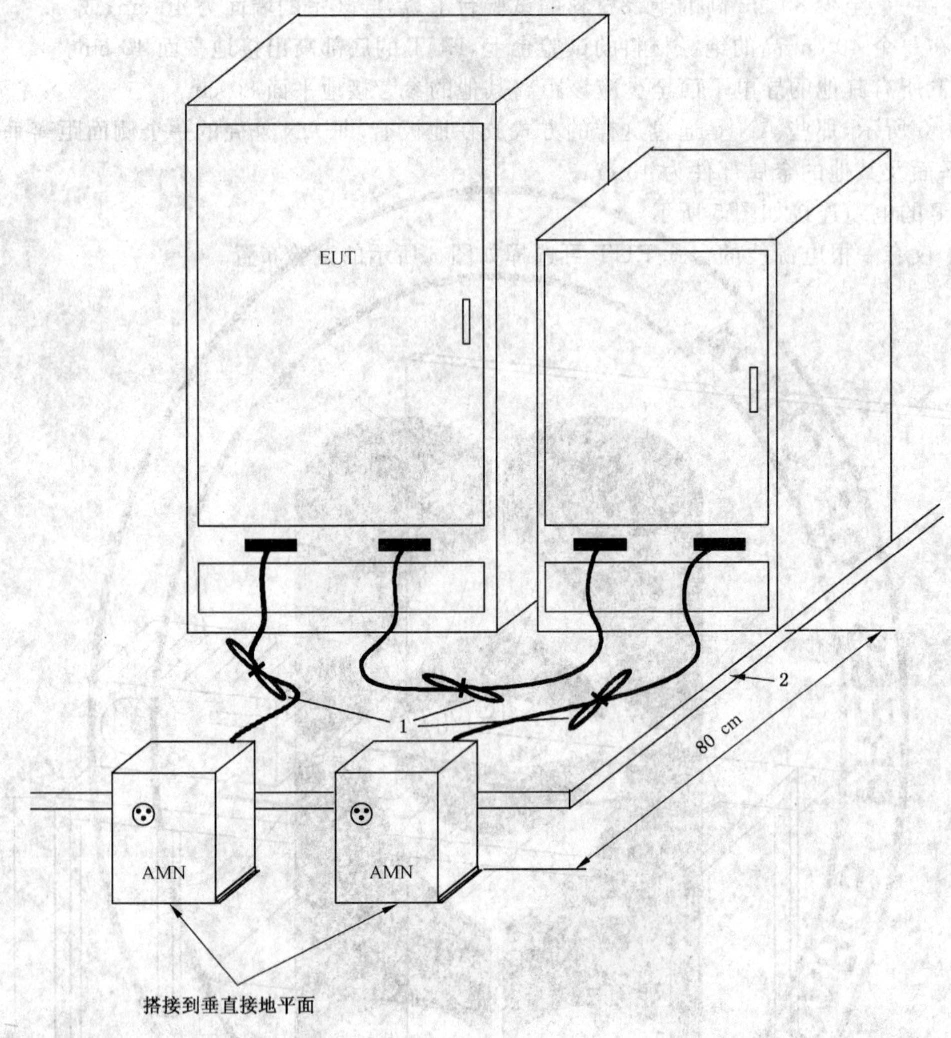

1——超长电缆应在其中心处捆扎或缩短到适当的长度;

2——EUT 和电缆应与接地平面隔离(12 mm);

3——EUT 被连接到一个 AMN 上,该 AMN 可以放在接地平面上或直接放在接地平面的下方,所有其他的设备应由第二个 AMN 来供电。

图 7　落地式设备的测量布置(见 7.4.1 和 7.5.2.2)

AN 要用一个低射频阻抗连接条搭接到参考接地平面上。

注:所谓的"低"射频阻抗系指在 30 MHz 时最好小于 10 Ω。例如,若将人工网络的壳体直接固定在参考接地平面上,或者用长宽比不大于 3∶1 的金属条连接,就可达到这一要求。

EUT 的放置应使其边界和 AN 最近的一个平面之间的距离为 80 cm。

至 AN 的电源线和从 AN 到测量接收机的连接电缆必须布置得使它们的位置不会影响测量结果。对于不配备固定连接导线的 EUT,要按照有关设备文件中的规定,用 1 m 长的导线连接到 AN 上。

如果要把 EUT 连接到参考地,则应用一根与电源线平行且长度相同,与其距离不超过 10 cm 的导线来连接,除非该电源线本身已包含了接地导线。如果 EUT 带有固定的电源线,该导线应为 1 m 长。若超过 1 m,则该导线的一部分应来回折叠成 S 型,以尽可能形成一个长度不超过 40 cm 的线束,并且以无电感的 S 型曲线形状来放置,使电源线的总长度不超过 1 m(也可参见图 9)。但是,当折叠捆扎后的电源线有可能影响测量结果时,则建议将电源线长度缩短到 1 m。

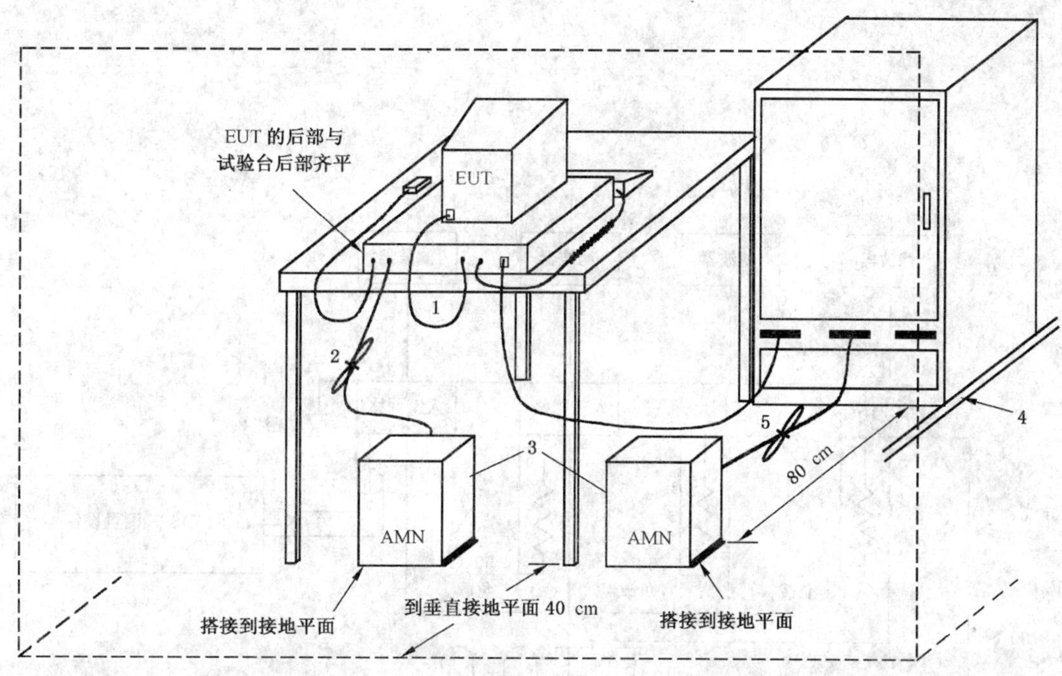

1——距接地平板不足40 cm的互连电缆，应来回折叠成长度30 cm～40 cm的线束，捆扎起来垂落至接地平面与桌面的中间。

2——超长部分的电源线应在其中捆扎或缩短至适当的长度。

3——EUT被连到一个AMN上，该AMN也可以连接到垂直参考平面上，所有其他的设备应由第二个AMN来供电。

4——EUT和电缆应与接地平面隔离(12 mm)。

5——落地式设备的I/O电缆垂落至接地平面，超长部分捆扎起来，未达到接地平面长度的电缆要垂落至连接器的高度，或离地面40 cm，两者取低者。

图8　落地式和台式设备的测量布置(见7.4.1和7.5.2.2)

7.4.2　用V型网络测量非对称骚扰电压的程序

7.4.2.1　有接地连接的EUT布置

对于那些在运行中要求接地或者其导电外壳能接地的EUT，每根电源线的不对称骚扰电压是相对于参考金属壁(测量设备的整个机壳)测量得到的。EUT的壳体通过它的保护接地线连接到AMN的接地点再连接到参考金属壁上(参见图10的等效电路)。

确定接地EUT干扰电势的一些参数在附录A的A.3中讨论。

对于具有两个或更多的电源线和安全导线或有专门接地连接线的EUT，测量结果将更多地取决于电源端子的终端状况和接地情况(也可参考7.5关于系统的测量方法)。

因为实际电源供电设施中的安全接地导线可能相当长，这样就不能保证其接地阻抗同标准试验装置中的那种仅有1 m长接地线连接到参考体上的接地阻抗同样低，同样有效。况且，根据GB 14821.1的规定，并非每一个产品都需要使用保护接地线，因此带插头的Ⅰ类设备的骚扰电压，应按照7.4.2.2在没有保护接线或接地导线连接的情况下进行测量(不接地测量)。然而，出于安全上的考虑，有必要保持接地导线的安全功能，这可以通过在安全线路里使用一个射频扼流圈或阻抗，其值等于V型网络阻抗。

对于无辐射或屏蔽良好的EUT，按特殊要求或说明书要求而必须接地的，则作为例外情况(见A.2.1和A.4.1)。

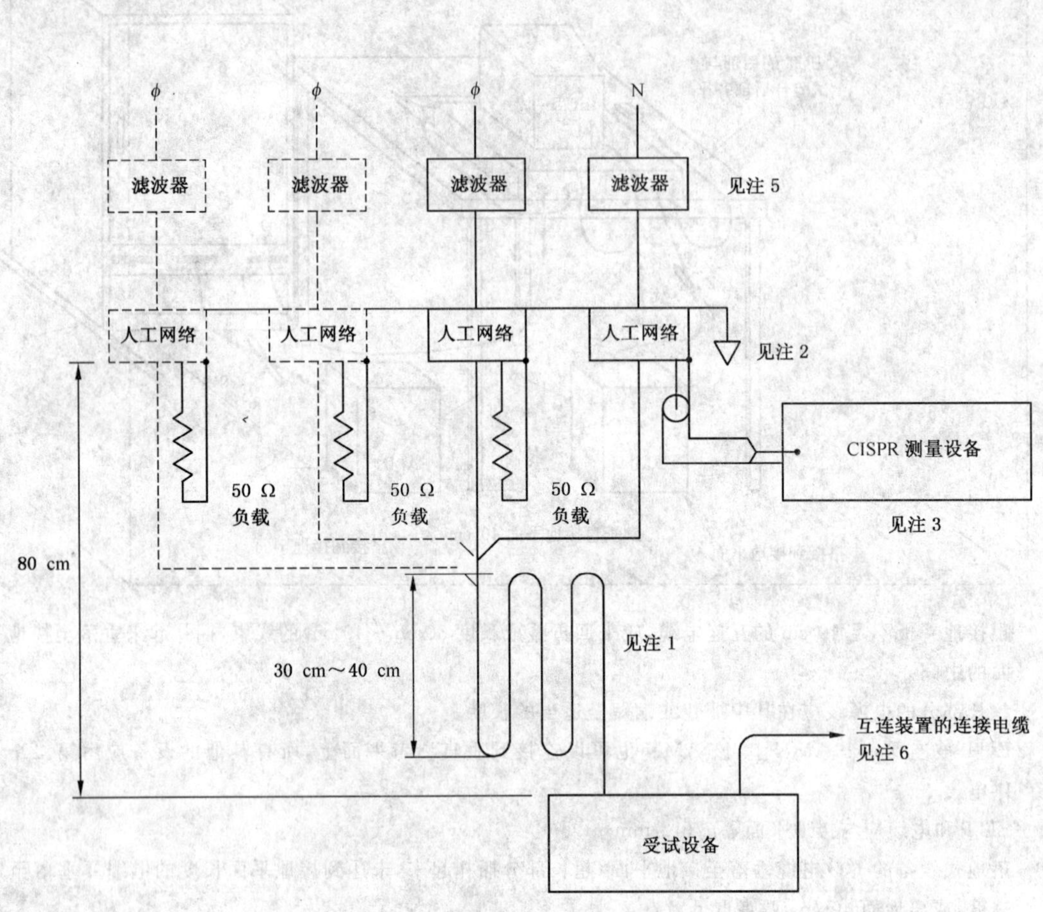

注：

1——EUT 的电源线长度超过 80 cm 时，应折叠成像 S 形线束，不要缠绕。

2——在高频情况下，AN 至接地平板的连接应提供低阻抗路径，这可通过使用整体的扁平导体来实现，其长宽比不大于 5∶1。

3——CISPR 测量接收机只应通过同轴电缆的外导体与参考接地平面连接。

4——虚线表示三相电源的试验装置。

5——备用滤波器试验线路，如果不用，可以短路。

6——互接的设备可以通过电源连接条或箱体连接到单个 AN 上。

7——台式或便携式 EUT 必须与至少为 2 m^2 的任何接地导电平面相距 40 cm，且距离任何其他的导电物体（包括系统或仪器的一部分）至少为 80 cm。

图 9　传导骚扰电压测量布置的示意图（见 7.4.1 和 7.5.2.2）

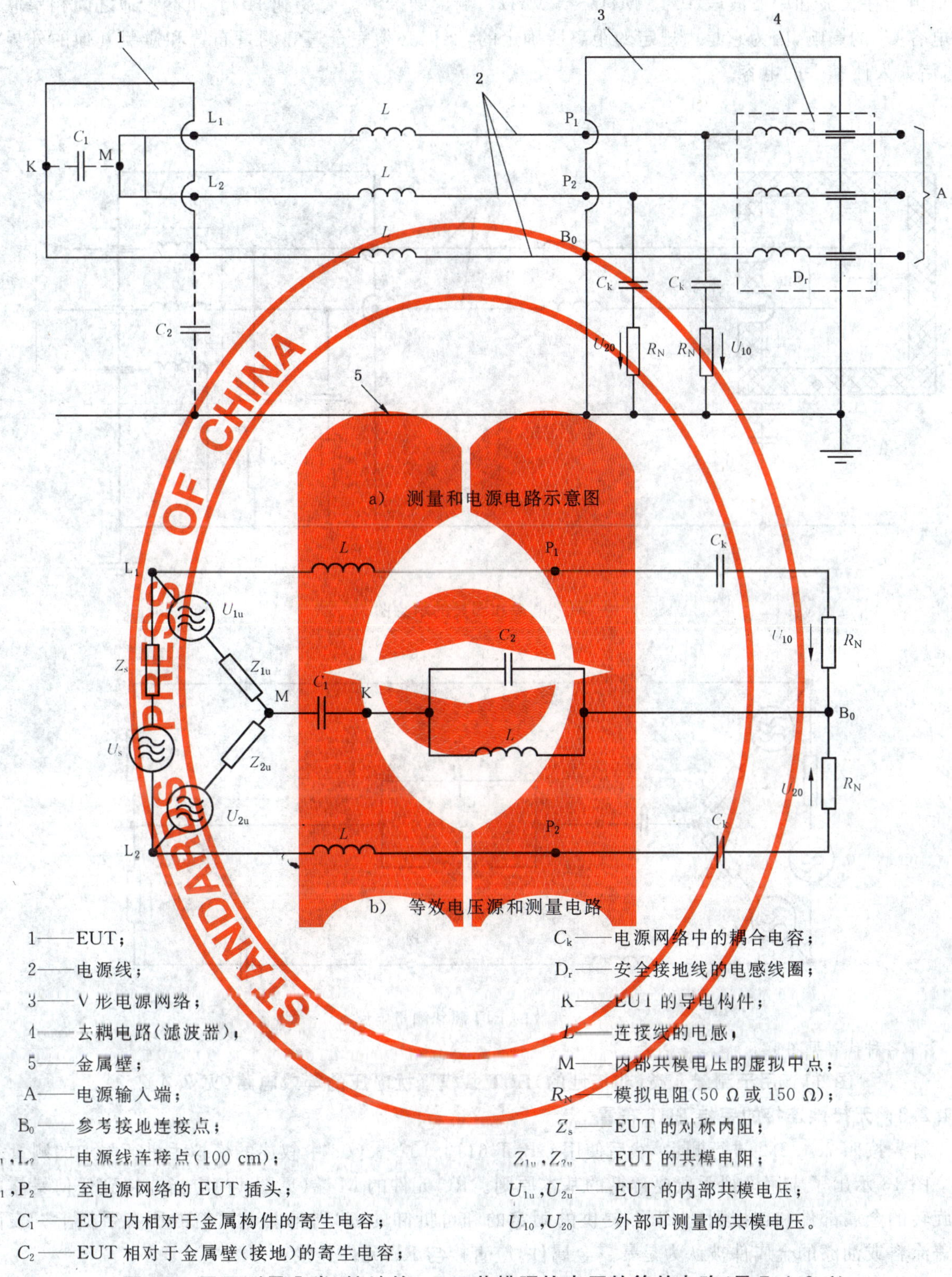

1——EUT；
2——电源线；
3——V 形电源网络；
4——去耦电路(滤波器)；
5——金属壁；
A——电源输入端；
B_0——参考接地连接点；
L_1,L_2——电源线连接点(100 cm)；
P_1,P_2——至电源网络的 EUT 插头；
C_1——EUT 内相对于金属构件的寄生电容；
C_2——EUT 相对于金属壁(接地)的寄生电容；
C_k——电源网络中的耦合电容；
D_r——安全接地线的电感线圈；
K——EUT 的导电构件；
L——连接线的电感；
M——内部共模电压的虚拟中点；
R_N——模拟电阻(50 Ω 或 150 Ω)；
Z_s——EUT 的对称内阻；
Z_{1u},Z_{2u}——EUT 的共模电阻；
U_{1u},U_{2u}——EUT 的内部共模电压；
U_{10},U_{20}——外部可测量的共模电压。

图 10 用于测量Ⅰ类(接地的)EUT 共模骚扰电压的等效电路(见 7.4.2.1)

7.4.2.2 无接地连接的 EUT 布置

无接地连接的设备，包括带附加绝缘(Ⅱ类保护)的电气设备和在没有接地导线或安全导线的情况下可运行的设备(Ⅲ类保护设备)，也包括通过一个隔离变压器连接的带插头的Ⅰ类设备。对于这类设备，必须相对于图 11 等效电路中所示的测量布置的金属参考地来测量各个导线的不对称骚扰电压。

由于在长波和中波波段(0.15 MHz～2 MHz),测量结果可能要受到 EUT 和参考地之间相串联的小电容 C_2 的影响,因为它是由规定的距离所确定的,所以必须完全遵守测量布置和避免其他的外界影响,诸如人体和手的电容。

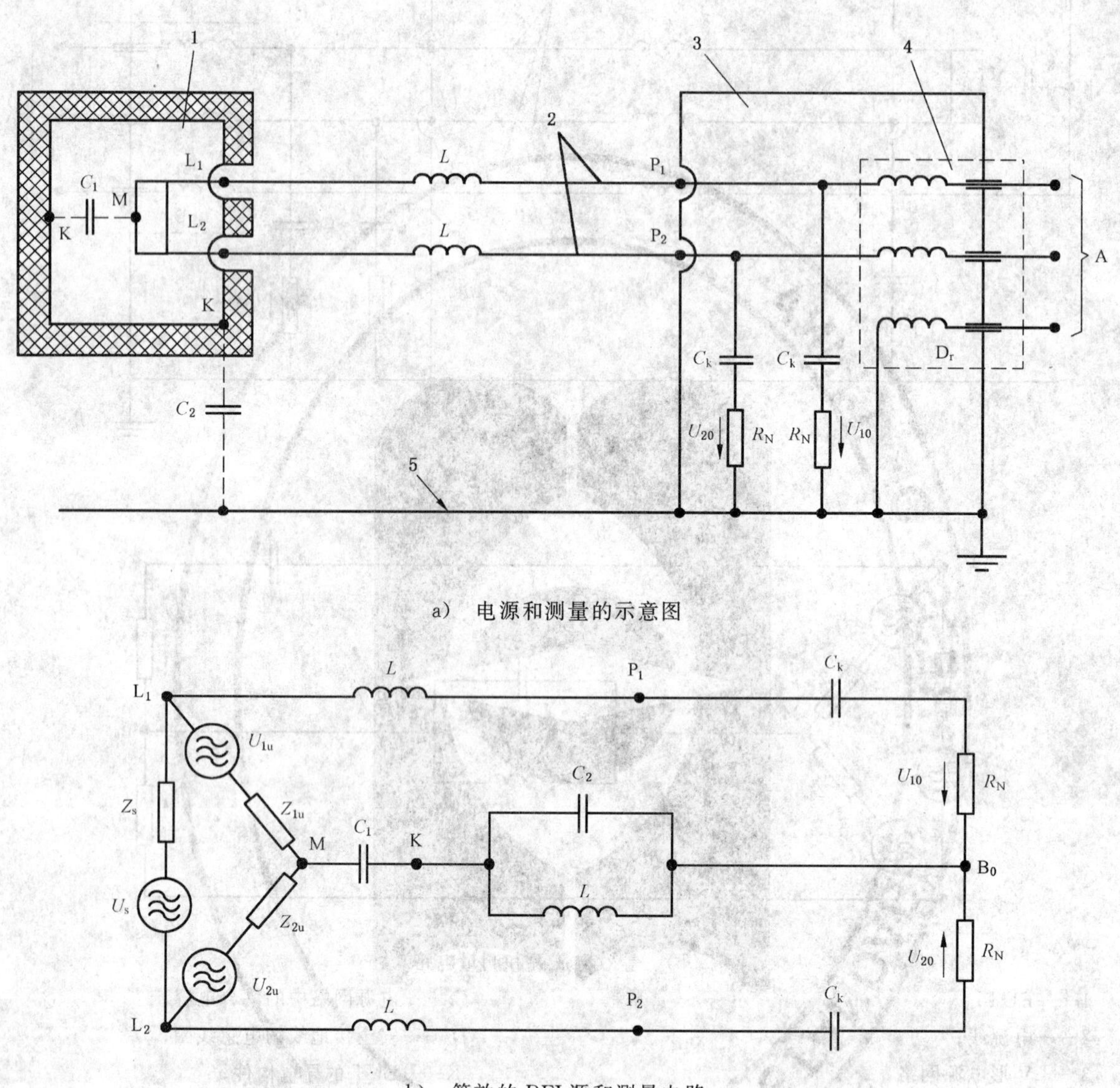

a) 电源和测量的示意图

b) 等效的 RFI 源和测量电路

注:各种代号见图 10。

图 11 用于测量Ⅱ类(非接地的)EUT 共模骚扰电压的等效电路(见 7.4.2.2)

7.4.2.3 无接地连接的手持 EUT 布置

首先按照 7.4.2.2 进行测量,然后使用 GB/T 6113.102—2008 中叙述的模拟手进行附加的测量。

图 13 示出了应用模拟手所要遵循的基本原则。RC 元件的 M 端(见图 12)应当连接到任何暴露的非旋转的金属部件和连接到随 EUT 提供的固定的和可拆卸的、四周包上金属箔的所有手柄上。表面覆盖涂料或油漆的金属件被认为是暴露金属件,应直接与 RC 元件连接。

模拟手应由包裹外壳或部件的金属箔构成。由此可规定如下:该金属箔应连接到由 220 pF±20%的电容器串联 510 Ω±10%的电阻器所组成的 RC 元件的一端(M 端)。RC 元件的另一端应连接到测量系统的参考地。

模拟手应用于下列情况:

a) 如果 EUT 的外壳全部是金属的,就不需要金属箔,但 RC 元件的 M 端应直接接到 EUT 的壳体上。

b) 如果EUT的外壳是绝缘材料制成的,则手柄B四周(见图13)应包上金属箔,如有第二个手柄D,则其四周也应包上。位于电动机定子铁芯部位的壳体C或齿轮箱部位四周亦应包上60 mm宽的金属箔,要是这样能够测出较高发射电平的话,所有这些金属箔和金属环或衬套A,(如果有的话)都应连接在一起,并连接到RC元件的M端。

c) 如果EUT的外壳部分是金属,部分是绝缘材料,并且有绝缘手柄,则手柄B和D(见图13)的四周要包上金属箔。如果电动机部位的外壳是非金属的,则在电动机定子铁芯所在部位的壳体C的四周,或者在齿轮箱的四周要包上60 mm宽的金属箔。如果这部位是绝缘材料并获得较高的发射电平的话,机身的金属部分,即部位A,包住手柄B和D的金属箔以及在外壳C上的金属箔都应连在一起,并接到RC元件的M端。

d) 如果EUT有两个绝缘材料手柄A和B以及一个金属外壳C,例如一个电锯(见图14),则手柄A和B的四周要包上金属箔。而A和B上的金属箔要和金属外壳C连接起来,并接到RC元件的M端。

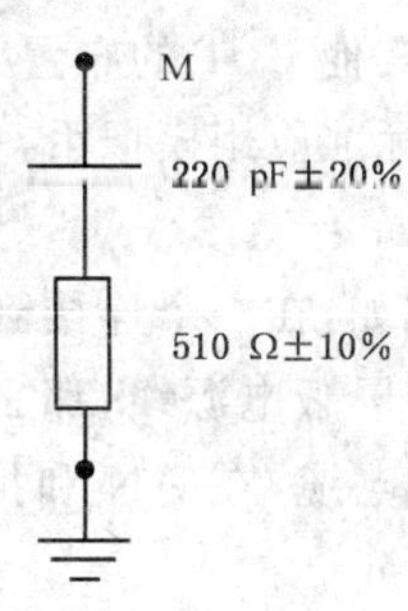

图12 用于模拟手的RC元件(见7.4.2.3)

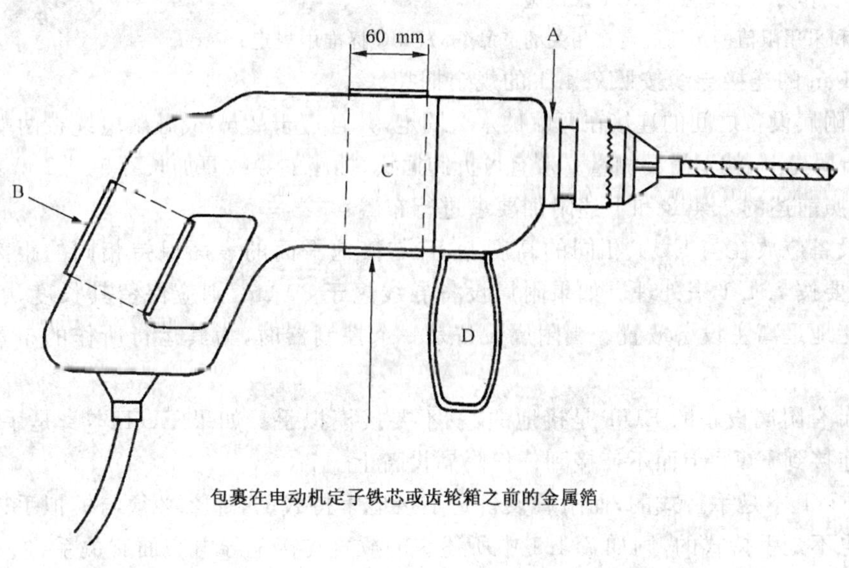

图13 带有模拟手的手持式电动工具(见7.4.2.3)

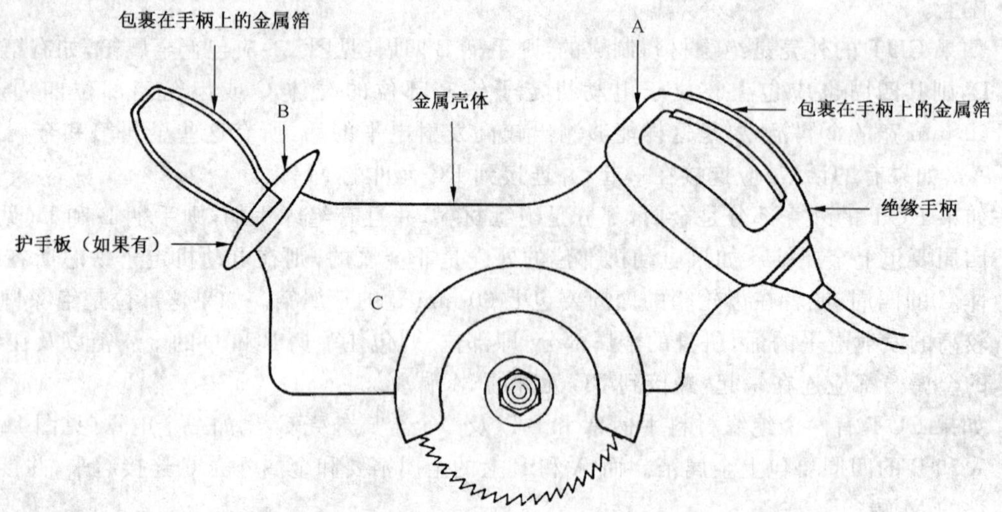

A、B:绝缘材料的手柄。

图 14　带有模拟手的手持式电动工具(见 7.4.2.3)

7.4.2.4　**键盘、电极和对人体接触敏感的其他 EUT 的布置**

对于这类设备，要按照产品(类)EMC 标准应用模拟手，一般是按照 7.4.2.3 的规定。

7.4.2.5　**带有外部抑制元件的 EUT 布置**

如果干扰抑制元件附在设备的外部(例如，在一个连接到电源的插件内)或者作为一个元件插到连接电缆中(抑制电源线发射元件)，或使用了屏蔽电源线，那么为了测量骚扰电压，必须在抑制发射元件和 AN 之间连接另外一根 1 m 长的未屏蔽电缆，在 AN 和抑制发射元件之间的这根电缆必须紧靠着 EUT 放置。

7.4.2.6　**附属设备连接在非电源线的导线末端的 EUT 布置**

注：

1. 含有半导体器件的调节控制器不包括在本条内，而采用 7.4.4.1。
2. 当附属设备对于 EUT 的运行不是必不可少时，并且在其他地方另外规定了单独的试验方法，则本条不适用。EUT 本体要作为一个单独的 EUT 来试验。
3. 是否测量和采用限值的最终决定在相关的产品(类)EMC 标准中规定。

长度超过 1 m 的连接导线按照 7.4.1 的规定捆扎。

当 EUT 和附属设备之间的连接在两端被永久固定，并且短于 2 m，或屏蔽电缆在两端被连接到 EUT 和附属设备的金属壳上，就不需要测量。带有可拆卸插头、插座的导线要加长到超过 2 m 并需要测量。

EUT 应按照前述的 7.4.2 和下述附加要求进行布置：

a)　附属设备应放在与 EUT 相同的高度上，且与接地平面的表面保持相同的距离。如果导线足够长，要按 7.4.1 来处理。如果附属设备导线短于 80 cm，则应保留其长度，并且附属设备应尽可能地远离主设备放置。当附属设备是一个控制器时，为其运行所作的布置不得影响骚扰电平。

b)　如果带有附属设备的 EUT 是接地的，就不要接模拟手。如果 EUT 本身是手持式的，则模拟手应连接到 EUT 上而不连接到任何附属设备上。

c)　如果 EUT 不是手持式的，而附属设备是不接地手持式的，那么必须与模拟手连接。如果附属设备也不是手持式的，则如 7.4.1 中所述它的放置与接地导电表面有关系。

除了对与电源连接的端子进行测量外，还要用一个连接到测量接收机输入端的电压探头对所有其他导线(例如控制线和负载线)的进出端子进行测量。

为了使测量能在所有的运行条件下和 EUT 与辅助设备交互作用的情况下进行，要连接上附属设备、控制器或负载。

对 EUT 和附属设备的电源输入端子都要进行测量。

7.4.3 差模信号端子共模电压的测量

7.4.3.1 用△型网络测量

在 150 kHz～30 MHz 频率范围内，电信、数据处理和其他设备的传输差模信号的导线各个端子上的共模骚扰电压，用符合 GB/T 6113.102—2008 中规定的△型网络来测量。只要满足 GB/T 6113.102—2008 对差模阻抗和共模阻抗的要求，则 GB/T 6113.102—2008 中规定的△型网络可以作些修改，以便使 EUT 获得在正常功能时所需要的信号通路和直流通路。

当用△型网络对信号端子进行测量时，差模抑制必须足够大，使得在与差模工作信号相同的频率上测量共模骚扰电压时不产生错误的测量结果。

当在 EUT 的电源端子上用 AMN 进行测量时，所有的电压测量应同时连接两个网络，并要符合 7.4.1 和 7.4.2 规定的要求。

注：如果△型网络还相应地设计了连接信号线的去耦电路和连接到测量接收机的耦合电路，那么用相同的网络阻抗，△型网络的频率范围就能扩展到 9 kHz。

7.4.3.2 用 T 型网络测量

共模 AN(例如按照 GB/T 6113.102—2008 第 7 章所规定的 T 型网络)也可以用来测量 9 kHz～30 MHz 频率范围内的共模骚扰电压。

与△型网络的差模和共模端都有 150 Ω 相等的模拟阻抗相比较，T 型网络只提供一个 150 Ω 的共模端，而且几乎不带负载，对通信线路上的差模工作信号有很好的隔离作用。

在 T 型网络供电的一侧，信号模拟器，EUT 的直流负载电路、EUT 的工作信号频率负载电路或 EUT 工作时所需要的其他电路都可以连接在一起。当特定的 EUT 需要时，这些电路自身应提供一个 100 Ω～150 Ω 的差模射频电阻，或者与终端一起提供这个电阻。当 EUT 工作时没有规定需要外部电路时，150 Ω 电阻应当作为差模射频终端连接到 T 型网络上去。图 15 表示 T 型网络的一个实例。

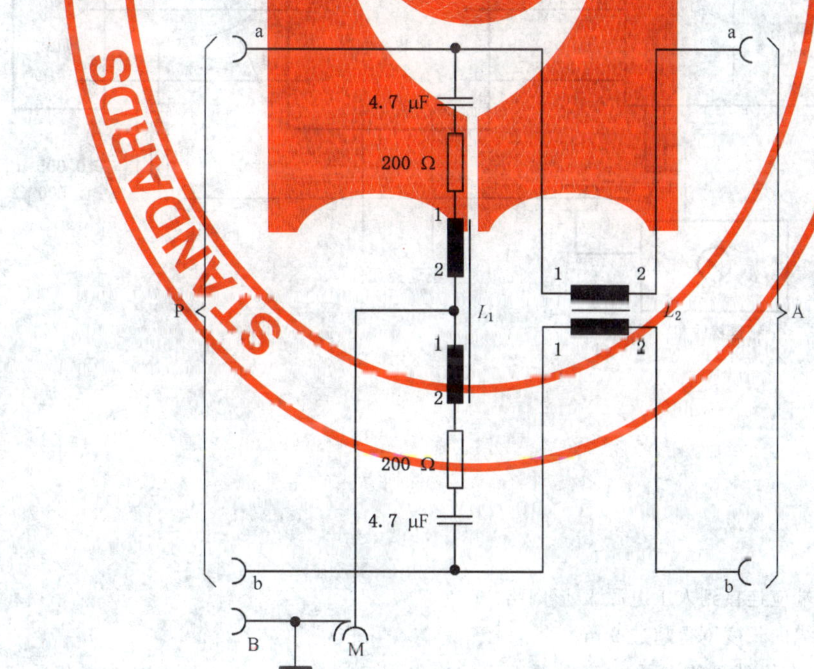

1——线圈的始端；

2——线圈的末端；

A——用于电信导线的端子；

B——接地(金属壁)端子；

M——测量接收机(50 Ω)的端子；

P——连接到 EUT；

L_1——差模电感，每个线圈 5 mH～40 mH；

L_2——去耦电感(电流补偿的)。

图 15 模拟通信线的示图(T-1 网络或电信阻抗模拟网络)(见 7.4.3.2)

7.4.4 使用电压探头的测量方法

7.4.4.1 使用 AMN 的情况

为了对带有数根连接导线或可以连接数根导线的装置和系统进行测量，在那些不能用人工电源网络进行测量的导线连接端(例如，与电源分离的部分元件之间的连接线)与天线控制线以及负载线的连接插座上的骚扰电压，必须使用高输入阻抗(1 500 Ω 或者更大)的电压探头来测量，以便保证探头不加载到被测线上。

然而，对于上述情况，初级电源输入线必须被隔离并用 AMN 作射频端接。不使用电压探头来测量的那些导线，在布置和长度方面则必须遵守 7.4.1 的相应规定和各自的产品(类)EMC 标准(例如 GB 4824—2004 和GB 4343.1—2003)中为各个设备规定的运行条件。电压探头应通过同轴电缆连接到测量接收机上，它的屏蔽层被连接到参考地和电压探头外壳。从这个外壳到 EUT 的带电部件不得有直接的连接。

图 16 表示一个测量半导体调节控制器骚扰电压试验装置的实例。

7.4.4.2 不使用 AMN 的情况

在不使用 AMN 来测量的 EUT 试验中，应用一个高阻抗电压探头跨接在一个规定的模拟电阻两端上来测量(例如，在 GB 4343.1—2003 中 7.3.7.2 中的电栅栏模拟装置，或者考虑到 7.4.1 的规定，在有完全确定的布置和导线布局且开路状态下测量)。

这种测量方法对由自身单独的电源供电的电力电子器件或由不带负载的单独配置的导线所连接的电池供电装置也是有效的。

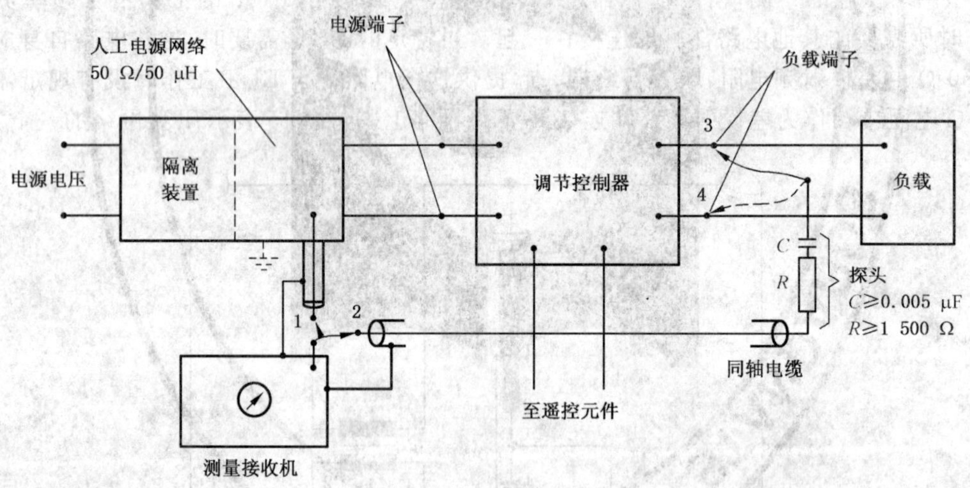

开关位置：

1——用于电源测量；

2——用于负载测量；

3,4——负载测量中依次的连接点。

注：

1 测量接收机的接地端应连接到人工电源 V 形网络。

2 从探头算起同轴电缆的长度不得超过 2 m。

3 当开关在位置 2 时，在终端 1 的 V 形人工电源网络的输出端应该端接一个与 CISPR 测量接收机阻抗等值的阻抗。

4 在只有一根电源导线上插入两端调节控制器的情况下，应如图 16a 中所示的那样连接上第二根电源线来进行测量。

图 16 用电压探头测量的示例(见 7.4.4.1)

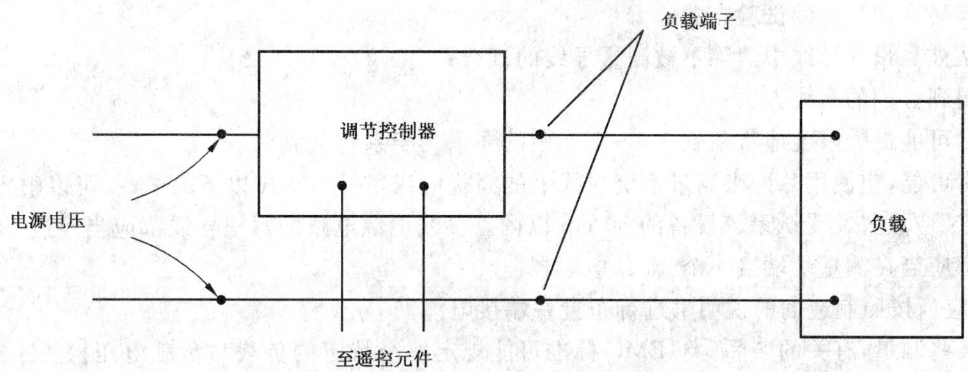

图 16a 适用于两端口调节控制器的测量布置

当电流超过 25 A 的单个独立电源(例如:电池、发电机、变换器等)进行骚扰电压测量时,必须测量其阻抗,以便按 CISPR16-1 来确定没有超过模拟电阻的允差。

凡输入阻抗 Rx 大于 1 500 Ω 的电压探头,其软性接地线长度不应超过最大测量频率对应波长的十分之一,并应该以可能的最短路径连接到作为参考地的金属表面上。为了避免由探头的屏蔽层引入到测量点的附加容性负载,探头的探针长度应不超过 30 mm。凡连接到测量接收机的屏蔽连接线布置必须使得 EUT 相对于参考地的电容不会变化。

7.4.4.3 人工电源网络用作电压探头的情况

当 EUT 的额定电流超过 AMN 的额定电流时,AMN 可作为电压探头使用。AMN 的 EUT 端口与 EUT(单相或三相)的每一根电源线连接。

在 AMN 接到电源之前,必须与试验现场的大地 PE 可靠连接。

警告:在断开 PE 前,AMN 应先断开电源,其电源端口保持断开状态。当 AMN 作为电压探头连接时,AMN 的电源输出端口与 EUT 供电电源接通,应对 AMN 的电源输入插脚采取绝缘保护或采取其他的安全方法。

在 150 kHz～30 MHz 频段,EUT 的电源线应经过一个 30 μH～50 μH 的电感(见图 A.8 布置 2)接到电源。电感可由扼流圈、50 m 长的线或变压器实现。在 9 kHz～150 kHz 频段,通常需要一个较大的电感用于电源的去耦,此措施也能减少电源网络的噪声(见 A.5)。

在标准的配置中,用 AMN 进行测量较好。AMN 作为电压探头来使用仅适用于那种实际电流超过 AMN 容量的现场测试。一般不使用此方法,除非在产品标准中将其列为替代的方法。

7.4.5 使用电流探头的测量方法

由于某些原因,骚扰电流测量可能是有用的。首先,在某些设备中也许不可能插入 AMN,当对固定安装的系统或者大电流的 EUT 进行测量时尤其如此。其次,使用电流探头的原因是,在频率范围的低端,电源阻抗变得很低,以致骚扰源成为一个电流发生器。因此就可以用电流互感器来测量这个电流,而无需中断或拆开电源的连接。

电流探头应当符合 GB/T 6113.102—2008 的要求。

用电流探头卡住全部导线的电缆以便能够直接测量骚扰电流中的共模分量。因此,可以很容易地把共模骚扰电流从差模工作电流中分离出来。

如果在负载和源阻抗已知的情况下进行测量,则可以计算出骚扰电压。

如果只有一根导线被包围住,那么测量的是差模和共模骚扰电流分量的叠加值,此时如果存在任何大的工作电流(200 A 以上),那么可能由于电流探头的磁芯饱和而造成数据的不真实。

7.5 传导发射测量的系统试验布置

7.5.1 系统测量的一般方法

为传导发射测量而规定系统试验布置目的如下:

——避免共模骚扰地环路;

——容易再现规定的试验布置；

——从被测量的导线中消除不被测量导线的耦合；

——得到去耦的布线方法；

——尽可能最大限度地将条款7.1～7.4中的要求用于系统试验。

只要有可能，应使用AN来测量系统导线上的骚扰电压，对于50 A以下的电流，可以很容易地使用AN。该AN应放置在受试系统设备的80 cm以内。多线电源电路的每根导线都应当经过一个AN，每一个AN都应当在测量端端接一个50 Ω电阻器。

EUT应当按照制造商的说明书进行布置并端接电缆。

对于某些测量，有关的产品(类)EMC标准可能规定一个特定的负载与负载电压探头一起使用，来代替AN。当电源电流大于50 A且没有一个适当的AN的时候，电压探头也可用于传导测量。但在此情况下用AN得到的测量结果将优先于用电压探头得到的测量结果。

而对某些测量，在有关的产品(类)EMC标准中则可能规定使用电流探头。

7.5.2　系统配置

系统应仔细地配置、安装、布置，并按最能代表系统典型的使用情况(即按使用说明书中的规定)或者本部分的规定运行，通常在由多个互连的装置组成的系统中运行的设备应作为这一典型运行系统的一部分来进行测量。

通常，要求受试系统应和供给最终用户的系统型号相同，如果当时不能得到销售资料或者不可能去组装大量的设备去模拟一套完整的产品系统，那么就应采用试验工程师和设计工程人员协商后的认为最好办法来进行测量，这些讨论和决策过程都应在试验报告中注明。

应依据EUT的类型来选择和布置其电缆、交流电源线、主机和外围设备，并且必须能够代表预期的设备配置。要区分三种类型的系统：第一类是常规使用时全部放置在台面上的那些台式系统；第二类是常规使用时构成系统的设备都是地面放置的落地式系统。这些包括安装在专门设计的架高地板上的系统，以利于在架高地板之下进行系统内部的连接。构成落地式系统的设备可以用地面上的电缆和设备在架高后地板下的电缆，或者按常规安装时的架空电缆相互连接起来。第三类是落地式系统和台式系统组合而成的系统。本条的以下部分提出了这些系统的每一类别的试验规程。此外也应遵守条款7.1至7.4的特定要求。

系统中通常作为落地式的设备应按照条款7.4.1的规定放置在地面上。那种设计成既可放在台面上又可放在地面上工作的设备应按台式布置进行试验。

7.5.2.1　运行条件

系统应运行在额定(常规)工作电压和典型负载条件下——为系统而设计的机械负载或电气负载，或是这两种负载，可以是实际负载，或是如同个别设备的要求中所叙述的模拟负载。对于某些系统，也许有必要制定出一套明确的要求来规定试验条件、运行条件等，用于试验专门的系统。

如果系统包括视频显示装置或监视器，则要采用下述运行条件，除非产品(类)EMC标准另外规定了别的运行条件：

a)　对比度调到最大状态；

b)　亮度调到最大，若光栅消失发生在小于最大亮度之处，则设在光栅消失处；

c)　对于彩色监视器，在黑色背景上用白色字母来代表全彩色；

d)　如果两者都可得到的话，选择正负视频中最差的一种情况；

e)　选择每行的字母数和字母大小，以便显示出每屏最多的字母数；

f)　对于无图形功能的监视器，都应显示由随机文本组成的图案，与使用的视频卡无关；

g)　对有图形功能的监视器，即使使用其他的视频卡能完成图形显示，也应显示滚动的满屏H图案；

h)　如果监视器没有文本功能，则使用典型的显示功能。

7.5.2.2 **系统的接口设备、模拟器和电缆**

进行符合性试验应按实际应用情况配置外围设备和布置电缆，并要认为它们在最终系统中是很可能得到的。图5、图7、图8和图9描述标准的试验总体布置，这些布置为在各检验实验室中的可重复性提供了基础，并且符合实际系统的要求和电缆的方位。任何不符合标准试验总体布置的做法连同支持这种做法的依据理由都应用资料来证明。

由于要求一个系统与其他的装置（设备）在功能上相互作用，所以应使用实际的接口装置。可以用一些模拟器来提供有代表性的运行条件，只要代替这些实际接口装置所用的模拟器的效应能恰当地代表那些接口装置的电气特性。在有些情况下，还应能代表接口的机械特性，尤其是有关的射频信号、阻抗和屏蔽终端等特性。由于使用模拟器增加了试验的不确定度，如有可能的话，要避免这种用法。在有争议的情况下，将优先采用实际接口装置进行测量。如果一个装置只是设计用来与专门的主机或外围设备一起使用，那么该装置应与那个主机或外围设备一起试验。

接口电缆应是标准系统所提供的常用典型电缆，长度至少2 m，除非制造商的用户手册中规定用较短的电缆。在整个试验过程中都应使用用户手册中规定的相同类型的电缆（即非屏蔽的，网状屏蔽的，金属箔屏蔽的等）。超长的电缆应在电缆的近似中点处以30 cm～40 cm长的线束来回折叠成S形。

如果为了达到符合标准的目的而在试验中使用了屏蔽的或特殊的电缆，则在试验报告和使用说明书中都必须包括建议需要使用的那些电缆的类型。

凡接口端口（连接器）都应有一根电缆连接到该系统的每种功能类型的接口端口，而且每根电缆都应端接在一个设备实际使用的典型端口上。在有多个类型都相同的接口端口情况下，应给系统增加另外的电缆，以便确定这些电缆对该系统的发射所产生的影响。

通常类似端口的负载受到下列限制：

a) 多负载的利用率（对于大系统）；

b) 多负载表现一个典型设备的合理性。

在试验报告中应包括选择试验布置和端口负载的理由，就是连接上25%可能有的电缆，而再加上一个或多个电缆的时候，增加的发射不多于2 dB。在试验中，除了与该系统或最低要求的系统相关的那些端口以外，不需要连接或使用支持设备，接口装置或模拟器上的那些附加端口。

7.5.2.3 电源连接

如果系统是由多个具有其自身电源线的设备组成，则AN的连接点按下述规则确定：

a) 应分别试验接在标准设计（例如，GB 1002）的电源插头上的每一根电源线；

b) 应分别试验不是由制造商所规定的那些经由主机相连的电源线或端子；

c) 制造商规定连接到主机或其他供电设备的那些电源线或现场接线端子应连接到主机或其他供电设备上，主机或其他电源供电设备的端子或电源线被连接到AN上作试验。

d) 在规定特殊电源连接线的情况下，为了进行试验而连接到AN的必要连接件应由制造商提供。

单独供电的设备其安全接地线要用一个频率范围为0.15 MHz～30 MHz的50 μH的AN将其（安全接地线）与EUT隔离开来。在这种用法中AN作为一个滤波器，常规的AN电源输入端被连接到参考地。

7.5.3 **互连导线的骚扰测量方法**

除了对电源连接线的那些端子进行测量之外，可能还需要使用电压探头对进出导线（例如控制线和负载线）其他的一些端子进行测量。如果EUT的功能受到该探头的1 500 Ω阻抗的影响，那么可能要增加50/60 Hz阻抗和射频阻抗（例如15 kΩ串联500 pF）。若产品（类）EMC标准要求的话（或提供作为一种选择），也可以使用电流探头来测量电流，以替代电压测量。

在测量期间，接上电源线的AN要放置在适当的位置，以便提供所规定的电源隔离和射频终端。要接上辅助设备（控制器，负载），以便能够在那些设备相互作用的期间内和在所有提供的运行条件下，对那些端子进行测量。

如果 EUT 之间的连接导线在两端被永久固定并短于 2 m,或屏蔽电缆的两端连接到参考地,即那些设备的金属外壳,就没有必要测量。带有插头或插座的非屏蔽连接导线要能延长到 2 m 以上,至少延长到 2 m,并必须做试验。屏蔽电缆至少长 2 m,除非用户手册规定用较短的电缆。

7.5.4 系统去耦

系统中,任何地环流都是导致传导测量不准确的原因。在 EUT 的安全接地线中安装一个频率范围为 0.15 MHz~30 MHz 的 50 μH 的 AN 可能会阻断这个地电流。

各设备之间的互联电缆的屏蔽层也可能产生地环流。因此,这些设备的安全接地线也应用 50 μH 的 AN 来隔离。

为了防止地环路,测量接收机应在测量点作参考接地(警告:如果没有给测量接收机提供隔离变压器,就可能有电击的危险)。

7.6 现场测量

如果系统不能在试验场地安装,那么可以在最终用户或制造商的安装场所进行试验。在这种情况下,系统和它的安装场所均被视为是受试系统。发射的结果是特定的,只对安装场所有效,因为场地的特性影响着测量。然而,为了确定符合发射要求起见,一个给定系统的试验是在 3 个或更多个有代表性的场所完成的话,则其结果可以认为是具有类似系统的所有场地的有代表性的结果(如果要求是许可的话或文件中要求这样做)。

应在现有传导条件的情况下,用非电抗性的传感装置(高阻电压探头)测量骚扰电压。那些传导条件和测量结果受到的影响有:

——在测量中使用的现有参考地或参考体。在用户现场试验中都不设置导电接地平面或 AN,除非其中之一或两者都是该设备的固定部分;

——电源传导的射频特性和负载条件;

——周围的射频环境,以及

——传感装置的输入阻抗。

7.6.1 参考地

EUT 现场的现有接地应用来作参考地。这种选择要考虑到射频(RF)特性。通常,可以通过一个长宽比不超过 3 的宽金属片将 EUT 连接到通大地的建筑物导电结构上,这些导电结构包括金属水管、中央取暖管道、通向大地的避雷针、钢筋混凝土结构和钢梁。

一般,电力设施的安全接地线和中线不适合作为参考地,因为这些导线可能含有外界骚扰电压和可能具有不确定的射频阻抗。

如果 EUT 或测量场地周围没有适当的参考地可以利用,那么可以将附近足够大的导电结构,如金属箔、金属板或金属网等作为测量的参考地。

还应遵守条款 7.4.2.1 和附录 A 中的一般要求。

7.6.2 使用电压探头测量

使用电压探头也可检测传导骚扰电压。为了设置测量的参考地,要采取专门的措施。

由测量电路的负载而引起的任何电压减小可以用改变电压探头的输入阻抗来定性地确定。如果与测量点或受测试网络的内阻抗相比较,电压探头的输入阻抗较高,那么当电压探头输入阻抗增大时,在测量骚扰电压时只会发生很小的差别。探头的输入阻抗可以用串连一个 1 500 Ω 电阻来增加 1 倍,如果骚扰电压减小 5 dB 或 6 dB(预计),则 1 500 Ω 探头可以用来测量骚扰电压。

7.6.3 测量地点的选择

可以在用户工作场所及工业区的边界或接收系统受影响区域内的指定点进行设备现场的无线电骚扰电压测量。

7.6.3.1 对电源及其他供电线的测量

对于供电网络，只需用电压探头在建筑物的电源入口处附近可以接近的电源插座处测量不对称骚扰电压就足够了。

7.6.3.2 对非屏蔽和屏蔽电缆的测量

对于非屏蔽和屏蔽的信号线、控制线和留在边界的具有非接地屏蔽层的负载线，也应使用电压探头来测量这些单独导线或屏蔽层相对于参考地的不对称骚扰电压。

对于屏蔽层接地的屏蔽电缆，可以用电流探头在离连接点或接地点大于十分之一波长处测量共模骚扰电流。

8 发射的自动测量

8.1 自动测量的概述

多数情况下，可用自动测量替代 EMI 重复测量以降低操作人员在读数和记录中的差错。由计算机采集数据产生的错误，可由操作人员检查发现。在某些情况下，自动测量可能产生比熟练的操作者手动测量更大的不确定度。不过，无论是手动测量还是用软件控制，测得的发射值的准确度是没有差异的。两种情况下，测量不确定度都是基于所用仪器在测量设置时的准确度。当实际的测量情况与软件设定的条件不同时，可能会增加难度。

例如：若在自动测量期间存在环境信号，EUT 的发射频率临近高电平环境信号时，可能无法准确测量。一个有经验的测量人员可以轻松的辨别实际骚扰与环境信号，根据情况调整测量 EUT 发射的方法。可以通过关闭 EUT 进行环境测量，记录当时试验场的环境信号，减少测量时间。在这种情况下，软件能通过适当的信号识别方法提示测量人员在某些频率上存在潜在环境信号。

若 EUT 的发射在缓慢变化，EUT 发射存在一个低的开关周期或出现不稳定的环境信号（例如电弧焊瞬变），测量人员应介入测量。

8.2 一般测量程序

在使 EUT 处于最大发射并进行最终测量之前，EMI 接收机先捕捉信号。用准峰值检波器测量频段内的所有频率的发射最大值，会耗费过多的时间（见 6.5.1），因此不需要对每个发射频率进行像天线高度扫频那样耗时的过程，只要对发射幅值接近或超过发射限值的频率进行测量，即仅对发射幅值接近或超过限值的关键的频率测量其最大值。

下列通用程序能减少测量时间：

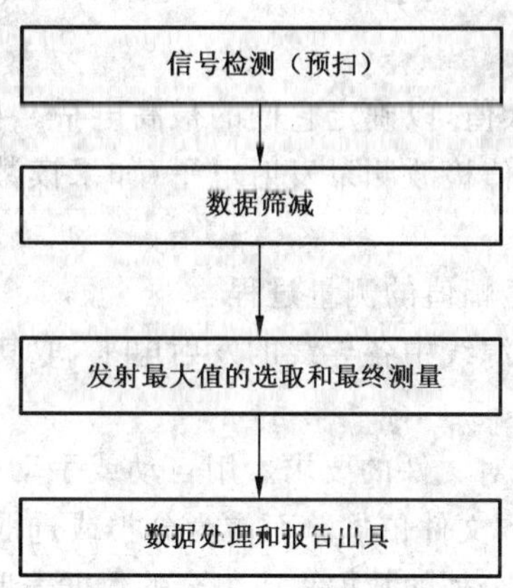

8.3 预扫

预扫作为整个测量程序的第一步有多个作用。预扫的目的是获得将要进行的附加测试或扫频所需求的信息，因此它对测量系统设置提出基本的要求和限制。这种测量模式适用于对那些发射频谱不了解的新产品的测量。通常，预扫是数据采集过程，用于确定测量频段内显著信号的频率范围。为了达到该测量目的可能需要移动天线塔和转台(对辐射发射测量),需要仔细调整频率(例如在OATS进行进一步测量),经过幅值与限值比较,选取有针对性的频率。这些因素确定了预扫的测量程序。在任何情况下,结果应保存在数据列表中,以作进一步处理。

当对未知发射频谱的EUT进行预扫以快速获取信息时,按6.5条要求进行频率扫频。

确定测量时间:

如果EUT的发射频谱,尤其是最大的脉冲重复间隔 T_p 未知,必须研究以确保测量时间 T_m 不短于 T_p。EUT发射的间歇特性与发射频谱的临界峰值十分相关。首先应确定发射幅值不稳定的发射频率,这可以通过比较15 s观察期间内最大值保持与最小值保持(测量设备或软件的清除/写入功能)获得。观察期间不能改变测量布置(传导发射时不改变导线,功率测量时不移动吸收钳,辐射发射时不移动转台或天线)。例如可以把最大值保持结果与最小值保持结果之差大于2 dB的信号作为间歇信号(注意不要把噪声当作间歇信号)。辐射发射测量时,改变天线的极化方向进行复测以减小由于间歇信号低于噪声电平而被遗漏的风险。可以用零跨度扫描或将示波器接到测量接收机的中频输出端测量每个间歇信号的脉冲重复周期 T_p。增加测量时间直到最大值保持和清除/写入的结果之差小于2 dB,此时的测量时间为适宜的测量时间。进一步测量(最大值测量和终测)时,必须确保每一个子频段的测量时间 T_m 不小于脉冲重复周期 T_p。

确定测量类型的预扫方法:

传导发射:预扫可以在典型的导线上进行测量,例如电源线的"L"线,也可以用峰值检波器和尽可能快的扫频时间对每一根线进行测量,如果对多根导线进行测量,应采用最大值保持功能,以确保测得发射最大值。

8.4 数据筛减

作为整个测量程序的第二步,通过减少预扫收集的信号数量,以进一步减少整个的测量时间。此过程可以完成不同的任务,例如确定频谱中的关键信号,辨别环境或辅助设备信号和EUT的发射信号,比较信号与限值,或根据用户的要求进行数据筛减。附录C[1]中的判定树给出了数据筛减的另一种方法,依次用不同的检波器把数据与限值进行比较。数据筛减可以用全自动或交互的方式,包括软件工具或操作人员的介入来实现,它不需要独立于自动测量,例如可作为预扫的一部分。

在某些频段,尤其是调频频段,区分声音广播信号是非常有效的。这就要求对调频信号进行解调,以便能听到其调制的内容。如果预扫的结果中包含有大量的信号,辨别声音广播信号就很必要,该测量过程很长。如果能通过调谐和收听确定频率范围,那么只需在这些频段进行解调。将数据筛减的结果单独列表保存,以便进一步处理。

8.5 发射最大值的选取及最终测量

最终测量是通过测量发射的最大值,以确定它们的最高电平。在找到发射信号的最大值后,以适当的测量时间用准峰值检波和/或平均值检波测量发射电平(如果读数在限值附近波动,则至少需要15 s时间)。

测量的类型决定了获得最大信号幅值的测量过程。

传导发射测量:比较EUT的电源线中各导线的发射电平,取其中的最大电平。

8.6 数据处理和报告出具

作为整个测量程序的最后一步是对文件的要求。用自动或手动交互的方式进行分类和比较路径,列出数据表,作为用户编制所需的报告和文件依据。而作为分类或选取的依据,应获得修正的峰值、准峰值或平均值的幅值。这些处理的结果以分列的数据表或组合的数据表形式保存,作为文件或进一步处理。

检测报告应用列表和图形的形式表示测量结果。此外,有关测量系统的信息也应作为测量报告的一部分,如所用的传感器、测量仪器以及产品标准所要求的EUT布置的有关描述。

---

1) 国际标准中为附录D(Annex D),本部分将其更正为附录C。

附　录　A
（资料性附录）
电气设备与人工电源网络的连接指南
（见第5章）

A.1　概述

本附录旨在给出一种评价 9 kHz～30 MHz 频率范围内某些电气设备产生的骚扰的技术性通用导则。提供这些设备与端子电压测量用的 AMN 连接方法的资料。本附录中的表 A.1 和表 A.2 给出了在实际应用中可能遇到的各种情况所做出的一般描述，针对各种情况，都选择了一种适用的技术。

A.2 所叙述的各种情况可以鉴别 EUT 的骚扰传播是：

a)　沿着连接的电源线进行的传导(在等效电路图中用 E_1 和 I_1 来表示)；或

b)　辐射并耦合到所连接的电源线(在等效电路中用 E_2 和 I_2 来表示)。

传导骚扰和辐射骚扰哪种情况占主导，部分取决于 EUT 相对于接地参考的布置(包括连接参考地的形式)；部分取决于 EUT 到 AMN 的连接形式(屏蔽电缆或非屏蔽电缆)。

A.2　可能遇到的各种情况分类

A.2.1　屏蔽良好但滤波不良的 EUT(见图 A.1 和图 A.2)

在这种情况下，用电流 I_1 表示的传导骚扰分量占主导。骚扰电流 I_1 从 EUT 馈入到 AMN(其阻抗为 Z)。所以，当 EUT 的屏蔽层和接地参考之间的电容 C_1 增加时(见图 A.1)，电压 U_1 也增加。当把 C_1 直接短路或者用给 EUT 供电的屏蔽电缆来短路，使电流回路的阻抗最小(见图 A.2)(同时参见 A.3 中的讨论)。则电压 U_1 为最大。

$(U_1 = ZI_1 = E_1)$。

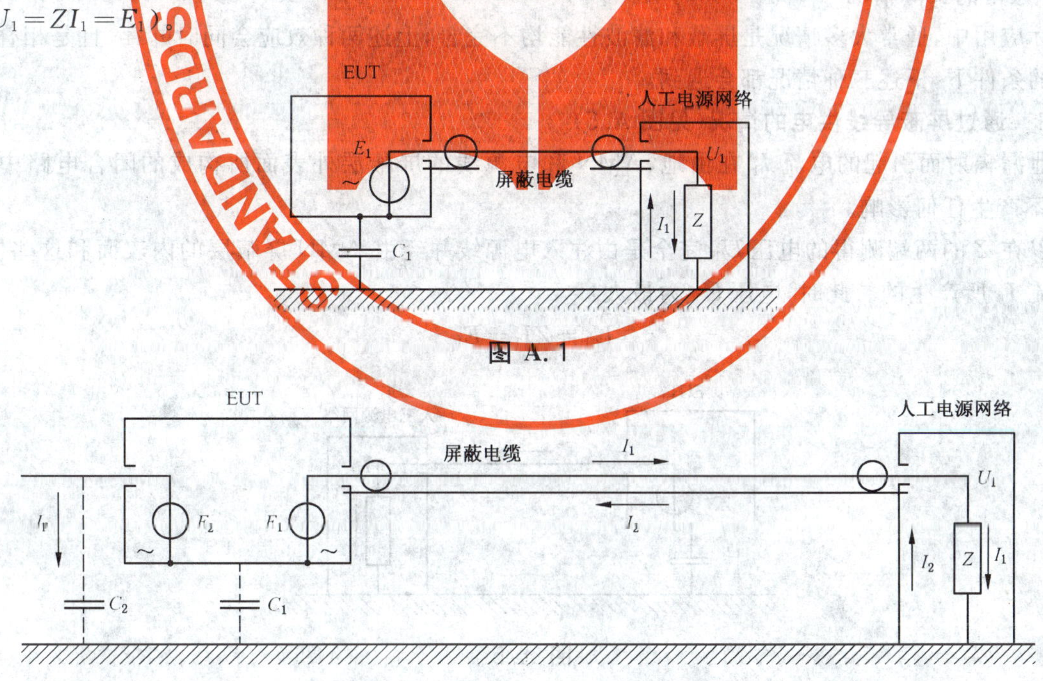

图 A.1

图 A.2

A.2.2　滤波良好但未完全屏蔽的 EUT(见图 A.3 和图 A.4)

在这种情况下，馈到电源的骚扰电流几乎减小到零，而 AMN 两端的电压可能占主导是由于不期望有的辐射可能从未完全屏蔽的一些缝隙或从一个作用像天线似的凸出导体而产生的。这种泄漏可以用图 A.3 和图 A.4 中连接在电动势为 E_2 的内部骚扰源与接地参考之间的外部电容 C_2 来表征。电容 C_2 上通过的电流为 I_2，电流 I_2 的一部分流过 C_2 并经由接地参考通过 C_1 返回。而 I_2 的另一部分流过 AMN 返回。如果电源线是未屏蔽的（见图 A.3），而与 AMN 的阻抗 Z 相比较，C_1 的阻抗大（$ZC_1\omega \ll 1$），所以 I_2' 近似等于 I_2，而电压 U_2 近似等于 ZI_2（$U_2=ZI_2$）。

如果 C_1 增加，那么 Z 就被分流，U_2 将减小，在极限情况下，如果 C_1 被短路，例如通过屏蔽电缆给 EUT 供电（见图 A.4）。这样，没有电流 I_2 流过 Z，则 U_2 将为零。

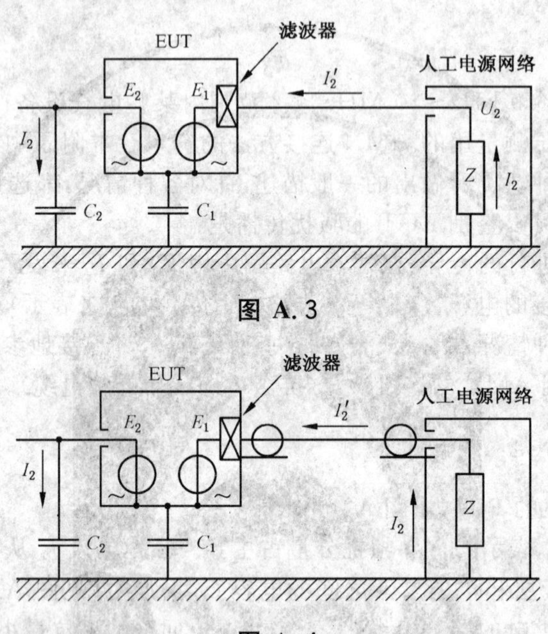

图 A.3

图 A.4

A.2.3 通常的实际情况

实际应用中，通常大多情况是屏蔽和滤波性能均不完善，上述两种效应会同时并存，且是相叠加的。在这样的条件下，下述三种情况都会遇到。

A.2.3.1 通过屏蔽导线供电的情况（见图 A.5）

因泄漏辐射而引起的电流 I_1 在由地、AMN 和电源线的屏蔽层外表面所构成的闭合电路中流动，它对 Z 不产生任何影响。

可以在 Z 的两端测得的电压 U_1 完全是由注入电源线并经由 AMN 屏蔽层的内表面和这些导线返回的电流 I_1 所产生的。此时，电压 U_1 为最大：

$$U_1=ZI_1=E_1$$

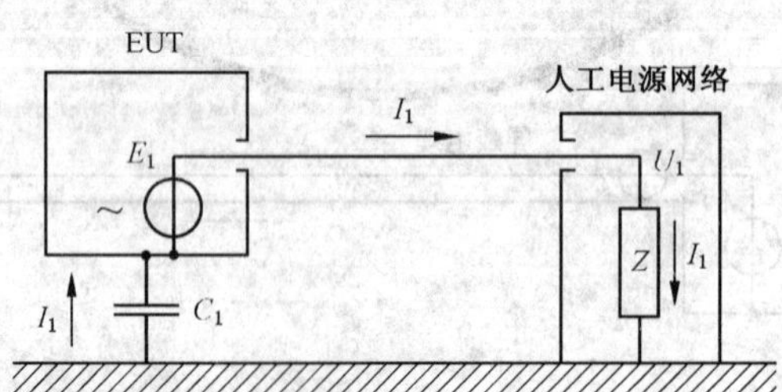

图 A.5

A.2.3.2 经过滤波但未屏蔽的导线供电的情况（见图 A.6）

如果将一个高效率低通滤波器连接到 EUT 的输入端，并将滤波器的屏蔽层直接与 EUT 的屏蔽层相连接，这时由骚扰源 E_1 馈给电源线的电流 I_1 将被滤波器所阻断。

如同图 A.6 所示的情况一样，因辐射而引起的电流 I_2 经 Z 和电源线返回（如果 $ZC_1\omega \ll 1$）；所以，

在 Z 两端测得的电压 U_2 仅由辐射产生。

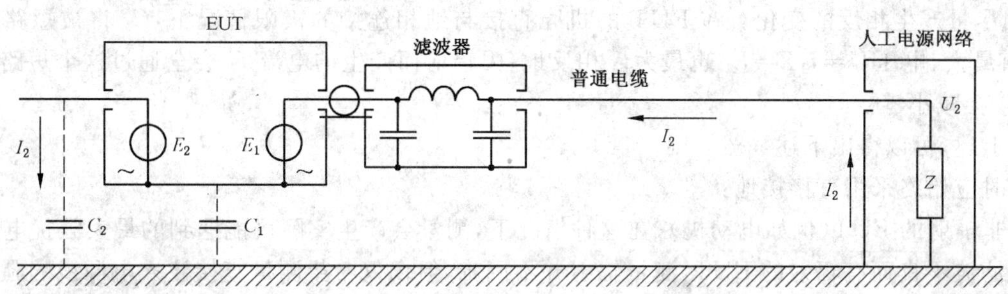

图 A.6

A.2.3.3 通过普通导线供电的情况(见图 A.7)

一旦将图 A.6 中的滤波器去掉,那么骚扰源 E_1 引起的电流 I_1 将会重新出现在导线上(见图 A.7),与图 A.5 相比较(对于通过屏蔽导线供电的未滤波的 EUT 的电流 I_1 可能有最大值),如果 $ZC_1\omega \ll 1$,图 A.7(通过普通电缆即未屏蔽电缆供电的未滤波的 EUT 的电源)中的 I_1 值将以比例 I_1(未屏蔽的 EUT)/I_1(屏蔽的 EUT)$=ZC_1\omega$ 减小到最小值(系指它的最小值)(见图 A.2)。电源 I_2 与前述情况相同,但如果导线是未屏蔽的,那么它同样会流过 Z 和电源线。因此,AMN 两端的电压是电流 I_1 和 I_2 叠加作用的结果,当电动势 E_1 和 E_2 由一个公共内部源产生时,这两个电流是同时产生的,则电压 U 的大小不仅与电流值的大小有关,而且也与它们的相位有关,对于某些频率,有可能出现电流 I_1 和 I_1 是反相的情况,此时,如果骚扰源的频率变化了,那么相位相反的关系也不会保持不变,这样电压 U 可能会呈现出快速而显著地变化。

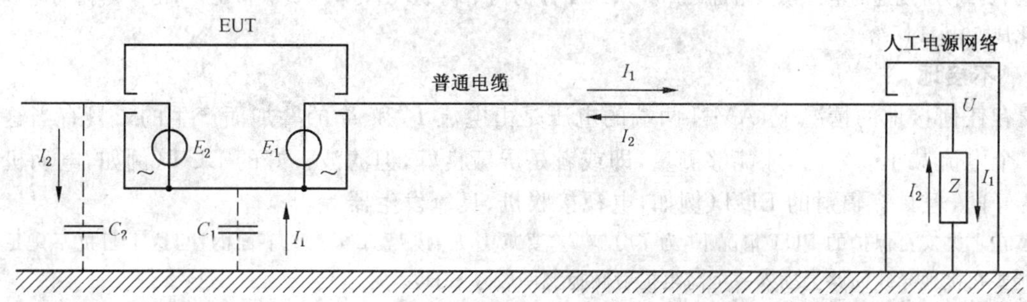

图 A.7

A.3 接地方法

在上文中,曾假设 EUT 的接地连接是通过电源线的屏蔽层连接到接地参考来实现的。

为了获得一个能够明显区别两种类型 I_1 和 I_3 的接地方法,如同上述所指出的,这是唯一正确的办法。对于所有频率,无一例外都是适用的。

对于低于 1.6 MHz 的那些频率,可以在平行于电源线且与其间距不超过 10 cm 处敷设一根长度较短(最长为 1 m)的直导线作接地线,实际上能得到同样满意的结果。

对于数兆赫以上的频率,尤其是在频率较高时,这种简单的方法必须谨慎使用,因此,无论在何种情况下都极力推荐使用屏蔽导线,在频率较高时,也许还要考虑屏蔽导线的特性阻抗。

A.4 接地条件

A.4.1 概述

A.4.1.1 一般规则

上述讨论的一些情况表明:AMN 两端电压的测量电路性能,以及由此而获得的测量结果在很大程度上取决于 EUT 的机壳如何与地连接。因此,详细地规定接地条件是必不可少的。

实质上接地的主要作用是为了分离 I_1 的 I_2 两种电流，使它们各自对测量仪(它测量 Z 两端的电压 U)的作用尽量产生相反的变化。在 EUT 的机壳直接与地相连接的极限情况下，C_1 将被短路，因而电流 I_1 的值最大，电压 $U=I_1Z=E_1$ 也最大。相反地，因辐射而产生的电流 I_2 会全通过这个短路，而相应的电压 U_2 会减小零。

综合上述，可以得出下述一般规则。

测量时应始终采用直接接地：

a) 非辐射的 EUT(例如电动机)，在这种情况下，测量会产生实际可能遇到的最大骚扰电压值。

b) 滤波不良而有辐射的 EUT，测量辐射并不困难，但仅仅希望测量直接注入电源线的骚扰电压：

 1) 为了评价滤波器的有效性(例如，电视接收机的时基电路)，或者

 2) 在实验室中，为了评价由设备产生的实际骚扰，在正常运行时，它的辐射将利用屏蔽方法来抑制(例如，用于燃油锅炉点火系统的变换器)。

A.4.1.2 直接接地

当对 A.4.1.1 的条款 b1)试验时，对于产生相当大辐射但滤波性能良好的 EUT 不应采用直接接地(例如臭氧发生器、采用阻尼振荡的医用设备和弧焊机等)。在所有这些情况中，AMN 两端的电压因采用直接接地而变得很小，而不这样接地，这个电压则可能非常大或不稳定。此时，测量便可能失去意义。为了模拟安全接地(保护接地)线的实际阻抗，可能有必要使用一个规定阻抗来实现接地。例如，使用一个保护接地扼流圈，它附带提供了对“受污染的”因而是“不良的”保护性大地接地的某种射频隔离(见表 A.2 的下半部分)。

注：这样一个“电长”导线在Ⅰ类安全保护的 EUT 的情况下，通常等于由 AMN 所提供给 EUT 的电源端子作为终端(负载)所规定的电源模拟阻抗(由 50 μH+1 Ω 的网络构成，在大电流负载情况下，由于热耗问题，可能要转化成 50 μH 网络)。

A.4.1.3 不接地

在没有任何接地的情况下，AMN 两端的电压是由电流 I_1 和 I_2 的叠加而产生的。只有当这两个电流中的一个电流减小为零时，才能够测量，即或者是屏蔽良好，但滤波不好的 EUT(例如，电动机)，或者是滤波良好的，但具有辐射的 EUT(例如，电视接收机、臭氧发生器等)。

注：若在Ⅰ类安全保护的 EUT 情况下，为了分解 I_2，要减小 I_1，按照 A.4.1.2 下面的注，这个阻抗不是足够大，可能要在接地导线回路上插入一个高阻抗射频扼流圈(1.6 mH)。

在不能作出任何区分的情况下，这种测量通常只能给出总的骚扰值。该测量结果仅仅在试验所采用的条件下才有效。因此，这些条件应予以非常明确的规定，也就是说，应对 EUT 的各部分与接地平板之间的电容值(例如，电视接收天线传输线的电容值)予以规定。对某一任选频率，如果此频率上电流 I_1 和 I_2 的相位是相反的，那么对此单一频率的测量也是没有意义的。因此，原则上，有必要在若干个频率上进行测量。

A.4.2 典型测量条件的分类

表 A.1 和表 A.2 概括总结了各种不同的测量条件，以及适用于这些条件的设备和类型。此外，表中还给出了测量的物理意义，即与在 AMN 两端测得的电压 U 相对应的物理量，以及进行测量时所采取的措施。

A.5 人工电源网络作为电压探头的连接

对大电流工作的 EUT 在传导发射测量时可能会遇到困难，频率范围为 9 kHz～150 kHz(30 MHz)的人工电源网络额定电流大约为 25 A，频率范围 150 kHz～30 MHz(50 Ω 并联 50 μH)额定电流大约为 200 A。

当 EUT 的额定电流大于 AMN 的额定电流时，可以用 AMN 作为电压探头来使用。如果在产品标准中引用此方法，这样的替代方法也可用于现场测量。

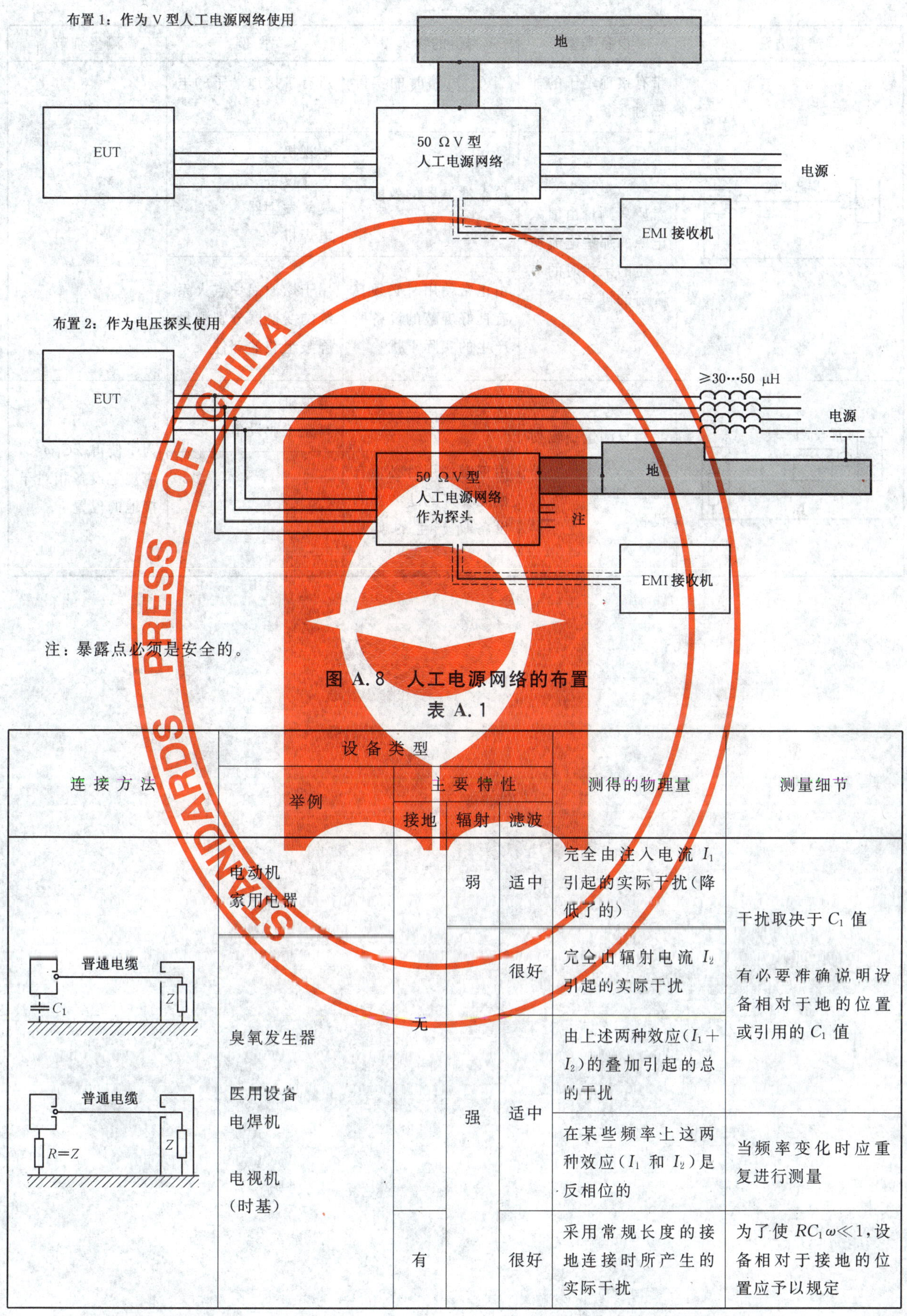

注：暴露点必须是安全的。

图 A.8 人工电源网络的布置

表 A.1

连接方法	设备类型				测得的物理量	测量细节
	举例	主要特性				
		接地	辐射	滤波		
	电动机 家用电器	无	弱	适中	完全由注入电流 I_1 引起的实际干扰(降低了的)	干扰取决于 C_1 值 有必要准确说明设备相对于地的位置或引用的 C_1 值
普通电缆	臭氧发生器 医用设备 电焊机 电视机 (时基)		强	很好	完全由辐射电流 I_2 引起的实际干扰	
				适中	由上述两种效应(I_1+I_2)的叠加引起的总的干扰	
普通电缆					在某些频率上这两种效应(I_1 和 I_2)是反相位的	当频率变化时应重复进行测量
		有		很好	采用常规长度的接地连接时所产生的实际干扰	为了使 $RC_1\omega \ll 1$，设备相对于接地的位置应予以规定

表 A.2

<table>
<tr><th>连接方法</th><th>设备类型</th><th>测得的物理量</th><th>举 例</th><th>测量细节</th></tr>
<tr><td rowspan="3">屏蔽电缆
Z</td><td>带有接地端子的非辐射设备</td><td>当 C_1 短路时的实际最大干扰</td><td>所有带接地端子的电动机</td><td rowspan="3"></td></tr>
<tr><td rowspan="2">希望只测量由馈入电源的那些电流所产生的干扰时的有辐射的设备</td><td>检查滤波器的效能</td><td>电视机
医疗设备
臭氧发生器
电焊机</td></tr>
<tr><td>由正常使用时必须具有良好屏蔽的设备所产生的实际干扰</td><td>用于燃油锅炉点火系统的变换器分别测量屏蔽组装的部件</td></tr>
<tr><td rowspan="2">屏蔽滤波器
普通电缆
Z</td><td rowspan="2">希望只测量由辐射所产生的干扰时的滤波性能不良的设备</td><td>检查屏蔽层的效能</td><td>电视机
高频工业设备</td><td rowspan="2">为了使得 $ZC_1\omega \ll 1$ 应规定设备相对于接地的位置</td></tr>
<tr><td>由正常使用时必须有性能良好的滤波器的设备所产生的实际干扰</td><td>荧光灯</td></tr>
</table>

附 录 B
(资料性附录)
频谱分析仪和扫频接收机的使用要求
(见第6章)

B.1 概述

当使用频谱分析仪和扫频接收机进行测量时,应考虑下述特性。

B.2 过载

在2 000 MHz以下的频率范围内,大多数频谱分析仪都不具有射频预选功能,即输入信号被直接馈到宽带混频器中。为了避免过载、防止仪器损坏和使频谱分析仪工作在线性状态下,混频器端的信号幅度一般应小于150 mV峰值,为了把输入信号降至此电平,也许需要射频衰减或附加的射频预选。

B.3 线性度的测试

频谱分析仪的线性度,可以首先对研究的某一特定的信号电平进行测量,然后在测量装置的输入端(如果使用了预选放大器,则在预选的输入端)插入大小为X dB($X\geqslant 6$ dB)的衰减器,再重复进行测量,当测量系统为线性时,加入衰减后接收机显示的新读数与第一次(未加衰减器时)的读数之差应在X dB ± 0.5 dB之内。

B.4 选择性

频谱分析仪和扫频接收机必须具有符合GB/T 6113.101—2008中规定的带宽,以便在标准带宽内来正确测量宽带信号和脉冲信号,以及有几个频谱分量的窄带骚扰。

B.5 对脉冲的正常响应

具有准峰值检波功能的频谱分析仪和扫频接收机的脉冲响应能够用符合GB/T 6113.101—2008中规定的校准试验脉冲信号来检验。对于校准试验脉冲所具有的很高峰值电压,一般需要插入一个40 dB(或更大)的射频衰减器,以满足线性度要求,这将导致灵敏度的降低,从而在B、C、D频段不能进行低重复率和孤立校准试验脉冲的测量。如果在接收机前使用预选滤波器,那么射频衰减量就可以减少。正如用混频器所看到的,滤波器限制了校准试验脉冲的频谱宽度。

B.6 峰值检波

原则上频谱分析仪的常规(峰值)检波方式可以提供永不小于准峰值指示的显示值,用峰值检波进行发射测量是很方便的,因为较之准峰值检波它允许使用更快的扫频速率。因此,那些接近发射限值的信号需要用准峰值检波重新测量,以便记录准峰值。

B.7 扫频速率

频谱分析仪或扫频接收机的扫频速率应相对于CISPR频段和所用的检波方式来进行调整:最小扫频时间/频率即最快扫频速率。见表B.1:

表 B.1 最小扫描时间/频率即最快扫频速率

频段	峰值检波	准峰值检波
A	100 ms/kHz	20 s/kHz
B	100 ms/MHz	200 s/MHz
C/D	1 ms/MHz	20 s/MHz

对用于固定调谐非扫频方式下的频谱分析仪或扫频接收机,调整显示扫频时间,可以按照观测发射性能的要求来进行而与检波方式无关。如果骚扰电平不稳定,那么观察测量接收机的读数的时间必须至少为 15 s,以确定最大的骚扰(参见 6.4.1)。

B.8 信号截获

间歇发射的频谱可用峰值检波和数字显示存储(如果有)来截取。单一、慢速的频率扫频相比,多重、快速的频率扫频能减少截获发射的时间。应变化扫频的起始时间,以避免与任何发射同步而导致隐匿了的发射。对一个给定的频率范围,总的观察时间必须大于发射的间隔时间。根据所测骚扰的类型,峰值检波测量能够替代所有或部分替代用准峰值检波所需的测量,然而在发现最大辐射的那些频率上,应当用准峰值检波器进行重复测量。

B.9 平均值检波

用频谱分析仪作平均值检波是利用减小视频带宽直到观察到的显示信号不能更平滑为止来获得的。扫频时间必须随视频带宽的减少而增加,以保持幅度校准。对于这种测量,接收机必须使用在检波器的线性状态下。在线性检波之后,为了显示,信号可能要进行对数处理,在那种情况下,即使显示的值是线性检波信号的对数也要校正。

可能要使用对数幅度显示方式,例如,为了更容易地区分窄带和宽带信号。所显示的值是对数不失真中频信号包络的平均值。在不影响窄带信号显示的情况下,它比线性检波方式对宽带信号有更大的衰减。因此,对于频谱中包含有上述两种信号的情况下进行窄带分量评估,对数视频滤波尤为适合。

B.10 灵敏度

在频谱分析仪前使用低噪声射频前置放大器可以增加灵敏度,输入到放大器的信号电平应该用衰减器来调整,以测量整个系统对受试信号的线性度。

对于很强的宽带发射来说,需要有很大的射频衰减来保证系统的线性,此时可以在频谱分析仪前用射频预选滤波器来增加它的选择性,达到提高灵敏度的目的。该滤波器降低了宽带发射的峰值幅度,因此可以使用较小的射频衰减。也许有必要使用这样的滤波器来抑制或衰减带外强信号和由它们所引起的互调干扰分量。如果使用这样的滤波器,则必须用宽带信号来校正。

B.11 幅度精确度

频谱分析仪或扫频接收机的幅度精确度可以用信号发生器、功率表和精密衰减器来检验,必须对这些仪器、电缆和失配损耗的特性加以分析,以评估校验中的测量误差。

附 录 C
（资料性附录）
传导测量时检波器使用的流程图
（见 7.2.1）

当产品标准要求用准峰值和平均值两种检波器进行测量时，下列判定树及其注释提供了传导骚扰测量时检波器的使用和符合/不符合判据的导则。为了提高测量的效率，推荐用图 C.1 中含峰值检波器的路径 1。

图 C.1　为优化测量速度而采用峰值检波器、准峰值检波器和平均值检波器进行传导骚扰测量的判定树

注：EUT 要符合限值要求，必须同时满足准峰值和平均值。可以选用路径 1 或路径 2 进行测量。为提高传导骚扰测量速度，优先推荐用路径 1，用准峰值测量开始的路径 2 比较慢，此时从峰值测量中符合准峰值限值已经确定。

1）　首先用峰值检波器进行测量，速度快。

2）　用峰值发射电平与平均值限值进行比较，
如果发射值高于限值：进行第 3 步。
如果发射值低于限值：EUT 符合。

3）　用峰值发射电平与准峰值限值进行比较，
如果发射值高于限值：进行第 4 步。
如果发射值低于限值：进行第 7 步。

4） 用准峰值检波器进行测量。

5） 用准峰值发射电平与平均值限值进行比较，

如果发射值高于限值：进行第 6 步。

如果发射值低于限值：EUT 符合。

6） 用准峰值发射电平与准峰值限值进行比较，

如果发射值高于限值：EUT 不符合。

如果发射值低于限值：进行第 7 步。

7） 用平均值检波器进行测量。

8） 用平均值发射电平与平均值限值进行比较，

如果发射值高于限值：EUT 不符合。

如果发射值低于限值：EUT 符合。

当用频率扫频进行峰值测量时，频谱分析仪或扫频接收机的扫频速率不应超过附录 B 中表 B.1 中的规定。

附　录　NA
（资料性附录）
本部分与 GB/T 6113.2—1998 有关章条的对照

本部分与 GB/T 6113.2—1998 相比，增加了如下内容：

1. 名词术语增加了 9 条：3.20“测量时间”；3.21“扫描”；3.22“扫频”；3.23“扫描或扫频时间”；3.24“跨度”；3.25“扫描或扫频的速率”；3.26“单位时间（例如：每秒）内扫描的次数”；3.27“观察时间”；3.28“总观察时间”；
2. 第 6.5 条“连续骚扰的测量时间和扫描速率”，及图 1，图 2，图 3，图 4；
3. 第 7.2.1 条“传导骚扰测量时检波器的用法”；
4. 第 7.4.4.3 条“人工电源网络作为电压探头的情况”，及图 16a 和图 16；
5. 第 8 章“发射的自动测量”；
6. 附录 C“传导测量时检波器使用的判定树”；
7. 附录 NA“本部分与 GB/T 6113.2—1998 有关章节的对照”。

本部分与 GB/T 6113.2—1998 有关章条的对照情况如下表所示：

本部分条款		GB/T 6113.2—1998 条款	
1		1.1	
2		1.2	
3	3.1～3.4；	1.3	1.3.1～1.3.4；
	3.5～3.6；		1.3.6～1.3.7；
	3.8～3.19		1.3.9～1.3.21
	3.20～3.28		
4	4.1～4.2	2.1	2.1.1～2.1.2
5	5.1～5.3	2.2	2.2.1～2.2.3
6	6.1	2.3	2.3.1
	6.2		2.3.2
	6.3		2.3.3
	6.4		2.3.4
	6.5		
7	7.1	2.4	2.4.1
	7.2		2.4.2
	7.3		2.4.3
	7.4		2.4.4
	7.5		2.4.5
	7.6		2.4.6
8			
附录	A	附录	A
	B		B
	C		
	NA		

ICS 33.100
L 06

中华人民共和国国家标准

GB/T 6113.202—2008/CISPR 16-2-2:2004
部分代替 GB/T 6113.2—1998

无线电骚扰和抗扰度测量设备和测量方法规范 第2-2部分:无线电骚扰和抗扰度测量方法 骚扰功率测量

Specification for radio disturbance and immunity measuring apparatus and methods—
Part 2-2: Methods of measurement of disturbances and immunity—
Measurement of disturbance power

(CISPR16-2-2:2004,IDT)

2008-01-12 发布 2008-09-01 实施

中华人民共和国国家质量监督检验检疫总局
中国国家标准化管理委员会 发布

前　言

GB/T 6113.202—2008 等同采用国际标准 CISPR 16-2-2:2004(Ed. 1.1)《无线电骚扰和抗扰度测量设备和测量方法规范　第 2-2 部分：无线电骚扰和抗扰度测量方法　骚扰功率测量》(英文版)。

鉴于 IEC/CISPR 16 为电磁兼容系列基础标准，且篇幅大、内容多，为了方便标准的制定、维护和使用，2002 年 IEC/CISPR A 分会决定对该标准的结构进行重大调整，将原来的 4 个部分拆分为现在的 14 个部分，2006 年增至 15 个部分，并从 2003 年 11 月起陆续发布。我国依据等同采用原则，将陆续完成相应国家标准的制定和修订工作。该系列中的新、旧国家标准及其与 IEC/CISPR 16 系列标准/出版物的对应关系如下：

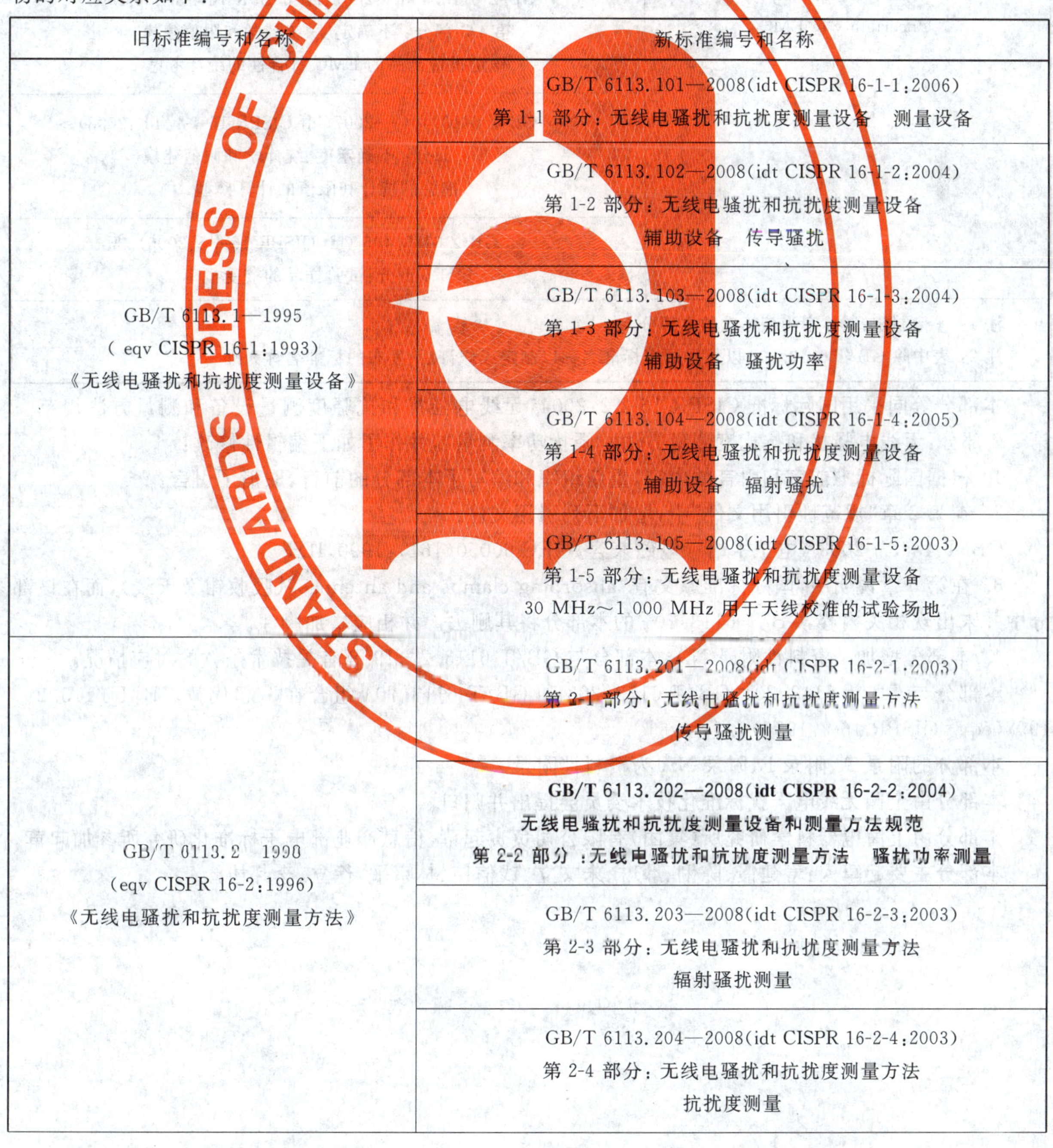

旧标准编号和名称	新标准编号和名称
GB/T 6113.1—1995 (eqv CISPR 16-1:1993) 《无线电骚扰和抗扰度测量设备》	GB/T 6113.101—2008(idt CISPR 16-1-1:2006) 第 1-1 部分：无线电骚扰和抗扰度测量设备　测量设备
	GB/T 6113.102—2008(idt CISPR 16-1-2:2004) 第 1-2 部分：无线电骚扰和抗扰度测量设备 辅助设备　传导骚扰
	GB/T 6113.103—2008(idt CISPR 16-1-3:2004) 第 1-3 部分：无线电骚扰和抗扰度测量设备 辅助设备　骚扰功率
	GB/T 6113.104—2008(idt CISPR 16-1-4:2005) 第 1-4 部分：无线电骚扰和抗扰度测量设备 辅助设备　辐射骚扰
	GB/T 6113.105—2008(idt CISPR 16-1-5:2003) 第 1-5 部分：无线电骚扰和抗扰度测量设备 30 MHz～1 000 MHz 用于天线校准的试验场地
GB/T 6113.2—1998 (eqv CISPR 16-2:1996) 《无线电骚扰和抗扰度测量方法》	GB/T 6113.201—2008(idt CISPR 16-2-1:2003) 第 2-1 部分：无线电骚扰和抗扰度测量方法 传导骚扰测量
	GB/T 6113.202—2008(idt CISPR 16-2-2:2004) **无线电骚扰和抗扰度测量设备和测量方法规范** **第 2-2 部分：无线电骚扰和抗扰度测量方法　骚扰功率测量**
	GB/T 6113.203—2008(idt CISPR 16-2-3:2003) 第 2-3 部分：无线电骚扰和抗扰度测量方法 辐射骚扰测量
	GB/T 6113.204—2008(idt CISPR 16-2-4:2003) 第 2-4 部分：无线电骚扰和抗扰度测量方法 抗扰度测量

旧标准编号和名称	新标准编号和名称
CISPR 16-3:2000 Reports and recommendations of CISPR	GB/Z 6113.3—2006 (idt CISPR 16-3:2003) 第 3 部分:有关无线电干扰测量的技术报告
CISPR 16-4:2002 Uncertainty in EMC	GB/Z 6113.401—2007 (idt CISPR 16-4-1/TR:2003) 第 4-1 部分:不确定度、统计学和限值建模 标准化的 EMC 试验不确定度
	GB/T 6113.402 —2006 (idt CISPR 16-4-2:2003) 第 4-2 部分:不确定度、统计学和限值建模 测量设备和设施的不确定度
	GB/Z 6113.403 —2007(idt CISPR 16-4-3/TR:2004) 第 4-3 部分:不确定度、统计学和限值建模 确定批量产品的 EMC 符合性的统计考虑
	GB/Z 6113.404 —2007(idt CISPR 16-4-4/TR:2003) 第 4-4 部分:不确定度、统计学和限值建模 抱怨的统计和限值的计算模型
	GB/Z 6113.405 (idt CISPR 16-4-5:2006) * 第 4-5 部分:试验样品的接受概率
注 1:* 待制定;黑体字为该标准的本部分。 注 2:表中除 GB/T 6113.202 以外的国家标准名称以制定或修订后、发布的标准名称为准。	

本部分等同采用国际标准 CISPR 16-2-2:2004《无线电骚扰和抗骚度测量设备和测量方法规范 第 2-2 部分:无线电骚扰和抗扰度测量方法　骚扰功率测量》,并作了如下编辑性修改:

1. 根据国际标准前言和引言的内容,重新组织和编写了本部分的前言,取消了引言。

2. 在第 2 章"规范性引用文件"中,增加下列引用文件:

GB/T 4365—2003《电工术语　电磁兼容》(IEC 60050(161):1990,IDT)。

3. 在第 5 章说明中,国际标准原文有"absorbing clamps and antennas"(吸收钳及天线),而在该部分中并未出现相关内容,GB/T 6113.201 的本部分将其删去。并相应增加脚注。

4. 本部分增加了资料性附录 NA:本部分与 GB/T 6113.2—1998 有关技术条款的对应情况。

本部分与 GB/T 6113.201;GB/T 6113.203 和 GB/T 6113.204 组合在一起代替 GB/T 6113.2—1998(eqv . CISPR 16-2:1996)。

本部分的附录 A、附录 B、附录 NA 为资料性附录。

本部分由全国无线电干扰标准化技术委员会提出并归口。

本部分由上海电器科学研究所(集团)有限公司负责起草,信息产业部电子标准化研究所参加起草。

本部分主要起草人:寿建霞、陈俐、邢琳、朱文立、钱信伟、林京平、徐立、李邦协。

无线电骚扰和抗扰度测量设备和测量方法规范 第2-2部分:无线电骚扰和抗扰度测量方法 骚扰功率测量

1 范围

本部分为基础标准GB/T 6113《无线电骚扰和抗扰度测量设备和测量方法规范》系列中的2-2部分,规定了30 MHz～1 000 MHz频段范围内使用吸收钳测量骚扰功率的方法。

2 规范性引用文件

下列文件中的条款通过本标准的引用而成为本标准的条款。凡是注日期的引用文件,其随后所有的修改单(不包括勘误的内容)或修订版均不适用于本标准,然而,鼓励根据本标准达成协议的各方研究是否可使用这些文件的最新版本。凡是不注日期的引用文件,其最新版本适用于本标准。

GB/T 4365—2003 电工术语 电磁兼容(IEC 60050(161):1990,IDT)

GB 4343.1—2003 电磁兼容 家用电器、电动工具和类似器具的要求 第1部分:发射(CISPR 14-1:2000+A1:2001,IDT)

GB 4824—2004 工业、科学和医疗(ISM)射频设备 电磁骚扰特性 限值和测量方法(CISPR 11:2003,IDT)

GB/T 6113.101—2008 无线电骚扰和抗扰度测量设备和测量方法规范 第1-1部分:无线电骚扰和抗扰度测量设备 测量设备(CISPR 16-1-1:2006,IDT)

GB/T 6113.103—2008 无线电骚扰和抗扰度测量设备和测量方法规范 第1-3部分:无线电骚扰和抗扰度测量设备 辅助设备 骚扰功率(CISPR 16-1-3:2004,IDT)

GB/T 6113.201—2008 无线电骚扰和抗扰度测量设备和测量方法规范 第2-1部分:无线电骚扰和抗扰度测量方法 传导骚扰测量(CISPR 16-2-1:2003,IDT)

GB/T 6113.203—2008 无线电骚扰和抗扰度测量设备和测量方法规范 第2-3部分:无线电骚扰和抗扰度测量方法 辐射骚扰测量(CISPR 16-2-3:2003,IDT)

GB/T 6113.204—2008 无线电骚扰和抗扰度测量设备和测量方法规范 第2-4部分:无线电骚扰和抗扰度测量方法 抗扰度测量(CISPR 16-2-4:2003,IDT)

GB/Z 6113.3—2006 无线电骚扰和抗扰度测量设备和测量方法规范 第3部分:无线电骚扰和抗扰度测量技术报告(CISPR 16-3:2003,IDT)

GB/Z 6113.401—2007 无线电骚扰和抗扰度测量设备和测量方法规范 第4-1部分:不确定度、统计学和限值模型 标准化EMC试验的不确定度(CISPR 16-4-1/TR:2003,IDT)

GB/T 6113.402—2006 无线电骚扰和抗扰度测量设备和测量方法规范 第4-2部分:不确定度、统计学和限值模型 测量设备和设施的不确定度(CISPR 16-4-2:2003,IDT)

GB/Z 6113.403—2007 无线电骚扰和抗扰度测量设备和测量方法规范 第4-3部分:不确定度、统计学和限值模型 批量产品的EMC符合性确定的统计考虑(CISPR 16-4-3/TR:2004,IDT)

GB 13837—2003 声音和电视广播接收机及有关设备无线电骚扰特性限值和测量方法(IEC/CISPR 13:2001,MOD)

ITU-R 推荐 BS.468-4 声音广播中测量可听频率数噪音电压水平

3 术语和定义

本部分除采用GB/T 4365规定的术语和定义以外，还采用下列术语和定义：

3.1

辅助设备 associated equipment

1) 与测量接收机或(试验)信号发生器连接的传感器(例如：探头、网络和天线)。

2) 连接在受试设备(EUT)和测量仪器或(试验)信号发生器之间，用来传送信号或骚扰的传感器(例如：探头、网络和天线)。

3.2

受试设备 EUT

承受电磁兼容性(EMC)符合性(发射)试验的设备(装置、器具和系统)。

3.3

产品(类)EMC标准 product publication

为产品或产品类的EMC专门要求特性而制定的标准。

3.4

(骚扰源的)发射限值 emission limit(from a disturbing source)

规定的电磁骚扰源的最大发射电平。

[GB/T 4365—2003，定义161-03-12]

3.5

接地参考 ground reference

对EUT周围物体构成确定的寄生电容并用来作为参考电位的连接体。

注：参见GB/T 4365—2003中161-04-36。

3.6

(电磁)发射 (electromagnetic) emission

从源向外发出电磁能的现象。

[GB/T 4365—2003，定义161-01-08]

3.7

同轴电缆 coaxial cable

含有一根或多根同轴线的电缆，一般用于辅助设备与测量设备或(试验)信号发生器的匹配连接，以便提供一个规定的特性阻抗和允许的最大电缆转移阻抗。

3.8

共模(不对称骚扰)电压 common mode (asymmetrical disturbance) voltage

两导线的电气中点与参考地之间的射频电压，或在规定的终端阻抗条件下对一束导线，用电流钳(电流互感器)测量到的整束导线相对于参考地的有效射频骚扰电压(非对称电压的矢量和)。

注：参见GB/T 4365—2003中161-04-09。

3.9

共模电流 common mode current

被两根或多根导线所贯穿的一个规定的“几何”横截面上的导线中流过的电流矢量和。

3.10

测量接收机 measuring receiver

带有不同的检波器的测量骚扰的接收机。

注：测量接收机应符合GB/T 6113.101—2008的规定。

3.11

试验布置　test configuration

为测量发射电平而规定的EUT测量布置。

注：测量发射电平的要求按GB/T 4365—2003中161-03-11、161-03-12、161-03-14和161-03-15的定义。

3.12

加权(准峰值检波)　weighting (quasi-peak detection)

按照加权特性，将脉冲的峰值检波电压转换成与脉冲重复率相关的一种指示，以对应于脉冲骚扰造成的生理和心理上(听觉或视觉)的影响；或者说它给出一种特定的方法来评价发射电平或抗扰度电平。

注：

1. 在GB/T 6113.101—2008中规定了加权特性。
2. 按照GB/T 4365—2003中电平定义的要求来评价发射电平和抗扰度电平(见GB/T 4365—2003中161-03-01、161-03-11和161-03-14)。

3.13

连续骚扰　continuous disturbance

在测量接收机中频输出端呈现的持续时间大于200 ms的射频骚扰，它使工作在准峰值检波方式的测量接收机表头产生的偏转不会立即减小。

(见GB/T 4365—2003中161-02-11)

注：测量接收机应符合GB/T 6113.101—2008的规定。

3.14

断续骚扰　discontinuous disturbance

对于可计数喀呖声而言，在测量接收机中频输出端呈现的持续时间小于200 ms的骚扰，它使工作在准峰值检波方式的测量接收机表头产生短暂的偏转。

注：

1. 脉冲骚扰，见GB/T 4365—2003中161-02-08。
2. 测量接收机应符合GB/T 6113.101—2008的规定。

3.15

测量时间　measurement time

T_m

使单个频点的测量结果有效的连续时间(某些领域也称为驻留时间)。

——对于峰值检波器，检测到信号包络最大值的有效时间。

——对于准峰值检波器，测得加权包络最大值的有效时间。

——对于平均值检波器，确定信号包络平均值的有效时间。

——对于均方根值检波器，确定信号包络有效值的有效时间。

3.16

扫描　sweep

在给定频率跨度内连续的频率变化。

3.17

扫频　scan

在给定频率跨度内连续的频率或步进变化。

3.18

扫描或扫频时间　sweep or scan time

T_s

起始和终止频率之间的扫描或扫频时间。

3.19

跨度　span

Δf

扫描或扫频起始和终止频率之差。

3.20

扫描或扫频的速率　sweep or scan rate

扫描或扫频跨度除以扫描或扫频的时间。

3.21

单位时间(例如:每秒)内扫描的次数　number of sweeps per time(e. g. per second)

n_s

1 /(扫描时间+返回时间)。

3.22

观察时间　observation time

T_o

在重复扫描的情况下,某一频点测量时间 T_m 的总和。若 n 为扫描或扫频的次数,则 $T_o = n \times T_m$

3.23

总观察时间　total observation time

T_{tot}

频谱观察的有效时间(单次或重复扫描)。若 c 为扫描或扫频的频段数,则 $T_{tot} = c \times n \times T_m$

3.24

受试线　Lead under test

LUT

连接到 EUT ,承受发射或抗扰度测试的引线。

注:通常,EUT 由一个或多个引线连接到电源或其他网络或连接到辅助设备。这些引线通常为电缆,如电源电缆、同轴电缆、数据总线电缆等。

3.25

吸收钳测量法　absorbing clamp measurement method

ACMM

用吸收钳装置测量 EUT 骚扰功率的测量方法,测量时将 EUT 的引线嵌入吸收钳。

3.26

吸收钳测试场地　absorbing clamp test site

ACTS

使用吸收钳测量法(ACMM)能够有效实施骚扰功率测量的测试场地。

3.27

功率钳因子　clamp factor

CF

EUT 的骚扰功率与吸收钳输出端可接收电压的比。

注:功率钳因子是吸收钳的转换系数。

3.28

钳参考点　clamp reference point

CRP

与吸收钳内的电流互感器的前端纵向位置相关的吸收钳外部标记,用于测试过程中标定吸收钳的水平位置。

3.29

滑动参考点　slide reference point

SRP

吸收钳滑动的末端，即 EUT 的位置，用于在测试过程中确定到吸收钳参考点（CRP）的水平距离。

4　骚扰的类型

本章给出各种骚扰的分类和适合测量它们的各种检波器。

4.1　骚扰类型

由于物理和生理心理上的原因，在测量和评定无线电骚扰时，依据骚扰频谱的分布情况、测量接收机带宽、骚扰持续时间、发生率以及骚扰影响的程度，骚扰可分为以下三类：

a）窄带连续骚扰：一种离散频率的骚扰，例如：应用射频能量的工、科、医(ISM)设备所产生的基波及其谐波，构成其频谱的只是一些单根谱线，这些谱线的间隔大于测量接收机的带宽。以致在测量中与下述 b)款相反，只有一根谱线落在带宽内。

b）宽带连续骚扰：通常由诸如带换向器的电机的重复脉冲产生的骚扰。它们的重复频率低于测量接收机的带宽，以致在测量中不止一根谱线落在带宽内。

c）宽带不连续骚扰：由机械的或电子的开关过程产生的骚扰，例如由重复率低于 1 Hz(喀呖声率小于 30/min)的温度自动调节器或程序控制器产生的骚扰。

对于一些孤立(单个)脉冲，b)和 c)的频谱具有连续频谱的特点，对于重复脉冲，它具有不连续频谱的特点。两种频谱的特点在于其频率范围宽于 GB/T 6113.101—2008 中规定的测量接收机的带宽。

4.2　检波器的功能

根据骚扰的类型，测量时可使用带有如下检波器的测量接收机。

a）平均值检波器：通常用于窄带骚扰和窄带信号的测量，特别适用于窄带骚扰和宽带骚扰的鉴别。

b）准峰值检波器：用于宽带骚扰的加权测量，以评价听觉骚扰对无线电听众的影响，但也能用于窄带骚扰的测量。

c）峰值检波器：可用于宽带骚扰和窄带骚扰的测量。

GB/T 6113.101—2008 中规定了带有这些类型的检波器的测量接收机。

5　测量设备的连接

本章叙述测量设备、测量接收机与辅助设备(如人工网络、电压探头和电流探头[1]等)的连接方法。

5.1　辅助设备的连接

测量接收机与辅助设备之间应用屏蔽电缆连接，且其特性阻抗应与测量接收机的输入阻抗相匹配。辅助设备的输出端应端接规定的阻抗。

5.2　射频参考地的连接

人工电源网络(AMN)应通过低射频阻抗连接到参考地。例如，将 AMN 的外壳与参考地或屏蔽室的一个参考壁直接搭接，或者用一个尽可能短而宽的(最大长宽比为 3∶1)低阻抗导体来连接。

端子电压测量仅以参考地为基准，应避免地环路(公共阻抗耦合)。对于装有Ⅰ类设备保护接地(PE)线的测量设备(如测量接收机和与其相连接的辅助设备，如示波器、分析仪、记录仪等等)也应遵守这一要求。如果测量设备的 PE 连接端和其电源的 PE 连接端相对于参考地都没有射频隔离，那么应采

1）　删除了原文中的吸收钳及天线。

用诸如射频扼流圈和隔离变压器的措施来提供必要的射频隔离，或者如果可能，由电池对测量设备供电，以使测量设备至参考地之间的射频连接只有一条路径。

关于 EUT 的 PE 连接端与参考地之间的连接方法，参见 GB/T 6113.201 附录 A 中的 A.4。

如果参考地已直接连接且满足了保护接地线安全要求，那么对固定的试验布置不要求用保护接地体（PE 连接端）。

5.3 EUT 和 AMN 之间的连接

GB/T 6113.201 附录 A 给出选择 EUT 与 AMN 的接地连接和非接地连接的指南。

6 测量的一般要求和条件

无线电骚扰测量应：

a) 具有可复现性，例如，与测量地点、环境条件，尤其是与环境电平无关。

b) 无相互作用，例如 EUT 与测量设备之间的连接应该既不影响 EUT 的功能，也不影响测量设备的准确度。

遵照以下条件，可能会满足上述要求：

c) 在所需测量的电平上要有足够的信噪比，例如在相应的骚扰限值的电平上。

d) 对测量装置、EUT 的运行条件和终端接法都做出了明确的规定。

e) 用电压探头测量时，在测量点，电压探头要有足够高的阻抗。

f) 用频谱分析仪或扫频接收机测量时，要适当考虑这些设备的一些特殊的工作特性和校准要求。

6.1 非源于 EUT 产生的骚扰

相对于环境噪声的测量信噪比应满足下列要求，若杂散噪声电平超过所要求的环境电平，则必须把它记录在试验报告中。

6.1.1 符合性试验

试验场地应能够将 EUT 的各种发射从环境噪声中区分出来，环境电平最好比所要测量的电平低 20 dB，但至少要低 6 dB。对于 6 dB 的情况，测得的 EUT 骚扰电平比实际的高（可能高达 3.5 dB）。可以将 EUT 放在适当的位置且不通电，测量环境电平来确定所要求环境的场地适用性。

在依据限值作符合性测量时，只要环境电平和骚扰源发射电平合成的结果不超过规定的限值，环境电平就允许不满足上述 6 dB 的要求。在此情况下，EUT 被认为满足限值要求。也可采取其他的做法，例如，对于窄带信号可减小带宽和/或移动天线靠近 EUT。

注：如果对环境场强和 EUT 发射加上环境的总场强分别进行测量，则有可能对 EUT 场强的不确定度量化水平提供一种估算方法。GB 4824—2004 的附录 C 给出了有关这方面的参考资料。

6.2 连续骚扰的测量

6.2.1 窄带连续骚扰

测量设备应该保持调谐在要考察的离散频率点上，如果频率发生波动则要重新调谐。

6.2.2 宽带连续骚扰

为了评价电平不稳定的宽带连续骚扰，应找出最大的可重复产生的测量值，参见 6.4.1。

6.2.3 频谱分析仪和扫频接收机的应用

频谱分析仪和扫频接收机也可用于骚扰测量，尤其是为了缩短测量时间。然而，对于这些仪器的某些特性必须给予特殊的考虑，包括过载、线性、选择性、对脉冲的正常响应、扫频速率、信号捕捉、灵敏度、幅度准确度以及峰值检波、平均值检波和准峰值检波，附录 B 给出对这些特性的要求。

6.3 EUT 的运行条件

EUT 应在下列条件下运行。

6.3.1 正常负载条件

正常负载条件在有关的产品(类)EMC 标准中给出,而对于产品(类)EMC 标准中未包括的那些 EUT,则会在制造商的产品说明书中规定。

6.3.2 运行时间

对于已规定了额定运行时间的 EUT,其运行时间应按铭牌上的规定;否则对运行时间不作限制。

6.3.3 试运行时间(running-in time)

如果没有给定试运行时间,在试验之前,EUT 应运行足够的时间,以便保证其运行的状态和方式是寿命期限内的典型状态。对于某些 EUT 的特定试验条件可能规定在有关的设备说明书中。

6.3.4 电源

EUT 应在额定的电源电压下工作。如果骚扰电平随电源电压显著地变化,则应在 0.9～1.1 倍额定电压下重复测量。如果 EUT 的额定电压不止一种,应在产生最大骚扰的额定电压下进行试验。

6.3.5 运行状态

EUT 应运行在该测量频率上能产生最大骚扰的实际工作状态。

6.4 测量结果的说明

6.4.1 连续骚扰

a) 如果骚扰电平不稳定,那么每次测量时,对测量接收机的读数观察时间应不少于 15 s,应记录下最高读数。对任何孤立的喀呖声,可忽略不计(参见 GB 4343.1—2003 中 4.2)。

b) 如果骚扰电平总体上是不稳定的,在 15 s 内显示的电平连续上升或下降的幅度超过 2 dB,那么应该在更长的时间内观察该骚扰电平,并且应按 EUT 正常使用的条件来对该电平作如下说明:

   1) 如果 EUT 是一个可以频繁开关的设备或者它的旋转方向可以相反,那么在每一个测量频率上刚好接通 EUT 或将它反转,并且在每次测量之后立即将它关断。在每一个测量频率上,应记录在最初一分钟内所获得的最大电平。

   2) 如果 EUT 在正常使用时要运转较长的时间,那么它在整个试验期间都应接通;在每一个测量频率上,只在获得稳定的读数(按照 a)的规定)后才记录该骚扰电平。

c) 在试验中,如果 EUT 的骚扰特性从稳定变化到有一些随机特征,那么 EUT 应当按照 b)来试验。

d) 测量要在整个频谱上进行,至少记录具有最大读数的频率和有关的产品(类)EMC 标准所要求的频率。

6.4.2 断续骚扰

断续骚扰测量可以在有限个频率点上进行,详见 GB 4343.1—2003。

6.4.3 骚扰持续时间的测量

将 EUT 连接到相关的 AMN 上。如果有测量接收机就将它连接到 AMN 上,并将阴极射线示波器连接到测量接收机的中频输出端。如果没有接收机,就将示波器直接连接到 AMN 上,由被测量的骚扰来触发启动。对于具有瞬动开关的 EUT,将时基设定在 1 ms/div～10 ms/div。对于其他的 EUT,时基设定在 10 ms/div～200 ms/div。骚扰的持续时间可以由记忆示波器或数字示波器直接记录下来,或者用照片或硬拷贝将荧光屏的情况记录下来。

6.5 连续骚扰的测量时间和扫频速率

无论手动测量,还是自动测量或半自动测量,测量/扫频接收机的测量时间和扫频速率应设置在可以测得最大发射值的状态。特别是当用峰值检波器作预扫时,测量时间和扫频速率应根据 EUT 的发射情况作适当调整。第 8 章提供了如何进行自动测量的导则。

6.5.1 最短测量时间

附录 B.7 中的表 B.1 给出了最小扫描时间或实际可能的最快扫频速率。表 1 中的最短扫频时间按 CISPR 频段给出:

表 1　使用峰值和准峰值检波器时的最小扫频时间 T_s

CISPR 频段		峰值检波器扫频时间	准峰值检波器扫频时间
A	9 kHz～150 kHz	14.1 s	2 820 s=47 min
B	0.15 MHz～30 MHz	2.985 s	5 970 s=99.5 min=1 h39 min
C/D	30 MHz～1 000 MHz	0.97 s	19 400 s=323.3 min=5 h23 min

表 1 给出了测量正弦信号的最小扫频时间。根据骚扰类型，可能需要增加扫频时间，尤其对准峰值测量。在特殊情况下，例如观测到的发射电平不稳定时(见 6.4.1)，则在某一频点的测量时间 T_m 可能增加至 15 s。但孤立的喀呖声除外。

大多数产品标准采用准峰值检波进行符合性测量，若没有省时的程序(见第 8 章)，则测量十分耗时。在采用省时的程序之前，必须进行预扫。为了确保在自动扫频过程中不遗漏，如间歇信号等的发射，应考虑条款 6.5.2～6.5.4。

6.5.2　扫频接收机和频谱分析仪的扫频速率

在整个频率跨度内采用自动扫频时，应满足以下两条之一，以避免遗漏骚扰信号：

a)　单次扫描：每一频点的测量时间必须大于间歇信号的脉冲间隔；

b)　采用最大值保持进行重复扫描：每一频点的观察时间应足够长，以捕捉间歇信号。

扫频速率受仪器分辨率带宽和视频带宽的限制。如果对给定的仪器状态选择的扫频速率太快，将会得到错误的测量结果。因此，对确定的频段应选取足够长的扫描时间。间歇信号可以由在每一频率有足够长观察时间的单次扫描或最大值保持的重复扫描来捕捉。对未知的发射信号，通常采用最大值保持的重复扫描更有效。只要频谱仪的显示有较大变化，就有可能发现间歇信号。观察时间应根据干扰信号发生的周期来设定。在某些情况下，为避免同步影响，扫频时间有必要改变。

当使用频谱分析仪或 EMI 扫频接收机测量时、基于给定的仪器设置和峰值检波确定最小扫描时间，应区分下面的两种情况。

若所选视频带宽大于分辨率带宽，用下式计算最短扫描时间：

$$T_{s\,min} = (k \times \Delta f)/(B_{res})^2 \qquad \cdots\cdots(1)$$

式中：

$T_{s\,min}$——最短扫描时间；

Δf——频率跨度；

B_{res}——分辨率带宽；

k——比例常数，与分辨率滤波器的形状有关。对于同步调谐、近似高斯型滤波器，静态理论值为 2～3，对于近似矩形、参差调谐滤波器，k 值为 10～15。

若所选视频带宽等于或小于分辨率带宽，使用下面的表达式计算最短扫描时间：

$$T_{s\,min} = (k \times \Delta f)/(B_{res} \times B_{video}) \qquad \cdots\cdots(2)$$

式中：

B_{video}——视频带宽。

大多数频谱分析仪和 EMI 扫频接收机，根据选定的频段和带宽自动设定扫频时间。调节扫描时间以维持校准状态下的显示。若需要较长的观察时间，例如为了捕捉变化缓慢的信号，可重设自动扫描时间。

此外，对于重复扫频，每秒钟扫频次数由扫描时间 $T_{s\,min}$ 和返回时间决定(即返回本机振荡器和储存测量结果的时间，等等)。

6.5.3　步进接收机的扫频时间

通常步进式 EMI 接收机用预定的步长连续调谐在各个频率上。当整个频段范围的步长不连续时，为了保证仪器准确测量输入信号，须确定每个频率的最小驻留时间。

实际测量时，频率步长大约小于或等于使用的分辨率带宽的50%(取决于滤波器分辨率的形状)，以减少因步长带来的对窄带信号测量不确定度。在这些假设下，步进式接收机的扫频时间可用下式计算：

$$T_{\mathrm{s\,min}} = T_{\mathrm{m\,min}} \times \Delta f / (B_{\mathrm{res}} \times 0.5) \quad \cdots\cdots (3)$$

式中：

$T_{\mathrm{m\,min}}$——每一频点的最小测量(驻留)时间。

此外，对于测量时间，有时还应考虑合成器开关转换频率的时间和系统储存测量结果的时间(这在大多数接收机中都能自动完成)，以保证选择的测量时间对测量结果有效。另外，所选择的检波器，例如峰值或准峰值检波器，也会对确定时间周期有影响。

对于单纯的宽带发射，只要能找到发射频谱的最大值，频率步长可增大。

6.5.4 用峰值检波器获得整体频谱的方法

对于每次预扫频测量，应尽可能100%的捕捉EUT所有频谱中关键的频谱分量。基于测量接收机的类型和骚扰的特性(包括窄带和宽带分量)，通常采用以下两种方法：

——步进扫频：每一频率的测量(驻留)时间应足够长，以测得信号峰值，例如，脉冲信号测量(驻留)的时间应长于信号重复频率的倒数。

——连续扫频：测量时间必须大于间歇信号间隔(单次扫频)，观察时间内的重复频率扫频的次数应尽可能多，以提高捕捉到信号的概率。

图1、图2和图3给出了各种时域发射频谱与对应的测量接收机显示的关系图，每个图的上半部分显示的是采用频谱扫描或步进扫描的方式时，接收机带宽的状态。

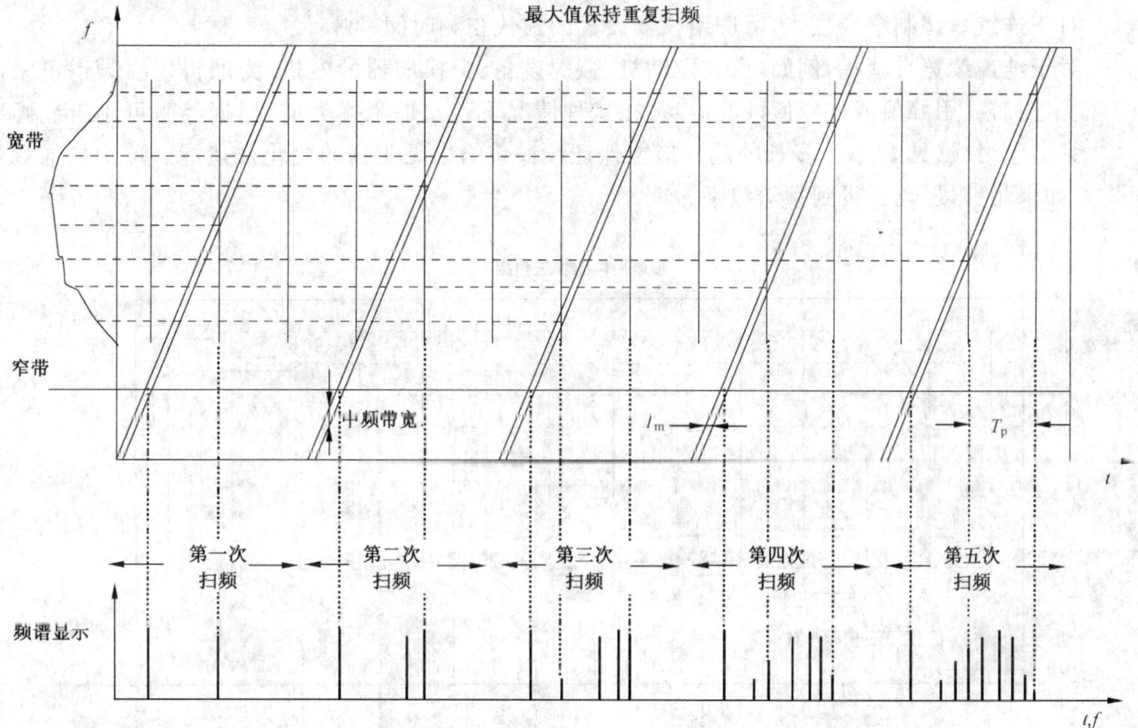

T_P 为脉冲信号的重复间隔。脉冲出现在频谱一时间图的每条垂直线上(图的上部)。

图1 对包含有正弦信号(窄带)和脉冲信号(宽带)采用最大值保持方式重复扫频测量示意图

如果发射的类型未知，可用尽可能短的扫描时间和峰值检波进行重复扫描，以测定频谱的包络。短时的单次扫描足以测量EUT频谱中连续的窄带信号。对于连续的宽带信号和间歇窄带信号，在“最大值保持”功能下，用不同扫频速率进行重复扫描确定频谱包络。对于低重复的脉冲信号，应进行重复扫描以形成宽带分量的频谱包络。

为减少测量时间，需对被测信号进行时基分析。这可以用具有图像信号显示的测量接收机在零跨度模式下或用示波器接到接收机中频或视频输出端获得，如图 2 所示。

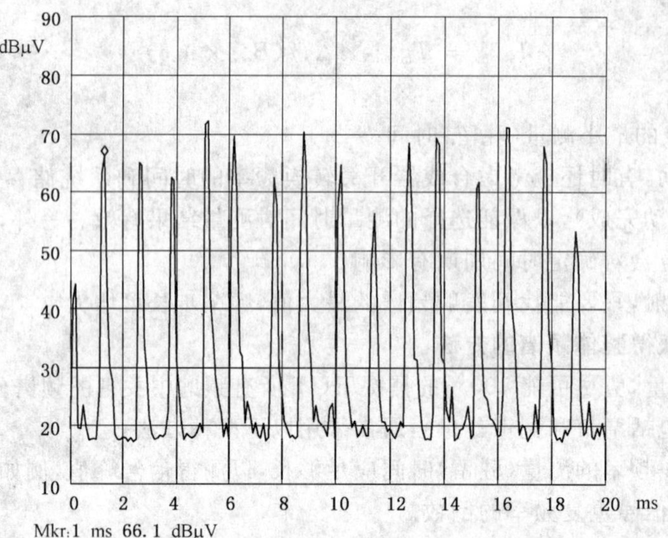

直流电机的骚扰：由于换向器换向片的数量多，脉冲重复率高（约 800 Hz），脉冲幅度变化大。因此在本例中推荐使用峰值检波器，测量（驻留）时间大于 10 ms。

图 2　时基分析的示例

下述方法可用于确定脉冲间隔和脉冲重复频率以及选择扫频速率或驻留时间：

——对于连续非调制窄带骚扰，可选用仪器设置的最快扫频时间；

——对于纯连续宽带骚扰，例如，点火发动机、弧焊设备、带换向器的电机，为取得发射频谱可采用步进扫频（用峰值或准峰值检波器）。在这种情况下若知道骚扰类型，根据经验可用折线画出频谱包络线（见图 3）。步长的选择应能保证频谱包络中无明显的变化被遗漏。单次扫描测量（如果足够慢）也能得到频谱包络。

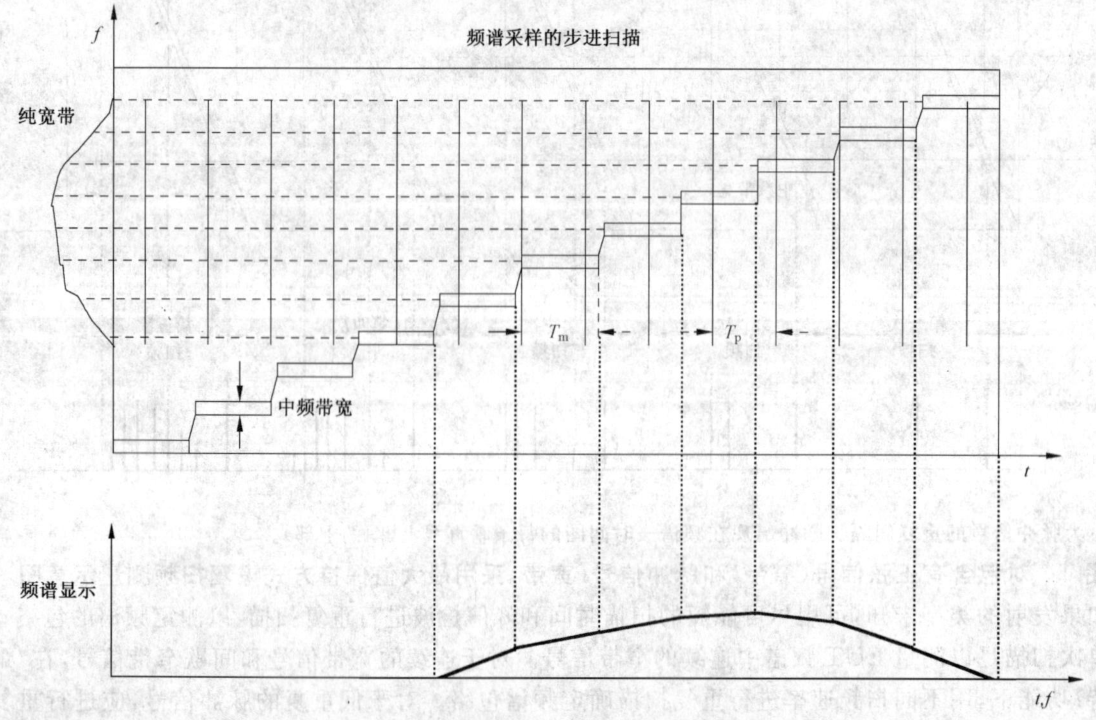

图 3　步进式接收机进行宽带频谱测量

——对于未知频率的间歇窄带骚扰，在“最大值保持”功能下，采用快速短时扫描或慢的单次扫描（见图 4）。在实际测量前，需进行时域分析，以确认能获取正确信号。

测量（驻留）时间 T_m 应大于脉冲重复间隔 T_p（脉冲重复频率的倒数）。

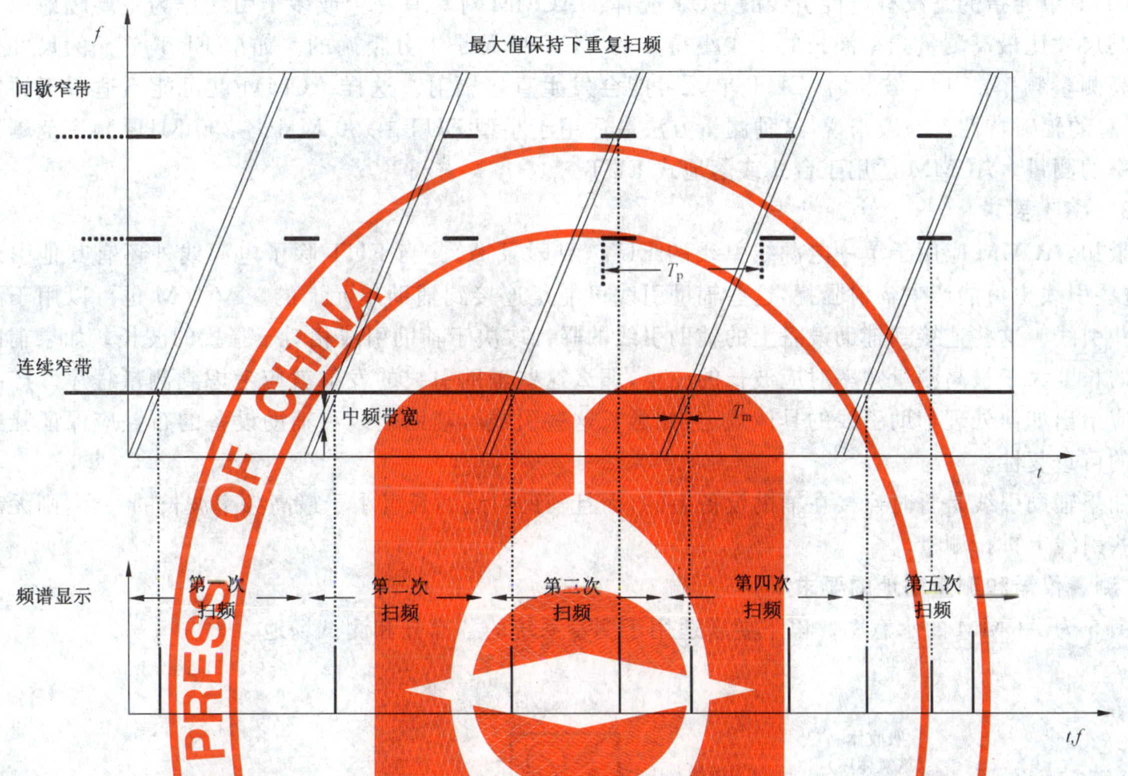

图 4　在最大值保持功能下用短快重复扫频获得发射频谱测得的间歇窄带骚扰

注：在上例中需要进行 5 次扫描，直到所有频谱分量被捕捉。扫描次数或扫描时间可能还要增加，这取决于脉冲宽度和脉冲重复周期。

对于间歇宽带骚扰必须按照 GB/T 6113.101—2008 中所述的断续骚扰分析程序来测量。

7　吸收钳测量法

7.1　概述

对于仅连接一根电源引线（或其他类型的引线）的小型受试设备 EUT，吸收钳测量法（ACMM）是辐射发射测量方法的替代法。ACMM 用吸收钳确定骚扰功率。ACMM 进行辐射发射测量的优点是缩短了测试时间和节省场地花费。

ACMM 的原理是可以从小型电子设备（见 7.2.2）识别出主要由共模电流引起的辐射发射，例如连接到设备的电源线。有一根外部引线作为电源线的 EUT 存在潜在骚扰，因为这根线可看作是一个辐射天线，此时骚扰功率近似等于吸收钳处于共模电流为最大值的位置时测得的 EUT 提供给 LUT 的功率。ACMM 的确切模型无法获得。这就使得考虑 ACMM 不确定度和比较其与辐射发射测量方法变得很困难。附录 A 详细描述了吸收钳的历史背景。

本章给出了在 EUT 引线上产生的骚扰功率测量的一般要求。对于特定的产品，可能需要特定的测量过程和运行条件。7.2 条对 ACMM 提出了要求。GB/T 6113.103—2008 的第 4 章给出了 ACMM 校准和确认方法。GB/T 6113.402—2006 中对 ACMM 测量仪器的不确定度作了叙述。

7.2　吸收钳测量方法的应用

ACMM 的适用性（范围）有限。考虑到下面条款的限制条件，由产品委员会决定将 ACMM 应用于哪些产品类。产品标准对各类产品具体的测量程序和适用性做出规定。

7.2.1 频率范围

ACMM 适用于 30 MHz～1 000 MHz 频率范围的 EUT 骚扰功率的测量。

7.2.2 EUT 单元的尺寸

EUT 单元指的是没有连接引线的 EUT 壳体。ACMM 对具有一个或多个引线作为主要辐射骚扰源且其尺寸比最高测量频率波长的 1/4 小得多的 EUT 单元是十分精确的。如果 EUT 单元的尺寸接近最高测量频率的 1/4 波长时，EUT 单元可能会发生直接辐射。这样 ACMM 就可能不适用于评定 EUT 总的辐射特性。一般来说，这种测量方法最适用于小型 EUT 在 30 MHz～300 MHz 频率范围骚扰功率的测量。ACMM 适用于台式或落地式 EUT。

7.2.3 LUT 要求

最初，ACMM 应用于单一电源线引线的 EUT(见附录 A)。当 EUT 除了电源线外还有其他引线时，这些引线也可能产生辐射骚扰，这些辅助引线可能是连接到辅助单元上的。ACMM 也可以用于测量这些引线。这些连接到辅助设备上的辅助引线的骚扰取决于辅助引线相对于骚扰的波长。如果辅助引线的长度大于最高测量频率对应波长的一半，那么这些辅助引线的发射就应考虑到测量程序。产品标准应给出如何处理辅助引线的具体规定(如延长这些引线)，辅助引线和辅助设备的布置应保证骚扰测量的可重复性。

如果辅助引线是暂时连接在辅助设备上的，而且辅助引线的长度小于最高频率波长的一半，则无需在这些引线上进行测量。

7.3 测量仪器和测量场地的要求

图 5 为 ACMM 的示意图。以下要求适用于测量系统的各部分和测试场地。

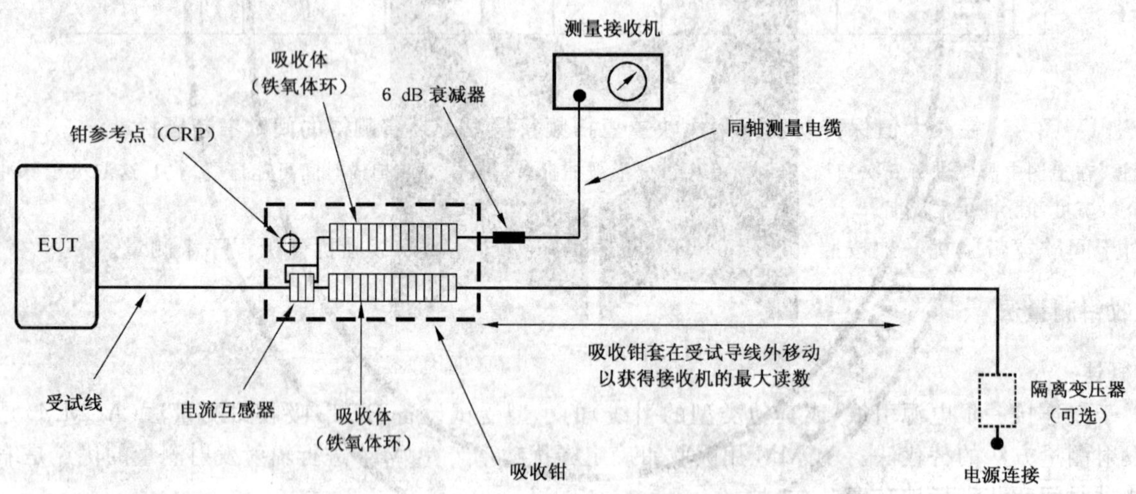

注 1：6 dB 衰减器和测量电缆作吸收钳的组成部分，应一起校准。

注 2：6 dB 衰减器可以在吸收钳单元内部。

图 5 吸收钳测量方法示意图

7.3.1 测量接收机

测量接收机应符合 GB/T 6113.101—2008 的要求。当使用频谱分析仪或扫描接收机时，应考虑附录 B 提供的使用指南。

7.3.2 吸收钳组件

吸收钳组件由以下部分构成：

a) 吸收钳(包括内部的电流互感器和沿 LUT 和测量电缆的吸收体，见图 5)；

b) 6 dB 的衰减器；

c) 测量电缆。

吸收钳组件应符合 GB/T 6113.103—2008 第 4 章的要求。吸收钳组件的功率钳因子(*CF*)由 GB/T 6113.103—2008第 4 章中给出的测量程序确定。吸收钳组件的去耦因子也应根据 GB/T 6113.103—2008第 4 章的测量程序进行确认。

吸收钳参考点(CRP)标识出钳中电流互感器的前边缘的纵向位置。该参考点用于确定测试程序中钳的位置。CRP 应标识在吸收钳外壳上。

7.3.3 吸收钳试验场地要求

实施 ACMM 的场地即为 ACTS。GB/T 6113.103—2008 第 4 章对 ACTS 进行了详细的规定,应根据 GB/T 6113.103—2008 规定的程序进行场地确认。ACTS 可为户内或户外设施,包括以下装置(图 6):

——放置 EUT 的非金属试验台;

——用以支撑 LUT 和吸收钳的滑轨;

——吸收钳测试电缆的可移动支撑或挂钩系统;

——辅助件,例如用于移动吸收钳的绳子。

在 ACTS 的校验程序中应包括上述 ACTS 组件。

靠近吸收钳滑轨末端(EUT 侧)为滑轨的参考点(SRP,见图 6)。SRP 用来定义到 CRP 的水平距离。上面提到的 ACTS 的组成装置的一些要求在 GB/T 6113.103—2008 的第 4 章中有描述,为了方便起见,在此重复这些要求。

a) 吸收钳滑轨的长度应确保在最低频率 30 MHz 测量时,吸收钳的移动距离能确保测得最大的骚扰功率。吸收钳滑轨的长度应为(6±0.05)m。

注 1:理论上,吸收钳滑轨的长度由吸收钳滑轨的最大移动长度 (30 MHz 时超过半波长=5 m),SRP 与 CRP 的距离(0.1 m),吸收钳的长度(0.7 m)和末端引线固定的余量(0.1 m)之和来确定。这就要求吸收钳滑轨的总长度为 5.9 m。考虑到可重复性,吸收钳滑轨的长度定为 6 m(不是最小 6 m)。

b) 吸收钳的移动距离应为 5 m。因此,CRP 相对于 SRP 在 0.1 m～5.1 m 范围内移动。

c) 对于台式或落地式 EUT,吸收钳滑轨的高度均应为 0.8 m±0.05 m。因此,LUT 距离测量场地面的高度约为 0.8 m。应注意的是,在吸收钳内部的 LUT 与地面的距离要多出数厘米。

d) 放置 EUT 的试验台、吸收钳滑轨和辅助件(绳子)应为无反射且电介质特性接近空气的非导体。这样,这些配套物体(放置 EUT 的试验台、吸收钳滑轨和其他靠近 EUT 和 LUT 的辅助件)都是电磁透明体(中性)。此外材料的物理性质(厚度和结构)也十分重要。例如,干燥的木质适宜作为 30 MHz～300 MHz 频率范围测量用的放置 EUT 的试验台和吸收钳滑轨的材料。

注 2:在 GB/T 6113.103—2008 中给出了对放置 EUT 的试验台和天线塔的确认方法和要求。建议使用相对介电常数 ε_r<1.5 的材料。放置 EUT 的试验台和吸收钳滑轨的材料和结构对 300 MHz 以上频率的影响很大。详见 GB/T 6113.103—2008。

7.4 环境要求

ACTS 的环境噪声电平应符合 6.1 条的要求。

应根据 7.8.1 条对骚扰功率的环境电平进行评估。环境噪声电平应至少低于相应限值 6 dB。

7.5 EUT 引线要求

骚扰功率应对每一根引线(见 7.2.3)进行测量且每次仅测量一根引线。测量程序见 7.8 条。对 EUT 引线的要求如下:

7.5.1 受试引线

LUT 的长度至少为最低测量频率波长的一半加上引线连接到地面电源的附加长度。这就意味着引线的典型长度至少为 7.5 m。

注 1:引线的长度由吸收钳滑轨最小长度 6 m+1 m(将 LUT 垂落至地面)+0.5 m 余量=7.5 m 来确定。LUT 附加部分的长度可依据 EUT 与钳参考点的间距确定。

注 2：通常，与 EUT 连接的原配引线远短于 7.5 m，引线必须被延长或由相同类型和结构的符合要求长度的引线替代。通常延长引线是不实际的，因为延伸的连接插头不能通过吸收钳。

注 3：不同国家的低压配制类型不同，实验室可能采用不同网络布局和连接原则。对于某些 EUT，骚扰特性可能很大程度上取决于电源连接的类型。电源连接可能是不对称的(相-地)或对称的(使用一个隔离变压器)。这可能使测量重复性遇到问题。应注意的是“电源连接”导致的重复性的问题是普遍的(不仅对于 ACMM)。可以通过隔离变压器供电的方式来评估测量重复性的问题。

7.5.2 非受试线

如果 EUT 不止一根引线(见 7.2.3)，如有可能，在测量某一引线时，应将不需测量的其他引线(包括辅助设备的连接线)移去。如果引线不能被去除，应用共模吸收装置(CMAD)隔离。由大量铁氧体环或其他吸收装置构成的共模吸收装置(CMAD)靠近 EUT 外壳放置，引线嵌入其中。隔离的引线应靠近 EUT 放置在 EUT 试验台上。共模吸收装置(CMAD)的性能要求正在考虑中。

7.6 测量布置要求

7.6.1 一般要求

下面给出了测量布置的一般要求：

a) ACTS 中的 EUT 和 LUT 的测量布置见图 6 和图 7；

b) 吸收钳测量布置(EUT，LUT，吸收钳)与任何物体(包括人、墙和天花板，但地面除外)间的距离至少 0.8 m；

c) ACTS 的测量布置应与 ACTS 校准时一致。

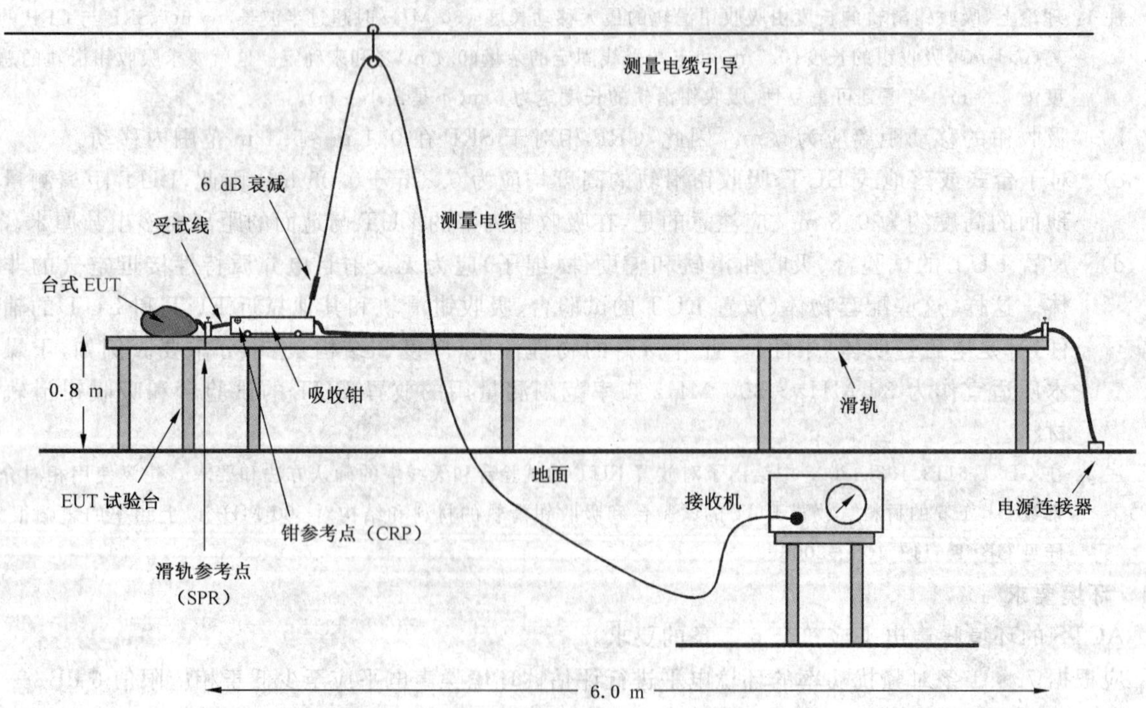

图 6 台式 EUT 的吸收钳测量布置示意图

7.6.2 EUT 的布置

EUT 的布置应满足以下要求：

a) EUT 应放置在试验台上。对于台式 EUT，试验台高度应为 0.8 m±0.05 m；落地式 EUT 放置在距地 0.1 m±0.01 m 的试验物上。

b) EUT 尽可能地按照通常的运行位置放置在 EUT 试验台上。LUT 应正对着吸收钳滑轨的

SRP 布置。如无常规运行位置规定，EUT 应放置在 LUT 正对着吸收钳滑轨的位置。EUT 到 SRP 的距离应尽可能的短。

注：对于某些产品，如洗衣机或咖啡机，通常的运行位置是确定的。但是，对于如吹风机、电钻这些产品，通常的运行位置是不确定的，EUT 只需平放在台上（试验布置参见图 6）。本条款的目的是提高重复性，产品委员会可给出具体规定，以确保 EUT 布置的重复性。

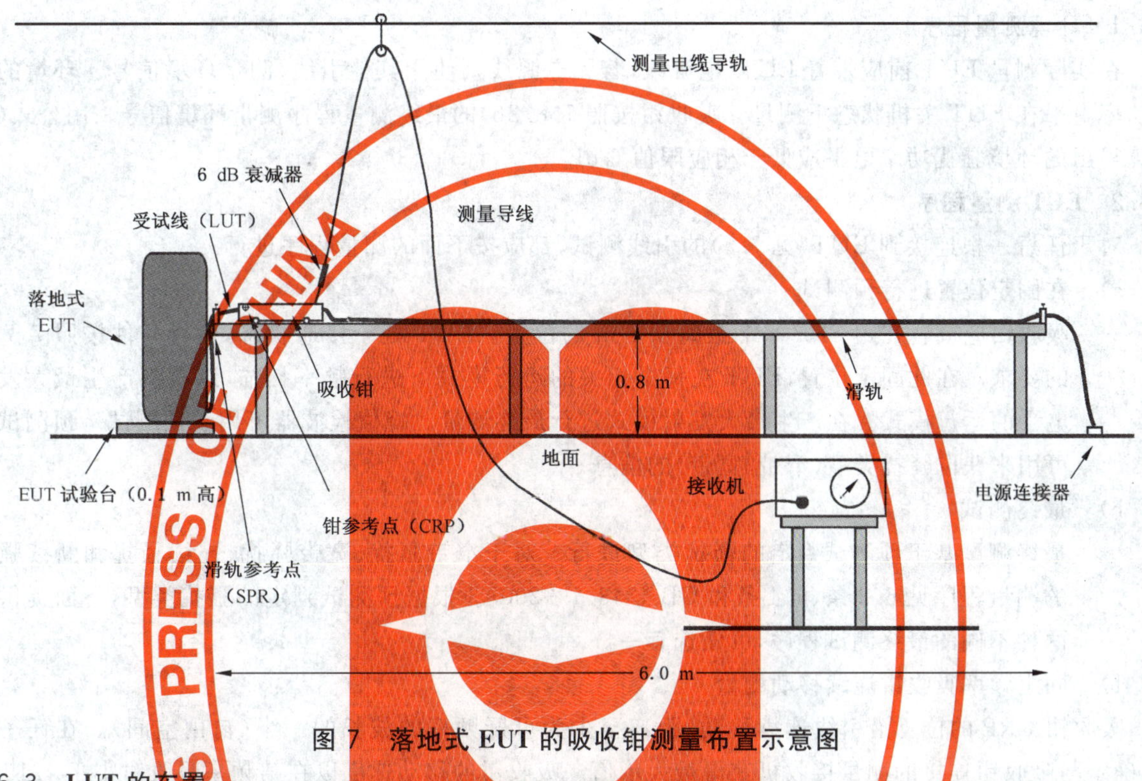

图 7　落地式 EUT 的吸收钳测量布置示意图

7.6.3　LUT 的布置

将 LUT 拉直并水平放置在吸收钳滑轨上方，吸收钳沿引线滑动变化位置寻找最大读数。吸收钳外的 LUT 距地面的高度应尽可能接近 0.8 m。为了钳在滑动的过程中保持与 LUT 的较好接触，最好是在吸收钳滑轨近端固定 LUT，远端使用快速解锁装置。

7.6.4　吸收钳

下面给出了关于吸收钳的位置要求。

a)　LUT 嵌入吸收钳，见图 6。吸收钳应放置在滑轨上，电流互感器端靠近 EUT。

b)　在吸收钳移动过程中，CRP 与 SRP 间的最小水平距离为(10±1)cm。由于不同类型的吸收钳的 CRP 位置可能不同，需要调整 10 cm 的距离。测量结果很大程度上取决于初始位置。出于对重复性的考虑，有必要增加额外的说明以确保能够确定初始位置。

c)　LUT 应保持在吸收钳电流互感器的中心位置，例如在 CRP 处。为此，大多数吸收钳都有中心支撑。

7.6.5　测量电缆

吸收钳测量电缆应符合以下要求：

a)　若 6 dB 衰减器不是吸收钳组件的一部分，应将独立的 6 dB 衰减器靠近吸收钳的测量端连接。注意，这个 6 dB 衰减器应为 VSWR 最大值为 1.12 的同轴衰减器，最大衰减容差为±0.3 dB（见 GB/T 6113.103—2008 第 4 章）。

b)　测量电缆连接到测量接收机或频谱分析仪。

c)　测量电缆通过滑轮导引，使测量电缆到吸收钳的角度接近直角且不接触地面。

7.7 EUT 运行条件

进行骚扰功率的测量时,EUT 应在其常规模式下运行(包括待机模式)。用预测试程序(7.8.2a))确定产生最大发射的运行模式。EUT 的常规模式应满足第 6 章给出的 EUT 常规运行条件。此外可能还需要附加的产品特定条件。如有可能,应在产品标准中给出产品特定的运行条件。

7.8 测量程序

7.8.1 环境测量程序

在实际测量 EUT 前应带着 LUT(电源线,若无电源线则使用其他引线)测量环境信号。环境的骚扰功率电平在 EUT 关机状态下测量。吸收钳按照 7.8.2b)的最终测量程序测量环境信号。用公式(4)计算得出的环境骚扰功率电平应低于相应限值 6 dB。

7.8.2 EUT 测量程序

对于任意一根连接到 EUT(见 7.5)的引线测试,都应按下面的测量程序进行。

a) 在固定位置进行预测试

吸收钳应放置在距 SRP 水平距离 0.1 m 的位置。EUT 处于接通状态,运行条件按照 7.7 条的要求。在此固定位置,EUT 在每个相关的运行模式下进行频率扫描,以找到产生最大发射电平的运行模式。在产生最大发射模式进行最终测量。峰值检波器可用于预测试。预测试也可用来获取骚扰类型(窄带、宽带)的信息。

b) 最终测试

最终测试基于预测试判定的骚扰类型进行。对于窄带骚扰、宽带骚扰、连续骚扰和断续骚扰的测量程序见 6.2 条、6.4 条和 GB 4343.1—2003。根据预测试判定的骚扰类型,下面提供了两种不同的最终测试程序,可任选其一。

1) 固定频率吸收钳连续移动测量

吸收钳 CRP 的位置沿引线连续移动,距离至少为可疑频率的波长的一半(自由空间)。在任一频点,确定与吸收钳连接的测量接收机获得最大示值。吸收钳的移动速度以在某频率吸收钳小于 1/15 波长的步长移动所需对应的测量时间来确定。

2) 固定吸收钳位置接收机在频段内扫描测量

用此测量程序吸收钳的定位更方便,即沿吸收钳滑轨根据提供的上限频率确定足够数量的不连续的位置,比如,对于最大频率 1 000 MHz,0.02 m 的步长就满足了(步长为 1/15 波长)。测量接收机应在吸收钳的每个位置进行频率扫描。并保持最大读数。以固定步长对整个 LUT 测量,会明显增加扫描时间。随着 EUT 与吸收钳之间距离的加大,步长可能明显增大,步数减少。表 2 和表 3 根据上限频率给出了采样数量的例子。可按吸收钳位置的函数限制频率扫描范围,进一步减少测量时间。接收机上限频率的限值可由吸收钳位置对应的半波长度计算得到。

表 2 频率上限为 300 MHz 的吸收钳测量采样表

吸收钳位置范围/m (相对于 SRP 的 CRP)	步长/m	采样点数
0.1～0.40	0.06	5
0.40～0.90	0.10	5
0.90～1.8	0.15	6
1.8～3.0	0.20	6
3.0～5.1	0.30	8(包括终点)
沿受试导线采样总数		30

表 3 频率上限 1 000 MHz 的吸收钳测量采样表

吸收钳位置范围/m（相对于 SRP 的 CRP）	步长/m	采样点数
0.1～0.2	0.02	5
0.2～0.4	0.04	5
0.4～0.8	0.05	8
0.8～1.4	0.10	6
1.4～3.0	0.20	8
3.0～5.1	0.30	8(包括终点)
沿受试导线采样总数		40

7.9 骚扰功率的确定

根据每个 LUT 的测量数据，用公式(4)计算骚扰功率。在每一频点，对应每个测量频率的最大测量电压 V 的骚扰功率 P，由 GB/T 6113.103—2008 第 4 章吸收钳校准程序得到的功率钳因子(CF)确定。

$$P = V + CF \quad \cdots\cdots(4)$$

式中：

P——骚扰功率，dB(pW)；

V——测得的电压，dB(μV)；

CF——功率钳因子，dB(pW/μV)。

注：功率钳因子在 6 dB 衰减器条件下获得(见 7.3.2)。

7.10 测量不确定度的确定

对于任意吸收钳测量装置，可根据 GB/T 6113.402 确定实际测量仪器的不确定度 U_{lab}。

测量仪器的不确定到达某一程度时必须考虑按符合性判据(7.11)。在符合性判据中包含不确定度超过 U_{cispr} 允许值。吸收钳测量方法的 U_{cispr} 值为 4.5 dB(见 GB/T 6113.402—2006 的 4.1 条)。

7.11 符合性判据

在每一个频率上，都应检查每个 LUT 获得的骚扰功率 P 是否符合对应的限值 P_L。当不确定度超过 U_{cispr}=4.5 dB 时，则符合性判据应综合考虑测量仪器的不确定度。符合性判据的应用导则在 GB/T 6113.402—2006中给出。

8 发射的自动测量

8.1 自动测量的概述

多数情况下，可用自动测量替代 EMI 重复测量以降低操作人员在读数和记录中的差错。由计算机采集数据产生的错误，可由操作人员检查发现。在某些情况下，自动测量可能产生比熟练的操作者手动测量更大的不确定度。不过，无论是手动测量还是用软件控制，测得的发射值的准确度是没有差异的。两种情况下，测量不确定度都是基于所用仪器在测量设置时的准确度。当实际的测量情况与软件设定的条件不同时，可能会增加难度。

例如：若在自动测量期间存在环境信号，EUT 的发射频率临近高电平环境信号时，可能无法准确测量。一个有经验的测量人员可以轻松的辨别实际骚扰与环境信号，根据情况调整测量 EUT 发射的方法。可以通过关闭 EUT 进行环境测量，记录当时试验场的环境信号，减少测量时间。在这种情况下，软件能通过适当的信号识别方法提示测量人员在某些频率上存在潜在环境信号。

若 EUT 的发射在缓慢变化，EUT 发射存在一个低的开关周期或出现不稳定的环境信号(例如电弧焊瞬变),测量人员应介入测量。

8.2　一般测量程序

在使 EUT 处于最大发射并进行最终测量之前,EMI 接收机先捕捉信号。用准峰值检波器测量频段内的所有频率的发射最大值,会耗费过多的时间(见 6.5.1),因此不需要对每个发射频率进行像天线高度扫频那样耗时的过程,只要对发射幅值接近或超过发射限值的频率点进行测量,即仅对发射幅值接近或超过限值的关键的频率点测量其最大值。

下列通用程序能减少测量时间:

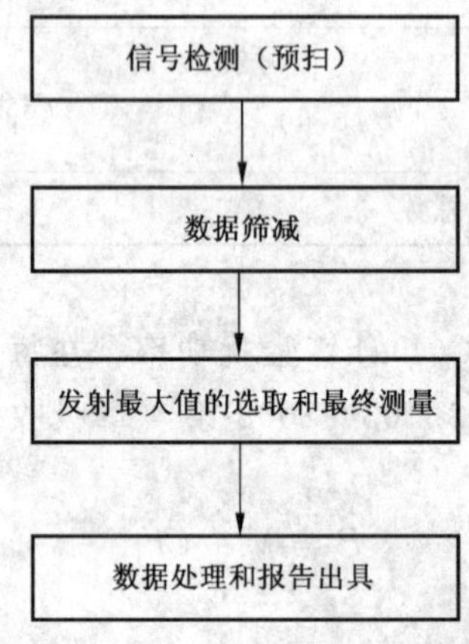

8.3　预扫

预扫作为整个测量程序的第一步有多个作用。预扫的目的是获得将要进行的附加测试或扫频所需求的信息,因此它对测量系统设置提出基本的要求和限制。这种测量模式适用于对那些发射频谱不了解的新产品的测量。通常,预扫是数据采集过程,用于确定测量频段内显著信号的频率范围。为了达到该测量目的可能需要移动天线塔和转台（对辐射发射测量),需要仔细调整频率(例如在 OATS 进行进一步测量),经过幅值与限值比较,选取有针对性的频率点。这些因素确定了预扫的测量程序。在任何情况下,结果应保存在数据列表中,以作进一步处理。

当对未知发射频谱的 EUT 进行预扫以快速获取信息时,按 6.5 条要求进行频率扫频。

确定测量时间:

如果 EUT 的发射频谱,尤其是最大的脉冲重复间隔 T_p 未知,必须研究以确保测量时间 T_m 不短于 T_p。EUT 发射的间歇特性与发射频谱的临界峰值十分相关。首先应确定发射幅值不稳定的发射频率,这可以通过比较 15 s 观察期间内最大值保持与最小值保持（测量设备或软件的清除/写入功能）获得。观察期间不能改变测量布置(传导发射时不改变导线,功率测量时不移动吸收钳,辐射发射时不移动转台或天线)。例如可以把最大值保持结果与最小值保持结果之差大于 2 dB 的信号作为间歇信号(注意不要把噪声当作间歇信号)。辐射发射测量时,改变天线的极化方向进行复测以减小由于间歇信号低于噪声电平而被遗漏的风险。可以用零跨度扫描或将示波器接到测量接收机的中频输出端测量每个间歇信号的脉冲重复周期 T_p。增加测量时间直到最大值保持和清除/写入的结果之差小于 2 dB,此时的测量时间为适宜的测量时间。进一步测量(最大值测量和终测）时,必须确保每一个子频段的测量时间 T_m 不小于脉冲重复周期 T_p。

确定测量类型的预扫方法:

用吸收钳法测量,预测试时,吸收钳应靠近 EUT。

测量传导发射或用吸收钳法测量辐射发射,应符合对应准峰值检波器和平均值检波器的两个限值。此时,如预测试峰值数据超过平均值限值,在数据筛选前,可用平均值检波器进行测试,否则超过平均值限值的窄带发射可能隐藏在低于准峰值限值的宽带发射中,以致未检测到不符合。须注意的是窄带与宽带发射峰值没有必然联系。

8.4 数据筛减

作为整个测量程序的第二步，通过减少预扫收集的信号数量，以进一步减少整个的测量时间。此过程可以完成不同的任务，例如确定频谱中的关键信号，辩别环境或辅助设备信号和 EUT 的发射信号，比较信号与限值，或根据用户的要求进行数据筛减。GB/T 6113.201—2008 的附录 C 中的判定树给出了数据筛减的另一种方法，依次用不同的检波器把数据与限值进行比较。数据筛减可以用全自动或交互的方式，包括软件工具或操作人员的介入来实现，它不需要独立于自动测量，例如可作为预扫的一部分。

在某些频段，尤其是调频频段，区分声音广播信号是非常有效的。这就要求对调频信号进行解调，以便能听到其调制的内容。如果预扫的结果中包含有大量的信号，辩别声音广播信号就很必要，该测量过程很长。如果能通过调谐和收听确定频率范围，那么只需在这些频段进行解调。将数据筛减的结果单独列表保存，以便进一步处理。

8.5 发射最大值的选取及最终测量

最终测量是通过测量发射的最大值，以确定它们的最高电平。在找到发射信号的最大值后，以适当的测量时间用准峰值检波和/或平均值检波测量发射电平（如果读数在限值附近波动，则至少需要 15 s 时间）。

测量的类型决定了获得最大信号幅值的测量过程。

吸收钳测量法：沿导线改变吸收钳位置寻找最大幅值。

8.6 数据处理和报告出具

作为整个测量程序的最后一步是对文件的要求。用自动或手动交互的方式进行分类和比较路径，列出数据表，作为用户编制所需的报告和文件依据。而作为分类或选取的依据，应获得修正的峰值、准峰值或平均值的幅值。这些处理的结果以分列的数据表或组合的数据表形式保存，作为文件或进一步处理。

检测报告应用列表和图形的形式表示测量结果。此外，有关测量系统的信息也应作为测量报告的一部分，如所用的传感器、测量仪器以及产品标准所要求的 EUT 布置的有关描述。

附 录 A
（资料性附录）
在甚高频段（VHF）由家用电器和类似器具所产生的干扰功率测量方法的背景

A.1 历史资料

在理论上，场强测量最适用于确定所有类型设备在 30 MHz 频率以上的干扰能力，但在应用中证明采用该方法连同所要采取的措施有一定的困难。因此，工程师们在长期使用端子电压法的同时，一直期待着更加令人满意的测量方法。已经设想出几种取代方法，包括用实验室内的辐射测量来代替开阔空间的场强测量在内的那些测量。其中最有意义的方法是止路滤波器法(stop filter method)和地电流法(earth current method)。这些方法属于替代法，即用几乎无损耗的开槽同轴滤波器来调整干扰源电源线辐射长度的方法来获得最大辐射。在这些方法中，设备的干扰能力被定义为标准信号发生器必须注入到一个特性已知的单阶天线上的功率，以便使与测量设备相连接的天线上得到的效应和干扰源产生的效应相同。从上述几种方法中，已经发展出更方便的方法。

用 Y 型网络来代替 V 型人工电源网络已经使得端子电压的测量方法获得明显的改善，从而能获得由干扰源所产生的真实共模电压。也制定出采用电抗性开槽同轴滤波器的类似方法。一种测量干扰源可能注入到电源线上功率的方法也已经提出。这种方法是以测量吸收式同轴装置输入端的电流为基础的。

后一种方法比端子电压法的优越之处在于不必断开电源线：这种方法所指示的干扰功率值近似符合在谐振条件下测量电源线辐射的方法所获得的结果。

由于操作简单，因而端子电压法和吸收式同轴装置法比止路滤波器法和地电流法更可取。但尚需表明它们给出的测量结果与实际所得的结果相符。

对干扰源的统计测量已经表明：对于放置在同一建筑物中的接收机，就其输入端上所测得的同一个干扰源的影响而言，用止路滤波器法所测的干扰比用端子电压法所测的干扰更符合干扰源实际的影响，用吸收式装置法得出的测量结果，介于上述两种测量方法之间。其他的方法也已经进行了比较。

A.2 测量方法的制定

对止路滤波器而言，所测量的是一个直接与半波谐振天线中心处的电流大小有关的量。最重要的不是辐射系统而是干扰源能传输给辐射系统的功率。这一原理也同样适用于地电流法。如果测量这个功率而不测场强是可能的，那么由周围的物体对辐射体和接收天线之间电波传输所产生影响的所有弊端将不复存在。用铁氧体取代同轴止路滤波器的尝试表明了由干扰源产生的大部分能量都被消耗在铁氧体管上，于是人们认为：对于测量铁氧体管输入端的电流，可以取代或至少可部分地取代用止路滤波器法来测量场强。这种测量方法导致产生了 GB/T 6113.103—2008 附录 B 中所述的装置。

接下来，要对下述问题进行研究：在一个干扰源有用功率已给定，其内阻抗为纯阻性并被屏蔽的特定情况下，如果其全部干扰能量都以共模方式被传输到电源线上，那么当这个干扰源的尺寸大小不同时，如何对这些不同的测量方法进行比较呢？实验研究表明了一个值得注意的事实：新装置给出的测量结果实际上与干扰源尺寸（3.5 dm^3～1 700 dm^3）无关，并且比用其他方法所获得的结果有更好的一致性。

事实上，可以把吸收装置测量系统简化为下述电路：内阻抗为 Z_s 的干扰源通过特性阻抗为 Z_1 的低损耗导线接上一个负载 Z_c。如果导线的长度从零开始变化，那么由负载 Z_c 吸收的功率（如果 Z_c 与 Z_1 不同）所经历的最大值和最小值相对应于系统产生谐振和抗谐振的情况。若忽略导线上的辐射和其他损耗不计，讨论负载位于相应于第一个最大值距离上的情况，我们认为在导线的该点位置上干扰源和负

载均呈现为纯阻 R_s 和 R_c。由此，可用公式来描述这一情况。如果 P_d 表示干扰源的有用功率，P_c 表示负载的吸收功率，

而设定

$$m=\frac{R_s}{R_c}$$

那么

$$\frac{P_c}{P_d}=\frac{4m}{(m+1)^2}$$

这里给出 m 的值：

m=0.1,0.2,0.5,1,2,5,10,20,30

则 $M=10\lg\frac{P_c}{P_d}=-4.8,-2.5,-0.5,0,-0.5,-2.5,-4.8,-7.4,-9$ dB

由此可见：干扰源对于引线的匹配并不是很苛刻的，并且若用一个吸收钳来作为负载，例如其大小约为 200 Ω，那么，由此得出的结果，与在干扰源输出端施加一负载并借助于一个同轴止路滤波器在线上形成谐振时得到的结果没有很大的差别。

更多的吸收钳的发展和操作原理见参考文献[1]。

A.3 吸收钳测量法改进原因

吸收钳测量法被证明是符合性测量的简便方法，广泛地应用于几种类型的电子商用设备(GB 13837和 GB 4343.1)的测量 。然而，此方法也受到质疑。例如在参考文献[2]中就描述了几种改进的建议和方法的提案。该文章也质疑了吸收钳测量法的“传输线模型”在高频的有效性。

吸收钳测量法也用于预测试。然而，由于两种方法相对较大的不确定度和不同类型的不确定度源，这就导致很难确定吸收钳法和辐射发射法测量结果之间的关系。

在过去十年中，EMC 测量方法的不确定和重复性亦成为非常重要的争议问题。这是由于 EMC 测量本身相对较大的不确定度与其包含的符合性判定的不确定度造成的。对于吸收钳校准和吸收钳测量法，这也是改进的动力，例如，减少吸收钳测量法和吸收钳校准方法相关的不确定因素。

参考文献[3]是校准不确定度的广泛研究结果和吸收钳使用的报告。调查了各种各样的影响因素，提出改进的建议如下：

——应用辅助吸收装置 (SAD)；

——确保受试引线在吸收钳中心位置；

——测量布置 1 m 范围内没有物体和人员；

——吸收钳输出端加 6 dB 衰减器。

后三种建议为吸收钳测量法和吸收钳校准方法的通用要求。辅助吸收装置用于吸收钳校准和吸收钳测试场地的确认。

最后，应该注意的是由于缺少吸收钳测量法的有效模型和缺乏对每个影响因素相关敏感度系数的了解，造成很难确定第一类不确定度评估的基本模型。

A.4 参考文献

[1] MEYER DE STADELHOFEN. J, A new device for radio interference measurements at VHF; the absorbing clamp, Proceedings, IEEE Int. EMC Symposium, 1969, p. 189-193.

[2] KWAN, HK A theory of operation of the CISPR absorbing clamp. Proceedings of the IEE Symposium on EMC, 1988, p. 141-143.

[3] WILLIAMS. T. Calibration and use of the CISPR absorbing clamp. EMC Europe Symposium, Brugge, 2000. pp. 527-523.

附 录 B
（资料性附录）
频谱分析仪和扫描接收机的使用要求
（见第6章）

B.1 前言

当使用频谱分析仪和扫描接收机进行测量时，应考虑下述特性。

B.2 过载

在直到2 000 MHz的频率范围内，大多数频谱分析仪都不具有射频预选功能，即输入信号被直接馈到宽带混频器中。为了避免过载、防止仪器损坏和使频谱分析仪工作在线性状态下，混频器端的信号幅度一般应小于150 mV峰值，为了把输入信号降至此电平，也许需要设置射频衰减或附加的射频预选。

B.3 线性度的测量

频谱分析仪的线性度，可以首先对研究的某一特定的信号电平进行测量，然后在测量装置的输入端，如果使用了预选放大器，则在预选的输入端，插入大小为 X dB($X \geqslant 6$ dB)的衰减器，再重复进行测量，当测量系统为线性时，加入衰减后接收机显示的新读数与第一次(未加衰减器时)的读数之差应在 X dB±0.5 dB内。

B.4 选择性

频谱分析仪和扫描接收机必须具有符合GB/T 6113.101—2008中规定的带宽，以便在标准带宽内来正确测量宽带信号和脉冲信号，以及有几个频谱分量的窄带骚扰。

B.5 对脉冲的正常响应

具有准峰值检波功能的频谱分析仪和扫描接收机的脉冲响应能够用符合GB/T 6113.101—2008中规定的校准试验脉冲信号来检验。对于校准试验脉冲所具有的很高峰值电压，一般需要插入一个40 dB(或更大)的射频衰减器，以满足线性度要求，这样就降低了灵敏度，从而在B、C、D频段不能进行低重复率和孤立校准试验脉冲的测量。如果在接收机前使用了预选滤波器，那么射频衰减量就可以减少。正如用混频器所看到的，滤波器限制了校准试验脉冲的频谱宽度。

B.6 峰值检波

原则上频谱分析仪的常规(峰值)检波方式可以提供永不小于准峰值指示的显示值，用峰值检波进行发射测量是很方便的，因为较之准峰值检波它允许使用更快的扫频速率。因此，那些接近发射限值的信号需要用准峰值检波重新测量，以便记录准峰值。

B.7 扫描速率

频谱分析仪或扫描接收机的扫描速率应相对于国标的频段和所用的检波方式来进行调整：最小扫描时间/频率即最快扫描速率。见表B.1。

表 B.1 最小扫描时间/频率即最快扫描速率

频 段	峰值检波	准峰值检波
A	100 ms/kHz	20 s/kHz
B	100 ms/MHz	200 s/MHz
C/D	1 ms/MHz	20 s/MHz

对用于固定调谐非扫描方式下的频谱分析仪或扫描接收机，调整显示扫描时间与检波方式无关，可以按照观测发射性能的要求来进行。如果骚扰电平不稳定，测量接收机的读数必须至少观察 15 s，以确定骚扰最大值(参见 6.4.1)。

B.8 信号截获

间歇发射的频谱可用峰值检波和数字显示存储(如果有)来截取。与单一、慢速的频率扫描相比，多重、快速的频率扫描能减少截获发射的时间。应变化扫描的起始时间，以避免与任何发射同步而导致隐匿了的发射。对一个给定的频率范围，总的观察时间必须比发射的间隔时间长。根据所测骚扰的类型，峰值检波测量能够替代所有或部分用准峰值检波所需的测量，然而在发现最大辐射的那些频率点上，应当用准峰值检波器再进行重复测量。

B.9 平均值检波

用频谱分析仪作平均值检波是利用减小视频带宽直到观察到的显示信号不能更平滑为止来获得的。扫描时间必须随视频带宽的减少而增加，以保持幅度校准。对于这种测量，接收机必须使用在检波器的线性状态下。在线性检波之后，为了显示，信号可能要进行对数处理，在那种情况下，即使显示的值是线性检波信号的对数也要校正。

可能要使用对数幅度显示方式，例如，为了更容易地区分窄带和宽带信号。所显示的值是对数不失真中频信号包络的平均值。在不影响窄带信号显示的情况下，它比线性检波方式对宽带信号有更大的衰减。因此，对于频谱中包含有上述两种信号的情况下进行窄带分量评估，对数视频滤波尤为适合。

B.10 灵敏度

在频谱分析仪前使用低噪声射频前置放大器可以增加灵敏度，输入到放大器的信号电平应该用衰减器来调整，以测量整个系统对受试信号的线性度。

对于很强的宽带发射来说，为了保证系统的线性，需要有很大的射频衰减，此时可以在频谱分析仪前用射频预选滤波器来增加它的灵敏度。该滤波器降低了宽带发射的峰值幅度，因此可以使用较小的射频衰减。这样的滤波器对于抑制或衰减强带外信号和由它们所引起的互调干扰分量也许是必要的。如果使用这样的滤波器，则必须用宽带信号来校正。

B.11 幅度精确度

频谱分析仪或扫描接收机的幅度精确度可以用信号发生器、功率表和精密衰减器来检定，必须对这些仪器、电缆和失配损耗的特性加以分析，以估算出检定试验中的测量误差。

附　录　NA
（资料性附录）
本部分与 GB/T 6113.2—1998 有关章条的对照

本部分在保留 GB/T 6113.2—1998 中传导骚扰测量方法有关内容的基础上，增加了下列内容：

1. 名词术语增加了 16 条：3.14“断续骚扰”；3.15“测量时间”；3.16“扫频”；3.17“扫描”；3.18“扫描或扫频时间”；3.19“跨度”；3.20“扫描/扫频的速率”；3.21“单位时间(例如：每秒)内扫描的次数”；3.22“观察时间”；3.23“总观察时间”；3.24“受试线”；3.25“吸收钳测量法”；3.26“吸收钳测试场地”；3.27“功率钳因子”；3.28“钳参考点”；3.29“滑动参考点”；

2. 第 6.5 条“连续骚扰的测量时间和扫描速率”，及图 1，图 2，图 3，图 4；

3. 第 7 章“吸收钳测量法”，及图 6，图 7；

4. 第 8 章“发射的自动测量”；

5. 附录 A.3“吸收钳测量法改进原因”；

6. 附录 NA“本部分于 GB/T 6113.2—1998 有关章条的对照”。

本部分与 GB/T 6113.2—1998 有关章条的对照情况如下表所示：

本部分条款		GB/T 6113.2—1998 条款	
1		1.1	
2		1.2	
3	3.1～3.4；	1.3	1.3.1～1.3.4；
	3.5～3.6；		1.3.6～1.3.7；
	3.8～3.9		1.3.10～1.3.11
	3.10～3.11		1.3.15～1.3.16
	3.12～3.13		1.3.19～1.3.20
	3.14～3.29		
4	4.1～4.2	2.1	2.1.1～2.1.2
5	5.1～5.3	2.2	2.2.1～2.2.3
6	6.1	2.3	2.3.1
	6.2		2.3.2
	6.3		2.3.3
	6.4		2.3.4
	6.5		
7			
8			
附录	A	附录	C
	B		B
	NA		

ICS 33.100
L 06

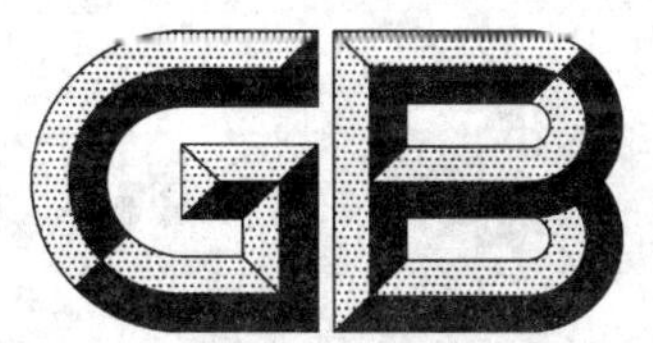

中华人民共和国国家标准

GB/T 6113.203—2008/CISPR 16-2-3:2003
部分代替 GB/T 6113.2—1998

无线电骚扰和抗扰度测量设备和测量方法规范 第2-3部分：无线电骚扰和抗扰度测量方法 辐射骚扰测量

**Specification for radio disturbance and immunity measuring apparatus and methods—
Part 2-3: Methods of measurement of disturbances and immunity—
Radiated disturbance measurements**

(CISPR16-2-3:2003,IDT)

2008-01-12 发布 2008-09-01 实施

中华人民共和国国家质量监督检验检疫总局
中国国家标准化管理委员会 发布

前　言

GB/T 6113.203—2008 等同采用国际标准 CISPR 16-2-3:2003《无线电骚扰和抗扰度测量设备和测量方法规范　第 2-3 部分:无线电骚扰和抗扰度测量方法　辐射骚扰测量》(英文版)。

鉴于 IEC/CISPR 16 为电磁兼容系列基础标准,且篇幅大、内容多,为了方便标准的制定、维护和使用,2002 年 IEC/CISPR A 分会决定对该标准的结构进行重大调整,将原来的 4 个部分拆分为现在的 14 个部分,2006 年增至 15 个部分,并从 2003 年 11 月起陆续发布。我国依据等同采用原则,将陆续完成相应国家标准的制定和修订工作。该系列中的新、旧国家标准及其与 IEC/CISPR 16 系列标准/出版物的对应关系如下:

旧标准编号和名称	新标准编号和名称
GB/T 6113.1—1995 (eqv CISPR 16-1:1993) 《无线电骚扰和抗扰度测量设备》	GB/T 6113.101—2008(CISPR 16-1-1:2006,IDT) 第 1-1 部分:无线电骚扰和抗扰度测量设备　测量设备
	GB/T 6113.102—2008(CISPR 16-1-2:2004,IDT) 第 1-2 部分:无线电骚扰和抗扰度测量设备 辅助设备　传导骚扰
	GB/T 6113.103—2008(CISPR 16-1-3:2004,IDT) 第 1-3 部分:无线电骚扰和抗扰度测量设备 辅助设备　骚扰功率
	GB/T 6113.104—2008(CISPR 16-1-4:2005,IDT) 第 1-4 部分:无线电骚扰和抗扰度测量设备 辅助设备　辐射骚扰
	GB/T 6113.105—2008(CISPR 16-1-5:2003,IDT) 第 1-5 部分:无线电骚扰和抗扰度测量设备 30 MHz～1 000 MHz 天线校准用试验场地
GB/T 6113.2—1998 (eqv CISPR 16-2:1996) 《无线电骚扰和抗扰度测量方法》	GB/T 6113.201—2008(CISPR 16-2-1:2003,IDT) 第 2-1 部分:无线电骚扰和抗扰度测量方法 传导骚扰测量
	GB/T 6113.202—2008(CISPR 16-2-2:2004,IDT) 第 2-2 部分:无线电骚扰和抗扰度测量方法 骚扰功率测量
	GB/T 6113.203—2008(CISPR 16-2-3:2003,IDT) 无线电骚扰和抗扰度测量设备和测量方法规范 第 2-3 部分:无线电骚扰和抗扰度测量方法　辐射骚扰测量
	GB/T 6113.204—2008(CISPR 16-2-4:2003,IDT) 第 2-4 部分:无线电骚扰和抗扰度测量方法 抗扰度测量

<table>
<tr><th>旧标准编号和名称</th><th>新标准编号和名称</th></tr>
<tr><td>CISPR 16-3:2000
Reports and recommendations of CISPR</td><td>GB/Z 6113.3—2006 (CISPR 16-3:2003,IDT)
第 3 部分:无线电骚扰和抗扰度测量技术报告</td></tr>
<tr><td rowspan="5">CISPR 16-4:2002
Uncertainty in EMC</td><td>GB/Z 6113.401—2007 (CISPR 16-4-1/TR:2003,IDT)
第 4-1 部分:不确定度、统计学和限值建模
标准化 EMC 试验的不确定度</td></tr>
<tr><td>GB/T 6113.402—2006 (CISPR 16-4-2:2003,IDT)
第 4-2 部分:不确定度、统计学和限值建模
测量设备和设施的不确定度</td></tr>
<tr><td>GB/Z 6113.403—2007 (CISPR 16-4-3/TR:2004,IDT)
第 4-3 部分:不确定度、统计学和限值建模
批量产品的 EMC 符合性确定的统计考虑</td></tr>
<tr><td>GB/Z 6113.404—2007 (CISPR 16-4-4/TR:2003,IDT)
第 4-4 部分:不确定度、统计学和限值建模
抱怨的统计和限值的计算模型</td></tr>
<tr><td>GB/Z 6113.405 (CISPR 16-4-5:2006,IDT) *
第 4-5 部分:不确定度、统计学和限值建模
替换试验方法的使用条件</td></tr>
<tr><td colspan="2">注 1: * 待制定;黑体字为该标准的本部分。
注 2:表中除 GB/T 6113.203 以外的国家标准名称以制定或修订后、发布的标准名称为准。</td></tr>
</table>

本部分等同采用国际标准 CISPR 16-2-3:2003《无线电骚扰和抗骚度测量设备和测量方法规范　第 2-3 部分:无线电骚扰和抗扰度测量方法　辐射骚扰测量》,并作了如下编辑性修改:

1. 根据国际标准前言和引言的内容,重新组织和编写了本部分的前言,取消了引言。

2. 在第 2 章"规范性引用文件"中,增加下列引用文件:

GB/T 4365—2003《电工术语　电磁兼容》(IEC 60050(161):1990,IDT)。

3. 在 7.5.4.1 节中有关用替代法进行辐射骚扰功率有效性的现场测量的一般测量条件中,国际标准原文为(3b),本部分并没有公式(3b),为编辑性错误,国家标准中将其改为(7b),并加了一个脚注。

4. 本部分增加了资料性附录:NA 本部分与 GB/T 6113.2—1998 有关技术条款的对应情况。

本部分与 GB/T 6113.201—2008、GB/T 6113.202—2008 和 GB/T 6113.204—2008 组合在一起代替 GB/T 6113.2—1998(eqv CISPR 16-2:1996)。

本部分的附录 A、附录 B、附录 C、附录 NA 为资料性附录。

本部分由全国无线电干扰标准化技术委员会提出并归口。

本部分由上海电器科学研究所(集团)有限公司负责起草,信息产业部电子工业标准化研究所参加起草。

本部分主要起草人:寿建霞、陈俐、邢琳、朱文立、张君、林京平、徐立、李邦协。

无线电骚扰和抗扰度测量设备和测量方法规范 第2-3部分:无线电骚扰和抗扰度测量方法 辐射骚扰测量

1 范围

本部分为基础标准 GB/T 6113《无线电骚扰和抗扰度测量设备和测量方法规范》系列中的第 2-3 部分,规定了 9 kHz～18 GHz 频段范围内辐射骚扰的测量方法。

2 规范性引用文件

下列文件中的条款通过 GB/T 6113 的本部分的引用而成为本部分的条款。凡是注日期的引用文件,其随后所有的修改单(不包括勘误的内容)或修订版均不适用于本部分,然而,鼓励根据本部分达成协议的各方研究是否可使用这些文件的最新版本。凡是不注日期的引用文件,其最新版本适用于本部分。

GB 4343.1—2003 电磁兼容 家用电器、电动工具和类似器具的要求 第1部分:发射(CISPR 14-1:2000+A1:2001,IDT)

GB/T 4365—2003 电工术语 电磁兼容(IEC 60050(161):1990,IDT)

GB 4824—2004 工业、科学和医疗(ISM)射频设备 电磁骚扰特性 限值和测量方法(CISPR 11:2003,IDT)

GB/T 6113.101—2008 无线电骚扰和抗扰度测量设备和测量方法规范 第1-1部分:无线电骚扰和抗扰度测量设备 测量设备(CISPR 16-1-1:2006,IDT)

GB/T 6113.104—2008 无线电骚扰和抗扰度测量设备和测量方法规范 第1-4部分:无线电骚扰和抗扰度测量设备 辅助设备 辐射骚扰(CISPR 16-1-4:2005,IDT)

GB/T 6113.105—2008 无线电骚扰和抗扰度测量设备和测量方法规范 第1-5部分:无线电骚扰和抗扰度测量设备 30 MHz～1 000 MHz 天线校准用试验场地(CISPR 16-1-5:2003,IDT)

GB/T 6113.201—2008 无线电骚扰和抗扰度测量设备和测量方法规范 第2-1部分:无线电骚扰和抗扰度测量方法 传导骚扰测量(CISPR 16-2-1:2003,IDT)

GB/T 6113.202—2008 无线电骚扰和抗扰度测量设备和测量方法规范 第2-2部分:无线电骚扰和抗扰度测量方法 骚扰功率测量(CISPR 16-2-2:2004,IDT)

GB/T 6113.204—2008 无线电骚扰和抗扰度测量设备和测量方法规范 第2-4部分:无线电骚扰和抗扰度测量方法 抗扰度测量(CISPR 16-2-4:2003,IDT)

GB/Z 6113.3—2006 无线电骚扰和抗扰度测量设备和测量方法规范 第3部分:无线电骚扰和抗扰度测量技术报告(CISPR 16-3:2003,IDT)

GB/Z 6113.401—2007 无线电骚扰和抗扰度测量设备和测量方法规范 第4-1部分:不确定度、统计学和限值建模 标准化 EMC 试验的不确定度(CISPR 16-4-1/TR:2003,IDT)

GB/T 6113.402—2006 无线电骚扰和抗扰度测量设备和测量方法规范 第4-2部分:不确定度、统计学和限值建模 测量设备和设施的不确定度(CISPR 16-4-2:2003,IDT)

GB/Z 6113.403—2007 无线电骚扰和抗扰度测量设备和测量方法规范 第4-3部分:不确定度、统计学和限值建模 批量产品的 EMC 符合性确定的统计考虑(CISPR 16-4-3/TR:2004,IDT)

GB 9254—1998 信息技术设备的无线电骚扰限值和测量方法(idt CISPR 22:1997)

GB 13837—2003 声音和电视广播接收机及有关设备 无线电骚扰特性 限值和测量方法(IEC/CISPR 13:2001,MOD)

3 术语和定义

本部分除采用 GB/T 4365—2003 规定的定义以外,还采用下列定义:

3.1

辅助设备 associated equipment

1) 与测量接收机或试验发生器连接的传感器(例如:探头、网络和天线)。

2) 连接在受试设备(EUT)和测量仪器或(试验)信号发生器之间,用来传送信号或骚扰的传感器(例如:探头、网络和天线)。

3.2

受试设备 EUT

承受电磁兼容性(EMC)符合性(发射)试验的设备(装置、器具和系统)。

3.3

产品(类)EMC 标准 product publication

为产品或产品类的 EMC 专门要求特性而制定的标准。

3.4

(来自骚扰源的)发射限值 emission limit(from a disturbing source)

电磁骚扰源最大允许的发射电平。

[GB/T 4365—2003,定义 161-03-12]

3.5

接地参考 ground reference

对 EUT 周围物体构成确定的寄生电容并用来作为参考电位的连接体。

注:参见 GB/T 4365—2003 的 161-04-36。

3.6

(电磁)发射 (electromagnetic) emission

从源向外发出电磁能的现象。

[GB/T 4365—2003,定义 161-01-08]

3.7

同轴电缆 coaxial cable

含有一根或多根同轴线的电缆,一般用于辅助设备与测量设备或(试验)信号发生器的匹配连接,以便提供一个规定的特性阻抗和允许的最大电缆转移阻抗。

3.8

测量接收机 measuring receiver

带有不同的检波器的测量骚扰的接收机。

注:测量接收机应符合 GB/T 6113.101—2008 的规定。

3.9

试验布置 test configuration

为测量发射电平而规定的 EUT 测量布置。

注:测量发射电平的要求按 GB/T 4365—2003 中 161-03-11、161-03-12、161-03-14 和 161-03-15 的定义。

3.10

加权(准峰值检波) weighting (quasi-peak detection)

按照加权特性,将脉冲的峰值检波电压转换成与脉冲重复率相关的一种指示,以对应于脉冲骚扰造成的生理和心理上(听觉或视觉)的影响;或者说它给出一种特定的方法来评价发射电平或抗扰度电平。

注:

1. 在 GB/T 6113.101—2008 中规定了加权特性。
2. 按照 GB/T 4365—2003 中电平定义的要求来评价发射电平和抗扰度电平(见 GB/T 4365—2003 的 161-03-01、161-03-11 和 161-03-14)。

3.11

连续骚扰　continuous disturbance

在测量接收机中频输出端呈现的持续时间大于 200 ms 的射频骚扰,它使工作在准峰值检波方式的测量接收机表头产生的偏转不会立即减小。

(见 GB/T 4365—2003 中 161-02-11)

注:测量接收机应符合 GB/T 6113.101—2008 的规定。

3.12

断续骚扰　discontinuous disturbance

对于可计喀呖声而言,在测量接收机中频输出端呈现的持续时间小于 200 ms 的骚扰,它使工作在准峰值检波方式的测量接收机表头产生短暂的偏转。

注:

1. 脉冲骚扰,见 GB/T 4365—2003 中 161-02-08。
2. 测量接收机应符合 GB/T 6113.101—2008 的规定。

3.13

测量时间　measurement time

T_m

使单个频点的测量结果有效的连续时间(某些领域也称为驻留时间)

——对于峰值检波器,检测到信号包络最大值的有效时间。

——对于准峰值检波器,测得加权包络最大值的有效时间。

——对于平均值检波器,确定信号包络平均值的有效时间。

——对于均方根值检波器,确定信号包络有效值的有效时间。

3.14

扫描　sweep

在给定频率跨度内连续的频率变化。

3.15

扫频　scan

在给定频率跨度内连续的频率或步进变化。

3.16

扫描或扫频时间　sweep or scan time

T_s

起止频率之间的扫描或扫频时间。

3.17

跨度　span

Δf

扫描或扫频起止频率之差。

3.18

扫描或扫频的速率　sweep or scan rate

扫描或扫频跨度除以扫描或扫频的时间。

3.19

单位时间(例如:每秒)内扫描的次数　number of sweeps per time(e.g. per second)

n_s

1 /(扫描时间+返回时间)。

3.20

观察时间　observation time

T_o

在重复扫描的情况下,某一频点测量时间 T_m 的总和。若 n 为扫描或扫频的次数,则 $T_o=n\times T_m$。

3.21

总观察时间　total observation time

T_{tot}

频谱观察的有效时间(单次或重复扫描)。若 c 为扫描或扫频的频段数,则 $T_{tot}=c\times n\times T_m$。

4　骚扰的类型

本章给出各种骚扰的分类和适合测量它们的各种检波器。

4.1　骚扰类型

由于物理和生理心理上的原因，在测量和评定无线电骚扰时，依据骚扰频谱的分布情况、测量接收机带宽、骚扰持续时间、发生率以及骚扰影响的程度，骚扰可分为以下三类:

a)　窄带连续骚扰:一种离散频率的骚扰,例如:应用射频能量的工、科、医(ISM)设备所产生的基波及其谐波，构成其频谱的只是一些单根谱线，这些谱线的间隔大于测量接收机的带宽。以致在测量中与下述 b)款相反，只有一根谱线落在带宽内。

b)　宽带连续骚扰:通常由诸如带换向器的电机的重复脉冲产生的骚扰。它们的重复频率低于测量接收机的带宽，以致在测量中不止一根谱线落在带宽内。

c)　宽带不连续骚扰:由机械的或电子的开关过程产生的骚扰,例如由重复率低于 1 Hz(喀呖声率小于 30/min)的温度自动调节器或程序控制器产生的骚扰。

对于一些孤立(单个)脉冲，b)和 c)的频谱具有连续频谱的特点，对于重复脉冲，它具有不连续频谱的特点。两种频谱的特点在于其频率范围宽于 GB/T 6113.101—2008 中规定的测量接收机的带宽。

4.2　检波器的功能

根据骚扰的类型，测量时可使用带有如下检波器的测量接收机。

a)　平均值检波器:通常用于窄带骚扰和窄带信号的测量，特别适用于窄带骚扰和宽带骚扰的鉴别。

b)　准峰值检波器:用于宽带骚扰的加权测量，以评价听觉骚扰对无线电听众的影响，但也能用于窄带骚扰的测量。

c)　峰值检波器:可用于宽带骚扰和窄带骚扰的测量。

GB/T 6113.101—2008 中规定了装有这些检波器的测量接收机。

5　测量设备的连接

本章叙述测量设备、测量接收机与辅助设备(如人工网络、电压探头和电流探头、吸收钳及天线等)的连接方法。

5.1　辅助设备的连接

测量接收机与辅助设备之间应用屏蔽电缆连接，且其特性阻抗应与测量接收机的输入阻抗相匹配。

辅助设备的输出端应端接规定的阻抗。

5.2　射频参考地的连接

人工电源网络(AMN)应通过低射频阻抗连接到参考地。例如，将 AMN 的外壳与参考地或屏蔽室的一个参考壁直接搭接,或者用一个尽可能短而宽的(最大长宽比为3:1)低阻抗导体来连接。

端子电压测量仅以参考地为基准,应避免地环路(公共阻抗耦合)。对于装有Ⅰ类设备保护接地(PE)线的测量设备(如测量接收机和与其相连接的辅助设备,如示波器、分析仪、记录仪等等)也应遵守这一要求。如果测量设备的PE连接端和其电源的PE连接端相对于参考地都没有射频隔离,那么应采用诸如射频扼流圈和隔离变压器的措施来提供必要的射频隔离,或者如果可能,由电池对测量设备供电,以使测量设备至参考地之间的射频连接只有一条路径。

关于EUT的PE连接端与参考地之间的连接方法,参见GB/T 6113.201—2008附录A中的A.4。

如果参考地已直接连接且满足了保护接地线安全要求,那么对固定的试验布置不要求用保护接地体(PE连接端)。

5.3 EUT和AMN之间的连接

GB/T 6113.201—2008附录A给出选择EUT与AMN的接地连接和非接地连接的指南。

6 测量的一般要求和条件

无线电骚扰测量应:

a) 具有可复现性,例如与测量地点、环境条件,尤其是与环境电平无关。

b) 无相互作用,例如EUT与测量设备之间的连接应该既不影响EUT的功能,也不影响测量设备的准确度。

如按以下条件,可能会满足上述要求:

c) 在所需测量的电平上要有足够的信噪比,例如在有关的骚扰限值的电平点上。

d) 对测量装置、EUT的运行条件和终端接法都做出了明确的规定。

e) 用电压探头测量时,在测量点,电压探头要有足够高的阻抗。

f) 用频谱分析仪或扫频接收机测量时,要适当考虑它们的一些特殊工作特性和校准要求。

6.1 非源于EUT产生的骚扰

相对于环境噪声的测量信噪比应满足下列要求,若杂散噪声电平超过所要求的环境电平,则必须把它记录在试验报告中。

6.1.1 符合性试验

试验场地应能够将EUT的各种发射从环境噪声中区分出来,环境电平最好比所要测量的电平低20 dB,但至少要低6 dB。对于6 dB的情况,测得的EUT骚扰电平比实际的高(可能高达3.5 dB)。可以在将EUT放在适当的位置且不通电,测量环境电平来确定所要求环境的场地适用性。

在按照限值作符合性测量时,只要环境电平和骚扰源发射电平合成的结果不超过规定的限值,环境电平就允许不满足上述6 dB的要求。在此情况下,EUT被认为满足限值要求。也可采取其他的做法,例如,对于窄带信号可减小带宽和/或把天线移近EUT。

注:如果对环境场强和EUT发射加上环境的总场强分别进行测量,则有可能对EUT场强的不确定性量化水平提供一种估算方法。GB 4824—2004的附录C给出有关这方面的参考资料。

6.2 连续骚扰的测量

6.2.1 窄带连续骚扰

测量设备应该保持调谐在要考察的离散频率点上,如果频率发生波动则要重新调谐。

6.2.2 宽带连续骚扰

为了评价电平不稳定的宽带连续骚扰,应找出最大的可重复产生的测量值,参见6.4.1。

6.2.3 频谱分析仪和扫频接收机的应用

频谱分析仪和扫频接收机也可用于骚扰测量,尤其是为了缩短测量时间。然而,对于这些仪器的某些特性必须给予特殊的考虑,包括过载、线性、选择性、对脉冲的正常响应、扫频速率、信号捕捉、灵敏度、幅度准确度以及峰值检波、平均值检波和准峰值检波,附录B给出对这些特性的要求。

6.3 EUT 的运行条件

EUT 应在下列条件下运行。

6.3.1 正常负载条件

正常负载条件规定在有关的 EUT 产品(类)EMC 标准中，而对于 EMC 标准中未包括的那些 EUT,则会规定在制造商的产品说明书中。

6.3.2 运行时间

如果对 EUT 已规定了额定运行时间，那么其运行时间按铭牌上的规定;否则对运行时间不作限制。

6.3.3 试运行时间(running-in time)

如果没有给定试运行时间，在试验之前，EUT 应运行足够的时间，以便保证其运行的状态和方式是寿命期限内的典型状态。对于某些 EUT 的特定试验条件可能规定在有关的设备说明书中。

6.3.4 电源

EUT 应在额定的电源电压下工作。如果骚扰电平随电源电压显著地变化，则应在 0.9～1.1 倍额定电压下，重复那些测量。如果 EUT 的额定电压不止一种，应在产生最大骚扰的额定电压下进行试验。

6.3.5 运行状态

EUT 应在实际的条件下工作，以便能在测量频率上产生最大的骚扰。

6.4 测量结果的说明

6.4.1 连续骚扰

a) 如果骚扰电平不稳定，那么每次测量时，对测量接收机的读数观察时间应不少于 15 s,应记录下最高读数。对任何孤立的喀哒声,可忽略不计（参见 GB 4343.1—2003 中 4.2)。

b) 如果骚扰电平总体上是不稳定的，在 15 s 内显示的电平连续上升或下降的幅度超过 2 dB，那么应该在更长的时间内观察该骚扰电平，并且应按 EUT 正常使用的条件来对该电平作如下说明：

   1) 如果 EUT 是一个可以频繁开关的设备或者它的旋转方向可以相反，那么在每一个测量频率点上刚好接通 EUT 或将它反转，并且在每次测量之后立即将它关断，在每一个测量频率上，应记录最初一分钟内所获得的最大电平。

   2) 如果 EUT 在正常使用时要运转较长的时间，那么它在整个试验期间都应接通，在每一个测量频率上，只在获得稳定的读数(按照 a)的规定)后才记录该骚扰电平。

c) 在试验中，如果 EUT 的骚扰特性从稳定变化到有一些随机特征，那么 EUT 应当按照 b)来试验。

d) 测量要在整个频谱上进行，至少在具有最大读数的频点上作记录或者按照有关的产品(类) EMC 标准要求进行测量和记录。

6.4.2 断续骚扰

断续骚扰测量可以在有限个频率点上进行，详见 GB 4343.1—2003。

6.4.3 骚扰持续时间的测量

将 EUT 连接到相关的 AMN 上。如果有测量接收机就将它连接到 AMN 上，并将阴极射线示波器连接到测量接收机的中频输出端。如果没有接收机，就将示波器直接连接到 AMN 上，由被测量的骚扰来触发启动。对于具有瞬动开关的 EUT，将时基设定在 1 ms/div～10 ms/div。对于其他的 EUT，时基设定在 10 ms/div～200 ms/div。骚扰的持续时间可以由记忆示波器或数字示波器直接记录下来，或者用照片或硬拷贝将荧光屏的情况记录下来。

6.5 连续骚扰的测量时间和扫频速率

无论手动测量,还是自动测量或半自动测量,测量/扫频接收机的测量时间和扫频速率应设置在可以测得最大发射值的状态。特别是当用峰值检波器作预扫时,测量时间和扫频速率应根据 EUT 的发射情况作适当调整。第 8 章提供了如何进行自动测量的导则。

6.5.1 最短测量时间

本部分附录 B.7 中的表给出了最短扫描时间或实际可能的最快扫频速率。表 1 中的最短扫频时间按 CISPR 频段给出：

表 1 使用峰值和准峰值检波器时的最短扫频时间 T_s

CISPR 频段		峰值检波器	准峰值检波器
A	9 kHz～150 kHz	14.1 s	2 820 s＝47 min
B	0.15 MHz～30 MHz	2.985 s	5 970 s＝99.5 min＝1 h 39 min
C/D	30 MHz～1 000 MHz	0.97 s	19 400 s＝323.3 min＝5 h 23 min

表 1 为测量正弦信号的扫频时间。根据骚扰类型，可能需要增加扫频时间，尤其对准峰值测量。在特殊情况下，例如观测到的发射电平不稳定时（见 6.4.1），则在某一频点的测量时间 T_m 可能增加至 15 s。但孤立的喀呖声除外。

大多数产品标准采用准峰值检波进行符合性测量，若没有省时的程序（见第 8 章），测量十分耗时。在采用省时的程序之前，必须进行预扫。为了确保在自动扫频过程中不遗漏如间歇信号等的发射，应考虑条款 6.5.2～6.5.4。

6.5.2 扫频接收机和频谱分析仪的扫频速率

在整个频率跨度内采用自动扫频时，应满足以下两条之一，以避免遗漏骚扰信号：

a） 单次扫描：每一频点的测量时间必须大于间歇信号的脉冲间隔；

b） 采用最大值保持进行重复扫描：每一频点的观察时间应足够长，以捕捉间歇信号。

扫频速率受仪器分辨率带宽和视频带宽的限制。如果对给定的仪器状态选择的扫频速率太快，将会得到错误的测量结果。因此，对确定的频段应选取足够长的扫描时间。间歇信号可以由在每一频点有足够长观察时间的单次扫描或最大值保持的重复扫描来捕捉。对未知的发射信号，通常采用最大值保持的重复扫描更有效。只要频谱仪的显示有较大变化，就有可能发现间歇信号。观察时间应根据干扰信号发生的周期设定。在某些情况下，为避免同步影响，扫频时间有必要改变。

当使用频谱分析仪或 EMI 扫描接收机测量时、基于给定的仪器设置和峰值检波确定最小扫描时间，应区分下面的两种情况。

若所选视频带宽大于分辨率带宽，用下式计算最短扫描时间：

$$T_{s\,min} = (k \times \Delta f)/(B_{res})^2 \qquad \cdots\cdots (1)$$

式中：

$T_{s\,min}$——最短扫描时间；

Δf——频率跨度；

B_{res}——分辨率带宽；

k——比例常数，与分辨率滤波器的形状有关。对于同步调谐、近似高斯型滤波器，静态理论值为 2～3，对于近似矩形、参差调谐滤波器，k 值为 10～15。

若所选视频带宽等于或小于分辨率带宽，使用下面的表达式计算最短扫描时间：

$$T_{s\,min} = (k \times \Delta f)/(B_{res} \times B_{video}) \qquad \cdots\cdots (2)$$

式中：

B_{video}——视频带宽。

大多数频谱分析仪和 EMI 扫频接收机，根据选定的频段和带宽自动设定扫频时间。调节扫描时间以维持校准状态下的显示。若需要较长的观察时间，例如为了捕捉变化缓慢的信号，可重设自动扫描时间。

此外，对于重复扫频，每秒钟扫频次数由扫描时间 $T_{s\,min}$ 和返回时间决定（即返回本机振荡器和储存测量结果的时间，等等）。

6.5.3 步进接收机的扫频时间

通常步进式EMI接收机用预定的步长连续调谐在各个频点上。当整个频段范围的步长不连续时，为了保证仪器准确测量输入信号，须确定每个频点的最小驻留时间。

实际测量时，频率步长大约小于等于使用的分辨率带宽的50%(取决于滤波器分辨率的形状)，以减少因步长带来的对窄带信号测量不确定度。在这些假设下，步进式接收机的扫频时间可用下面的方程式计算：

$$T_{s\,min} = T_{m\,min} \times \Delta f/(B_{res} \times 0.5) \qquad \cdots\cdots(3)$$

式中：

$T_{m\,min}$——每一频率的最小测量(驻留)时间。

此外，对于测量时间，有时还应考虑合成器开关转换频率的时间和系统储存测量结果的时间(这在大多数接收机中都能自动完成)，以保证选择的测量时间对测量结果有效。另外，所选择的检波器，例如峰值或准峰值检波器，也会对确定时间周期有影响。

对于单纯的宽带发射，只要能找到发射频谱的最大值，频率步长可增大。

6.5.4 用峰值检波器获得整体频谱的方法

对于每次预扫频测量，应尽可能100%的捕捉EUT所有频谱中关键的频谱分量。基于测量接收机的类型和骚扰的特性(包括窄带和宽带分量)，通常采用以下两种方法：

——步进扫频：每一频率点的测量(驻留)时间应足够长，以测得信号峰值，例如，脉冲信号测量(驻留)的时间应长于信号重复频率的倒数。

——连续扫频：测量时间必须大于间歇信号间隔(单次扫频)，观察时间内的重复频率扫频的次数应尽可能多，以提高捕捉到信号的概率。

图1、图2、图3所示是各种时域发射频谱和对应的测量接收机显示的关系图，每个图的上半部分显示的是采用频谱扫描或步进扫描的方式时，接收机带宽的状态。

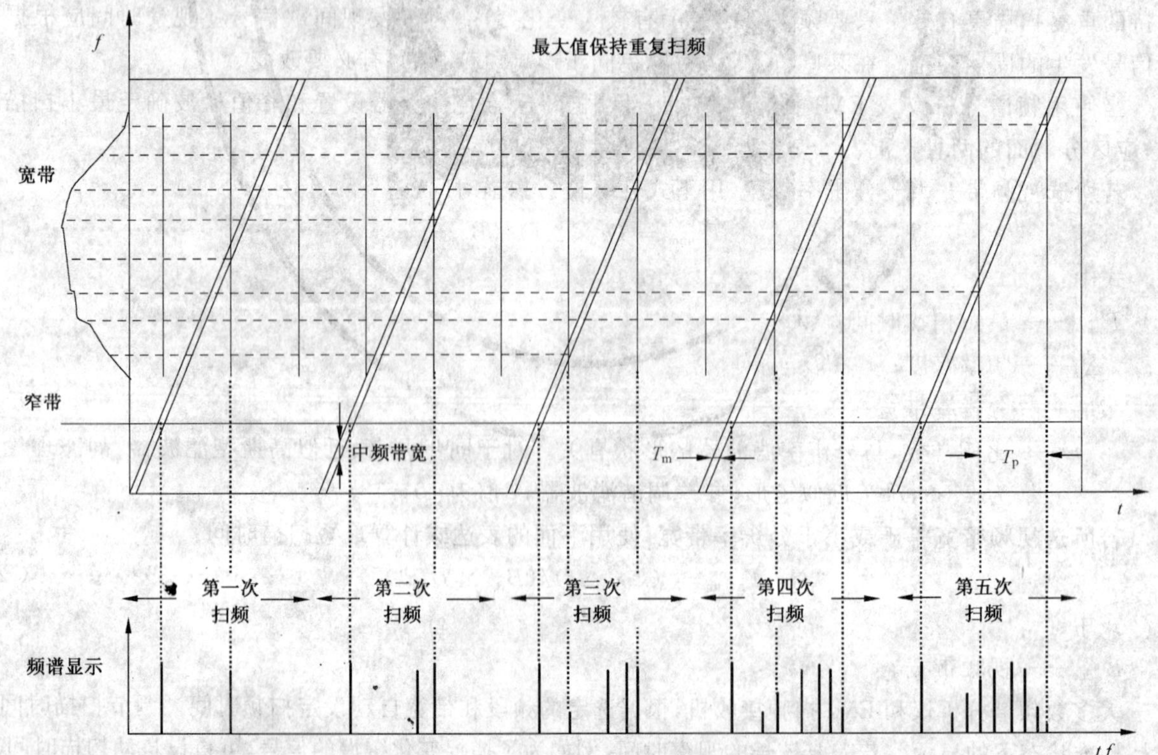

T_P 为脉冲信号的重复间隔。脉冲出现在频谱-时间图的每条垂直线上(图的上部)。

图1 对包含有正弦信号(窄带)和脉冲信号(宽带)采用最大值保持方式重复扫频测量示意图

为减少测量时间,需对被测信号进行适时分析。这可以用具有图像信号显示的测量接收机在零跨度模式下或用示波器接到接收机中频或视频输出端获得,如图 2 所示。

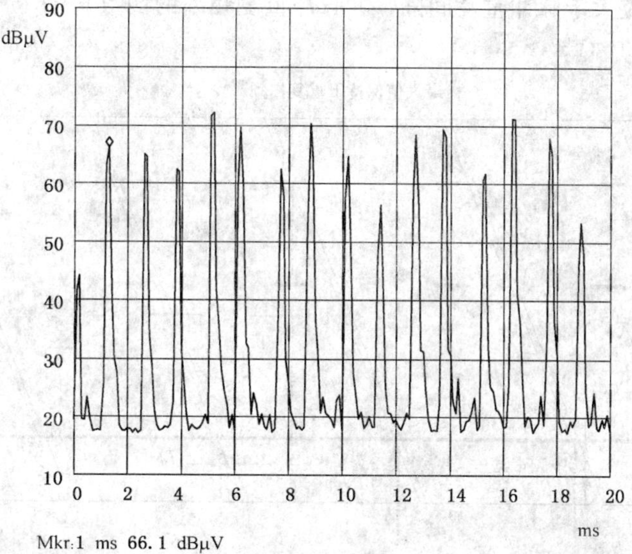

直流电机的骚扰:由于换向器换向片的数量多,脉冲重复率高(约 800 Hz),脉冲幅度变化大。因此在本例中推荐使用峰值检波器,测量(驻留)时间>10 ms。

图 2 适时分析的示例

下述方法可用于确定脉冲间隔和脉冲重复频率以及选择扫频速率或驻留时间:

——对于连续非调制窄带骚扰,可选用仪器设置的最快扫频时间;

——对于纯连续宽带骚扰,例如,点火发动机、弧焊设备、带换向器的电机,为取得发射频谱可采用步进扫频(用峰值或准峰值检波器)。这样若知道骚扰类型,根据经验可用折线画出频谱包络线(见图 3)。步长的选择应满足频谱包络中无明显的变化被遗漏。单次扫描测量(如果足够慢)也能得到频谱包络;

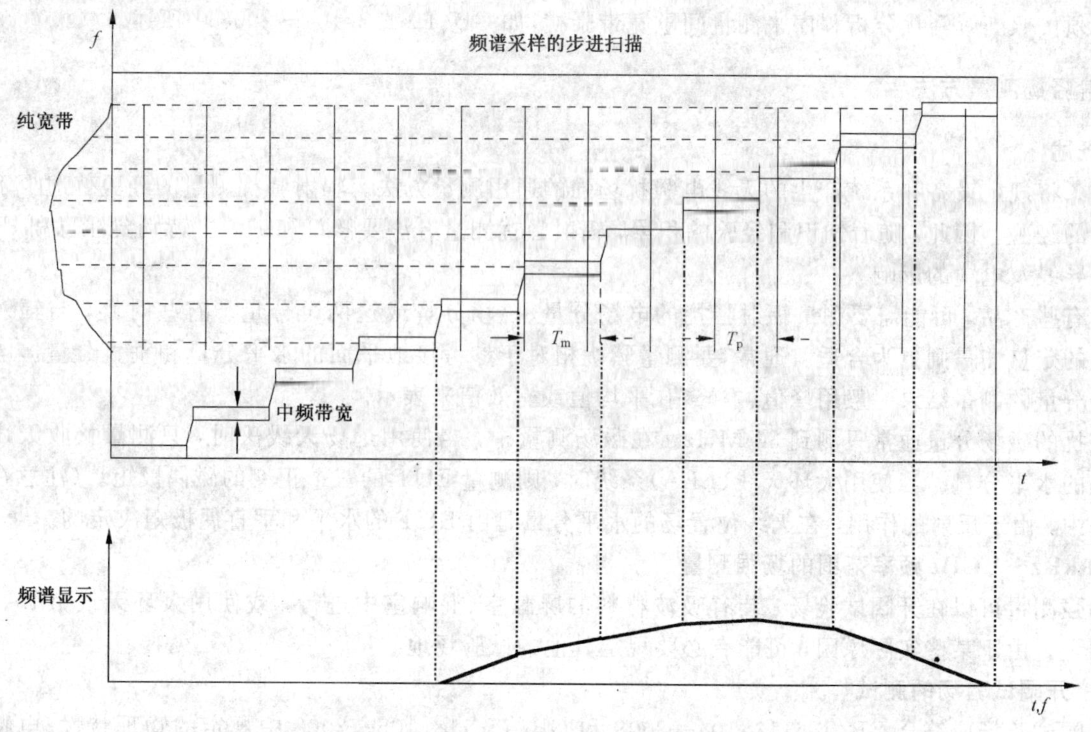

图 3 步进式接收机进行宽带频谱测量

——对于未知频率的间歇窄带骚扰，在“最大值保持”功能下，采用快速短时扫描或慢的单次扫描（见图4）。在实际测量前，需进行时域分析，以确认能获取正确信号。

测量（驻留）时间 T_m 应大于脉冲重复间隔 T_p（脉冲重复频率的倒数）。

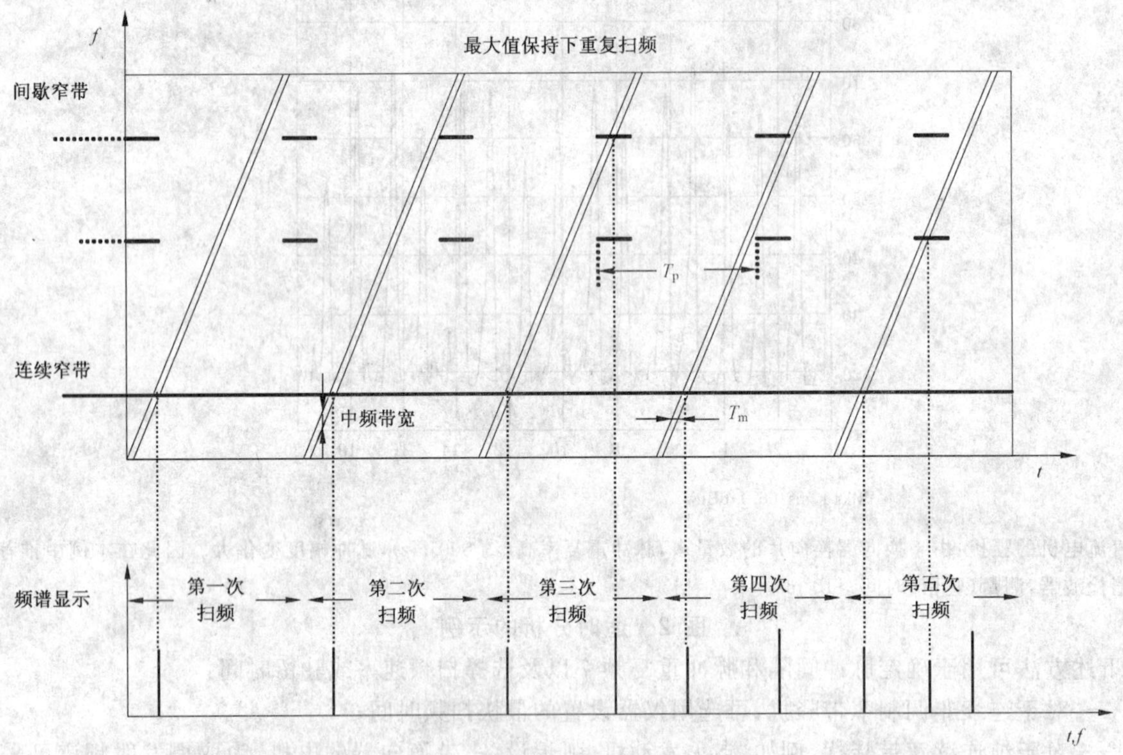

图4 在最值保持功能下用短快重复扫频测量间歇窄带骚扰获得

注：在上例中需要5次扫描，直到所有频谱分量被捕捉。扫描次数或扫描时间可能要增加，这取决于脉冲宽度和脉冲重复周期。

必须按照断续骚扰分析程序来测量间歇宽带骚扰，如GB/T 6113.101—2008中所述。

7 辐射骚扰测量方法

7.1 概述

本条将规定设备和系统产生的无线电骚扰场强的通用测量方法。辐射骚扰测量的经验普遍少于电压测量的经验。因此，随着知识和经验的积累，辐射骚扰测量方法要修订和扩展。特别要注意和EUT相关的导线及电缆的影响。

对有些产品，可能需要测量辐射骚扰的电场分量、磁场分量或这两个分量。有些时候，与辐射功率有关的定量测量则更为合适。通常，要测量骚扰相对于参考接地平面的水平分量和垂直分量。电场或磁场分量的测量结果一般用峰值、准峰值、平均值或有效值来表示。

骚扰的磁场分量通常只测到30 MHz。在磁场测量中，当使用远场天线法时，只测量接收天线位置上场的水平分量。当使用大环天线（LLA）系统时，则测量EUT的三个正交的磁偶极矩。（注意在单天线法中，由于反射的作用，在天线位置场的水平分量是由EUT的水平和垂直偶极矩决定的。）

7.2 9 kHz～1 GHz 频率范围的场强测量

场强测量可以在开阔试验场，装有吸波材料的屏蔽室、混响室中进行，或使用大环天线（LLA）系统来测量。由于某些实际原因，可能有必要规定其他的试验场地。

7.2.1 开阔试验场的测试

开阔试验场应符合GB/T 6113.104—2008和GB/T 6113.105—2008中规定的物理特性、电特性和有效性。

7.2.2 通用测量方法

图 5 表示在直射波和地面反射波到达接收天线的情况下，在开阔试验场进行测量的原理图。

EUT 应放在地平面以上规定的高度，并模拟正常运行状态来布置。天线按规定的距离放置。在水平面内旋转 EUT 并记下最大的读数。再调节天线高度，使直射波和反射波接近或达到同相叠加。这些程序性步骤可以变换，也可能需要重复，以便找出最大骚扰。由于一些实际原因，高度变化会受到限制，因此可能达不到完全同相叠加。

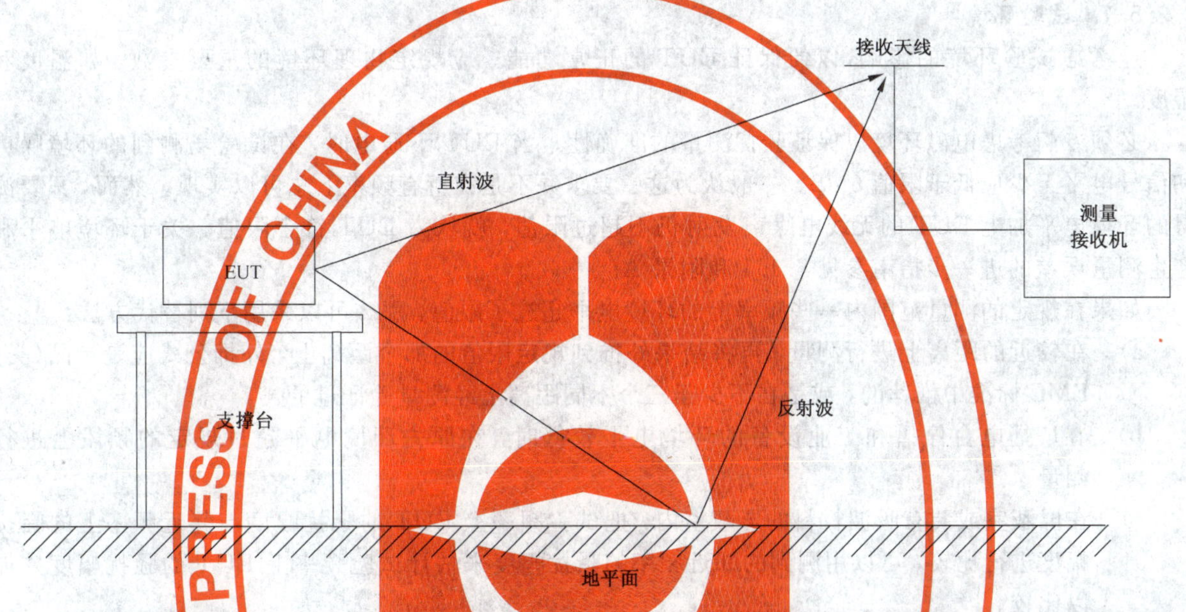

图 5 开阔试验场(OATS)上直射波和反射波到达接收天线的情况下测量电场强度的原理图

7.2.3 测量距离

EUT 应在确定辐射骚扰限值的那个规定距离上进行测量，除非因为设备的大小等因素而不能这样做。测量距离是 EUT 最接近于天线的那一点和天线的中点在地面上的投影之间的距离。在某些试验装置中，这个距离是从天线到 EUT 的辐射中心来测定的。测量距离为 10 m 时这两种方法都可以采用。在大多数的室外场地情况下，优先采用 10 m 距离，因为在这个距离上预计的被测骚扰电平会远高于允许进行试验的一般环境电平。通常不采用小于 3 m 或大于 30 m 的距离。如果有必要采用规定以外的测量距离，那么应当采用产品(类)EMC 标准中规定的方法来外推测量结果。如果没有给出指南，则必须提供适当的外推理由。一般，外推法并不遵循简单反比距离的定律。

在可能的场合下，应在远场条件下进行测量。远场区可以由下列条件来确定，

测量距离 d 选择为：

a） $d \geqslant \lambda/6$，在此距离上 $E/H = Z_0 = 120\pi = 377\Omega$。即电场强度分量和磁场强度分量是互相正交的。如果该 EUT 被认为是一个调谐的偶极子天线，则测量误差约为 3 dB；或

b） $d \geqslant \lambda$，作为平面波的条件，如果 EUT 被认为是一个调谐的偶极子天线，则误差约为 0.5 dB；或

c） $d \geqslant 2D^2/\lambda$，式中，D 为 EUT 的最大尺寸，或为照射 EUT 所确定的天线最小尺寸，它应用于 $D >> \lambda$ 的那些情况。

7.2.4 天线高度变化

对于电场强度测量，天线距离地平面的高度应在规定的范围内变化，以便获得直射波和反射波同相位时会出现的最大读数。作为一般规律，对于测量距离小于和等于 10 m 时，在测量电场强度时天线高度最好在 1 m～4 m 之间变化，在 30 m 以下的较大测量距离时，天线高度最好在 2 m～6 m 之间

变化。为了获得最大的读数，可能要把地面以上的天线最小高度调低到1 m以下，这些高度扫描适用于水平极化和垂直极化，只是对于垂直极化，最小高度应调到使天线的最低点离开场地地面至少为25 cm。对于磁场强度测量，使用单环磁场天线时，接收天线的高度可以固定在规定的标高上(从地面到环天线底部的典型值为1 m)。环天线或EUT应作方位旋转，以便找到最大的被测骚扰。

7.2.5 产品(类)EMC标准的具体规定

除了规定详细的测量方法和被测骚扰参数以外，产品(类)EMC标准还应包括下面概述的其他有关细节。

7.2.5.1 试验环境

应考虑试验环境的影响，以便保证EUT的正常功能。应规定物理环境的重要参数，如温度和湿度。

必须专门考虑电磁环境以保证骚扰测量的准确性。当EUT不通电时，在试验场测到的环境噪声和信号电平至少应低于限值6 dB。一般认为这一要求并不是在所有频率上总可以实现。然而，只要测得的环境电平加上EUT的无线电噪声发射仍不超过限值，就认为EUT符合限值。关于环境电平和产生测量误差的进一步指南参见6.1.1和附录A。

如果在规定的测量范围内一些频率上的环境电平超过了限值，那么可以采用下列替代方法：

a) 在较近的距离上进行测量，再将结果外推到规定限值的那个距离上，外推公式应是产品(类)EMC标准中推荐的，或是在不少于三个不同距离上经测量验证过的。

b) 在广播电台停播和工业设备的环境电平较低时，在原先环境电平超过规定的频段上进行测量。

c) 在屏蔽室或装有吸波材料的屏蔽室内，把试验频率上EUT的骚扰幅度与邻近频率上的骚扰幅度进行比较，可以用测到的邻近频率的骚扰幅度来估计试验频率上EUT的骚扰幅度并加以比较。

注：屏蔽室或装有吸波材料的屏蔽室不应用来对EUT其他频率作符合性判定。除非装有吸波材料的屏蔽室的数据与开阔试验场的数据有相关性。

d) 在确定开阔试验场的轴线时，要考虑强环境信号的方向，以便使试验场上的接收天线的方向性尽可能地区分出这样的强信号。

e) 对于发生在射频信号附近的EUT窄带骚扰，在二者都落入标准频带内时，可能要用较窄的仪器带宽进行测量。

7.2.5.2 EUT的布置

应规定EUT的工作条件，例如，输入信号的特性、运行的方式、部件的安置、互连电缆的型号和长度，等等。

测试单个或多个部件的系统应满足下列两个条件：

a) 系统按典型应用的情况布置；

b) 系统要按产生最大骚扰的方式布置。

术语“系统”是指EUT及与EUT相连的部件和所有需要连接的电缆的组合。

术语“布置”是指EUT系统的其他部件，互连电缆以及组成该系统的电源线的定位或取向。在所有的测量中，系统的布置都应调整到使上述两个条件满足(首先满足条件a)，然后满足条件b))。

术语“典型的”用来描述EUT实际使用中是如何布置的。建立典型布置的指南概述如下。

对于被设计成多单元系统组成部分的设备，应按照制造商的说明书将EUT安装成典型系统并加以布置。它也应以代表典型使用的方式来运行。在整个试验期间，EUT和所有的系统部件都应工作在典型应用的范围内，以便获得各个骚扰的最大值。

接口电缆应连接到EUT的每一个接口端口，应测试每一根电缆位置变化时产生的影响，以便找到某种使实际应用中由它的典型布置所限定的情况下各个骚扰能达到最大值的试验布置，如果少数这样几根电缆的布置会引起所测试的整个频段内的最大辐射，则操作的次数可能是有限的。

接口电缆应是设备制造商所规定的电缆类型和长度。

各电缆的任何超长部分应在电缆中心附近以 30 cm～40 cm 长的线段分别地捆扎成 S 形。如果由于电缆粗大或刚硬，或因为要在用户设备现场进行试验而不能这样处理时，则对电缆超长部分的处理可以交给测试工程师自行决定，并应在试验报告中加以说明。对超长电缆的不同要求，可以在产品(类)EMC 标准中作出规定。

电缆不应放置在 EUT 的底部、顶部或系统部件上(除非这样放置是适当的)，例如，电缆应按常规通过架空电缆架或接地平面下方走线。只有在符合典型应用的情况下才应将电缆紧靠着 EUT 外壳和所有的系统部件放置。应在各种不同的运行状态下对 EUT 进行测试。

对于通常在台面上工作的 EUT，应将 EUT 放置在一个台面大小适合的绝缘台上进行辐射发射测试，绝缘台应放在一个由绝缘材料制成的可以遥控的旋转平台上，旋转平台的台面通常高出接地平面不到 50 cm，绝缘台和旋转平台的高度合起来高出接地平面 80 cm。如果旋转平台和接地平面一样高，则旋转平台的表面应该是导电的，而 80 cm 的高度是相对于旋转平台的台面来测量的。通常放置在地面上的 EUT 将放置在地面上测试。在这种情况下，应采用与接地平面齐平的旋转平台。

应按照制造商的要求和使用条件将 EUT 接地，如果 EUT 工作时不接地，则试验时不接地。当 EUT 带有接地端或实际安装条件下被连接到内部接地线，则接地线或接地点应连接到接地平面(或作为大地的设施)上，来模拟实际的安装条件。任何内部接地线，包括 EUT 交流电源线插头端的任何内部接地线都应当通过电源设施与地连接。

7.2.6 测量设备

所有的测量设备(包括天线)都应符合 GB/T 6113.101—2008 和 GB/T 6113.104—2008 的有关要求。

7.2.7 在其他室外场地测量场强

对某些产品，例如，ISM 设备和机动车辆，由于一些实际的原因，可能必须另外规定室外场地，它们类似于开阔试验场但没有任何金属接地平面。7.2.3～7.2.6 中作出的规定仍然适用。

7.2.8 在混响室中测量辐射骚扰

(在考虑中)

7.2.9 在装有吸波材料的屏蔽室中测量辐射骚扰

7.2.9.1 在有接地平板且其余各面装有吸波材料的屏蔽室中的测量(半电波暗室 SAC 或 SAR)

(在考虑中)

7.2.9.2 在各面装有吸波材料的屏蔽室中的测量(全电波暗室 FAC 或 FAR)

7.2.9.2.1 试验布置

应使用与 FAR 校验相同类型的接收天线进行 EUT 发射测量。天线的高度固定在测试空间的几何中心高度。接收天线分别在水平极化和垂直极化下进行测量。EUT 放置在转台上，当不要求连续旋转时，转台应至少在三个方位(0°,45°,90°)上进行测量。

测量距离是指由天线参考点到 EUT 边界的距离。如果天线参考点和相位中心不同，应使用此时的修正系数进行场强测试。

注：修正系数 C_{Rd}(见公式(4a))叠加在场强上，以减少不确定度。在天线校准程序中，需测量每个频点的相位修正系数 C_{Rd}。(此程序由天线校准或对数周期参数的物理间距计算确定。)与天线系数(AF)合并。这两个系数(C_{Rd}和 AF)，单位 dB，加到天线输出端的电压上，得到公式(4b)。若未包括相位中心修正，不确定度的估算应考虑其附加影响。

$$C_{Rd} = 20\lg[(R + P_f - d)/R] \quad \cdots\cdots(4a)$$

电场强度由公式(4b)得出：

$$E_f = V_f + AF_{FS(f)} + C_{Rd} \quad \cdots\cdots(4b)$$

式中：

f——频率，MHz；

R——天线参考点到骚扰源边界点的距离，m；

P_f——相位中心位置，它是频率的函数，m，由天线顶端起；

d——天线参考点到天线顶端的距离，m；

E_f——距源为 d 米处的电场，dB(μV/m)；

V_f——频率 f 处天线输出端的电压，dB(μV)；

C_{Rd}——相位中心修正系数，dB；

$AF_{FS(f)}$——相位中心处电场的天线系数(自由空间)，dB(m^{-1})。

图 6 给出了典型的测试布置。

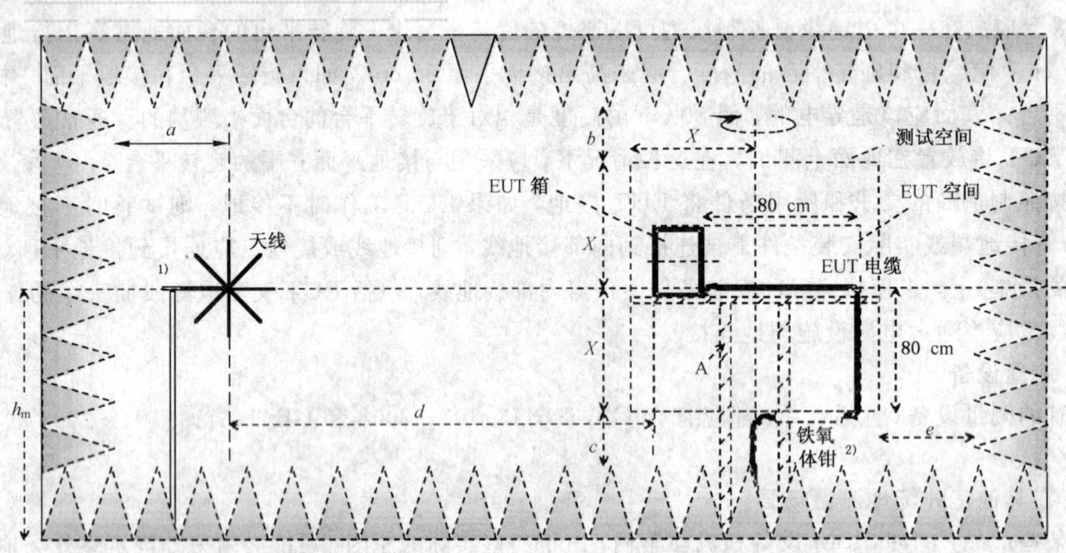

A——转台和 EUT 支撑物；

2X——例如 1.5 m，2.5 m，5 m，与测试距离对应(分别对应为 3 m，5 m，10 m)；

h_m——测试空间的中心高；

推荐 a，b，c 和 $e \geqslant 0.5$ m($\geqslant 1$ m 更适宜)，实际值应符合 GB/T 6113.104—2008 中的 FAR 校准程序；

d——3 m，5 m 或 10 m。

1) EUT 测试中天线和电缆应一起校验且实际测量布置应与校验时的布置一致。

2) 铁氧体钳根据相关的产品标准使用。使用情况(如果需要)应在测试报告中给出。

图 6 FAR 中的典型测试布置(图中 a，b，c 和 e 取决于暗室的性能)

将 EUT 放置在转台上，图 6、图 7、图 8 是 FAR 中不同尺寸 EUT 的示意图。在校准中，转台、天线塔和支撑地应在适当位置，组成材料大部分为电磁波透明体。距离 a、b、c 和 e 由测试空间尺寸限定。垫板的高度(吸波材料的高度＋c)即放置落地式设备的高度(转盘的高度在测试空间外)。

7.2.9.2.2 EUT 位置

EUT 以典型的模式被配置、安装、布置和运行。EUT 每个类型的接口均应连接电缆。

如果 EUT 由分离的装置组成，各装置之间应按照常规情况保持间隙，如可能，应保持 10 cm 间隙。内部连接电缆应捆扎成束。电缆束长度应为 30 cm～40 cm，电缆束的方向与电缆成纵向布置。

那些 EUT 运行所需要但不是 EUT 的组成部分的辅助设备应放置在屏蔽室的外面。

整个 EUT 必须安装在试验空间内。

为了提高测量的重复性，应考虑以下内容：

EUT(包括电缆的布置，根据 7.2.9.2.3 条)应被放置在其中心与测试空间中心高度相同的位置。适宜高度的非导体支撑物用来保持该高度。

当实际情况不允许将大型的 EUT 抬高到测试空间的中心时(见图 6 和图 7),EUT 在测试时应放在一个绝缘垫上(图 8),其高度应在测试报告中给出。

图 6 和图 7 给出了在 FAR 中几种类型的 EUT 的布置。

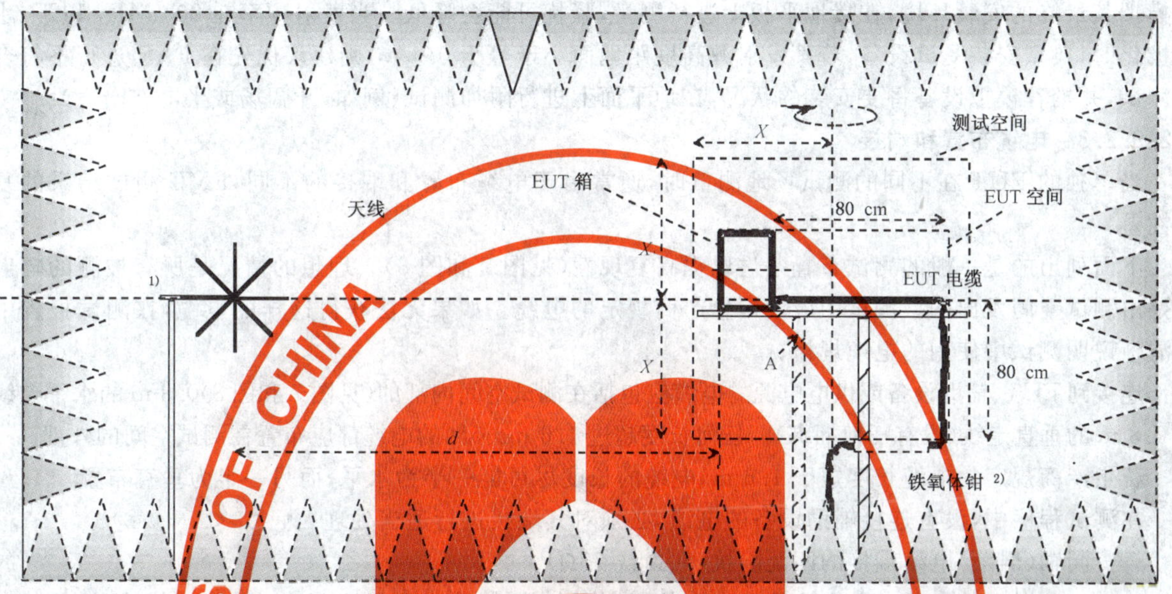

A——转台和 EUT 支撑物;

2X——1.5 m,2.5 m,5 m;

d——3 m,5 m 或 10 m(分别对应的测试距离为 3 m,5 m,10 m)。

1) 天线电缆的布置应与场地校验中的布置相同(见图 6)。

2) 铁氧体钳根据相关的产品标准要求使用,使用情况(如果需要)应在测试报告中给出。

图 7 FAR 测试空间内台式设备的典型测试布置

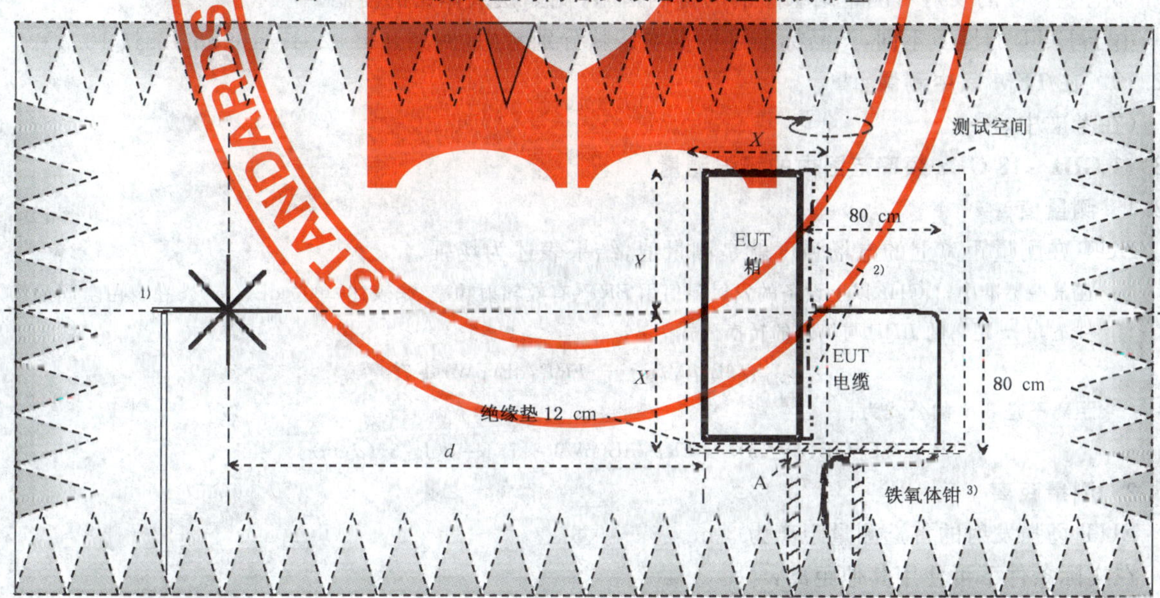

A——转台和 EUT 支撑物;

2X——1.5 m,2.5 m,5 m(d:3 m,5 m 或 10 m,分别对应的测试距离为 3 m,5 m,10 m);

12 cm 的绝缘垫(10 cm~14 cm)为金属和木质地面的折衷(见 GB 9254—1998 的 8.1.2)。

1) 天线电缆的布置应与场地校验中的布置相同(见图 6)。

2) 电缆布置取决于电缆插座的位置,并应尽可能的靠近测试空间外壳表面。

3) 铁氧体钳根据相关的产品标准要求使用。使用情况(如果需要)应在测试报告中给出。

图 8 FAR 测试空间内落地式设备的典型布置

某些落地式设备的安装要求直接安装或直接固定在导电地上。在FAR中进行落地式设备测量时应注意以下方面：

如果对于打算直接安装或固定在接地平板上的落地式设备的测量结果不符合FAR限值，则最好是模拟其最终的安装环境，在接地平板上进行测量，骚扰可能会降低。当发射频率在200 MHz以下、水平极化时，典型安装受试设备，若其发射源高度距地面小于等于0.4 m，则建议优先在FAR进行不符合性测试，并推荐模拟设备将要安装的状况，在地平面上进行附加测试(例如，开阔场或半电波暗室)。

7.2.9.2.3 电缆布置和端接

当单独的EUT在不同的测试场地测量时，通常由于电缆布置和端接的不同，EMC测试结果的复现性差。

下面列出的是一般的测试布置条件以提高复现性(见图7和图8)。理想的情况是所有被测的辐射都是由测试空间发出的。测试中应使用生产商规定的电缆。如果无法获得这样的电缆，在测试报告中应清晰说明测试中使用的电缆规格。

连接到EUT、辅助设备或供电电源的电缆应包括在测试空间内部的(见图7和图8)0.8 m的水平走线和0.8 m的垂直走线(没有任何捆绑)。任何长度超过1.6 m±5%的电缆都应布置在测试空间的外部。

若生产商规定的电缆长度短于1.6 m，电缆的长度尽可能一半为水平，而另一半为垂直布置。

在测试程序中，没有连接辅助设备的电缆，必须对其端接进行适当处理。

——同轴(屏蔽)电缆端接的匹配阻抗(50Ω或75Ω)。

——一芯以上的屏蔽电缆应按照生产商的规定配备共模(线对参考地)和差模(线对线)端接负载。

——非屏蔽电缆必须按照生产商的规定配备共模和差模端接负载。

如果EUT需要辅助设备来使其运行正常，应考虑辅助设备应对辐射发射测量无影响。如有可能，辅助设备应放置在屏蔽室外。必须考虑防止在FAR内通过连接电缆的RF泄漏。

在不同的产品标准中规定了测试布置包括电缆布置、连接电缆和端接负载的规格及测量时测试空间外部电缆长度的发射对测量结果影响的抑制措施(例如铁氧体钳的使用)。

由于EUT的性质不同，产品标准可根据本条款分别考虑(例如，GB 9254—1998的条款10.4)。

7.2.10 在TEM室中测量

(在考虑中。)

7.3 1 GHz～18 GHz频率范围内的场强测量

7.3.1 测量值

EUT在测量距离上的电场强度就是测量值，结果表述为场强。

注：在某些标准中，1 GHz以上设备的发射限值用*ERP*(有效辐射功率)来表述，单位dB(pW)。在自由空间远场条件下，3 m距离的*ERP*与场强的转换公式为：

$$E_{(3\ \mathrm{m})}/\mathrm{dB}(\mu\mathrm{V/m}) = ERP/\mathrm{dB}(\mathrm{pW}) + 7.4$$

距离不是3 m的公式为：

$$E_{\mathrm{d}}/\mathrm{dB}(\mu\mathrm{V/m}) = ERP/\mathrm{dB}(\mathrm{pW}) + 7.4 + 20\lg[3/(d/\mathrm{m})]$$

7.3.2 测量距离

EUT场强发射的首选测量距离为3 m。

在实际条件下可使用其他距离：

——当环境噪声很高或为了减少不希望有的反射时，可以缩短测量距离，但应确保测量距离大于或等于$D^2/2\lambda$。

——当EUT很大时，可以增大测量距离，以使天线波束覆盖EUT。

如果有争议，应优先考虑3 m测量距离。

注：假设EUT产生的主要骚扰是不连贯的并且为一个点源辐射，上面提到的最小测量距离($D^2/2\lambda$)计算中的D是为测量天线的口径尺寸，不是EUT的。

7.3.3 受试设备(EUT)的布置

一般来说,EUT 在 1 GHz 以下的测量布置也可用于 1 GHz 以上的测量。

7.3.4 测量程序

7.3.4.1 测量天线波束覆盖 EUT

1 GHz 以上使用已校准的线性极化天线测量辐射发射,与 1 GHz 以下的天线相比,这种天线的波束宽度(方向图主瓣)较小。天线的主瓣宽度由天线 3 dB 波束宽度定义,应该了解每个天线的波束宽度,这样当测量大型的 EUT 时,就可以确定覆盖 EUT 的区域。当 EUT 很大,超过测量天线的波束宽度时,有必要在 EUT 各表面移动测量天线或对 EUT 进行另一种方式的扫描。当辐射测量在限值距离上进行,而测量天线在此距离上无法完全覆盖该大型 EUT,则可能需要在更远距离处进行附加测量,以便验证在限值对应距离的发射最大。

注:“EUT 包括在天线的波束宽度中”是指 EUT 表面和由 EUT 引出一个波长(对应最低频率,例如 1 GHz)的电缆在波束宽度内。

7.3.4.2 一般测量程序

对于任何的 EUT,首先应通过初步测试发射最大化(见 7.3.4.3)找到发射频率。然后进行最终的发射测量(见 7.3.4.4)。首选在限值距离上进行这两个测试,如果有正当理由,最终测试可以在不同距离上进行,但应首先在限值对应的距离上进行测量,以便发生争议时提供解释。

在进行测试前,应先确认测量仪器相对于限值的灵敏度。如果整个测量中,测量灵敏度不够,可以使用低噪声放大器、减少测量距离或使用较高增益的天线。若采用减少测量距离或使用有较高增益的天线则应考虑波束宽度与 EUT 的相对尺寸。而且,当使用前置放大器时,应考虑系统的过载电平是否足够。

在测量高电平发射前测量低电平发射时,测量仪器应有熔断器及饱和保护器。应组合使用带通、带阻、低通和高通滤波器。但是应知道这些滤波器和其他装置在测量频段的插入损耗值,测试报告中的计算应包括这些值。

注:确定是否产生非线性效应(过载、饱和等)的简单方法是在测量仪器的输入端插入一个 10 dB 的衰减器(如果使用了前置放大器,就应放在其前端)并确认(可能产生非线性效应的)大信号的所有谐波的幅值是否减少 10 dB。

7.3.4.3 初步测试发射最大化

可按下列步骤在初步测试中找到给定运行模式的最大辐射发射:

a) 在固定天线高度和极化方向(水平或垂直)、EUT 方位条件下监视关注的频率范围。

b) 记下最大信号的频率和幅度。

c) EUT 360°旋转,将可疑的最大幅度的信号最大化。如果观察到的此信号或其他频率上的信号超过记下的最大信号幅度 2 dB,则 EUT 回到该方位重复进行步骤 b)。否则,还原 EUT 至最初的方位重复进行最大幅值测量。

注 1:替代的方法,若不旋转 EUT 所在的转台,可以绕 EUT 旋转接收天线。

d) 在给定的变化范围内移动天线(在产品或产品类标准中规定了天线搜索高度,无论在什么情况下,最大高度变化范围为 1 m～4 m)使可疑最大幅值的信号最大化。如果观察到的此信号或在其他频率的信号超过记下的最大信号幅度 2 dB,则天线固定在此高度重复进行步骤 b)。否则,移动天线至观察到的最大幅值的高度进行测量。

e) 将天线改为另一极化方向,重复步骤 b)到 d)。将可疑的最高幅值信号的测量结果与前一极化方向的结果相比较。选出并记下这两个信号中较大的。此信号被定义为 EUT 在此运行模式下对应限值距离观察到的最大信号。

f) 应检查 EUT 在各种运行模式下对测量结果的影响。检查的方法是改变 EUT 的运行模式重复步骤 b)到 e)。

g) 完成步骤 a)到 f)后，记录下最终辐射测量时 EUT 最终的布置和运行模式(对应最大辐射发射)。

注 2：本条款描述的程序适用于一般情况。但是，需要注意的是此程序十分耗时，产品委员会需要根据他们的具体情况进行检查和调整。以下两个原则是简化此方法的基础：

——EUT 在水平面旋转，除非确定它为特殊的产品或产品类，其发射显著来自一个方向或各个方向；

——天线搜索的高度限制在 EUT 以上或以下的某个角度或距离，如果特殊产品或产品类的发射最大值在或接近水平面，搜索高度甚至固定(仅需水平极化测量)。

7.3.4.4 发射最终测试

当确定了初步测试初测发射最大化(接收天线在最大发射的位置上)，在产生最大发射的布置条件(天线高度、EUT 方位等)下测量给定测量距离的 EUT 的场强发射。

在与使用频段相适用的时间内，频谱分析仪在最大值保持功能下获得最终测量结果。根据每个被测产品的特性考虑运行模式和时间常数，为每个产品或产品类确定测量时间。

7.4 30 MHz～18 GHz 频率范围替代法测量

此方法旨在测量来自 EUT 壳体(包括壳体内的导线和内部电路)所产生的辐射无线电骚扰。EUT 可以是根本无任何接口的自身单元，也可以是含有一个或几个电源端口和其他外部接线的设备。

本替代法近来用于测量 1 GHz～18 GHz 频率范围内微波炉的发射。

对于将来的产品标准，建议产品委员会使用条款 7.3 描述的场强测量方法。

7.4.1 试验场地

试验场地应是一块平坦场地。室内场地也可以使用，但需经过特别的布置，尤其是在频率范围的高端，以便满足稳定性和来自周围物体的非临界反射的要求。例如，在测量天线上加一个角反射器和在 EUT 后面的墙上装上吸波材料。场地的适用性应按下述方法来确定。

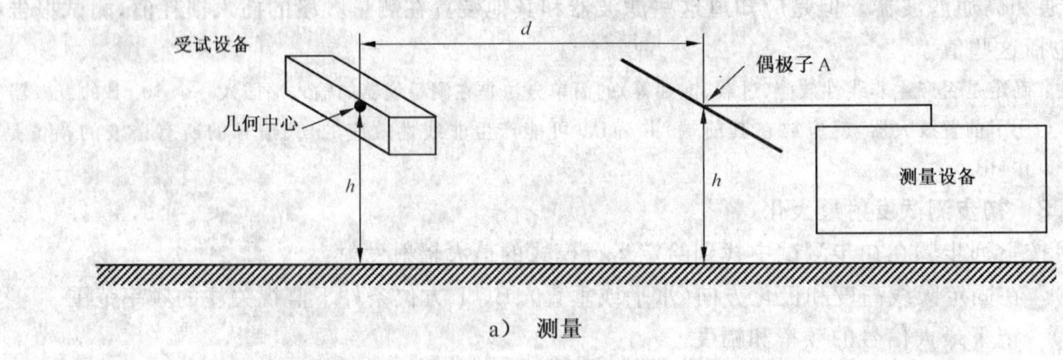

a) 测量

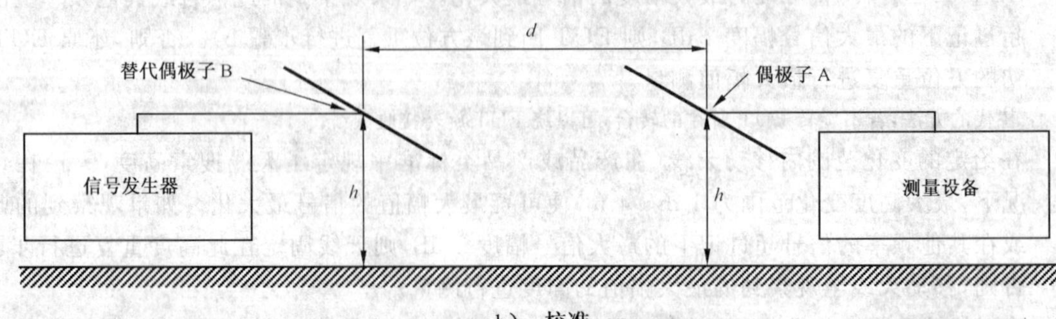

b) 校准

图 9 替代测量法(见 7.4.1 和 7.4.3)

将两个水平半波长偶极子天线(见 7.4.2)以高出地面至少 1 m 的相同高度 h，测量距离为 d，作相互平行地放置。偶极子天线 B 应连接到信号发生器，而偶极子天线 A 连接到测量接收机的输入端。信号发生器应调谐到使测量接收机能获得最大指示(值)并将其输出指示调节到一个方便读取的电平上。如果偶极子天线B在任何方向上移动10 cm，而测量接收机的指示变化不超过±1.5 dB，则认为场地在该试验频率点是适合测量的。试验应在整个频率范围内，以足够小的频率间隔重复进行，以便确保场地对于所有要进行的测量，都能满足要求。

如果EUT还需要进行垂直极化的测量(见7.4.3)，则还应使用两个处于垂直极化位置的偶极子天线来检验场地的适合性。

7.4.2 试验天线

图9中的试验天线A和B是上述的半波偶极子天线。对于低于1 GHz的频率范围，这个要求主要应用于发射天线B。因为最大辐射方向上的辐射功率必须与天线B的端接功率相关。测量天线A也应是一个半波偶极子天线。它的实际灵敏度将包含在试验布置的替代校准中。

在1 GHz～18 GHz频率范围内，推荐使用线性极化的喇叭天线。

7.4.3 EUT的布置

EUT应放置在一个具有水平旋转装置的绝缘台上，EUT应布置得使它的几何中心与早先用作偶极子天线B(图9)中心点的那点相重合。如果EUT是由一个以上的单元组成，则每个单元应分别测量。如果工作不会受到有害影响的话，则卸去EUT可拆卸的导线。需要的导线应该配备铁氧体吸收环，并放置在不会影响测量结果的位置上。对于屏蔽的EUT，所有不使用的连接端都应端接屏蔽端接。

7.4.4 试验方法

按条款7.4.3所叙述的方法布置EUT时，要将水平极化的测量偶极子天线A放置在检验试验场地时的同一位置上。该偶极子天线应与通过它的中心和EUT的中心的那个垂直平面正交。EUT应首先在它常规放置在试验台上的位置进行测量，然后将EUT沿着常规的垂直边翻转90°，再进行测量。在每一个位置上，它都应在水平面内旋转360°，则最大读数Y就是EUT的特征值。

用一个半波偶极子天线B替代EUT来校准测量系统，这个校准偶极子天线B的中心应该处在先前被测EUT几何中心的同一点上，并与测量天线A平行且连接到信号发生器上。在每一个测量频率上，调节信号发生器，使测量接收机给出的读数和先前记录到的最大读数(Y)相同，则半波偶极子天线B的输入功率就被确定为EUT壳体辐射的功率。

当用测量偶极子天线进行水平极化和垂直极化测量时，对两种方式都必须分别校准。

7.5 现场测量

7.5.1 现场测量的适用性和准备

现场测量可用于研究特定位置干扰的问题，例如，电气设备可能对其附近的无线电接收产生干扰。

如果由于技术原因无法在标准测试场地进行辐射发射测量，而相关的产品标准允许，则现场测量也可用于符合性评估。不能在试验场进行测量的技术原因可能是由于EUT的尺寸或重量过大而造成的或是由于在标准的场地测量时系统内各部分的连接太昂贵。同一型号的EUT在不同场地的现场测量结果与标准试验场测得的结果是不同的，因此现场测量不用于型式试验。

注1：一般来说，由于现场环境中导电结构(或多或少影响了环境电磁场)与测量天线/受试设备间的相互的耦合造成的缺陷使现场测量不能完全替代GB/T 6113.104—2008中规定的适宜的测量场地(开阔场试验场或替代测量场地，例如(半电波)暗室)。

EUT通常由一个或多个装置和/或系统组成，或是成套设备的一部分，或与成套设备连接。

EUT外围各部分连成一周，作为确定测量距离的参考点。在某些产品标准中，将商业园区或工业园区的外墙或边界作为参考点。

初步测试用以从环境信号中识别EUT中潜在干扰源(例如，振荡器)的骚扰场强的频率和幅度。对于这些测量，推荐用频谱分析仪替代接收机，这样可进行大量的频谱分析。推荐将电流探头放在连接电缆上或将近场探头或测量天线放置在靠近EUT处,来确定骚扰信号的频率和幅值。

若可能,应在EUT产生最高骚扰场强的运行模式下,对选定的频率进行测量。后续测量也应在EUT的这些运行模式下进行。

注2:当EUT是设备的一部分且不能独立于其他设备运行,很难找到产生最大骚扰的条件。对于某些这样的设备,它们的运行状况(尤其是周期性运行的设备)可能与时间相关。此时选定的观察周期应足够长以保证有最高骚扰产生。

围绕EUT,在近似相同的测量距离上对每一个被选频率进行测量,以确定最大骚扰场强产生的方向。EUT应至少在三个方向上受试。在每个频率上的最终骚扰场强测量应考虑实际情况,在最大骚扰场强(频率不同方向可能不同)的方向上进行测试。

天线分别在水平极化和垂直极化下测量最大骚扰场强。

如果被测骚扰场强与环境发射的比小于6 dB,可按照附录A的方法进行测量。

7.5.2 9 kHz～30 MHz频率范围场强测量

7.5.2.1 测量方法

磁场骚扰场强应在EUT产生最大骚扰场强的运行模式下在最大辐射方向上测量。

水平极化骚扰场强应用GB/T 6113.104—2008中条款4.2.1规定的环天线,在标准测量距离d_{limit}下测量,天线高度1 m(地面与天线最低部分间的距离)。旋转天线以确定最大骚扰场强。

注:在任意布置的方向上测量最大骚扰场强,应将天线定位在三个正交方向上,被测的场强由下式计算:

$$E_{sum}=\sqrt{E_x^2+E_y^2+E_z^2}$$

当给出了E场的等效限值,而被测场强为磁场分量,H场可以通过自由空间阻抗377Ω转化为对应的E场强,即将H场强的读数乘以377。H场强由下式给出:

$$H_{sum}=\sqrt{H_x^2+H_y^2+H_z^2}$$

当限值为磁场强度时,H场强值可直接应用。

如果天线不能在三个正交方向上移动,为了测量到最大骚扰场强,可以手动旋转天线至最大读数的方向。

7.5.2.2 非标准距离测量

如果无法在产品或通用标准上规定的标准测量距离d_{limit}进行测量,那么应在最大辐射方向上,在小于或大于标准测量距离的位置进行测量。

如果无法在标准距离测量,应至少在大于或小于标准测量距离的三个不同测量距离上测量。

测量结果(dB)作为测量距离的函数在对数坐标上描点。用一条线连接测量结果,这条线表示随距离的增加,场强减小。可用此线确定不同测量距离上的骚扰场强,例如,标准距离处的场强。

7.5.3 30 MHz以上频率范围的场强测量

7.5.3.1 测量方法

电场强度应在EUT产生最大骚扰场强的运行模式下且在EUT最大辐射方向的标准距离位置上测得。应尽可能地按照实际情况,用宽带天线测量最大水平极化和垂直极化的骚扰场强,如能实现,在1 m～4 m高度范围移动天线。得到的最大值即为测量值。

推荐使用双锥天线测量200 MHz以下频段,使用对数周期天线测量200 MHz以上频段。测量天线与附近任意金属物体(包括电缆)的距离应大于2 m。

7.5.3.2 非标准测量距离

在产品标准或通用标准中规定了标准测量距离d_{std}。如果不能在标准测量距离测量,应按照条款7.5.2.2在不同的测量距离上测量骚扰场强。每次测量都须进行天线高度扫描。在对数坐标上被测场强是测量距离的函数,因此可以按照条款7.5.2.2通过描点确定标准距离d_{std}上的骚扰场强。

如果标准的测量距离处恰为建筑物的外墙或边界,因而不能在标准的测量距离测量,可用公式(5)将测量结果转换为标准距离的场强:

$$E_{std} = E_{mea} + n \times 20 \times \lg \frac{d_{mea}}{d_{std}} \quad \cdots\cdots(5)$$

式中：

E_{std}——标准距离上的场强，dB(μV/m)，用于与发射限值比较；

E_{mea}——测量距离处的场强，dB(μV/m)；

d_{mea}——测量距离，m；

d_{std}——标准测量距离，m；

n 取决于测量距离 d_{mea}，如下：

若 $d_{mea} \geqslant 30$ m　$n=1$；

若 30 m$>d_{mea}>$10 m　$n=0.8$；

若 10 m$>d_{mea}>$3 m　$n=0.6$。

注：$n<1$ 适用于测量距离与到 EUT 的距离不同的情况。

测量距离不能小于 3 m。

如果不能在不同的测量距离上测量，而测量距离未涉及到建筑物的外墙或边界，则不能使用公式(5)，那么通过辐射骚扰功率确定场强(见 7.5.4)。

7.5.4　用替代法进行辐射骚扰功率有效性的现场测量

7.5.4.1　一般测量条件

若 EUT 可以关闭且 EUT 可以被移除替代，则使用替代法没有附加条件。

若 EUT 不能被移除且其前表面为大的平面，应考虑到此表面对替代法的影响(见公式(7b)[1)。如果测量方向上 EUT 的前表面不平，无需考虑因此引起的附加的测量不确定度。

若 EUT 不能关闭，只要 EUT 在特定频率点的骚扰场强比其邻近频率的场强至少高 20 dB(邻近频率指在一个或两个接收机 IF 带宽内的频率)，就仍可以在邻近频率上用替代法测量辐射功率，应尽可能注意对无线电业务的干扰。

7.5.4.2　30 MHz～1 000 MHz 频率范围

7.5.4.2.1　测量距离

所选的测量距离应符合远场条件。

一般要满足：

a)　$d>\lambda/2\pi$ 并且

b)　$d \geqslant 2 \times D^2/\lambda$　　　　　　　　　　　　　　　　　　　　　　　　　　　　　　　　　　　$\cdots\cdots(6)$

式中：

d——测量距离，m；

D——包括电缆在内的 EUT 最大的尺寸，m；

λ——波长，m；

或

测量距离 $d \geqslant 30$ m。

远场中公式(5)中的系数 n 假定为 1。如果选定的测量距离较短，通过条款 7.5.3.2 的场强反比于距离的结论，证实此假定有效。

若客观条件需要缩短测量的距离，应给予说明。

7.5.4.2.2　测量方法

有效辐射骚扰功率应在 EUT 产生最大骚扰场强模式下的最大辐射方向上测量。按照 7.5.4.2.1

---

1)　原文中为(3b)，是编辑性错误，应为(7b)。

选取测量距离,至少应尽可能地在 1 m～4 m 范围内改变天线的高度确定所选频率点的最大骚扰场强。

有效辐射骚扰功率的测量应按照步骤 a)到 g)进行:

a) EUT 应被断开并移除。用半波偶极子天线或其他具有类似辐射特性的天线(增益为 G)替代 EUT 的位置。若移除 EUT 是不实际的,则应将半波或宽带偶极子天线(频率低于 150 MHz 时 EUT 耦合最小)放在靠近 EUT 的位置。改变后的距离不超过 3 m。

b) 信号发生器给半波(或宽带)偶极子馈送与 EUT 运行时发射频率相同的信号。

c) 半波偶极子(或宽带天线)的位置和极化方向应使接收机能接收到最大场强。如果 EUT 未被移除,可能的话,关掉 EUT,将偶极子在距 EUT 不超过 3 m 的范围内移动。

d) 改变信号发生器输出的功率,直至测量接收机的读数与所测得的 EUT 的最大骚扰读数相同为止。

e) 如果 EUT 的前面为一个巨大的平面(例如,一个有线电视网络的建筑物),替代天线(半波偶极子)放置在此平面(建筑物)前大约 1 m 处。替代的位置应选择在假定替代天线和测量天线垂直于建筑物表面的连线上。

f) 改变接收天线的高度、极化方向和到包括替代半波偶极子(或宽带天线)的假想面的距离,此假想面与替代天线和测量天线连线垂直,使接收机接收到最大场强。

g) 信号发生器的功率按照 d)进行变化。

当移除 EUT 或 EUT 的前表面不在假想平面内的情况,信号发生器功率 P_G 加上发射天线的增益 G 等于半波偶极子的有效辐射骚扰功率 P_r:

$$P_r = P_G + G \qquad \text{(7a)}$$

当 EUT 在假想的平面(例如,信息交换大楼)内,放置在此表面前的偶极子天线的增益将增加,有效辐射功率由下式给出:

$$P_r = P_G + G + 4\ \text{dB} \qquad \text{(7b)}$$

式中:

P_r——单位 dB(pW);

P_G——单位 dB(pW);

G——单位 dB 有效辐射骚扰功率可用于计算在标准测量距离 d_{std} 处的骚扰场强。自由空间场强 E_{free} 可由下式计算:

$$E_{free} = \frac{7\sqrt{P_r}}{d_{std}} \qquad \text{(8)}$$

式中:

E_{free}——单位 μV/m;

P_r——单位 pW;

d_{std}——单位 m。

如果公式(8)计算得到的自由空间场强与标准测量场地测得的骚扰场强限值相当,那么考虑到地面反射,在标准场地测量的场强幅度高于公式(8)得到的自由空间场强大约 6 dB。考虑此增量修改公式(8)。因此可用下式计算垂直极化方向上标准距离处的骚扰场强:

$$E_{std} = P_r - 20\lg d_{std} + 22.9 \qquad \text{(9a)}$$

由于 160 MHz 频率以下水平极化方向上的最大场强不是在标准测试场地测量,因此 6 dB 系数应修正如下:

$$E_{std} = P_r - 20\lg d_{std} + 16.9 + (6 - c_c) \qquad \cdots\cdots\cdots\cdots (9b)$$

式中：

E_{std}——单位 dB(μV/m)；

d_{std}——单位 m；

f——测量频率；

c_c——水平极化修正系数。假定辐射源高度为 1 m。

f/MHz	30	40	50	60	70	90	100	120	140	160	180	200	750	1 000
c_c/dB	11	10.2	9.3	8.5	7.6	5.9	5.1	3.4	1.7	0	0	0	0	0

这种骚扰场强的测量方法主要用于测量天线和 EUT 之间有障碍物的情况。

7.5.4.3　1 GHz～18 GHz 频率范围

7.5.4.3.1　测量距离

测量距离的选择应满足远场条件。用双脊波导喇叭天线或对数周期天线验证辐射骚扰功率是测量距离的函数。若测量距离等于或大于转折距离，则满足远场要求。转折距离由图 10 确定的转折点确定。对测量结果进行描点，两条间距 5 dB 的平行线应包括尽可能多的测量结果。转折点前为横线，转折点后的辐射功率随距离增加而下降，斜率为 20 dB/10 倍距离。

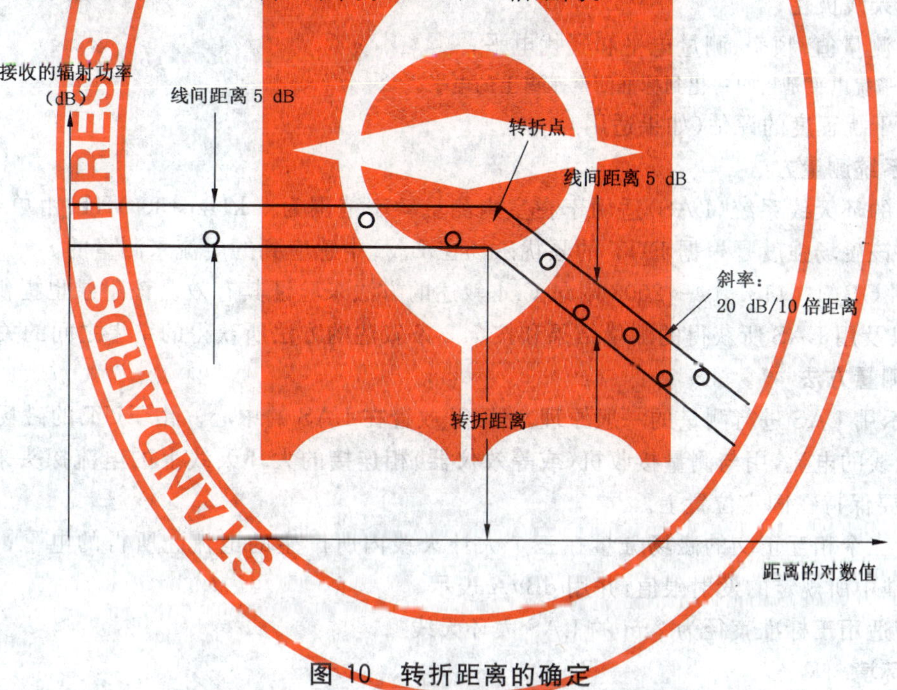

图 10　转折距离的确定

7.5.4.3.2　测量方法

辐射骚扰功率应在 EUT 产生最大骚扰场强的模式下且在最大辐射方向上测得。用双脊波导喇叭天线或对数周期天线确定最大辐射的方向。根据 7.5.4.2.1 条选择测量距离，测量被选定频率的骚扰场强。稍微改变天线的位置，确保此处不是场强的最小点(例如，反射)。

测量辐射骚扰功率时，EUT 应关闭，双脊波导喇叭天线或对数周期天线靠近 EUT 放置或取代 EUT 的位置。在相同频率上，信号发生器给天线馈送信号。天线的方位应能使测量接收机接收到最大场强。应固定天线位置。改变信号发生器的输出功率直到测量接收机接收值与 EUT 产生的功率相同。信号发生器的输出功率 P_G 加上相对于半波偶极子的传输天线的增益 G 等于辐射骚扰功率 P_r：

$$P_r = P_G + G \qquad \cdots\cdots\cdots\cdots (10)$$

式中：

P_r——单位 dB(pW)；

P_G——单位 dB(pW)；

G——单位 dB。

7.5.5 测量结果说明

现场测量的特殊环境和条件应给予说明，以便当重复测量时能重现测量条件。测量说明应包括以下内容：

——用现场测量替代标准场地测量的原因；

——EUT 的描述；

——技术文件；

——标明测量位置现场测量示意图；

——测量安装的描述；

——被测成套和 EUT 连接的描述；技术数据和位置/布置描述；

——运行条件的描述；

——测量设备；

——测量结果：

a) 天线极化；

b) 测量值：频率、测量电平和骚扰电平；

注：骚扰电平是指归一化到标准测量距离上的电平。

c) 干扰程度的评估(如果适用)。

7.6 环天线系统测量方法

本条叙述的环天线系统(LAS)适用于在室内测量频率范围为 9 kHz～30 MHz 由单个 EUT 发射的磁场强度。该磁场强度是根据 EUT 的骚扰磁场在 LAS 中感应到的电流来测量的。

LAS 常用 GB/T 6113.104—2008 附录 C.4 叙述的方法来验证其有效。该附录也提供了全面描述 LAS 的资料以及用 LAS 所获得的测量结果和按 7.2 条叙述的方法所获得的结果之间的关系。

7.6.1 一般测量方法

图 11 表示用 LAS 进行测量的一般原理。EUT 放置在 LAS 的中心。由 EUT 的磁场感应到 LAS 中三个大环天线的电流，用与测量接收机(或等效仪器)相连接的大环天线上的电流探头来测量。在测量期间 EUT 要保持在固定位置上。

依次测量三个相互正交的磁场分量在三个大环天线内所产生的电流。所得的电平都应符合产品(类)EMC 标准中所规定的发射限值，并用 dBμA 表示。

发射限值适用于标准直径为 2 m 的 LAS 大环天线。

7.6.2 试验环境

LAS 的外径与周围物体(如地板和墙壁)之间的距离至少应为 0.5 m。

由射频环境场强在 LAS 内感应的电流应按 GB/T 6113.104—2008 的 5.4 来判断。

7.6.3 EUT 的布置

为了避免 EUT 与 LAS 之间的无用电容性耦合，EUT 的最大尺寸应使 EUT 与 LAS 的标准直径为 2 m 的大环天线之间至少有 20 cm 的距离。

为了得到最大的电流感应值，应选择最佳的电源线位置。一般，当 EUT 符合传导发射限值时，这个位置不应是临界位置。

在大型 EUT 情况下，LAS 的大环天线直径可能要增加到 4 m，在那种情况下：

a) 测得的电流值应按照 GB/T 6113.102—2008 附录 B.6 来校正；

b) EUT 的最大尺寸应使 EUT 与大环之间的距离至少保持 0.1×D m，D 是非标准的大环直径。

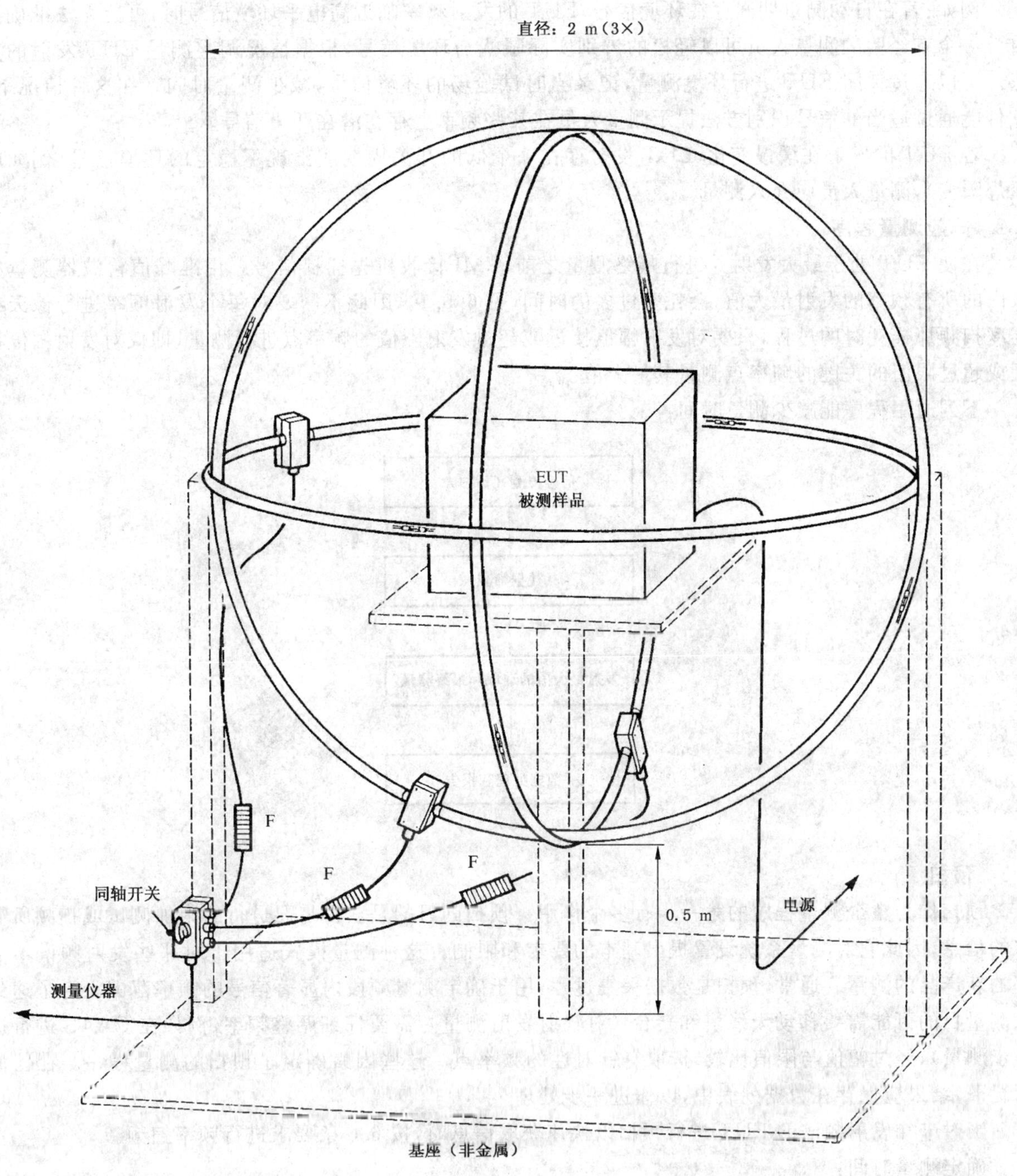

F——铁氧体吸收装置。

图 11 用环天线系统进行磁场感应电流测量的原理图

8 发射的自动测量

8.1 自动测量的概述

多数情况下，可用自动测量替代 EMI 重复测量以降低操作人员在读数和记录中的差错。由计算机采集数据产生的错误，可由操作人员检查发现。在某些情况下，自动测量可能产生比熟练的操作者手动测量更大的不确定度。不过，无论是手动测量还是用软件控制，测得的发射值的准确度是没有差异的。两种情况下，测量不确定度都是基于所用仪器在测量设置时的准确度。当实际的测量情况与软件设定的条件不同时，可能会增加难度。

例如:若在自动测量期间存在环境信号,EUT的发射频率临近高电平环境信号时,可能无法准确测量。一个有经验的测量人员可以轻松的辨别实际骚扰与环境信号,根据情况调整测量EUT发射的方法。可以通过关闭EUT进行环境测量,记录当时试验场的环境信号,减少测量时间。在这种情况下,软件能通过适当的信号识别方法提示测量人员在某些频率上存在潜在环境信号。

若EUT的发射在缓慢变化,EUT发射存在一个低的开关周期或出现不稳定的环境信号(例如电弧焊瞬变),测量人员应介入测量。

8.2 一般测量程序

在使EUT处于最大发射并进行最终测量之前,EMI接收机先捕捉信号。用准峰值检波器测量频段内的所有频率的发射最大值,会耗费过多的时间(见6.5.1),因此不需要对每个发射频率进行像天线高度扫频那样耗时的过程,只要对发射幅值接近或超过发射限值的频率点进行测量,即仅对发射幅值接近或超过限值的关键的频率点测量其最大值。

下列通用程序能减少测量时间:

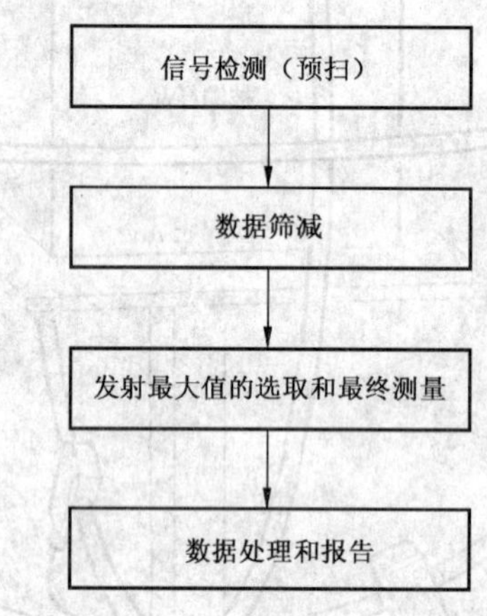

8.3 预扫

预扫作为整个测量程序的第一步有多个作用。预扫的目的是获得将要进行的附加测试或扫频所需求的信息,因此它对测量系统设置提出基本的要求和限制。这种测量模式适用于对那些发射频谱不了解的新产品的测量。通常,预扫是数据采集过程,用于确定测量频段内显著信号的频率范围。为了达到该测量目的可能需要移动天线塔和转台(对辐射发射测量),需要仔细调整频率(例如在OATS进行进一步测量),经过幅值与限值比较,选取有针对性的频率点。这些因素确定了预扫的测量程序。在任何情况下,结果应保存在数据列表中,以作进一步处理。

当对未知发射频谱的EUT进行预扫以快速获取信息时,按6.5条要求进行频率扫频。

确定测量时间:

如果EUT的发射频谱,尤其是最大的脉冲重复间隔 T_p 未知,必须研究以确保测量时间 T_m 不短于 T_p。EUT发射的间歇特性与发射频谱的临界峰值十分相关。首先应确定发射幅值不稳定的发射频率,这可以通过比较15 s观察期间内最大值保持与最小值保持(测量设备或软件的清除/写入功能)获得。观察期间不能改变测量布置(传导发射时不改变导线,功率测量时不移动吸收钳,辐射发射时不移动转台或天线)。例如可以把最大值保持结果与最小值保持结果之差大于2 dB的信号作为间歇信号(注意不要把噪声当作间歇信号)。辐射发射测量时,改变天线的极化方向进行复测以减小由于间歇信号低于噪声电平而被遗漏的风险。可以用零跨度扫描或将示波器接到测量接收机的中频输出端测量每个间歇信号的脉冲重复周期 T_p。增加测量时间直到最大值保持和清除/写入的结果之差小于2 dB,此时的测量时间为适宜的测量时间。进一步测量(最大值测量和终测)时,必须确保每一个子频段的测量时间 T_m 不小于脉冲重复周期 T_p。

确定测量类型的预测试方法：

9 kHz～30 MHz 频率范围的辐射发射中，当接收机对发射频谱进行扫描时，环天线和 EUT 都需旋转以获得最大场强。

30 MHz～1 000 MHz 频率范围，按照表 2，根据测量距离、频率范围和极化方向确定天线的预固定高度。预测量必须在 EUT 多个方位上进行。快速扫描测量是最大化最终测量的第一步，用以获得辐射发射的值。如果要更详细地确定最大发射状态下的天线高度、极化方向和 EUT 的方位，采用的标准应有能确定最大骚扰的适宜程序。

在 1 GHz 以上频率范围，天线应放置在水平极化和垂直极化位置，当对发射频谱进行扫描时，旋转 EUT 以找到最大场强。如果 EUT 的表面比接收天线波束宽度宽，天线应沿着平行于 EUT 的垂直平面水平或垂直移动，以覆盖 EUT 表面(见 7.3.4.1)。

表 2　30 MHz～1 000 MHz 频率范围推荐确保获取信号的天线高度(用于初步测试)

测量距离/m	极化方向	频率范围/MHz	每个频率范围的天线推荐高度/m
3	水平	30～100	2.5
		100～250	1 或 2
		250～1 000	1 或 1.5
	垂直	30～100	1
		100～250	1 或 2
		250～1 000	1 或 1.5 或 2
10	水平	30～100	4
		100～200	2.5 或 4
		200～400	1.5 或 2.5 或 4
		400～1 000	1 或 1.5 或 2.5
	垂直	30～100	1
		100～200	1 或 3.5
		200～400	1 或 2 或 3.5
		400～1 000	1 或 1.5 或 2 或 3.5
30	水平	30～300	4
		300～500	2.5 或 4
		500～1 000	1.5 或 2.5 或 4
	垂直	30～500	1
		500～800	1 或 3.5
		800～1 000	1 或 2.5 或 3.5

注 1：推荐的天线高度根据发射源相位中心高度在 0.8 m～2.0 m、最大误差为 3 dB(仅适用于初步测试)的条件得出。如果相位中心高度范围减少，那么接收天线选择高度的数目减少。如果有突然变化，例如，频率范围的上限，则可能需要选择更多的天线高度。

注 2：对于大型的 EUT，例如通信系统，接收天线应放置在几个水平或垂直位置，这取决于天线的波束宽度。

8.4　数据筛减

作为整个测量程序的第二步，通过减少预扫收集的信号数量，以进一步减少整个的测量时间。此过程可以完成不同的任务，例如确定频谱中的关键信号，辨别环境或辅助设备信号和 EUT 的发射信号，比较信号与限值，或根据用户的要求进行数据筛减。GB/T 6113.201—2008 的附录 C 中的判定树给出了数据筛减的另一种方法，依次用不同的检波器把数据与限值进行比较。数据筛减可以用全自动或交互的方式，包括软件工具或操作人员的介入来实现，它不需要独立于自动测量，例如可作为预扫的一部分。

在某些频段,尤其是调频频段,区分声音广播信号是非常有效的。这就要求对调频信号进行解调,以便能听到其调制的内容。如果预扫的结果中包含有大量的信号,辩别声音广播信号就很必要,该测量过程很长。如果能通过调谐和收听确定频率范围,那么只需在这些频段进行解调。将数据筛减的结果单独列表保存,以便进一步处理。

8.5 发射最大值的选取及最终测量

最终测量是通过测量发射的最大值,以确定它们的最高电平。在找到发射信号的最大值后,以适当的测量时间用准峰值检波和/或平均值检波测量发射电平(如果读数在限值附近波动,则至少需要 15 s 时间)。

测量的类型决定了获得最大信号幅值的测量过程。

辐射发射测量:

9 kHz～30 MHz,改变 EUT 和环天线方位得到最大电平;

30 MHz～1 000 MHz,改变测量天线的高度和极化方向或改变 EUT 的方位得到最大电平;

1 GHz 以上,改变测量天线的高度和极化方向或改变 EUT 的方位得到最大化电平;如果 EUT 表面比天线波束宽度更宽,天线沿 EUT 表面移动。

在实际最大化程序执行之前,将 EUT 设置在最不利的状态以确定能检测到最大发射幅值。主要由手动操作完成寻找产生最大发射的 EUT 和电缆布置的过程。可以使用具有频谱显示功能和信号最大值保持功能的扫描接收机,观察电缆和设备不同布置时幅度的变化。在 EUT 最不利状态下,进行发射的自动最终测量。

典型的辐射发射测量包括 EUT 的旋转,在高度范围内接收天线的扫描和改变天线极化方向的最大化程序。这个耗时的搜索程序可以自动进行,但需要注意的是使用不同搜索方法,得到的结果可能不同。假如已知 EUT 的辐射特性,应改变寻找最大幅值的最大化程序。允许调整天线和转台控制范围,若 EUT 在水平面发射信号,例如有狭缝存在,接收机采集数据时,转台应连续旋转。也就是说,如果转台不连续旋转,则可能由于旋转的角增量间隔太大,无法检测到信号的最大幅度或引起信号的完全丢失。

可以将天线固定在一个高度,360°旋转转台,寻找产生最大发射幅度的角度。然后,改变天线极化方向(例如,由水平极化改为垂直极化),转台反向旋转 360°。此过程中,接收机连续采集数据,根据转台角度和天线极化方向,完成表 2 的频段扫描,确定扫描的最高幅度。然后选定发射幅值最大时天线和转台的位置,在要求高度范围内移动天线,寻找产生最大幅值的位置。将天线返回至测到最大发射幅值的高度,接收机在准峰值检波模式记录此点的发射电平或旋转转台并增加天线高度连续搜寻,更精确地获得给定频率下的最大发射幅度。此外,了解 EUT 的辐射发射的特性,有利于选用最适宜的搜索方法设置软件,以便在最短时间内找到 EUT 的发射最大值。当最终测量是在辐射类型的上升或下降点而非峰值点进行,则会导致测量结果的不确定。

8.6 数据处理和报告出具

作为整个测量程序的最后一步是对文件的要求。用自动或手动交互的方式进行分类和比较路径,列出数据表,作为用户编制所需的报告和文件依据。而作为分类或选取的依据,应获得修正的峰值、准峰值或平均值的幅值。这些处理的结果以分列的数据表或组合的数据表形式保存,作为文件或进一步处理。

检测报告应用列表和图形的形式表示测量结果。此外,有关测量系统的信息也应作为测量报告的一部分,如所用的传感器、测量仪器以及产品标准所要求的 EUT 布置的有关描述。

附 录 A
（资料性附录）
存在环境发射时的骚扰测量

A.1 概述

若环境发射(传导和辐射)很高,在现场测量和在开阔试验场(OATS)进行型式试验时应予以考虑。本附录的目的就是对不同的状况给出测量程序。

在一些环境下,这些程序无法提供由环境信号引起问题的解决方法。尤其,本程序不能用来解决GB/T 6113.104—2008 的 5.4 条引起的问题。但若无此要求,可使用本附录。

A.2 定义

A.2.1 EUT 骚扰 EUT disturbance

待测的 EUT 发射频谱。

A.2.2 环境发射 ambient emission

叠加在 EUT 的骚扰频谱上影响 EUT 骚扰测量准确性的环境频谱。

注:本方法不按照 GB 9254—1998 的条款 10.6 进行测试。

A.3 问题描述

现场测试和开阔试验场型式试验的环境通常不满足 GB/T 6113.104—2008 中 5.4(测试场地环境的射频环境)推荐的条件。

EUT 的射频骚扰经常落在环境发射的频段内,由于 EUT 骚扰和环境发射间没有足够的频率间隔,这就会导致相互叠加,无法用 GB/T 6113.101—2008 中描述的无线电骚扰测量接收机来测量。

当 EUT 的骚扰被单独测量时,标准的 CISPR 测量接收机适于对各种射频发射提供统一的测试结果。然而,它无法很好地区分 EUT 骚扰和环境骚扰,或在此状况下测量 EUT 骚扰。

由于在现场测试下对实际干扰没有选择余地,当 EUT 骚扰和环境骚扰可以被区分时,以下是相应的解决方案。

A.4 推荐的解决方法

A.4.1 概述

EUT 骚扰和环境发射可归类如下:

表 A.1 EUT 骚扰和环境发射的组合

EUT 骚扰	环境发射
窄带	窄带
	宽带
宽带	窄带
	宽带

窄带环境发射,例如 AM-或 FM-调制;宽带环境发射,例如 TV 或数字调制信号。这里的术语“窄带”和“宽带”与 GB/T 6113.101—2008 中的测量接收机的宽带有关。窄带信号被定义为带宽小于测量

接收机带宽的信号。在这种情况下,信号的所有频谱分量包含在接收机带宽内。连续波信号始终是窄带信号,狭窄的FM信号可以既是窄带信号又是宽带信号,这取决于实际的接收机的带宽。相反,脉冲信号永远是宽带信号,因为其频谱分量落在接收机带宽内的少,落在带宽外的多。

EUT的骚扰测量是个复杂的问题:首先,识别EUT骚扰和环境骚扰;其次,区别窄带发射和宽带发射。目前的测量接收机和频谱分析仪提供了多种多样的检波方式和带宽。他们可用来分析混合频谱,区分EUT的骚扰和环境发射频谱,区分窄带发射和宽带发射,(或在严酷的情况下评估)测量EUT的骚扰。

如果在OATS进行型式试验,EUT骚扰的识别和初步测试也可以在非全电波暗室(例如,部分)下对EUT进行测量,在OATS进行最终测量,由此,隐藏在环境中的发射电平可以通过和附近的发射电平之间的比较来确定。

当EUT骚扰和环境发射无法分开时,应考虑到发射的叠加。若要分离这两者只有在EUT骚扰与环境发射之和与环境发射之比大于20 dB时才能实现。

如果IF带宽和检波器与规定的带宽和准峰值(QP)检波器不同,那么规定带宽的QP值可作为确定测量误差的参考。

图A.1是选择带宽和检波器的流程图,以及根据选择而估计的测量误差。

A.4.2 EUT在屏蔽暗室中的初步测试

在某种限制条件下,可以在屏蔽暗室中进行测试(此处的屏蔽暗室是指布满吸波材料的屏蔽室(半电波暗室或全电波暗室)且不满足GB/T 6113.104—2008附录E(GB 9254—1998的附录A)中给出的当前NSA值),得到发射频率和幅值。这样将获得幅度明显的发射频谱。如果是窄带发射,产品发射频谱包括用于产品的任何时钟频率的谐波和次谐波。

这些初步测试的结果用于确定在某种限制条件下的产品发射幅值。尤其当最后进行的符合性测试是在OATS进行,且一个(或多个)频率被RF环境发射覆盖(隐藏),这些被覆盖的频率的临近频率有可能并未同样被RF环境发射掩盖。因此,未覆盖的发射可能被符合要求的接收机或频谱分析仪带宽按通常的方法记录下来。按以下方法,可用暗室从高射频环境中分辨被覆盖的EUT发射的幅值。

假设在暗室测量程序中,两个相邻的频率发射的幅值差异为X dB(见图A.2)。而在开阔场测试中,这些频率中有一个频率的幅值没有被RF环境覆盖。可测临近频率与被覆盖频率的幅值之差("X" dB)加上(或减去,取决于差异的符号)在暗室中测得的可测频率的幅值即可得到临近被覆盖频率的幅值。图A.2所示,此处f_1的幅值比f_0的幅值大XdB(假设频率f_1是被覆盖的频率,f_0是未覆盖的频率)。在OATS中将XdB加在可测量的f_0的幅值上可得到f_1的幅值。同样地,在暗室中测量,f_6的幅值比f_7小YdB,f_6的幅值(如果被环境覆盖)在OATS中测量时也假定比f_7小YdB。

注:上面的程序是对条款7.2.5.1(测试环境)中的点c)的扩大说明。

使用本程序应注意的几点:

a) 选择的相邻频率(在初步测试中获得)不多于两个(通常为时钟基频的谐波或次谐波),以保证暗室的不规则不会导致在OATS进行评估的临近频率的幅值增加或降低。在此情况下"X"的值(或图A.2中的Y)可能不适合。

b) 在电波暗室,变化接收天线的高度,仔细地测量相邻频率的幅值(用于最终符合性测量)。如果无法进行整个高度的扫描,在(对被FR环境覆盖的发射)使用OATS幅值确定方法前,应确定暗室测量和对应的OATS测量的相互关系。

c) 对于那些完全的、六个面都进行吸波处理的暗室可用以替代那些调整天线扫描高度的暗室测量,譬如在两个或三个固定高度(由于地面反射被吸收,使接收到的反射信号分量减少),取这些读数的最大值。此方法也需要有上面条款b)给出的相同的测量关系。

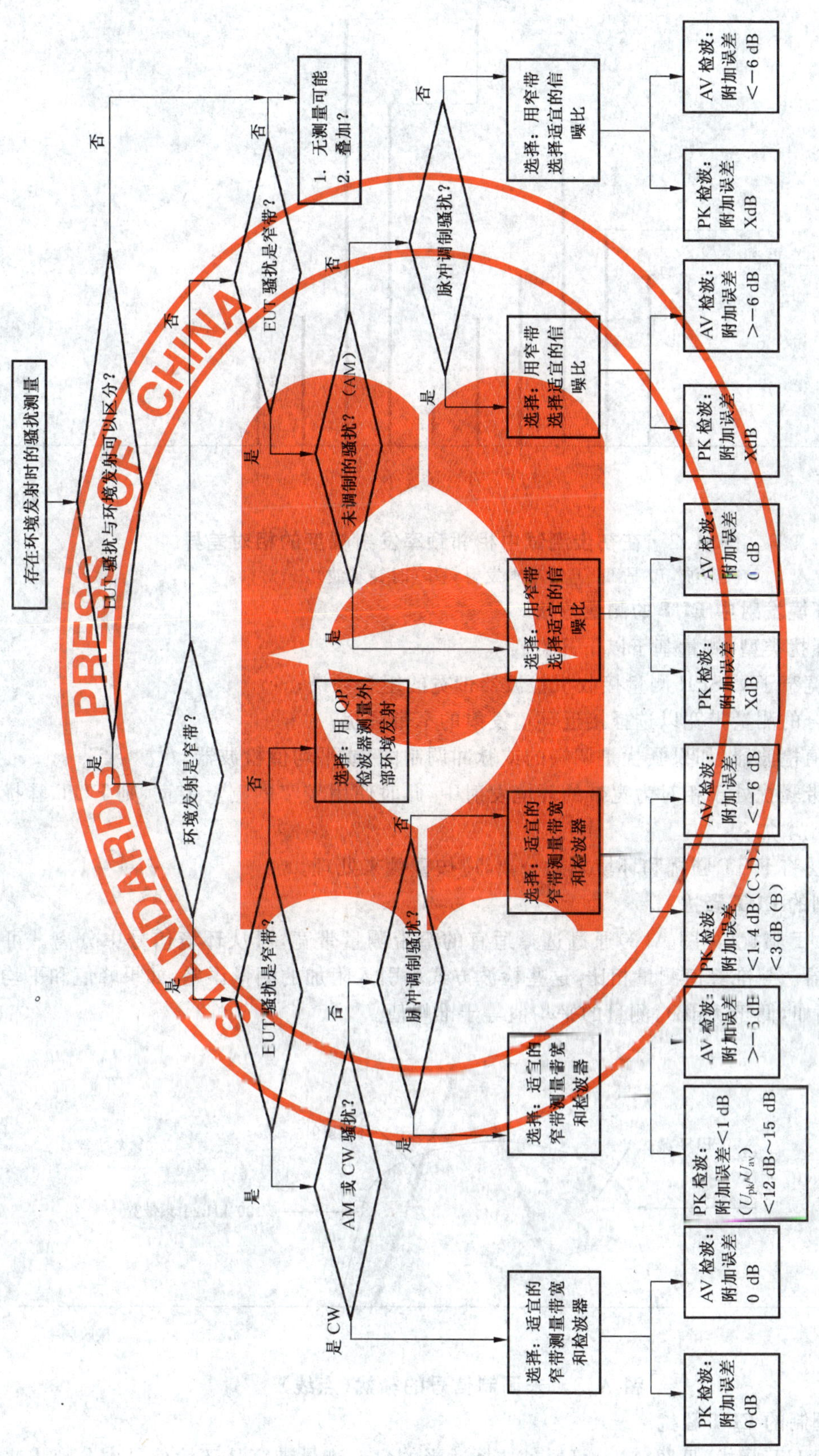

图 A.1 带宽和检波器的选择的流程图及其测量误差的评估

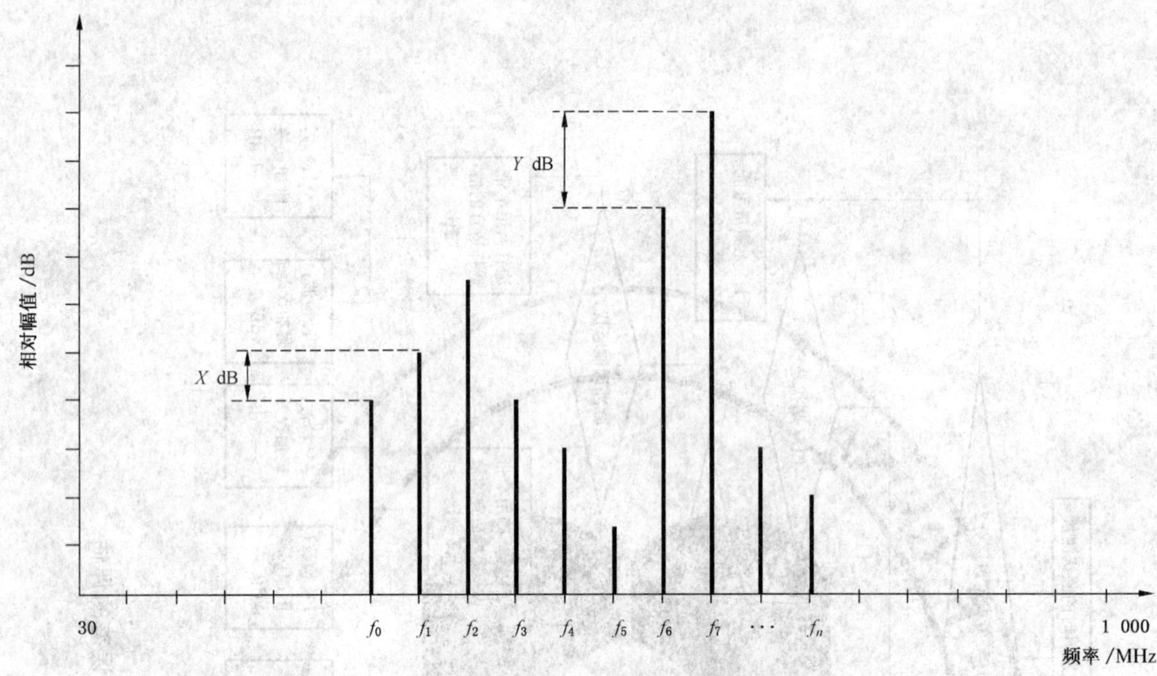

图 A.2 在初步测试中相邻频率发射幅度的相对差异

注：一般 f_n 是 f_0 的 n 次谐波，f_0 是 EUT 的基本发射频率(时钟基波)。

A.4.3 在窄带环境发射中 EUT 的测量方法

根据 EUT 骚扰类型，测量基于以下几点：

——分析带宽窄于 CISPR 测量接收机检波器带宽的组合频谱；

——确定适合的测量带宽以选择接近环境发射的窄带骚扰；

——使用峰值检波器(如果骚扰是调幅的或脉冲调制的)或平均值检波器；

——假设窄带骚扰处于相对为宽带的环境发射中，此时使用较窄的测量带宽，则 EUT 骚扰对环境发射的比增加；

——如果无法将 EUT 骚扰和环境发射分离，应按重叠来处理。

A.4.3.1 未调制的 EUT 骚扰

未调制的 EUT 骚扰(见图 A.3)通过选择适宜的窄带测量带宽，可从环境信号中分离。可使用峰值或平均值检波器。与准峰值测量相比，这些检波方式不引入附加的测量误差，如果峰值和平均值电平的差异非常小(例如，低于 1 dB)，测量的平均值等于准峰值。

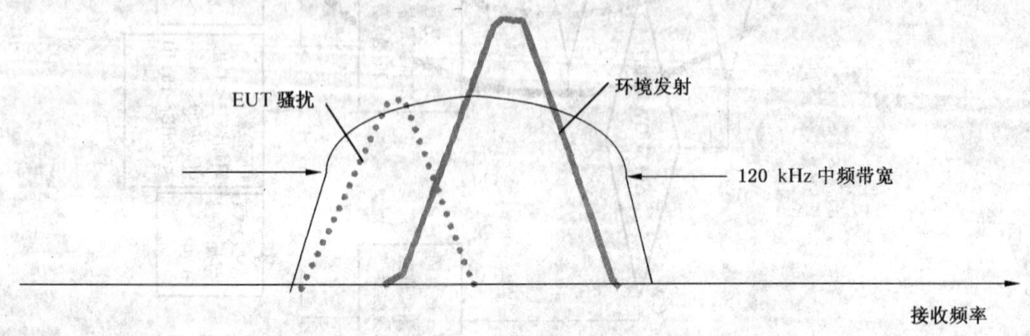

图 A.3 未调制信号的骚扰(点线)

A.4.3.2 幅值调制的 EUT 骚扰

幅值调制的 EUT 骚扰(见图 A.4)可通过选择适当的窄带测量带宽从环境信号中分离出来。值得注意的是，选择的窄带测量带宽不能抑制 EUT 骚扰的调制频谱。作为选择性增加的结果，抑制的调制频谱可由 EUT 骚扰峰值降低来识别。

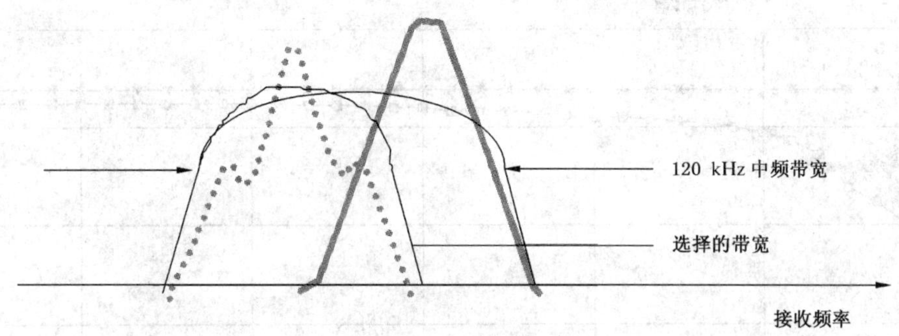

图 A.4　幅度调制(AM)的骚扰信号(点线)

仅当测量时间大于调制频率的倒数时,使用峰值检波器。调制频率低于 10 Hz 时,会引入附加的测量误差(在频带 C 和 D:10 Hz 处 0.4 dB,2 Hz 处 1.4 dB;在频带 B:10 Hz 处 0.9 dB,2 Hz 处 3 dB),此处的峰值大于准峰值。

调制频率的准峰值响应在图 A.5 中给出。

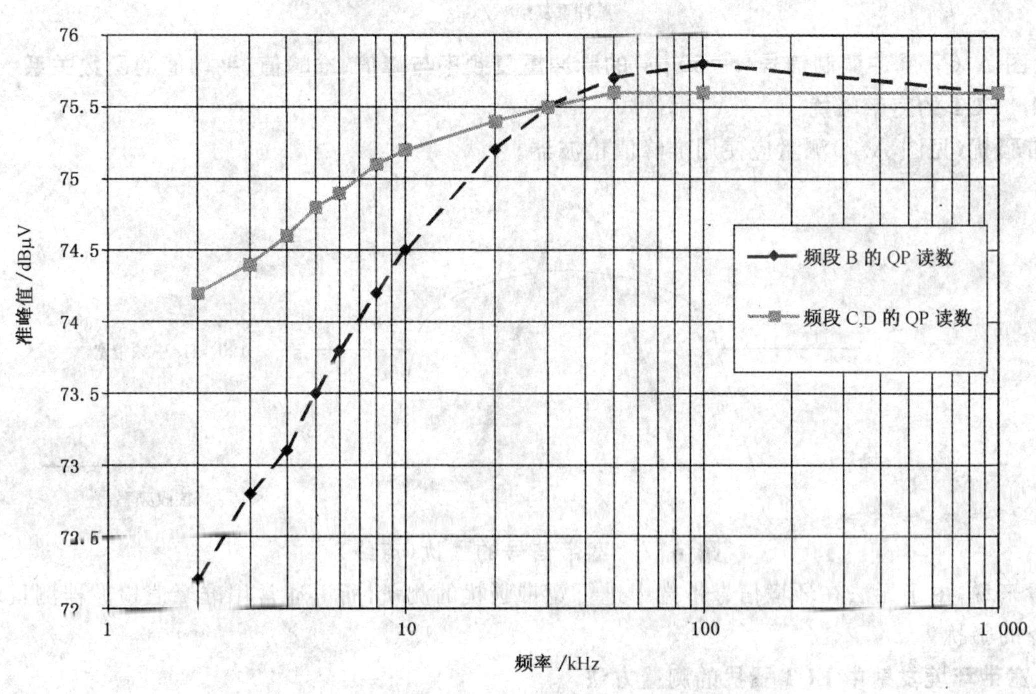

图 A.5　(在 CISPR 的 B、C、D 频段使用 QP 检波器)调幅信号作为调制频率的函数示意图

A.4.3.3　脉冲调制 EUT 骚扰

EUT 的窄带脉冲调制骚扰作为调幅的特例可通过选择适当的窄带测量带宽从环境信号中分离。选择性不能引起调频频谱的降低。对于低重复频率,可能有额外的误差,但是只要峰值和平均值检波器的读数差为 12 dB～14 dB,那么额外测量误差与准峰值相比则不需考虑。

对于脉冲宽度 $t=50\ \mu s$ 的示意图(脉冲重复频率与峰值、准峰值、平均值的函数关系),图 A.6 表示了只要峰值与平均值电平之差小于等于 14 dB,则峰值和准峰值的差异可以被忽略。因此,比较峰值和平均值电平可以用来验证峰值检波器的适用性。

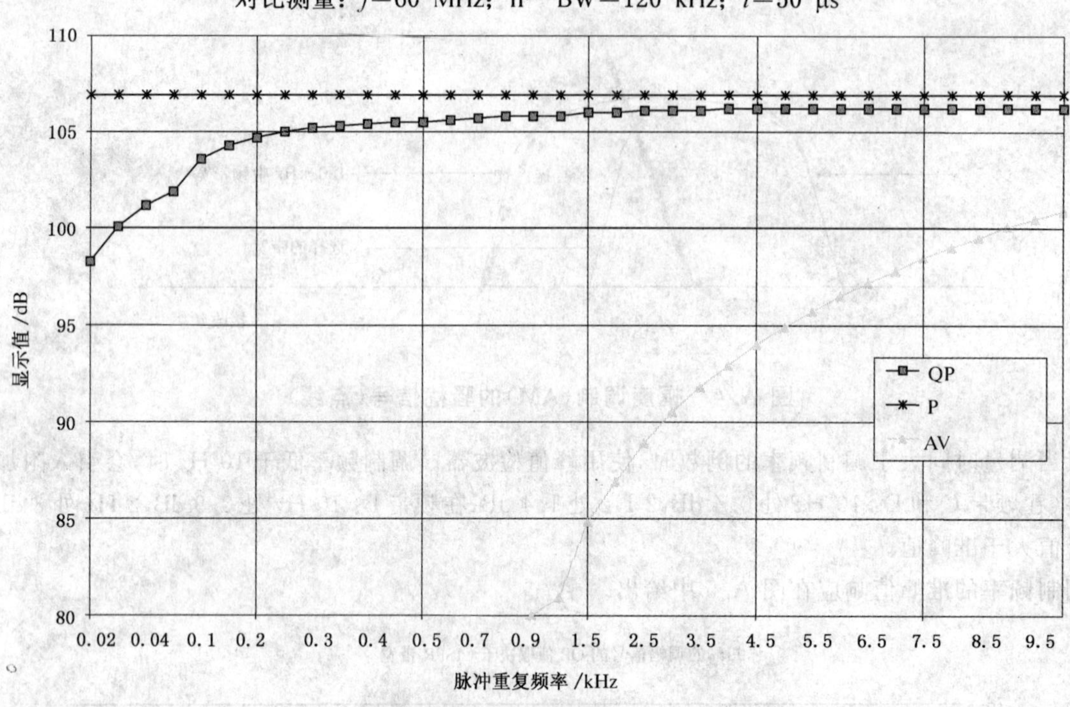

图 A.6　脉冲调制信号(t=50 μs)的脉冲重复频率与峰值、准峰值、平均值的函数关系

A.4.3.4　EUT 的宽带骚扰

宽带骚扰(见图 A.7)测量应使用准峰值检波器。

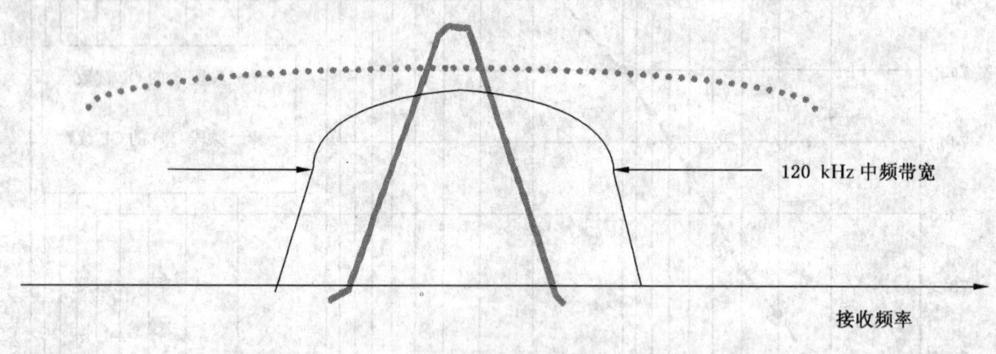

图 A.7　宽带信号的骚扰(点线)

一般来说，由于无法在环境信号带宽中进行宽带骚扰的测量，所以通常用准峰值检波器测量环境信号频谱外的骚扰。

A.4.4　宽带环境发射中 EUT 骚扰的测量方法

在此情况下测量按以下步骤进行：

——分析带宽等于 CISPR 测量接收机检波器带宽的组合频谱

——用窄的带宽进行测量(假设是 EUT 窄带骚扰；窄的带宽的应用会增加 EUT 骚扰对环境发射的比)；

——用平均值检波器测量 EUT 窄带骚扰；

——如果无法将 EUT 骚扰和环境发射分离，则应按频谱重叠来处理。

A.4.4.1　未调制的 EUT 骚扰

用平均值检波器(说明见 GB/T 6113.101—2008)测量 EUT 骚扰的幅值(见图 A.8)。测量的误差取决于选定带宽内的宽带信号频谱的平均值。可以通过选择使 EUT 骚扰对环境发射的比最大化(可选方法)的测量带宽来使测量误差最小化。

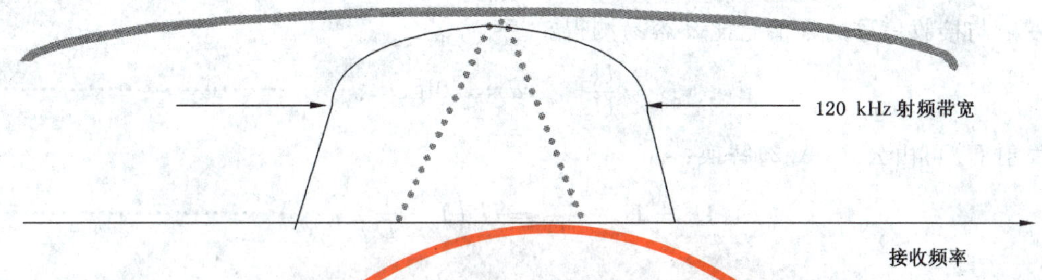

图 A.8 未调制的 EUT 骚扰(点线)

A.4.4.2 幅度调制的 EUT 骚扰

用平均值检波器测量 EUT 骚扰的幅值(见图 A.9),然而与准峰值检波器相比,应考虑额外的附加测量误差,最大 6dB(100%调制)。选定的测量带宽应能将 EUT 骚扰对环境发射的比(可选方法)最大化。

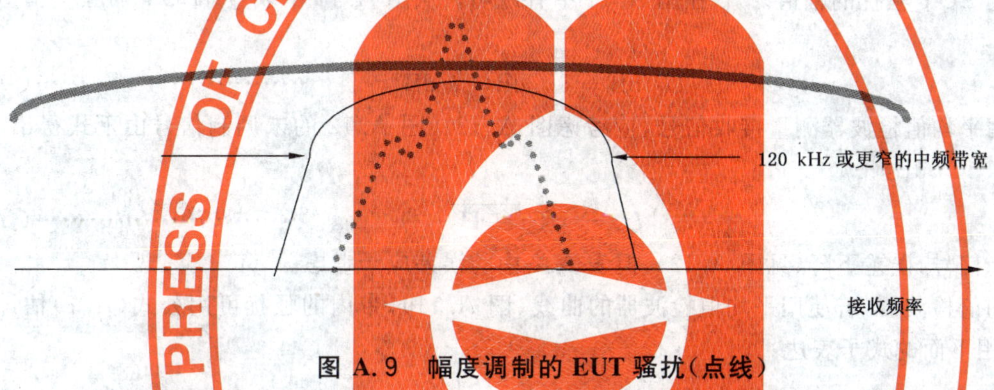

图 A.9 幅度调制的 EUT 骚扰(点线)

A.4.4.3 脉冲调制的 EUT 骚扰

由于骚扰的 100%调幅可能使 EUT 骚扰的频谱扩散,因此很难在宽带环境信号频谱中高准确性地检测和识别脉冲调制的 EUT 骚扰。

对高占空比骚扰,可用平均值检波器测得 EUT 骚扰的幅值。对于 100%幅度调制的低占空比骚扰,与准峰值检波器相比,使用平均值检波器将引起附加测量的误差增加。若占空比为 1∶1,使用线性平均值检波器的测量误差为 6 dB。测量带宽应使 EUT 骚扰的测量平均值与环境宽带信号测量平均值比值最大化。

在低占空比下,平均值与准峰值完全分离。在这种情况下,应使用峰值检波器,其测量带宽应尽可能窄,但应可以捕捉到完整的骚扰带宽。骚扰与环境发射的重叠应予考虑。

A.4.4.4 EUT 宽带骚扰

通常,无法在宽带环境信号频谱中检测和测量宽带骚扰。也许能测量环境信号频谱外的骚扰或按频谱叠加来处理。表 A.2 中列出了 EUT 骚扰与环境发射的组合值和测量中的误差。

注:扫描接收机或频谱分析仪显示了两个不同带宽信号的频谱,除非信号频率或脉冲率与每个测量仪器的扫描率和测量脉冲率相关。

A.5 叠加情况下 EUT 骚扰的确定

选定 EUT 骚扰和环境发射,如果被测电平与环境电平的比值小于 20 dB,则应考虑环境发射和 EUT 骚扰的叠加。可用下面的计算公式计算脉冲宽带电压。

接收的信号 U_r 是 EUT 骚扰 U_i 和环境发射 U_a 之和。当且仅当 EUT 关闭可测量 U_a。此叠加与峰值检波器(图 A.10)为线性关系。以下公式用于峰值检波器:

$$U_r = U_i + U_a \qquad \cdots\cdots(A.1)$$

EUT 骚扰可由下式计算

$$U_i = U_r - U_a \qquad \text{(A.2)}$$

环境发射与接收信号的幅值之比 d 容易测得。

$$D = \frac{U_r}{U_a} \qquad d = 20\lg D \qquad \text{(A.3)}$$

环境发射 U_a 可由公式(A.2)替换：

$$U_i = U_r - \frac{U_r}{D} = U_r\left(1 - \frac{1}{D}\right) \qquad \text{(A.4)}$$

$$U_i/\text{dB} = U_r/\text{dB} + 20\lg\left(1 - \frac{1}{D}\right) \qquad \text{(A.5)}$$

"i"由公式(A.6)得

$$i = -20\lg\left(1 - \frac{1}{D}\right) \qquad \text{(A.6)}$$

用于确定 EUT 骚扰的幅值。"i"在图 A.11 中有说明。从图 A.11 中取"i"，EUT 的骚扰幅值可如下计算：

$$U_i/\text{dB} = U_r/\text{dB} - i/\text{dB} \qquad \text{(A.7)}$$

如果是用平均值检波器测量接收信号，应考虑图 A.12。图 A.12 的未调制信号由下式得出，附加测量误差小于 1.5 dB：

$$U_r = \sqrt{U_i^2 + U_a^2} \qquad \text{(A.8)}$$

若为调制信号，误差下降(见图 A.12)，但表 A.2 中的误差应予考虑。

使用平均值检波器，若使用平均值检波器的曲线(图 A.11)，带内的骚扰可用公式(A.7)估计。此时，因子 i 可用下面的式子表达：

$$i = -10\lg\left(1 - \frac{1}{D^2}\right) \qquad \text{(A.9)}$$

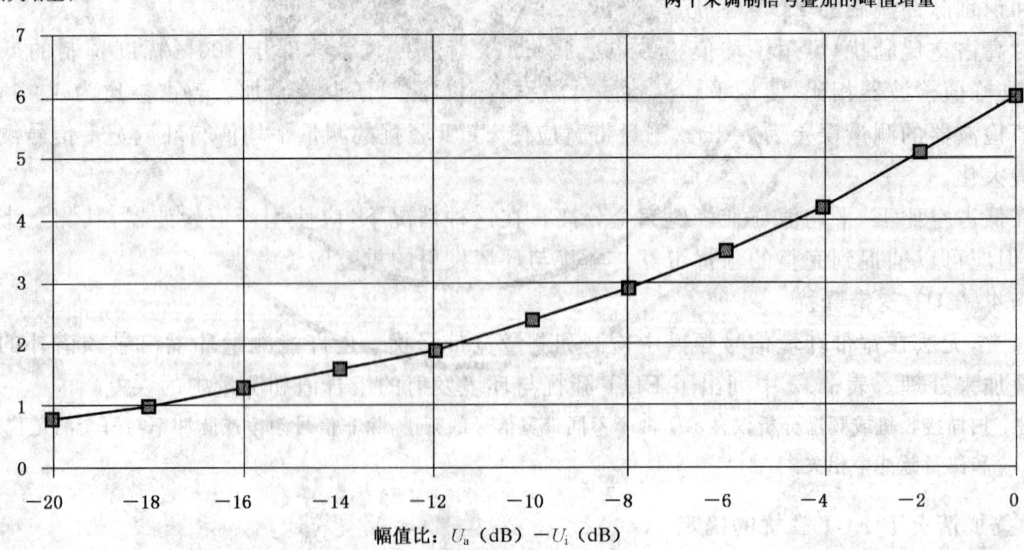

图 A.10　两个未调制信号叠加的峰值增量(U_a，环境发射电平；U_i，EUT 骚扰电平)

图 A.11 可如下使用：

1)　测量环境场强 U_a，dB(μV/m)(EUT 关闭)；

2)　测量合成场强 U_r，dB(μV/m)(EUT 打开)；

3)　确定 $d = U_r - U_a$；

4） 从图 A.11 中找到 i 的值；

5） 用 $U_i = U_r - i$ 确定 U_i，dB(μV/m)。

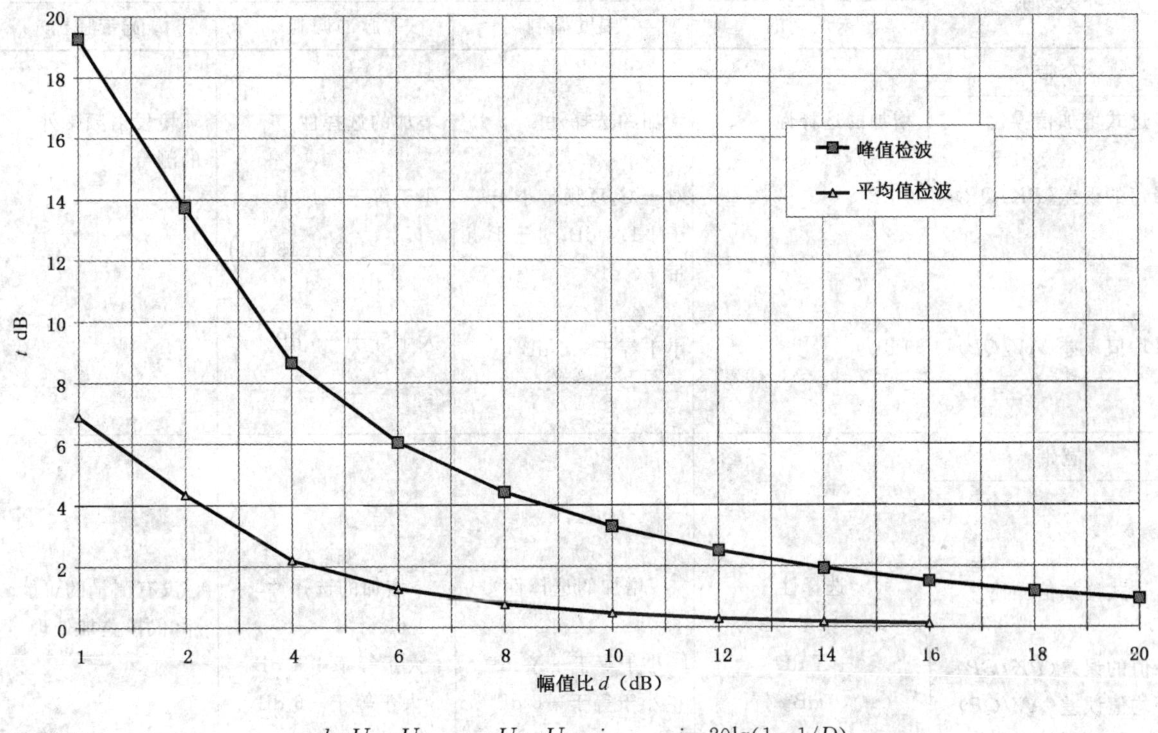

$d = U_r - U_a$ $U_i = U_r - i$ $i = 20\lg(1 - 1/D)$

此处：

U_a——环境信号，dB；

U_r——接收的信号（叠加），dB；

U_i——骚扰信号，dB。

图 A.11 用幅值比 d 和因数 i 确定骚扰信号的幅值

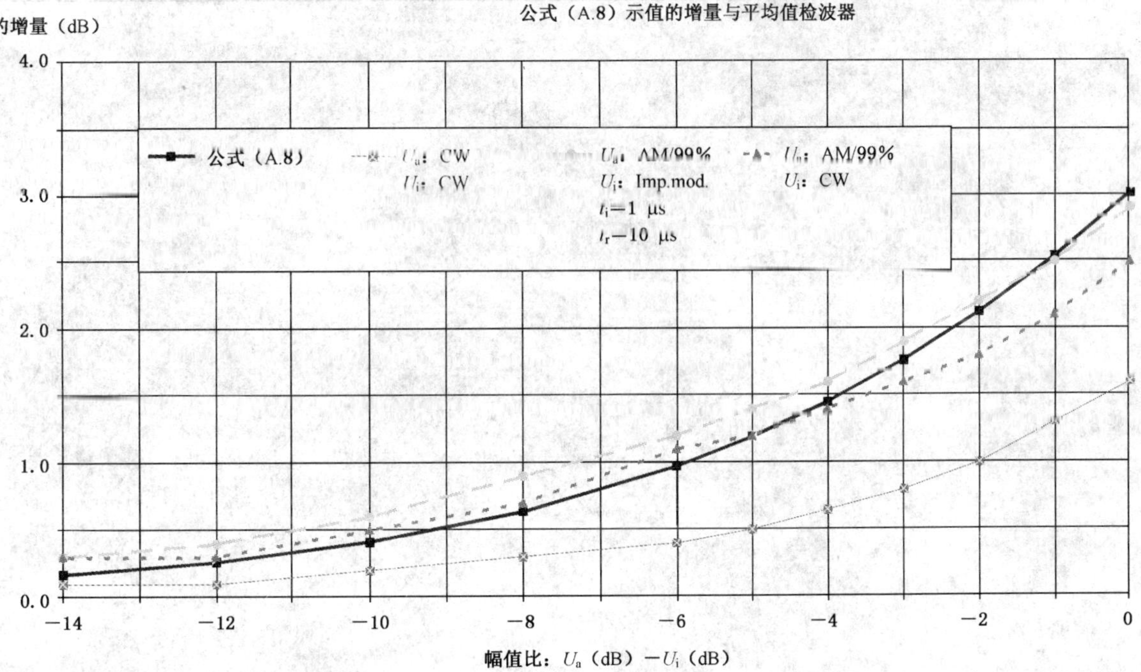

注：CW 连续波；Imp. mod 脉冲调制；AM 调幅。

图 A.12 用实际的接收机测量的平均值的增量与公式(A.8)的计算值

表 A.2 环境与骚扰信号频谱叠加与各类型检波器对应的的测量误差

环境发射	EUT 骚扰			
	未调制的	幅度调制	脉冲调制	宽带骚扰
窄带				
步进式增加信噪比	增加的选择性	增加的选择性	增加的选择性	环境发射频带外的测量
峰值的误差(*PK*/*QP*)	0 dB	对于 C,D 频带小于等于+1.4 dB;对于 B 频带+3 dB	小于等于+1 dB $\left(\frac{U_{PK}}{U_{AV}}\leqslant 12...15\ \text{dB}\right)$	—
平均值误差(*AV*/*QP*)	0 dB	小于等于−6 dB[a]	大于等于−6 dB[a]	—
宽带				
步进式增加信噪比	选择性	增加的选择性	增加的选择性	没有测量的可能(仅按叠加处理)
峰值的误差(*PK*/*QP*)	+*X* dB[a]	小于等于+*X* dB[a]	大于等于+*X* dB[a]	—
平均值误差(*AV*/*QP*)	0 dB[a]	小于等于−6 dB[a]	大于等于−6 dB[a]	—

[a] 未推荐的测量程序,不允许适用于符合性测量。

注 1:*X* 是取决于环境发射的脉冲特性的误差。

注 2:*PK* 是峰值;*QP* 是准峰值;*AV* 是平均值。

附 录 B
（资料性附录）
频谱分析仪和扫描接收机的使用要求
（见第6章）

B.1 概述

当使用频谱分析仪和扫频接收机进行测量时，应考虑下述特性。

B.2 过载

在2 000 MHz以下的频率范围内，大多数频谱分析仪都不具有射频预选功能，即输入信号被直接馈到宽带混频器中。为了避免过载、防止仪器损坏和使频谱分析仪工作在线性状态下，混频器端的信号幅度一般应小于150 mV峰值，为了把输入信号降至此电平，也许需要射频衰减或附加的射频预选。

B.3 线性度的测试

频谱分析仪的线性度，可以首先对研究的某一特定的信号电平进行测量，然后在测量装置的输入端（如果使用了预选放大器，则在预选的输入端）插入大小为 X dB（$X \geqslant 6$ dB）的衰减器，再重复进行测量，当测量系统为线性时，加入衰减后接收机显示的新读数与第一次（未加衰减器时）的读数之差应在 X dB ± 0.5 dB之内。

B.4 选择性

频谱分析仪和扫频接收机必须具有符合GB/T 6113.101—2008中规定的带宽，以便在标准带宽内来正确测量宽带信号和脉冲信号，以及有几个频谱分量的窄带骚扰。

B.5 对脉冲的正常响应

具有准峰值检波功能的频谱分析仪和扫频接收机的脉冲响应能够用符合GB/T 6113.101—2008中规定的校准试验脉冲信号来检验。对于校准试验脉冲所具有的很高峰值电压，一般需要插入一个40 dB（或更大）的射频衰减器，以满足线性度要求，这将导致灵敏度的降低，从而在B、C、D频段不能进行低重复率和孤立校准试验脉冲的测量。如果在接收机前使用预选滤波器，那么射频衰减量就可以减少。正如用混频器所看到的，滤波器限制了校准试验脉冲的频谱宽度。

B.6 峰值检波

原则上频谱分析仪的常规（峰值）检波方式可以提供永不小于准峰值指示的显示值，用峰值检波进行发射测量是很方便的，因为较之准峰值检波它允许使用更快的扫频速率。因此，那些接近发射限值的信号需要用准峰值检波重新测量，以便记录准峰值。

B.7 扫频速率

频谱分析仪或扫频接收机的扫频速率应相对于CISPR频段和所用的检波方式来进行调整：最小扫频时间/频率即最快扫频速率。见表B.1。

表 B.1 最小扫频时间/频率即最快扫频速率

频　　段	峰值检波	准峰值检波
A	100 ms/kHz	20 s/kHz
B	100 ms/MHz	200 s/MHz
C/D	1 ms/MHz	20 s/MHz

对用于固定调谐非扫频方式下的频谱分析仪或扫频接收机，调整显示扫频时间，可以按照观测发射性能的要求来进行而与检波方式无关。如果骚扰电平不稳定，那么观察测量接收机的读数的时间必须至少为 15 s，以确定最大的骚扰（参见 6.4.1）。

B.8 信号截获

间歇发射的频谱可用峰值检波和数字显示存储（如果有）来截取。单一、慢速的频率扫频相比，多重、快速的频率扫频能减少截获发射的时间。应变化扫频的起始时间，以避免与任何发射同步而导致隐匿了的发射。对一个给定的频率范围，总的观察时间必须大于发射的间隔时间。根据所测骚扰的类型，峰值检波测量能够替代所有或部分替代用准峰值检波所需的测量，然而在发现最大辐射的那些频率上，应当用准峰值检波器进行重复测量。

B.9 平均值检波

用频谱分析仪作平均值检波是利用减小视频带宽直到观察到的显示信号不能更平滑为止来获得的。扫频时间必须随视频带宽的减少而增加，以保持幅度校准。对于这种测量，接收机必须使用在检波器的线性状态下。在线性检波之后，为了显示，信号可能要进行对数处理，在那种情况下，即使显示的值是线性检波信号的对数也要校正。

可能要使用对数幅度显示方式，例如，为了更容易地区分窄带和宽带信号。所显示的值是对数不失真中频信号包络的平均值。在不影响窄带信号显示的情况下，它比线性检波方式对宽带信号有更大的衰减。因此，对于频谱中包含有上述两种信号的情况下进行窄带分量评估，对数视频滤波尤为适合。

B.10 灵敏度

在频谱分析仪前使用低噪声射频前置放大器可以增加灵敏度，输入到放大器的信号电平应该用衰减器来调整，以测量整个系统对受试信号的线性度。

对于很强的宽带发射来说，需要有很大的射频衰减来保证系统的线性，此时可以在频谱分析仪前用射频预选滤波器来增加它的选择性，达到提高灵敏度的目的。该滤波器降低了宽带发射的峰值幅度，因此可以使用较小的射频衰减。也许有必要使用这样的滤波器来抑制或衰减带外强信号和由它们所引起的互调干扰分量。如果使用这样的滤波器，则必须用宽带信号来校正。

B.11 幅度准确度

频谱分析仪或扫频接收机的幅度精确度可以用信号发生器、功率表和精密衰减器来检验，必须对这些仪器、电缆和失配损耗的特性加以分析，以评估校验中的测量误差。

附 录 C
（资料性附录）
不确定度预算举例

在FAR中3 m距离测量不确定度的预计包括影响因素和它们实际的权重（见表C.1），为GB/T 6113.402—2006中的一部分。

表C.1 FAR中3 m距离测量不确定度的预评估

组 成	分布概率	不确定度/dB	
		双锥天线	对数周期天线
校准天线系数	正态分布($k=2$)	±2.0	±2.0
校准电缆损耗	正态分布($k=2$)	±0.5	±0.5
根据GB/T 6113.101的接收机规格	矩形分布	±1.5	±1.5
天线方向性[a]	矩形分布	+1.0	±1.0
随高度天线因子的变化	矩形分布	0	0
天线相位中心变化[b]	矩形分布	0	±0.5
天线系数频率插值	矩形分布	±0.3	±0.3
测量距离的不确定度±3 cm[c]	矩形分布	±0.1	±0.1
场地非理想性[d]	矩形分布	±3.0	±2.5
失配	U形分布	±1.1	±0.5
合成标准不确定度u_c(v)	正态分布	±2.414	±2.114
扩展不确定度U	正态分布($k=2$)	±4.828	±4.228

a 天线方向性相对于偶极子调谐，参考GB/T 6113.104—2008有关天线的规定。对于双锥天线，垂直方向存在不确定度，水平方向不确定度为0。不确定度为正，因为它仅代表信号损失。

b 随着复合双锥天线和对数周期天线使用的增加，当没有地面反射时，场强相对相位中心的校准更精确。不确定度很少用于尺寸较小的天线。

c 由于扫描高度有限，且不存在对角线距离，因此忽略距离的不确定度。

d 当用双锥天线作为接收天线，如果场地的不确定度为±3 dB，用方向性对数天线不确定度较小，因此对于对数周期天线为±2.5 dB。

FAR中双锥天线合成不确定度的计算：

$$u_c(y)=\sqrt{\left(\frac{2.0}{2}\right)^2+\left(\frac{0.5}{2}\right)^2+\frac{1.5^2+1^2+0^2+0^2+0.3^2+0.1^2+3.0^2}{3}+\frac{1.1^2}{2}}$$

例如因子$k=2$，确保置信水平约为95%，因此

$$U=2u_c(y)=2\times(+2.62)\doteq\pm4.828\ \text{dB}$$

附 录 NA
（资料性附录）
本部分与 GB/T 6113.2—1998 有关章条的对照

本部分在保留 GB/T 6113.2—1998 中传导骚扰测量方法有关内容的基础上，增加了下列内容：

第 6.5 条“连续骚扰的测量时间和扫描速率”，及图 1，图 2，图 3，图 4；

第 7.2.9 条“在装有吸波材料的屏蔽室中测量辐射骚扰”；

第 7.3 条“1 GHz～18 GHz 频率范围内的场强测量”；

第 7.5 条“现场测量”；

第 8 章“发射的自动测量”；

附录 A“存在环境发射时的骚扰测量”；

附录 NA（资料性附录）本部分与 GB/T 6113.2—1998 有关章条的对照。

本部分与 GB/T 6113.2—1998 有关章条的对照情况如下表所示：

<table>
<tr><th colspan="2">本部分条款</th><th colspan="2">GB/T 6113.2—1998 条款</th></tr>
<tr><td colspan="2">1</td><td colspan="2">1.1</td></tr>
<tr><td colspan="2">2</td><td colspan="2">1.2</td></tr>
<tr><td colspan="2">3</td><td colspan="2">1.3</td></tr>
<tr><td colspan="2">4</td><td colspan="2">2.1</td></tr>
<tr><td colspan="2">5</td><td colspan="2">2.2</td></tr>
<tr><td colspan="2">6</td><td colspan="2">2.3</td></tr>
<tr><td rowspan="5">7</td><td>7.1</td><td rowspan="5">2.6</td><td>2.6.1</td></tr>
<tr><td>7.2</td><td>2.6.2</td></tr>
<tr><td>7.3</td><td></td></tr>
<tr><td>7.4</td><td>2.6.3</td></tr>
<tr><td>7.5</td><td></td></tr>
<tr><td colspan="2">8</td><td colspan="2"></td></tr>
<tr><td rowspan="4">附录</td><td>A</td><td rowspan="4">附录</td><td></td></tr>
<tr><td>B</td><td>B</td></tr>
<tr><td>C</td><td></td></tr>
<tr><td>NA</td><td></td></tr>
</table>

ICS 33.100
L 06

中华人民共和国国家标准

GB/T 6113.204—2008/CISPR 16-2-4:2003
部分代替 GB/T 6113.2—1998

无线电骚扰和抗扰度测量设备和测量方法规范 第2-4部分：无线电骚扰和抗扰度测量方法 抗扰度测量

Specification for radio disturbance and immunity measuring apparatus and methods—Part 2-4: Methods of measurement of disturbances and immunity—Immunity measurements

(CISPR 16-2-4:2003, IDT)

2008-01-12 发布　　2008-09-01 实施

中华人民共和国国家质量监督检验检疫总局
中国国家标准化管理委员会　发布

前 言

GB/T 6113.204—2008 等同采用国际标准 CISPR 16-2-4:2003《无线电骚扰和抗扰度测量设备和测量方法规范　第 2-4 部分:无线电骚扰和抗扰度测量方法　抗扰度测量》(英文版)。

鉴于 IEC/CISPR 16 为电磁兼容系列基础标准,且篇幅大、内容多,为了方便标准的制定、维护和使用,2002 年 IEC/CISPR A 分会决定对该标准的结构进行重大调整,将原来的 4 个部分拆分为现在的 14 个部分,2006 年增至 15 个部分,并从 2003 年 11 月起陆续发布。我国依据等同原则,将陆续完成相应国家标准的制修订工作。该系列中的新、旧国家标准及其与 IEC/CISPR 16 系列标准/出版物的对应关系如下:

旧标准编号和名称	新标准编号和名称
GB/T 6113.1—1995 (eqv CISPR 16-1:1993) 《无线电骚扰和抗扰度测量设备》	GB/T 6113.101—2008(CISPR 16-1-1:2006,IDT) 第 1-1 部分:无线电骚扰和抗扰度测量设备 测量设备
	GB/T 6113.102—2008(CISPR 16-1-2:2006,IDT) 第 1-2 部分:无线电骚扰和抗扰度测量设备 辅助设备　传导骚扰
	GB/T 6113.103—2008(CISPR 16-1-3:2004,IDT) 第 1-3 部分:无线电骚扰和抗扰度测量设备 辅助设备　骚扰功率
	GB/T 6113.104—2008(CISPR 16-1-4:2005,IDT) 第 1-4 部分:无线电骚扰和抗扰度测量设备 辅助设备　辐射骚扰
	GB/T 6113.105—2008(CISPR 16-1-5:2003,IDT) 第 1-5 部分:无线电骚扰和抗扰度测量设备 30 MHz～1 000 MHz 天线校准用试验场地
GB/T 6113.2—1998 (eqv CISPR 16-2:1996) 《无线电骚扰和抗扰度测量方法》	GB/T 6113.201—2008(CISPR 16-2-1:2003,IDT) 第 2-1 部分:无线电骚扰和抗扰度　测量方法 传导骚扰测量
	GB/T 6113.202—2008(CISPR 16-2-2:2004,IDT) 第 2-2 部分:无线电骚扰和抗扰度测量方法 骚扰功率测量
	GB/T 6113.203—2008(CISPR 16-2-3:2003,IDT) 第 2-3 部分:无线电骚扰和抗扰度测量方法 辐射骚扰测量
	GB/T 6113.204—2008(CISPR 16-2-4:2003,IDT) **无线电骚扰和抗扰度测量设备和测量方法规范　第 2-4 部分:无线电骚扰和抗扰度测量方法　抗扰度测量**
CISPR 16-3:2000 Reports and recommendations of CISPR	**GB/Z 6113.3—2006(CISPR 16-3:2003,IDT)** **第 3 部分:无线电骚扰和抗扰度测量技术报告**

旧标准编号和名称	新标准编号和名称
CISPR 16-4:2002 Uncertainty in EMC	GB/Z 6113.401—2007(CISPR 16-4-1/TR:2003,IDT) 第 4-1 部分:不确定度、统计学和限值建模 标准化 EMC 试验的不确定度
	GB/T 6113.402—2006(CISPR 16-4-2:2003,IDT) 第 4-2 部分:不确定度、统计学和限值建模 测量设备和设施的不确定度
	GB/Z 6113.403—2007(CISPR 16-4-3/TR:2004,IDT) 第 4-3 部分:不确定度、统计学和限值建模 批量产品的 EMC 符合性确定的统计考虑
	GB/Z 6113.404—2007(CISPR 16-4-4/TR:2003,IDT) 第 4-4 部分:不确定度、统计学和限值建模 抱怨的统计和限值的计算模型
	GB/Z 6113.405(CISPR 16-4-5:2006)* 第 4-5 部分:不确定度、统计学和限值建模 替换试验方法的使用条件
注 1:* 待制定;黑体字为该标准的本部分。 注 2:表中除 GB/T 6113.204 以外的国家标准名称以制定或修订后发布的标准名称为准。	

本部分等同采用国际标准 CISPR 16-2-4:2003《无线电骚扰和抗扰度测量设备和测量方法规范 第 2-4 部分:无线电骚扰和抗扰度测量方法 抗扰度测量》,并作了如下编辑性修改:

1. 根据国际标准前言和引言的内容,重新组织和编写了本部分的前言,取消了引言。

2. 在第 2 章“规范性引用文件”中,增加下列引用文件:

GB/T 4365—2003《电工术语 电磁兼容》(IEC 60050(161):1990,IDT)

GB/T 9383—1999《声音和电视广播接收机及有关设备抗扰度限值和测量方法》(eqv IEC/CISPR 20:1998)

3. 本部分在保留 GB/T 6113.2—1998 中传导骚扰测量方法有关内容的基础上,增加了下列内容:

1) 3.15“全电波暗室”的定义;

2) 资料性附录 NA:本部分与 GB/T 6113.2—1998 有关章条的对照。

本部分与 GB/T 6113.201—2008;GB/T 6113.202—2008 和 GB/T 6113.203—2008 组合在一起代替 GB/T 6113.2—1998(eqv CISPR 16-2:1996)。

本部分的附录 NA 为资料性附录。

本部分由全国无线电干扰标准化技术委员会提出并归口。

本部分由上海电器科学研究所(集团)有限公司负责起草,信息产业部电子工业标准化研究所参加起草。

本部分主要起草人:寿建霞、陈俐、邢琳、钱晓华、朱文立、林京平、徐立、李邦协。

无线电骚扰和抗扰度测量设备和测量方法规范 第2-4部分:无线电骚扰和抗扰度测量方法 抗扰度测量

1 范围

本部分为基础标准GB/T 6113《无线电骚扰和抗扰度测量设备和测量方法规范》系列中的2-4部分,规定了9 kHz~18 GHz频率范围内电磁兼容抗扰度现象的测量方法。

2 规范性引用文件

下列文件中的条款通过GB/T 6113的本部分的引用而成为本部分的条款。凡是注日期的引用文件,其随后所有的修改单(不包括勘误的内容)或修订版均不适用于本部分,然而,鼓励根据本部分达成协议的各方研究是否可使用这些文件的最新版本。凡是不注日期的引用文件,其最新版本适用于本部分。

GB/T 4365—2003 电磁兼容术语(IEC 60050(161):1990,IDT)

GB/T 9383—1999 声音和电视广播接收机及有关设备抗扰度限值和测量方法(eqv IEC/CISPR 20:1998)

GB/T 6113.102—2008 无线电骚扰和抗扰度测量设备规范 1-2部分:无线电骚扰和抗扰度测量设备 辅助设备 传导骚扰(CISPR 16-1-2:2006,IDT)

GB/T 6113.104—2008 无线电骚扰和抗扰度测量设备规范 1-4部分:无线电骚扰和抗扰度测量设备 辅助设备 辐射骚扰(CISPR 16-1-4:2005,IDT)

ITU R Recommendation BS.468-4 声音广播的音频噪声电压电平的测量方法

3 术语和定义

本部分除采用GB/T 4365—2003规定的术语和定义以外,还采用下列术语和定义:

3.1

辅助设备 associated equipment

1) 与测量接收机或试验发生器相连的传感器(例如:探头、网络和天线)。

2) 连接在受试设备(EUT)和测量设备或(试验)信号发生器之间,用来传送信号或骚扰的传感器(例如:探头、网络和天线)。

3.2

受试设备 EUT

承受电磁兼容性(EMC)符合性试验(发射和抗扰度)的设备(装置、器具和系统)。

3.3

产品(类)EMC标准 product publication

为产品或产品类的专门特性而制定EMC要求的标准。

3.4

抗扰度限值 immunity limit

规定的最小抗扰度电平。

[GB/T 4365—2003,定义161-03-15]

3.5

接地参考　ground reference

对 EUT 周围物体构成确定的寄生电容并用来作为参考电位的连接体。

注：也可参考 GB/T 4365—2003 161-04-36。

3.6

电磁发射　(electromagnetic) emission

从源向外发出电磁能的现象。

[GB/T 4365—2003，定义 161-01-08]

3.7

同轴电缆　coaxial cable

含有一根或多根同轴线的电缆，一般用于辅助设备与测量设备或(试验)信号发生器的匹配连接，以便提供一个规定的特性阻抗和允许的最大电缆转移阻抗。

3.8

共模(非对称骚扰)电压　common mode (asymmetrical disturbance voltage)

两导线的电气中点与参考地之间的射频电压，或在规定的终端阻抗条件下对一束导线，用电流钳(电流互感器)测量到的整束导线相对于参考地的有效射频骚扰电压(不对称电压的矢量和)。

注：也可参考 GB/T 4365—2003 161-04-09。

3.9

共模电流　common mode current

被两根或多根导线所贯穿的一个规定的"几何"横截面上的导线中流过的电流矢量和。

3.10

差模电压；对称电压　differential mode voltage; symmetrical voltage

两导线之间的射频骚扰电压。

注：见 GB/T 4365—2003 161-04-08。

3.11

差模电流　differential mode current

在被一些导线所贯穿的一个规定的"几何"横截面上，一组规定通电导线的任意两根导线里流过的电流矢量差之半。

3.12

非对称模(V-端子)电压　unsymmetrical mode (V-terminal voltage)

装置，设备或系统的导线或端子与规定的接地基准之间的电压。对于一个两端口网络，这两个非对称电压分别是：

a)　不对称电压与对称电压之半的矢量和，以及

b)　不对称电压与对称电压之半的矢量差。

注：也可参考 GB/T 4365—2003 161-04-13。

3.13

试验布置　test configuration

为测量发射电平或抗扰度电平而规定的 EUT 测量布置。

注：发射电平和抗扰度电平根据 GB/T 4365—2003 161-03-11、161-03-12、161-03-14 和 161-03-15 的定义来测量。

3.14

人工网络　artificial network (AN)

为模拟实际网络(例如：延伸的电源线路或通信线路)对 EUT 呈现的阻抗而规定的参考负载，跨接其上可测量射频骚扰电压。

3.15

全电波暗室　fully anechoic chamber (FAC); fully anechoic room (FAR)

内表面排列有射频吸波材料(例如 RAM)的屏蔽场地,这些材料能在一定的频率范围内吸收电磁能量。全电波暗室被设计用于模拟自由空间,从发射天线到接收天线之间只有直射波。通过全电波暗室内墙、天花板和地板上的吸波材料,所有间接的和反射的电磁波都被衰减到最小。

4　抗扰度试验准则和一般测量程序

抗扰度测量是根据对 EUT 的干扰效应已经达到某一规定的水平来判断的。

抗扰度测量通常是用对 EUT 施加有用试验信号和无用试验信号的方法来进行的。本章叙述抗扰度测量的基本原理,以及那些需要在相应的产品(类)EMC 标准中详细规定的试验条件。第 5 章和第 6 章分别叙述传导抗扰度和辐射抗扰度测量方法的一般原则。

4.1　一般测量方法

图 1 所示为抗扰度测量方法所依据的基本原理图。

EUT 的布置应模拟正常工作状态。随着严酷度的增加而逐渐加大无用信号,直到检测到所规定的性能降低或施加的无用信号达到了规定的抗扰度电平为止,两者取低者。

可以用直接辐射或电流/电压注入法来施加无用信号。多数情况下,为了全面评价 EUT 的抗扰度,直接辐射和电流/电压注入技术都需要采用。虽然大约在 30 MHz 以上,已经采用了直接辐射试验法,但在低于 150 MHz 的频率范围,注入法却是很有用的。在直接辐射试验中,可通过天线产生场强,由 EUT 截获场强的方法来进行。在某些情况下,对于高度小于 1 m 的 EUT,"有界"场是很有效的。产生有界场的例子如 TEM 室,带状线天线和混响室等。

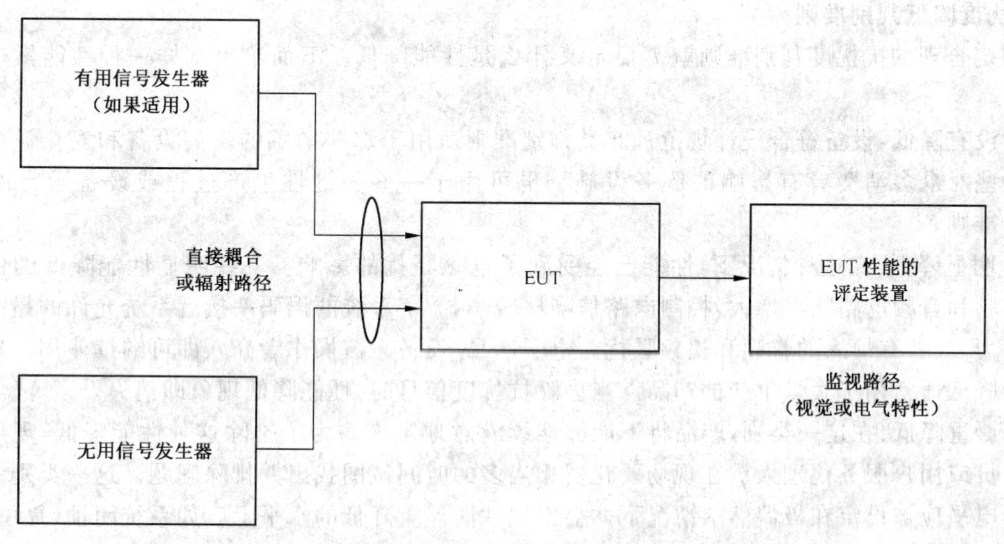

图 1　抗扰度测量基本原理图

4.1.1　性能降低客观评价方法

可以通过监测电压、电流、特定的信号和音频检波电平等方法来对 EUT 的抗扰度做出客观评价。这些电信号可以采用模拟或数字技术来记录。

下面以电视接收机对 AM(调幅)射频干扰的抗扰度试验作为这种性能降低客观评价的一个实例。

首先将有用试验信号施加于 EUT,产生一个被测的有用音频信号。调整 EUT 或试验装置的控制器,使这个音频信号达到所需要的电平。然后,关断调制或音频试验信号以去除有用信号。再施加无用信号,并调节其电平大小,以便获得一个低于有用音频信号规定电平的无用音频信号。这个无用信号电平即为EUT有关试验频率上的抗扰度的量度。应注意不要使过高电平的无用信号损坏EUT。

4.1.2 性能降低主观评价方法

对于那些具有图像或声音或者两者功能兼有的EUT,其抗扰度的主观评价方法是对具有这种图像或声音或者两者皆有的EUT采用监测其图像和/或声音的性能降低来进行。这种方法与4.1.1所用方法的不同之处在于不采用模拟的或数字的形式去直接记录特定的电信号或类似的信号和电平。相反,不用可计量术语精确地表达性能降低,而是用人的感觉术语来表达性能降低,例如,人对烦扰效应的听觉或视觉的感受。这些无用抗扰度信号可与进行客观抗扰度评价测量时所用的无用信号相同或类似。

作为这种性能降低主观评价的一个实例,下面给出显示性能降低的图像和伴音与人的感受相吻合时,电视接收机对无用信号的抗扰度。

就图像干扰来说,有用试验信号产生一个标准图像而无用信号使图像性能降低。这种性能降低可以有多种形式,例如图像重叠、同步骚扰、几何失真、图像对比度或色彩的损失等等。

需要规定构成性能降低的准则,而且必须规定作出主观评价所依据的工作状态。

首先,只向电视接收机施加有用信号,调节电视接收机的控制器以便获得一个具有正常亮度、对比度和色饱和度的图像。然后,另外再施加一个无用信号,并调节它的电平,以获得一个和人观看图像画面时所感受一样的性能降低图像。这个电平即为该电视接收机在有关的试验频率上抗扰度的量度。

4.1.3 限值测量法

可能并不需要测量实际的抗扰度电平,例如,知道EUT是否满足限值就足够了。可将无用信号保持在某个限值电平上,而不是在每个试验频率上作调节,并在整个试验范围内作频率扫描。如果在任何时刻,无论是客观上还是主观上,均未观察到性能降低,则认为EUT满足该限值。这种方法通常被称为"合格/不合格"试验法。

4.2 抗扰度降低判别准则

要制定合理的抗扰度判别准则就需要定义什么是性能降低。下面给出这样一种性能累进降低的建议。

a) 没有降低:设备符合设计规范。此类判别准则适用于那些敏感的保健设备和安全设备以及那些对众多消费者有影响的服务设施。也可用于一些关键性生产过程或设备运行的抗扰度准则。

b) 明显降低:在这种情况下,性能已经受到了电磁骚扰的影响。一些明显性能降低的例子如视频和音频电路噪声增大,控制电路信噪比减小,数字系统的误码率接近系统允许的最大承受能力,或者有烦人的音频和视频骚扰。电子产品/设备无需操作者介入即可继续使用。这种性能降低通常用于大量生产的产品。当去除抗扰度信号时,性能降低现象即消失。

c) 严重降低:在这一类别,产品将不能够连续满意地工作。为了排除这种性能降低,现场工程人员或用户服务代理人员在现场要花费相当多的时间试图找出并排除问题。这一类别的抗扰度电平应被设定在极偶然的情况下才会出现性能严重降低的水平上。如系统闭锁、复位,软盘上任意写以及其他的存储修改。此时需要操作人员介入,电子产品/设备才能够恢复其特定的运行状态。

d) 失效/完全丧失工作能力:这是最严重的性能降低类别。此时,产品完全失效并且不能重新恢复使用。最终会发生机械损坏,不能现场修复。为了增加设备的抗扰度电平,就急需重新设计来更换整个设备。对用户的服务可能要不定期地暂停,暂停时间取决于制造商生产出满意替代品的能力。

产品委员会的任务是根据上述条件制定相应产品性能降低的判据。

4.3 产品规范细则

除了规定详细的抗扰度测量方法和确定可接受的性能降低的手段以外,产品规范还必须包括的其他有关细节概述如下：

4.3.1 试验环境

必须考虑需要的试验环境。要规定物理环境，如温度或湿度范围。也要规定电磁环境，尤其要规定最大的环境电平。

4.3.2 EUT 的工作条件

必须规定 EUT 的工作条件。例如，有用输入信号的特性，EUT 的工况等。

4.3.3 电磁危害

有许多形式的电磁骚扰，可导致 EUT 失常。产品(类)EMC 标准必须考虑是否包括了所有的不测事件。即发射的无线电波，传导的信号，来自电源的尖峰脉冲、暂降、中断或失真，静电放电和雷电感应产生的浪涌(冲击)等。

对于每一种潜在的危害，必须对其耦合方式进行评估以便与所涉及的测量方法结合起来规定出合适的专门试验设备。因此，产品(类)EMC 标准中有必要采纳本条规定的一般测量原则。

必须规定无用信号的特性，如幅度、调制、方向、极化等。也必须确定每一种测量方法所适用的频率范围。例如，TEM 室的使用频率范围取决于它的宽度，进而也取决于 EUT 的尺寸。

必须检验 EUT，以确定它是否对某一工况或对无用信号某一特殊频率特别敏感。

4.3.4 校准

产品(类)EMC 规范必须给出校准要求，这些要求或在基础标准中，或在产品(类)EMC 标准的校准方法中。这个校准要求应包括所用试验设备的校准周期和应校准的参数，如用于直接辐射或注入法中的无用信号的幅度和均匀性参数的详细校准手段。

4.3.5 统计评定

产品(类)EMC 规范必须说明限值的意义。尤其应说明该试验是否符合“80%/80%”规则。倘若如此，抽样方法中也要采用这一规则。

对于一直要进行到发生性能降低为止的抗扰度试验，可以用一个适当的样本量来判别是否符合抗扰度限值，这样有部分样品可能超过允许的限值。对于用抗扰度限值进行抗扰度试验来确定 EUT 的符合性，例如“合格/不合格”试验，则无需测量抗扰度阈值，可以不采用统计技术。

5 传导信号抗扰度测量程序

基本的方法是将无用信号注入到导线上并增加电平，直至观察到规定的性能降低类别或达到规定的抗扰度电平，无论哪个首先出现。该导线可以是信号线、控制线或电源线。有两种不同的方法，电流注入法用于评价共模(不对称)信号的抗扰度，电压注入法用于评定差模(对称)信号的抗扰度。通常，作为最低的抗扰度要求，要进行电流注入法试验，因为这种方式对辐射的射频环境很敏感。

注入测量法的一般原理如图 2 所示，它通过一个适当的耦合单元注入无用信号来模拟实际情况下设备的导线中感应的干扰信号的影响。

对于非屏蔽导线的电流注入情况，无用电流是以共模方式注入导线。对于同轴电缆或屏蔽电缆，无用电流也以共模方式注入电缆的外导体或屏蔽层(见图 2)。该电流流过 EUT 同时通过与耦合单元提供的其他终端负载阻抗相并联的接地电容流回到信号发生器。注意：在某些情况下，共模信号的一部分被转换成差模信号，因此，掩盖了真实的共模响应。这可能是共模电流的复合，它影响着导线两端的射频电位差并引起有用信号对无用信号比的下降。

电压注入法，是将信号加到两线之间。注意：当频率接近 100 MHz 或更高时，由于 EUT 导线和负载阻抗及其谐振情况，将难以采用这两种方法进行传导抗扰度注入试验。

5.1 耦合单元

用于注入无用信号的耦合单元，包括一些射频扼流圈、电容器和阻性网络。无用信号电压源的阻抗和负载阻抗是标准的，设计耦合单元是为了提供这个阻抗。它们也允许有用试验信号、其他信号和供电电源通过。耦合单元的详细结构和性能检验方法详见 GB/T 6113.102—2008。

5.2 测量布置

必须详细规定用于传导抗扰度试验的测量布置，以确保准确性和重复性，要规定的特殊条款有：

a) EUT 高出规定的接地平面的高度；

b) 超长信号线和电源线的处理；

c) 耦合单元连接到信号线和电源线的导线长度；

d) 使用的所有组件即 EUT 及其连接线，耦合单元，接地平面，互连导线，信号源等的布置和调整；

e) 电缆的品质，即屏蔽连接、转移阻抗等。

作为一个实例，对于电视接收机抗扰度的测量，下面给出更多这类标准的细节。

将电视接收机放在一块面积为 2 m×1 m 的金属接地平面上方 10 cm 处，将各耦合单元分别插入各种电缆之间。连接耦合单元和电视接收机的电缆应尽可能地短，尤其是电视接收机天线输入端的电缆不得超过 30 cm。

电源线长度应为 30 cm。如果较长，则应将它捆扎成 30 cm 长的线束。电源线应按明确规定的布置来固定，并将布置情况记录在试验报告中。这些电缆与接地平面之间的距离应不小于 3 cm。

试验中最多使用 6 个耦合单元，若 EUT 的终端超过 6 个，如果可以提供，则每种类型的终端至少有一个应使用耦合单元。

注：产品(类)EMC 标准应给出这些细节。

5.3 输入端抗扰度测量方法

按通常接收射频信号的方式，将无用信号施加到 EUT 的输入端，这个无用信号和有用信号相混合。作为一些实例，下述各条着重于那些可应用于声音和电视接收机的试验，也可参见 GB/T 9383—1999。

5.3.1 声音接收机传导抗扰度的测量

对于这些测量，应规定有用信号和无用信号频率的准确度，如±1 kHz。

测量布置如图 3 所示。无用信号发生器(1)和有用信号发生器(2)通过耦合网络(6)相互连接。为了避免两个信号发生器之间的互扰，可用衰减器(7)来增加耦合损耗。应规定耦合网络的源阻抗，它的输出端应通过网络(8)与 EUT 的输入端相匹配。按照规定的方法测量音频输出。

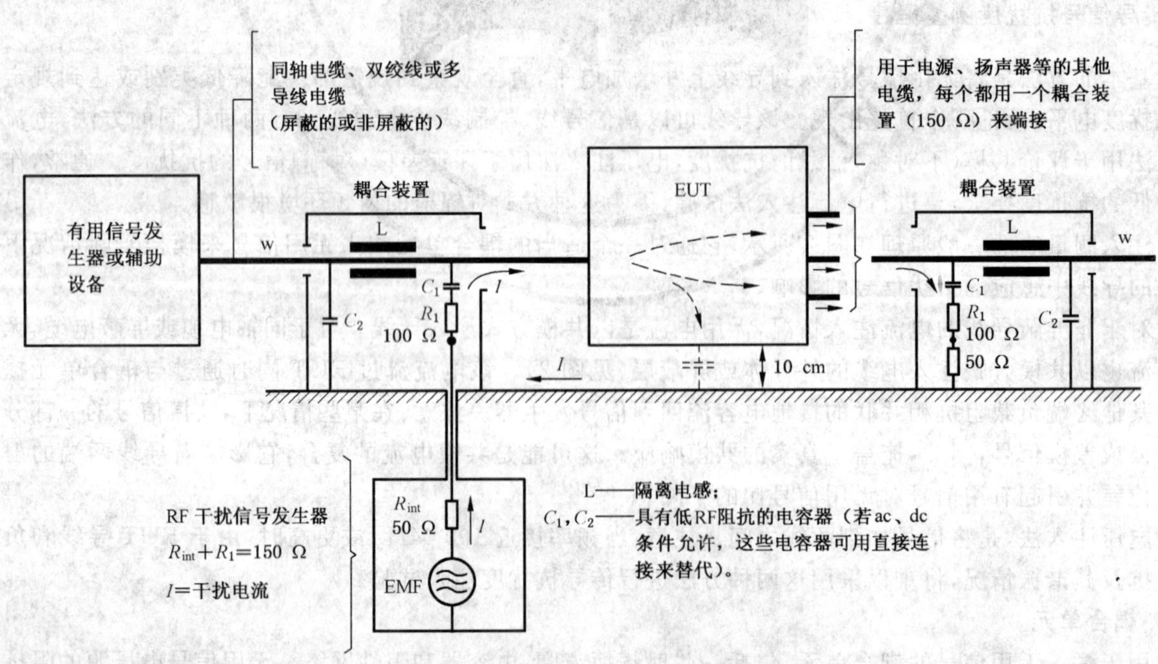

图 2 电流注入法的一般原理图

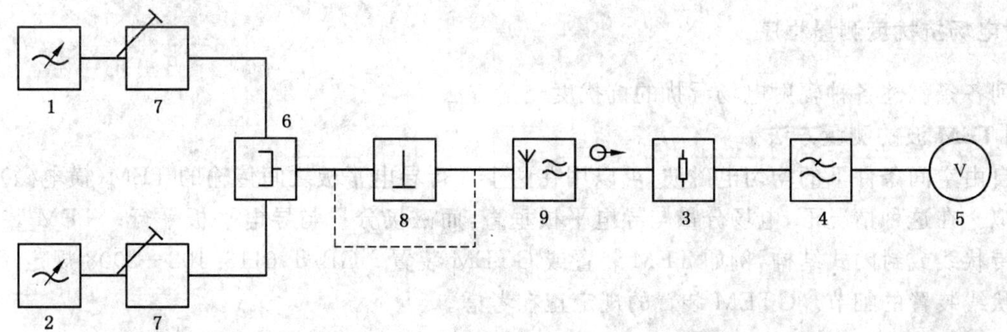

1——无用信号发生器 G1；
2——有用信号发生器 G2；
3——负载电阻 R_L；
4——低通滤波器；
5——音频电压表(含有 CCIR-468 推荐的加权网络)；
6——耦合网络；
7——衰减器；
8——匹配和平衡网络；
9——受试设备(EUT)。

图 3 声音广播接收机输入抗扰度的测量配置

5.3.2 电视接收机传导抗扰度的测量

测量布置如图 4 所示，工作原理类似于图 3 的测量布置所示，5.3.1 中的要点也适用。为了防止无用信号发生器的谐波影响测量结果，增加了低通滤波器(10)。

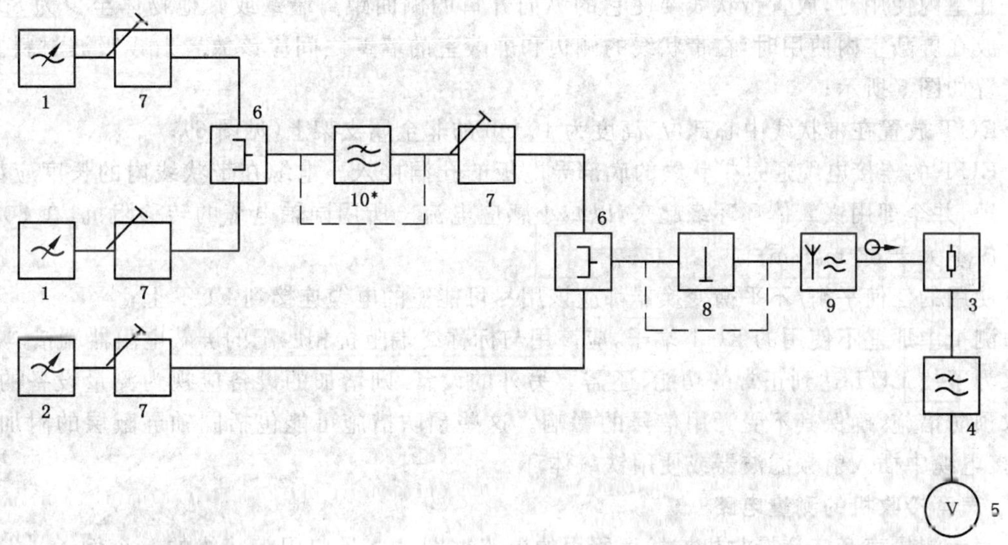

1——无用信号发生器 G1；
2——有用信号发生器 G2；
3——负载电阻 R_L；
4——低通滤波器；
5——音频电压表(含有符合 CCIR-468 推荐的加权网络)；
6——耦合网络；
7——衰减器；
8——匹配和/或平衡网络；
9——受试设备(EUT)；
10——低通滤波器。

* 用于防止无用信号的谐波影响测量结果。

图 4 电视广播接收机输入抗扰度的测量配置(见 5.3.2)

6 辐射电场抗扰度测量程序

下列各条叙述各种辐射电场干扰的抗扰度测量方法。

6.1 用 TEM 波的测量方法

在自由空间条件下的均匀电磁波，可以用在两个平行导电平板之间传输的 TEM(横电磁)波的导行波来模拟。在这种情况下，电场分量与导电平板垂直，而磁场分量与导电平板平行。TEM 装置可以是开放式带状线或封闭式结构，例如 TEM 装置或 GTEM 装置。GB/T 6113.102—2008 规定了 TEM 装置和带状线装置的细节。GTEM 装置的规定正在考虑。

6.1.1 采用开放式带状线的测量布置

开放式带状线由两块充分分开的平行板构成，以便能容纳下 2 倍的 EUT 电高度。EUT 在垂直平面内的金属结构形成了 EUT 的电高度。电高度大于平行板间隔一半的那些 EUT，可能会给带状线加载，从而对所施加的电场强度造成显著的影响。应该注意：在带状线的截止频率以上，电场强度的垂直分量和水平分量都存在。

对于满足上述高度限制的 EUT 且试验频率通常低于 150 MHz 的情况下，推荐采用下述试验布置和带状线间距：

——应将带状线的底部放在离地面至少 80 cm 的非金属支架上，导电平板与天花板之间不得近于 80 cm；

——在室内使用时，放置带状线要使它的纵向开口的侧面距离墙壁或其他物体至少为 80 cm。当放在屏蔽室内使用时，在带状线的侧边和屏蔽室的墙壁之间应该放置射频吸波材料。基本布置如图 5 所示；

——EUT 放置在带状线中心部位、高度为 10 cm 的非金属支架上(见图 6)；

——EUT 的连接电缆通过带状线的底部导电板的孔洞接入。电缆在带状线内的长度应尽可能地短，并全部用铁氧体环环绕起来，以减小感应电流。所用同轴电缆的转移阻抗，在 30 MHz 时应不大于 50 mΩ/m；

——使用的任何平衡/不平衡变换器都应该用尽可能短的电缆连接到 EUT 上；

——测量中那些不使用的 EUT 端子，应该用与标称终端阻抗相匹配的屏蔽电阻器端接。

如果为了使 EUT 达到正常的功能，还需要另外的设备，则增加的设备应视为测量设备的一部分，且应采取预防措施，确保其不受无用信号的影响。这些预防措施可能包括同轴屏蔽层的附加接地、屏蔽，在连接电缆中插入射频滤波器或使用铁氧体环。

6.1.1.1 声音接收机的测量电路

图 7 表示测量声音广播接收机抗扰度所用的电路框图。这是应用带状线的一个例子。发生器 G2 提供有用试验信号，并通过匹配网络连接到 EUT 的输入端。

信号发生器 G1 提供无用信号，并通过开关 S1，宽带放大器 Am 和低通滤波器 F 连接到带状线的匹配网络(MN)上。宽带放大器 Am 要提供必需的场强。带状线要用终端阻抗作为负载。

要考虑发生器 G1 的射频谐波输出电平的影响，尤其是宽带放大器 Am 的输出。如果它们与 EUT 的其他响应同时发生，则谐波可能会影响测量结果。若 EUT 为电视接收机，这样的谐波响应可能发生在电视机的调谐频道或中频频道，在某些情况下，应采取预防措施，可插入合适的低通滤波器 F 来充分地降低谐波电平，它不影响来自 Am 的输入功率，应该对这些滤波器的适用性进行专门的检验。

音频输出功率电平应按其产品要求所作的规定来测量。

6.1.2 用封闭式 TEM 装置的测量布置

尚在考虑中。

6.1.2.1 测量电路

尚在考虑中。

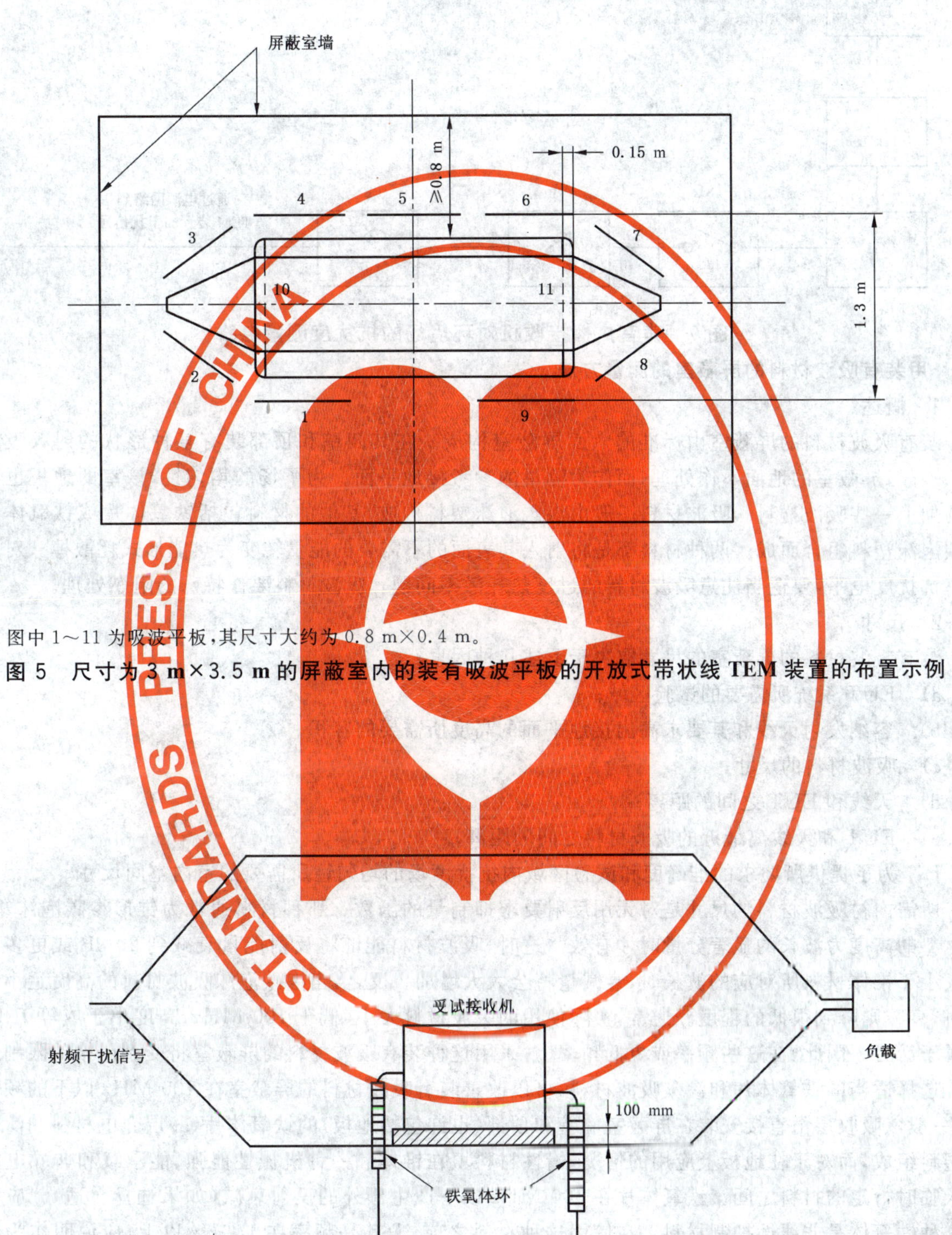

图中 1～11 为吸波平板，其尺寸大约为 0.8 m×0.4 m。

图 5　尺寸为 3 m×3.5 m 的屏蔽室内的装有吸波平板的开放式带状线 TEM 装置的布置示例

图 6　广播接收机在 0.15 MHz～150 MHz 频率范围环境场强的抗扰度测量配置

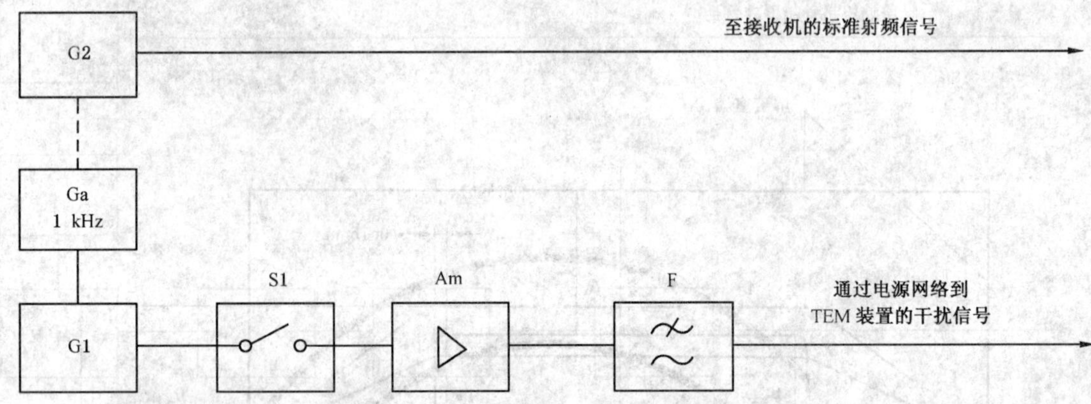

图 7　声音广播接收机对环境场的抗扰度测量电路

6.2　用装有吸波材料的屏蔽室的测量方法

6.2.1　概述

装有吸波材料的屏蔽室由标准的六面屏蔽室构成。在其四壁和顶部装有某种形状的射频吸波材料。一般，屏蔽室的地面不作处理，而作为测量的参考接地平面。为了场的均匀性，该室的地板也可能需要加上一些吸波材料。吸波材料一般由渗碳泡沫塑料构成，其他的材料包括铁氧体片或铁氧体片和渗碳泡沫塑料组合而成。两种材料都是将射入其表面的不需要的能量转变为热能形式耗散掉。对于大功率抗扰度电平，要适当注意吸波材料的过度热耗散率问题。吸波材料要作特殊的阻燃处理。

6.2.2　尺寸

装有吸波材料的屏蔽室的尺寸取决于下述几种因素：

a)　EUT 系统所需要的试验区域；

b)　容纳发射天线和其要求高出接地平面的高度所需要的容积；

c)　吸波材料的尺寸；

d)　天线和 EUT 之间的距离；

e)　EUT 和天线离最近的吸波材料之间的距离；

f)　为了提供所要求的准确度和试验区域内抗扰度场的均匀性所需要的室内空间尺寸。

所需内衬吸波材料的尺寸是对无用反射要求抑制量的函数。那种材料通常为锥形渗碳泡沫塑料，当材料的高度为波长的显著分量时才有效。这时，吸波材料能够将反射能量衰减到 20 dB 或更多。当波长小于锥体材料所对应的波长时，衰减量将会大大增加。反之，当渗碳泡沫吸波材料的高度远小于波长时，衰减则降到很低的程度。通常，实际使用的吸波材料大小(低于 100 MHz，高度小于或等于 1 m)多属于后者。因此，在这些频率或更低频率上，采用这种装有吸波材料的屏蔽室将受到严格的限制。

选择适当的铁氧体片和渗碳吸波材料，可以改善装有吸波材料的屏蔽室在 100 MHz 以下的频率响应，一般该吸收层由直接安装在屏蔽室墙壁和顶部(也许包括地板)的铁氧体片、一层介电材料和渗碳泡沫塑料组成，而对于在地板上应用的情况，惰性材料填在锥体和一种机械性能强、能承载和非导电的可供人临时行走的材料之间。铁氧体片在 100 MHz 以下产生额外的反射衰减(如果选择合适)。应该注意这种铁氧体是非线性抑制材料。在使用这种材料之前，尤其是频率在 1 GHz 以上，应说明作为频率函数的反射特性对装有吸波材料的屏蔽室的影响。

6.2.3　发射天线

可以用各种发射天线在装有吸波材料的屏蔽室内产生抗扰度试验所需要的场强。这些天线最重要的参数是其耗散大功率(高达 1 kW)的能力和具有足够宽的波束宽度照射 EUT 试验区域。如果需要进行极化数据测量，则应使用线性极化天线，典型的天线包括大功率双锥天线、对数周期天线和双脊矩形喇叭天线。这些天线应远离任何吸波材料，推荐的距离至少为 1 m。

6.2.4 信号的产生

在装有吸波材料的屏蔽室内进行抗扰度试验时，除了对信号发生器和功率放大器的谐波和假信号输出要有足够的抑制外，对信号发生器没有特殊的要求。信号发生器要能够产生连续波和调制射频载波电平，并要求与给发射天线馈电的放大器的输入兼容。由于在一个很宽的带宽内，EUT 可能对数个频率产生响应，所以重要的是信号发生器和功率放大器的组合能对谐波和假信号输出给以足够的抑制。与所需频率的输出和在这些谐波上的抗扰度限值相比较，对谐波和假信号的抑制应等于或大于 30 dB。在放大器输出端和发射天线输入端之间可能需要插入一个能跟踪输出信号的大功率低通滤波器。

6.2.5 试验电场的校准

校准场的目的是为了保证整个 EUT 的各处场强都足够均匀以便确保试验结果的有效性。

本部分使用的“均匀区”概念是一个假想的垂直平面场区，区内场的变化小到可以接受的程度。这个均匀区为 1.5 m×1.5 m，除非 EUT 及其电缆可以在一个更小的表面上被完全照射。在试验布置中，EUT 的正面将与这个假想的平面重合。

由于接近大地基准平面时不可能建立均匀场，所以校正区域是建立在大地基准平面 80 cm 以上的高度，EUT 要尽可能放置在这个高度上。

为了对那些必须接近大地基准平面作试验的 EUT 和电缆或侧面大于 1.5 m×1.5 m 的 EUT 建立试验的严酷度，也要记录 40 cm 高度上的场强和 EUT 全宽和全高上的场强，并写入试验报告中。

试验应使用建立校准场所用的天线和电缆。因为使用了相同的天线和电缆，所以与电缆损耗和发射天线的天线系数就不相关了。

应记录发射天线的精确位置，因为即使少量的位移也会对场有很大的影响，所以试验中必须采用恒定的位置。

注：应采用 3 V/m 非调制射频信号来建立均匀场区。采用非调制信号可保证任何场强测量设备都有适当的指示。

6.2.6 性能监视器

按照试验方案，应将各种传感器与 EUT 相连接，以便能够记录 EUT 性能降低的模拟信号或数字信号。这些传感器及延伸到装有吸波材料的屏蔽室外部的电缆不得影响 EUT 的性能或抗扰度，也不能因所施加的抗扰度场强或因安放吸波材料而变得无法校准。在某些情况下，可通过监视从 EUT 到装有吸波材料的屏蔽室外部的 EUT 支持设备之间的电缆来确定性能降低。在这种情况下，性能降低监视器不必具有对辐射射频能量的抗扰能力。但是它们要对室外电缆上的任何射频传导电流具有抗扰能力。如果需要图像性能降低情况，则可利用屏蔽室侧壁上一个适当的透明窗口面板或闭路电视系统来监视。该窗口表面应该用整体屏蔽材料进行改造，如将金属丝网包住玻璃或将导电透明材料涂在玻璃表面。电视摄像机应嵌放在室内相邻渗碳泡沫材料的顶部之间的一个位置上，它不得阻断 EUT 的主反射信号。音频降低情况可以通过声耦合器来测量或者通过监视调幅射频抗扰度信号还原为音频调制信号来测量。

6.2.7 抗扰度测量的布置

6.2.7.1 将 EUT 放置在装有吸波材料的屏蔽室试验区的中心。当天线距离超过一个波长时，对于小型产品，即 EUT 的各个线性尺寸都小于一个波长时，就可获得一个均匀试验场。当距离比一个波长还近时，该试验场就变成复杂场。对于大型产品，即 EUT 的各个尺寸都大于一个波长的场合，天线与 EUT 的间距等于 EUT 的最大线性尺寸(以米计量)的平方的 2 倍除以抗扰度信号的波长。如果在更近的一些距离上进行测量，则接收天线将处在复杂的近场区内。在这些试验中，一定要考虑这种复杂性，以保证试验的可重复性，并从这种近场数据判定出远场数据。

6.2.7.2 按照试验方案的要求将性能监视器连接到 EUT 上。只有要模拟用户现场的电磁场大小的时候，才需要放置场强传感器(如果使用的话)。以便用来监视场强电平或提供调整它的依据。所有的连接都不应该受到该场强或吸波材料的影响，也不应改变 EUT 的性能。

6.2.7.3 发射天线应固定在天线架上，以便能够相对于接地平面和 EUT 来改变天线的极化方向、高度和位置。当天线升高和降低时,波束窄的天线应保持指向 EUT。

6.2.7.4 为了监视和记录试验方案中规定的各种性能降低要作出一些规定,特别要强调的是:由试验操作者作出的主观视觉或听觉监视应尽可能地用 EUT 客观响应的模拟或数字的电压或电流来替代。这种电子监测技术可以把由于抗扰度测量冗长的试验周期所造成的试验人员的误差减至最小。

6.2.8 抗扰度试验程序

在装有吸波材料的屏蔽室内抗扰度测量试验程序一般和在常规屏蔽室内的试验程序相同。因为通常在装有吸波材料的屏蔽室内所有反射信号的交互作用要小得多,所以在装有吸波材料的屏蔽室内测量要更准确和更可重复。在上述两种情况下,试验人员和试验设备(放大器、信号源等)均应在室外。

一般的试验程序如下:

a) 建立校准过的骚扰场强、极化方向和调制要求(如果有任何一种需要)。

b) 使 EUT 的布置和运行应与典型应用时相同,把 EUT 定位到使其抗扰度响应达到最大。

c) 在每一个试验频率上,改变发射信号电平,测量出现性能降低时的电平或规定的抗扰度电平,两者取低者。

d) 在试验方案规定的频率范围内扫描,以完成 EUT 的抗扰度分布图或者确定合格/不合格的符合情况。

e) 记录性能降低和作为频率函数的相关场强电平及其他试验参数。

6.3 应用开阔试验场(OATS)的测量方法

6.3.1 概述

由于辐射抗扰度场强电平比相关国家标准规定的辐射发射电平要高得多。许多设备的典型试验电平超过 1 V/m。对于某些 EUT 系统和大型单独放置的电子设备,为了对整个 EUT 进行照射,需要功率大,效率高且波束宽的发射天线以及一个大的试验区。功率和天线要求一般与试验所用的设备类型无关,在有些情况下,大型 EUT 一直要到它的所有部件都在用户现场组装或在一个很大的试验场上组装后才能具有完备的功能。这样一种试验场和辐射发射测量所用的开阔试验场是相同的。这些试验场地在全频段都能使用,但对于 30 MHz 以上的特殊应用业务则要服从 6.3.3 中所规定的严格限制。

6.3.2 测量场地的要求

满足 GB/T 6113.104—2008 第 5 章中所规定的开阔试验场(OATS)相同要求的抗扰度开阔试验场(OATS),也适用于抗扰度试验。只要 EUT 所占有的容积内电场强度变化不大于规定的允差,也可以使用其他的场地。这可能要求将发射天线安装在天线架上,以便改变接地平面以上的天线高度,有些情况下要改变极化方向和天线位置。在变化天线高度时,波束窄的天线必须保持指向 EUT。通过天线高度的变化,来调节直射信号与金属地网(板)的反射信号的叠加值的大小,以便在 EUT 的体积区域内得到随频率变化而符合规定的均匀场。这些要求仅适用于试验方案规定的频率范围,为了满足场的均匀性要求,地平面上也可能需要放置吸波材料。

6.3.3 对无线电业务的干扰

在 OATS 区域内或其附近,由于抗扰度信号幅度很大,它对获得执照的无线电业务产生的潜在干扰通常很大。对此,应特别注意确保产生的试验场不影响这些无线电业务,尤其是各种安全频段内的业务。产生的试验场强不应高于需要测量到的标准限值或不应高于记录到低于那个限值时 EUT 出现性能降低所对应的场强。如果要产生那样的场强,则应在非常短暂的时间间隔内施加该场强。

也许在某些频段,干扰的潜力会大大降低。例如,ISM 频段不大可能受到这种测量的影响,可能要求某些机构持有国家有关当局颁发的无线电试验执照,该执照将详细规定试验频段,工作时间和抗扰度射频场强发射的作业时间。一般来说,凡公共无线电紧急业务、商业广播、政府用频道、标准时间和标准频率广播等使用的频率均不允许使用。然而使用 ISM 频率或其他工业用频率一般大多能获得批准,但需注意:如果这些获准使用的频率的间隔太大,以至于不能完整描述真实的抗扰度响应情况。

在远场条件下,环境界面场强 E 由下式给出:

$$E = 2 \times 7 \frac{[PG]^{\frac{1}{2}}}{d} = 14 \frac{U}{d}\left[\frac{G}{R}\right]^{\frac{1}{2}}$$

式中：

U——电阻为 R 的调谐发射天线的输入电压；

d——天线和敏感的无线电接收器所处位置之间的距离；

G——相对于半波偶极子的天线增益。

当准确度为 1.5 dB 时，若发射天线高度调整到最大场强，式中系数 2 即为地平面的总反射效应。在发射天线垂直极化的情况下，由直射场和反射场产生的实际场可能并不是一个线性垂直极化场。

6.3.4 测量程序

6.3.4.1 概述

抗扰度测量程序基本上与用任何封闭式的试验场如 TEM 室或屏蔽室(安装或未安装吸波装置)所进行的那些测量程序相同。在 TEM 室的情况下，信号加在中心导体和外壳之间。在 OATS 和其他更普通的屏蔽体的情况下，抗扰度信号馈给发射天线。

6.3.5 应用 OATS 的测量布置

6.3.5.1 概述

产生抗扰度场强所需的功率是不低的，因此，EUT 离天线越近，所需的功率就越小。大多数 OATS 测量是采用 EUT/天线的间隔距离小于 3 m。对于大型 EUT，这个距离必须增加以使天线能照射到整个 EUT。覆盖频率范围达 1 000 MHz 的功率放大器的费用和利用率通常限制了大系统的试验。在某些情况下，可采用对 EUT 的组件或部分的 EUT 试验来替代对整个 EUT 试验，并作为对整个大型系统 EUT 的抗扰度评价。

附　录　NA
（资料性附录）
本部分与 GB/T 6113.2—1998 有关章条的对照

本部分在保留 GB/T 6113.2—1998 中传导骚扰测量方法有关内容的基础上，增加了下列内容：

1） 3.15“全电波暗室”的定义；

2） 附录 NA“本部分与 GB/T 6113.2—1998 有关章条的对照”。

本部分与 GB/T 6113.2—1998 有关章条的对照情况如下表所示：

本部分条款		GB/T 6113.2—1998 条款	
1		1.1	
2		1.2	
3		1.3	
4		3.1	
5		3.2	
6		3.3	
附录	NA	附录	

ICS 31.060.70
K 42

中华人民共和国国家标准

GB/T 6115.1—2008
代替 GB/T 6115.1—1998

电力系统用串联电容器 第1部分:总则

Series capacitors for power systems—Part 1:General

(IEC 60143-1:2004,MOD)

2008-06-30 发布 2009-04-01 实施

中华人民共和国国家质量监督检验检疫总局
中国国家标准化管理委员会 发布

前言

GB/T 6115《电力系统用串联电容器》分为三个部分：

——第1部分：总则；

——第2部分：串联电容器组用保护设备；

——第3部分：内部熔丝。

本部分为GB/T 6115的第1部分。

本部分修改采用IEC 60143-1《电力系统用串联电容器　第1部分：总则》(2004年英文版)。

本部分与IEC 60143-1的主要差异是：

——电容器单元和电容器装置的绝缘耐受电压符合GB 311.1和GB/T 311.2—2002的规定。

本部分代替GB/T 6115.1—1998《电力系统用串联电容器　第1部分：总则　性能、试验和额定值　安全要求　安装导则》。

本部分与GB/T 6115.1—1998相比，主要变化如下：

——增加了一些术语和定义，如补偿度、无熔丝电容器组、保护水平、工频耐受电压、子段等；

——端子间试验电压的确定有很大变动，取消了交流耐压试验；

——例行试验中增加了“内部熔丝的放电试验”；

——取消了型式试验中“内熔丝试验”；

——增加了附录“串联电容器组损耗的经济估算”；

——增加了附录“电容器组的熔丝技术和电容器单元配置”；

——在额定值的选择、安装和运行导则中，增加了许多内容；

——增加了典型的平台对地绝缘子的绝缘水平；

——增加了对爬电比距的要求；

——增加了标准雷电及标准操作冲击耐受电压和最小空气间距之间的关系；

——增加了空气间距与交流工频耐受电压间的关系曲线。

本部分的附录A为规范性附录，附录B、附录C、附录D和附录E为资料性附录。

本部分由中国电器工业协会提出。

本部分由全国电力电容器标准化技术委员会(SAC/TC 45)归口。

本部分主要起草单位：西安电力电容器研究所、西安ABB电力电容器有限公司。

本部分主要起草人：李怀玉、刘菁。

本部分所代替标准的历次版本发布情况为：

——GB 6115—1985；

——GB/T 6115.1—1998。

电力系统用串联电容器 第1部分:总则

1 范围和目的

GB/T 6115 的这一部分适用于拟串联连接在交流输电线路或配电线路中,成为频率为 15 Hz~60 Hz的交流电力系统的一个组成部分的电容器单元和电容器组。

本部分主要适用于输电。

串联电容器单元和电容器组通常拟用于接入高压电力系统。本部分适用于整个电压范围。

本部分不适用于自愈式金属化介质类型的电容器。

下列电容器即使其与回路串联连接也不适用于本部分。

——感应加热装置用电容器(GB/T 3984.1);

——交流电动机电容器(GB/T 3667.1);

——电力电子电容器(GB/T 17702);

——管形荧光灯和其他放电灯线路用电容器(GB 18489 和 GB/T 18504)。

绝缘子、开关、互感器、外部熔断器等附件的标准类型均应符合相应的国家标准。

注 1:对有内熔丝保护的电容器的附加要求以及对内熔丝的要求见 GB/T 6115.3—2002。

注 2:对有外部熔断器保护的电容器的附加要求及对外部熔断器的要求见附录 A。

注 3:串联电容器附件(火花间隙、非线性电阻、放电电抗器、限流阻尼电抗器、阻尼电阻、断路器等)的单独标准为 GB/T 6115.2—2002。串联电容器用的内部熔丝的标准为 GB/T 6115.3—2002。

本部分的目的是:

——制定有关性能、试验和额定值的统一要求;

——制定专门的安全规则;

——提供安装和运行导则。

2 规范性引用文件

下列文件中的条款通过 GB/T 6115 的本部分的引用而成为本部分的条款。凡是注日期的引用文件,其随后所有的修改单(不包括勘误的内容)或修订版均不适用于本部分,然而,鼓励根据本部分达成协议的各方研究是否可使用这些文件的最新版本。凡是不注日期的引用文件,其最新版本适用于本部分。

注:如果本部分与下面列举的标准有冲突,则以本部分的试验为准。

GB 311.1 高压输变电设备的绝缘配合(GB 311.1—1997,neq IEC 60071-1:1993)

GB/T 311.2—2002 绝缘配合 第2部分:高压输变电设备的绝缘配合使用导则(eqv IEC 60071-2:1996)

GB/T 6115.2—2002 电力系统用串联电容器 第2部分:串联电容器组用保护设备(IEC 60143-2:1994,IDT)

GB/T 6115.3—2002 电力系统用串联电容器 第3部分:内部熔丝(IEC 60143-3:1998,IDT)

GB/T 11024.2—2001 标称电压1 kV以上交流电力系统用并联电容器 第2部分:耐久性试验(idt IEC/TS 60871-2:1999)

GB 15166.5 交流高压熔断器 并联电容器外保护用熔断器(GB 15166.5—1994,neq IEC 60549:1976)

GB/T 16927.1　高电压试验技术　第一部分：一般试验要求（GB/T 16927.1—1997，eqv IEC 60060-1：1989）

JB/T 5895　污秽地区绝缘子使用导则（JB/T 5895—1991，IEC/TR 60815：1986）

IEEE Std. 693：1997，IEEE 变电站抗震设计推荐规程

3　术语和定义

本部分采用下列术语和定义。

3.1

环境空气温度（对于电容器）　ambient air temperature (for capacitors)

在拟安装电容器装置处的空气温度。

3.2

旁路开关　bypass switch

一种用于与串联电容器和它的过电压保护装置相并联使线路电流在一定时间内或连续地被旁路的开关或断路器之类的装置。

注：这种装置还具有将电容器插入和旁路到承载一定电流水平的电路的能力。

3.3

电容器　capacitor

电容器一词用于不必强调电容器单元和与段结合在一起的电容器单元组的不同含义的场合。

3.4

电容器单元　capacitor unit

由一个或多个电容器元件组装于同一外壳中并有引出端子的组装体。

3.5

（电容器）元件　(capacitor) element

由被电介质隔开的两个电极所构成的部件。

3.6

电容器损耗　capacitor losses

在电容器中消耗的有功功率。

注：应包括各种部件产生的所有损耗。对于单元应包括由介质、放电器件、内部熔丝（如果有的话）和内部连接件等产生的损耗。对于电容器组，则应包括由单元、外部熔断器（如果使用的话）和母线等产生的损耗。附加的讨论见附录 B。

3.7

冷却空气温度　cooling air temperature

在额定电流和稳态条件下，在电容器组的最热区域中两台电容器单元的中间位置所测得的空气温度。如果仅有一台电容器，则指在距离电容器外壳大约 0.1 m 和距离底部三分之二高度处测得的温度。

3.8

补偿度　degree of compensation

k

（线段的）串联补偿度 k 是：

$$k = 100\left(\frac{X_C}{X_L}\right)\%$$

式中：

X_C——串联电容器的容抗；

X_L——设有串联电容器的输电线路的正序感抗的总和。

3.9

(电容器的)放电器件　discharge device (of a capacitor)

连接在电容器端子之间或设置在电容器单元内部的,能在电容器与电源断开后使电容器上的剩余电压有效地降低到零的一种装置。

注:对放电器件进一步的定量要求见8.1。

3.10

(电容器的)外部熔断器　external fuse (of a capacitor)

与电容器单元或电容器单元的并联组相串联连接的熔断器。

3.11

无熔丝电容器组　fuseless capacitor bank

由电容器单元的并联串组成的没有内部熔丝和外部熔断器的电容器组。每一个串由串联连接的电容器单元组成。

注:见附录C中对"串"的说明。

3.12

三相系统最高电压　highest voltage of a three-phase system

在正常运行状态下,电力系统在任何时间和任何地点出现的最高相间电压的方均根值。

注:它不包括瞬变电压(如因系统切合操作)和由不正常的系统状态(如因故障或突然断开大负荷)引起的暂态电压变化。

3.13

设备最高电压　highest voltage for equipment

U_m

相间最高电压的方均根值,设备在其绝缘以及在相关设备标准中涉及此电压的其他性能方面均按此电压进行设计。

注:此电压是设备可以使用的系统最高电压的最大值。

3.14

绝缘水平　insulation level

U_i

非同时发生的试验电压的组合[工频(U_{ipf})或操作冲击和雷电冲击],它表征了电容器端子与地、相间、端子与非地电位的金属构件(如台架)之间耐受电气强度能力的绝缘特性。

3.15

电容器的内部熔丝　internal fuse of a capacitor

在电容器内部与一个元件或一个元件组相串联连接的熔丝。

3.16

极限电压　limiting voltage

U_{lim}

过电压保护装置动作前瞬间和动作期间出现在电容器单元端子之间的工频电压的最高峰值除以$\sqrt{2}$(见5.1.4)。

3.17

线路端子　line terminal

连接到电力系统的端子。

3.18

(串联电容器的)级　module (of a series capacitor)

由各相中相同的段所组成的串联电容器的可切换部分(见图1)。此外,在级中还配备了使这些段中的旁路装置能一起操作的设备。

注：级的旁路开关通常是在三相的基础上操作的。然而，在某些使用场合为了保护的目的，旁路开关也可以要求暂时按单相进行操作。

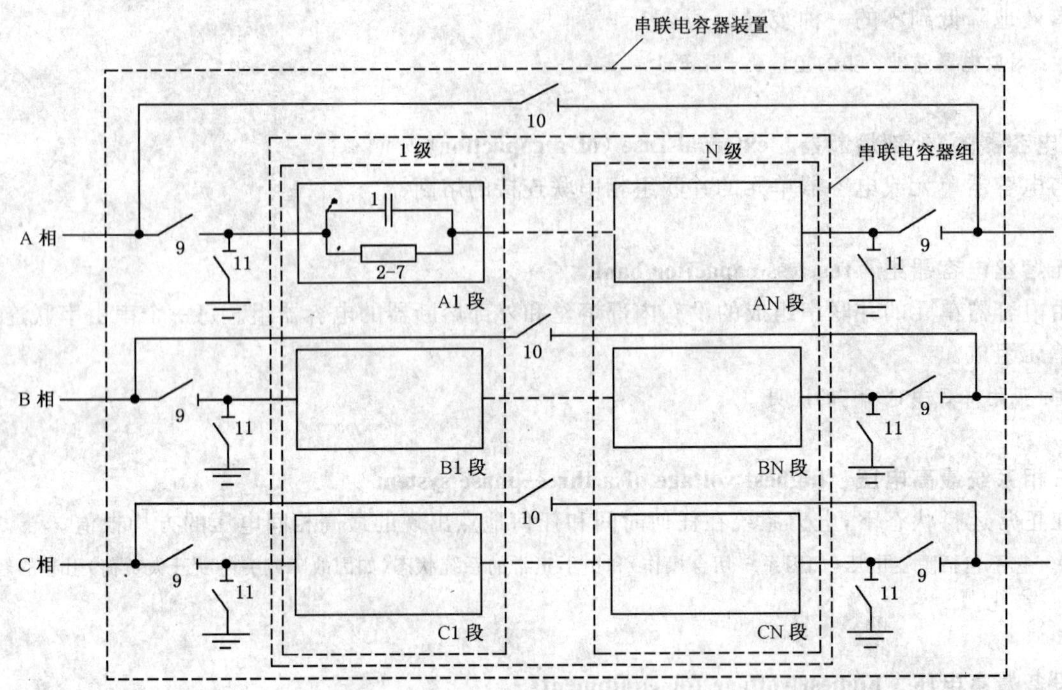

图例

1——电容器单元组；

2-7——主保护设备(图 2/M2 和附录 D)；

9——隔离开关；

10——旁路隔离开关；

11——接地开关。

图 1 串联电容器装置的典型用语

3.19

(串联电容器的)过电压保护装置 overvoltage protector (of a series capacitor)

由于回路故障或者其他不正常的系统状态将使作用在电容器上的电压超过允许值，过电压保护装置是一种能将作用在电容器上的电压限制到允许值的快速动作装置。

3.20

工频耐受电压 power frequency withstand voltage

U_{ipf}

套管和绝缘子的工频耐受电压。

注：IEC 标准中是指湿工频耐受电压。

3.21

保护水平 protective level

U_{pl}

在电力系统发生故障期间出现在过电压保护装置上的工频电压的最大峰值。

注：保护水平也可以根据作用在段上实际的峰值电压或根据作用在电容器上的额定电压峰值为基准的标幺值来表示(见 5.1.4，10.4 和 10.5)。

3.22

(电容器的)额定电容　rated capacitance (of a capacitor)

C_N

设计电容器时所采用的电容值。

3.23

(电容器的)额定电流　rated current of (a capacitor)

I_N

设计电容器时所采用的交流电流的方均根值。

3.24

(电容器的)额定频率　rated frequency (of a capacitor)

f_N

拟使用电容器的系统的频率。

3.25

(电容器的)额定容量　rated output (of a capacitor)

Q_N

根据额定电抗和额定电流导出的无功功率。

注：对于以 Mvar 表示，电容器组的额定三相无功功率(Q_N)可由下式求得：

$$Q_N = 3I_N^2 X_N$$

式中：

I_N——额定电流，单位为千安培(kA)；

X_N——额定电抗，单位为欧姆(Ω)。

3.26

(电容器的)额定电抗　rated reactance (of capacitor)

X_N

在额定频率和介质温度为 20 ℃时，每相串联电容器的电抗。

3.27

(电容器组的)额定电压　rated voltage (of the bank)

设计电容器组时所采用的相对地绝缘系统中电力系统的线电压。

3.28

(电容器的)额定电压　rated voltage (of a capacitor)

U_N

由额定电抗和额定电流导出的电容器端子间电压(方均根值)，$U_N = X_N I_N$

3.29

(电容器的)剩余电压　residual voltage (of a capacitor)

电容器断开电源之后在给定时间内端子间的残留电压。

3.30

(串联电容器的)段　segment (of a series capacitor)

电容器组的每一个相分为一个或几个串联连接的部分，而这每一部分又是由该部分中的电容器单元、过电压保护装置、保护元件和旁路开关所组成，每一这样的组合就称作段(见图 1)。

注：段与段之间通常不用隔离开关分开。一个以上的段可以在同一个绝缘平台上。

3.31

串联电容器组(或组)　series capacitor bank (or bank)

具有相应的保护和绝缘支持结构的三相电容器组。

注:组可以包括一个或几个级(见图1)

3.32

串联电容器装置　series capacitor installation

由串联电容器组和包括旁路开关以及隔离开关等附件组成的装置。

3.33

稳定状态条件　steady-state condition

电容器在恒定的输出容量和恒定的环境空气温度中达到的热平衡。

3.34

子段　sub-segment

在段可分为一个以上的串联连接部分的场合,而其中的每一部分又包含一个电容器组及其过电压保护装置和选配的保护元件,每个这样的部分被称作子段。

注:子段没有属于自己的旁路开关。

3.35

(电容器的)损耗角正切　tangent of loss angle (of a capacitor)

$\tan\delta$

在规定的正弦交流电压和频率下,电容器的等值串联电阻与容抗之比。

注:损耗角正切也可以由电容器的损耗除以电容器的无功功率来表示。

3.36

非线性电阻器匹配电流　varistor coordinating current

与保护水平相对应的非线性电阻器上的电流值。

注:非线性电阻器匹配电流的波形仅考虑(30～50)μs 的波前时间即可,波形的波尾对于确定保护水平电压是不重要的。

4　使用条件

4.1　正常使用条件

串联电容器组应适于在规定的电流、电压,额定频率和规定的故障过程以及下列条件下运行:

a)　海拔不超过 1 000 m;

b)　室内和室外的环境温度不超过购买方规定的范围;

c)　覆冰厚度不超过 19 mm(如适用);

d)　风速不大于 35.6 m/s;

e)　当地震的水平加速度(如适用)和垂直加速度同时作用在设备的支持绝缘子基础时,水平加速度不应超过 0.2g,垂直加速度不应超过 0.16g。在此场合对加速度值的要求是固定的。

注:在 IEEE Std 693 中可以看到这是一个“较低的地震水平”。地震加速度和最大风速不是同时发生的。

f)　积雪的厚度(如适用)不应超过支持绝缘子地基平台的高度(典型的最大高度为 1 m)。

g)　太阳辐射应不大于 1 000 W/m^2。

4.2　环境空气温度类别

电容器按温度类别分类,每个温度类别规定由一个数字后跟一个字母组成。数字表示电容器可以投入运行的最低环境空气温度。字母表示温度变化范围的上限,在表1中规定了最大值。

温度类别覆盖了从－50 ℃～＋55 ℃的整个温度范围。电容器可以投入运行的最低环境空气温度应从以下五个优先值中选取:＋5 ℃,－5 ℃,－25 ℃,－40 ℃,－50 ℃。

任何最低值与最高值的组合均可选作电容器的标准温度类别，例如：−40/A 或−5/C。

表 1 是以电容器不影响环境空气温度的运行条件(例如户外装置)为前提的。如果电容器影响空气温度，则应通风和/或选择电容器，使表 1 中的极限得以保持。在这样一些装置中的冷却空气温度不应比表 1 的最高温度高 5 ℃以上。

注：与表 1 相应的温度值可在安装现场地区的气象温度资料中找到。

表 1　温度范围上限的字母符号

符号	环境空气温度/℃		
	最高值	周期最高平均值	
		24 h	1 年
A	40	30	20
B	45	35	25
C	50	40	30
D	55	45	35

4.3　非正常使用条件

串联电容器组在不同于正常使用条件的情况下使用应被视为特例并应在购买方的技术规范中标明，例如以下条件：

a)　在 4.1 中列举之外的其他使用条件；

b)　暴露于具有强烈腐蚀和导电尘埃中；

c)　暴露于盐雾、破坏性气体或蒸汽中；

d)　昆虫繁多；

e)　大量鸟类；

f)　要求超常绝缘或绝缘子具有加大爬电距离的条件；

g)　要求按 IEEE Std 693 中“中等或高的地震水平”相应的地震加速度。

4.4　非正常的电力系统条件

非正常的电力系统条件包括：

a)　在电力系统中有连续谐波电流；

b)　装有串联电容器组的输电线没有相间换位，所以输电线的每相电抗不是完全相等的。

5　质量要求和试验

5.1　电容器单元的试验要求

5.1.1　概述

本条给出了对电容器单元的试验要求。

注：对其他设备的试验要求见 GB/T 6115.2—2002，GB/T 6115.3—2002 和本部分的附录 A。

支持绝缘子、开关、互感器、外部熔断器等应符合相应的国家标准。

5.1.2　试验条件

除了对特殊的试验或测量另有规定外，电容器的介质温度应在＋5 ℃～＋35 ℃的范围内。当必须进行校正时，使用的参考温度为 20 ℃，但制造方与购买方之间另有协议时除外。如果电容器在不通电状态下在恒定的环境空气温度中放置了适当长的时间，则可认为电容器的介质温度与环境空气温度相同。

如果没有其他规定，则无论电容器的额定频率是多少，交流试验和测量均可在 50 Hz 或 60 Hz 的频率下进行。

5.1.3 **由过电压保护装置确定的电压极限**

a) 作用

由于电力系统故障或电网的其他不正常条件会使作用在串联电容器上的电压超过其允许值，快速动作的过电压保护装置能限制作用在串联电容器上的电压不超过允许值。

b) 分类

四种常见的方案如下(见图 2)：

——单一火花间隙保护(K1 型)；

——由两个不同设置的单一火花间隙组成的双间隙系统(K2 型)；

——非线性电阻器(M1 型)；

——带有旁路间隙的非线性电阻器(M2 型)。

注 1：如果过电压保护装置的火花放电电压取决于空气的密度，则 U_{pl} 可以看作是对应于产生最高火花放电电压的条件，即最高气压和最低温度。而且，当确定 U_{pl} 时应将火花放电电压的允许偏差也考虑在内。

注 2：对于线路图 K2(双间隙)，U_{pl} 和所有的试验电压以及绝缘水平都将取决于高放电电压的间隙。

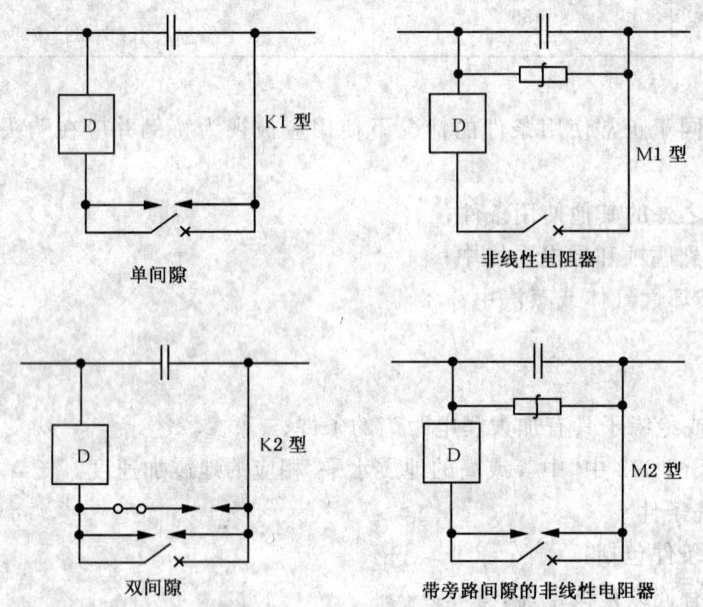

图 2 过电压保护的分类

5.1.3.1 **K 型过电压保护装置**

当由于系统故障引起线电流过大时，间隙就会发生火花放电，电弧将一直持续到线路被开断或者旁路开关闭合时。

在间隙燃弧期间电容器上承受的电压，峰值将不大于 U_{pl}。电容器仅在间隙每次动作时受到一次短暂放电。

5.1.3.2 **M 型过电压保护装置**

非线性电阻器永久性地跨接在电容器的端子之间，当电容器组在正常的负荷电流下运行时，仅有非常小的电流通过非线性电阻器。

在线路发生外部故障的场合，一旦故障被切除，串联电容器就会自动地被再次接入。甚至在故障期间串联电容器仍能起到一定的补偿作用。由于这个原因，在许多情况下 M 型保护装置所选取的 U_{pl} 值可以低于 K 型过电压保护装置的 U_{pl} 值。另一方面，当被补偿线本身短路时，线路末端的断路器将被打开。

非线性电阻器应能耐受在过负荷状态下和出现在 10.3 中那样的系统摇摆时以及由此引起的最大的线路故障电流产生的热应力。

一旦其线路保护失灵，则外部故障将长时间存在，这时非线性电阻器将处于过热状态。另外，在被补偿线路上的短路会产生很大的电流，要按照这个电流来决定非线性电阻器的参数是不经济的。在这种情况下，为了保护非线性电阻器，可以用一个开关或一个强制触发的火花间隙进行旁路。

5.1.4 保护水平电压 U_{pl} 和极限电压 U_{lim} 的确定

端子间的试验电压（U_t）决定于过电压保护装置的类型和它们的保护水平电压 U_{pl}（见 5.1.3）。

电容器单元的极限电压 U_{lim}（kV，方均根值）与实际所在相或段的保护水平电压 U_{pl}（kV，峰值）的关系如式（1）所示。

$$U_{lim} = U_{pl}/(s \times \sqrt{2}) \qquad \cdots\cdots(1)$$

式中：

s——U_{pl} 所作用的电容器单元的串联数。

在 10.4 和 10.5 中给出了进一步的说明。

5.2 试验分类

对构成电容器组的设备进行的试验分为例行试验、型式试验和特殊试验。附加试验通常在电容器组已经被安装之后进行。在 GB/T 6115.2—2002 中讨论了这些试验。

5.2.1 例行试验

a) 电容测量（见 5.3）；

b) 电容器损耗测量（见 5.4）；

c) 端子间电压试验（见 5.5）；

d) 端子与箱壳间的交流电压试验（见 5.6）；

e) 内部放电器件试验（见 5.7）；

f) 密封性试验（见 5.8）；

g) 内部熔丝的放电试验（见 GB/T 6115.3—2002 的 3.1.2）。

试验不一定要按上述顺序进行。

例行试验应由制造方在交货前对每一台电容器进行。

5.2.2 型式试验

a) 热稳定试验（见 5.9）；

b) 端子与箱壳间交流电压试验（见 5.10）；

c) 端子与箱壳间雷电冲击电压试验（见 5.11）；

d) 冷工作状态试验（见 5.12）；

e) 放电电流试验（见 5.13）。

进行型式试验是为了保证电容器单元具有技术规范所规定的性能，并能满足本部分中所规定的运行要求。

可以不在同一台电容器单上进行全部型式试验项目。

上述型式试验所列项目顺序并不表示试验顺序。

除非另有规定，每一台进行型式试验的电容器试品应已通过了全部例行试验项目。

如果以前已在结构相似、场强或负荷水平等于或高于规定使用要求的设备上通过了型式试验，并且已提供上述试验的型式试验报告，制造方可以不再重复该试验。但制造方应提供以前的试验能满足规定使用要求的说明。

仅当采用新的设计、新的关键工艺，或者比以前通过试验的设计场强或负荷水平更高，或者购买方有特殊的要求时，需对试品进行新的型式试验。

5.2.3 特殊试验（耐久性试验）

耐久性试验仅在制造方和购买方之间达成协议之后进行（见 5.14）。

5.3 电容测量(例行试验)

5.3.1 测量程序

每台电容器单元的电容应在 $0.9U_N \sim 1.1U_N$ 下,用能排除因谐波引起的误差的方法进行测量。只要在制造方和购买方之间商定了一个适当的校正系数,电容的测量也可以在其他的电压下进行。

测量方法的准确度能使在 5.3.2 中规定的允许偏差得以保持。测量方法的再现性应能检测出一个元件击穿或一根内熔丝动作。

最终的电容测量应在电压试验之后进行(见 5.5)。为了显示由元件击穿或一根内熔丝损坏等引起的电容变化,应在例行试验的电压试验之前初测电容。初测应在不高于 $0.15U_N$ 的电压下进行。

制造方应按协议(购买方如果有要求)提供如下内容的曲线或数据。

——在额定容量的稳定状态下,在温度类别范围内,电容与环境空气温度间的函数关系;

——在温度类别范围内,电容与介质温度间的函数关系。

5.3.2 电容偏差

电容偏差是指在 $0.9U_N \sim 1.1U_N$ 下和在 5.3.1 中规定的条件下所测得的电容值的偏差。

在参考温度下(见 5.1.2)的电容与额定电容之偏差应不超过下列限值:

——对电容器单元:±5.0%;

——对额定容量小于 30 Mvar 的电容器组:±5.0%;

——对额定容量为 30 Mvar 及以上的电容器组:±3.0%。

此外,电容偏差应不大于:

——额定容量小于 30 Mvar 的电容器组中任何两个相间或同一级中的任何两个段之间的电容偏差:2.0%;

——在额定容量为 30 Mvar 及以上的电容器组中,任何两个相间或同一级中的任何两个段之间的电容偏差:1.0%。

在更苛刻的使用条件下可要求更小的偏差。

制造方提供电容器单元的配置方案。

5.4 电容器损耗测量(例行试验)

5.4.1 测量程序

电容器的损耗(或 $\tan\delta$)应在 $0.9U_N \sim 1.1U_N$ 下,用能排除由谐波造成的误差的方法进行测量。

注 1:测量设备应按照 JB/T 8957 或其他使其具有同等的或更高的准确度的方法进行校正。

注 2:浸渍的低损耗介质的损耗角正切在初始赋能的前几个小时内会有明显下降。这种下降与 $\tan\delta$ 随温度变化无关。在同时制造的相同单元之间初始 $\tan\delta$ 值也可能是不同的。但是,其最后的"稳定"值通常是接近的,并且在极限的范围以内。在例行试验中最初的 $\tan\delta$ 测量值应认为仅是一个大致的值。如果合同有要求,单元 $\tan\delta$ 的测量可在热稳定试验之后进行,或者单元已经过了工厂的老练处理。

5.4.2 损耗要求

电容器的损耗是指在 5.4.1 的条件下的测量值。

有关电容器损耗的要求可由制造方和购买方协商确定。

有关电容器损耗的进一步的资料已在附录 B 中列出。

制造方应按协议提供在温度类别范围内,在容量稳定的条件下,稳定的电容器损耗(或 $\tan\delta$)与环境空气温度的函数关系曲线或数据。

5.5 端子间电压试验(例行试验)

当采用 K 型和 M 型过电压保护装置时,电容器单元应经受 $1.7U_{lim}$(即 $1.2\times\sqrt{2}\times U_{lim}$)直流电压试验。试验电压值应不低于 $4.3U_N$。试验的持续时间为 10 s。

试验过程中应既不发生击穿也不发生闪络。

注:如果对电容器进行复试,则推荐采用 $0.75\ U_t$ 的复试电压。

5.6 端子与箱壳间的交流电压试验(例行试验)

具有两个对壳绝缘端子的单元,在其端子(连在一起)与箱壳之间应能经受住交流试验电压,历时10 s。试验电压值应按6.1.3.2选取。

试验过程中应既不发生击穿也不发生闪络。

即使在运行中有一个端子拟与箱壳连接的电容器单元,也应进行这项试验。

有一个端子永久性地与箱壳连接的电容器单元,不进行这项试验。

5.7 内部放电器件试验(例行试验)

如果有内部放电电阻,其阻值应通过测量来检验。推荐采用高阻表进行测量。

这项试验应在5.5的电压试验之后进行。

5.8 密封性试验(例行试验)

单元(在无涂层状态下)应进行能有效检测其箱壳和套管任何渗漏的试验。试验程序由制造方确定,制造方应说明该项试验的方法。

如果制造方没有规定程序,则应采用如下试验程序。

将未赋能的电容器单元通体加热,使各部分达到比表1中所列最大值至少高20 ℃的温度后,历时不少于2 h,应不出现渗漏。制造方应使用适当的泄漏指示方法。

5.9 热稳定试验(型式试验)

5.9.1 测量程序

被试电容器单元应置于两台额定值和赋能电压与被试电容器相同的陪试单元之间。陪试单元应具有与被试单元几乎相同的箱壳尺寸。另一种可供选择的方案是用两台内部装有电阻器的模拟电容器来作为陪试单元。电阻器的损耗应调节到使模拟电容器的箱壳温度等于或高于被试电容器的箱壳温度。单元的温度应在"等同"点处测量,该处必须不受另一单元的直接热辐射。单元间的间距应等于或小于使用时安装间距。整个组合应置于烘箱中的静止空气之中,并根据制造方对电容器在运行现场的安装说明将电容器放在对热最为不利的部位。

环境空气温度应保持在表2所示的相应温度(允许温差±2 ℃)。应采用热时间常数约为1 h的温度计进行测量。这个温度计应加入屏蔽使其所受到的来自被试电容器单元和陪试单元的热辐射减到最少。

表2 热稳定试验中的环境空气温度

符　号	温度/℃
A	40
B	45
C	50
D	55

被试电容器应经受基本正弦波交流电压,历时不少于48 h。在整个试验过程中电压值应保持恒定。试验电压值可根据实测电容(见5.3.1)和电容器的容量等于1.44倍Q_N规定的规定计算求得,试验值1.44 Q_N是与7.1中规定的8 h过电流为1.1 I_N相对应的。如果这个8 h过电流倍数增大了,那么系数1.44应按平方增大。

在最后6 h内最少应测量4次箱壳温度。在整个6 h内温升的增加应不大于1 K。如果观察到较大的变化,则试验应继续进行直到最后6 h内的连续4次测量能满足上述要求为止。

在试验前和试验后应在5.1.2规定的温度范围内测量电容(见5.3.1),两次测量值应校正到同一介质温度。

两次测量值之差应小于相当于一个元件击穿或一根内熔丝动作所引起的变化量。当分析测量结果时,应考虑下列因素:

——测量的再现性；

——即使没有任何元件击穿或内部熔丝动作，介质的内部变化也会产生微量的电容变化。

注1：当检验温度状态是否良好时，应考虑在试验过程中的电压波动、频率和环境空气温度。因此建议做出这些参数和箱壳温升与时间的关系曲线。

注2：只要达到规定的容量，预期用于60 Hz装置的电容器单元可以用50 Hz来进行试验，反之亦然。对于额定频率低于50 Hz的单元，其试验条件应由制造方和购买方协商确定。

5.9.2 电容器损耗测量

电容器损耗(或 tan δ)应在热稳定试验结束时测量。测量电压应为进行热稳定试验的电压，其余采用5.4.1的规定。

测得的 tan δ 值应不大于制造方规定的值或制造方与购买方商定的值。

5.10 端子与箱壳间交流电压试验(型式试验)

有两个与箱壳绝缘的端子的单元，在连在一起的端子与箱壳之间施加1 min试验电压。试验电压的值按6.1.3.2来选取。

对于一个端子永久性地接箱壳的单元，应在端子之间施加1 min交流试验电压，以检查其对壳绝缘是否足够。试验电压与 U_N 成正比，其值按6.1.3.2进行计算。当此试验电压超过电介质试验要求时，可以改变试验单元的介质结构，例如增加串联元件数以避免介质损坏，但对壳绝缘不能改变。另外，也可使用一台带有两个绝缘端子、对壳绝缘相同的模拟单元进行试验。

户内使用的单元采用干试电压。户外使用的单元应在人工淋雨的条件下进行试验(GB/T 16927.1)。在进行人工淋雨条件下的试验时，套管的位置应与运行时的位置相一致。

试验过程中应既不发生击穿也不发生闪络。

注：只有在制造方能提供表示该套管能够耐受1 min湿试验电压的型式试验报告时，拟安装在户外的单元才可以只进行干试试验。在这个的型式试验中，套管的位置应与运行时的位置相一致。

5.11 端子与箱壳间雷电冲击电压试验(型式试验)

本试验仅适用于所有端子均与箱壳绝缘而且箱壳接地的单元。

雷电冲击电压试验应按GB/T 16927.1进行，但其波形为(1.2～5)/50 μs，试验电压的峰值应与按6.1.1选取的单元的绝缘水平相一致。

在连接在一起的套管与箱壳之间施加15次正极性冲击电压之后，接着再施加15次负极性冲击电压。改变极性后，在施加试验冲击电压前，允许先施加几次较低幅值的冲击电压。

如果满足下列要求，则认为电容器通过了试验：

——未发生内部击穿；

——在每一极性下未发生多于2次的外部闪络；

——波形未显示不规则性，或与在降低了的试验电压下记录的波形无显著差异。

另一种方法是单元承受3次正极性冲击电压，除不允许发生闪络外，以上的验收准则均适用。

5.12 冷工作状态试验(型式试验)

本试验的目的是证明电容器组中的电容器，当其最初处于最低环境空气温度的情况下是否能耐受住达到保护水平的过电压以及相应的过电流。

在试验期间所加电压应是工频，其波形应为基本正弦波。试验回路应适当阻尼以降低超过规定的工频电压的暂态过程。

冷工作状态试验可以在标准单元上进行，也可以在具有GB/T 11024.2—2001中所述特性的特殊单元上进行。

在试验的准备阶段，应将试验单元放入冷冻箱中，将单元冷冻到内部的介质温度等于或低于其温度类别中的最低温度。

应在从冷冻箱中取出后的 10 min 内在单元上施加电压 U_{EL}（在两个端子之间），历时 30 s。此后，在不开断电压的情况下施加 1.1 U_{lim}（但不低于 2.25 U_N）的过电压，历时 5 到 10 个周波。此后，在不开断电压的情况下（见图 3）保持过电压 U_{EL}，历时 1.5 min～2 min。此后，应施加另一次相同的过电压周期，如此周而复始直到施加了 50 个 1.1 U_{lim} 工频过电压周期和紧跟其后的 U_{EL}（见图 3）。

在最后一次 1.1 U_{lim} 过电压周期之后，电压 U_{EL} 应保持 30 min。

U_{EL} 的值可以是 1.2 U_N 或随着系统扰动发生的与最大 30 min 过负荷条件相应的电压（见第 7 章和 10.3.1），取两者中较大者。

试验前后应按 5.3.1 测量电容，两次测量应校正到同一介质温度（见 5.1.2）。试验前后所测得的电容应无明显差别，在任何情况下，其差别均应小于一个元件击穿或一根内熔丝动作所引起的电容变化。在解释测量结果时应考虑 5.9.1 中所指出的因素。

注：时间 t_1 是相邻两次过电压之间的 1.5 min～2 min 的时间间隔。时间 t_2 和 t_3 取决于试验回路的参数，并应尽可能短。

图 3　过电压周期的幅值和时间限值

5.13　放电电流试验（型式试验）

本试验包括在两组不同参数下的放电试验。第一个试验是用来证明单元能耐受住在发生闪络时将阻尼电路旁路这样少有的情况下产生的应力。第二个试验是用来证明单元能够耐受住由间隙动作或旁路开关闭合所产生的放电电流。

注：放电频率应与应用的频率相近似。

对于第一个试验，电容器单元应充电到直流 $\sqrt{2}U_{lim}$ 的电压，然后通过一个具有尽可能低的阻抗的回路放电一次。放电回路可以用一个小熔丝或短路开关来构成。

对于第 2 个试验，同一个单元应接着被充电到 1.6 U_{lim} 的直流电压（即 $1.1\times\sqrt{2}U_{lim}$），并通过能够满足下列条件的回路放电：

——放电电流的峰值应不低于由间隙导通或旁路开关闭合引起的电流的 110%；

——放电电流的 I^2t 应至少比由间隙导通或旁路开关闭合引起的 I^2t 大 10%。（见 GB/T 6115.2—2002）。

这种放电应以小于 20 s 的时间间隔重复 10 次。在最后一次放电之间后的 10 min 内，单元应经受一次 5.5 中规定的端子间的电压试验。

试验前后均应按5.3.1测量电容，两次测量值应校正到同一介质温度(见5.1.2)。试验前后所测得的电容应无明显差别，在任何情况下，其差别均应小于一个元件击穿或一根内部熔丝动作引起的电容变化。当解释测量结果时，应考虑5.9.1中所指出的因素。

5.14 耐久性试验(特殊试验)

耐久性试验是对元件(它们的介质结构和组成)和这些元件装配在一个电容器单元中的制造工艺的试验。一项耐久性试验可以覆盖电容器的一定设计范围。在GB/T 11024.2—2001中列出了对可比元件和试验单元设计的要求。

整个耐久性试验由老化试验和过电压周期试验组成。在GB/T 11024.2—2001的2.1.3中的过电压周期试验部分被本部分中5.12的"冷工作状态试验"所取代，老化试验部分则按GB/T 11024.2—2001的2.1.4进行。

6 绝缘水平

6.1 绝缘耐受电压

6.1.1 标准值

电容器单元和电容器装置的绝缘耐受电压应从GB 311.1和GB/T 311.2—2002中规定的标准值中选取。标准绝缘水平见表3。

6.1.2 对地绝缘和相间绝缘

试验电压应按6.1.1的规定从标准值中选取。

对于海拔超过1 000 m的装置可能需要提高绝缘。

注：对地的绝缘水平不仅适用于平台绝缘子，也适用于在相与地间的其他的串联电容器设备，在地面安装的旁路开关、通信绝缘子、隔离开关等。

6.1.3 平台上的绝缘子和其他设备的绝缘水平

6.1.3.1 一般要求

安装在支撑平台上的绝缘子和串联电容器设备的绝缘水平与平台有关。

如果安装在海拔超过1 000 m的地方，可能需要较高的绝缘水平。

在平台上的绝缘子和设备的绝缘水平应根据过电压保护装置的保护水平来确定，并可使用式(2)计算得出。这个公式适用于跨接整个段的绝缘，这时采用该段的保护水平。这个公式也适用于段内部的绝缘，这时采用的是按比例分配在段的这一部分上的保护水平。

$$U_{\mathrm{ipf}} \geqslant 1.2U_{\mathrm{pl}}/\sqrt{2} \qquad \cdots\cdots(2)$$

式中：

U_{ipf}——工频耐受电压(方均根值)；

U_{pl}——保护水平的峰值电压。

6.1.3.2 电容器单元

安装在绝缘平台上的电容器单元，或对地绝缘的电容器单元，其端子与箱壳之间应能耐受式(3)或式(4)给出的工频电压。并应采用式(3)或式(4)中的较高值。

$$U_{\mathrm{ipf(n)}} \geqslant U_{\mathrm{ipf}} \times n/s \qquad \cdots\cdots(3)$$

$$U_{\mathrm{ipf(n)}} \geqslant 2.5 \times n \times U_{\mathrm{N}} \qquad \cdots\cdots(4)$$

式中：

U_{N}——电容器单元的额定电压；

s——所在段中电容器单元的总的串联数；

n——相对于与箱壳连接的金属台架的电容器单元的串联数(例如,在一个金属台架上放有6台串联连接的电容器单元,其中点接台架,这时,$n=3$)。

箱壳接地的电容器单元在其端子与箱壳之间应按6.1.1耐受全绝缘。

注:上面$U_{ipf(n)}$的表达式是指电容器单元的端子与箱壳间的绝缘。这个表达式不适用于电容器介质的试验电压。电容器介质的试验电压应采用第5章中的等式。

6.1.3.3 电容器支架

任何支架之间的绝缘子,例如在支架之间用支柱绝缘子,都应耐受式(3)和式(4)给出的工频耐受电压。并应采用式(3)或式(4)中的较高值。在此场合,n对应于可跨接在该绝缘间隔间的单元串联数。

6.1.3.4 在平台上的支持绝缘子和其他设备

安装在平台上的设备的绝缘水平,如果在以下分条中没有另外的规定,应按照在6.1.3.1中所述的程序和采用式(2)进行选择。

a) 母线绝缘子

在平台上支撑不同母线的绝缘子的绝缘等级应在上述关系的基础上进行选择。绝缘子的电压等级是根据GB 311.1所选绝缘子确定的,该绝缘子的耐受电压应等于或大于表3中规定的工频耐受电压。

b) 设备绝缘子

除了某些例外情况,通常在平台上的设备的绝缘子的工频绝缘水平应该由式(3)和上述对母线绝缘子所述的方法来确定。

c) 旁路开关

旁路开关断口间的绝缘水平应以上述关系为基础进行选择。

d) 非线性电阻

非线性电阻的外壳应能耐受由上述公式得出的工频湿耐受电压。不要求所选的绝缘水平必须符合GB 311.1中的标准值。

e) 旁路间隙

用于旁路间隙的绝缘子在以上关系的基础上应对旁路间隙所承受的一部分段电压加以考虑。设计应考虑到在正常的击穿过程中,中间的部件会受到高的瞬态量的工况。此外,主间隙和任何点火电路应能耐受住在电力系统不适当的工况下所有系统扰动,并且不会受到破坏。

f) 限制放电电流的设备

在平台上用于支撑限制放电电流电路的绝缘子,应以上述关系式为基础,对绝缘子上所受到的部分段电压加以考虑。

限制放电电流电路两端的绝缘水平应根据旁路间隙放电或旁路开关闭合时出现在电路两端的瞬时电压来选择。绝缘等级要求的工频耐受能力至少为这个瞬时电压的$1.2/\sqrt{2}$倍。电路的LIWL(雷电冲击耐受水平)即BIL(基本雷电冲击绝缘水平)这时从表3中选择。但是,必须考虑到在旁路间隙放电或旁路开关闭合时出现在电路两端的电压其频率远高于50 Hz或60 Hz,其作用时间是非常短暂的。

在50 Hz或60 Hz下电路的阻抗值通常是非常小的,在选择绝缘水平时实际上不可能采用工频电压耐受试验。另一方面,电路很容易用一脉冲电压来进行试验。因此,选择电路两端间绝缘的要点是采用LIWL(BIL)。

g) 电流互感器和光学电流变换器

电流互感器和光学电流变换器的绝缘水平应以上述关系式为基础来选择。

表 3 标准绝缘水平

单位为千伏(kV)

系统标称电压(方均根值)	设备最高电压 U_m(方均根值)	额定雷电冲击耐受电压(峰值)	额定操作冲击耐受电压(峰值)	额定短时工频耐受电压(湿试与干试)(方均根值)
3	3.5	40	—	18/25
6	6.9	60	—	23/30
10	11.5	75	—	30/42
15	17.5	105	—	40/55
20	23.0	125	—	50/65
35	40.5	185	—	80/95
66	72.5	325	—	140
		350	—	160
110	126	450	—	185/200
220	252	850	—	360
		950	—	395
330	363	1 050	850	460
		1 175	950	510
500	550	1 425	1 050	630
		1 550	1 175	680
		1 675	—	740
750	800	1 950	1 425	900
		2 100	1 550	960

注：对同一设备最高电压给出两个绝缘水平者，在选用时应考虑到电网结构及过电压水平、过电压保护装置的配置及其性能、可接受的绝缘故障率等。

斜线下的数据为外绝缘的干耐受电压。

6.2 爬电距离

应采用 GB/T 311.2—2002 表 1 中给出的推荐值。购买方应规定采用的污秽水平或爬电比距。

在表 4 中给出了相对于 GB/T 311.2—2002 中的表 1 所规定的不同的污秽水平的爬电比距。(有关污秽水平的进一步的细节，见 GB/T 311.2—2002)。爬电距离用表 4 最小标称爬电比距乘以上所述绝缘两端的额定电压的$\sqrt{3}$倍进行计算。表 4 中的值广泛地应用于任何电压，即相对相、相对地或在一个相段内的任何电压。

如果 30 min 过负荷电流(I_{30})超过 1.35 pu，爬电距离应按比例(I_{30}/1.35 pu)作线性增加。

表 4 爬电比距

污秽水平	环境的例子（详见 GB/T 311.2—2002,表 1）	按(GB/T 311.2—2002,表 1)的最小标称爬电比距/(mm/kV)	通用标称爬电比距/(mm/kV)
Ⅰ 轻	没有或只有密度很低的工业或住房； 农业区或山区； 距海最少有 10 km 到 20 km 的地方	16	28
Ⅱ 中等	工业不产生显著污染的烟尘； 高的住宅或/和工业密度但经常有风和/或降雨； 有海风,但不太靠近海岸	20	35
Ⅲ 严重	工业高度密集和大城市的郊区,产生污染； 靠近海的区域	25	44
Ⅳ 很重	工业烟尘产生导电沉积； 非常靠近海并受到盐雾； 沙漠地区	31	52

注：在表 4 第 4 列中的通用标称爬电比距可从 GB/T 311.2—2002 表 1 中的值乘以$\sqrt{3}$获得。在 GB/T 311.2—2002(第 3 章)中的值是以设备的最高电压为基础的(见 3.13),只应用于相对地绝缘。当将这些标称爬电比距应用于相对相绝缘时,这些值必须乘以$\sqrt{3}$。比较通用的近似方法是采用第 4 列中跨越任何电容器组内的绝缘路径上的电压值。

6.3 空气间距

关于空气间距的推荐值可从 GB/T 311.2—2002 的附录 A 中找到。最小间距取决于不同电极的形状。最小间距是一个考虑了实践经验、经济性、设备的实际尺寸在 1 m 以下的间距所取的较为保守的近似值。这些间距仅是对绝缘配合的要求提出的建议。从安全性要求出发可能会得出较大的间距。

表 5 取自 GB/T 311.2—2002,该表规定了雷电冲击耐受电压的相对相和相对地绝缘。

表 6 和表 7 取自 GB/T 311.2—2002,该表规定了操作冲击耐受电压的相对地和相对相绝缘的应用。

对于仅要求耐受交流电压的绝缘,例如安装在平台上的设备的绝缘,其适当的空气间距应选用 GB/T 311.2—2002 附录 G 中的推荐值。最小空气间距与交流工频耐受电压的关系如图 4 所示,如果没有其他更详细的要求,应该采用图中关系。

应用举例:绝缘水平、爬电距离和空气间距的计算

串联电容器(SC)的额定值为 $X_{CN}=43\ \Omega$,$I_{CN}=1\ 500$ A。30 min 过负荷电流为 1.35 pu。串联电容器由保护水平等于 2.2 pu 的 ZnO 避雷器保护。其污秽水平按照 JB/T 5895 为Ⅱ级。计算安装在平台上的支撑高压母线绝缘子的绝缘水平、爬电距离和空气间距。

解：

额定电压 $U_{CN}=43\times1.5=64.5$ kV(方均根值)

保护水平电压 $U_{pl}=\sqrt{2}\times2.2U_{CN}=200.7$ kV(峰值)(见 10.5)

a) 绝缘水平

按照 6.1.3.1 中的式(2)可得到：

$V_{ipf} \geqslant 1.2U_{pl}/\sqrt{2} = 170.3$ kV(方均根值)

根据 GB 311.1,高压母线的支持绝缘子的绝缘水平应按工频耐受电压 185 kV 和雷电冲击耐受电压 450 kV。

b) 爬距

按照 6.2 中的表 4 可以得到:

爬距 $l = 20\sqrt{3}U_{CN} = 2\ 258$ mm

c) 空气间距

从图 4 可以得到:

相应于 170.3 kV(方均根值)的空气间距是 580 mm。

表 5 标准雷电冲击耐受电压和最小空气间距之间的关系

(引自 GB/T 311.2—2002,表 A.1)

标准雷电冲击耐受电压/kV	最小间隙距离/mm	
	棒-构架	导线-构架
20	60	
40	60	
60	90	
75	120	
95	160	
125	220	
145	270	
170	320	
250	480	
325	630	
450	900	
550	1 100	
650	1 300	
750	1 500	
850	1 700	1 600
950	1 900	1 700
1 050	2 100	1 900
1 175	2 350	2 200
1 300	2 600	2 400
1 425	2 850	2 600
1 550	3 100	2 900
1 675	3 350	3 100
1 800	3 600	3 300
1 950	3 900	3 600
2 100	4 200	3 900

注:标准雷电冲击适用于相间和相对地。

对于相对地,可采用导线-构架和棒-构架的最小间距。

对于相间,可采用棒-构架的最小间距。

表 6　标准操作冲击耐受电压和最小相对地空气间距之间的关系
（引自 GB/T 311.2—2002，表 A.2）

标准雷电冲击耐受电压/kV	最小相对地间距/mm	
	导线-构架	棒-构架
750	1 600	1 900
850	1 800	2 400
950	2 200	2 900
1 050	2 600	3 400
1 175	3 100	4 100
1 300	3 650	4 800
1 425	4 200	5 600
1 550	4 900	6 400

表 7　标准操作冲击耐受电压和最小相间空气间距之间的关系
（引自 GB/T 311.2—2002，表 A.3）

标准操作冲击耐受电压			最小相间间隙距离/mm	
相对地电压/kV	相间值/相对地值	相间电压/kV	导线-导线	棒-构架
750	1.5	1 125	2 300	2 600
850	1.5	1 275	2 600	3 100
850	1.6	1 360	2 900	3 400
950	1.5	1 425	3 100	3 600
950	1.7	1 615	3 700	4 300
1 050	1.5	1 575	3 600	4 200
1 050	1.6	1 680	3 900	4 600
1 175	1.5	1 763	4 200	5 000
1 300	1.7	2 210	6 100	7 400
1 425	1.7	2 423	7 200	9 000
1 550	1.6	2 480	7 600	9 400

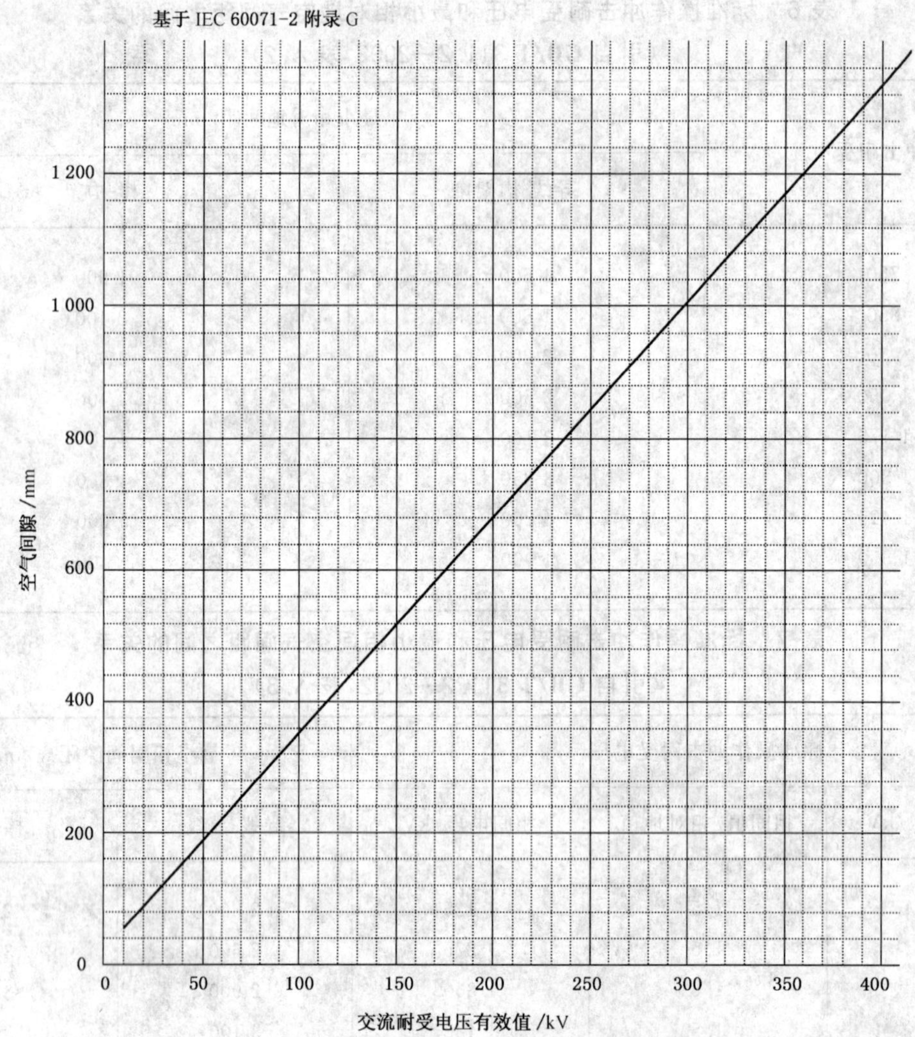

图 4　空气间距与交流工频耐受电压间的关系曲线

7　过负荷、过电压和负荷周期

7.1　电流

串联电容器组应能承受额定连续电流、系统摇摆电流、应急负荷、电力系统故障和某些应用条件下的谐波电流。这些工况中有些已经在 10.3 中说明。这些参数通常是由购买方规定的。

7.2　暂态过电压

串联电容器应能承受在运行中反复出现的暂态过电压，例如电力系统故障可能会使电容器端子间产生最高的电压值 U_{p1}。暂态过电压通常由过电压保护装置来限制(见 5.1.3，5.1.4 和 10.5)。过电压的预期值应由制造方和购买方商定。购买方应提供估计的重复率。

7.3　负荷周期

串联电容器装置的设计应能使其耐受住购买方提出的故障、系统摇摆电流、应急负荷和连续电流。电容器组中的所有组成部分应按照能耐受住这些工作状态所构成的负荷周期进行设计。负荷周期应与周围的电力系统运行在内部和外部故障的两种方式相一致。购买方应详细规定正常的故障负荷周期，持续的时间和不同故障类型(三相和单相)的故障负荷周期。如果购买方对相间故障有明确说明则设计者应予重视，因为这可确定可变电阻的能量定额。负荷周期的典型例子可在 GB/T 6115.2—2002 的

3.4中找到。同时参见本部分的10.5。

虽然本小节的中心是含有系统故障的负荷周期，显然电容器组的设计应能满足在其他场合下运行，例如在购买方规定的工况下插入和再插入。

8 安全要求

8.1 放电器件

每一个电容器单元或并联的单元组都应具有使电容器的剩余电压从$\sqrt{2}U_N$降到75 V或更低的放电器件。电容器单元或并联的单元组的最长放电时间为10 min。在电容器单元或并联单元组与放电器件(外部放电器件)之间不得有开关、熔断器或任何其他隔离装置。

为了满足线路和串联电容器组自动重合的要求，放电回路必须具备使电容器从等于U_{pl}的电压水平放电所要求的足够的载流能力和能量吸收能力。

放电器件不能取代维护装置前所必须进行的将电容器端子短接并接地的操作。

注1：高于额定电压的运行条件会使10 min后的剩余电压高于75 V。

注2：单元内的故障被熔丝排除后，或在电容器组中的某一部分发生闪络，均会在段的内部产生局部剩余电荷，对于这种局部剩余电荷，跨接在段的端子间的放电器件在规定的时间内是清除不掉这些电荷的。

注3：在需要更短的放电时间和更低的剩余电压场合下，购买方应通知制造方。

注4：根据使用需要可以要求在相或段上装设在电容器单元之外的附加放电器件。

8.2 箱壳连接

为了固定电容器单元金属箱壳的电位，并承受在对壳击穿时产生的故障电流，在箱壳上应配备螺纹尺寸最少为M10的螺栓作为连接部件，或其他等效部件(例如：安装面不涂漆的吊攀)。

8.3 环境保护

当电容器中所含物质(例如：多氯联苯)不准被扩散到环境时，应遵循有关国家的法律要求(附录E)。

8.4 其他安全要求

购买方在询价时应提出国家对于电容器安装的安全法则方面的所有特殊要求。

9 标志和说明书

9.1 单元的标志

9.1.1 标牌

在每个电容器单元的标牌上应给出以下信息：

a) 制造方名称；

b) 识别编号和制造年份，年份可为识别编号的一部分或代码形式；

c) 额定电流I_N，A；

d) 额定电容C_N，μF；

e) 额定频率f_N，Hz；

f) 额定电压U_N，V或kV；

g) 额定容量Q_N，kvar；

h) 极限电压U_{lim}，V或kV；

i) 温度类别；

j) 放电器件，若有则应以文字或符号—▭—或额定电阻来表示，kΩ或MΩ；

k) 绝缘水平U_i，kV；

l) 内部熔丝,若有则应以文字或符号—▭—来表示;

m) 浸渍剂的化学名称或商品名称,可以在警告牌上表示(见 9.1.2);

n) 执行标准 GB/T 6115.1(加上出版年份);

应为测量电容预留一个位置(见 5.3.1),这个值可用以下方法之一来表示:

——可取代额定电容的绝对电容值;

——在实测电容后面加上电容的偏差等级表示法,例如,以数字将电容偏差范围表示如下:

+4 表示:+3.5%～+5.0%;

+3 表示:+2.5%～+3.5%;

+2 表示:+1.5%～+2.5%;

+1 表示:+0.5%～+1.5%;

0 表示:−0.5%～+0.5%;

−1 表示:−0.5%～−1.5%;

−2 表示:−1.5%～−2.5%;

−3 表示:−2.5%～−3.5%;

−4 表示:−3.5%～−5.0%。

绝缘水平可以用由一斜线隔开的两个数字来表示,第一个数字表示额定短时工频耐受电压(kV),第二个数字表示额定雷电冲击耐受电压(kV),例如 42/75 kV。对于有一个端子永久连接箱壳的单元和按照 5.10 和 5.11 的规定不进行该两项试验的单元,不用标出绝缘水平。

9.1.2 警告牌

如果电容器单元中含有会污染环境或其他危险的(例如,易燃性)物质,则应按照相关法律,单元应在标牌或其他地方有相应的标志。购买方应通知制造方有关这方面的法律(见附录 E)。

9.2 电容器组的标志

9.2.1 说明书或标牌

制造方应在说明书中或按合同协议在标牌上提供以下最低限度的信息:

a) 制造方名称;

b) 额定容量 Q_N(例如:3×10 Mvar);

c) 每相电抗;

d) 额定电流 I_N;

e) 持续 30 min 的允许过电流(见 10.3.1);

f) 额定电压 U_N;

g) 保护水平电压 U_{pl};

h) 对地绝缘水平;

i) 相电压从$\sqrt{2}U_N$ 放电到 75 V 的时间;

j) 过电压保护装置类型(见 5.1.3)。

如果在说明书中有进一步的资料,在标牌(在无标牌时也可在其他地方)上应有参照该说明书的标示。

如果电容器组含有几个串联连接的段,则项 c),f),g)和 i)应涉及到每一个段。

绝缘水平可以用一斜线隔开的两个数字表示,第一个数字表示额定短时工频耐受电压(对于 U_m<300 kV)或额定操作冲击耐受电压(对于 U_m≥300 kV)单位是千伏(kV)。第二个数字表示额定雷电冲击耐受电压(kV),例如:185/450 kV。

9.2.2 警告牌

9.1.2 也适用于电容器组。

9.3 说明书

在串联电容器组的说明书中应提供以下最低限度的资料：

a) 制造方的名称；

b) 总组

——总的额定值；

——配置图；

c) 电力设备

——综述；

——额定值；

——外形图；

——维护方法；

——备件；

d) 保护和控制

——操作说明；

——简图；

——维护方法；

——试验方法；

——备件。

10 额定值的选择、安装和运行导则

10.1 概述

串联电容器在降低线路感性电抗的同时减小了线路两端间的相角差，在长距离输电线中它们可以用来改善电压特性和系统的稳定性，以及增加输电线的输送容量。它们也可用于控制并联运行的线路间有功功率的分配，从而降低总的传输损耗。

因为串联电容器的自动和瞬时响应，所以在配电线路中串联电容器被用来降低因负荷变动所引起的快速电压波动。见参考文献[15]。所以在大多数情况下它改善了所在系统的电压状况。

由于线路电流的波动，串联电容器端子间所承受的电压的变化要比并联电容器大得多。当系统中出现短路时，此电压如此之高，如果按照能耐受此电压来设计电容器单元就很不经济的了。因此，对于这样的过电压，在绝大多数情况下，用一个旁路相或段的过电压保护装置来限制过电压。

在几乎每一个实际使用中，串联电容器在系统中的作用和它们的运行条件都是不一样的。为了获得最佳的技术和经济效果，制造方和购买方之间应紧密合作，根据本导则中提出的准则对每个具体情况进行单独研究，并将研究的结果形成合同内容的一部分。

10.2 每条线的电抗，每个电容器组的额定电抗和每个组的级数

10.2.1 每条线的电抗

在输电线中典型的串联补偿是按照输电线感抗的固定百分率来选择的。根据对系统的传输功率、系统稳定性，短路和次同步谐振(SSR)研究，在以下基础上选择串联补偿度：

——在枢纽变电所的电压；

——沿线路的电压分布；

——系统动稳定性要求；

——并联线路的功率潮流分配；

——在靠近非水轮发电机时要考虑SSR。

最后，考虑设备成本。串联补偿的成本将随着串联补偿度的提高而增大。较高的补偿度通常可以使系统的运行性能得到改善，但是，如果补偿靠近具有SSR危险的非水轮发电机侧，则为了减轻其SSR需要付出高昂的代价。基于以上考虑，首先应选择一个固定的串联补偿度。

对于几个并联线路或传输线，串联补偿度的选择应避免不均匀的功率传输。然而，在某些场合下，串联补偿可以使具有不同额定线电流的并联线路的功率传输实行最佳化，使优先的输电线传输更多的功率。

任何地方的补偿度约是线路阻抗的20%～80%。通常在长距离输电线路上需要串联补偿以改善其系统稳定性和电压波动。串联补偿也可应用于短距离输电线路来平衡功率传输。串联补偿度的范围应低于100%，最理想的是输电线呈纯感性并使输电线的谐振频率低于系统的同步频率。输电线的补偿度为50%，长度为300 km，具有0.3 Ω/km的正序线路阻抗的输电线路将需45 Ω的串联容性阻抗(0.5×300 km×0.3 Ω=45 Ω)，也就是为了对线路进行串联补偿而需要安装的串联电容器的“容抗”。

通常，装有串联电容器的大部分输电线都是各相换位的，所以各相感抗是近似相等的。串联电容器组在制造时使各相电抗近似相等，以使补偿线路的各相的剩余电抗也是近似相等的。这种方法使负序电流被降至最小。串联电容器在非换相线路上的应用是可能的。但是，对每相的额定电抗和电流的选择需要仔细考虑。如果输电线没有换相，则购买方应在规范书中予以说明。

10.2.2 输电线路中串联电容器组的数量

在输电线路中，串联电容器组的数量取决于线路的长度、补偿度和线电流大小，关于串联电容器组电抗值的大小没有统一的标准。如果线路比较长，并且补偿度和电流都比较大，则为了得到较理想的容抗值，通常可以将电容器组分成两组，在线路的两端各安装一组，也可以仅在线路的中点安装一组。安装在线路中点时，通常通过的故障电流较小，其要求的非线性电阻的额定值也比安装在线路末端的小。这样可使传输线路上保持一个可以接受的电压，在有些情况下还可限制加在单个串联电容器组上的电压。在传输功率较大的情况下，串联电容器通常会在输电线上产生一个阶梯电压。基本上，当功率中含有在高负荷条件下产生滞后的感性电流分量时，输电线的感抗会使电压下降。当此电流通过呈容性的串联电容器组时，会在串联电容器上产生一升高的电压。当将串联容抗分成两部分并将它们安装在输电线的两个位置时，电压升高会降低一半，因此可以避免输电线上的电压被过分抬高。在轻负荷条件下，流过串联电容器的线路充电电流将会产生电压降落。在每条输电线中装有一个以上的电容器组时，如果有一个电容器组退出运行，那么不会使输电线失去全部补偿。

当在线路较短或补偿度较小或额定电流较小的情况下进行串联补偿时，通常采用每条线仅安装一个电容器组。

10.2.3 一个电容器组中的级数

大部分串联电容器组是由单一级组成的。除非一个级无法承受由电抗和所需电流在电容器组两端所产生的电压时，供应商可选择由两个级组成的电容器组来承担电压。通常单一级组成的电容器组的结构是最为经济的。

然而，在有些场合需要将电容器组分为两个级以改善对电力系统功率潮流的控制。对功率潮流控制的益处可以超过由两个级组成的电容器组的设备成本。此外，由两个级组成的电容器组如果有一级被旁路则另一级仍能提供部分补偿。但是，具有两个级的电容器组无法对其中的一个级进行维修，除非将整个组退出运行。

如果要求每个电容器组有一个以上的级，购买方应在技术规范中提出。

10.2.4 对串联电容器未来的要求

在选择串联电容器组额定值的时候，应考虑诸如将来需要较高的补偿度，较高的传输功率，较高的故障电流等。

购买方应在技术条件中说明目前所安装的必须适应未来运行要求的程度。

10.3 组的额定电流

购买方应给出在运行中的连续电流、故障电流和摇摆电流的大小。这些电流属于电容器组处于接入状态下的电流。还应给出在旁路状态下的连续电流和故障电流的大小，因为通常这些电流是与接入状态时有所不同。

在图5中举例说明了这些电流和它们相应的时间周期。

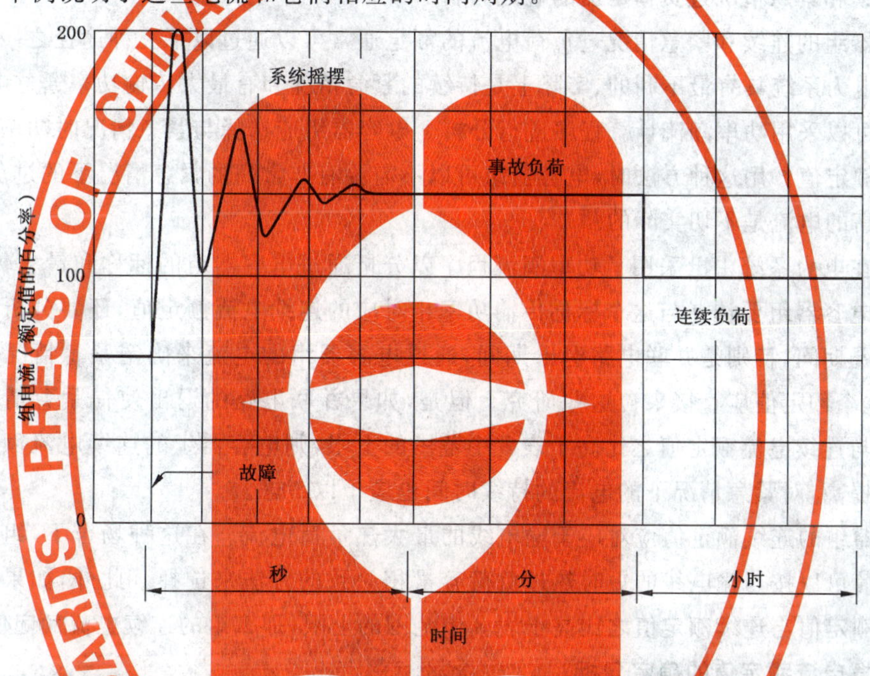

图5 在故障和失去并联线路后，电容器组接入过程中典型的电流-时间曲线

注：没有给出故障电流。

10.3.1 电容器组典型的耐受过负荷和摇摆电流的能力

由于串联电容器组串联接入输电线之后会承受到一个波动范围较宽的电流，因此，电容器组最少要有表8所示的三个电流额定值。表中所列的每一个类别是以电容器组额定值的倍数表示电流的典型值和电流的典型时间范围。为了实现最佳设计，购买方应分析电力系统的需求，同时在这些需求的基础上规定电容器组的各种电流的额定值。

表8 电容器组典型的耐受过负荷和摇摆电流的能力

电流	持续时间	典型的范围/pu	最常见的值/pu
额定电流	连续	1.0	1.0
1.1×额定电流	每12 h中 8 h	1.1	1.1
紧急情况过负荷(I_{EL})	30 min	1.2～1.6	1.35～1.50
摇摆	1 s～10 s	1.7～2.5	1.7～2.0

在有些场合紧急情况过负荷被规定为持续时间 10 min 或 4 h，分别对应高于和低于表 8 中给出的过电流倍数。30 min 紧急情况过负荷是最一般的规定，可以合理地要求电容器在其额定寿命期间，能耐受住总数达 300 次这样的过负荷。电容器组的保护和控制系统通常将通过闭合旁路开关来限制过负荷至规定值。

规定的 30 min 过负荷值会影响电容器和非线性电阻器的设计和成本。为了达到 30 min、1.6 pu 以上的过电流的能力，制造方应提高电容器单元耐受连续电流的能力。此外，组的保护水平也随之提高。

应该指出，由规定的 30 min 过电流(I_{EL})，将被用于确定电容器单元的“冷工作状态试验”电压和非线性电阻器的“耐受能量和工频电压稳定性试验”(见 GB/T 6115.2—2002)的电压，除非购买方另有规定。

10.3.2 对连续和紧急情况过负荷电流的确定分析

串联电容器组的连续和紧急情况过负荷电流的额定通常可以通过以下三种途径之一来确定：

a) 假定电力系统具有最不利的、实际上是持续的紧急情况和有最大传输功率通过电容器组，对其分析可以采用功率潮流计算程序进行分析。电容器组应选择与紧急情况时功率传输相对应的连续额定值。用这种方法时，电容器组可以不需要有非常高的紧急情况下的过负荷额定值，因为过高的电流是不切实际的。

b) 假定在电力系统中已采用了功率潮流程序以分析通过电容器组的标称和最大传输功率，那么不但电容器组要选择与这个标称传输功率相对应的连续电流额定值，还要分析在系统发生紧急情况期间，特别是并联电路退出期间，通过电容器组的电流来确定紧急情况下电流的额定值，这个额定值应直接来自这些研究。但是，如果并联电路的退出使得紧急情况下的电流额定值与连续电流额定值之比高于表 8 中范围的上限，则电容器组的连续电流额定值也应作相应的提高，对紧急情况下的电流的持续时间也应予以考虑。

c) 电容器组的连续额定值应对应于输电线的最大热负荷电流。在这种场合下，组的紧急情况下的负荷可以按与输电线的短时热过负荷容量相一致的方法来选择。此外，如果紧急情况下的电流额定值与连续额定值之比高于表 8 中范围的上限，那么组的连续电流额定值应增大。

10.3.3 对摇摆电流额定值的确定分析

通常用动稳定性计算程序来确定摇摆电流。对可能在电容器组中产生最大摇摆电流的故障和电力系统紧急情况进行分析，对研究并联电路退出特别重要。

如果这个电流低于电容器组连续额定电流的 1.7 *pu*，则其对电容器组的设计的影响较小。如果电流高于 1.7 *pu* 则会对设计有较大影响。所以在技术规范中应对电流的幅值和波形作出详细的规定。

10.4 过电压保护要求

通常，推荐制造方选择最适合于设备的保护水平。但是，如果购买方已经对该电力系统的 SSR 或线路断路器的 TRV(见 10.8.8)进行了分析研究并且已经确定了保护水平的要求，那么这个要求应包含在技术规范之中。典型的保护水平对于 M 型过电压保护装置在 2.0 *pu* 和 2.5 *pu* 的范围之内，而对于 K 型过电压保护装置(见 5.1.3)其保护水平较高。

应规定过电压保护设备的类型。此外，还应规定在故障期间和对随后的内部和外部线路故障时，明确对设备的要求。这方面的进一步的资料包含在 GB/T 6115.2—2002 之中。

10.5 电力系统故障期间的电压限制

串联电容器组应该能够限制在电力系统故障期间加在每个段或子段上的电压。保护装置必须限制在所有系统故障或由购买方规定的其他条件下产生的工频电压峰值。每一个段或子段应能耐受住由保护装置限定的，和由制造方确定的或由购买方规定的电压。

段的保护装置的保护水平的电压值与额定段电压之间具有式(5)的关系：

$$U_{PL}=(pu)U_R\sqrt{2} \qquad \cdots\cdots(5)$$

式中：

U_{PL}——保护水平的电压峰值；

U_R——额定段电压(方均根值)；

pu——保护水平的标幺值。

10.5.1 当主要的过电压保护装置与电容器之间的电感可以忽略时的电压限制

在主要的过电压保护装置与电容器之间的电感可以忽略时以下内容是合适的。

10.5.1.1 电压点火球隙

在保护装置是一个电压点火球隙的情况下，保护水平是间隙的最高工频放电电压。对于基于一个以上间隙的保护系统，其保护水平是具有最高放电电压的间隙的最高工频放电电压。例如最典型的场合，限制放电电流的电抗器的电感在任何规定的电力系统故障期间应足够低，以使加在段上的电压低于保护水平。

10.5.1.2 无强制旁路间隙的非线性电阻器

对于基于非线性电阻器和没有旁路间隙的保护系统，保护水平是建立在规定的电力系统故障条件下流过非线性电阻器的最大电流的基础上的。这个最大电流可以是由购买方规定的，或者是由制造方根据购买方提供的电力系统的资料通过计算机模拟确定的。非线性电阻和电容器间架设的母线的电感不是一个重要的因素。

10.5.1.3 具有强制旁路间隙的非线性电阻器

在保护装置由非线性电阻器和强制触发旁路间隙组成的情况下，对决定保护水平的非线性电阻器的配合电流的选择应根据以下给出的两者之一进行：

a) 考虑了间隙点火系统的逻辑控制和相关的延迟时间在内的任何故障条件下的最大非线性电阻电流。

b) 用来触发间隙的非线性电阻器动作电流。对于靠近电容器组的内部故障，通过非线性电阻的电流将暂短地超过这个动作电流，在相应的非线性电阻上的电压也将随之升高。对于电压升高、持续时间小于1 ms和电压的幅值不大于电容器极间耐压试验时直流电压值的90%或者电压升高到段的绝缘系统的工频耐受电压峰值的90%是允许的。

非线性电阻器配合电流值的选择取决于购买方的使用要求和制造方与购买方间达成的协议。这些电流值是用计算机模拟确定的。

10.5.2 主过电压保护装置和电容器之间的电感不可忽略时的电压限制

在某些应用中，在主保护装置与被保护的电容器之间存在不可忽略的电感。在这种场合时，有可能在系统发生故障期间，加在电容器上的电压明显地高于加在保护装置上的最高电压。

在限制放电电流的电抗器与电容器串联连接的电路结构中有可能会发生上述现象。假如非线性电阻是主保护装置，并且该非线性电阻跨接在由电抗器和电容器构成的串联组的两端，则在电容器两端上的电压可能会高于被非线性电阻所限制的电压。两者的电压差决定于电抗器的电感和来自电力系统的有效故障电流。如果使用这个电路结构，那么制造方可以通过计算机模拟来确定由购买方规定的在电力系统故障期间加在电容器上的电压值。电容器电压值可用来确定电容器单元上极间耐压的U_{lim}，也可以用于确定电容器组件的绝缘配合。

10.6 保护和投切装置

10.6.1 电容器熔丝

在串联电容器组中采用三种不同类型的熔丝：

——内熔丝电容器组；

——外熔丝电容器组；

——无熔丝电容器组。

详见附录C。

有关外部熔丝的详细要求可在附录A中找到。

10.6.2 其他装置

其他装置见GB/T 6115.2—2002。

10.6.3 连接图

在附录D中列出了一些连接图的例子。

10.7 绝缘水平的选择

10.7.1 正常情况

a) 绝缘水平、爬电距离和相对地空气间距，以及相与相间的空气间距应由购买方规定。

b) 平台的绝缘水平，爬电距离和空气间距应由制造方用6.1.3、6.2和6.3中所述的程序给出。

10.7.2 海拔超过1 000 m

当海拔超过1 000 m时，外绝缘的绝缘水平如果按照6.1来选取则可能是低了一些(见第4章)。在这种场合，购买方应规定一个在正常的试验条件下所需的绝缘水平。6.1的要求仍然有效，但是要采用新规定的绝缘水平。

对于以箱壳作为一个端子的单元，制造方应提供套管的外部绝缘能耐受与海拔高度相应的试验电压的证明。

10.8 在应用中考虑的其他事项

10.8.1 概述

串联电容器可以提高输电和配电线路的输送容量。但是，应用该设备时应考虑下面所述的问题。

10.8.2 铁磁谐振

由于变压器铁芯的磁饱和作用，进入变压器的涌流可以引发持续的谐振振荡。当空载变压器或并联电抗器接入处于轻负荷状态的串联补偿系统时，特别是在切除负荷以后会出现这种现象。这种现象的发生主要取决于电力系统的拓扑结构。对于辐射状的串联补偿电路，特别是在配电系统中使用串联电容器，这种现象可能很严重。

在那些可能会发生这种现象的电路中，可以通过采用对串联电容器和系统的投切方案来实现正常运行。例如，将串联电容器预先旁路并保持旁路几秒钟，待变压器的涌流现象停止之后再将串联电容器接入。

10.8.3 次同步谐振

次同步谐振(SSR)是一个在串联电容器与附近的汽轮发电机之间产生的次谐波频率下的一种电-机械轴振现象。如果有下列情况时，这种现象对串联电容器的应用可能是很危险的。

——汽轮发电机的连接或可能被连接到其余电力系统的唯一重要传输线路上具有串联电容器；

——汽轮发电机的机械振荡频率与串联补偿电网的电频率互补，并在该频率下振荡；

——机械振荡通过发电机与电力系统相互作用。

在绝大部分的传输系统应用中，要从汽轮发电机的观点出发，对次同步振荡频率和次同步的阻尼问题进行研究和估算。对发生扰动时串联电容器对汽轮发电机轴的转矩的冲击也需要进行研究。研究指出，在应用中可能存在的问题，通常可以采用诸如降低补偿度到35%，或在某些布局的电力系统中采用旁路等方法。从功率传输的角度看，如果这些补救措施没有明显效果，则可采用其他对策。可考虑使用阻塞滤波装置或发电机的动态稳定器，或者采用具有适当控制和保护措施的晶闸管控制串联电容器，这些对策需要更广泛的研究和设备投资。

基本对策是在可能发生扭动或转子电流的汽轮发电机上安装保护装置，如果超过临界值时，汽轮发电机保护跳闸。

没有迹象表明 SSR 对水轮发电机是一个问题。

10.8.4 电力系统的继电保护

应对串联电容器可能干扰系统保护用继电器工作的问题给予充分的注意，尤其是对阻抗保护的干扰问题。

如果研究表明问题严重，则现有的继电保护需要用一些专门为串联补偿线路而设计的适用装置来取代。

10.8.5 载波传输的衰减

串联电容器组会增加该线路上载波的衰减，这主要决定于阻尼回路的参数及其所在位置。在有些场合其相关的耦合装置被装在串联电容器侧的线路上。

10.8.6 无换位的输电线路

无换位的输电线路有较多的不平衡因素，特别是负序不平衡。在整个三相加入具有相同电抗的串联电容器将会增大负序不平衡。如果这个输电线的一端处于发电站侧，那么无论这是否会引起高负序电流进入同步机的危险，都应该仔细地校核。

可以将串联电容器组设计成各相具有不同的电抗，这可降低在无位移线路中的负序电流。但是，这种方法可能会增大零序电流。

10.8.7 电力系统谐波电流

当串联电容器组的旁路开关处于闭合状态时，则构成了一个限流电抗器与电容器并联的电路。这个电路将有一个自然谐振频率，其典型值在 600 Hz～1 200 Hz 的范围内。如果旁路开关处于闭合状态，而且在输电线中含有显著的谐波电流，则在电抗器/电容器电路中就会产生一个很高的谐波环流，这个谐波电流可能会使电抗器过热。

在某些应用中，串联电容器组将运行在旁路开关闭合状态。如果串联补偿线路靠近 HVDC 的一端或者靠近静止无功补偿装置(SVC)，并且，那么串联补偿与闭合的旁路开关一起运行一段时间是重要的。本部分规定的非正常条件下未考虑系统中可能有连续谐波电流，因此，如果系统中存在上述情况，则购买方应作详细说明。在这种场合，供应商应选择具有合适电感的电抗器，而且电抗器的容量应与规定的系统谐波相适应。如果上述不容易实现，则应考虑装设与电容器串联的电抗器。

10.8.8 在线路断路器两端的 TRV

在超高压输电系统中应用串联补偿，会导致切断电流时线路断路器两端上的暂态恢复电压(TRV)升高。TRV 的升高量可能会超过线路断路器的标准要求。应该将出现在线路断路器上的 TRV，作为拟在输电系统中采用串联补偿时的一个研究因素。计算程序，诸如 EMTP 可以用来确定恢复电压。恢复电压可能会受电力系统拓扑结构的影响。

降低 TRV 的方法包括：出现内部故障能快速旁路串联电容器；采用相对地避雷器和在断路器上跨接避雷器。在有些场合，断路器需具有高于标准要求的开断容量。在线路断路器中的分闸电阻也可以降低 TRV。在有些场合，线路断路器需用具有较高 TRV 能力的断路器来代替。

10.8.9 延迟线路电流过零

对 800 kV 串联补偿线路的研究得出，当故障电流通过线路断路器时，其波形有延时过零的可能性。通过研究还表明，在非常罕见的综合条件下，过零可以被延时至 60 Hz 下的七个周波。但对将串联补偿应用在电压低于 800 kV 的电力系统中的研究，并没有发现这种现象。这些系统通常都具有较低的 X/R 比，因此阻尼较大。

还没有见到任何有关在串联补偿电力系统中出现过这种现象的报告。

10.8.10 长时间的再生电弧电流

许多串联补偿输电线非常长,因此在线路中接有并联电抗器。当线路内部出现故障和线路断路器开断的时候,在串联电容器和并联电抗器之间可能会有轻微阻尼振荡。这种振荡的出现取决于并联电抗器与串联电容器间的相对位置。

如果串联电容器设置在靠近相对于并联电抗器的线路中点,则串联电容器的残余电荷在线路断路器开断以后可能产生一个低频(10 Hz)电流通过串联电容器,线路电抗器和故障电弧。因为在该回路中的电阻可能较小,所以振荡电流可能是低阻尼的,在故障被清除期间再生电弧电流的持续时间被延长,尤其是当发生单极跳闸快速重合闸时。故障的电弧电阻能增大阻尼,当低频电流在电抗器中显著发展之前,旁路串联电容器可减轻这种现象。

附　录　A
（规范性附录）
外部熔断器和由外部熔断器开断的电容器单元的试验要求和使用导则

A.1　综述

附录A适用于串联电容器的外部熔断器。

在现行国标中还没有为串联电容器保护用的外部熔断器设立标准。但是，当要使用时，GB 15166.5可作为基础。例如，熔断器的额定电压和额定电流应根据串联电容器的允许过负荷（见7.1和10.3）来选择，熔断器在放电电流下的特性应以串联电容器在放电电流下的特性来选择。

A.2　目的

附录A的目的是：

——规定关于外部熔断器的性能和试验的规则；

——提供一个外部熔断器的使用导则。

A.3　在附录A中使用的术语

在本附录中使用GB 15166.4中的术语和本部分中的定义3.10。

A.4　性能要求

a）熔断器的性能要求原则上按GB 15166.4执行，但要适用于在串联电容器上使用的情况。

b）外部熔断器应能在0.5 U_N～U_{lim}的电压下均能很好地动作；

c）外部熔断器应能耐受在7.1和10.3中相应的过电流和热稳定试验条件（见5.9）。拟用于单元上的外部熔断器在热稳定试验期间应接入回路（并置于烘箱内），或在等效的或更苛刻的条件下单独进行型式试验；

d）外部熔断器应该耐受在放电试验中所施加的电流（见5.13）。拟用于单元的熔断器，在放电试验中应接入回路，也可在等效的或更苛刻的条件下单独进行型式试验。

e）单元组的外部熔断器应在上述相同的条件下单独进行型式试验。熔断器的电气条件应与装有被试熔断器的整个电容器组一起进行试验的条件相同。

f）对外部熔断器动作后的绝缘水平要求（见6.1），既可按熔断器本身对绝缘水平的要求，也可按熔断器动作后产生的绝缘距离来定。对于一个动作后外部没有被断开的外部熔断器，对其也有爬距要求（见6.2）。

g）对于配备能使熔丝动作后实体开断的装置的外部熔断器和/或在熔丝动作时能喷射气体（或其他物质）的外部熔断器，还应考虑熔断器在动作期间电容器组中的绝缘条件。

A.5　试验

A.5.1　熔断器试验

熔断器试验，见GB 15166.4。

A.5.2　在电容器箱壳上的型式试验

正在考虑中。

A.6 熔断器保护的配合导则

A.6.1 概述

每个熔断器与一个单元或单元组相串联，被用来隔离故障单元。

注1：单元故障引起的通过故障单元自身的故障电流是与相的结构和单元内部的连接方式有关的，这个故障电流加上与故障单元相并联的单元上的储能放电电流一起通过熔断器，在故障单元中有多个串联元件击穿之前，通常这两个电流之和是不足以使熔断器动作的。为了保证熔断器可靠动作，并完全隔离故障单元，熔断器的额定值的选取应使其受到0.5倍额定线路电流时能够熔断，这个工频过电流部分地将流入短路单元。

注2：一个或多个熔断器动作将引起相电压的变化。作用在并联健全单元上的电压值和持续时间均不应超过7.1中的规定。除非其结构可用开断电容器组来使其达到这个要求，否则在该电容器组中的所有单元，其额定值均应能适应因熔断器动作而开断单元所产生的更为苛刻的工况。

注3：对于具有串联元件的单元，在熔断器动作前，元件击穿会使组内的电压分布发生变化，也会使单元内部的电压分布发生变化。这些电压变化也应在设计组保护的动作顺序时予以考虑。

A.6.2 保护顺序

串联电容器的保护应按顺序动作。通常，第一步是单元(组)熔断器动作；第二步是组的继电保护(例如，不平衡保护)动作；第三步是线路保护动作。

注1：继电保护的设计取决于组的大小，也就是说，并不是所有的串联电容器组都要有这些保护步骤。

注2：在大型电容器组中有时还采用继电保护报警。

注3：除非熔断器在$0.5\sqrt{2}U_{N}\sim\sqrt{2}U_{lim}$的电压范围内，并在能量放电的作用下能正常动作，否则，制造方应提供熔断器的电流-时间特性及其允许偏差。

注4：在有些情况下，不平衡保护比熔断器保护更灵敏，这就意味着熔断器仅在例如套管闪络或单元中介质发生贯穿性击穿时动作。在这种情况下，不平衡保护是第一步，而熔断器起后备保护的作用。

A.7 熔断器的选择

A.7.1 概述

在选择熔断器时，应考虑采用最有效的资料和导则，将电容器单元在发生故障的过程中箱壳发生破裂的可能性减至最小。所使用的资料和导则应得到制造方和购买方的认可。这些是指对工频过电流和与故障单元并联的单元的储能的要求。

在选择时熔断器应对接入5.9和5.13的型式试验回路时熔断器将会受到电的和热的影响予以考虑。

A.7.2 非限流熔断器

非限流熔断器通常是具有可更换熔丝芯管的喷逐式熔断器。这种熔断器对工频电流或储能放电电流均没有或只有很小的限流作用。

与故障单元相并联的电容器单元上所储存的能量之和应小于熔断器能够熔断而不发生爆炸的能量，并且小于会引起故障单元爆裂的能量(见A.7.1)。

这种类型的熔断器可用于流过故障单元的工频过电流很小的场合。

A.7.3 限流熔断器

这种类型的熔断器能将工频过电流限制到预定值以下，并且能在正常的电流过零前将电流降低到零。选择适当的熔断器可使得只有一部分贮能进入故障单元，允许通过熔断器的能量应小于能使故障单元爆裂的能量。

当工频过电流或与故障单元并联的单元中所贮存的最大能量达到足以使喷逐式熔断器或故障单元爆裂时，应选用限流熔断器。选择适当的限流熔断器可以将进入故障单元的储能控制在上限值以下。

A.8 熔断器使用者需要的资料

为了正确的选用各种用途的熔断器，需参考在GB 15166.4中给出的部分或全部资料。

附 录 B
（资料性附录）
串联电容器组损耗的经济估算

购买方在采购的过程中很少会对串联电容器组的损耗进行经济估算。这是因为由全膜介质电容器单元组成的串联电容器组的损耗与其他电力设备诸如电力变压器相比，是非常低的。由于这个原因和其他的因素，串联电容器损耗体现的经济价值是很低的。因此，很少对这些损耗进行估算。本附录主要是阐明有关串联电容器组损耗方面的知识。

电容器组的损耗是与电流的平方成比例变化的。因此，选择电流值对电容器组的使用情况进行分析是十分重要的。为了估算损耗最好采用电容器组在正常情况下的连续运行时的电流。例如，对于一个具有两条平行线的输电系统，购买方会将两条线均为满负荷时的电流之和作为串联电容器组的额定值，以保证当只有一条线运行时也能承担全负荷。在这种场合，正常的电容器组的电流将只是额定值的50％，电容器组的损耗仅是额定电流时产生的损耗的25％。

电容器组主体的损耗主要是电容器的损耗和电容器熔丝的损耗。电容器的损耗是由内部放电电阻器损耗、内部连接线损耗和介质损耗组成。前两种损耗在电容器的整个使用寿命内是始终不变的。但是，介质损耗在加上交流电压后起初是下降的。电容器单元和电容器组的损耗将从在5.4中所述的在工厂中进行例行试验期间所测得的初始值逐步下降。在工厂同时制造的同一种单元，其初始损耗也可能是不同的。但是，这些电容器单元最终达到的“稳定损耗”通常相差是很小的。制造方已经开发出一种试验技术，这种试验技术可以为购买方提供用于估算损耗的试验数据（长期运行时损耗）。在本部分中没有必要对这些技术做详细的说明。

除了电容器单元损耗和熔丝损耗之外，大部分串联电容器组没有其他显著的附加损耗。通常，阻尼电路是与旁路开关串联的，而旁路开关是常开的。在这种运行模式中，不会给电容器组增添附加损耗。然而，在有些串联补偿装置中阻尼电路是与电容器相串联的。在这种情况下，或者电容器组通常处于旁路状态，应考虑阻尼电路的损耗。

与箱式加热器和控制功率有关的功率损耗都是很小的，在损耗估算中通常不予考虑。

测量安装后的串联电容器组的损耗是不切实际的。

附　录　C
（资料性附录）
电容器组的熔丝技术和电容器单元配置

在串联电容器组上可以采用三种不同类型的熔丝技术。本附录提出这些类型及相应的电容器单元的配置，参见图C.1和图C.2。

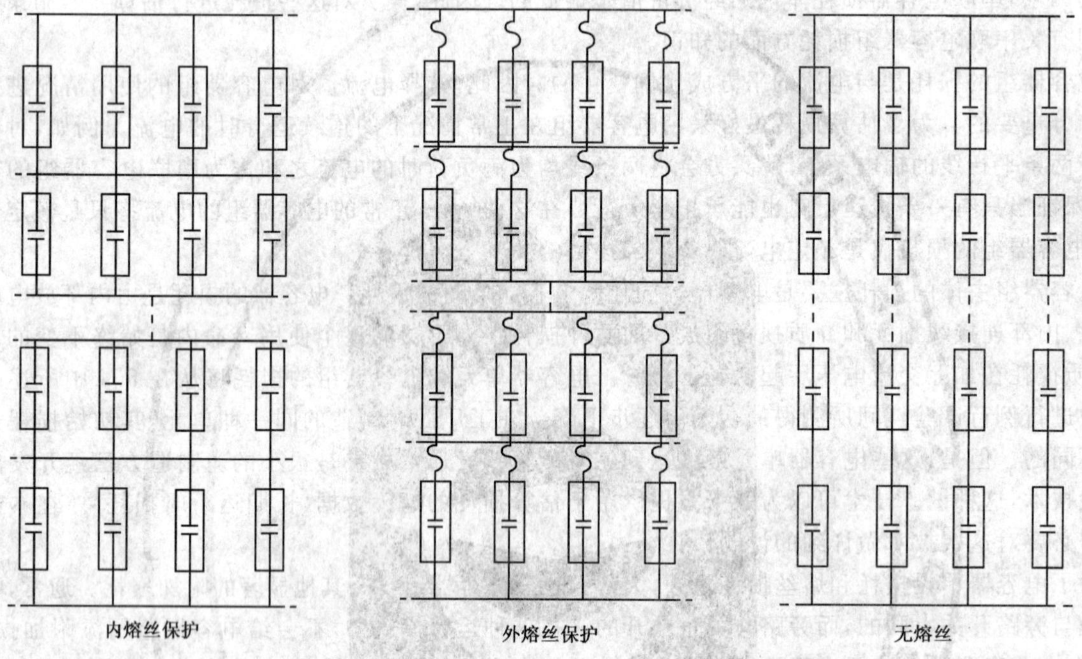

单元数可随着用途和熔丝的类型而改变。在此没有将电容器不平衡电流互感器表示出来。

图C.1　在段或相中电容器单元的典型连接

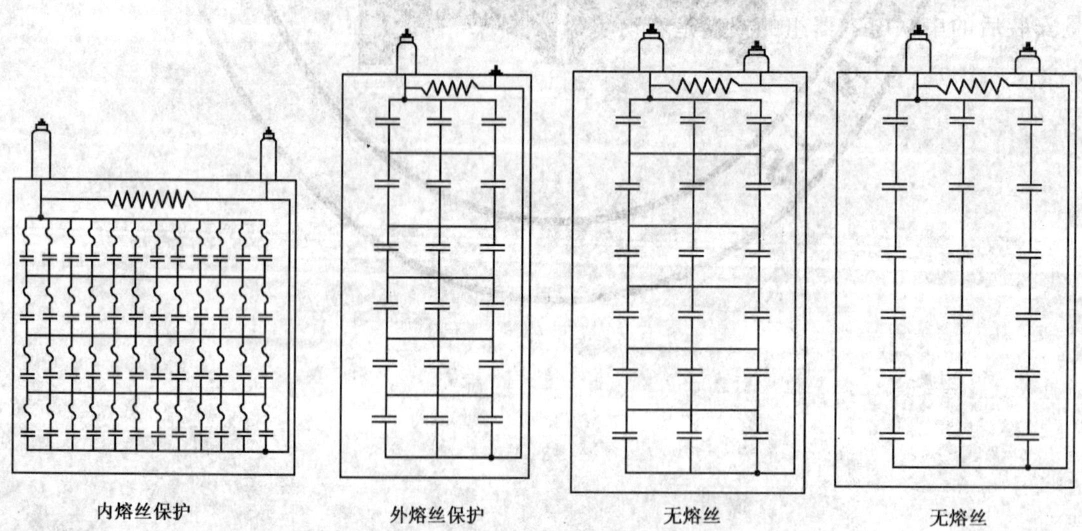

单元中的元件数和元件的串、并联数将根据使用要求和工厂的设计惯例而变化。

图C.2　在电容器单元内部元件的典型连接

C.1 内熔丝电容器组

内熔丝保护的电容器单元的最典型的配置是在这些电容器单元中含有呈并联连结的具有熔丝保护的元件组，将这些元件组串联连接，使单元达到其额定值。这些电容器单元经串、并联连接后使整个电容器组达到其额定值，并允许有不同的串并联数。为了实现检测电容器电流的不平衡，可以将整个电容器组分为两个或两个以上的平行串。

电容器元件发生故障时会使与其并联元件上的能量通过故障元件的熔丝放电，并使该熔丝熔断。熔丝的熔断又使得单元内部并联元件上的电压增大，并使此单元上的电压也有增加，但非常小。这些电压的增加量主要决定于制造方在设计时所采用的并联元件数。

当有大电流通过电容器组时很可能会出现元件故障。GB/T 6115.3—2002 要求，内部熔丝应按能在电容器组电流比额定值大 50% 和电压上升至 U_{lim} 的情况下正确动作。在设计中应将某些熔丝熔断所引起的附加电流和附加电压考虑进去。

电容器单元可以具有一个或两个绝缘引出端子。

C.2 外熔断器电容器组

采用外部熔断器的电容器的典型配置包括，将受外熔断器保护的电容器连结成并联组，使其能达到必需的电容器组的额定电流。将这些并联组再串联连接起来，以便达到电容器组所要求的额定电压和额定阻抗。电容器组可以分裂为两个或两个以上的并联串，以实现检测电容器的不平衡电流。

电容器单元的故障引起进入外熔断器的电流升高和熔丝熔断，也使得并联组单元上的电压升高。电压升高量决定于工厂设计时所采用的并联单元数。

经常采用由两个熔丝串联组成的双熔丝熔断器。其中一个熔丝是限流型的，用于限制并联组电容器中的高贮能放电。第二个熔丝是喷逐型的，它在小电流条件下动作并提供一个明显的断开信号。附录 A 要求整个熔断器能在 $0.5U_N \sim U_{lim}$ 的电压下可靠地动作。由某些熔丝熔断所引起的附加电流和附加电压应在设计中予以考虑。

典型的电容器单元具有一个绝缘引出端子。

C.3 无熔丝电容器组

无熔丝电容器的典型配置中含有多个串联连接的电容器单元串。根据电容器的承受电压的能力来确定串联连接的串联数。将这些电容器串进行并联连接以达到电容器组的额定电流和额定阻抗。

电容器组分为两个或两个以上的串的并联组，以实现检测电容器的不平衡电流。

电容器元件的故障，造成电容器单元内部相关串联段短路。其结果使电容器单元内部其他元件上的电流增大、电压升高，同时在相关串中的其他电容器单元上的电压和电流也随之增高，升高的量决定于在串中的总的单元串联数。在电容器单元不直接并联连接的情况下，放电能量和电流的增加都是很小的。含有短路元件的电容器单元仍然继续运行。无熔丝电容器单元采用全膜介质结构。在具有全膜介质结构的元件中，其故障造成短路点的电阻非常小。在含有纸的老的介质结构中情况就不是这样。

通常电容器单元按双绝缘套管设计。

附 录 D
（资料性附录）
输电线中大型串联电容器装置的典型接线图例

可能有其他变化和组合的接线方式。对于容量小的电容器组其接线图可与此不同。

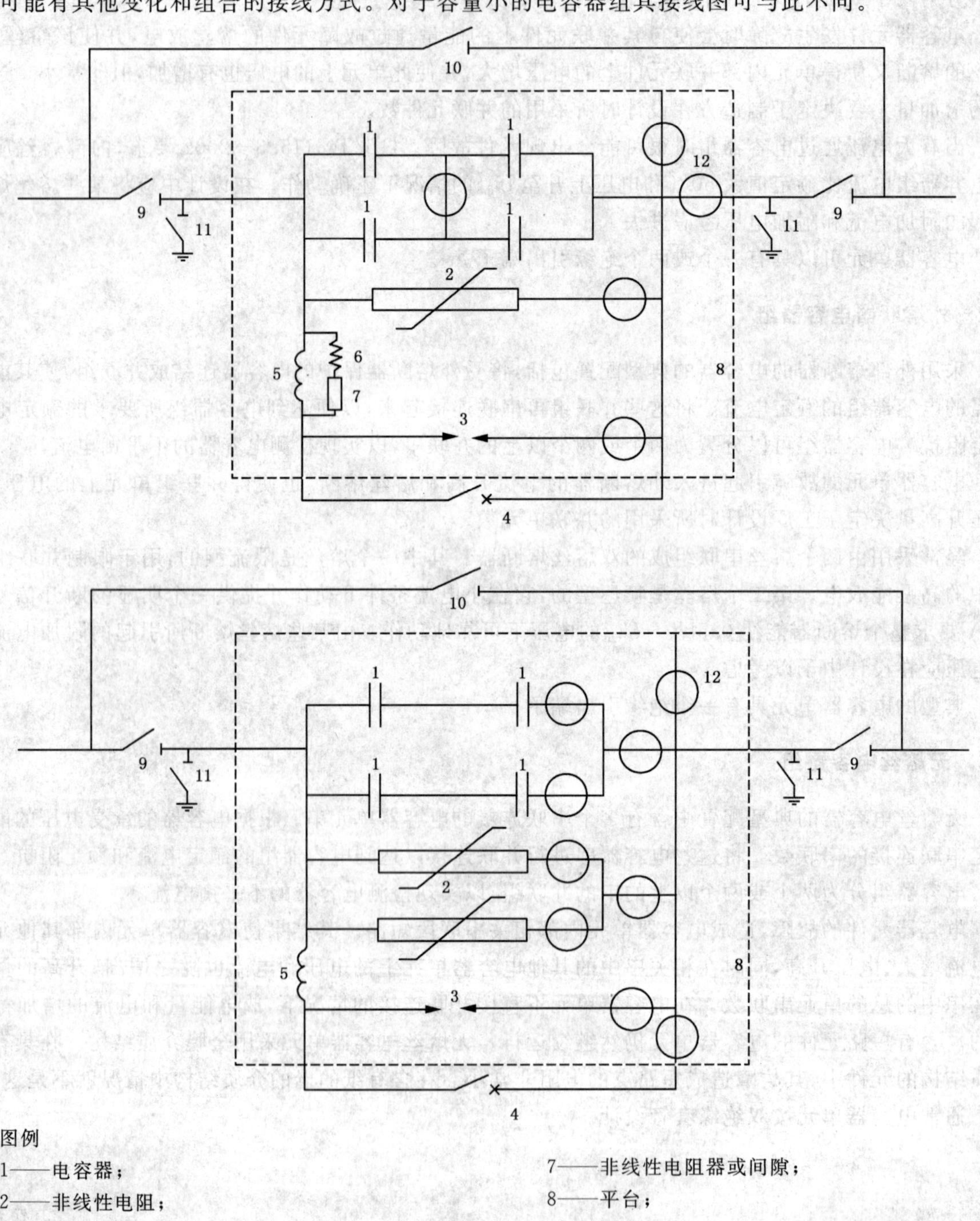

图例

1——电容器；

2——非线性电阻；

3——旁路间隙；

4——旁路开关；

5——电抗器；

6——线性电阻器；

7——非线性电阻器或间隙；

8——平台；

9——隔离开关；

10——旁路隔离开关；

11——接地开关；

12——电流互感器。

图 D.1 输电线中大型串联电容器装置的典型接线

附 录 E
（资料性附录）
防止多氯联苯污染环境的预防措施

多氯联苯(PCB)的处置如果缺乏必要的措施会使环境受到污染。此外，当用PCB浸渍的电容器单元偶然受到火焰加热，或受到电弧作用时，燃烧过程产生的有毒物质会使电容器附近的地区受到污染。

用作电容器浸渍剂的PCB的特性和它们的处理和销毁的方法应由国家的法律或法规来管理(见9.12)。

参 考 文 献

[1] GB/T 2900.16 电工术语 电力电容器[GB/T 2900.16—1996,neq IEC 60050(436):1990]

[2] GB/T 2900.50 电工术语 发电、输电及配电 通用术语[GB/T 2900.50—1998,neq IEC 60050(601):1985]

[3] GB/T 2900.57 电工术语 发电、输电及配电 运行[GB/T 2900.57—2002,eqv IEC 60050(604):1987]

[4] GB/T 3667.1 交流电动机电容器 第1部分:总则——性能、试验和定额——安全要求——安装和运行导则(GB/T 3667.1—2005,IEC 60252-1:2001,IDT)

[5] GB/T 3984.1 感应加热装置用电容器 第1部分:总则(GB/T 3984.1—2004,IEC 60110-1:1998,IDT)

[6] GB/T 8287.2 高压支柱瓷绝缘子 第2部分:尺寸与特性(GB/T 8287.2—1999,neq IEC 60273:1990,用于标称电压1000 V以上系统的户内和户外支柱绝缘子的特性

[7] GB/T 16927.2 高电压试验技术 第二部分:测量系统(GB/T 16927.2—1997,eqv IEC 60060-2:1994)

[8] GB/T 17702(所有部分) 电力电子电容器[idt IEC 61071(所有部分)]

[9] GB 18489 管形荧光灯和其他放电灯线路用电容器 一般要求和安全要求(GB 18489—2001,idt IEC 61048:1999)

[10] GB 18504 管形荧光灯和其他放电灯线路用电容器 性能要求(GB 18504—2001,eqv IEC 61049:1991)

[11] JB/T 8957 校验电容器损耗角正切测量准确度的方法(JB/T 8957—1999,idt IEC 60996:1989)

[12] IEC 60721-2-6:1990 环境条件分类 第2～6部分:自然界出现的环境条件 地震、振动和冲击

[13] IEEE Std 824™—2004 用于电力系统的串联电容器组的IEEE标准

[14] IEEE paper PE—009 PRD(09—2000) 串联电容器应用于放射状配电电路时应考虑的问题。IEEE电容器分会的串联电容器工作组

[15] ANSI C29.9:1983 用于瓷绝缘子湿处理的美国国家标准(注:柱型)